JavaScript 第3版
语言精髓与编程实践

周爱民 / 著

内 容 简 介

JavaScript 是一门包含多种语言特性的混合范型语言，在面向对象和函数式语言特性方面表现尤为突出，且在 ES6 之后所添加的并行语言特性也极为出色。本书基于 ES6，并涵盖最新的 ES2019 规范，全面讲述 JavaScript 在五个方面的语言特性，以及将这些特性融会如一的方法。本书不但完整解析了 JavaScript 语言，还逐一剖析了相关特性在多个开源项目中的编程实践与应用，是难得的语言学习参考书。

本书作者在前端开发领域经验丰富、深耕不辍，一书三版，历经十余年。书中对 JavaScript 语言的理解与展望，尤其适合期望精通这门语言的中高级程序员和语言实践者阅读。

未经许可，不得以任何方式复制或抄袭本书之部分或全部内容。
版权所有，侵权必究。

图书在版编目（CIP）数据

JavaScript 语言精髓与编程实践/周爱民著. —3 版. —北京：电子工业出版社，2020.6
ISBN 978-7-121-38669-5

Ⅰ.①J… Ⅱ.①周… Ⅲ.①JAVA 语言－程序设计 Ⅳ.①TP312.8

中国版本图书馆 CIP 数据核字（2020）第 037301 号

责任编辑：张春雨
印　　刷：三河市良远印务有限公司
装　　订：三河市良远印务有限公司
出版发行：电子工业出版社
　　　　　北京市海淀区万寿路 173 信箱　　　　邮编：100036
开　　本：787×980　1/16　　印张：48.5　　字数：1025 千字
版　　次：2008 年 1 月第 1 版
　　　　　2020 年 6 月第 3 版
印　　次：2020 年 10 月第 4 次印刷
定　　价：144.00 元

凡所购买电子工业出版社图书有缺损问题，请向购买书店调换。若书店售缺，请与本社发行部联系，联系及邮购电话：(010) 88254888，88258888。
质量投诉请发邮件至 zlts@phei.com.cn，盗版侵权举报请发邮件至 dbqq@phei.com.cn。
本书咨询联系方式：(010) 51260888-819，faq@phei.com.cn。

推荐序 1
一本不是所有人都需要的好书

这个有点绕口的标题,是从豆瓣上本书第 1 版的一个书评标题照录而来的。豆瓣上排名前列的评论还有"这是一本硬书""国内技术原创书中稀有的'异数'"等。实际上,我觉得不仅是国内,算上在市面上能看到的所有 JavaScript 相关的书,本书都绝对堪称"硬书""异数"。

传统上,许多大部头的 JavaScript 相关的图书,会有大量篇幅介绍 DOM 相关的 API 和如何结合语言与平台 API 进行 Web 前端编程,这些年也可能换成是 Node.js 的 API 和服务器端编程。从入门或进阶来说,这样的编排都是合适的,因为结合特定平台和领域的具体编程实践可以更快速地建立学习的正向反馈。专注 JavaScript 语言本身的书也不是没有,ES6 时代到来之后,颇有几本书全面细致地介绍了 JavaScript 语言的新特性。甚至有很有名的书,会一直讲到不为多数人所知的语言细节,受到中高级开发者的追捧。不过这些书还都是用来"学习"语言的书。

爱民的这本书,却不是一本"学习"用的书,而是一本"阐释"用的书。不要说 JavaScript 初学者,就算你有三五年甚至十年的 JavaScript 开发经验,读起这本书可能也不易。因为绝大部分开发者不习惯这样思考问题。

比方说,这本书大的章节是按照结构化、面向对象、函数式、动态化等编程范式来展开讨论的,最新版中还加入了"并行计算"。

有些读者或许也看过一些谈编程范式的书,甚至专门谈在 JavaScript 语言中使用某一种编程范式的书(比如近年来随着某框架而在 JavaScript 圈逐渐火起来的函数式编程),但这些书还都是引领你"学习"一个范式,教你"应用"一个范式的书。

爱民这本书的出发点与其他书不同,并不是为了学习、应用"范式",而是为了分析"编程语言",取之为线索。为此,需要系统性地逐一论述多种主要范式,然后将JavaScript语言的要素分解并归纳入不同范式下进行讨论。需要注意的是,JavaScript语言与每种范式代表性的经典编程语言都有很大的不同。所以在这个过程中,读者也可以注意体悟多种范式是以怎样一种方式不完美却可用地并存于JavaScript这门语言之中的。

在每章的开始,先有十数页的概述来论述范式和其背后的思想源流,故这一部分几乎总是要以跳出JavaScript这单一语言的视角来论述的。这些概述也绝不是简单地从其他书或资料中拿一些内容拼凑而成的,而是爱民以自己数十年编程和架构的心得理解精炼而成的。光这些概述,在本书第1版出版时的技术图书市场上前所未见,到今日JavaScript的相关图书汗牛充栋,恐怕也仍然独此一家。

不过,这也带来一个问题,就是对于绝大多数读者来说,概述可能反而比后续章节更难读,初读时一知半解。

这次爱民要出第3版,寄赠我一些样稿,我读到第4章概述中论及"结构化的疑难"是"抽象层次过低",而"面向对象"范式正是对此的应答时,颇有茅塞顿开之感。但后来重新翻阅12年前爱民赠我的本书第1版,才发现已包含了这段论述。可见当年我恐怕也是囫囵吞枣,虽读之也并不能领会消化。

然而即使我现在提到了这个段落,读者可能特意去认真阅读该段落,记住了、理解了,也不见得能产生直接的"用处"。

打个不一定恰当的比喻,金庸的《射雕英雄传》中周伯通讲《九阴真经》:"这上卷经文中所载,都是道家修炼内功的大道,以及拳经剑理,并非克敌制胜的真实功夫,若未学到下卷中的实用法门,徒知诀窍要旨,却是一无用处。"

市面上大部分技术图书,都是讲"实用法门"的,偶尔讲一点"拳经剑理"。爱民写这本书的终极目标其实是传授"内功大道",为此拿了一门最流行的武功(语言)来拆解剖析,总结出其独特的"拳经剑理",以印证"大道"。在这个阐释的过程中,"实用法门"讲的不多,即使讲了一些,也意不在此。

事实上,很多人只是想要"实用法门"的书,最好还是速成的。那就最好不要选本书了。这种需求也不好说错。或许先讲"实用法门",再讲"拳经剑理"乃至"大道",才是符合普通人的认知规律的。

另一方面,即使一个人也有意于"拳经剑理"乃至"大道",如果市面上全是讲"实用法门"的书,他一直以来熟悉的只有这个套路,就会对其他模式不太适应。比如说,对一个语言特性的解说和评论,绝大部分图书的讲法主要基于"实用",也就是,有什么用,怎么用,用起来顺手不顺手。但爱民这本书的视角就很不一样,主要是基于"大道"和"拳经剑理"的内在逻辑进行推演。

需要理解的是,这两个方向可能互相印证,也可能产生矛盾。编程语言和一切复杂的人造事物一样,是不完美的。

这也会延伸到语言设计上。作为程序员,虽然看到新语言特性的介绍通常还都是从"实用"角度讲解(宣传)的,但在设计阶段,其实要接受各个维度、不同层面的需求和约束。语言特性要平衡多种不同因素,平衡不了就要做取舍。但这个取舍到底是不是合适,就见仁见智了。

爱民在这次新版的第 4 章中花了不少篇幅讨论目前 stage 3 的类字段(class fields)提案和他设计的替代性方案。这个提案比表面上看起来要复杂得多,无论是在委员会还是在社区里,不同的人的看法会非常不同,而且这种分歧贯穿了"大道""拳经剑理""实用法门"各个层面。需要注意,即使持同样立场的人,比方说同样反对现有提案,其背后的原因也可能截然不同,对解决路径的判断也会截然不同。TC39 是基于一致同意的方式推进工作的。对于接受现有提案的人来说,即使其认知不同,但至少表面上是达成一致的。而对不同意现有提案的人,各有各的不同意,因而也无法达成一致。表现出来的结果,就是爱民在书中所说:"类字段提案提供了一个极具争议的私有字段访问语法,并成功地做对了唯一一件事情,让社区把全部的争议焦点放在了这个语法上。"这也是类字段提案的悲剧性之所在。

我认为,讨论这个话题的价值,不在于给出一个答案(毕竟 TC39 都给不出令人满意的答案),而是这个思考过程。在这个过程中,我们需要同时考虑"大道"(面向对象范式)、"拳经剑理"(JavaScript 现有的语法和语义约定和约束,与后续提案的关系和协调性等)、"实用法门"(使用方式、如何满足各种需求、代码风格、性能……)等不同的层面。这是一个极好的思维训练,在这个过程中,无论你得到怎样的结论,都会对 JavaScript 语言有更深层次的认知和把握。而这样的内容,也只能存在于"阐释"之书中。

然后说说对"阐释"可能存在的疑问。那就是多种不同的甚至矛盾的"阐释"是否可以共存,有没有一种解释是最正确的,或者权威的。

举一个小例子,`typeof null` 为什么返回 `"object"`?从历史事实来说,根据 Brendan Eich 自己的说法,这是无心之失。但爱民的意见,这也可以理解为 `null` 实为对象类型的特殊值。6 年前我在知乎上对这种"阐释"做了较为详细的解说。[1]

---

[1] 在知乎上搜索"JavaScript 里 Function 也算一种基本类型"即可阅读该解说。

按照一般认知，Brendan Eich 自己的说法当然是最正确和权威的。然而有意思的是，前不久，在 Allen Wirfs-Brock 和 Brendan Eich 合作撰写并提交给 HOPL 会议的论文 *JavaScript: The First 20 Years* 中写道：

> ……令人困惑的是，typeof null 会返回字符串值"object"而不是"null"。其实也可以说这与 Java 保持了一致，因为 Java 中的所有值都是对象，而 null 本质上是表达"没有对象"的对象……根据 Brendan Eich 的回忆，typeof null 的值是原始 Mocha 实现中"抽象泄露"的结果。null 的运行时值使用了与对象值相同的内部标记值进行编码，因此 typeof 运算符的实现就直接返回了"object"。
>
> ——引自 doodlewind 的中文译本，原文在预印本第 12 页

这篇权威论文同时列出了这两种解释。所以爱民很多年前的阐释也算被"官宣"了。

有人可能要打破砂锅问到底，到底哪一种才是"正确"的呢？其实我认为都是正确的。Brendan Eich 的回忆可能是历史真相，但当事人的回忆不一定是真相的全部。我们可以追问，为什么当初在实现的时候，对象和 null 共享了相同的标记值呢？一种解释是，可能是当年有意识"根据 Java 的 null 值表示'没有对象'，来对 JavaScript 中的 null 值进行建模"的副产品，另一种解释是编程中无意产生的结果。即使是后一种，如果考虑引擎是如何实现的，就会发现对象引用的内部表达肯定是一个内存地址，那么很自然就会以全 0 的地址代表 null。那么可以说，导致这种"抽象泄露"本身的源头是高层模型到具体实现的自然映射，偶然性中蕴含了必然性。另外，我们也可以追问，为什么当初标准化的时候，没有对 typeof null 的结果提出异议呢？不太可能委员会中的所有成员都没有发现，所以一个合理猜想是，发现这个问题的人也采用了类似爱民的阐释对这个行为进行了"合理化"。

其实在日常生活中，有大量这种既是"机缘巧合"又"冥冥中自有定数"的事例，在技术领域其实也一样。

这当然不是说，任意一种"阐释"都是正确的，"阐释"本身得自洽，然后有足够的解释效力，具有普适性，不会引发反例，引入一种"阐释"的成本不应该大于收益，最后还要经得起"奥卡姆剃刀"原则的考验。要做到这些是非常困难的，有时候是难以判断的。包括本书对 JavaScript 语言的各种"阐释"，肯定不是所有人都认同的，包括我自己，对其中某些部分也会有不同意见。但是程序员从"码农"成长起来，可以进行更大范围、更高层次的设计，乃至以成为像爱民那样的"架构师"为职业目标，这就需要提升对各种不同"阐释"的理解判断及融会贯通的能力，并逐步形成自己对技术进行"阐释"的能力。从这点来说，这

本"硬书"在那么多 JavaScript 书中是独具价值的。

当然，这样的"阐释"之书，啃起来不容易。借用一些豆瓣上的吐槽：

- ……本来一个点能说清楚的……跑离了却又想绕回来，最后弄得这个点只有作者本人和少数明白人才明白，也不加个注释说明。
- 书中的语言有些晦涩，读起来不是很流畅。
- 有用，但啰唆；啰唆，但有用……一件简单的事情要用上四五层比喻，还说不透。对于追求阅读快感的人……有点隔靴搔痒的感觉。

这些评论绝不是恶意的，实际上这些评论者总体上都是赞许本书的，只是被我专捡了一些负面阅读体验的词句。我自己当年读本书第 1 版时也有同感。今天我读样稿时感觉倒是好了不少，可能是爱民做了一些优化，但估计更多是随着年岁渐长，我本身的技术水平提升了，对"阐释"之书的阅读能力也提升了。尤其这一年以来，亲身参与在 TC39 之中，感受到对 JavaScript 的"阐释"即使在委员会里本身也是具有多重性和不确定性的，这产生了很多问题，但也是活力的一部分。所以对不同"阐释"的包容和理解，乃是必需的。

不过即使考虑阅读能力有所提升，本书的阅读体验和"流畅""阅读快感"也是不搭界的。这是读者在读本书前需要有的心理准备。

最后总结，"阐释"之书定然"不是所有人都需要的"，但我个人希望这样的书可以多来几本。

贺师俊
2020 年 4 月

推荐序 2
写给优秀程序员的一本书

很兴奋爱民兄的书又更新了，它专注于讲解 JavaScript 的语言精髓与编程实践。

JavaScript 是世界上最火的编程语言之一，可以用来写淘宝网站，也可以用来写支付宝小程序，基于 Electron 等技术还可以用来写桌面端应用。"能用 JavaScript 实现的东西，迟早会用 JavaScript 实现"，这句"狂妄"的话，正在实现着。

看爱民兄的书，有一种很过瘾的感觉。JavaScript 的每一个知识点，浅学会觉得很简单，跟着书一步步深入思考，才发现自己的理解很粗浅。书中的每一个章节，都是抽丝剥茧般层层深入，一个点串起了一个面，能让知识触类旁通，非常透彻。

阅读本书会让我思考一个问题：什么样的程序员是优秀的程序员？程序员的优秀各有各的不同，但优秀的程序员有一个共同的特点，那就是充满好奇心。爱民兄的这本书，非常形象地阐述了什么是好奇心。对于一个看似简单的知识点，没有好奇心，就会停留在知识点的使用层面；有了好奇心，则会不断去深挖知识点背后的历史和成因。JavaScript 是一门混合范型语言，带着好奇心去学习，能看到的远远不止一门语言，而是语言的世界，因为它有 Java、C、LISP 等各种语言的身影。每种语言的优劣，是怎么被带入 JavaScript 并成为优点或者成为"深坑"的，这种跨语言的对比探究，会让我们对语言特性有更深的了解，甚至能重塑我们的技术价值观，对什么是好的语言特性，什么是不好的语言特性，有更全面的科学判定与选择。

优秀的程序员，还有一个共同的特点——体系化的思维能力。爱民兄的文字，像是编织美妙锦缎的针线，每一针每一线的背后，都是体系化的思维架构。JavaScript 语言是怎么构建起来的，在执行引擎层面是如何运行的，如何面向对象承载大型应用，这些循序渐进的精髓讲解与编程实践，可以让我们对 JavaScript 的整个"大厦"有全局性理解。任何知识，只有经过体系化的理解与运用，才能真正内化为一种基础能力。体系化的基础能力，可以让程序员自由遨游在编程的浩瀚宇宙里。

好奇心与体系化思维能力，是优秀程序员的两大法宝。如果远方是蔚蓝星空，好奇心能让我们驶向一个个星球，体系化思维则能让我们的宇宙飞船不断升级换代。编程的世界很精彩，期待每一位同学的太空扬帆。

阿里巴巴研究员&体验科技践行者

王保平，阿里花名玉伯

推荐序 3

一个程序员到底需要掌握编程语言的多少特性？

每个程序员每天都在跟编程语言打交道，但是很少有人愿意真正了解这些"老朋友"。有一些编程语言的行为非常反直觉，比如 JavaScript 中著名的"0.1 + 0.2 ≠ 0.3"的现象。它看似语言的 bug，但实际上来自浮点数的精度问题。正因如此，任何计算机语言的浮点类型都有着相似的问题。

而有些语言特性其实根本就是设计失误，尤其是对于一门只花了两个星期来设计的语言来说。比如 JavaScript 中的双等号，它"践踏"着一切的直觉，如"=="的传递性：

```
"" == 0  //true
0 == "0" //true
"" == "0" //false
```

又如 `if(x)` 与 `if(x == true)` 的等价性：

```
if ("true") {
    console.log("1")
}

if (true) {
    console.log("1")
}
```

所以我相信很少有程序员想要了解"双等号两边数据类型不一样的时候"的转换规则到底是什么。还有一些语言特性很有必要但是非常罕见，比如在最新的 JavaScript 标准中加入了 code point 系列 API，用来处理 Unicode 基本平面（BMP）之外的字符。尽管在我十年的职业生涯里，一次都没有遇到过 BMP 之外的字符，然而这并不意味着它们不重要。

在你不知道的角落，一些你不知道的特性在被你用不知道的方式使用着。以前我在参与 es-discuss 邮件组讨论时，曾经非常冒昧地建议"函数调用与其后括号间不得加入换行规则"（即 no line terminator 规则）。但是很快收到回复，这样做会破坏一些既有代码，比如有一些奇思妙想的框架用下面的方式生成 HTML：

```
create
    ("html")
        ("head")
            ("title");
create
    ("html")
        ("body");
```

这让我意识到，语言设计需要考虑的情况是极端和复杂的，一些特性对某些人来说无关紧要，但对另一些人来说是生命线。

今天，很多语言特性决定了技术产品的走向，比如 Vue 3.0，它非常依赖 Proxy 特性。比起 getter 和 setter 实现的 Vue 2.0，它对模型的侵入性更低，边缘 case 也更少。而从历史来看，在过去的几十年里，多数开发者只需要掌握他们关心的一部分特性就可以了，甚至可以躲在框架之上进行开发。

现在情况正在发生变化。在 TC39，一些将会陪伴你职业生涯数十年的新特性，正在被针锋相对地讨论，而支持或者反对它们的理由可能与你不太相关——你必须从整体上理解语言的设计，才有参与其中的可能。即使多数程序员不需要参与这样的讨论，如今语言的更新速度也对程序员的素质提出了更高的要求，从 ES5 到 ES2018，语言标准的表述篇幅增加到原来的三倍，这样的信息增长速度堪称恐怖。

所以，今天，编程语言学习的门槛客观上提高了，唯有站在更高的视角，跳出语言本身的约束，才能更好地应对莫测的未来。

我们讨论或者解释 JavaScript 的问题时，大多会引用标准的描述，比如执行上下文、变量环境、词法环境等，但是这些概念始终在变化。然而若我们以结构化程序设计的角度去看，不论是原有的函数级、全局作用域，还是新加入的模块、let 级别的作用域，都没有跳出一般的结构化思路。所以说，底层不等于本质，我们从更通用的角度去看待 JavaScript，就会更容易理解它。尤其是，JavaScript 是追求实用性的语言，它并没有试图像 Haskell、Rust 那样从语言角度做本质创新。

在我和我周围，很多前端工程师认识周爱民老师都是从他在 2007 年左右发布的系列博文 "JavaScript 面向对象编程" 开始的。从那时候起，周老师对语言的研究就总是早于这些特性的大规模应用。作为架构师，周老师的思路总是能够给我们前端带来一些新的灵感。在这一次的改版中，周老师又为图书加入了不少新内容（比如关于并行特性的部分），我很期待这些新内容在未来成为每个前端程序员的新武器。

程劭非（winter）
2020 年 01 月

第 3 版　代序

什么叫"会编程"
— 《程序原本》节选 —

程序设计语言——这种工具有什么性质呢？又或者，究竟是什么决定了一门语言称为 Java，而另一门叫作 C#呢？它们之间存有何种不同，又存有哪些渊源呢？

有趣的是，通过分析现有的种种程序设计语言，（正因为这些语言是我们人类自己创造的，所以）我们发现如同人类的自然语言一样，程序设计语言也总是有着三种基本性质：语法、语义与语用。[1]正是这三种性质，使得一种语言区别于其他语言，而又能从其他语言那里有所借鉴，以及实现彼此沟通。

那么我们先来谈谈什么是语法。语法，是指我们表达内容的形式。这一形式首先与不同的表达手段有关，例如同一个意思，口头表达和书面表达是不同的。其次，即使表达手段相同，也会因为介质的材料性质存有差异而导致形式不同，例如钟鼎文和白话文都用于书写，但显然钟鼎文不能像白话文那样冗长。类似地，在我们的程序设计语言中，早期的程序输入就是电子开关的开合，因此代码会是一些操作命令，而现在我们可以将之输入为接近自然语言的程序文本；早期的运行环境要求代码必须尽量精简，而现在我们则考虑通过规整而冗长的代码来降低工程整体的复杂性。

所以，语法是对语言的表达手段，以及对该表达手段的条件限制加以综合考虑而设定的

---

[1] 莫里斯（C. W. Morris）在他于 1938 年出版的《符号理论基础》一书中，最早将语法学（syntaotics 或 syntax）、语义学（semantics）、语用学（pragmatics）明确地作为符号学的三个分支，从而构成了现代语言学研究的三个主要方面。

一种形式化的规则。而所谓语义，则是指我们表达内容的逻辑含义。语义有以下基本性质：

- 一、必须是一个含义。[1]
- 二、该含义必须能够以某种基本的逻辑形式予以阐述。

语义还有一项非必需的性质，即：

- 三、上述逻辑所表达的含义可以为语言的接受者所知。

略为讨论一下第二项性质。为何语义必须要能阐述为一种基本逻辑呢？因为语义定义为内容的含义，而这种含义可以由多种形式来表现，因此，如果它不能用一种基本逻辑来表达，也就没有办法在多种表现形式之间对它互做验证。例如，不能用书写的方式来确定口头转述的正确性，反之也不能通过口传心授来传播书本知识。自然语言中的这种性质（部分地）可以由基本逻辑的矛盾律来约束，即"一个概念不能既是该概念，而又非该概念"。正是因为我们的文字记录与对话交流等内容中存在着这样的一些基本逻辑，所以它才可能科学、严谨及正确。

第三项性质对自然语言来说是非必需的——如果一个人自言自语，那么他的言语可能仍然是有语义的，只是这个语义不为他人所知。但这一点对于程序设计语言来说却是必需的，因为我们设计这样一门语言的目的，正是要让我们所表达的含义为计算机所知。

正是这第三项性质，加入了对"接受者的理解能力"的限制。出于语义的前两项基本性质，这种理解能力也必然由两个方面构成，一是指含义，二是指逻辑。于是我们看到了我们曾经讨论过的全部内容：计算系统的要素，包括数、数据和逻辑，以及在此基础上进行正确计算的方法的抽象，即计算范式。只有通过这些组织起来的语义，才可能被（我们此前所述的）计算系统理解。

这些语义与其表现形式（即语法）是无关的，有其基本逻辑存在。我们所谓的"会编程"，正是指对这种语义的理解，而非对某种语法的熟悉。正因如此，我们才可以在Java上实现某个程序，又在C#上同样实现它，在（使用这些语言的）类似的仿制过程中，不变的是语义。[2]

因此再进一步观察，编程这样的行为也就无非是将我们的意图表达为计算系统的理解能力范围内的语义罢了。归纳起来看，这种语义：

---

1 概念或实体。即，在表达者的意识中需要表达的对象。
2 这也意味着，语义上的表达能力决定了一门语言是否真正有别于其他语言。语义能力上等价的语言，除了开发人员的喜好或运行平台的限制之外，所谓有益的价值仅是开发库的丰富与社区的活跃等。而所有这些，都是与语言的本质无关的。

- 由计算系统与程序员共同确知的数据与逻辑构成；且，
- 最终可以由某种计算方法在指定计算系统上实施以得到计算结果。

这里的计算方法并不是指"算法"，而是指对某种计算实施过程的抽象，例如"命令式"和"函数式"这两种计算范式。所以，会编程与掌握某种语言的语法形式是无关的。

编程实质上是一种在语义描述上的能力修养。具备这种能力之后，语法也就只存在一些规则、限制和对不同计算系统的理解能力上的差别了。所以，"计算机程序设计"这门功课应该教你编程，而不是教你使用一门具体的语言——我们现在大多把它当成语言课，实在是本末倒置了。

周爱民
2012 年 6 月于《程序原本》

第 2 版 代序

要有光
— 《世界需要一种什么样的语言》节选 —

什么才是决定语言的未来的思想呢？或者我们也可以换个角度来提出这个问题：世界需要一种什么样的语言？

特性众多、适应性强，就是将来语言的特点吗？我们知道，现在的 C# 与 Java 都在向这一目标前进。与特定的系统相关，就是语言的出路吗？例如，曾经的 VC++，以及它面向不同平台的版本。当然，在类似的领域中，还有 C，以及汇编……

这些列举其实都是在特定环境下的特定语言，所不同的无非是环境的大小。这其实也是程序员的心病：我们到底选 Windows 平台，还是 Java 平台，或者 Linux 系统，再或者是……我们总是在不同的厂商及其支持的平台中选择，而最终这种选择又决定了我们所使用的语言。这与喜好无关，也与语言的好坏无关，不过是一种趋利的选择罢了。所以也许你在使用着的只是一种"并不那么'好'"，以及并不能令你那么开心的编程语言。你越发辛勤地工作，越发地为这些语言摇旗鼓噪，你也就离语言的真相越来越远。

当然，这也不过是一种假设。但是，真相不都是从假设开始的吗？

语言有些很纯粹，有些则以混杂著称。如果编程世界只有一种语言，无论它何等复杂，也必因毫无比较而显得足够纯粹。所以只有在多种语言之间进行比较，才会有纯粹或混杂这样的效果：纯粹与混杂总是以一种或多种分类法为背景来描述的。

因此我们了解这些类属概念的标准、原则，也就回溯到了语言的本质：它是什么、怎么样,以及如何工作。在这本书中,将这些分类回溯到三种极端的对立:命令式与说明式,动态与静态,串行与并行。分离它们,并揭示将它们混沌一物的方法与过程,如历经涅槃。在这一经历中,这本书就是我的所得。

多年以来,我在我所看不见的黑暗与看得见的梦境中追寻着答案。这本书是我最终的结论,或结论面前的最后一层表象:我们需要从纯化的语言中领悟到编程的本质,并以混杂的语言来创造我们的世界。我看到:局部的、纯化的语言可能带来独特的性质,而从全局来看,世界是因为混杂而变得有声有色的。如果上帝不说"要有光",那么我们将不能了解世象之表;而世象有了表面,便有了混杂的色彩,我们便看不见光之外的一切事物。我们依赖于光明,而事实是光明遮住了黑暗。

如同你现在正在使用的那一种、两种或更多种语言,阻碍了你看到你的未来。

周爱民
2009 年 1 月于本书精简版序

第1版 代序

学两种语言
— 《我的程序语言实践》节选 —

《程序设计语言——实践之路》一书对"语言"有一个分类法，将语言分类为"说明式"与"命令式"两种。Delphi 及 C、C++、Java、C#等都被分在"命令式"语言范型的范畴，"函数式"语言则是"说明式"范型中的一种。如今我回顾自己对语言的学习，其实十年也就学会了两种语言：一种是命令式的 Pascal/Delphi，另一种则是说明式的 JavaScript。当然，从语言的实现方式来看，一种是静态的，一种是动态的。

这便是我程序员生涯的全部了。

我毕竟不是计算机科学的研究者，而只是其应用的实践者，因此我从一开始就缺乏在"程序"的某些科学的或学术层面上的认识是很正常的。也许有些人一开始就认识到程序便是如此，或者一种语言就应当是这样构成和实现的，那么他可能是从计算机科学走向应用的，故而比我了解得多一些。而我，大概在十年前学习编程及在后来很多年的实践中，仅被要求"写出代码"而从未被要求了解"什么是语言"。所以我才会后知后觉，才会在很长的时间里迷失于那些精细的、沟壑纵横的语言表面而不自知。然而一如我现在所见到的，与我曾相同地行进于那些沟壑的朋友，仍然在持续地迷惑着、盲目着，全然无觉于沟壑之外的瑰丽与宏伟。

前些天我写过一篇博客，是推荐那篇《十年学会编程》的。那篇文章道出了我在十年编程实践之后，对程序语言的最深刻的感悟。我们学习语言其实不必贪多，深入一两种就可以了。如果在一种类型的语言上翻来覆去，例如，不断地学 C、Delphi、Java、C#……无非是求生存、讨生活，或者用以装点个人简历，于编程能力提高的作用是不大的。更多的人，因为面临太多的语言选择而浅尝辄止，多年之后仍远离程序根本，成为书写代码的机器，把书写代码的行数、程序个数或编程年限作为简历中最显要的成果。这在明眼人看来，不过是熟练的"砌砖工"而已。

我在《大道至简》中说"如今我已经不再专注于语言"。其实在说完这句话之后，我就已经开始了对 JavaScript 的深入研究。在如此深入地研究一种语言，进而与另一种全然有别的语言进行比较之后，我对"算法＋结构＝程序"有了更深刻的理解与认识——尽管这句名言从来未因我的认识而变化过，从来未因说明与命令的编程方式而变化过，也从来未因动态与静态的实现方法而变化过。

动静之间，不变的是本质。我之所以写这篇文章，并非想说明这种本质是什么抑或如何得到，只是期望读者能在匆忙的行走中，时而停下脚步，远远地观望一下目标罢了。

而我此刻，正在做一个驻足观望的路人甲。

周爱民
2007 年 11 月于个人博客

前言

语言

语言是一种交流工具,这约定了语言的"工具"本质,以及"交流"的功用。"工具"的选择只在于"功用"是否能达到,而不在于工具是什么。

在数千年之前,远古祭师手中的神杖就是他们与神交流的工具。祭师让世人相信他们敬畏的是神,而世人只需要相信那柄神杖。于是,假如祭师不小心丢掉了神杖,就可以堂而皇之地再做一根。甚至,他们可以随时将旧的换成更新的或更旧的神杖,只要他们宣称这是一根更有利于通神的神杖。对此,世人往往做出迷惑的表情或者欢欣鼓舞的姿态。今天,这种表情或姿态一样会出现在大多数程序员听闻新计算机语言被创生的时刻。

神杖换了,祭师还是祭师,世人还是会把头叩得山响。祭师掌握了与神交流的方法(如果真如同他们自己说的那样),而世人只看见了神杖。

所以,泛义的工具是文明的基础,而确指的工具却是愚人的器物。

分类法

在我看来,在 JavaScript 的进化中存在着两种与分类法相关的核心动力:一种促使我们不断地创造并特化某种特性,另一种则不断地混合种种特性。更进一步地说,前者在于产生新的分类法以试图让语言变得完美,后者则通过混淆不同的分类法,以期望通过突变而产生奇迹。

二者相同之处在于都需要更多的分类法。于是我们看到,在二十年之后,JavaScript 语言中有了动态的、静态的、命令式的、说明式的、串行的、并行的等特性。然而抛开所有这些致力于"创生一种新语言"的魔法，到底有没有让我们在这浩如烟海的语言家族中，找到学习方法的魔法呢？

我的答案是：看清语言的本质，而不是试图学会一门语言。当然，这看起来非常概念化。甚至有人说我可能是从某本教材中抄来的，另外一些人会说我试图在这本书里宣讲类似我那本《大道至简》里的老庄学说[1]。

其实我感觉很冤枉。我想表达的意思不过是：如果你想把一副牌理顺，最好的法子，是回到它的分类法上，要么从A到K整理，要么按四个花色整理。[2]毕竟，两种或更多种分类法作用于同一事物，只会使事物混淆而不是弄得更清楚。

这本书

时至今日，离这本书第 1 版的发布已经过去十多年的时间了。我承认在之前的版本中，许多内容是通过对引擎或解释器源码的分析，以及对一些语言特性的表现进行反推而得来的。因此早期的一些内容并不能深刻、准确地反映 JavaScript 语言中的事实，又或者存在错误。更关键的地方在于，并没有什么资料可以给出确定的事实或指出这些错误。如此，以至于在本书第 2 版发布时，我也只是匆匆地添加了一些有关 ECMAScript 5（ECMAScript 也简称为 ES）规范中的内容，而未能对全书进行及时更新。

事实上我当时并没有看到 ES5 的伟大之处。后来随着 ECMAScript 新版本的推出，ES5 中所蕴含的力量渐渐释放出来，随着 ES6 一直演进到现在的 ES2019，我们见证了 JavaScript 最有活力、最精彩的时光。然而这本书早期版本中的内容也渐渐蒙尘，成为故纸堆中的不实传言。于是，我终于下定决心，围绕 ECMAScript 来重新解释整个 JavaScript 核心，并在整本书的"多语言范型的整合"的大框架下重新开始写它的第 3 版，即你现在读到的这个版本。这显然意味着我在这一版中将更加尊重 ECMAScript 规范，并同时降低了对引擎差异性的关注。另外，我对书中"编程实践"的部分也进行了重新规划，让它们分散于每章的末尾，以便读者可以有选择地阅读，以及有针对性地分析这些实践案例。

然而无论如何，这本书都不是一本让你"学会某种语言"的书，也不是一本让初学者"学

---

1 《大道至简》是一本软件工程方面的图书，但往往被人看成医学书籍或有人希望从中求取养生之道。你可以在我的 Git 仓库（aimingoo/my-ebooks）中下载这本书的电子版本。
2 不过这都将漏掉两张王牌。这正是问题之所在，因为如果寻求"绝对一分为二的方法"，那么应该分为"王牌"和"非王牌"。但这往往不被程序员或扑克牌玩家所采用，因为极端复杂性才是他们追求的目标。

会编程"的书。阅读本书，你至少应该有一点编程经验，而且要摒弃某些偏见（例如，C 语言天下无敌或 JavaScript 是新手玩具等）。

最后，你还要有很多耐心与时间。

问题

1. 这本书可能会在不同章节反复讲同一个问题，这是因为从不同的视角看相同的问题，其实结论并不相同（而 JavaScript 正好是一门多范型的语言）。
2. 这本书会有极少数内容是与 ECMAScript 或现实中的特定运行期环境不同的，如果存在这种情况，本书一定会详述其缘由。
3. 这本书重在解释原理，而不是实践。
4. 这本书与许多同类书相比，有着非常多的废话——尤其对于那些打算通过这本书学习如何使用 JavaScript 的读者来说。但这本书的特点，或许就在于说了一门具体语言之外的许多废话。
5. 从纯粹讨论"如何使用 JavaScript"的角度来讲，本书在功能点上写得有些碎片化，这会导致许多内容中出现指向其他章节的交叉引用。这是本书从多语言范型角度对知识结构进行重新规划的结果。

为什么

无论是出于作者的身份，还是之于读者的期望，我都希望你在阅读本书的过程中能多问几个"为什么"。有疑与设疑，是本书与他书在立足与行文上的根本不同。

例如，在 JavaScript 中，函数参数是允许重名的，但是一旦使用了默认参数，就不允许重名了。关于这个问题，在 ECMAScript 中是有讲解的，它详细地用算法约定了这个语言特性。并且如果你深究一下，还会发现函数参数的初始化可以分成两类：绑定变量名和绑定初始器，一旦启用后一种方式，那么函数参数就不能重名了。再进一步，你会发现这个"初始器"是通过一个类似"键值对"的表来保存参数名和初始化表达式的，因为键不能重复，所以参数名也就不能重复……

是的，我们确实可以通过精读 ECMAScript 来知道上述特性，了解它的成因和原理。然而倘若我们多问一下"为什么它这么设计",大多数人就答不出来了。

因为ECMAScript中根本没有写。ECMAScript只说了"如何实现",从来没说"为什么这么设计"。这就好像有一本制造手册放在你的手边,即便你精读每一章、研习每一节,其最终结果也只能做到"精确地制造",而这个东西为什么造成这个样子,又或者某一个参数设置为什么是5.01而不是4.99,你永远也不知道。

例如这个问题:为什么"允许重名"这个特性不见了?

历史

- 2020.06《JavaScript语言精髓与编程实践》(第3版)(当前版本)

  本书第3版邀请了贺师俊(hax)、王保平(玉伯)和程劭非(winter)三位老师为本书写推荐序,另外节选了《程序原本》一书的内容作为本书代序,并大幅更新了前言。全书内容重写与重校,数易其稿,历时三年终成。

  本书新添加了第4章和第7章,分别讨论静态语言特性(主要是指结构化的方法与基本原理),以及并行语言特性。后者的部分内容涉及并发特性及其实现。在这一版中,将之前版本中关于"编程实践"的大章删除,分散在各章后分别讨论实践案例。

- 2012.03《JavaScript语言精髓与编程实践》(第2版)

  本书第2版节选了《动态函数式语言精髓》一书的序作为代序。主要添加了ES5相关的内容,并将"编程实践"中的内容从Qomo项目替换为QoBean项目。

  这是一个改动较少的修订版本。

- 2009.03《动态函数式语言精髓》(电子书)

  这本电子书是作为本书第1版的精简版由InfoQ发布的。与《主要程序设计语言范型综论与概要》类似,这本电子书回归了我原本著述本书的目的,希望能通过对JavaScript的深入研究来切入对语言本质的讨论。

  正是这些关于语言的探索,最终帮助我完成了《程序原本》一书(2012—2016年)。

- 2008.10《主要程序设计语言范型综论与概要》(电子书)

  这是一份对本书第1版的摘引,并作为一本独立电子书发布。主要侧重于语言范型的综论,针对JavaScript的相关讨论较少。

- 2008.03《JavaScript 语言精髓与编程实践》第 1 版

本书正式发行。

惯例

1. 类名或构造器函数名以大写字符开始，例如，MyClass。

2. 变量名或一般函数名以小写字符开始，例如，myObject。

3. 关键字或引用代码中的变量名使用等宽字体，例如，`yield`。

4. 正文中的英文采用一般字体，例如，JavaScript。

5. 方法名或函数名在引用时会加括号，如 `apply()`，如果不使用括号，则表明它们在上下文中应该被理解为属性、构造器名或类名，例如，`obj.constructor`。

6. 对象内部方法（通常在 ECMAScript 中规定）会以一对方括号标示，例如，`[[call]]`。

7. 若非特殊说明，ES5/ES5.1 分别指 ECMA-262 edition 5/5.1，ES6/ES7/ES8 分别指 ECMA-262 edition 2015/2016/2017。

8. 为了避免行文中不断出现"从 ESx 版本开始，支持某某特性"的字样，本书将基于 ES2019 讲述，但在第 3 章与第 6 章的实践中，部分 ECMAScript 规范章节编号指向的是 ES2017。

9. 所有在 JavaScript 示例代码中出现的名称都是按照 JavaScript 惯例命名的，如一般标识符以小写字符开始，类、单例类或构造器以大写字符开始；不使用下画线作为分隔符。但是，如果一个变量声明的目的是表明某种强调的语义效果，或是一个未经实现的工具函数/状态，那么它将使用下画线来分隔，并尽量表达一个有完整语义的定义。如果一个声明以下画线开始，那么它将表达 ECMAScript 规范中的例程，或引擎实现中的内部例程（使用下画线的标识符，在源代码中也可能会以斜体表示）。

10. 源代码中的斜体字通常用于表达语法概念，而非一个实际可用的标识符或声明。

读者服务

微信扫码回复：38669

- 获取博文视点学院 20 元付费内容抵扣券
- 获取免费增值资源
- 获取精选书单推荐
- 加入本书读者交流群，与作者互动

目录

第 1 章 二十年来的 JavaScript 1

- 1.1 网页中的代码 1
  - 1.1.1 新鲜的玩意儿 1
  - 1.1.2 写在网页中的第一段代码 2
  - 1.1.3 最初的价值 3
- 1.2 用 JavaScript 来写浏览器上的应用 5
  - 1.2.1 我要做一个聊天室 5
  - 1.2.2 Flash 的一席之地 7
  - 1.2.3 RWC 与 RIA 之争 8
- 1.3 没有框架与库的语言能怎样发展呢 10
  - 1.3.1 做一个框架 10
  - 1.3.2 重写框架的语言层 13
  - 1.3.3 富浏览器端开发（RWC）与 AJAX 14
- 1.4 语言的进化 16
  - 1.4.1 Qomo 的重生 16
  - 1.4.2 QoBean 是对语言的重新组织 17
  - 1.4.3 JavaScript 作为一门语言的进化 18
- 1.5 大型系统开发 20
  - 1.5.1 框架与架构是不同的 20
  - 1.5.2 大型系统与分布式的环境 21
  - 1.5.3 划时代的 ES6 23
- 1.6 为 JavaScript 正名 24

          1.6.1　JavaScript 25
                1.6.1.1　Core JavaScript 26
                1.6.1.2　SpiderMonkey JavaScript 27
                1.6.1.3　JScript 27
          1.6.2　ECMAScript 28
    1.7　JavaScript 的应用环境 29
          1.7.1　宿主环境 30
          1.7.2　外壳程序 31
          1.7.3　运行期环境 32
          1.7.4　兼容环境下的测试 34

第 2 章　JavaScript 的语法 36

    2.1　语法综述 36
          2.1.1　标识符所绑定的语义 37
          2.1.2　识别语法错误与运行错误 38
    2.2　JavaScript 的语法：声明 40
          2.2.1　变量的数据类型 40
                2.2.1.1　基本数据类型 41
                2.2.1.2　宿主定义的其他对象类型 42
                2.2.1.3　值类型与引用类型 42
                2.2.1.4　讨论：ECMAScript 的类型系统 43
          2.2.2　变量声明 45
                2.2.2.1　块级作用域的变量声明与一般 var 声明 47
                2.2.2.2　用赋值模板声明一批变量 48
          2.2.3　使用字面量风格的值 48
                2.2.3.1　字符串字面量、转义符 49
                2.2.3.2　模板字面量 51
                2.2.3.3　数值字面量 52
          2.2.4　其他声明 53
                2.2.4.1　常量声明 53
                2.2.4.2　符号声明 54
                2.2.4.3　函数声明 55
    2.3　JavaScript 的语法：表达式运算 56

- 2.3.1 一般表达式运算 ... 59
  - 2.3.1.1 逻辑运算 ... 59
  - 2.3.1.2 字符串运算 ... 60
  - 2.3.1.3 数值运算 ... 61
- 2.3.2 比较运算 ... 61
  - 2.3.2.1 等值检测 ... 62
  - 2.3.2.2 序列检测 ... 64
- 2.3.3 赋值运算 ... 67
  - 2.3.3.1 赋值的语义 ... 67
  - 2.3.3.2 复合赋值运算符 ... 68
  - 2.3.3.3 解构赋值 ... 68
- 2.3.4 函数相关的表达式 ... 69
  - 2.3.4.1 匿名函数与箭头函数 ... 70
  - 2.3.4.2 函数调用 ... 70
  - 2.3.4.3 new 运算 ... 72
- 2.3.5 特殊作用的运算符 ... 72
  - 2.3.5.1 类型运算符（typeof） ... 73
  - 2.3.5.2 展开语法（spread syntax） ... 74
  - 2.3.5.3 面向表达式的运算符 ... 74
- 2.3.6 运算优先级 ... 76

2.4 JavaScript 的语法：语句 ... 78
- 2.4.1 表达式语句 ... 80
  - 2.4.1.1 一般表达式语句 ... 80
  - 2.4.1.2 赋值语句与隐式的变量声明 ... 81
  - 2.4.1.3 函数调用语句 ... 82
- 2.4.2 变量声明语句 ... 86
- 2.4.3 分支语句 ... 87
  - 2.4.3.1 条件分支语句（if 语句） ... 87
  - 2.4.3.2 多重分支语句（switch 语句） ... 88
- 2.4.4 循环语句 ... 89
- 2.4.5 流程控制：一般子句 ... 91
  - 2.4.5.1 标签声明 ... 91
  - 2.4.5.2 break 子句 ... 92

- 2.4.5.3 continue 子句 94
- 2.4.5.4 return 子句 95
- 2.4.6 流程控制：异常 96
- 2.5 JavaScript 的语法：模块 97
  - 2.5.1 模块的声明与加载 98
    - 2.5.1.1 加载模块 98
    - 2.5.1.2 声明模块 100
  - 2.5.2 名字空间的特殊性 101
    - 2.5.2.1 名字空间的创建者 102
    - 2.5.2.2 名字空间中的名字是属性名 102
    - 2.5.2.3 使用上的一些特殊性 103
- 2.6 严格模式下的语法限制 105
  - 2.6.1 语法限制 106
  - 2.6.2 执行限制 108
  - 2.6.3 严格模式的范围 110
    - 2.6.3.1 有限范围下的严格模式 110
    - 2.6.3.2 非严格模式的全局环境 112
- 2.7 运算符的二义性 112
  - 2.7.1 加号 "+" 的二义性 114
  - 2.7.2 括号 "()" 的二义性 114
  - 2.7.3 冒号 ":" 与标签的二义性 116
  - 2.7.4 大括号 "{ }" 的二义性 117
    - 2.7.4.1 复合语句/语句块 117
    - 2.7.4.2 声明对象字面量 118
    - 2.7.4.3 函数声明 119
    - 2.7.4.4 结构化异常 119
    - 2.7.4.5 模板中的变量引用 120
    - 2.7.4.6 解构赋值 120
  - 2.7.5 逗号 "," 的二义性 122
  - 2.7.6 方括号 "[ ]" 的二义性 123
  - 2.7.7 语法设计中对二义性的处理 127

第3章 JavaScript 的面向对象语言特性 130
3.1 面向对象编程的语法概要 130
3.1.1 对象声明与实例创建 132
3.1.1.1 使用构造器创建对象实例 132
3.1.1.2 声明对象字面量 134
3.1.1.3 数组及其字面量 137
3.1.1.4 正则表达式及其字面量 138
3.1.1.5 在对象声明中使用属性存取器 141
3.1.2 使用类继承体系 141
3.1.2.1 声明类和继承关系 141
3.1.2.2 声明属性 143
3.1.2.3 调用父类构造方法 144
3.1.2.4 调用父类方法 145
3.1.2.5 类成员（类静态成员） 146
3.1.3 对象成员 147
3.1.3.1 成员的列举，以及可列举性 147
3.1.3.2 对象及其成员的检查 150
3.1.3.3 值的存取 153
3.1.3.4 成员的删除 154
3.1.3.5 方法的调用 157
3.1.4 使用对象自身 157
3.1.4.1 与基础类型数据之间的运算 157
3.1.4.2 默认对象的指定 158
3.1.5 符号 158
3.1.5.1 列举符号属性 159
3.1.5.2 改变对象内部行为 159
3.1.5.3 全局符号表 160
3.2 JavaScript 的原型继承 161
3.2.1 空（null）与空白对象（empty） 161
3.2.1.1 空白对象是所有对象的基础 162
3.2.1.2 构造复制？写时复制？还是读遍历？ 163
3.2.1.3 构造过程：从函数到构造器 166
3.2.1.4 内置属性与方法 167

3.2.1.5　原型为 null："更加空白"的对象 170
　3.2.2　原型链的维护 171
　　　3.2.2.1　外部原型链与 constructor 属性 172
　　　3.2.2.2　使用内部原型链 173
　3.2.3　原型继承的实质 175
　　　3.2.3.1　简单模型 175
　　　3.2.3.2　基于原型继承的设计方法 177
　　　3.2.3.3　如何理解"继承来的成员" 177
3.3　JavaScript 的类继承 179
　3.3.1　类是静态的声明 179
　3.3.2　super 是全新的语法元素 181
　　　3.3.2.1　super 的作用 181
　　　3.3.2.2　super 指向什么 182
　　　3.3.2.3　super 对一般属性的意义 184
　　　3.3.2.4　super 在两种继承关系中的矛盾 186
　　　3.3.2.5　super 的动态计算过程 188
　3.3.3　类是用构造器（函数）来实现的 189
　3.3.4　父类的默认值与 null 值 192
3.4　JavaScript 的对象系统 196
　3.4.1　封装与多态 196
　　　3.4.1.1　封装 196
　　　3.4.1.2　多态 198
　　　3.4.1.3　多态与方法继承 200
　3.4.2　属性 201
　　　3.4.2.1　方法 201
　　　3.4.2.2　事件 205
　3.4.3　构造对象系统的方法 206
　　　3.4.3.1　类抄写 206
　　　3.4.3.2　原型继承 209
　　　3.4.3.3　类继承 210
　　　3.4.3.4　直接创建对象 211
　　　3.4.3.5　如何选择继承的方式 213
　3.4.4　内置的对象系统 214

		3.4.4.1	早期规范（ES5 之前）中的对象	216
		3.4.4.2	集合对象	218
		3.4.4.3	结构化数据对象	221
		3.4.4.4	反射对象	223
		3.4.4.5	其他	225
	3.4.5	特殊效果的继承		226
3.5	可定制的对象属性			229
	3.5.1	属性描述符		230
		3.5.1.1	数据描述符	230
		3.5.1.2	存取描述符	231
		3.5.1.3	隐式创建的描述符：字面量风格的对象或类声明	232
	3.5.2	定制对象属性		233
		3.5.2.1	给属性赋值	234
		3.5.2.2	使用属性描述符	235
		3.5.2.3	取属性或属性列表	237
	3.5.3	属性表的状态		239
3.6	运行期侵入与元编程系统			242
	3.6.1	关于运行期侵入		243
		3.6.1.1	运行期侵入的核心机制	243
		3.6.1.2	可被符号影响的行为	244
		3.6.1.3	内部方法与反射机制	251
		3.6.1.4	侵入原型	255
	3.6.2	类类型与元类继承		257
		3.6.2.1	原子	257
		3.6.2.2	元与元类	258
		3.6.2.3	类类型系统	260
		3.6.2.4	类类型的检查	261
		3.6.2.5	类类型的声明以及扩展特性	263
	3.6.3	元编程模型		266

第 4 章 JavaScript 语言的结构化 269

4.1	概述		269
	4.1.1	命令式语言	270

    4.1.1.1 存储与数据结构 270
    4.1.1.2 结构化编程 271
    4.1.1.3 结构化的疑难 272
   4.1.2 面向对象语言 275
    4.1.2.1 结构化的延伸 275
    4.1.2.2 更高层次的抽象：接口 278
    4.1.2.3 面向接口的编程方法 280
   4.1.3 再论语言的分类 281
    4.1.3.1 对语言范型的简化 281
    4.1.3.2 结构化的性质 282
   4.1.4 JavaScript 的语源 283
 4.2 基本的组织元素 284
   4.2.1 标识符 285
   4.2.2 表达式 286
    4.2.2.1 字面量 287
    4.2.2.2 初始器 287
   4.2.3 语句 288
   4.2.4 模块 289
   4.2.5 组织的原则 290
    4.2.5.1 原则一：抑制数据的可变性 290
    4.2.5.2 原则二：最小逻辑和最大复用 291
    4.2.5.3 原则三：语法在形式上的清晰与语义一致性 293
 4.3 声明 294
   4.3.1 声明名字 295
   4.3.2 确定性 296
   4.3.3 顶层声明 297
 4.4 语句与代码分块 300
   4.4.1 块 301
    4.4.1.1 简单语句 302
    4.4.1.2 单值表达式 302
   4.4.2 块与语句的语法结构 303
    4.4.2.1 语义上的代码分块 303
    4.4.2.2 分支逻辑中的代码分块 303

| 4.4.2.3   多重分支逻辑中的代码分块 304
| 4.4.2.4   循环逻辑中的代码分块 306
| 4.4.2.5   异常中的代码分块 308
| 4.4.3   块与声明语句 309
| 4.4.3.1   只能在块中进行数据声明 309
| 4.4.3.2   能同时声明块的声明语句 310
| 4.4.3.3   声明语句与块的组织 311
| 4.4.4   块与语句的值 312
| 4.4.4.1   语句的执行状态 314
| 4.4.4.2   语句无值 315
| 4.4.4.3   语句有值 316
| 4.4.5   标签化语句与块 317
| 4.5 组织形式分块的方法 318
| 4.5.1   词法作用域 319
| 4.5.1.1   不存在"级别 1: 表达式" 320
| 4.5.1.2   级别 2: 语句 320
| 4.5.1.3   级别 3: 函数 324
| 4.5.1.4   级别 4: 模块 325
| 4.5.1.5   级别 5: 全局 327
| 4.5.2   执行流程及其变更 328
| 4.5.2.1   级别 1: 可能的逃逸 329
| 4.5.2.2   级别 2: "break <label>;"等语法 331
| 4.5.2.3   级别 3: return 子句 333
| 4.5.2.4   级别 4: 动态模块与 Promise 中的流程控制 335
| 4.5.2.5   级别 5: throw 语句 335
| 4.5.3   词法作用域之间的相关性 336
| 4.5.4   执行流程变更的内涵 337
| 4.6 层次结构程序设计 340
| 4.6.1   属性的可见性 341
| 4.6.1.1   属性在继承层次间的可见性 342
| 4.6.1.2   属性在继承树（子树）间的可见性 343
| 4.6.2   多态的逻辑 343
| 4.6.2.1   super 是对多态逻辑的绑定 344

　　　　4.6.2.2　super 是一个作用域相关的绑定 345
　　4.6.3　私有作用域的提出 347
4.7　历史遗产：变量作用域 349
　　4.7.1　变量作用域 350
　　　　4.7.1.1　级别 3：函数（局部变量） 351
　　　　4.7.1.2　级别 4：模块 352
　　　　4.7.1.3　级别 5：全局变量 352
　　4.7.2　变量的特殊性与变量作用域的关系 353
　　　　4.7.2.1　变量提升 353
　　　　4.7.2.2　变量动态声明 354
　　　　4.7.2.3　变量隐式声明（全局属性） 355
4.8　私有属性与私有字段的纷争 356
　　4.8.1　私有属性的提出 357
　　　　4.8.1.1　对象字面量中的作用域问题 357
　　　　4.8.1.2　类声明中的作用域问题 359
　　　　4.8.1.3　识别"对象自己（访问）" 360
　　　　4.8.1.4　识别"对象访问（自己）" 361
　　4.8.2　从私有属性到私有成员 361
　　　　4.8.2.1　私有属性与私有字段 361
　　　　4.8.2.2　私有字段与私有变量 363
　　　　4.8.2.3　再论私有成员 364
　　4.8.3　"类字段"提案的实现概要 364
　　　　4.8.3.1　语法设计 365
　　　　4.8.3.2　实现框架 366
　　　　4.8.3.3　概要分析 368
　　4.8.4　"私有属性"提案的设计与提议 368
　　　　4.8.4.1　语法设计 368
　　　　4.8.4.2　语法与语义的关系 371
　　4.8.5　"私有属性"提案的实现 373
　　　　4.8.5.1　核心的实现逻辑 373
　　　　4.8.5.2　一个简短的回顾 374
　　　　4.8.5.3　保护属性的实现 375
　　　　4.8.5.4　可见性的管理（unscopables） 376

		4.8.5.5 避免侵入（thisValue）	377
		4.8.5.6 内部访问（internal）	378
		4.8.5.7 概要分析	380

第 5 章 JavaScript 的函数式语言特性 ... 381

5.1 概述 ... 381
5.1.1 从代码风格说起 ... 382
5.1.2 为什么常见的语言不赞同连续求值 ... 383
5.1.3 函数式语言的渊源 ... 384

5.2 从运算式语言到函数式语言 ... 386
5.2.1 JavaScript 中的几种连续运算 ... 386
5.2.1.1 连续赋值 ... 386
5.2.1.2 三元表达式的连用 ... 387
5.2.1.3 连续逻辑运算 ... 388
5.2.1.4 逗号运算符与连续运算 ... 389
5.2.1.5 解构赋值 ... 389
5.2.1.6 函数与方法的调用 ... 390

5.2.2 如何消灭语句 ... 391
5.2.2.1 通过表达式消灭分支语句 ... 391
5.2.2.2 通过函数递归消灭循环语句 ... 393
5.2.2.3 其他可以被消灭的语句 ... 394

5.2.3 运算式语言 ... 394
5.2.3.1 运算的实质是值运算 ... 394
5.2.3.2 运算式语言的应用 ... 396

5.2.4 重新认识函数 ... 397
5.2.4.1 函数是对运算式语言的补充 ... 398
5.2.4.2 函数是代码的组织形式 ... 398
5.2.4.3 当运算符等义于某个函数时 ... 399

5.2.5 函数式语言 ... 401
5.2.5.1 "函数" === "Lambda" ... 402
5.2.5.2 函数是操作数 ... 402
5.2.5.3 在函数内保存数据 ... 403
5.2.5.4 函数内的运算对函数外无副作用 ... 404

             5.2.5.5　函数式的特性集 405
　5.3　JavaScript 中的函数 405
　　5.3.1　参数 405
             5.3.1.1　可变参数 406
             5.3.1.2　默认参数 408
             5.3.1.3　剩余参数 409
             5.3.1.4　模板参数 410
             5.3.1.5　参数对象 411
             5.3.1.6　非简单参数 413
             5.3.1.7　非惰性求值 414
             5.3.1.8　传值参数 416
　　5.3.2　函数 418
             5.3.2.1　一般函数 419
             5.3.2.2　生成器函数 421
             5.3.2.3　类 423
             5.3.2.4　方法 425
             5.3.2.5　箭头函数 426
             5.3.2.6　绑定函数 427
             5.3.2.7　代理函数 431
　　5.3.3　函数的数据性质 431
             5.3.3.1　函数是第一型 432
             5.3.3.2　数据态的函数 433
             5.3.3.3　类与对象态的函数 434
             5.3.3.4　代理态的函数 438
　　5.3.4　函数与逻辑结构 439
             5.3.4.1　递归 439
             5.3.4.2　函数作为构造器的递归 441
             5.3.4.3　块级作用域中的函数 442
　5.4　函数的行为 443
　　5.4.1　构造 444
             5.4.1.1　this 引用的创建 444
             5.4.1.2　初始化 this 对象 446
　　5.4.2　调用 448

- 5.4.2.1 不使用函数调用运算符 ... 449
- 5.4.2.2 callee：我是谁 ... 452
- 5.4.2.3 caller：谁调用我 ... 453
- 5.4.3 方法调用 ... 455
  - 5.4.3.1 属性存取与 this 引用的传入 ... 456
  - 5.4.3.2 this 引用的使用 ... 457
  - 5.4.3.3 在方法调用中理解 super ... 458
  - 5.4.3.4 动态地添加方法 ... 459
- 5.4.4 迭代 ... 461
  - 5.4.4.1 可迭代对象与迭代 ... 461
  - 5.4.4.2 可迭代对象在语法层面的支持 ... 462
  - 5.4.4.3 迭代器的错误与异常处理 ... 464
- 5.4.5 生成器中的迭代 ... 466
  - 5.4.5.1 生成器对象 ... 466
  - 5.4.5.2 生成器的错误与异常处理 ... 469
  - 5.4.5.3 方法 throw() 的隐式调用 ... 472
  - 5.4.5.4 向生成器中传入的数据 ... 474
- 5.5 闭包 ... 475
  - 5.5.1 闭包与函数实例 ... 476
    - 5.5.1.1 闭包与非闭包 ... 476
    - 5.5.1.2 什么是函数实例 ... 477
    - 5.5.1.3 看到闭包 ... 478
    - 5.5.1.4 闭包的数量 ... 479
  - 5.5.2 闭包的使用 ... 481
    - 5.5.2.1 运行期的闭包 ... 482
    - 5.5.2.2 闭包中的可访问标识符 ... 483
    - 5.5.2.3 用户代码导致的闭包变化 ... 484
    - 5.5.2.4 函数表达式的特殊性 ... 485
    - 5.5.2.5 严格模式下的闭包 ... 486
  - 5.5.3 与闭包类似的实例化环境 ... 487
    - 5.5.3.1 全局环境 ... 487
    - 5.5.3.2 模块环境 ... 490
    - 5.5.3.3 对象闭包 ... 491

	5.5.3.4 块	492
	5.5.3.5 循环语句的特殊性	493
	5.5.3.6 函数闭包与对象闭包的混用	495
5.5.4	与闭包相关的一些特性	496
	5.5.4.1 变量维护规则	496
	5.5.4.2 引用与泄露	497
	5.5.4.3 语句或语句块中的闭包问题	499
	5.5.4.4 闭包中的标识符（变量）特例	502
	5.5.4.5 函数对象的闭包及其效果	504

第 6 章 JavaScript 的动态语言特性 ... 506

6.1 概述 ... 506

- 6.1.1 动态数据类型的起源 ... 507
- 6.1.2 动态执行系统 ... 507
- 6.1.3 脚本系统的起源 ... 509
- 6.1.4 脚本只是表现形式 ... 510

6.2 动态类型：对象与值类型之间的转换 ... 512

- 6.2.1 包装类：面向对象的妥协 ... 512
  - 6.2.1.1 显式创建 ... 513
  - 6.2.1.2 显式包装 ... 514
  - 6.2.1.3 隐式包装的过程与检测方法 ... 514
  - 6.2.1.4 包装值类型数据的必要性与问题 ... 517
  - 6.2.1.5 其他字面量与相应的构造器 ... 519
  - 6.2.1.6 函数特例 ... 519
- 6.2.2 从对象到值 ... 520
  - 6.2.2.1 对象到值的隐式转换规则 ... 520
  - 6.2.2.2 直接的值运算不受包装类的方法影响 ... 522
  - 6.2.2.3 什么是"转换的预期" ... 524
  - 6.2.2.4 深入探究 valueOf() 方法 ... 525
  - 6.2.2.5 布尔运算的特例 ... 527
  - 6.2.2.6 符号 Symbol.toPrimitive 的效果 ... 528
- 6.2.3 显式的转换 ... 529
  - 6.2.3.1 显式转换的语法含义 ... 530

- 6.2.3.2 对"转换预期"的显式表示 531
- 6.2.3.3 关于符号值的补充说明 531
- 6.3 动态类型：值类型的转换 532
  - 6.3.1 值运算：类型转换的基础 532
    - 6.3.1.1 完整过程：运算导致的类型转换 533
    - 6.3.1.2 语句或语义导致的类型转换 535
  - 6.3.2 值类型之间的转换 535
    - 6.3.2.1 undefined 的转换 536
    - 6.3.2.2 number 的转换 537
    - 6.3.2.3 boolean 的转换 537
    - 6.3.2.4 string 的转换 538
    - 6.3.2.5 symbol 的转换 539
  - 6.3.3 值类型之间的显式转换 540
    - 6.3.3.1 到数值的显式转换 540
    - 6.3.3.2 到字符串类型的显式转换 541
    - 6.3.3.3 到 undefined 值的显式处理 544
    - 6.3.3.4 到布尔值的显式处理 544
- 6.4 动态类型：对象与数组的动态特性 545
  - 6.4.1 关联数组与索引数组 545
  - 6.4.2 索引数组作为对象的问题 546
    - 6.4.2.1 索引数组更加低效 547
    - 6.4.2.2 属性 length 的可写性 549
    - 6.4.2.3 类型化数组的一些性质 550
  - 6.4.3 类数组对象：对象作为索引数组的应用 552
  - 6.4.4 其他 554
- 6.5 重写 555
  - 6.5.1 标识符的重写及其限制 555
    - 6.5.1.1 早于用户代码之前的声明与重写 556
    - 6.5.1.2 声明对标识符可写性的影响 559
    - 6.5.1.3 赋值操作带来的重写 560
    - 6.5.1.4 对象内部方法对重写的影响 563
    - 6.5.1.5 非赋值操作带来的重写 564
    - 6.5.1.6 条件化声明中的重写 565

- 6.5.1.7 运算优先级与引用的暂存 ... 566
- 6.5.2 原型重写 ... 567
- 6.5.3 构造器重写 ... 569
  - 6.5.3.1 重写 Object() ... 569
  - 6.5.3.2 使用类声明来重写 ... 571
  - 6.5.3.3 继承关系的丢失 ... 572
- 6.5.4 对象成员的重写 ... 573
  - 6.5.4.1 成员重写的检测 ... 574
  - 6.5.4.2 成员重写的删除 ... 575
  - 6.5.4.3 成员重写对作用域的影响 ... 576
- 6.5.5 引擎对重写的限制 ... 578
  - 6.5.5.1 this 与 super 等关键字的重写 ... 579
  - 6.5.5.2 语句中的重写 ... 580
  - 6.5.5.3 结构化异常处理中的重写 ... 580

6.6 动态执行 ... 582

- 6.6.1 eval()作为函数名的特殊性 ... 582
- 6.6.2 eval()在不同上下文环境中的效果 ... 584
  - 6.6.2.1 eval 使用全局环境 ... 584
  - 6.6.2.2 eval 使用对象闭包或模块环境 ... 585
  - 6.6.2.3 eval()使用当前函数的闭包 ... 585
- 6.6.3 Eval 环境的独特性 ... 586
  - 6.6.3.1 默认继承当前环境的运行模式 ... 587
  - 6.6.3.2 例外：obj.eval()的特殊性 ... 588
  - 6.6.3.3 执行代码可以自行决定运行模式 ... 589
  - 6.6.3.4 声明实例化过程与其他可执行结构不同 ... 591
  - 6.6.3.5 环境的回收 ... 592
- 6.6.4 动态执行过程中的语句、表达式与值 ... 593
- 6.6.5 序列化与反序列化 ... 595
  - 6.6.5.1 在对象与函数上的限制 ... 596
  - 6.6.5.2 对象深度与循环引用 ... 597
  - 6.6.5.3 不太现实的替代品 ... 599
- 6.6.6 eval 对作用域的影响 ... 600
- 6.6.7 其他的动态执行逻辑 ... 601

		6.6.7.1	动态创建的函数	601
		6.6.7.2	模板与动态执行	603
		6.6.7.3	宿主的动态执行逻辑	604
6.7	动态方法调用（call、apply 与 bind）			605
	6.7.1	动态方法调用以及 this 引用的管理		605
	6.7.2	丢失的 this 引用		608
	6.7.3	bind()方法与函数的延迟调用		610
	6.7.4	栈的可见与修改		612
	6.7.5	严格模式中的 this 绑定问题		614
6.8	通用执行环境的实现			615
	6.8.1	通用 DSL 的模型		616
		6.8.1.1	概念设计	616
		6.8.1.2	被依赖的基础功能	616
		6.8.1.3	一个基本实现	619
		6.8.1.4	应用示例	621
		6.8.1.5	其他	623
	6.8.2	实现 ECMAScript 引擎		624
		6.8.2.1	简单入手	624
		6.8.2.2	引擎中的环境	625
		6.8.2.3	对用户代码的语法分析	628
		6.8.2.4	执行前的准备工作	630
		6.8.2.5	从语法树节点开始执行	631
		6.8.2.6	数据的交换	633
		6.8.2.7	上下文的使用与管理	634
	6.8.3	与 DSL 的概念整合		635

第 7 章　JavaScript 的并行语言特性 638

7.1	概述			638
	7.1.1	并行计算的思想		638
		7.1.1.1	并行计算范型的抽象	639
		7.1.1.2	分布与并行逻辑	639
		7.1.1.3	并发的讨论背景	640
		7.1.1.4	分支也可以不是时序逻辑	641

7.1.2 并行程序设计的历史 642
7.1.2.1 从"支持并行"到并行程序语言 643
7.1.2.2 用并发思想处理数据的语言 643
7.1.2.3 多数传统程序设计语言是"伪并行"的 644
7.1.2.4 真正的并行：在语言层面无视时间 644
7.1.3 并行语言特性在 JavaScript 中的历史 645

7.2 Promise 的核心机制 647
7.2.1 Promise 的核心过程 647
7.2.1.1 Promise 的构造方法 647
7.2.1.2 需要清楚的事实：没有延时 648
7.2.1.3 Then 链 649
7.2.1.4 Then 链中 promise2 的置值逻辑 650
7.2.1.5 Then 链对值的传递以及.catch()处理 652
7.2.2 Promise 类与对象的基本应用 654
7.2.2.1 Promise 的其他类方法 654
7.2.2.2 Promise.resolve()处理 thenable 对象的具体方法 656
7.2.2.3 promise 对象的其他原型方法 658
7.2.2.4 未捕获异常的 promise 的检测 660
7.2.2.5 特例：将响应函数置为非函数 662
7.2.3 Promise 的子类 663
7.2.3.1 由 Promise()派生的子类 663
7.2.3.2 thenable 对象或其子类 664
7.2.4 执行逻辑 666
7.2.4.1 任务队列 666
7.2.4.2 执行栈 667

7.3 与其他语言特性的交集 668
7.3.1 与函数式特性的交集：异步的函数 669
7.3.1.1 异步函数的引入 669
7.3.1.2 异步函数的值 670
7.3.1.3 异步函数中的 await 671
7.3.1.4 异步生成器函数 673
7.3.1.5 异步生成器函数中的 await 674
7.3.1.6 异步生成器函数与 for await...of 语句 676

7.3.2 与动态特性的交集 677
7.3.2.1 await 在语义上的特点 677
7.3.2.2 resolve 行为与类型模糊 678
7.3.2.3 then 方法的动态绑定 679
7.3.2.4 通过接口识别的类型（thenable） 680
7.3.2.5 通过动态创建函数来驱动异步特性 682
7.3.3 对结构化特性带来的冲击 683
7.3.3.1 对执行逻辑的再造 683
7.3.3.2 迟来的 finally 684
7.3.3.3 new Function()风格的异步函数创建 686
7.3.3.4 异步方法与存取器 687
7.4 JavaScript 中对并发的支持 690
7.4.1 Agent、Agent Cluster 及其工作机制 691
7.4.1.1 工作线程及其环境 691
7.4.1.2 线程及其调度 692
7.4.1.3 与谁协商 693
7.4.1.4 多线程的可计算环境 694
7.4.1.5 通过消息通信完成协商 695
7.4.2 SharedArrayBuffer 698
7.4.3 Atomics 701
7.4.3.1 锁 701
7.4.3.2 置值：锁的状态切换 704
7.4.3.3 其他原子操作 705
7.4.3.4 原子操作中的异常与锁的释放 705
7.5 在分布式网络环境中的并行执行 706
7.5.1 分布式并行架构的实践 707
7.5.1.1 N4C 的背景 707
7.5.1.2 N4C 的架构设计 707
7.5.1.3 N4C 架构的实现 708
7.5.2 构建一个集群环境 709
7.5.2.1 N4C 集群与资源中心的基本结构 709
7.5.2.2 启动集群 711
7.5.2.3 在集群中创建任务中心 712

    7.5.2.4 将计算节点加入集群 713
  7.5.3 使用 PEDT 执行并行任务 713
    7.5.3.1 本地任务、远程任务与并行任务 714
    7.5.3.2 使用 PEDT 来管理并行任务 714
    7.5.3.3 任务的执行 715
    7.5.3.4 并行的方法 716
  7.5.4 可参考的意义 718

附录 A 术语表 719

附录 B 参考书目 723

附录 C 图表索引 725

附录 D 本书各版次主要修改 731

CHAPTER 第 1 章

二十年来的 JavaScript

几乎每本讲 JavaScript 的书都会用很大的篇幅来讲 JavaScript 的缘起与现状。本书也需要这样的一个开篇吗？

不。我虽然也这样想过，但我不打算让读者去读一些能够从 Wiki 中摘抄出来的内容，或者在不同的书籍中都可以看到的、千篇一律的文字。所以，我来写写我与 JavaScript 的故事。在这个过程中，你会看到一个开发者在每个阶段对 JavaScript 的认识，也可以知道这本书的由来。[1]

1.1 网页中的代码

1.1.1 新鲜的玩意儿

1996 年年末，公司老板 P&J 找我去帮他的一个朋友做一些网页。那时事实上还没有说要做成网站。在那个时代，中国的 IT 人中可能还有 2/3 的触网者在玩一种叫"电子公告板（BBS，Bulletin Board System）"的东西——这与现在的 BBS 不一样，它是一种利用当时的有线电话网组成的 PC-BBS 系统，使用基于 Telnet 的终端登入操作。而另外 1/3 的触网者可能已经开始

---

[1] 如果忽略故事性与可读性，你也可以选择跳过本章的前几小节。其中每节的前两小节是讲我的经历，而后一小节讲的是 JavaScript 的发展历史，请读者甄选阅读。

了互联网之旅,知道了主页(Homepages)、超链接(Hyperlink)这样的一些东西。

我最开始做的网页只用于展示信息,是一个个单纯的、静态的网页,并通过一些超链接连接起来。当时的网页开发环境并不好,因此我只能用 Windows 中的记事本来写 HTML 代码。当时显示这些 HTML 文件的浏览器,就是 Netscape Navigator 3。

我很快就遇到了麻烦,因为 P&J 的朋友说希望让浏览网页的用户能做更多的事,例如搜索什么的。我笑着说:"如果是在电子公告板(PC-BBS)上,那么写段脚本就可以了;但在互联网上,却要做很多的工作。"

事实上我并不知道要做多少工作。我随后查阅的资料表明:不但要在网页中放一些表单让浏览者提交信息,还要在网站的服务器上写一些代码来响应这些提交。我向那位先生摊开双手,说:"如果你真的想要这样做,那么我们可能需要三个月,或者更久。因为我还必须学习一些新鲜的玩意儿才行。"

那时的触网者,对这些"新鲜的玩意儿"的了解还几乎是零。因此,这个想法很自然地被搁置了。而我在后来被调到成都,终于有更多的机会接触 Internet 网络,时值 1997 年,浏览器环境也已经换成了 Internet Explorer 4.0。

那是一个美好的时代。通过互联网,大量的新东西被很快传送进来。我终于有机会了解一些新的技术名词了,例如 CSS 和 JavaScript。HTML 4.0 的标准已经确定(1997 年 12 月),浏览器的兼容性开始变得更好,Internet Explorer(以下简称 IE)也越来越有取代 Netscape Navigator(以下简称 NN)而一统天下的形势。除了这些,我还对用 Delphi 进行 ISAPI CGI 和 ISAPI Filter 开发的技术展开了深入的学习。

1.1.2 写在网页中的第一段代码

1998 年,我调回到河南郑州,成为一名专职程序员,任职于当时的一家反病毒软件公司[1],主要的工作是用 Delphi 做 Windows 环境下的开发。而当时我的个人兴趣之一,就是"做一个个人网站"。那时大家都对"做主页"很感兴趣,我的老朋友傅贵[2]就专门写了一套代码,以方便普通互联网用户将自己的主页放到"个人空间"里。同时,他还为这些个人用户提供了公共的 BBS

---

[1] 经纬软件(Keenvim software),后来被并购,更名为豫能信息技术有限公司,P&J(彭杰)是该公司 CEO。当时的主要产品是 CTO 周辉与刘杰共同研发的 AV95 杀毒软件,在 1995—1998 年间是杀毒软件市场的主要竞争者之一。

[2] 在中国互联网技术论坛发展的早期,傅贵创建了著名的"Delphi/C++ Builder 论坛",他也是"中国开发网 ORG(cndev.org)"的创建者。

程序和其他的一些服务器端代码。但我并不满足于这些，满脑子想的就是做一个"自己的网站"。我争取到了一台使用IIS 4.0 的服务器，由于有ISAPI CGI这样的服务器端技术，因此一年前的那个"如何让浏览者提交信息"的问题已经迎刃而解。而当时更先进的浏览器端开发技术也已经出现，例如，Java Applet。我当时便选择了一个Java Applet来做"网页菜单"。

但是在当时，在 IE 中显示 Java Applet 之前需要装载整个 JVM（Java Virtual Machine，Java 虚拟机）。这对于现在的 CPU 来说，已经不是什么大不了的负担了，但当时这个安装过程却非常漫长。在这个"漫长的过程"中，网页显示一片空白，因此浏览者可能在看到一个"漂亮的菜单"之前就跑掉了。

为此我不得不像做 Windows 桌面应用程序一样弄一个"闪屏窗口"放在前面。这个窗口只用于显示"Loading..."这样的文字（或图片）。而同时，我在网页中加入一个<APPLET>标签，使得 JVM 能偷偷地载入浏览器。然而，接下来的问题是：这个过程怎么结束呢？

我当时能找到的所有 Java Applet 都没有"在 JVM 载入后自动链接到其他网页"的能力，但其中有一个可以支持一种状态查询，它能在一个名为 `isInited` 的属性中返回状态 `True` 或 `False`。而我需要在浏览器中查询到这种状态，如果是 `True`，就可以结束 Loading 过程，进入真正的主页。由于 JVM 已经偷偷地载入过了，因此"漂亮的菜单"很快就能显示出来。因为我无法获得 Java Applet 的 Java 源代码以便重写这个 Applet 去切换网址，因此这个"访问 Java Applet 的属性"的功能就需要用一种在浏览器中的技术来实现了。

这时跳到我面前的东西，就是 JavaScript。我为此而写出的代码如下：

```
<script language="JavaScript">
function checkInited() {
  if (document.MsgApplet.isInited) {
    self.location.href = "mainpage.htm";
  }
}
setInterval("checkInited()", 50)
</script>
```

1.1.3 最初的价值

JavaScript 最初被开发人员接受，其实是一种无可奈何的选择。

首先，网景公司（Netscape Communications Corporation）很早就意识到：网络需要一种

集成的、统一的、客户端到服务端的解决方案。为此，Netscape提出了LiveWire的概念[1]，并打算用一种语言来在服务器上创建类似CGI的应用程序；与此同时，网景公司也意识到它们的浏览器Netscape Navigator中需要一种脚本语言的支持，解决类似"在向服务器提交数据之前进行验证"的问题。1995年4月，网景公司招募了Brendan Eich，希望Brendan Eich来实现这样的一种语言，以"使网页活动起来（Making Web Pages Come Alive）"。到了1995年9月，在发布NN 2.0 Beta时，LiveScript最早作为一种"浏览器上的脚本语言"被推到网页制作人员的面前；随后，在同年9月18日，网景公司宣布在其服务器端产品"LiveWire Server Extension Engine"中将包含一个该语言的服务器端（Server-side）版本[2]。

而在这时，Sun 公司的 Java 语言大行其道。Netscape 决定在服务器端与 Sun 进行合作，这种合作后来扩展到浏览器，推出了名为 Java Applet 的"小应用"。而 Netscape 也借势将 LiveScript 改名，于 1995 年 12 月 4 日，在与 Sun 公司共同发布的一份声明中首次使用了"JavaScript"这个名字，将之称为一种"面向企业网络和互联网的、开放的、跨平台的对象脚本语言"。从这种定位来看，最初的 JavaScript 在一定程度上是为了解决浏览器与服务器之间统一开发而实现的一种语言。

微软在浏览器方面是一个后来者。因此，它不得不在自己的浏览器中加入对 JavaScript 的支持。但 JavaScript 是 Sun 注册并授权给 Netscape 使用的商标，为了避免这一冲突，微软只得使用了 JScript 这个名字。微软在 1996 年 8 月发布 IE 3 时，提供了相当于 NN 3 的对 JavaScript 脚本的语言支持，但同时也提供了自己的 VBScript。

当 IE 与 NN 进行那场著名的"浏览器大战"的时候，没有人能够看到结局。因此要想做一个"可以看的网页"，只能选择一个在两种浏览器上都能运行的脚本语言。这就使得 JavaScript 成为唯一可能正确的答案。当时，几乎所有的书籍都向读者宣导"兼容浏览器是一件天大的事"。为了这种兼容，一些书籍甚至要求网页制作人员最好不要用 JavaScript，"让所有的事，在服务器上使用 Perl 或 CGI 去做好了"。

然而随着 IE 4.0 的推出以及缘于 DHTML 带来的诱惑，一切都发生了改变。

---

1 LiveWire 是 Netscape 公司的一个通用的 Web 开发环境，仅支持 Netscape Enterprise Server 和 Netscape FastTrack Server，而不支持其他的 Web 服务器。这种技术在服务器端通过内嵌于网页的 LiveScript 代码，使用名为 database、DbPool、Cursor 等的一组对象来存取 LiveWire Database。作为整套的解决方案，Netscape 在客户端网页上也提供对 LiveScript 脚本语言的支持，除了访问 Array、String 等这些内置对象之外，还可以访问 window 等浏览器对象。LiveScript 后来发展为 JavaScript，而 LiveWire 架构也成为所有 Web 服务器提供 SP（Server Page）技术的蓝本。例如，IIS 中的 ASP，以及更早期的 IDC（Internet Database Connect）。

2 该产品即是后来在 1996 年 3 月发布的 Netscape Enterprise Server 2.0。

1.2 用JavaScript来写浏览器上的应用

1.2.1 我要做一个聊天室

大概是在 1998 年 12 月中旬，我的个人网站完工了。

这是一个文学网站，这个网站在浏览器上用到了 Java Applet 和 JavaScript，并且为 IE 4.0 浏览器提供了一个称为"搜索助手"的浮动条（FloatBar），用于快速向服务器提交查询文章的请求。而服务器端则使用了 Delphi 开发的 ISAPI CGI，运行于当时流行的 Windows NT 上的 IIS 系统。

我接下来的想法是：我要做一个聊天室。因为在我的个人网站中，论坛、BBS等都有网站免费提供，唯独没有聊天室。于是在 1999 年春节期间，我在四川的家中开始做这个聊天室并完成了原型系统（我称之为beta 0）；一个月后，这个聊天室的beta 1 版终于在互联网上架站运行（见图 1-1）。[1]

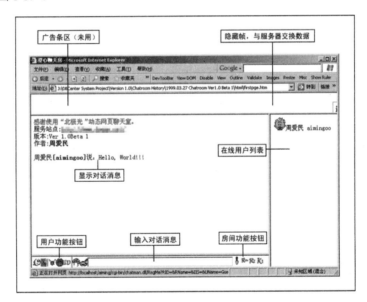

图 1-1 聊天室的 beta 1 版的界面

---

[1] 这个聊天室架设在当时的河南省门户网站（商都信息港）上，叫作"澄心聊天室"。商都信息港成立于 1997 年，是现在商都网的前身。

这个聊天室的功能集设定见表 1-1。

表 1-1 聊天室 beta 1 版的功能集设定

分类	功能	概要
用户	设定名字、昵称、肖像	用户功能按钮 1，对话框
	上传照片并显示给所有人	用户功能按钮 1，对话框
	更改名字、昵称、肖像	用户功能按钮 2~4，快速更换
消息	在当前房间发消息	普通聊天
	向指定用户发消息	用户功能按钮 6，私聊功能
	向所有房间发消息	用户功能按钮 6，通告功能
房间	转到指定房间	用户功能按钮 6，对话框
	创建新房间	房间功能按钮 1
	房间更名	房间功能按钮 2
	设定房间初始化串	房间功能按钮 3
界面	显示 / 不显示昵称	用户功能按钮 5，动态切换
工具	按名称查找房间	用户功能按钮 6，对话框
	按照 ID/名字查找用户	用户功能按钮 6，对话框
	踢人	房间功能按钮 4

在这个聊天室的右上角有一个"隐藏帧"，是用 FRAMESET 来实现的。这是最早期实现 Web RPC（Remote Procedure Call）的方法，那时网页开发还不推荐使用 IFRAME，也没有后来风行的 AJAX。因此从浏览器下方的状态栏中，也可以看到这个聊天室在调用服务器上的 dll 文件——这就是那个用 Delphi 写的 ISAPI CGI。当时我还不知道 PHP，而 ASP 也并不那么流行。

这个聊天室在浏览器上大量地使用了 JavaScript。一方面，它用于显示聊天信息、控制 CSS 显示和实现界面上的用户交互；另一方面，我用它实现了一个 Command Center，将浏览器中的行为编码成命令发给服务器的 ISAPI CGI。这些命令被服务器转发给聊天室中的其他用户，目标用户浏览器中的 JavaScript 代码能够解释这些命令并执行类似"更名""更新列表"之类的功能——服务器上的 ISAPI 基本上只用于中转命令，因此效率非常高。

你可能已经注意到，这其实与后来兴起的 AJAX、前后端分离架构，包括最近两年出现的所谓"JAMStack"如出一辙。

虽然这个聊天室在 beta 0 版时还尝试支持了 NN 4，但在 beta 1 时我就放弃了——因为 IE 4 提供的 DHTML 模型已经可以使用 insertAdjacentHTML 动态更新网页了，而 NN 4 仍只能调用 document.write 来修改页面。

1.2.2　Flash 的一席之地

我所在的公司也发现了互联网上的机会，成立了互联网事业部。我则趁机提出了一个庞大的计划，名为 JSVPS（JavaScript Visual Programming System）。

JSVPS 在服务器端表现为 dataCenter 与 dataBaseCenter。前者用于类似聊天室的即时数据交互，后者则用于类似论坛中的非即时数据交互。在浏览器端，JSVPS 提出了开发网页编辑器和 JavaScript 组件库的设想。

这时微软的 IE 4.x 已经从浏览器市场拿到了超过 70%的市场份额，开始试图把 Java Applet 从它的浏览器中赶走。这一策略所凭借的，便是微软在 IE 中加入的 ActiveX 技术。于是 Macromedia Flash 就作为一个 ActiveX 插件"挤"了进来。Flash 在矢量图形表达能力和开发环境方面表现优异，使当时的 Java Applet 优势全失。一方面微软急于从桌面环境中挤走 Java，以应对接下来.NET 与 Java 的语言大战；另一方面 Flash 与 Dreamweaver 当时只是网页制作工具，因此微软并没有放在眼里，就假手 Flash 赶走了 Java Applet。

Dreamweaver 系列的崛起，使得网页制作工具的市场变得几乎没有了悬念。重心放在 Java Applet 的工具，例如，HotDog 等都纷纷落马；而纯代码编辑的工具，如国产的 CutePage 则被 Dreamweaver 慢慢地蚕食着市场。同样的原因，JSVPS 项目在浏览器端"开发网页编辑器"的设想最终未能实施，而"JavaScript 组件库"也因为市场不明朗一直不能投入开发。

而在服务器端的 dataCenter 与 dataBaseCenter 都成功地投入了商用。此后，我在聊天室上花了更多的精力。到 2001 年下半年，我的聊天室已经开始使用页签形式来管理多房间同时聊天，并加入语言过滤、表情、行为和用户界面定制等功能。而且，通过对核心代码的分离，聊天室已经衍生出"Web 即时通信工具"和"网络会议室"这样的版本。

2002 年年初，聊天室发布的最终版本（v2.8）的功能设定已经远远超出了现在网上所见的 Web 聊天室的功能集。在图 1-2 所示的示例中，聊天室包括颜色选取器、本地历史记录、多房间管理、分屏过滤器、音乐、动作、表情库和 Outlook 样式的工具栏，以及中间层叠的窗体，都是由 DHTML 与 CSS 来动态实现的。在后台驱动这一切的，就是 JavaScript。

图 1-2 聊天室最终版本的界面

我没有选择这时已经开始流行的 Flash，因为用 DHTML 做聊天室的界面效果并不逊于 Flash，也因为在 RWC 与 RIA 的战争中，我选择了前者。

1.2.3 RWC 与 RIA 之争

追溯 RWC 的历史，就需要从"动态网页（DHTML，Dynamic HTML）"说起。

在 1997 年 10 月发布的 IE 4 中，微软提供了 JScript 3，这包括当时刚刚发布的 ECMAScript Edition 1，以及尚未发布的 JavaScript 1.3 的很多特性。最重要的是，微软颇有创见地将 CSS、HTML 与 JavaScript 技术集成起来，提出了 DHTML 开发模型（Dynamic HTML Model），这使得几乎所有的网页都开始倾向于"动态（Dynamic）"。

开始，人们还很小心地使用着脚本语言，但当微软用 IE 4 在浏览器市场击败网景之后，很多人发现，没有必要为 10% 的人去多写 90% 的代码。因此，"兼容"和"标准"变得不再重要。于是 DHTML 成了网页开发的事实标准，以致后来由 W3C 提出的 DOM（Document Object

Model）在很长一段时间都没有产生任何影响。

这时，成熟的网页制作模式，使得一部分人热衷于创建更有表现能力和实用价值的网页，他们把这样的浏览器和页面叫作"Rich Web Client"，简称RWC。Rich Web的概念产于何时已经不可考，但Erik Arvidsson一定是实践其的先行者[1]，他也可能是最早通过JavaScript+DHTML实现menu、tree及tooltip的人。1998 年年末，他已经在个人网站上实现了一个著名的WebFX Dynamic WebBoard（见图1-3）。这套界面完整地模仿了Outlook，因而是在Rich Web Client上实现类Windows界面的经典之作。

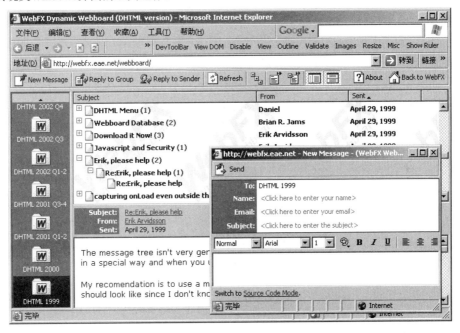

图 1-3　WebFX Dynamic WebBoard 的仿 Outlook 界面

而在这时盛行的 Flash 也需要一种脚本语言来表现动态的矢量图形。因此，Macromedia 很自然地在 Flash 2 中加入了一种名为 Action 的脚本支持。在 Flash 3 时，该脚本参考了 JavaScript 的实现，变得更为强大。随后，Macromedia 又干脆以 JavaScript 作为底本完成了自己的 ActionScript，并加入 Flash 5 中。随着 ActionScript 被浏览器端开发人员逐渐接受，这种语言也日渐成熟，于是 Macromedia 开始提出自己的对"浏览器端开发"的理解。这就是有名

1　Erik Arvidsson 的 WebFX 是一个知名的个人网站。Erik 大概是从 1997 年就开始在 WebFX 上公布他关于浏览器上的开发体验的文章和代码的。

的RIA（Rich Internet Application）。

这样一来，RIA与RWC分争"富浏览器客户端应用（Rich Web-client Application，RWA）"的市场局面出现了——微软开始尝到自己种下的苦果：一方面它通过基于ActiveX技术的Flash赶走了Java Applet，另一方面却又使得Dreamweaver和Flash日渐做大。实在是前门拒虎，后门进狼。微软用丢失网页编辑器和网页矢量图形事实标准的代价，换取了在开发工具（例如，Visual Studio .NET）和语言标准（例如，CLS，Common Language Specification）方面的成功。而这个代价的直接表现之一，就是RIA对RWC的挑战。

RIA的优势非常明显，在Dreamweaver UltraDev 4.0发布之后，Macromedia成为网页编辑、开发类工具市场的领先者。而在服务器端，有基于Server Page思路的ColdFusion、优秀的J2EE应用服务器JRun和面向RIA模式的Flash组件环境Flex。这些构成了完整的B/S三层开发环境。然而似乎没有人能容忍Macromedia独享浏览器开发市场，并试图染指服务器端的局面，所以RIA没有得到足够的商业支持。另一方面，ActionScript也离JavaScript越来越远，既不受传统网页开发者的青睐，对以设计人员为主体的Flash开发者来讲又设定了过高的门槛。

但RWC的状况则更加尴尬。因为JavaScript中尽管有非常丰富的、开放的网络资源，但却找不到一套兼容的、标准的开发库，也找不到一套规范的对象模型（DOM与DHTML纷争不断），甚至连一个统一的代码环境都不存在（没有严格规范的HOST环境）。

在RIA热捧浏览器上的Rich Application市场的同时，自由的开发者们则在近乎疯狂地挖掘CSS、HTML和DOM中的宝藏，试图从中寻找到RWC的出路。支持这一切的，是JavaScript 1.3~1.5，以及在W3C规范下逐渐成熟的Web开发基础标准。而在这整个过程中，RWC都只是一种没有实现的、与RIA的商业运作进行着持续抗争的理想而已。

1.3 没有框架与库的语言能怎样发展呢

1.3.1 做一个框架

聊天室接下来的发展几乎停滞了。我在RWC与RIA之争中选择了RWC，但同时也面临着RWC的困境：我找不到一个统一的框架或底层环境。因此，聊天室如果再向下发展，也只能是在代码堆上堆砌代码而已。

于是，整个2003年，我基本上都没有再碰过浏览器上的开发。2004年年初的时候，我到一家新的公司任职。[1]这家公司的主要业务都是B/S架构上的开发，于是我提出"先做易做的1/2"的思路，打算通过提高浏览器端的开发能力，来加强公司在B/S架构开发中的竞争力。

于是我得到很丰富的资源来主持一个名为 WEUI（Web Enterprise UI Component Framework）项目的开发工作。这个项目的最初设想，跟 JSVPS 一样是一个庞然大物（似乎我总是喜欢如图 1-4 所示的这类庞大的构想）。

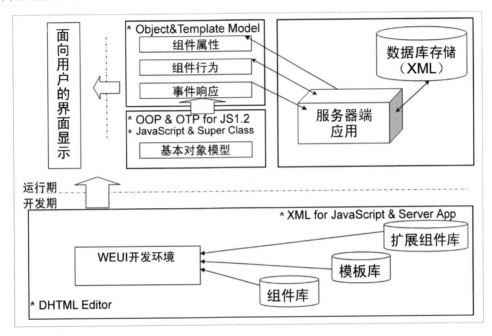

图 1-4　WEUI 基本框架和技术概览

WEUI 包括 B/S 两端的设计，甚至还有自己的一个开发环境。而它真正做起来的时候，则是从 WEUI OOP Framework 开始的。这是因为 JavaScript 语言没有真正的"面向对象编程（OOP）"的框架。

在我所收集的资料中，第一个提出OOP JavaScript概念的是Brandon Myers，他在一个名为Dynapi[2]的开源项目工作中，提出了名为SuperClass的概念和原始代码。后来，在 2001 年 3 月，Bart Bizon按照这个思路发起了开源项目SuperClass，放在SourceForge上。这份代码维护到v1.7b。半年后，Bart Bizon放弃了SuperClass并重新发起JSClass项目，这成为JavaScript早期框架中的

---

[1] 郑州佳讯，是一家主要为政府机构和电信运营商等提供解决方案与技术产品的软件公司。
[2] Dynapi 是早期最负盛名的一个 JavaScript 开源项目，它创建得比 Bindows 项目更早，参与者也更多。

代表作品。

后来许多 JavaScript OOP Framework 都不约而同地采用了与 SuperClass 类同的方法——使用"语法解释器"——来解决框架问题。然而前面提到过的实现了"类 Outlook 界面"的 Erik Arvidsson 则采用了另一种思路——使用 JavaScript 原生代码（native code）在执行期建立框架，并将这一方法用在了另一个同样著名的项目 Bindows 上。

对于中国的一部分 JavaScript 爱好者来说，RWC 时代开始于《程序员》杂志 2004 年第 5 期的一篇名为《王朝复辟还是浴火重生——The Return of Rich Client》的文章，这篇文章讲的就是 Bindows（见图 1-5）。

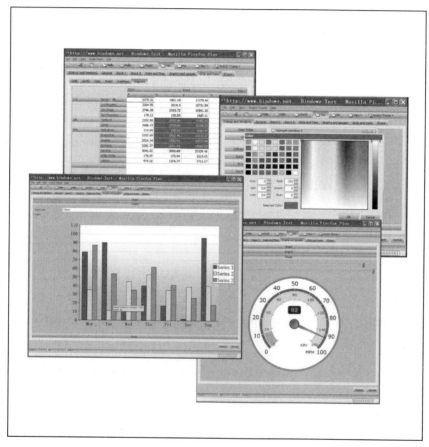

图 1-5　Bindows 在浏览器上的不凡表现

Bindows 可能也是赶上了好时候，这一年的 MS Teched 就有好几个专场来讲述智能客户端（Smart Client）。而"智能客户端"的基本思想就是跨平台的、弹性的富客户端（Rich Client）。因此，"丰富的浏览器表现"立即成为"时新"的开发需求，以 Bindows 为代表的 RWC 也因此成为国内开发者和需求方共同关注的焦点。

WEUI v1.0 内核的研发工作大概就结束于此时。我在这个阶段中主要负责的就是 JavaScript OOP Language Core 的开发，并基本完成了对 JavaScript 语言在 OOP 方面的补充。而接下来，另外两名开发人员[1]则分别负责 Application Framework 与 Database Layer 的开发，他们的工作完成于 2004 年 8 月。紧接着，WEUI 就被应用到一个商业项目的前期开发中了——WEUI 很快显示出它在浏览器端的开发优势：它拥有完整的 OOP 框架与"基本够用"的组件库，为构建大型的浏览器端应用系统的可行性提供了实证。

WEUI 在开发环境和服务器端上没有得到投入。这与 JSVPS 有着基本相同的原因：没有需求。于是从 2004 年年底开始，我就着手以 UI 组件库为主要目标的 WEUI v2.0 的开发，直到 2005 年 3 月。

1.3.2 重写框架的语言层

Qomo 项目于 2005 年年末启动[2]，它一开始便立意于继承和发展 WEUI 框架。为此，我联系了 WEUI 原项目组以及产品所属的公司，并获得了基于该项目开源的授权。

从 WEUI 到 Qomo 的转变之初，我只是试图整理一套有关 WEUI 的文档，并对 WEUI 内核中有关 OOP 的部分做一些修补。因此在这个阶段，我用了一段时间撰写公开文档来讲述 JavaScript 的基本技术，这包括一组名为《JavaScript 面向对象的支持》的文章。而这个过程正好需要我深入地分析 JavaScript 对象机制的原理，以及这种原理与 Qomo 项目中对 OOP 进行补充的技术手段之间的关系。然而这个分析的过程让我汗如雨下：在此以前，我一直在用一种基于 Delphi 的面向对象思想的方式，来理解 JavaScript 中的对象系统的实现。这种方式完全忽略了 JavaScript 的"原型继承"系统的特性，不但弃这种优点于不顾，而且很多实现还与它背道而驰。换言之，WEUI 中对于 OOP 的实现，不但不是对 JavaScript 的补充，反而是一种伤害。

于是，我决定重写 WEUI 框架的语言层。不过在做出这个决定时，我仍然没有意识到 WEUI 的内部其实还存在着非常多的问题，这其中既有设计方面的问题，也有实现方面的问

---

[1] 他们分别是周鹏飞（leon）与周劲羽（yygw）。我们三人都姓周，实在是巧合。鹏飞后来成为微软的高级顾问和资深项目经理，现任万达集团信息管理中心副总经理。而劲羽则领导了 Delphi 界非常有名的开源项目 CnPack & CnWizard 的开发。
[2] Qomo 项目的早期设计目标是提供 True OOP 框架和面向浏览器的 UI 库，其详细资料见 Git 仓库（aimingoo/qomo）。

题。但我已经决定在 WEUI 向 Qomo 转化的过程中，围绕这些（已显现或正潜藏着的）问题开始努力了。

Qomo Field Test 1.0 发布于 2006 年 2 月中旬，它其实只包括一个 $import() 函数的实现，用于装载其他模块。两个月之后终于发布了 beta 1 版，已经包括了兼容层、名字空间，以及 OOP、AOP、IOP 三种程序设计框架基础。这时 Qomo 项目组发展到十余人，部分人员已经开始参与代码的编写和审查工作了。我得到了 Zhe 的有力支持[1]，他几乎独立完成了兼容层框架以及其在 Mozilla、Safari 等引擎上的兼容代码。很多开源界的，或者对 JavaScript 方面有丰富经验的朋友对 Qomo 提出了他们的建议，包括我后来的同事 hax[2] 等。这些过程贯穿于整个 Qomo 的开发过程。

在经历过两个 beta 之后，Qomo 赶在 2007 年 2 月前发布了 v1.0 final。这个版本包括了 Builder 系统、性能分析与测试框架，以及公共类库。此外，该版本也对组件系统的基本框架做出了设计，并发布了 Qomo 的产品路线图，从而让 Qomo 成为一个正式可用的、具有持续发展潜力的框架系统。

回顾 WEUI 至 Qomo 的发展历程，后者不单单是前者的一个修改版本，而几乎是在相同概念模型上的、完全不同的技术实现。Qomo 摒弃了对特殊的或具体语言环境相关特性的依赖，更加深刻地反映了 JavaScript 语言自身的能力。不但在结构上与风格上更为规范，而且在代码的实用性上也有了更大的突破。即使不讨论这些（看起来有些像宣传词）因素，仅以我个人而言，正是在 Qomo 项目的发展过程中，加深了对 JavaScript 的函数式、动态语言特性的理解，也渐而渐之地丰富了本书的内容。

1.3.3　富浏览器端开发（RWC）与 AJAX

事情很快发生了变化——起码，看起来时代已经变了。因为从 2005 年开始，几乎整个 B/S 开发界都在热情地追捧一个名词：AJAX。

AJAX 中的"J"就是指 JavaScript，它明确地指出这是一种基于 JavaScript 语言实现的技术框架。但事实上它很简单——如果你发现它的真相不过是"使用一个对象的方法而已"，

---

[1] Zhe 的全名是方哲，喜欢研究跨平台兼容问题。他当时正提出并实现基于 QNX6 系统模块化网络架构的 CAN 栈。
[2] 贺师俊（hax），是国内最早钻研 ECMAScript 语言规范的程序员之一，也是 JavaScript 标准委员会历史上首位来自中国公司的提案 Champion。我和他因为在网上讨论 JavaScript 的 OOP 而结识。2006 年，我在盛大担任架构师时曾将他招入盛大软件平台研发部。hax 一直活跃于 Web 前端和 JavaScript 社区，自 2018 年年底开始，hax 致力于推动中国互联网和科技公司加入 ECMA TC39（即 JavaScript 语言标准委员会）。受此影响，360 公司于 2019 年 6 月，阿里巴巴、华为、Sujitech 于 2019 年 12 月，腾讯于 2020 年 6 月先后加入 TC39。

那么你可能会不屑一顾。因为如果在 C++、Java 或 Delphi 中，有人提出一个名词/概念（例如 Biby），说"这是如何使用一个对象的技术"，那绝不可能得到如 AJAX 般的待遇。

然而，就是这种"教你如何使用一个对象"的技术在 2005 年至 2006 年之间突然风行全球。Google 基于 AJAX 构建了 Gmail；微软基于 AJAX 提出了 Atlas；Yahoo 发布了 YUI（Yahoo! User Interface）；IBM 则基于 Eclipse 中的 WTP（Web Tools Project）发布了 ATF（AJAX Toolkit Framework）……一夜之间，原本在技术上对立或者竞争的公司都不约而同地站到了一起：它们不得不面对这种新技术给互联网带来的巨大机会。

事实上，在 AJAX 出现的早期，就有人注意到这种技术的本质不过是同步执行。而"同步执行"其实在 AJAX 出现之前就已经应用得很广泛了：在 Internet Explorer 等浏览器上采用"内嵌帧（IFrame）"载入并执行代码；在 Netscape 等不支持 IFrame 技术的浏览器中采用"层（Layer）"来载入并执行代码。这其中还有 JSRS（JavaScript Remote Scripting），它的第一个版本发布于 2000 年 8 月。

但是以类似用 JSRS 的技术来实现的 HTTP-RPC 方案存在两个问题：

- IFRAME/LAYER 标签在浏览器中没有得到广泛支持，也不被 W3C 标准所认可。
- HTTP-RPC 没有提出数据层的定义和传输层的确切实施方案，而是采用 B/S 两端应用自行约定协议的方式。

然而这仍然只是表面现象。JSRS 一类的技术方案存在先天的不足：它仅仅是技术方案。JSRS 并不是应用框架，也没有任何商业化公司去推动这种技术。而 AJAX 一开始就是具有成熟商业应用模式的框架，而且许多公司快速地响应了这种技术并基于它创建了各自"同步执行"的解决方案和编程模型。因此真正使 AJAX 浮出水面的并不是"一个 XMLHttpRequest 对象的使用方法"，也并不因为它是"一种同步和异步载入远程代码与数据的技术"，而是框架和商业标准所带来的推动力量。

这时人们似乎已经忘记了 RWC。而 W3C 却回到了这个技术名词上，并在三个主要方面对 RWC 展开了标准化的工作：

- 复合文档格式（Compound Document Formats，CDF）。
- Web 标准应用程序接口（Web API）。
- Web 标准应用程序格式（Web Application Format）。

这其中，CDF 是对 AJAX 中的"X"（即 XML）提出标准；而 Web API 则试图对"J"（即 JavaScript）提出标准。所以事实上，无论业界如何渲染 AJAX 或者其他的技术模型或框架，Web 上的技术发展方向，仍然会落足到"算法+结构"这样的模式上。这种模式在浏览器上的表现，后者是由 XML/XHTML 标准化来实现的，而前者就是由 JavaScript 语言来驱动的。

微软当然不会错过这样的机会。微软开始意识到，Flash 已经成为"基于浏览器的操作平台"这一发展方向上不可忽视的障碍，因此一方面发展 Altas 项目，用 .NET Framework+ASP.NET+VS.NET 这个解决方案解决 RWC 开发中的现实问题，一方面启动被称为"Flash 杀手"的 Silverlight 项目对抗 Adobe 在企业级、门户级富客户端开发中推广 RIA 思想。

此时，基于虚拟机而不是直接编译到 native 的方式已经成了执行环境的主流，因此编程语言体系也开始发生根本性的动摇。Adobe 购得 Macromedia 之后，把基于 JavaScript 规范的 ActionScript 回馈给开源界，与 Mozilla 开始联手打造 JavaScript 2；SUN 在 Java 6 的 JSR-223 中直接嵌入来自 Mozilla 的 Rhino JavaScript 引擎，随后 Java 自己也开源了。在另一边，微软借助 .NET 虚拟执行环境在动态执行上天生的优势，全力推动 DLR（Dynamic Language Runtime），其中包括 Ruby、Python、JavaScript、VB 等多种具有动态的、函数式特性的语言实现，这使得 .NET Framework 一路冲进了动态语言开发领域的角斗场。

1.4 语言的进化

1.4.1 Qomo 的重生

这时的 Qomo 已经相当完整地实现了一门"高级语言"的大多数特性，我一时间却觉得 Qomo 失去了它应有的方向。原本作为产品的一个组成部分的 WEUI 是有着它的商业目的的，而 Qomo v1.x~v2.0 的整个发展过程中也有着"开源框架"这样的追求。但当这些目的渐渐远去的时候，Qomo 作为一个没有商业和社区推动的项目，该如何发展呢？

我已经不止一次地关注到了 Qomo 核心部分的复杂性。在 Qomo v2 以前，这些复杂性由浏览器兼容、代码组织形式和语言实现技术三个方面构成。举例来说，考虑到 Qomo 的代码包可以自由地拼装，因此 Interface 层的实现就必须要能够完整地从整个框架中剥离出去；另一方面，Interface 层又必须依赖 OOP 层中所设计的对象实现框架。这使得 Qomo v2 不得不在 Loader 框架中加入了一种类似编译器的"内联（Inline）"技术，也就是在打包的时候，将一些代码直接插入指定的位置，以黏合跨层次之间的代码实现。

Inline 带来的恶果之一，就是原本的 Object.js 被分成了 9 个片断——当使用不同的选项来打包的时候，这些片断被直接拼接到一个大的文件中；当使用动态加载方式装入 Qomo 的时候，可以用"Inline"的方式在使用 eval() 执行代码文本的同时插入这些片断。

我意识到我在触碰一种新的技术的边界。这一技术的核心问题是：一个框架的组织原则与实现之间的矛盾。

Qomo 到底应该设计为何种框架？是为应用而设计，还是仅仅围绕语言特性的扩展？在不同的选择之下，Qomo 又应该被实现成什么样子？

在 2007 年年末，我开启了一个新的项目，名为QoBean。[1]

1.4.2　QoBean 是对语言的重新组织

QoBean 将问题直接聚焦于"语言实现"，开始讨论 JavaScript 语言自身特性的架构方式、扩展能力以及新语言扩展的可能性。缘于这一设定，QoBean 将 Qomo 中的语言层单独拿了出来，并设定了一些基本原则：

- 不讨论浏览器层面的问题。
- 在 ECMAScript 规范的基础上实现，以保证可移植性。
- 可以完全、透明地替换 Qomo 中的语言层。
- 从语言原子做起。

"从语言原子做起"意味着它必须回归到对 JavaScript 语言的重新思考，即究竟什么才是 JavaScript 语言的"原子"。

"语言原子"这个词我最早读自李战的《悟透Delphi》。[2]不过这本书终究没出，而李战兄后来写了一本《悟透JavaScript》，算是完成了他的"悟透"。至于引发我关于JavaScript原子问题思考的，则是在本书第一版出版的前后，与宋兴烈[3]谈到JavaScript的一些特性，而他便提议将这些东西视作"原子特性"。

"这些东西"其实只有两个，其一是对象，其二是函数。它们初次在 QoBean 中的应用，便是"以极小的代价实现 Qomo 的整个类继承框架的完整体系"。而这一尝试的结果是：原本在 Qomo 中用了 565 行代码来实现的 Object.js，在 QoBean 的描述中却只用了 20 行代码。进一步地，在新的 QoBean 中，为 OOP 语言层做的概念描述也只剩下了两行代码：

```
MetaObject = Function;
MetaClass = Function;
```

---

[1] QoBean 是一个迷你版的 Qomo，详情可参见 Git 仓库（aimingoo/qobean）。
[2] 李战，早期 Delphi 社区的活跃者，现任职于阿里软件资深架构师。
[3] 宋兴烈，北京起步软件有限公司总工程师、联合创始人，长期从事 IDE 开发工具、编译器、虚拟机、基础平台的研究和开发工作。

元语言的概念在 Qomo/QoBean 中渐渐浮现出来。2008 年 7 月，即在发布 QoBean alpha 1 之后的半年，我为 QoBean 撰写了两篇博客文章：QoBean 的元语言系统（一）、（二）。QoBean 也在此时基本完成了对"Qomo 的语言层"的重新组织。

事实上，QoBean 本质上探讨了 JavaScript 这门语言的一种扩展模式，即基于语言自身的原子特性进行二次实现的能力。这与后来的其他一些语言扩展，尽管行进在完全不同的道路上，但却有着基本相同的目的。

我们在探索的是 JavaScript 这门语言的边界。

1.4.3 JavaScript 作为一门语言的进化

JavaScript 之父 Brendan Eich 曾说："我们最初利用 JavaScript 的目的，是让客户端的应用不必从服务器重新加载页面即可回应用户的输入信息，并且给脚本编写者提供一种功能强大的图形工具包。"这包括要在客户端实现的两个方面的功能，第一是用户交互，第二是用户界面（UI）。而展现与交互，正是现在对"前端职能"的两个主要定义。所以这门语言的最初构想，与它现在所应用的主要领域是悄然契合的。

但在 2000 年之后，浏览器取代传统的操作系统桌面渐渐成为热门的"客户端"解决方案，AJAX 在这时作为一种客户端技术对这一技术选型起到了推波助澜的作用。与此同时，开发人员觉察到 JavaScript 作为一门语言——在客户端实现技术中——难以有足够丰富的实现能力。于是语言级别的扩展纷纷出现：在代码组织上，开始有了名字空间；在运行效率上，有了编译压缩；在标准化方面，有了 Common JS；在语言扩展上，有了在 JavaScript 中嵌入的解释语言……

对于传统的高级程序设计语言来讲，这一切再自然不过了。然而 JavaScript 毕竟只是一种脚本语言，这些"附加的"扩展与"第三方的"实现事实上带来了更大的混乱。于是大公司开始提出种种"统一框架"，或者兼容并包的"整合方向"。在这一选择中，大公司首先解决的是"自己的"问题，这是由于在它们的种种产品、产品线中尤其需要这样一种统一的、标准的方案，以避免重复投入带来的开发与维护成本。因此，"商业化产品+自主的 JavaScript 开发包"成为一种时兴的产品模式。在这一产品模式中，由于 JavaScript 本身不具有源码保护的特性，因此源码开放既是战略，又是手段，也是不得已而为之的事。

现在我们有了机会看到 Plam 手机平台上完整的 Web OS 的代码，也有机会直接读到 FireBug 中全部用于支持引擎级调试的代码，手边还有类似 YUI、Dojo 等的企业级框架可用。然而，一切还是一如既往的混乱。因为，这一切只是基于语言的扩展，而非语言或其基础库中的特性。造成这一事实的原因，既源于 JavaScript 自身初始设计的混合式特性，也因为 ECMA 在这门语言的标准化工作上的滞后与反复。

JavaScript 在发布 v1.0 的时候，仅有结构化语言的特性以及一些基础的面向对象特性（即 structured and object based programming）。到 v1.3 时有了本质性的改观，使得这一语言成为包括动态语言、函数式语言特性在内的特性丰富的混合语言。这一切被 ECMA 通过标准化的形式确定下来，形成了以 JavaScript 1.5 和 ECMAScript Ed3 版本（即 JS1.5/ES3.1）为代表的，一直到我们今天仍在使用的 JavaScript 语言。

随后 ECMA 启动了一个工作组来进行下一代 JavaScript 的标准化工作，称为 ECMAScript Ed4（即 ES4/JS2），这个小组的工作始于 2003 年 3 月。然而它们搞砸了整件事，它们几乎把 JS2 设计成了一门新的、大的、复杂的语言。因此，一方面一些需要"丰富的语言特性"的厂商不遗余力地推进着这一标准，另一方面它又被崇尚简捷的前端开发人员诟病不已。迟至 2009 年年底，ECMA Ed4 的标准化小组终于宣布：ES4 的标准化暂停，并将基于 ES4 的后续工作称为 ECMAScript Harmony。接下来，为了解决"互联网开发需要更新的、标准化的 JavaScript 语言"这一迫切问题，不久它们就发布了 ECMAScript Ed5 这一版本，即 ES5。JavaScript 的发展历程如图 1-6 所示。

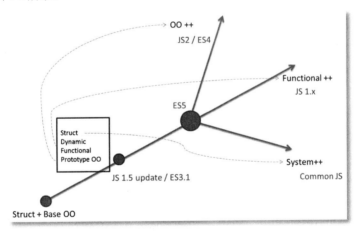

图 1-6　JavaScript 在语言特性上的历史以及 ES5 之后的方向

严格地说，ES5 与 ES4 基本没有什么关系，而是对 ES3.1 所代表的语言方向的一个补充。换言之，ES5 没有改变 JavaScript 1.x 的语言特性，而 ES4 则是一门集语言生产商所有创想之大成且又与 JavaScript 1.x 倡导的语言风格相去甚远的语言。历史证明，我们暂时抛弃了后者——过去 10 年，我们都未能将 JavaScript 1.x 推进到 v2.0 版本。

由于 ES5 秉承了 JavaScript 设计的原始思想，因此基于 ES5 又展开了新一轮的语言进化的角力（图 1-6 中的三条虚线试图说明，语言最初的特性设计是这一切的根源）：

- 第一个方向由 Microsoft、Adobe 等大厂商所主导，沿着 ES4——或称为 JS2、或 ECMAScript Harmony——的方向，向更加丰富的面向对象（OO++）特性发展，主要试图解决大型系统开发中所需要的复杂的对象层次结构、类库以及框架。
- 第二个方向，则由包括 Brendan Eich 本人在内的语言开发者、研究者主导，他们力图增强 JavaScript 语言的函数式特性（Functional++），因为这样的语言特性在解决许多问题时来得比结构化的、面向对象的语言更优雅有效，而且从语言角度看来，函数式更为"纯粹"。
- 在第三个方向上，Common JS 等开发组意识到 JS1.x 在应用于浏览器之外的开发场景中，以及在组织大型项目方面显得无力。而将这一问题归结起来，就是"缺乏基础运行框架和运行库"，于是通过参考传统的、大型的、系统级的应用开发语言，尝试性地提出了在 JavaScript 中的同等解决方案（System++）。

具体的引擎或框架已经不再是被关注的话题。ES4 的失败给整个 JavaScript 领域带来的思考是：我们究竟需要一种怎样的语言？

1.5 大型系统开发

1.5.1 框架与架构是不同的

我加入阿里巴巴工作的时候，前端并不算在技术部门：当时的支付宝，前端是产品部里的一个小型团队。而我也并不负责前端方面的工作——事实上直到现在，我也并没有在前端部门中工作过——我当时收到的 Offer 是业务架构师。

那正是在国内前端研发开始崛起的时候。我参加了 2008 年的 D2 大会（Designer & Developer Frontend Technology Forum），记得那时，Hedger[1]主讲的话题就是 Yahoo 的前端框架 YUI。而在随后的 SD2C 大会（Software Development 2.0 Conference）上，我将之前在 JavaScript、Delphi 和 Erlang 三种语言上的研究打包，通过"Erlang in Delphi"项目公布了出来。差不多直到 2010 年，我在前端方面的主要工作集中在一些商业推广和技术推动性质的大会上。类似地，这一年的 QCon 大会北京站，Douglas Crockford 带来的《JavaScript 的现状和未来》，也事实上

---

[1] Hedger Wang 是我在早期前端工作生涯中所结识的朋友，他曾先后在 Yahoo!与 Google 担任软件工程师，现就职于 Facebook，负责 React Native 产品的相关开发工作。

代表了ES5在国内的正式推动。

与2008年的D2大会仅仅相距两年，整个行业已经将话题从"一种框架的使用"转向了对JavaScript的前途与命运的探讨上。缘于我的工作性质，我得以有更多的时间来与前端讨论架构问题，例如，什么是架构、框架与库[1]，以及它们的实战[2]。不过即便如此，我仍然一直游离于前端工作之外，唯一一次对前端的影响，大概是在Kissy.js的评审和重构[3]中为核心架构添加了seed的概念（即具有meta性质的host对象）。就是因为这件工作的无心插柳，我的名字也被记入这个项目的交付历史中。这算是我从WEUI、Qomo、QoBean等项目一路行来，多年来所思所得的最后一点印记。

正是在这些看似与前端不着边际的工作中，我渐渐了解到前端对框架和架构有着独立的、深刻的而又迫切的需求。然而这时的Qomo项目却是实实在在地停下来了：一方面我没有了语言探索上的动力，另一方面也缺乏将它们应用于大型项目的推动能力与业务环境。因为Qomo与QoBean在本质上是探讨了JavaScript这门语言的一种扩展模式，即基于语言自身的原子特性进行二次实现的能力。这种能力是代码级别的组织变化，而对工程对象（即具体的项目）影响很小。

我只是在探索JavaScript这门语言的边界，然而现实却走向了工程化的大型系统开发。

1.5.2 大型系统与分布式的环境

最先对"工程化"做出响应的就是林林总总的"模块加载"方案。这些方案既尝试通过类似名字空间的方法来解构大型系统的复杂性，又试图对JavaScript的全局环境进行再次规划。不过归结起来，所有的努力其实都是在为"ES5否定了ES4"这件事偿还技术债。

然而我所面临的问题却与此不同。这时我已经辞去在支付宝的工作，在2013年4月加入了豌豆荚[4]。在很长的一段时间里，我工作在后端，并致力于解决资金、账户等系统中的风控问题。更确切地说，关键的架构决策是如何在Nginx环境下寻求一个高效的技术方案，以使风控系统对其他业务系统的影响最小。而我最终的选择是尝试将整个服务端环境理解为统一调

---

[1] 在淘宝UED发起的懒懒交流会（The Lazy Land）上分享的《前端架构、框架与库》。懒懒交流会被称为D2大会的前身，据说D2的早期含义是Day2，即每周二举行的"懒懒交流会"。

[2] 在w3ctech（当时的Web标准化交流会）中分享的《前端架构、框架与库的实战》。再次谢谢裕波，让我可以在懒懒交流会后有机会补全我在架构思想与实战方面的一些观点。如今的w3ctech已经成长为知名的前端技术社区，而不再只是一个交流会了。

[3] Kissy是淘宝的前端类库，据说几乎在淘宝的每个页面上都能看到它的身影。

[4] 豌豆荚是一个第三方安卓应用市场，后来被阿里巴巴收购。

度的可计算资源,将每一个风控对象(例如资金操作的行为路径或用户账户)理解为一个可计算节点,并将这一切构建在一起变成一个实时计算的集群。这样一来,每一个风控对象的行为(数据的或用户的等)在这个集群节点的任意位置都可以得到处理,例如推送风控告警或者实施系统决策的风控措施。

于是我得到了一个称为 N4C 的分布式架构,它看起来与 JavaScript 没什么关系,因为它其实是基于 Nginx 上的 Lua 来实现的。不过从一开始,N4C 就借鉴了 ECMAScript 实现并行系统的思想:使用 Promise。为此我还专门完成了 Promise 类在 Lua 上的实现。当然,对前端历史了解得多一些的读者也会知道,这也是我后来被卷入"红绿灯大战"的缘由。[1]

随后我将 N4C 发布为一个通用分布式并行架构的规范,在这个规范下分别交付了它的 Lua 和 JavaScript 实现。后者就是被称为 Sandpiper 的项目,它使用 etcd 实现集群中的核心数据存储和心跳通知。并且,(当然,)它使用 Node.js 作为运行环境。

到了 2016 年上半年,也就是在这个风控系统以及相关的开源项目发布之后不久,豌豆荚被阿里巴巴收购了。我没有回到阿里巴巴,而是来到了一家旨在简化智能硬件开发的互联网公司(ruff.io)。[2] 在 Ruff 项目中,我们试图将 JavaScript 编译到嵌入式操作系统的内核,以便在芯片或模组级别提供类似 Node.js 的开发环境,并且最终使 JavaScript 引擎在这样的操作系统环境下解释执行。基于这个理念,Ruff 提供了一个与 Node.js+NPM 类似的开发环境,以及远程操作嵌入式系统内核的方式——最后,将这一切集成在开发板上。

然而这与互联网有什么关系呢?我随后需要解决的问题正在于此:如何将一个开发板(以及它所代表的、设备化的物联网络)带入互联网环境中。我提出了称为 Sluff 的项目[3],并在这个项目中再一次启用了 Promise 这个"大杀器",以实现各个物联设备的并行计算和集中调度。有了 Sluff,就可以将一个或多个子级的物联网理解为全局的、整体的物联网的一个节点,通过各自的、边缘化的计算来交付数据或响应网络消息。Sluff 的核心在于管理这些设备的抽象(将它们映射为逻辑对象),并让设备中的行为变成一个个 Promised 的数据、时间点、动作或者失效处理。

ES5 之后的十年,无论是金融级的风控系统还是物联网环境,我所见到的,是 JavaScript 在不停地向它周边的领域渗透。不可否认,是 ECMA 赋予了 JavaScript 新的能力和活力,然

---

[1] 前端的"奇舞周刊"曾经将这次红绿灯大战选入某期的大事件,不过当时我并不知道"十年踪迹"就是月影。尽管我跟当事的月影、Winter、裕波、Hax 以及很多人都相当熟识。
[2] 上海南潮信息科技,Ruff 是其发布的一款开发板和软件开发平台,主要面向 IoT(物联网)发布的产品和技术,希望能帮助开发者用 JavaScript 开发智能硬件。
[3] 这个产品是在 2016 年的 QCon 大会上海站发布的,它用于支撑一个面向物联网的 PaaS 平台。

而 JavaScript 自身作为混合语言的原始设计与思想，仍然是这门语言的核心所在。

1.5.3 划时代的 ES6

在 ES5 成功发布之后，JavaScript 也迎来了它的好时代。一方面，ES5 总算对已有的那些 JavaScript 实现版本中存在的诸多不同现象给出了结论，另一方面则从规范层面杜绝了在"多种特性的进化路线"这一问题上选边站队——尽管其结果是什么选择都没有做，但实际上也是开放了各种选择的可能。

得益于 TC39 工作小组的创新性的努力以及强大的包容性，许多在社区中的声音被关注到，大量提议作为语言的新特性得以采纳。ECMAScript 走上了一条不同以往的进化之路，并在尽量满足社区愿望和控制语言一致性之间取得了平衡。通过各种 shims 或第三方包，新的语言特性在规范定义之前就被开发人员"尝鲜"，因此再将这些特性写进规范就几乎不会碰到什么阻力。甚至有些语言特性在还没有进入规范的提案阶段，就已经成了立时可用的、流行的事实标准。

社区强大而丰富的能量灌注以及 TC39 孜孜不倦的努力，终于联手打造了 ECMAScript 史上最大的一次升级：在 2015 年 6 月，ES6 发布了。这个 ECMAScript 版本几乎集成了当时其他语言梦寐以求的所有明星特性，并优雅地、不留后患地解决了几乎所有的 JavaScript 遗留问题——当然，其中那些最大的、最本质的和核心的问题其实都已经在 ES5 推出时通过"严格模式（strict mode）"解决了。

ES6 提出了四大组件：Promise、类、模块、生成器/迭代器。这事实上是在并行语言、面向对象语言、结构化语言和函数式语言四个方向上的奠基工作。相对于这种重要性来说，其他类似于解构、展开、代理等看起来很炫很实用的特性，反倒是浮在表面的繁华了。随后各大引擎纷纷对这一新版本规范明确表明欢迎和支持，其中类似Chrome V8 这样的引擎由于一开始就参与规范的制定工作，所以大量特性已经在先期版本中发布过了，因而也收获了满满的技术红利。尽管一部分应用环境仍然需要较简捷的语言特性的支持，并推动了一股在ES5 规范上发展的潜流，其中包括duktape、JerryScript、Espruino、mJS[1]等，然而随着支持ES6 的新引擎如雨后春笋般崛起，ES5 的时代终归已经落幕，繁华不再。

---

[1] mJS 声称支持了一个 ES6 严格模式的子集，但事实上并未实现那些重量级的 ES6 特性，而主要添加了一些对 ES5 进行修补的部分。面向 IoT 的框架 Mongoose OS 默认使用了 mJS 作为它的内置引擎。

主流引擎厂商开始通过 ES6 释放出它们的能量[1]，于是 JavaScript 在许多新的环境中被应用起来，大量的新技术得以推动，例如，WebAssembly、Ohm、Deeplearn.js、TensorFlow.js、GPU.js、GraphQL、NativeScript 等。有了 Babel 这类项目的强大助力，新规范得以"让少数人先用起来"，而标准的发布也一路披荆斩棘，以至于实现了"一年一更"。众多利好迅速反馈给前端，现在它们有了：

- Chrome 等浏览器中由内置高性能 JavaScript 引擎所释放出来的强大算力。
- W3C+ECMAScript 推动的 Web 环境全面标准化带来的统一且一致的技术蓝图。
- Node.js 等推动的前后端同构的开发语言和执行环境。

于是，之前被框架技术所引领的前端开始将注意力投放到本地渲染和工程化上。主流的技术方向从此开始进入工程化时代，带来了面向统一用户接触层的前端工程化、平台化和标准化等明显的跨代与跨界特征。试图将应用或产品逻辑前移的所谓"大前端"应运而生。至此，无论是在技术、工程还是组织等各个方面，前端都赢得了开创性的局面。

随着工程与项目规模的扩大，JavaScript 语言的一项早期设计越来越成为一切发展的阻碍——它是一门弱类型、动态类型的语言。[2]于是 JavaScript 不得不在推广过程中面临如何提供静态类型系统的问题，从而推动了 TypeScript 和 Dart 这类以 ECMAScript 转译器作为卖点的新语言的诞生。类似地，还有 Facebook 推出的 Flow 在静态类型检查方面的努力。而在这些语言和辅助工具的背后还有一股更为新生的力量，即打算对类型注解（Type annotations）做出规范的 ECMAScript，它们被称为装饰器（Decorator）。[3]

无论是面向语言自身的发展，还是应对语言应用环境的变化，它们貌似推动 JavaScript 行进在完全不同的道路上，但根本上却有着基本相同的限制、策略，以及目的。

1.6　为 JavaScript 正名

到 2005 年，JavaScript 就已经诞生十年了。然而十年之后，这门语言的发明者 Brendan Eich 还在向这个世界解释"JavaScript 不是 Java，也不是脚本化的 Java（Java Scription）"。

这实在是计算机语言史上罕见的一件事了。因为如今几乎所有的 Web 页面中都同时包含

1　包括 Chakra、V8、SpiderMonkey、JavaScriptCore、Nashorn、xs 等。其中，xs 是 Moddable Tech Inc 发布的一个面向 ES6 的开源引擎，有相应的 runmod 项目将该引擎运行在嵌入式环境中。
2　我至今仍然记得邓草原老师在谈及他放弃 Erlang 时说的那句话，"没有类型检查的语言是不适合进行大型系统开发的"。
3　截至 ECMAScript 2019，该提案仍然处于 Stage 2，因此它的未来还难以预测。不过这至少表明了 TC39 对"基于注解的静态类型系统"有着一种潜在的宽容，并使之成为可能的选择。

了 JavaScript 与 HTML，而后者从一开始就被人们接受，前者却用了十年都未能向开发人员说清楚"自己是什么"。

Brendan Eich在这份名为《JavaScript这十年》（*JavaScript at Ten Years*）的演讲稿中，重述了这门语言的早期发展历史：Brendan Eich自 1995 年 4 月受聘于网景公司，开始实现一种名为"魔卡（Mocha）"——JavaScript最早的开发代号或名称——的语言；仅两个月之后，为了迎合Netscape的Live战略而更名为LiveScript；到了 1995 年年末，又为了迎合市场对Java语言的热情，正式地、也是遗憾地更名为JavaScript，并随网景浏览器推出。[1]

Brendan 在这篇演讲稿最末一行写道："不要让营销决定语言名称（Don't let Marketing name your language）"。一门被误会了十年的语言的名字之争，是不是就此结束了呢？

仍然不是。因为这十年来，JavaScript 的名字已经越来越乱，更多市场的因素困扰着这门语言——好像"借用 Java 之名"已经成了扔不掉的黑锅。

1.6.1 JavaScript

我们先说正式的、标准的名词：JavaScript。它实际是指两项内容：

- 一种语言的统称，该语言由 Brendan Eich 发明，最早用于 Netscape 浏览器。
- 上述语言的一种规范化的实现。

在 JavaScript 1.3 之前，网景公司将它们在 Netscape 浏览器上的该语言规范的具体实现直接称为 JavaScript，并一度以 Client-Side JavaScript 与 Server-Side JavaScript 区分该语言在浏览器 NN（Netscape Navigator）与 NWS（Netscape Web Server）上的实现——但后来它们改变了这个做法。而在 JavaScript 1.3 之后，我们在习惯上只采用上述的第二种说法：将所有这门语言的实现都称为 JavaScript，而不再特指网景（以及后来的 Mozilla）的。

然而在 ECMAScript 开始制定规范之后，这些实现又被统称为"基于 ECMAScript 标准的实现"，或者"ECMAScript 的方言"。因此现在确切的说法是：

- JavaScript 是一种语言的统称，由 ECMAScript-262 规范来定义。
- JavaScript 包含了 Core JavaScript、SpiderMonkey JavaScript、JScript 等各种宣称自己实现了 ECMAScript 规范的引擎与语言（及其扩展），而非特指其一。

---

[1] 部分信息引自以下文献：
The History of JavaScript 以及 *JavaScript Tutorial Part I*。

1.6.1.1 Core JavaScript

Core JavaScript 这个名词早在 1996 年（或更早之前）就被定义过，但它直到 1998 年 10 月由网景公司发布 JavaScript 1.3 时才被正式提出来。准确地说，它是指由网景公司和后来的开源组织 Mozilla，基于 Brendan Eich 最初版本的 JavaScript 引擎而发展出来的脚本引擎，是 JavaScript 规范的一个主要的实现者、继承者和发展者。

Core JavaScript 的定义如图 1-7 所示。

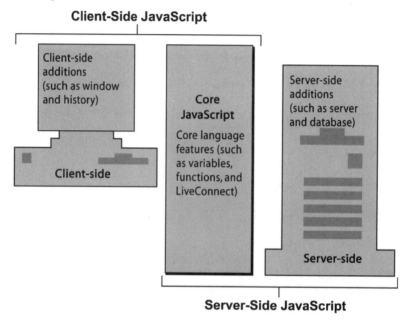

图 1-7 官方手册中有关 Core JavaScript 的概念说明

由于 Netscape 是早期网页浏览器的事实标准的制定者，因此那个时代的"Client-Side JavaScript"也就定义了所谓的"浏览器端 JavaScript"的早期模型。这包括 DOM、BOM 模型等在内、沿用至今的对象体系和事件方法，并且也是目前 JavaScript 应用最为广泛的环境。

但到了 JavaScript 1.3 发布时，Netscape 便意识到它们不能仅仅以 Client/Server 来区分 JavaScript——因为市面上出现了多种 JavaScript。于是它们做了一些小小的改变：在发布手册时，分别发布 "Core JavaScript Guide" 和 "Client-Side JavaScript Guide"。前者是语言定义与语法规范，后者则是该语言的一种应用环境与应用方法。

所以事实上，对于 Mozilla 来说，自 JavaScript 1.3 版本开始，Core JavaScript 1.x 与 JavaScript 1.x 是等义的。在这种语境下所说的 JavaScript 1.x，就是指 Core JavaScript，而并不包括 Client-Side

JavaScript。不过，由于一些历史原因，在 Core JavaScript 中会有一部分关于"LiveConnect 技术"的叙述及规范。这在其他（所有的）JavaScript 规范与实现中均是不具备的。

然而不幸的是，Apple 公司有一个基于 KJS 实现的 JavaScript 引擎，名为 JavaScriptCore，属于 WebKit 项目的一个组成部分——WebKit 项目所实现的产品就是著名的开源跨平台浏览器 Safari。所以在了解 Core JavaScript 的同时，还需强调它与 JavaScriptCore 的不同。

1.6.1.2　SpiderMonkey JavaScript

Brendan Eich 编写的 JavaScript 引擎最后由 Mozilla 贡献给了开源界，SpiderMonkey 便是这个产品开发中的开源项目的名称（code-name，项目代码名）。为了与通常讲述的 JavaScript 语言区分开来，我们使用 SpiderMonkey 来特指上述由 Netscape 实现的、Mozilla 和开源社区维护的引擎及其规范。

Mozilla Firefox 4.0 以后的版本对 SpiderMonkey JavaScript 进行了较大的更新，大量使用 JIT（Just In Time）编译技术来提升引擎性能。[1] 并且从 Firefox 4.0 版本开始，Mozilla 发布了 JavaScript 1.8.5 版本，开始支持 ECMAScript 规范下最新的语言特性。

在本书此后的描述中，凡称及 SpiderMonkey JavaScript 的，将是特指由 Mozilla 发布的这一引擎；凡称及 JavaScript 的，将是泛指 JavaScript 这一种语言的实现。

1.6.1.3　JScript

微软于 1996 年在 IE 中实现了一个与网景浏览器类似的脚本引擎，微软把它叫作 JScript 以示区别，结果 JScript 这个名字一直用到现在。Internet Explorer 浏览器在那个时候几乎占尽市场，因此在 1999 年之后，Web 页面上出现的脚本代码基本上都是基于 JScript 开发的，而 Core JavaScript 1.x 却变成了"（事实上的）被兼容者"。

直到 2005 年前后，源于 W3C、ECMA 对网页内容与脚本语言标准化的推动，以及 Mozilla Firefox 成功地返回浏览器市场，Web 开发人员开始注重所编写的脚本代码是否基于 JavaScript 的标准——ECMAScript 规范，这成为新一轮语言之争的起点。

---

[1] 事实上，在 Firefox 3.5 中便开始加入 JIT 编译引擎，这使得从 Firefox 4.0 版本开始，SpiderMonkey 总是同时带有两套 JIT 引擎——分别称为 TraceMonkey 和 JaegerMonkey——来做执行期的优化。而在 Firefox 18 之后的版本中，采用了第三套 JIT 引擎，即 IonMonkey，TraceMoneky 被移除。到 2013 年 4 月，Firefox 中又加入了一个用于平衡 Jaeger 和 Ion 的新的 JIT，称为 Baseline。更为不幸的是，这一切还在变化之中，例如，Firefox 22 中加入的用于优化 asm.js 的 OdinMoneky。

现在的微软浏览器（Microsoft Edge）中已经启用了称为 Chakra 的新引擎，因此 JScript 只用于特指 Internet Explorer 系列的浏览器环境中内置的 JavaScript 引擎。不过，另外在 Windows Script Host（WSH）、Active Server Page（ASP）等脚本开发环境中也包括 JScript 这一语言的实现，某些环境下它们也被称为 ActiveScript。

1.6.2　ECMAScript

JavaScript 的语言规范由网景公司提交给 ECMA（European Computer Manufacturers Association，欧洲计算机制造协会）去审定，并在 1997 年 6 月发布了名为 ECMAScript Edition 1 的规范，或者称为 ECMA-262。4 个月后，微软在 IE 4.0 中发布了 JScript 3.0，宣称成为第一个遵循 ECMAScript 规范实现的 JavaScript 脚本引擎。而因为计划改写整个浏览器引擎的缘故，网景公司整整晚了一年才推出"完全遵循 ECMAScript 规范"的 JavaScript 1.3。

请注意到这样一个事实：网景公司首先开发了 JavaScript 并提交给 ECMA 进行标准化，但在市场的印象中，网景公司的 Core JavaScript 1.3 比微软的 JScript 3.0"晚了一年"实现 ECMA 所定义的 JavaScript 规范。这直接导致了一个恶果：在 ECMAScript Edition 3（ES3）发布的早期，JScript 成为 JavaScript 语言的事实标准。这个局面一直到 JScript 3.0 以及 SpiderMonkey JavaScript 1.5 之后才明朗起来，如图 1-8 所示。

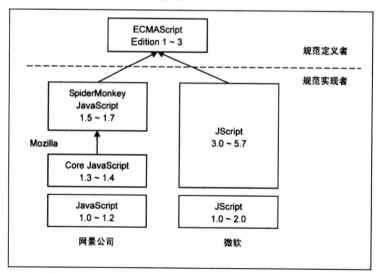

图 1-8　JScript 与 JavaScript 各版本之间的关系

由于两家主要的JavaScript早期实现者已经基于ES3 达成了一致，因此随后的入局者——Google，在Chrome上实现的V8 引擎也只得先遵循这一版本的规范。再后来，直到2015 年，ECMA-262 标准委员会终于发布了ECMAScript Edition 6，即ES6 或ES2015[1]，这才有了这门语言中第一个"标准早于引擎实现"的版本。

从本书的第3 版开始[2]，将完全基于ECMA-262 规范的定义来讲述。但是出于本书讨论方法的需要，我并不严格以该规范的结构框架来介绍与分析语言特性。另外，对于部分特定的语言引擎，本书将列出不符合上述规范的实现，并有针对性地予以讨论。

1.7　JavaScript 的应用环境

在此前的内容中，我们讨论的都是JavaScript语言及其规范，而并非该语言的应用环境。在大多数人看来，JavaScript的应用环境就是Web浏览器，这也的确是该语言最早的设计目标。然而从很早开始，JavaScript语言就已经在其他的复杂应用环境中使用，并受这些应用环境的影响而发展出新的语言特性了。[3]

JavaScript 的应用环境，主要由宿主环境与运行期环境构成。其中，宿主环境是指外壳程序（shell）和Web 浏览器等，而运行期环境则是由JavaScript 引擎内建的。图1-9 说明了由宿主环境和运行期环境共同构建的对象编程系统的基本结构。

1　从2015 年开始，ECMA-262 标准委员会每年发布一个新版本的规范，因此不再沿用旧的ES1~5 的命名，而采用ES2015~ES20xx 这样的命名风格。ES6 因此成为最后一个旧命名，并通常与ES2015 混用，指代同一个版本。目前，ES-Placeholder 已经在GitHub 上占据了从ES2019~ES2022 的全部仓库名，但这并不意味着将来一定会有这么多个ECMAScript 版本的发布。

2　在本书的第1 版和第2 版中，主要基于ECMAScript Edition 3 的规范来讲述JavaScript，但并没有完全遵循该规范的定义。本书的当前版本（第3 版）则是基于已发布的ES2015~ES2019 来撰写的。

3　正是这些复杂的应用环境推动了 JavaScript 2 的到来。按照 ECMA Edition 4 标准规范小组的说明，ECMA Edition 4 主要面对的问题，就在于 JavaScript 1.x 没有足够的抽象能力和语言机制，因而难于胜任大型编程系统环境下的开发。不过 ECMA Edition 4 版本由于定义时过于激进而未能得到开发界的认可，一直到 ECMA Edition 6 之后，才基本实现了上述目标。

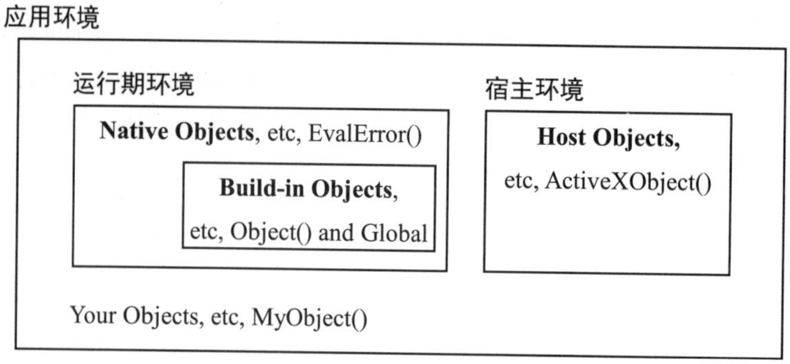

```
应用环境
┌─────────────────────────────────────────────────────┐
│ 运行期环境                    宿主环境                │
│ ┌──────────────────────┐   ┌──────────────────┐    │
│ │ Native Objects, etc, EvalError() │   │ Host Objects,    │    │
│ │  ┌────────────────┐  │   │ etc, ActiveXObject() │    │
│ │  │ Build-in Objects, │  │   └──────────────────┘    │
│ │  │ etc, Object() and Global │  │                           │
│ │  └────────────────┘  │                               │
│ └──────────────────────┘                               │
│   Your Objects, etc, MyObject()                        │
└─────────────────────────────────────────────────────┘
```

图 1-9　由宿主环境与运行期环境构成的应用环境

1.7.1　宿主环境

　　JavaScript 是一门设计得相对"原始"的语言，它被创建时的最初目标仅仅是为 Netscape 提供一门在浏览器与服务器间都能统一使用的开发语言。简单地说，它原来的设计目标是想让 B/S 架构两端的开发人员用起来都能舒服一些。这意味着最初的设计者希望 JavaScript 语言是跨平台的，能够提供"端到端（side to side）"的整体解决方案。

　　然而事实上这非常难做到，因为不同的平台提供的"可执行环境"不同。而宿主环境（host environment）就是为了隔离代码、语言与具体的平台而提出的一种设计。一方面，我们不能让浏览器中拥有一个巨大无比的运行期环境（例如像虚拟机那么大）；另一方面，服务器端又需要一个较强大的环境，因此JavaScript就被设计成了需要"宿主环境"的语言。[1]

　　ECMAScript 规范并没有对宿主环境提出明确的定义。比如，它没有提出标准输入和标准输出（stdin、stdout）需要确切地实现在哪个对象中。为了弥补这个问题，RWC 在 WebAPI 规范中首先就提出了"需要一个 window 对象"的浏览器环境。这意味着在 RWC 或者浏览器端，是以 window 对象及其中的 Document 对象来提供输入输出的。

　　但这仍然不是全部的真相。因为"RWC规范下的宿主环境"，并不等同于"JavaScript规范下的宿主环境"。本书也并不打算讨论与特定浏览器相关的细节问题，因此我们采用在多数宿主程序中的实现：使用全局对象console来提供输入输出，[2]如表 1-2 所示。

---

[1]　虚拟机（Virtual Machine）是另一种隔离语言与平台环境的手段，Java 与 .NET Framework 都以虚拟机的方式提供运行环境。在这种方案中，宿主的作用是提供混合语言编程的能力和跨语言的对象系统，而虚拟机则着眼于跨平台的、语言无关的虚拟执行环境。

[2]　本书第 1 版和第 2 版采用 Web 浏览器上的惯例：使用 alert() 来显示消息。对于某些引擎来说，无论是 alert() 方法还是 console 对象，都可能是未实现的，例如，WScript 就需要使用 WScript.Echo() 来输出，而 ESHOST 则约定使用 print() 函数。

表 1-2 本书对宿主环境在全局方法上的简单设定

方法	含义
`console.log(sMessage)`	显示一个消息文本（字符串） 如果 sMessage 不是一个有效的字符串，那么将调用它的 `.toString()` 方法并显示其结果值

1.7.2 外壳程序

外壳程序（shell）是宿主的一种。

不过在其他的一些文档中并不这样解释，而是试图将宿主与外壳分别看待。其中的原因在于将"跨语言宿主"与"应用宿主"混为一谈。

在 Windows 环境中，微软提供的 WSH（Windows Script Host）是一种跨语言宿主，在该宿主环境中提供一个公共的对象系统，并提供装载不同的编程语言引擎的能力。如此一来，WSH 可以让多种语言使用同一套对象——这些对象由一些 COM 组件来实现并注册到 Windows 系统中。所以我们在 IE 浏览器中既可以用 VBScript 操作网页中的对象，也可以用 JScript 来操作。基本上来讲，IE 浏览器采用的是与 WSH 完全相同的宿主实现技术。

多数 JavaScript 引擎会提供一个用于演示的外壳程序。该外壳程序通过一种命令行交互式界面来展示引擎的能力——在 UNIX/Linux 系统中编程的开发人员会非常习惯这种环境，而在 Windows 中编程的开发人员则不然。在这种环境下，可以像调试器中的单步跟踪一样，展示出许多引擎内部的细节。图 1-10 所示的是 SpiderMonkey JavaScript 随引擎同时发布的一个外壳程序，它就是（该脚本引擎的）一个应用宿主。

如同引擎提供的这种外壳程序，我们一般所见到的 shell 是指一种简单的应用宿主，它只负责提供一个宿主应用环境：包括对象和与对象运行相关的操作系统进程。但是在另外一些情况下，"外壳（而不是外壳程序）"和"宿主"也被赋予一些其他的含义。例如，在 WSH 中，"宿主"是指整个的宿主环境和提供该环境的技术，而"shell"则是其中的一个可编程对象（WScript.WshShell）——封装了 Windows 系统的功能（例如注册表、文件系统等）的一个"外壳对象"，而非"外壳程序"。

而 Node.js 的情况比这些都要复杂。Node.js 中的默认 JavaScript 引擎是 V8，这个脚本引擎可以连接到 node 主进程的内部，或者单独以 DLL（动态链接库）的形式提供。所谓 node 主进程，就是一个宿主，然而这个宿主如果以交互形式运行，那么它又是一个传统意义上的外壳程序。在后者这种情况下，开发人员可以在命令行交互式界面上进行测试、调试等，由其（动态加载的）内核模块 repl 来提供支持。在这两种模式下，Node.js 都以全局的 process 对象来提供对宿主的访问，例如可以通过 process.moduleLoadList 查看当前装载的模块列表。

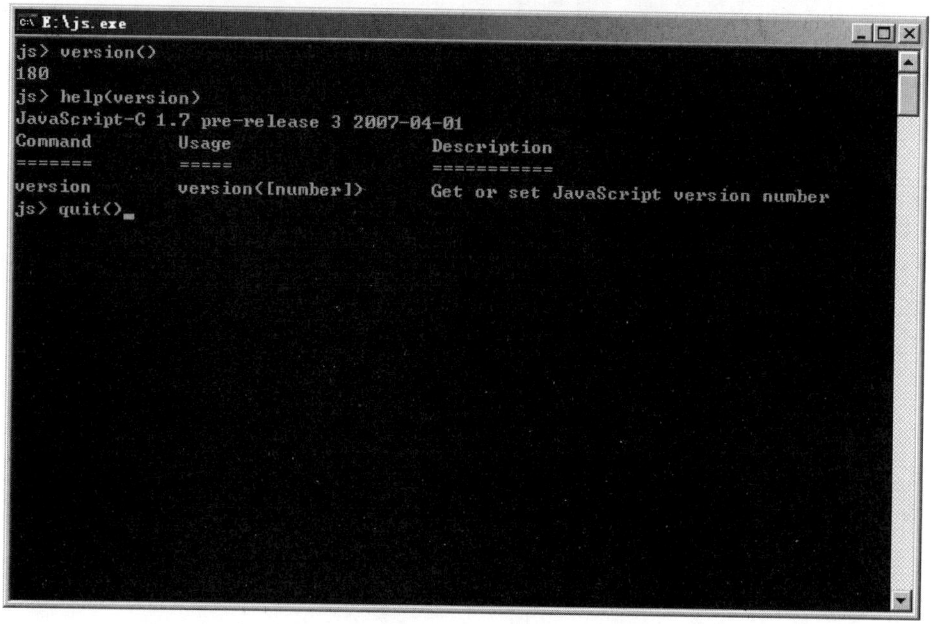

图 1-10　SpiderMonkey JavaScript 提供的外壳程序

讨论脚本引擎本身时，我们并不强调宿主环境的形式是 WSH 这种"使用跨语言宿主技术构建的脚本应用环境"，还是 SpiderMonkey JavaScript 或 Node.js 所提供的这种"交互式命令行程序"。我们只强调：脚本引擎必须运行在一个宿主之中，并由该宿主创建和维护脚本引擎实例的"运行期环境（runtime）"。

1.7.3　运行期环境

不同的书籍对 JavaScript 运行期（runtime）环境的阐释是不一样的。例如，在《JavaScript 权威指南》中，它由"JavaScript 内核（Core）"和"客户端（Client）JavaScript"两部分构成；而在《JavaScript 高级程序设计》中，它被描述成由"核心（ECMAScript）""文档对象模型（DOM）""浏览器对象模型（BOM）"三个部分组成（见图 1-11）。

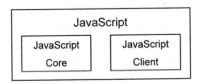 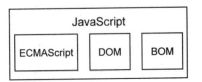

图 1-11 对"运行期环境"的不同解释

本书是从引擎的角度讨论JavaScript的，因此在本书看来，与浏览器相关的内容都属于"应用环境"：属于宿主环境或属于用户编程环境。本小节开始位置的图 1-9 表达了这种关系。在这样的关系中，运行期环境是由宿主通过脚本引擎（JavaScript Engines）创建的。[1]图 1-12 说明了应用程序——宿主在这里可以看成一个应用程序——如何创建运行期环境。[2]

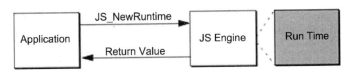

图 1-12 应用（宿主）通过引擎创建"运行期环境"的过程

因此，在本书中讲述的运行期环境特指由引擎创建的初始应用环境。主要包括：

- 一个对宿主的约定。
- 一个引擎内核。
- 一组对象和 API。
- 一些其他的规范。

我们这样解释运行期环境的特点，而并不强调（或包括）在应用、宿主或用户代码混杂作用的、运行过程中的应用环境，就是要将讨论聚焦于引擎自身的能力。不过即使如此，不同 JavaScript 脚本引擎所提供的语言特性也并不一致。因此，在本书中若非特别说明，JavaScript 是指一种通用的、跨平台的和跨环境的语言，并不特指某种特定的宿主环境或者运行环境。也就是说，它是指 ECMAScript-262 所描述的语言规范。

---

[1] 一些常见的 JavaScript Engines 包括 Windows 和 Internet Explorer 中的 jscript.dll，以及在 Mozilla Firefox 中的 js3250.dll 等。我们绝大多数的讨论会面向由这样的脚本引擎决定的、具体的运行期环境。

[2] 引用自 *JavaScript C Engine s Guide*。

1.7.4 兼容环境下的测试

本书撰写的代码主要使用 Node.js 4.x 来进行测试，但所有代码全部经过兼容性检查，以确保它们在 Node.js 4.x 之后的版本中表现一致（或对有差异的内容做出明确解释）。

本书所述的兼容环境包括 Chakra、JavaScriptCore、Node.js、SpiderMonkey、V8 和 xs。本书使用 ESHOST 和 JSVU[1] 来构建测试环境，并确保所有示例得到完整测试。读者可以尝试通过如下方式构建相应的测试环境。

```
# 安装 ESHOST
> npm install -g eshost-cli

# 安装 JSVU
> npm install -g jsvu

# 运行 JSVU 以安装各个引擎
> jsvu

# （macOS）将 JavaScript 引擎（以 Chakra 为例）托管给 ESHOST
> eshost --add 'Chakra' ch ~/.jsvu/chakra

# （或 Windows）同上
> eshost --add "Chakra" ch "%USERPROFILE%\.jsvu\chakra.cmd"

# 测试（执行表达式）
> eshost -tse '1+2'
 Chakra          3
 ...

# 测试（执行语句）
> eshost -tsx 'print(1+2)'
 Chakra          3
 ...

# 测试（装载并执行文件）
> eshost -ts test.js
 ...
```

需要留意的是，默认情况下执行 jsvu 总是更新全部最新版本的 JavaScript 引擎。你可以用如下命令行来切换不同的版本，或指定 JSVU 或 ESHOST 有选择地管理哪些引擎。例如：

```
# 指定 JSVU 管理的引擎（可指定 Chakra,JavaScriptCore,SpiderMonkey,V8,x）
> jsvu --engines=chakra,javascriptcore
```

---

[1] eshost 是由 bterlson 发布的一个开源产品，用于在多个 JavaScript 引擎之上构建相同的宿主环境。JSVU 是由 Google Labs 发布的，用于管理和更新不同的 JavaScript 引擎。

```
# 指定JSVU安装的具体版本
> jsvu chakra@1.11.6

# 以指定的引擎来运行代码（可对引擎设定名字、通配符、组或标记，并用-n/-g/-tags 来指定）
> eshost -h Chakra test.js
```

本书将通过开源项目提供全部章节的示例和相关代码[1]，读者可以参考阅读。

---

1 请关注我的 Git 仓库（aimingoo/js-green-book-3）。

第 2 章

JavaScript 的语法

以对 JavaScript 的语法叙述来说，《JavaScript 权威指南》是最好的一本参考书。但我不能期望用户都读过那本厚厚的书才能阅读本书，因此我还是要在这里讲述一下语法。由于本书面向的是有一定开发经验的程序员，所以本章仅讲述语法中的关键部分，并不打算讨论更多细节。

请留意每小节之前对内容的概括和汇总性的表格。[1] 它们通常是从另一个角度重述相关内容的，这可能会与其他书籍或与你既有的知识不一致。但这些不一致，正是我们后面进一步讨论语言的基础。

2.1 语法综述

语言中的标识符一般可以分为两类，一类用于命名语法、符号等抽象概念，另一类用于命名数据（的存储位置）。前者被称为"语法关键字"，后者则被称为"变量"和"常量"。并且由此引入了一个概念：绑定。从标识符的角度来说，绑定分为语法关键字与语义逻辑的绑定，以及变量与它所存储数据和位置性质的绑定。

其中，语法关键字对语义逻辑的绑定结果，是对作用域的限定；变量对位置性质的绑定结果，则是对变量生存周期的限定。

---

1 推荐使用本书附录中的索引表来概览表格。

2.1.1 标识符所绑定的语义

我们由此得以明确程序语言中"声明"的意义：所谓声明，即约定数据的生存周期和逻辑的作用域。由于这里的"声明"已经涵盖了逻辑与数据（这相当于"程序"的全部），因此整个编程的过程，其实被解释成了"说明逻辑和数据"的过程：

- 纯粹陈述"数据"的过程，被称为变量和类型声明。
- 纯粹陈述"逻辑"的过程，被称为语句（含流程控制子句）。
- 陈述"数据与（算法的）逻辑"的关系的过程，被称为表达式。

表 2-1 阐述了 JavaScript 中的主要标识符与其语义之间的关系。

表 2-1 标识符与其语义关系的基本分类

	标识符	子分类	示例（部分）	章节
数据相关	类型		（无显式类型声明）	

	变量（注1）	值、字面量
		对象
		符号
			`null`
			`undefined`
			`new Object()`
				2.2 JavaScript 的语法：声明

与逻辑和数据都相关	表达式（注2）	值运算 对象存取	`v = 'a string.'` `obj.constructor`	2.3 JavaScript 的语法：表达式运算

	逻辑语句（注3）	顺序
		分支
		循环
			`v = ' a string.';`
			`if (!v) {`
			`  // ...`
			`}`
				2.4 JavaScript 的语法：语句

逻辑相关	流程控制语句	标签
		一般流程控制子句
		异常
			`break;`
			`continue;`
			`return;`
			`try {`
			`  // ...`
			`catch (e) {`
			`  // ...`
			`}`
				2.4.5 流程控制：一般子句
				
				2.4.6 流程控制：异常

	其他	注释 模块（注4）	（略）	2.5 JavaScript 的语法：模块

注 1："符号（Symbol）"是 ES6 添加的新数据类型，可以同其他数据一样绑定给变量或标识符。
注 2：表达式首先是与数据相关的，但因为存在运算的先后顺序，所以也有逻辑相关的含义。
注 3：JavaScript 中的逻辑语句是有值的，因此它也是数据相关的。这一点与其他多数语言不一样。
注 4：一些模块的实现方案与逻辑（例如流程控制）相关，例如 Node.js。但一些实现方案则是逻辑无关的，例如 ECMAScript 的静态模块机制就是如此，它只描述模块之间的依赖关系。

除了"声明"在语义上对绑定内容的限制之外，当一个被声明的标识符（变量、常量或符号等）去绑定一个数据时，事实上还有其他两个方面的语义：数据（受作用域限制）的生存周期及可写性。这三者是 JavaScript 在：

- 用于显式数据声明的语句 `let/var/const`、函数声明与类声明，以及
- 数种 `for` 语句、`try...catch` 语句、赋值语句，以及
- 在函数调用和 `new` 运算符等语法中通过形式参数传入值。

这些语义中都存在着隐式或显式数据声明的原因：它们有着各自在"作用域、值和可写性"三方面的不同性质。

从 ES6 开始提供了一些新的具有绑定标识符语义的语法，包括赋值模板（assignment pattern）、剩余参数（rest parameters）、默认参数/参数默认值（default parameters/default values）以及展开运算符（spread operator）等。尽管在这几类绑定操作上存在着处理细节上的不同，但总体还是围绕上述三种性质来设计的，如表 2-2 所示。

表 2-2　绑定操作的语义说明

	声明语法			赋值
	默认参数	赋值模板	剩余参数	展开运算
函数形参（声明时）	Y	Y	Y	
函数实参（调用时传入）	Undefined（注1）			Y
标识符声明与一般赋值运算		（注2）	（注2）	Y
数组模板声明与赋值		Y	Y	Y
对象模板声明与赋值		Y	Y	Y

注 1：在实参中传入 undefined 值，表明对应的形参使用参数默认值。

注 2：使用 const/let/var 时可以理解为"标识符声明+一般赋值运算"两个步骤。但在一般赋值运算过程中，其左侧操作数尽管可以使用赋值模板和剩余参数的语法，但是不具有标识符声明的语义（变量的隐式声明除外）。

表 2-2 意味着其实只有"展开运算"是作为运算符来使用的，其他所有特性都是声明语法中的绑定，它们在词法阶段就决定了标识符的那些性质，例如它与（将来的）值之间的关系。

2.1.2　识别语法错误与运行错误

一般来说，JavaScript 引擎会在代码装入时先进行语法分析，如果语法分析通不过，整个脚本代码块都不执行；当语法分析通过时，脚本代码才会执行。若在执行过程中出错，那么

在同一代码上下文中、出错点之后的代码将不再执行。

不同引擎处理这两类错误的提示的策略并不相同，例如，在 JScript 脚本引擎环境中，两种错误的提示大多数时候看起来是一样的。在 ES6 之前，由于没有专门的装载模块的操作，"载入一个脚本文件然后尝试语法分析（并执行）"这个操作通常要有两组代码来负责，前者可能依赖宿主的文件加载（例如，浏览器中的 XmlHttpRequest 或 Node.js 中内置的 fs 模块），而后者则通常依赖脚本引擎的 eval() 来动态执行。在这种情况下，很难给出有关这两类错误的标准提示信息。

在 Node.js 中可以方便地使用 require() 将脚本文件作为一个模块来装载，并有效地识别、提示这两类错误信息。例如[1]：

```
> echo . > test1.js

> node -e "require('./test1.js');"
SyntaxError: Unexpected token .
    at exports.runInThisContext (vm.js:53:16)
    at Module._compile (module.js:373:25)
    ...

> echo null.toString > test2.js

> node -e "require('./test2.js');"
TypeError: Cannot read property 'toString' of null
    at Object.<anonymous> (test2.js:1:67)
    at Module._compile (module.js:409:26)
```

事实上，Node.js 命令行上传入的主文件也是作为模块加载的，因此下面的示例与上述效果相同：

```
> echo . > test1.js

> echo null.toString > test2.js

> node ./test1.js
SyntaxError: Unexpected token .
    ...
> node ./test2.js
TypeError: Cannot read property 'toString' of null
    ...
```

或者，也可以直接使用 Node.js 在命令行上做语法检测：

```
# 使用 node -c 或 --check 来进行语法查错
> echo . | node -c -
```

---

[1] 在具体的宿主环境中，可以使用其他方法来检查、区分这两类错误，并且也并不总是需要使用 require() 来将脚本文件作为模块装载。这里采用 Node.js 来实现示例主要用于展示两类错误的差异。

```
SyntaxError: Unexpected token .
    ...

# 这段代码没有语法错误，因此 node 直接返回
> echo null.toString | node -c -
```

2.2　JavaScript 的语法：声明

JavaScript 是弱类型语言。但所谓弱类型语言，只表明该语言在表达式运算中不强制校验操作数的数据类型，而并不表明该语言是否具有类型系统。所以有些书在讲述 JavaScript 时说它是"无类型语言（untype language）"，其实是不正确的。本节将对 JavaScript 的数据类型做一个概述。

用户可以在代码中为数据定义标识符以便操作这些数据。可以更细致地为这些标识符分类，例如，以数据的可写性来看，有变量、常量等；以数据类型来看，有对象、函数、符号和值类型数据等。另一种常见的分类方法是以声明语法来进行的，JavaScript 有 6 种声明标识符的方法，包括变量（var）、常量（const）、块作用域变量（let）、函数（function）、类（class）和模块（import），它们都可以声明出在语法分析阶段就被识别的标识符——其中函数声明包括具名的函数名和形式参数名。

在习惯上会把这些数据标识符的声明统称为变量声明——这很大程度上缘于早期 JavaScript 规范或文档中不严谨的措辞。进而以变量的作用域的角度来看，又可以分为全局变量与局部变量。（为了便于本节的叙述，）读者可以先简单地认为：所谓全局变量是指在函数外声明的变量，局部变量则是在函数或子函数内声明的变量。[1]

2.2.1　变量的数据类型

JavaScript 中没有明确的类型声明过程——事实上，在 JavaScript 约定的保留字列表中，根本就没有 type 或 define 这类关键字。总的来说，JavaScript 识别 7 种数据类型，并在运算过程中自动处理语言类型的转换。我们称 JavaScript 识别的这 7 种类型为基本类型或基础类型，具体内容如表 2-3 所示。

---

[1] 更详细的变量作用域问题，将在 "4.7　历史遗产：变量作用域" 中讲述。

表 2-3　JavaScript 的 7 种基本数据类型

类型	含义	说明
undefined	未定义	未声明的或者声明过但未赋值的变量，其值会是 undefined。也可以显式或隐式地给一个变量赋值为 undefined
number	数值	除赋值操作之外，只有数值与数值的运算结果是数值；函数/方法的返回值或对象的属性值可以是数值
string	字符串	可以直接读取指定位置的单个字符，但不能修改（注1）
boolean	布尔值	true/false
symbol	符号	（自 ES6 开始支持）
function	函数（注2）	（JavaScript 中的函数存在多重含义）
object	对象（注3）	基于原型继承与类继承的面向对象模型

注1：直到JavaScript 1.3/ES3 时，字符串都是不能通过下标来索引单个字符的。在ES5 之后，规范约定将字符串下标索引理解为属性存取[1]；在ES6 之后，字符串被映射为可迭代对象，因此也可以用 for...of 来列举单个字符，但这种情况下得到的字符是迭代成员（而不是属性描述符）。

注2：在 JavaScript 中，函数的多重含义包括函数、方法、构造器、生成器、类以及函数对象等。

注3：在 ES6 以前，因为不具备对象系统的全部特性，因此 JavaScript 通常被称为基于对象而非面向对象的语言。而在 ES6 中标准化了 class 和 super 等关键字以支持"基于类继承的面向对象系统"。

2.2.1.1　基本数据类型

任何一个变量或值的类型都可以（而且应当首先）使用 typeof 运算得到。typeof 是 JavaScript 内部保留的一个关键字，它是一个运算符而不是一个函数。尽管它看起来可以像函数调用一样在后面跟上一对括号，例如 [2]：

```
// 示例 1：取变量的类型
var str = 'this is a test.';
console.log(typeof str);

// 示例 2：类似函数的风格
console.log(typeof(str));

// 示例 3：对值/数据取类型值
console.log(typeof 'test!');
```

---

1 这将返回一个包括该索引位置字符的属性描述符，并由后续运算决定是从该描述符中取值，还是作为引用进一步操作（例如 str[2].toString()）。
2 typeof() 中的括号，只是产生了一种"使 typeof 看起来像一个函数"的假象。关于这个假象的由来，我们随后会在"2.7 运算符的二义性"中再进行讲解。而现在，你只需要知道它的确可以这样使用就足够了。

typeof 运算以字符串形式返回表 2-3 所示的 7 种类型值之一。如果不考虑 JavaScript 中的面向对象编程，那么这个类型系统的确是足够简单的。

2.2.1.2 宿主定义的其他对象类型

在具体宿主的实现上，ECMAScript 规范接受（但不推荐）typeof 返回上述 7 种类型之外的值。在这种情况下，该变量或值应该是一个宿主自定义的对象（是引用类型，而非其他值类型），并且不能实现对象的"`[[call]]`"内部方法。因为一旦实现该方法，那么该对象的行为就与函数类型一致了。

在早期的 JavaScript 语言中，正则表达式对象是可执行的，因此兼容这一早期特性（而又不得不遵循 ECMAScript 规范）的 JavaScript 引擎就只能为正则表达式对象的 typeof 值返回为'`function`'。关于这一特例的更多说明，参见"6.2.1.5　其他字面量与相应的构造器"。

2.2.1.3 值类型与引用类型

变量不但有数据类型之别，而且还有值类型与引用类型之别——这种分类方式主要约定了变量的使用方法。JavaScript 中的 7 种值类型与引用类型见表 2-4。

表 2-4　JavaScript 中的值类型与引用类型

数据类型	值/引用类型	备注
undefined	值类型	无值
number	值类型	
boolean	值类型	
string	值类型	字符串在赋值运算中会按引用类型的方式来处理
symbol	值类型	符号是一种与对象有些相似的值类型数据
function	引用类型	
object	引用类型	

在 JavaScript 中，严格相等（===）运算符用来对值类型/引用类型的实际数据进行比较和检查。按照约定，在基于上述类型系统的运算中[1]：

- 一般表达式运算的结果总是值。

---

[1] 仅在本段落中，所说的"值"是"值类型的数据"的简称（并且包括 undefined），而"引用"是"引用类型的数据"的简称。在本书的其他行文中，所谓"值"，泛指 JavaScript 所支持的数据，例如函数返回的值，或者赋值运算符右侧的值。

- 函数/方法调用的结果可以返回值类型或者引用。
- 值与引用、值与值之间即使相等（==），也不一定严格相等（===）。
- 两个引用之间如果相等（==），则一定严格相等（===）。

同其他语言一样，在 JavaScript 中，值类型与引用类型也用于表明运算时使用数据的方式：参与运算的是其值还是其引用。因此，在下面的示例中，当两次调用函数 `func()` 时，各自传入的数据采用了不同的方式：

```javascript
var str = 'abcde';
var obj = new String(str);

function newToString() {
  return 'hello, world!';
}
function func(val) {
  val.toString = newToString;
}

// 示例1: 传入值
func(str);
console.log(str); // 'abcde'

// 示例2: 传入引用
func(obj);
console.log(String(obj)); // 'hello, world!'
```

从语义上来说，由于在示例 1 中实际只传入了 str 的值，因此对它的 toString 属性的修改是无意义的 [1]；而在示例 2 中传入了 obj 的引用，因此对它的 toString 属性的修改将会影响到后来调用 obj.toString() 的效果。因此两个示例返回的结果不同。

2.2.1.4 讨论：ECMAScript 的类型系统

如前所述，JavaScript 存在如下两套类型系统。

- 类型系统 1：7 种基本数据类型
- 类型系统 2：值类型与引用类型

然而 ECMAScript 规范又对类型系统做了另外的约定。它叙述了另外两套类型系统：

- 类型系统 3：ECMAScript 语言类型（ECMAScript language types）
- 类型系统 4：ECMAScript 规范类型（ECMAScript specification types）

---

[1] 关于"为什么可以修改一个值类型数据的属性"这个问题，以及 str 在传入 func() 后发生的一些细节，我们在"6.2.1.4 包装值类型数据的必要性与问题"中会进一步叙述。

你还会在本书的第 3 章遇到一个完整的面向对象的类型系统。

- 类型系统 5：对象类型（参见"3.4　JavaScript 的对象系统"）

以及在"3.6.2　类类型与元类继承"中会讲到的一个基于面向对象的扩展类型系统。

- 类型系统 6：原子对象类型系统（Atom object type）

除开在前面三个小节中讨论过的类型系统 1 和类型系统 2, 以及在将来才会具体分析的类型系统 5 和类型系统 6，我们对剩下两个"专属于 ECMAScript 的类型系统"做一下专门分析。

首先，ECMAScript 语言类型并不是"典型的"JavaScript 语言类型。试图使用 ECMAScript language types 来直接映射 JavaScript language types 是徒劳的，并且将会引入更多的混淆和不可解释的特例。

ECMAScript语言类型的存在，就是为了撰写ECMAScript规范本身，以明确叙述该语言的规范。然而在ECMAScript规范中所描述的语言——严格意义上并不是JavaScript语言[1]——存在着 7 种数据类型，包括Undefined、Null、Boolean、String、Symbol、Number和Object。这些数据类型与JavaScript对数据类型的约定有如下三点不同：

- ECMAScript 语言类型用首字符大写的单词作为类型名，例如 Undefined；而 JavaScript 语言类型使用字符串作为类型名，且首字符小写，例如"undefined"，并且叙述中通常在不混淆的情况下也可以省掉单/双引号来直接作为类型名，例如 undefined。
- ECMAScript语言类型中的Null是一个类型，并且有一个唯一值null；而在JavaScript语言类型中没有Null类型，null值是对象类型的一个特殊实例。[2]
- ECMAScript语言类型中没有函数类型，函数是对象类型的一个变体（Exotic Object）[3]，即对象类型的一种实现；而JavaScript语言类型中函数是第一类类型（First class type），即能用typeof关键字检查的、与string、object等同级别的基本类型。

ECMAScript的这种类型定义极大地方便了它的规范制定。由于Null值是特殊的、在语言层面就被解释的（而不是作为对象类型的特例），因此它被广泛用于各种结构、定义和逻辑中的识别条件；反过来，由于function是对象的实例，因此大多数时候它就只需要按对象的特性来操作和处理。后者的典型表现，就是在ECMAScript中有一个专门的过程来判断"是/

---

[1] 在这个语境下，JavaScript 是 ECMAScript 的一种方言。如同四川话是汉语的一种方言一样，我们总不能因此说汉语就是四川话。

[2] 这项特性是本书在第 3 章中能够讨论"元类型"的关键——如果 null 不是对象，那么原子和元类型就没有可以确立的定义。

[3] 在 ECMAScript 中，称最基础的对象为普通对象（Ordinary object），而在这些普通对象之上添加了定制行为的被称为变体对象（Exotic object）。

不是对象"[1]，而无须用这一方式来判断"是/不是函数"：

```
... Type(v) is Object
```

基于此，ECMAScript 约定它的类型也可以归纳成两类：对象（Object）和基础类型（即除开 Object 之外的其他 6 种类型）。[2]这两种类型是可以转换的，这些内部过程称为抽象操作（Abstract Operations），包括 `ToPrimitive()` 和 `ToObject()` 等。

我们接下来讨论"类型系统 4"，即 ECMAScript 规范类型。

在 ECMAScript 规范类型中没有与上述两种语言类型（ECMAScript 或 JavaScript 的语言类型）重合的任何类型或语义。准确地说，所谓 ECMAScript 规范类型，就是为了在规范的行文中实现 ECMAScript 语言类型而存在的。总共约定了 10 种规范类型，包括：

- List、Record、Set、Relation，其中主要的是 List 和 Record 类型，是整个 ECMAScript 规范实现中采用最多的数据类型。
- Completion Record、Reference、Property Descriptor，主要用来作为运算的结果（Result）或中间结果，其中属性描述符（Property Descriptor）是实现 JavaScript 对象时使用的核心组件。
- Data Blocks，主要用在内存、共享数据等的描述中。
- Lexical Environment、Environment Record，主要用在词法和运行期环境等的描述中。

最后，重点地、再次总结一下上述内容，即：

- ECMAScript 规范类型是为了实现 ECMAScript 语言类型而存在的。
- ECMAScript 语言类型是为了叙述 JavaScript 语言的规范而存在的。

因此本书后文中将尽量避免使用和讨论 ECMAScript 规范类型，并且在多数情况下不会对 ECMAScript 语言类型的特殊性再作说明。

2.2.2 变量声明

JavaScript 中的变量声明有两种方法：

---

[1] 注意，这里是 ECMAScript 规范的行文方式，一部分是自然文法的，一部分是程序代码风格的。所以我称某种特定的、固定的行文为"过程"，是强调特定描述方法的语义相同。

[2] 它们也分别被称为"对象或原始值（Object or Primitive values）"。在这种情况下（即 ECMAScript 的行文中的"an/any ECMAScript language type"），所谓"非对象（is not Object）"就必然是值，或者反之。

- 显式声明。
- 隐式声明(即用即声明)。

所谓显式声明,一般是指使用var等关键字进行的声明。[1]一般语法为:

```
var variable1 [ = value1 ] [, variable2 [ = value2], ...]
let variable2 = ...
```

例如:

```
// 声明变量str、num,以及x、y
var str = 'test';
var x, y, num = 3 + 2 - 5;
```

也包括在一些语句中使用var等关键字进行声明,例如for语句:

```
// 声明变量n
for (var n in Object) {
  // ...
}
// 声明变量i,j,k
for (let i,j,k=0; k<100; k++) {
  // ...
}
```

还有两种情况是具名函数声明和异常捕获子句中声明的异常对象。例如:

```
// 声明函数foo
function foo() {
  str = 'test';
}

// 声明异常对象e
try {
  // ...
}
catch (e) {
  // ...
}
```

而隐式声明则发生在一般的赋值语句中。[2]例如:

```
// 当aVar未被声明时,以下语句将隐式地声明它
aVar = 100;
```

解释器总是将显式声明理解为"变量声明",而对隐式声明则不一定,如图2-1所示。

- 如果变量未被声明,则先声明该变量并立即给它赋值。
- 如果变量已经声明过,则该语句是赋值语句。

---

1 参见"2.4.2 变量声明语句"。
2 参见"2.4.1.2 赋值语句与隐式的变量声明"。

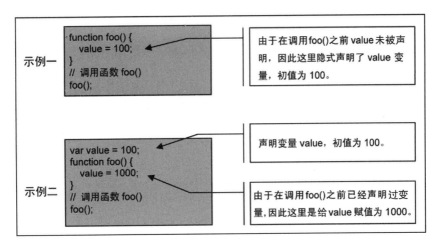

图 2-1　隐式声明的语法效果

2.2.2.1　块级作用域的变量声明与一般 var 声明

除了以下三点不同，let 的语法以及使用场景都与 var 一致：

- var 声明的变量，其作用域为当前函数、模块或全局；let 声明的变量，其作用域总是在当前的代码块，例如语句块。
- 在同一个代码块中，可以用 var 来多次声明变量名，这在语法分析中与声明一次没有区别；而用 let 却只能声明一次，覆盖一个已经声明的 let 变量（或者用 let 去覆盖一个已声明过的标识符）会导致语法错误。
- 用户代码可以在声明语句之前使用所声明的 var 变量，这时该变量的值是 undefined；而 let 声明的变量必须先声明后使用，声明语句之前的代码引用了 let 变量会触发异常，这也会导致 typeof 成为一个不安全的运算。[1]

当 let 声明发生在全局代码块时，它与 var 声明存在细微的差别。这是因为按照早期 JavaScript 的约定，在全局代码块使用 var 声明（和具名函数声明语法）时，相当于在全局对象 global 上声明了一个属性，进而使所有代码都能将这些声明作为全局变量来访问。而 let 声明与其他一些较新的语法元素遵从"块级作用域"规则，因此即使出现在全局代码块中，它们也只是声明为"全局作用域"中的标识符，而不作为对象 global 上的属性。例如[2]：

---

[1] 参见 "2.3.5.1　类型运算符（typeof）"。
[2] 该例在 Node.js 中作为脚本文件装载时会有不同的执行效果，请参阅 "4.5.1.5　级别 5：全局"。

```
var x = 100;
let y = 200;

console.log(Object.getOwnPropertyDescriptor(global, 'x').value); // 100
console.log(Object.getOwnPropertyDescriptor(global, 'y')); // undefined
```

常量声明 const、类声明 class 在块级作用域上的特性与 let 声明是类似的。

2.2.2.2 用赋值模板声明一批变量

JavaScript 声明一批变量的传统方法是用 var 关键字，即在一个 var 中声明多个变量名。而 ES6 开始支持更为灵活的解构赋值语法，这个表达式的左侧操作数称为"赋值模板（Assignment Pattern）"：

AssignmentPattern = expression

当这个模板使用在 var 等变量声明中时，也可以成批地声明变量。例如：

```
// 使用数组解构赋值，声明变量x,y
var [x, y] = [1,2];

// 使用对象解构赋值，声明变量height, width
let {clientHeight: height, clientWidth: width} = window.document.body;
```

在赋值模板中可以使用剩余参数语法来声明数组或对象。例如：

```
// 在变量声明的赋值模板中使用剩余参数，可以声明数组变量more
var [x, y, ...more] = [1, 2, 3, 4, 5];

// 在对象解构赋值中使用剩余参数，可以声明对象变量moreProps
let {x, y, ...moreProps} = {x: 100, y: 200, z: 300}
```

2.2.3 使用字面量风格的值

除了定义一个可用的标识符，变量声明通常还具有两方面的功能，一是声明类型，二是声明初值。但 JavaScript 中没有类型声明的概念，因此这时变量声明就只用来说明一个变量的初值。在声明中，等号右边既可以是表达式——这意味着将表达式运算的结果作为该变量的初值，也可以是更为强大和灵活的字面量声明。例如：

```
var num = 3 + 2 - 5;    // 3 + 2 - 5是一个表达式
var str = 'test';       // 'test'是字面量
```

字面量类似汇编语言中的立即值——无须声明就可以立即使用的常值。从它的语法形式来说，也被称为或翻译为直接量。表 2-5 简要说明了JavaScript中能用字面量风格来声明的数据类型和对象[1]。

表 2-5　JavaScript 中可用字面量风格来声明的数据类型

类型	字面量声明	包装对象	说明
undefined	v = undefined	无	（注1）
string	v = '...' v = "..." v = \`...\`	String	2.2.3.1　字符串字面量、转义符 2.2.3.2　模板字面量
number	v = 1234	Number	2.2.3.3　数值字面量
boolean	v = true v = false	Boolean	
symbol	无	无	2.2.4.2　符号声明
object	v = null	无	3.1.1　对象声明与实例创建
object	v = /.../...	RegExp	3.1.1　对象声明与实例创建
object	v = [...]	Array	3.1.1　对象声明与实例创建
object	v = { ... }	Object	3.1.1　对象声明与实例创建
function	v = function(...) { ... } v = (...) => { ... } function ...(...) { ... }	Function	2.2.4.3　函数声明
function	class ... extends ... { ... }	Function	3.1.2　使用类继承体系

注1：undefined 并没有被称为字面量，这可能是有着其历史原因的：在早期的 JavaScript 中，undefined 既不是关键字，也不能直接声明。

本小节的部分问题参见"6.2.1　包装类：面向对象的妥协"和"6.3.2　值类型之间的转换"。

2.2.3.1　字符串字面量、转义符

你总是可以用一对双引号或一对单引号来表示字符串字面量。早期Netscape的JavaScript中允许出现非Unicode的字符[2]，但现在ECMAScript标准统一要求字符串必须是Unicode字符序列。

---

[1] 三种值类型、null 值和正则表达式是被称为字面量的，而 Function、Object、Array 其实只是"字面量风格的声明"，它们严格来说仍然是存在着语义上的差异的。
[2] 在早期 Netscape 的 JavaScript 中编程时，使用 escape() 可能会解出单字节的编码，而使用 unescape() 则可能在字符串中包含相应的 ASCII 字符。在 Internet Explorer 的早期版本（如 Windows 9x）中，也可能由于 cookies 存取而出现在字符串中存在 ASCII 字符序列的情况。

转义符主要用于在字符串中包含控制字符，以及当前操作系统语言和字符集中不能直接输入的字符；也可以用于在字符串中嵌套引号（可以在单引号声明的字符串中直接使用双引号，或反过来在双引号中使用单引号）。转义符总是用一个反斜线字符"\"引导，包括表 2-6 中所示的转义序列。

表 2-6　JavaScript 中的字符串转义序列

转义符	含义	转义符	含义
\b	退格符	\'	单引号
\t	水平制表符	\"	双引号
\v	垂直制表符	\0	字符 NUL（编码为 0 的字符）
\n	换行符	\xnn	ASCII 字符编码为 nn 的字符（注1）
\r	回车符	\unnnn	Unicode 字符编码为 nnnn 的字符
\f	换页符	\u{nnnnn}	Unicode 字符编码大于 0xFFFF 的字符
\\	反斜线字符		

注 1：将被转换为 Unicode 字符存储。

除了定义转义符之外，当反斜线字符"\"位于一行的末尾（其后立即是代码文本中的换行）时，也用于表示连续的字符串声明。这在声明大段文本块时很有用。例如：

```
1  var aTextBlock = '\
2  abcdefghijklmnopqrstuvwxyz\
3   \
4  123456789\
5   \
6  +-*/';
```

该示例第 3 行与第 5 行中各包括了一个空格，因此输出时第 2、4、6 行将用一个空格分开。显示为：

```
abcdefghijklmnopqrstuvwxyz 123456789 +-*/
```

在各行中仍然可以使用其他转义符——只要它们出现在文本行最后的这个"\"字符之前即可。不过与某些语言的语法不同的是，不能在这种表示法的文本行末使用注释。

另外一个需要特别说明的是"\0"，它表示 NUL 字符。在某些语言中，NUL 用于说明一种"以#0 字符结束的字符串"（这也是 Windows 操作系统直接支持的一种字符串形式），在这种情况下，字符串是不能包括该 NUL 字符串的。但在 JavaScript 中，这是允许存在的。这时，NUL 字符是一个真实存在于字符序列中的字符。下例说明了 NUL 字符在 JavaScript 中的真实性：

```
// 示例
str1 = String.fromCharCode(0, 0, 0, 0, 0);
str2 = '\0\0\0\0\0';
```

```
// 显示字符串长"5", 表明 NUL 字符在字符串中是真实存在的
console.log(str1.length);
console.log(str2.length);
```

在 ES6 中增加了"\u{nnnnn}"来表示码点大于 0xFFFF 的 Unicode 字符的语法,这意味着它支持直接声明和使用 UTF-16 字符。所以在这种情况下,在当前字符集使用 UTF-8 时,一个用"\u{nnnnn}"表达的 Unicode 字符的长度将是 2。例如:

```
// 如果当前字符集为 UTF-8,则将显示字符串长"2"
console.log("\u{20BB7}".length);
```

在 JavaScript 中也可以用一对不包含任意字符的单引号或双引号来表示一个空字符串（Null String）,其长度值总是为 0。比较容易被忽视的是,空字符串与其他字符串一样也可以用作对象成员名。例如:

```
obj = {
  '': 100
}
// 显示该成员的值: 100
console.log(obj['']);
```

2.2.3.2 模板字面量

从 ES6 开始出现的模板字面量（template literal）用一对反引号（`）来标识,可以将其理解为一种增强的字符串声明。[1]在使用反引号声明的字符串中,可以使用"${...}"这样的语法来捕获当前上下文中的变量、常量、字面量或对象成员属性:

```
> var message = "Hello world.";
> console.log(`The message is: ${message}`);
The message is: Hello world.
```

以及计算一个表达式[2]并将结果转换为字符串值——这也意味着这样的字符串其实是动态的。例如:

```
> console.log(`The null is ${typeof null} type.`);
The null is object type.
```

模板字面量本质上来说是一个字面量的引用——该字面量在JavaScript内部表达为一个对象（array-like object）或数组[3]:

---

[1] 尽管它的值总是一个字符串值,但严格来说并不存在"模板字符串（template string）"这样的说法。
[2] 本质上,这里的"${...}"就是用来捕获表达式值的,而所谓变量（以及字面量等）不过是单值表达式,而对象属性就是对象成员存取运算表达式。
[3] 在 JavaScript 的内部形式中,模板总是表达为一个数组,并且带有一个.raw 属性；模板在作为模板调用的参数使用时,它表达为一个参数数组（例如 args）,其 args[0]指向上面的模板,称为 site object,而 args[1...n]指向模板执行时将在每个段（segment）中插入/替换的值,称为 substitutions。

```
> foo = tpl=>console.log(typeof tpl, tpl instanceof Array, ref=tpl)
> foo`xyz`
object true ['xyz']
```

用户代码也可以使用一个带.raw属性的类数组对象来替代它,这个.raw属性指向该"表达该模板字面量的内部数组"的一个原始的、未经转义的格式。例如,用在String.raw()中[1]:

```
> console.log(String.raw({raw: ['', ',\nworld']}, 'Hi'))
Hi,
world
```

它等义于:

```
> foo = tpl => String.raw(tpl, 'Hi');
> console.log(foo`${1}
world`);
```

另外,模板也可以用于多行字符串的声明(下面示例中的内容已经说明了一切):

```
> var multiline_string = `
上面的第一个换行符是有效的,而某些语言(例如lua)中多行声明的第一个换行符是无效的。
如果要避免行末(包括上面说的第一行)的换行符,可以使用\\字符来结尾,例如:\。
这种声明连续字符串的规则仍然是有效的。
各行前的空格、制表符以及行后的换行符等都是有效的。
需要使用\\来转义\`、\$和\\字符。
其他在一般字符串中的类似\\n之类的转义符也是可用的。
但是双引号(")和单引号(')不必再转义。
当然,你总是可以使用\${...}来捕获表达式输出。`;

> console.log(multiline_string);
...
```

2.2.3.3 数值字面量

数值字面量总是以一个数字字符,或一个点字符".",以及不多于一个的正值符号"+"或负值符号"-"开始。当以数字字符开始时,它有四条规则:

- 如果以 0x 或 0X 开始,则表明是一个十六进制数值。
- 如果以 0o 或 0O 开始,则表明是一个八进制数值。[2]
- 如果以 0b 或 0B 开始,则表明是一个二进制数值。
- 在其他情况下,表明是一个十进制整数或浮点数。

当以点字符"."开始时,它总是表明一个十进制浮点数。正值符号"+"、负值符号"-"

---

[1] 注意在 String.raw(x) 中,String.raw 方法只使用 x.raw 属性,而并不检查 x 本身是否是一个 array-like 对象。
[2] 在 ES5 之前,以单个 0 字符开始时就表明使用了八进制数值。从 ES5 开始,尽管这项旧的规则仍被保留(建议不再使用),但在严格模式下被禁止了。

总是可以出现在上述两种表示法（以数字字符或以点字符）的前面。例如：

```
1234        // 十进制整数
0x1234      // 十六进制整数
0o1234      // 八进制整数
0b1101      // 二进制整数
-0X1234     // 负值的十六进制整数
+100        // 正值的十进制整数
```

当一个字面量被识别为十六进制数值时，该字面量由 0~9 和 A~F 字符构成；当被识别为八进制数值时，该字面量由 0~7 字符构成——类似地，如果在语法分析中发现其他字符，则出现语法分析错误。

当一个字面量被识别为十进制整型数时，它内部的存放格式可能是浮点数，也可能是整型数，这取决于不同引擎的实现。因此不能指望JavaScript中的整型数会有较高的运算性能。[1]但是你可以用位运算来替代算术运算，这时引擎总是以整型数的形式来运算的——即使操作数是一个浮点数。

当一个字面量被识别为十进制数时，它可以由 0~9，以及（不多于一个的）点字符 "." 或字符 e、E 组成。当包括点字符 "."、字符 e 或 E 时，该字面量总被识别为浮点数（注意，某些引擎会优化一些字面量的内部存储形式）。例如：

```
3.1415926
12.345
.1234
.0e8
1.02E30
```

当使用带字符 e、E 的指数法表示时，也可以使用正、负符号来表示正、负整数指数。例如：

```
1.555E+30
1.555E-30
```

2.2.4 其他声明

2.2.4.1 常量声明

const关键字用于常量声明。常量声明与变量声明都是用来将一个标识符（变量名/常量名）

---

[1] 在 JScript 中，引擎对字面量会进行特别的分析并以最优的形式来存放它。例如，值 100 与值 100.0 在 JScript 中都是以一个 LongInt 类型的整数值来存放的，而 100.1 则以 Double 类型的浮点数来存放。

与其对应的数据存储绑定起来，这在本质上并没有不同。但是从语义上来讲，变量表明相应的数据是可修改的，而常量表明它不可修改。[1]除了这一点语义上的不同之外，所有与变量声明相关的特性（例如，数据的类型、字面量声明、字符串转义等）也都体现在常量声明上。例如：

```
// 使用字面量的常量声明
const stringValue = 'abcd\nefg';

// 正则表达式常量
const regexpInstance = /./;
```

const 与 let 对作用域的理解类似，也是块级作用域的，因此也同样有别于 var 声明：既不能覆盖一个已经声明的常量，也不可能在它的声明语句之前访问它：

```
> const i = 100;
undefined

> const i = 100;
TypeError: Identifier 'i' has already been declared
...
```

而对常量进行重新赋值的操作通常会无效或触发异常：[2]

```
# （续上例）
> i = 300;   // 尝试修改常量的值
300

> console.log(i); // 显示上述修改无效
100
```

2.2.4.2　符号声明

符号是从 ES6 开始支持的一种数据类型，它可以使用一般形式的变量声明或常量声明（const/var/let），与其他数据类型在声明上并没有特别的不同：

```
var aSymbol = Symbol();
const aSymbolConst = Symbol();
```

符号没有字面量声明形式。由于符号是值而非对象（我称之为"近似对象的"一种值类型数据），所以也不能使用 new 运算符来创建它。

有关符号的更多内容请参见"3.1.5　符号"和"3.6.1.2　可被符号影响的行为"。

---

[1] 更准确的说法是：常量的标识符不能再绑定到其他的数据。
[2] ECMAScript 标准约定，修改常量值总是将导致异常。但是出于历史原因，在 ES5 兼容环境，或在 ES6 模拟环境（例如，通过声明只读属性来模拟 const 声明）中，对非严格模式下的常量置值并不会导致异常。详情可参见"2.6.2　执行限制"。

2.2.4.3 函数声明

在 JavaScript 中，函数是一种数据类型，所以函数声明是变量声明的一种特殊形式：

```
function functionName(){
  // ...
}
```

当 `functionName` 是一个有效标识符时，表示声明的是一个具名函数。[1] `functionName` 后使用一对不能省略的"`()`"来表示形式参数列表。所谓形式参数，是指可以在函数体内部使用的、有效的标识符名。可以声明零至多个形式参数，即使在函数体内部并不使用它们。或者也可以不声明形式参数，这时也可以在函数体内使用一个名为 `arguments` 的内部对象来存取函数调用时的传入值。在函数体中，可以有零至任意多行代码、内嵌函数。在函数体内出现的使用 `var` 进行的显式变量声明，或者隐式的变量声明，都将被视为函数体内部的局部变量；该函数的内嵌函数的名字，也将作为局部变量。

不同于早期的 JScript，在 ES5 以后的规范中，明确规定了在表达式中出现的具名函数名只影响该函数内的代码，而不会影响该表达式所在的作用域，示例如下：

```
// 在 if 语句的条件表达式中使用具名函数 foo
if (function foo(){});

// 在早期的 JScript 中，会显示有效的类型名 'function'
// 这是因为上述 foo 函数会声明在全局，这是不规范的实现
console.log(typeof foo);
```

在声明函数的形式参数时，可以为参数指定默认值"（default parameters）"：

```
function foo(x, y=100) {
  console.log([x, y])
}

// 示例
foo('abc'); // abc,100
```

如果默认值并没有放在参数列表的尾部，那么可以使用 undefined，在传参时表明该参数使用默认值：

```
function foo(x='abc', y) {
  console.log([x, y])
}

// 示例
foo(undefined, 'abc'); // abc,abc
```

---

[1] 如果省略掉 `functionName`，那么就是一个匿名（anonymous）函数。严格来说，匿名函数（以及箭头函数）是一个函数的字面量值，而不是函数声明，可参见"2.3.4.1 匿名函数与箭头函数"。

可以在参数列表尾部使用"剩余参数（rest parameter）"，它用一个带...前缀的参数名（形参）来捕获所有未被声明的实参。在这种情况下，该形参总是一个包含所有剩余参数的数组，例如：

```
function foo(x, y, ...z) {
  console.log(z)
}

// 示例
foo('a', 'b', 'c', 'd', 'e'); // ["c", "d", "e"]
```

也可以在剩余参数中使用赋值模板。例如，下面用一个数组赋值模板替代了上例中的形参 z：

```
function foo(x, y, ...[m, n]) {
  console.log(m)
}

// 示例
foo('a', 'b', 'c', 'd', 'e'); // 'c'
```

并且反过来，也可以在赋值模板中使用剩余参数语法。例如：

```
var [x, y, ...more] = [1, 2, 3, 4, 5];

// 示例
console.log(more); // [3, 4, 5]
```

使用 class 关键字来声明的类，也是一个函数。因此可以将类声明理解为函数声明的一种特殊语法。但是类声明得到的函数只能使用 new 运算来创建对象实例，而不能直接作为函数调用。而如果在语法关键字 function 之后加 "*" 字符，则会声明一个特殊的函数：生成器。

2.3　JavaScript 的语法：表达式运算

相较于其他语言，JavaScript 在运算符上有一种特殊性：许多语句/语法分隔符也同时是运算符——它们的含义当然是不同的，我的意思只是强调它们使用了相同的符号，例如括号"( )"既是语法分隔符也是运算符。

在 JavaScript 中，运算符大多数是特殊符号，但也有少量单词。表 2-7 列举了这些单词形式的运算符，你应当避免把它们误解成语句。

2.3 JavaScript 的语法：表达式运算

表 2-7 JavaScript 中单词形式的运算符

运算符/符号		运算符含义	备注
单词形式的运算符	typeof	取变量或值的类型	参见"2.3.5 特殊作用的运算符"
	void	运算表达式并忽略值	
	new	创建指定类的对象实例	与面向对象相关。参见"3.1 面向对象编程的语法概要"
	in	检查对象属性	
	instanceof	检查变量是否指定类的实例	
	delete	删除实例属性	
	yield	从生成器内部返回一个值	参见"5.3.2.2 生成器函数"
	await	在异步函数内等待一个值	参见"7.3.1 与函数式特性的交集：异步的函数"

注：`yield`和`await`不是严格意义上的运算符。

表达式由运算符与操作数构成。操作数除了包括变量，还包括函数（或方法）的返回值，此外也包括字面量。但 JavaScript 中也可以存在没有运算符的表达式，这称为"单值表达式"。单值表达式有值的含义，表达式的结果即是该值，主要包括：

- `this`、`super`、`new.target`和`arguments`引用。[1]
- 变量引用，即一个已声明的标识符。
- 字面量，包括`null`、`undefined`、字符串、布尔值、数值、模板、正则表达式。

在ES6 中，将下面几种表达式与单值表达式一起称为基本表达式（Primary Expression），正则表达式已经包含在单值表达式的"字面量"中[2]：

- 数组字面量，即[...]。
- 对象字面量，即{ ... }。
- 函数字面量，包括一般匿名函数、箭头函数、类和生成器等。
- 表达式分组运算，即(...)。

除此之外，一个 JavaScript 表达式中必然存在至少一个运算符。运算符可以有一至三个操作数，没有操作数的、孤立于代码上下文的运算符是不符合语法的。并且通过对表达式的考

---

[1] ES6 引入的 `super` 非常特殊，具有一定的"值"的性质，但又不是值。例如，`this` 和 `arguments` 都是对当前上下文中特定数据的引用，而 `super` 是一个动态计算结果而非如上的引用，所以并不能将其直接称作单值表达式。关于这个问题，我们会在后续章节中详细讨论。`new.target` 也存在这样的问题。

[2] 严格来说，这种数组和对象声明并不称为"字面量"，而称为"初始器"。在需要严格区分这一术语时，我通常会称它们为"字面量风格的数组或对象声明"。关于这一点的更多说明，请参见"4.2.2.2 初始器"。

查，我们发现 JavaScript 的表达式总有结果值——一个值类型或引用类型的数据，或者 `undefined`。其中，单值表达式的结果是值本身，其他表达式的结果是运算的结果值（也因此必然有运算符）。

复合表达式由多个表达式连接构成。如前所述，由于每一个独立的表达式都总有结果值，因此该值能作为"邻近"的表达式的操作数参与运算。有了这样的关系，我们就总可以将无限个表达式"邻近"地连接成复合表达式，该复合表达式的运算结果也与其他普通的表达式一样，是值类型或引用类型的数据，或者 `undefined`。

如同数学含义上的"运算"存在优先级（例如，乘除法优先于加减法），复合表达式在"按从左至右的"邻近关系运算时，也受到运算符的优先级的影响。而有了优先级次序的先后约定，表达式就有了算法的逻辑上的含义——这就是本章 2.1 节中说表达式既有值的含义，也有逻辑的含义的原因。[1]

通过对值的含义的考查，我们会注意到，所有JavaScript表达式的运算结果[2]，要么产生一个"基本类型的值"，要么产生"对一个对象实例的引用"。表 2-8 所示的是根据操作数和结果值的不同对运算符做的简单分类。

表 2-8　JavaScript 中的运算符按结果值的分类

分类	说明	运算符示例	操作数	目标类型	章节
数值运算	一般性的数值运算	+ - * / % ++ 等	number	number	2.3.1　一般表达式运算
位运算	数值的位运算	~ & | ^ << 等			
逻辑运算	布尔值运算	! && ||	boolean	boolean	
	逻辑运算	&& ||	（操作数）	（操作数）	2.3.1.1　逻辑运算
字符运算	（仅有）字符串连接	+	string	string	2.3.1.2　字符串运算
等值检测	检测两个值是否相等	== != === 等	*	boolean	2.3.2.1　等值检测
赋值运算	一般赋值和复合赋值	= += 等	*	*	2.3.3　赋值运算
函数调用	（仅有）函数调用	()	function	*	2.3.4.2　函数调用
对象	对象创建、存取、检查等	. [] new in	object	*	（注1）
其他	表达式运算、typeof 运算等	void typeof 等	（表达式等）	*	2.3.5　特殊作用的运算符

注1：有关对象的运算、语法等，我们将在第 3 章中讲述。

1　但表达式运算的本质目的还是求值，而非表达逻辑。这将在"5.2 从运算式语言到函数式语言"中进行更详细的讨论。
2　对运算结果类型的考查，一定程度上是对 ECMAScript 规范中所谓"Completion Record Fields/Values"的一个解释。

2.3.1 一般表达式运算

JavaScript中的一般表达式运算只操作三种运算数：数值、布尔值和字符串值，并且操作数与结果值总是同一类型的。这三种数据通常是可以被存储在基本的存储单元中，并参与CPU指令运算的。[1]尽管在不同的硬件系统中，这些数据内部的表示法、表示范围都可能不同，但对于JavaScript这种运行在解释系统中的语言来说，它会通过一些约定来清除硬件差异的影响，例如在"2.2.3.3 数值字面量"中所讨论到的一些规则。

2.3.1.1 逻辑运算

在一般语言中，逻辑运算与布尔运算是等义的，其操作数与目标类型都是布尔值（true/false）。JavaScript当然支持这种纯布尔运算，而且"一般表达式运算"仅指这种布尔值运算，其操作数和结果值都必然是布尔值。并且解释器对于这类运算也会进行一些可能的类型转换，例如，在下面的表达式中，无论 aVar 是何种类型，都将被"逻辑否（!）"运算符转换为 boolean 值参与运算：

```
!aVar
```

不但如此，JavaScript还包括另外一种逻辑运算，包括"逻辑或（||）"和"逻辑与（&&）"两种运算，它们的表达式结果类型是不确定的。不过它们的使用方法与运算逻辑都与基本的布尔运算一致，例如：

```
var str = 'hello';
var obj = {};
x = str || obj;
y = str && obj;
```

这两个运算符（||与&&）既不改变操作数的数据类型，也不强制运算结果的数据类型。除此之外，还有以下两条特性：

- 运算符会将操作数隐式转换为布尔值，以进行布尔运算。
- 运算过程（与普通布尔运算一样）是支持布尔短路的。

由于支持布尔短路，因此在上例中，"str || obj"表达式只处理第一个操作数就可以得到结果，其结果值是 str——转换为布尔值时为 true，不过由于前面所述的"不强制运算结果的数据类型"，所以表达式的结果值仍是"str"。同样，若以"str && obj"为例，其

---

[1] 这并不表明 JavaScript 采用这种方式存储或在运算中传送这些运算数（例如，字符串实际是传送引用的），但这的确是 JavaScript 保留这三种值类型的原因之一。

返回结果值就会是"obj"了。

这种逻辑运算的结果一样可以用在任何需要判断布尔条件的地方,包括if或while语句,以及复合的布尔表达式中。例如:

```
(续上例)

// 用于语句
if (str || obj) {
  ...
}

// 用于复杂的布尔表达式
z = !str && !(str || obj);
```

并且连续的逻辑运算也可以用来替代语句。这也是一种被经常提及的方法,关于这一点的更多细节请参考"5.2.2.1　通过表达式消灭分支语句"。

事实上,纯布尔值运算是逻辑运算的一个特例,因为按照规则,在运算数是布尔值的情况下,"逻辑或(||)"和"逻辑与(&&)"操作返回的当然也就是布尔值。我们这里特别要将纯布尔值从(普遍含义的)逻辑运算中单独拿出来讨论,是因为一般表达式主要是对三种"值类型数据"进行运算,而这在 JavaScript 中是有着特殊的含义的——这是其结构化语言特性的遗存。

2.3.1.2　字符串运算

在历史中,JavaScript 中有且仅有一种"字符串运算",就是字符串连接,其运算符是加号"+"。然而符号"+"还可以被用在其他一些地方,包括一元正值运算符、数值加法运算符以及数值字面量声明等。因此一个带有符号"+"的表达式是不是"字符串连接"运算,取决于它在运算时存在几个操作数,以及每个操作数的类型。

字符串连接运算总是产生一个新的字符串,它在运算效果(结果值)上完全等同于调用字符串对象的 concat() 方法。

你不可以直接修改字符串中的指定字符。尽管在 ES5 中引入了一个新的概念:将字符串作为类似数组的对象(to treat the string as an array-like object),从而引入了第二个可以用于字符串的运算符,即下标存取([])。但你仍然不能通过该运算去修改字符串中的字符值:

```
> var s = 'abc';
undefined

> s[1]
'b'
```

```
> s[1] = 'x'
'x'
> console.log(s);  // 字符串并没有被修改
'abc'
```

从 ES6 开始，字符串又被添加了 `Symbol.iterator` 属性，它可以作为可迭代对象处理，例如，接受数组展开以及 `yield*` 等运算（以及 `for...of` 语句）：

```
> [ ... 'string' ]
[ 's', 't', 'r', 'i', 'n', 'g' ]
> function* foo() { yield* 'string' }
> foo().next
{ value: 's', done: false }
```

2.3.1.3 数值运算

"一般表达式运算"既包括"加减乘除"等一般性的数值运算，又包括数值的位运算。在位运算操作中，JavaScript强制运算目标为一个有符号的 32 位整型数[1]：如果目标是非数值，那么会被强制转换为数值；如果目标是浮点数，那么会被取整；否则，将目标识别为有符号整型数。

当对非数值使用一般表达式运算符时，非数值会被先转换成一个称为 NaN 的数值来参与运算，而结果将仍然是 NaN。例如：

```
> +'a';
NaN
```

NaN是表示"非数值"的一个数值，这跟"undefined表示无数据的一个数据"是类似的抽象。出于这样的设计，一般表达式运算符总是能成功地应用于所有的数据类型[2]，而其结果也总是能表达为数值或布尔值。例如，下面这样一个表达式运算：

```
> !(+'a'*10/2<<2)&&(false||!Object)
false
```

2.3.2 比较运算

对于比较运算来说，一个数据"被理解为/被转换为什么样的值"是很关键的。这涉及 JavaScript 对类型转换的强制约定(例如，空字符串被转换为 `false` 值，以及对象的 `valueOf()`

---

[1] 这里的转换、识别规则是非常复杂且与 JavaScript 版本相关的，因此本书只是（并不准确地）概述了几种可能性。
[2] 很不幸，这里存在一个例外：不能将符号用于数值运算，因为符号并不能被转换为数值。符号在一般表达式运算中，可以作为（或转换为）布尔值 `true` 参与运算。

方法等。关于这些转换的部分细节可以参见"6.2 动态类型：对象与值类型之间的转换"和"6.3 动态类型：值类型的转换"。

而在使用"严格相等"时会先比较数据的类型，因此这种等值检测过程中不会发生类型转换。并且按照约定，JavaScript中的"-0===0"，以及"NaN !== NaN"，于是ES6之后的版本设计了`Object.is()`方法[1]，处理类似"`Object.is(-0, +0) === false`""`Object.is(NaN, NaN) === true`"这样的运算逻辑。

2.3.2.1 等值检测

等值检测的目的是判断两个变量是否相等。这其中，运算符"`==`"和"`!=`"的运算效果称为"相等"和"不等"，而"`===`"和"`!==`"的运算效果称为"严格相等"和"严格不相等"。具体来说，等值检测是指表 2-9 所示的运算符的运算效果。

表 2-9　比较运算中的等值检测

名称	运算符	说明
相等	==	比较两个表达式，看是否相等
不等	!=	比较两个表达式，看是否不相等
严格相等	===	比较两个表达式，看值是否相等并具有相同的数据类型
不严格相等	!==	比较两个表达式，看是否具有不相等的值或不同的数据类型

对于等值检测来说，最简单和最有效率的方法当然是比较两个变量引用（所指向的内存地址）。但这并不准确，因为我们显然会在两个不同的内存地址上存放同样的数据，例如两个相同的字符串。因此比较引用虽然高效，但在很多时候却需要比较两个变量的值。在下面的讨论中，我们会先忽略"比较引用"时的问题，侧重讲述值的比较。

我们先讨论等值检测中"相等"的问题。它遵循表 2-10 所示的运算规则。

表 2-10　等值检测中"相等"的运算规则

类型	运算规则
值类型与引用类型进行比较	将引用类型的数据转换为与值类型数据相同的数据，再进行"数据等值"比较
两个值类型进行比较	转换成相同数据类型的值进行"数据等值"比较
两个引用类型进行比较	比较引用（的地址）

---

[1] 由于任何两个对象都是不等的，所以`Object.is()`显然不用于替代"对象的`==`或`===`运算"。因此，虽然`is()`是`Object`的方法，却通常用于值类型数据的检测。

2.3 JavaScript 的语法：表达式运算

上述规则中所谓的"数据等值"仅指针对"值类型"的比较而言，表明比较的是变量所指向的存储单元中的数据（通常指"内存数据"）。在三种值类型（数值、布尔值和字符串）中，如果两个被比较的值类型不同，那么：

- 有任何一个是数字时，会将另一个转换为数字进行比较；或，
- 有任何一个是布尔值时，它将被转换为数字进行比较（并且由于上一规则的存在，所以另一个数据也将被转换为数字）；或
- 有任何一个是对象（或函数）时，将调用该对象的 `valueOf()` 方法来将其转换为值数据进行比较，且在多数情况下该值数据作为数字值处理[1]；或
- 按照特定规则返回比较结果，例如，`undefined` 与 `null` 值总是相等的。

可见，JavaScript 总是尽量用数字值比较来实现等值检测，这主要是因为 JavaScript 内部的数据存储格式适合这一操作。同样的原因（即出于内部存储的格式的限制），字符串检测通常会存在非常大的开销。严格来说，必须对字符串中的每一个字符进行比较，才能判断两个字符串是否相等，这（在理论上）类似下面的代码说明[2]：

```
// 示例1: 对两个值类型的字符串进行"值相等"的检测
var str1 = 'abc' + 'def';
console.log(typeof str1);    // 显示'string'

var str2 = 'abcd' + 'ef';
console.log(typeof str2);    // 显示'string'

// 下面的运算需要进行6次字符比较，才能得到结果值true
console.log(str1 == str2);
```

接下来我们讨论等值检测中"严格相等"的问题。它遵循表 2-11 所示的运算规则。

表 2-11　等值检测中"严格相等"的运算规则

类型	运算规则
值类型与引用类型进行比较	必然"不严格相等"
两个值类型进行比较	如果数据类型不同，则必然"不严格相等"；否则，按等值检测中"相等"的运算规则进行比较
两个引用类型进行比较	比较引用（的地址）

1　对象转换为值类型时的规则是很复杂的。这是因为，对象的 `valueOf()` 方法默认返回对象本身，而这仍然是一个引用而不是值；接下来进一步导致对象的 `toString()` 方法被调用。但是对象可以通过在子类中重写 `.valueOf()` 方法，或者设置 `Symbol.toPrimitive` 属性来改变上述过程中的每一个阶段。关于这部分的细节，请参见"6.2.2　从对象到值"。

2　注意，在现实中未必是这样的。这是因为，脚本引擎通常有能力对运算结果 `str1` 和 `str2` 做优化，使它们在引擎内部指向同一个字符串（的地址引用），因而不必总是进行 6 次字符比较。这也是"字符串在某些运算（例如，赋值运算）中会按引用类型的方式来处理"的又一个案例。

两个类型一样的值类型,如果它们是相等的,那么它们必然"严格相等"。如果是引用类型,例如对象 A 和对象 B,则仅当它们是相同引用时才是"相等/严格相等"的。下面的例子说明了这种情况:

```
var obj, str = 'abcdef';
var obj1 = new String(str);
var obj2 = obj = new String(str);

// 返回 false
console.log(obj1 == obj2);
console.log(obj1 === obj2);

// 返回 true
console.log(obj == obj2);
console.log(obj === obj2);
```

在等值检测运算中存在一些特例,包括:

```
# 1. NaN 不等于自身
> [NaN==NaN, NaN===NaN, NaN!=NaN, NaN!==NaN]
[ false, false, true, true ]

# 2. 符号可以转换为 true,但不等值于 true[1]
> [Boolean(Symbol()), !Symbol(), Symbol()==true, Symbol()===true]
[ true, false, false, false ]

# 3. 即使字面量相同的引用类型,也是不严格相等的
> [ {}==={}, /./===/./, function(){} === function() {} ]
[ false, false, false ]
```

2.3.2.2 序列检测

从数学概念来说,实数数轴上可比较的数字是无限的(正无穷到负无穷)。该数轴上的有序类型,只是该无限区间上的一些点。但对于具体的语言来说,由于数值的表达范围有限,所以数值的比较也是有限的。因此,如果一个数据的值能投射(例如,通过类型转换)到该轴上的一点,则它可以参与在该轴所表达范围内的序列检测:即比较其序列值的大小。在 JavaScript 中,这包括表 2-12 中所示的数据类型(其中,Number 类型是实数数轴的抽象)。

表 2-12　JavaScript 中可进行序列检测的数据类型

可比较序列的类型	序列值
boolean	0~1
string	(注1)

---

[1] 当等值检测中有任何一个数据是符号时,该符号无须进行任何数据转换,因为它总是不等值于任何其他数据。

续表

可比较序列的类型	序列值
number	NEGATIVE_INFINITY ~ POSITIVE_INFINITY（注2）

注1：在 JavaScript 中，"字符串"是有序类型的一种特例。在一般语言中，"字符（char）"这种数据类型是有序的（字符#0~#255，或 Unicode 全集）。虽然 JavaScript 不存在"字符"类型，但它的字符串中的每一个字符，都被作为单一字符来参与序列检测。

注2：负无穷~正无穷。值 NaN 没有序列值，任何值与 NaN 进行序列检测都将得到 false。

序列检测的含义在于比较变量在序列中的大小 [1]，即数学概念中的数轴上点的位置先后 [2]，所以运算符如表 2-13 所示。

表 2-13　比较运算中的序列检测

名称	运算符	说明
大于	>	比较两个表达式，看一个是否大于另一个
大于或等于	>=	比较两个表达式，看一个是否大于或等于另一个
小于	<	比较两个表达式，看是否一个小于另一个
小于或等于	<=	比较两个表达式，看是否一个小于或等于另一个

并遵循如表 2-14 所示的运算规则。

表 2-14　序列检测的运算规则

类型	运算规则
两个值类型进行比较	直接比较数据在序列中的大小
值类型与引用类型进行比较	将引用类型的数据转换为与值类型数据相同的数据，再进行"序列大小"比较
两个引用类型进行比较	无意义，总是返回 false（注1）

注1：对引用类型进行序列检测运算其实是可能的，这与 valueOf() 运算的效果有关。但这意味着最终比较的数据并非引用类型本身，而是它们转换后的值类型。

---

[1] 不要用其他语言数据类型分类中的"有序类型"来理解这里的序列，那些所谓"有序类型"是指该类型的有限集合存在一种有序的排布，例如，"字节"这种数据类型即存在序数 0~255，而"布尔类型"则是 0~1。这些语言中的"有序类型"并不包括数组。

[2] 事实上，也可以将等值检测中的"=="和"!="运算理解为序列检测的特例——从存储的角度来看，它们其实比较的也是存储单元中的值在序列中的大小。不过在 ECMAScript 中，将它们与"==="、"!=="放在了等值运算（Equality Operators）一类，而将序列检测跟 instanceof 和 in 归在了关系运算（Relational Operators）一类，这就是另外的分类方法了。

下面的代码说明了这个运算规则。

```
var o1 = {};
var o2 = {};
var str = '123';
var num = 1;
var b0 = false;
var b1 = true;
var ref = new String();

// 示例1：值类型的比较，考查布尔值与数值在序列中的大小
console.log(b1 < num);   // 显示 false
console.log(b1 <= num);  // 显示 true, 表明 b1==num
console.log(b1 > b0);    // 显示 true

// 示例2：值类型与引用类型的比较
// （空字符串被转换为0值）
console.log(num > ref);  // 显示 true

// 示例3：两个对象（引用类型）比较时总是返回 false
console.log(o1 > o2 || o1 < o2 || o1 == o2);
```

最后，所谓字符串的序列检测，在具体实现上是有限制的：

- 当两个操作数都是字符串时，表 2-13 中所列的 4 个运算符才表示字符串序列检测；否则，
- 当任意一个操作数是非字符串时，会将字符串转换为数值来参与运算。

下例说明了这一点：

```
var s1 = 'abc';
var s2 = 'ab';
var s3 = '101';

var b = true;
var i = 100;

// 示例1：两个操作数为字符串，将比较每个字符的序列值，所以显示为 true
console.log( s1 > s2 );

// 示例2：在将字符串 s3 转换为数值时得到 101，所以显示为 true
console.log( s3 > i );

// 示例3：在将字符串 s1 转换为数值时得到 NaN，所以下面的三个比较都为 false
// （注：变量b的布尔值为true，转换为数值1参与运算）
console.log( s1 > b || s1 < b || s1 == b );

// 示例4：两个 NaN 的比较。NaN 不等值也不大于或小于自身，所以下面的三个比较都为 false
console.log( s1 > NaN || s1 < NaN || s1 == NaN );
```

2.3.3 赋值运算

JavaScript 里有三种赋值运算符，如表 2-15 所示（v: variant，e: expression）。

表 2-15 JavaScript 中的赋值运算

类型	示例	等价等式	操作数类型
（一般）赋值运算符	v = e		
	[v1, v2,...] = e {v1, v2,...} = e {p:v1, v2,...} = e	v1 = asArray(e)[0] v1 = asObject(e).v1 v1 = asObject(e).p	（注1）
带操作的赋值运算符 （复合赋值运算符）	v += e	v = v + e	字符串、数值
	v -= e	v = v - e	数值
	v *= e	v = v * e	
	v /= e	v = v / e	
	v %= e	v = v % e	
	v <<= e	v = v << e	位运算
	v >>= e	v = v >> e	
	v >>>= e	v = v >>> e	
	v &= e	v = v & e	
	v |= e	v = v | e	
	v ^= e	v = v ^ e	
自增/自减运算符 （隐含赋值运算）	++v v++	v = v+1	数值
	--v v--	v = v-1	

注 1：这里是 ES6 开始支持的解构赋值，使用赋值运算符 "="。

在 JavaScript 中，赋值是一个运算而不是一个语句，所以在赋值表达式中，运算符左右都是操作数。当然，按照"表达式"的概念，表达式的操作数既可以是值（也包括字面量），也可以是引用。因此从语法上来说，下面的代码是成立的：

```
// 下面的代码是语法有效的"赋值运算"表达式
100 = 1000;
```

该代码在 JavaScript 中是能通过语法检测的，但是类似代码将会触发一个在概念上处于执行期的错误（ReferenceError）。不过，在不同的解析器中抛出该错误的时间并不一致，并倾向于尽早（例如提前到语法分析阶段）检测出该类异常。

2.3.3.1 赋值的语义

这里已经提及了"赋值的效果是修改存储单元中的值"，而这正是"赋值运算"的本质，只是在更术语化的描述中,这个修改存储单元的行为也被称为"(值与标识符的)绑定"。而所谓"存储单元",对于值类型的数据来说是存放值数据的内存,对于引用类型的数据来说则是存放引用地址的内存。所以,赋值运算对值类型来说是复制数据,而对于引用类型来说,则只是复制一个地址。

但这里存在两个特例。其一,值类型的字符串是一个大的、不确定长度的连续数据块,这导致复制数据的开销很大,所以在 JavaScript 中将字符串的赋值也变成了复制地址——该字符串(连续数据块起始处)的地址引用。由此引入了三条字符串处理的限制:

- 不能直接修改字符串中的字符。
- 字符串连接运算必然导致写复制,这将产生新的字符串。
- 不能改变字符串的长短,例如,修改 length 属性是无意义的。

其二,在 ES6 之后的解构赋值中,赋值运算符的语义并不只有"复制地址/复制引用",还包括"解析数组或对象的成员"这一行为。在具体到向赋值模板复制这些成员的值(或引用)时,仍然是"赋值的效果是修改存储单元中的值"。例如:

```
// 声明变量
var x, y, z;

// 解构赋值中仍然包括了修改 x、y、z 等存储单元中的值的行为
[x, y, z] = [1, 2, 3]; // 左侧的赋值模板引用了 x、y、z 三个变量

// (或,使用如下语法)
var [x, y, z] = [1, 2, 3];
```

2.3.3.2　复合赋值运算符

赋值运算符除了等号"="之外,还有一类"复合赋值运算符"。这类运算符由一个一般表达式运算符与一个赋值运算符复合构成。由于字符串只支持"字符串连接(+)"运算,所以在表 2-15 所列的复合运算符中,除第一个"+="能用于字符串之外,其他的都只能用于数值类型。如果将它们用于非数值类型,则运算中会出现隐式的类型转换。

2.3.3.3　解构赋值

在 ES6 中出现的解构赋值是对赋值运算符"="的一个扩展,它用于所有能使用该操作符的地方,例如,const/var/let 声明语句,for 语句中的 var 声明,函数的默认参数等。其基本语法为:

```
Assignment Pattern = expression
```

其中，解构赋值操作左边是一组操作数（变量、常量等）的赋值模板，这个赋值模板的语法规则与字面量风格的数组/对象声明极其近似。而右边则是一个返回值为数组或对象的表达式——如果它们不是数组或对象，那么将会有一个隐式的类型转换。这个操作用于将数组或对象成员的值按照语法规则成批地赋值给左侧的操作数，并且支持嵌套和成员属性的深度遍历。例如：

```
// 将 a 赋值为 1，并将 b 赋值为 2
var [a, b] = [1, 2];

// 将 x 赋值为 'xx'，将 y 赋值为 'yy'
var {x, y} = {x: 'xx', y: 'yy'};

// 将该对象属性 obj.x 的值赋给变量 x
// 相当于 x = A[0].x
var obj = {x: 'xx'}, A = [obj];
var [{x}] = A;

// 成员深度遍历（运算符左右需要模式匹配）
// 本例声明了一个新的变量 X，其值是 "右侧对象.p1.p2" 的值，即相当于 X = 100
var {p1:{p2:X}} = {p1:{p2: 100}};

// 右侧的数值隐式转换为 Number 对象，解构函数用于取其 toString 方法到变量 X
// 相当于 X = (new Number(1)).toString
var {toString: X} = 1;
```

赋值模板（assignment pattern）也可以用于 for...of、for...in、try...catch 以及函数声明中的形式参数列表等，在这些情况下它可以理解为"将值绑定给对应标识符"时的一个扩展语法。

2.3.4 函数相关的表达式

函数表达式、字面量风格的函数值，以及函数声明是函数在多种语义环境下的不同表现。无论通过哪种方式得到一个函数，它（用作表达式操作数时）所能进行的主要运算都包括函数调用和 new 运算。然而在某些情况下运算也是受限的，例如，不能将 new 运算作用于对象方法。

匿名函数与箭头函数不存在"函数声明"的语法——尽管在口头讲述它们时我们也常常称之为"声明（箭头函数或匿名函数）"。除了本小节所述之外，函数的更多相关概念与应用请参见"第 5 章 JavaScript 的函数式语言特性"。

2.3.4.1 匿名函数与箭头函数

在声明函数时，声明语句如下：

```
function functionName(){
  // ...
}
```

如果省略 *functionName*，那么就会得到一个匿名函数（Anonymous Function）。这个匿名函数也可以作为字面量直接参与表达式运算——而不需要引用它的名字。例如：

```
void (1 + function(){
  // ...
})
```

"箭头函数（Arrow Function）"声明出来也是匿名的，毕竟在它的语法中就不能指定函数名。其完整形式是：

```
( parameters ) => { functionBody }
```

例如：

```
> var foo = (val) => { return val };
> console.log(foo(100))
100
```

当 *parameters* 只是一个参数时，这对圆括号可以省略。而当 *functionBody* 可以书写为一个表达式时，其外部的一对大括号也可以省略——这种情况下函数的返回值是表达式的计算结果。所以如下的声明都是合法的：

```
// 在 functionBody 是表达式并省略大括号时，表达式运算的结果即返回值
var foo_1 = val => val;
var foo_2 = (val) => val;

// 在使用大括号时需要用 return 来显式地返回值
var foo_3 = val => { return val };
```

2.3.4.2 函数调用

在函数后紧跟函数调用运算符"`()`"时，该运算符被解释成两个含义：

- 使函数得以执行；并且，当函数执行时，
- 从左至右运算并传入"`()`"内的参数序列。

这里所说的"函数"，包括普通的、类型值（即 typeof 值）为 function 的函数，也包括创建自 Function 类的函数对象。也就是说，函数调用运算符作用于以下几个变量的效果是一致的：

2.3 JavaScript 的语法：表达式运算

```
function func_1() { }
var func_2 = function() { };
var func_3 = new Function('');
var func_4 = ()=>{};

// 调用函数1，这是一个用标准方法（语句）声明的具名函数
func_1()

// 调用函数2，这是一个字面量风格声明的匿名的空函数
func_2();

// 调用函数3，这是一个用对象创建方式得到的空函数
func_3();

// 调用函数4，这是一个用箭头函数方式声明的空函数
func_4();
```

如果该运算符之前既非上述几种之一，也非它们的引用，则函数调用运算将会出错，这会触发一个运行期异常。[1] 在调用函数时可以通过该运算符传入参数，其语法形式为：

functionReference(parameters)

其中，*parameters* 是一个用逗号分隔的列表，其每一个元素被理解为一个表达式并实际向函数传入其值。在函数内可以通过一组预先定义的变量名[2]，以及一个能包括全部参数的 arguments 变量来访问这些参数值。这一过程与变量、常量等的声明，以及表达式赋值等都一样被称为绑定。

ES6 之后的模板处理函数是一种隐式的函数调用。它通过在函数后跟一个模板字符串来调用该函数，并按特定格式传入参数。例如：

```
function foo(tpl, ...values) {
  console.log(tpl); // ["try call ", "."]
  console.log(values[0]); // "foo"
}

// 将 foo() 函数作为模板处理函数调用
foo`try call ${foo.name}.`;
```

其他的隐式调用函数的情况包括[3]：

- 将函数用作属性读取器时，属性存取操作将隐式调用该函数。
- 使用 .bind 方法将源函数绑定为目标函数时，调用目标函数则隐式调用源函数。

---

1 不过这还与具体的宿主系统或引擎有关系，例如，在 WSH 或 Internet Explorer 中，可以在某些 ActiveX 对象后面使用函数调用运算符，而在 SpiderMonkey JavaScript 的早期版本中，也可以在正则表达式对象后面使用它（参见 "6.2.1.5 其他字面量与相应的构造器"）。
2 在 JavaScript 中，函数声明时的参数列表（形参）与调用时实际传入的参数列表（实参）并不是严格一致的。
3 参见 "5.4.2.1 不使用函数调用运算符"。

- 当使用 `Proxy()` 创建源函数的代理对象时，调用代理对象则隐式调用源函数。
- 可以使用 `new` 运算变相地调用函数。
- 可以将函数赋给对象的符号属性（例如，`Symbol.hasInstance`、`Symbol.Iterator` 等），并在对象的相应行为触发时调用该函数。
- ……

2.3.4.3 new 运算

用 `class` 声明的类也将是一个函数（构造器），但它只能被 `new` 运算调用。这与 JavaScript 中的大多数原生或内建构造器不同，后者大多数可以用 `new` 运算符或函数调用运算符 "`()`" 两种方式调用。

严格来说，在：

```
new functionReference()
```

语法中，`functionReference` 后面的括号并不是函数调用运算符，而只是 `new` 运算符语法的参数传入表——这是因为，在这一语法中决定（或启动）函数调用的是 `new` 运算符而非这对括号。不过在少数情况下，`new` 运算符会被用作隐式的函数调用。

2.3.5 特殊作用的运算符

有些运算符不直接产生运算效果，而是用于影响运算效果，这一类运算符的操作对象通常是"表达式"，而非"表达式的值"。另外的一些运算符不直接针对变量的值进行运算，而是针对变量运算（例如 `typeof` 等）。这些特殊作用的运算符，主要如表 2-16 所示。

表 2-16 特殊作用的运算符

目标	运算符	作用	备注
操作数	typeof	返回表示数据类型的字符串	
	...	将数组展开（spread）为一组值	
	new	创建指定类的对象实例	
	instanceof	返回继承关系	参见 "3.1 面向对象编程的语法概要"
	in	返回成员关系	
	delete	删除成员	

续表

目标	运算符	作用	备注
表达式	yield	从生成器内部返回一个值	参见"5.3.2.2 生成器函数"
	await	在异步函数内等待一个值	参见"7.3.1 与函数式特性的交集：异步的函数"
	void	避免表达式返回值	使表达式总是返回值 undefined
	?:	按条件执行两个表达式之一	也称"三元（三目）条件运算符"
	()	表达式分组和调整运算次序	也称"优先级运算符"
	,	表达式顺序地进行求值运算	也称"多重求值"或"逗号运算符"

2.3.5.1 类型运算符（typeof）

注意，这里的 typeof 是运算符，而不是语句的语法关键字。之所以说它是特殊作用的运算符，是因为在其他运算符中，变量是以其值参与运算的。例如在下面的表达式中，变量 N 是以值 13 参与运算的：

```
> var N = 13;
> console.log(N * 2);
26
```

而 typeof 运算符是尝试获取值的类型信息。例如，下面的代码显示值的类型，而非变量 N 所在的存储单元中的值。

```
# 续上例
> console.log(typeof N);
number
```

甚至它也可以直接对标识符进行运算，而无视该标识符是否存在、是否声明过，或者是否绑定值。例如：

```
# 续上例

# 不存在的标识符
> console.log(typeof NNNN);
undefined

# 未绑定值的标识符
> var NN;
> console.log(typeof NN);
undefined
```

在类似情况下，typeof 将返回值 'undefined'。

在 ES6 之后，一个标识符将不再简单地是"有或没有"，而 typeof 也就不再总是安全的。因此与使用 var 声明的状况不同，当 typeof 运算符操作一个"使用 let/const 声明但未绑定值"的名字时，就将抛出一个异常。例如：

```
function foo() {
  console.log(typeof x); // ReferenceError: x is not defined
  let x = 100;
}
foo();
```

不过异常对象的描述显然是存在歧义的，因为在真正"x is not defined"时，typeof 将按照传统的规则返回 undefined：

```
console.log(typeof x);  // undefined
```

2.3.5.2　展开语法（spread syntax）

另一个特殊语法"..."称为展开（spread syntax/operator）[1]。将它置于一个可迭代对象（例如数组）之前时，表明将操作数展开为一组值；将它置于一个普通对象之前时，则表明将该对象展开为一组属性。如果展开发生在函数调用界面上，则展开结果作为参数；如果展开在一个数组或对象中，则将结果作为它们的成员。例如：

```
> var foo = (x,y,z)=>x+Math.pow(y, z)
undefined

> foo(100, ...[3, 2])   // 展开数组[3,2]作为参数 y,z 传入
109

> var arr = [100,200]
undefined

> console.log(['a','b','c',...arr, 'd']) // 在一个数组中展开 arr
[ "a", "b", "c", 100, 200, "d" ]

> var obj = {name: 'obj', value: 1}
undefined

> console.log({message: 'spread', ...obj}); // 在一个对象中展开 obj
{ message: 'spread', name: 'obj', value: 1 }
```

2.3.5.3　面向表达式的运算符

表 2-16 中有 6 个面向表达式的运算符，尽管它们以"表达式"为目标，但语义上它们仍然是运算符。因此它们与运算对象（表达式）结合的结果仍然是表达式（而非语句）。例如图 2-2 所示的是表达式。

---

[1] ES6 已经开始正式支持数组展开，但自 ES2018/ES9 才开始支持对象的展开。"展开"严格来说是一种语法（spread syntax）而不是运算符，但有些时候它也被当作运算符以便于解释（例如，MDN 甚至为它分配了一个运算符优先级）。

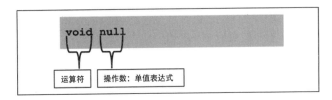

图 2-2 运算与操作数组合的结果总是表达式

但运算符的后面不能是语句（很显然，这是语法规则），所以下面的代码是不合法的：

```
// 用{}表示的复合语句不能作为 void 的运算对象
void {
  // ...
}
```

void 与"()"等这些运算符的运算对象是"表达式"，其特殊性在于：普通运算符对表达式求值以获得结果，而有些运算符并不直接是表达式的"求值运算"，而是影响结果值的"表达式操作"。例如，void 运算符的影响就是"避免产生结果"。类似地，我们看到下面两个运算符（"?:"和","）也都用于影响表达式运算的效果[1]：

```
/**
 * 示例1: 运算符"?:"用于条件化地运算表达式
 */
// 显示表达式 100+20 的值
console.log( true ? 100+20 : 100-20 )

/**
 * 示例2: 三个表达式连续运算求值，返回最后一个表达式的值
 */
// 显示表达式最后的值"value: 240"
var i = 100;
console.log( (i+=20, i*=2, 'value: '+i) );
```

一些运算符也用于在表达式级别提供流程控制能力，例如，传统的三元运算符（?:）就常常用来取代语句中的分支流程，又例如，所谓函数调用，本质上也是在切换控制流程。但这些——类似三元运算符或函数调用运算符，流程控制都是它们的自身语义，而非我们接下来要讨论的特殊作用。

对于在 ES5 之后出现的 await 与 yield 来说，强制它们的操作数发生运算并得到该运算的值是它们作为运算符的基本功能，而进行流程控制则是它们的副作用。这类似 catch(e) 子句的基本功能是捕获异常，而副作用是创建了变量 e。

在这两个运算符中，await 会有两种流程控制效果：

■ 运算符 await 总是会挂起函数，直到它所等待的数据就绪；并且，

---

1 "2.7.5 逗号','的二义性"中将对示例2做更多的说明。

- 如果它等待的数据被 rejected，那么它会触发一个 throw 效果，以便将 rejected 的原因——任何可能的值或对象——作为异常抛出。

而 yield 也具有两种流程控制效果：
- 运算符 yield 总是会挂起函数（并将生成的值作为外部的迭代对象的 .next() 方法的结果值返回）；并且，
- 运算符总是在外部迭代对象调用下一个 .next(x) 方法时恢复函数（并将传入的值 x 作为 yield 运算的结果值）。

2.3.6 运算优先级

既然 void 运算的对象是表达式，且 JavaScript 允许单值表达式，那么在这样的代码中：
```
void 1 + 2
```
void 运算的对象到底是"1"这个单值表达式，还是"1+2"这个算术表达式呢？

如果是第一种情况，那么结果会是（见图 2-3）：

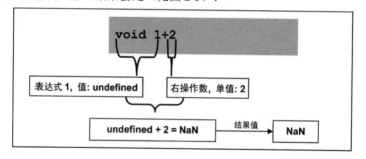

图 2-3　上述表达式的第一种解析

如果是第二种情况，则结果会是（见图 2-4）：

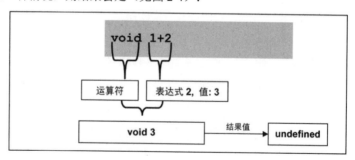

图 2-4　上述表达式的第二种解析

这就涉及例子中表达式 1 的运算符"void"和表达式 2 中的运算符"+"的优先级的问题了：谁的运算优先级更高，则先以该运算符来构成表达式并完成运算。在 JavaScript 中，该优先级顺序如表 2-17 所示（序数越大，优先级越高）。

表 2-17　JavaScript 中运算符的优先级

	运算符	描述
19	()	成组运算
18	. [] new()	对象成员存取、数组下标、带参数的 new
17	() new	函数调用、不带参数的 new
16	++ --	后置递增/递减
15	+ - ++ -- ~ ! delete typeof void	前置加减号、递增/递减、逻辑与、按位非，其他
14	* / %	乘法、除法、取模
13	+ - +	加法、减法、字符串连接
12	<< >> >>>	移位
11	< <= > >= in instanceof	序列检测、in、instanceof
10	== != === !==	等值检测
9	&	按位与
8	^	按位异或
7	|	按位或
6	&&	逻辑与
5	||	逻辑或
4	?:	条件
3	= oP=	赋值、运算赋值
2	yield yield*	yield 表达式
1	...	展开
0	,	多重求值

通过该优先级表可知：由于"void"运算符优先于"+"运算符，因此应该以上述的第一种情况进行运算，其结果值为 NaN。然而，如果希望以第二种情况进行运算，那么就需要使用运算符"()"来改变执行顺序。下面的代码实现第二种情况的运算效果：

```
> void (1 + 2)
undefined
```

准确地说，JavaScript 中并没有"强制优先级运算符"这个概念，这对圆括号运算符正式的称谓是"成组运算/分组运算（Grouping Operator）"。只是由于它在所有运算符中优先级是最高的，因此在该运算符括号内的表达式总会最先被执行，从而得到了"强制括号内表达式的优先级"的效果。

2.4 JavaScript 的语法：语句

JavaScript 是一门在执行过程中以表达式求值为核心设计的语言。但一份 JavaScript 代码文本（通常）总是由语句构成的——语句是代码语法分析中的核心元素。语句在形式上可以是单行语句，或者由一对大括号"{ }"括起来的复合语句。在语法描述中，复合语句可以整体作为一个单行语句处理。

下面两个原则，有助于你了解 JavaScript 中对"语句"的定义：

- 语句由语法符号"；（分号）"来分隔。[1,2]
- 一些语句存在返回值。

接下来我们还将补充更多有关赋值与声明语句的内容，包括与逻辑相关的标签声明语句等。本节关注的其他语句如表 2-18 所示。

表 2-18 JavaScript 中的语句

类型	子类型	语法（注1）
声明语句	数据声明语句	`var │ let │ const` *variable1 [= v1] [, var2 [=v2], ...];* `var │ let │ const` *AssignmentPattern = expression;*
	函数声明语句	`function` *functionName() { ... }* `function*` *generatorFunctionName() { ... }* `class` *className* [`extends` *superName*] *{ ... }*
	导入导出语句	`import x ...` `export var x ...`
表达式语句	变量赋值语句	*variable = value;*
	函数调用语句	*foo();*
	属性赋值语句	*object.property = value;*
	方法调用语句	*object.method();*

---

1 一些时候，语句末尾的换行符和"}"等是可以替代语句结束符"；"的，但这是不被推荐的。另外，文件的逻辑结束符（EOF）也用于表达语句结束，这是在语法分析中的惯例。
2 ECMAScript 使用"自动分号插入"来确保语句总是以分号结束。

续表

类型	子类型	语法

分支语句	条件分支语句	`if (`*condition*`)`
		　statement1
		`[else`
		　statement2`]`

	多重分支语句	`switch (`*expression*`) {`
		　`case` *label* `:`
		　　statementlist
		　`case` *label* `:`
		　　statementlist
		　`...`
		　`default :`
		　　statementlist
		`}`

循环语句	for	`for ([var | let ]`*initialization*`; `*test*`; `*increment*`)` 　*statements*`;`
	for...in	`for ([var | let ]`*variable* `in ...)` 　*statements*`;`
	for...of	`for ([var | let ]`*variable* `of ...)` 　*statement*
	While	`while (`*expression*`)` 　*statement*

	do...while	`do`
		　statement
		`while (`*expression*`)`

控制结构[1]	继续执行子句	`continue [`*label*`];`
	中断执行子句	`break [`*label*`];`
	函数返回子句	`return [`*expression*`];`
	异常触发语句	`throw` *exception*`;`

	异常捕获与处理	`try {`
		　tryStatements
		`}`
		`catch (`*exception*`) {`
		　catchStatements
		`}`
		`finally {`
		　finallyStatements
		`}`

1　运算符 yield 与 await 等也具有流程控制的特性，参见"2.3.5.3　面向表达式的运算符"。

续表

类型	子类型	语法
其他	空语句	`;`
	块/复合语句	`{ }` `{ ... }`
	with 语句	**`with`** `(object)` `  statement`
	调试语句（注2）	**`debugger`**`;`
	标签化语句	*labelname*: *statement*[1]

注1：语法描述中加粗的为语法标识符/关键字；加方括号的为可选的语法部分；"|"表示所列项中选一。

注2：ES5.1 明确定义 `debugger` 语句用于开启 host 所决定的调试环境，在此之前这只是一个保留字。

2.4.1 表达式语句

下面的代码很显然是表达式：

```
1+2+3
```

但参考我们之前的说明：程序的语句是由";（分号）"分隔的句子或命令。因此如果在表达式后面加上一个";"分隔符，那么它就被称为"表达式语句"：

```
1+2+3;
```

表达式语句表明"只有表达式，而没有其他语法元素的语句"。在 JavaScript 中，许多语法与语义其实最终都是由"表达式语句"来实现的，例如赋值、函数调用，以及我们在其他语言中常见的"调用对象方法"。由于表达式运算总是有值的——这包括 `NaN` 和 `undefined`，因此表达式语句也总是有值。

2.4.1.1 一般表达式语句

既然 JavaScript 承认单值表达式，那么显然也就存在单值语句。单值语句也许不能表明什么语义，但在某些时候它的确有用。同样地，它也只需要在单值的末尾加一个";"号就可以了，例如：

```
2;
```

---

[1] 标签不是语句，标签化语句是特殊性质的语句语法（标签化只带来语法效果，并被特定的语句子句识别）。标签本身不是语句或 Tokens 词法元素。

由于"2"是一个单值,也可以理解为一个单值表达式,因此"2;"就变成了单值表达式语句。这可用于远程读取数据——因为你不能确保读到本机的是一个单独的数还是一个数组或者其他任何内容,而下面的代码可能给你提供了处理的机会:

```
// 将远程数据读取到本地
var remoteMetaData = ajax.Get(your_url);  // "2;"
var remoteData = eval(remoteMetaData);
switch (typeof remoteData) {
  // ...
}
```

在这种情况下,字符串文本"2;"将作为语句被解析并成功执行。[1]

我们顺便讲一下空语句(empty statement)。在上面这个例子中,如果单值表达式"2"也没有了,只剩下一个分号";"又会如何呢?在JavaScript中,这就被理解为空语句,并且它是无值的。当使用eval()执行一批语句时[2],将返回"最后执行到的、有返回值的"那条语句的值。因此空语句以及类似的无值语句就被忽略了[3],例如下面的代码将返回结果值"3":

```
> eval('1+2;var x=5;;;;;function f() {};')
3
```

在代码中使用空语句时一定要准确地添加注释,否则代码审查(review)时将无法清晰地理解使用该技术的意图。尤其是用来写空循环或者空分支时,如果没有注释就会出现非常糟糕的代码风格。例如:

```
var value = 100;

// 使用空语句的空循环
while (value--);  // <- 这里存在一个空的循环

if (value > 0);  // <- 这里有一个空的 then 分支
else {
  // ...
}
```

2.4.1.2 赋值语句与隐式的变量声明

赋值语句在 JavaScript 中也是典型的表达式语句,是"赋值表达式运算"的一种效果,这与其他语言中对"赋值语句"的解释并不一致。例如图 2-5 所示的赋值表达式:

---

[1] 由于文本结束符(EOF)也可以用来作为语句结束符,因此这里返回字符串文本"2"也将是相同的效果。
[2] eval()事实上是将字符串作为语句处理的,它也是获得"语句"的结果值并使之可以参与后续运算的唯一方法。关于这些内容,将在第 5 章进一步讲述。
[3] 详细分析参见"4.4.4 块与语句的值"。

```
str = 'test string'
```

它一方面可以继续参与运算,例如:

```
str2 = 'this is a ' + (str = 'test string')
```

另一方面,也可以直接加上一个语句结束符";",以表明这是一个"表达式语句"(见图2-5)。

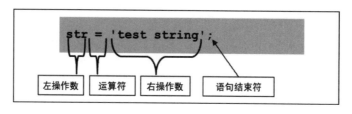

图 2-5　赋值表达式语句

赋值表达式(以及赋值语句)具有隐式声明变量的作用:一个变量(标识符)在赋值前未被声明,则脚本会首先隐式地声明该变量,然后完成赋值运算。在这种情况下,隐式声明的变量总是全局变量,因此它也被视为局部变量"泄露"到了全局。为了避免这种潜在的命名污染,在严格模式中向未声明的变量赋值是被禁止的。

2.4.1.3　函数调用语句

JavaScript 中的函数本身是一个变量/值,因此函数调用其实是一个表达式,如图2-6所示。

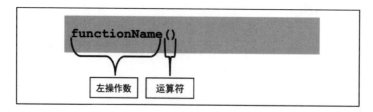

图 2-6　函数调用其实是一个表达式

所以,下面的代码就变成了函数调用语句,它也是一个表达式语句:

```
functionName();
```

在 JavaScript 中,具名函数可以使用上述方法直接调用,匿名函数可以通过它的引用变量来调用。但是没有被引用的匿名函数怎么调用呢?下面的例子说明了这三种情况:

```
// 示例1. 具名函数直接调用
function foo() {
}
foo();
```

```
// 示例 2. 匿名函数通过其引用来调用
fooRef = function() {
}
fooRef();

// 示例 3. 非引用匿名函数的调用方法(1)
(function() {
  // ...
 }());

// 示例 4. 非引用匿名函数的调用方法(2)
(function() {
  // ...
 })();

// 示例 5. 非引用匿名函数的调用方法(3)
void function() {
  // ...
 }();
```

示例 1 和示例 2 所示的用法比较常见。而示例 3、示例 4、示例 5 所示的用法虽不太常见，但各有其用。其中，示例 3 与示例 4 都用于"调用函数并返回值"。两种表达式都有三对括号，如图 2-7 所示（示例 3）。

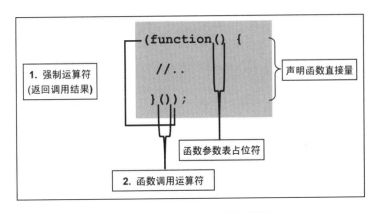

图 2-7　示例 3 代码的语法解析

图 2-8 是对示例 4 的说明。

上述两种表达式的运算过程是不同的：在示例 3 中，用分组运算符使函数调用运算得以执行；在示例 4 中，用分组运算符使"函数字面量"这个表达式求值，并返回一个函数自身的引用，然后通过函数调用运算符"()"来操作这个函数引用。换言之，"函数调用运算符()"在示例 3 中作用于匿名函数本身，在示例 4 中却作用于一个运算的结果值。

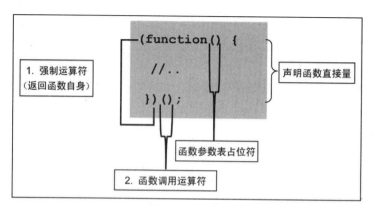

图 2-8　代码示例 4 的语法解析

最后的示例 5 则用于调用函数并忽略其返回值。运算符 void 用于使其后的函数作为表达式执行。然而由此带来的问题是：如果不使用 void 与 "()" 这两个运算符，而直接使用下面的代码，能否使函数表达式语句得到执行呢？

```
// 示例 6. 直接使用函数调用运算符"()"调用
function() {
  // ...
}()

// 示例 7. 使用语句结束符";"来执行语句
function() {
  // ...
}();
```

事实上，示例 6、示例 7 都不可执行。究其原因，在于它们无法通过语法检测。具体来说，脚本引擎会认为下面的代码是函数声明：

```
function() {
}

// 或
function foo() {
}
```

于是整个代码块无疑被语法解析成了：

```
// 示意：对示例 6 的语法解释
function() {
  // ...
};
();

// 示意：对示例 7 的语法解释
// (略)
```

也就是说，"function () {}"被作为完整的语法结构——函数声明语句——来解释，因而"();"被另作一行进行语法解释，它显然是没有语法意义的、错误的语法。由于该错误其实是针对"();"而不是针对之前的函数声明的，因此将示例换作具名函数也是通不过语法检测的。

为了证明这一点，我们改写代码如下：

```
// 改写示例 6 的代码以通过语法解释
function() {
  // ...
}(1,2)
```

这样一来你会发现语法检测通过了，因为语句被语法解释成了：

```
function() {
  // ...
};
(1,2);
```

而最后这行代码被解释成如图 2-9 所示的内容。

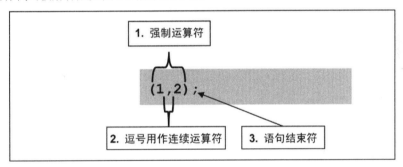

图 2-9　改写示例 6 的代码以通过语法解释

其中的"1"和"2"被解释成了两个单值表达式，当然也可以是"(1)"这样的一个单值表达式，因此在语法上就合法了。

然而由于这段代码被解释成了一个字面量风格的函数声明和一个表达式语句，所以它事实上并不能起到"执行函数并传入参数"的作用。因此如果你想实现预期的"在声明的时候执行该函数"的效果，那么请参考本小节开始的示例 3、示例 4、示例 5，用一个括号"()"或 void 运算将函数声明变成"（字面量的）单值表达式"就好了：

```
// 示例：声明时立即执行该函数(也可以用于匿名函数声明)
void function foo() {
  // ...
}(1,2);
```

类似的技巧在箭头函数中也是可用的。箭头函数通常可以直接在表达式中声明，并在声明后立即调用，但这意味着需要用一些语法标识符来避免解析时的歧义。例如，可以用括号来将箭头函数声明作为一个操作数：

```
> x = 1 + (y=>y+2)(5) + 10
18
```

2.4.2 变量声明语句

纯粹的"变量声明语句"的语义，只是声明该变量名字（而无视它的初始赋值），这样的语句如图 2-10 所示。

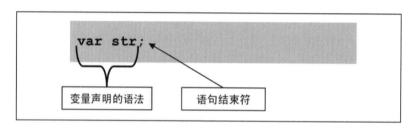

图 2-10 省略变量声明语句中的"="的情况

但多数情况下，我们在使用 var 显式地声明变量时会同时赋值。其语法为：

```
var variable1 [ = value1 ] [, variable2 [ = value2], ...]
```

但在实现中，JavaScript 是将该语句分为"变量声明+赋值语句"在两个不同阶段中处理的。例如：

```
var str = 'test string.';
```

其中，"var str"作为变量声明在语法解析阶段就被处理，使执行环境中有了名为 str 的变量；"str = 'test string.'"在执行阶段处理，通过赋值操作向变量名 str 绑定具体的值。严格来说，JavaScript 中所有显式的数据声明都是按这种处理方法来实现的，包括 var/let/const 声明、函数声明等。[1]

也可以在 for 语句中使用 var/let/const 来声明变量的语法，例如：

```
// 1. 在 for 循环中声明变量
for (var i=0; i<10; i++) {
  // ...
}
// 2. 在 for...in 循环中声明变量
```

---

[1] 但需要留意的是，标签声明并不是"数据声明"，它的处理逻辑是在语法分析期就完成了的。

```
for (var prop in Object.prototype) {
  // ...
}
```

这时它相当于`for`语句的子句（严格来说这里是一个表达式）。其中，`var`声明的变量作用域将达到函数一级（而非当前语句的块级作用域），因此在这里与在`for`语句之外使用`var`来声明变量并没有什么区别。而使用`let/const`来替代上述的`var`关键字之后，变量是声明在当前语句的块级作用域中的。[1]

除此之外，具名函数（包括生成器和类）的声明，函数形式参数名的声明，以及在`try`语句的`catch`分支中捕获异常的那个变量名都属于显式声明的范畴，不再详述。

2.4.3 分支语句

基本上来说，JavaScript 中的`if`语句跟 C 风格下的`if`语句没有什么不同，所以事实上`if`分支语句并没有什么可多说的地方。与此相同的是，JavaScript 中的`switch`分支语句也同于其他 C 风格的语言。但是不幸的是，C 语言与 Pascal 等其他一些语言的多重分支语句之间，却存在着较大的差异。

因此在下面的小节中，我会略微阐述一下`if`和`switch`语句的基本语法。但对于`switch`语句，我会详细地叙述它的一些独特之处。

2.4.3.1 条件分支语句（if 语句）

`if`语句的语法描述如下：

```
if (condition)
  statement1
[else
  statement2];
```

表明当 *condition* 条件成立时执行语句 *statement1*，否则执行 *statement2*。当`else`子句省略时，表明如果 *condition* 条件不成立则什么也不做。

statement1、*statement2* 在语法上表明是"语句"，由于"在语法描述中，复合语句可以整体作为一个单行语句处理"，因此下列代码中的大括号"{ }"是复合语句的语法符号，而并非（像一些人想的那样）是`if`语句的语法元素：

```
// 代码风格 1: if 语句中使用复合语句带来的效果
```

---

[1] 详情参见 "2.2.2.1 块级作用域的变量声明与一般 var 声明"

```
if (condition) {
  // ...
}
else {
  // ...
}
```

同样,我们也应该了解,`if...else if...`这样的格式并非是"一种语法的变种"。只不过`else`子句中的 *statement2* 是一个新的、单行的`if`语句而已:

```
// 代码风格2: 在else子句中,使用单行if语句带来的效果
if (condition1) {
  // ...
}
else if (condition2) {
  // ...
}
```

2.4.3.2 多重分支语句(switch 语句)

无论是解释还是使用 `switch` 语句,都非常容易令人迷惑。其中的主要原因之一在于 `switch` 语句中的 `break` 子句的使用——这种出自 C 风格语言系统的语法元素虽然提供了一定的灵活性,却也产生了类似 GOTO 语句的副作用。

`switch` 语句本身是通过语法:

```
switch (condition) {
  statements
}
```

来标识整个语句块的。关键字 `case` 只需要标识分支的入口点,而无须标识这些分支的开始和结束,所以在 `case` 分支中通常是直接书写多行代码而无须大括号。例如:

```
switch (x) {
  case 100:
    j++;
    i += j;
    break;

  case 200:
    // ...
}
```

C 语言风格的 `switch` 语法允许两个分支复用同一个代码块。例如下面的代码:

```
/**
 * 多个分支复用同一个代码块
 */
switch (x) {
  case 100 : i++;
  case 200 : j++;
}
```

也就是说，如果不在语句"i++"后面写 break 子句，那么流程的执行逻辑就会"漏"到下一行的"case 200"这个分支，从而达到了"在多个分支中复用代码"的效果。这样一来，整个代码块的效果与下例是相同的：

```
/**
 * 不复用代码块的例子
 */
switch (x) {
  case 100 :
    i++;
    j++;
    break;

  case 200 :
    j++;
    break;
}
```

由于"漏掉 break 子句"的技巧会在语法结构上导致明显的伤害，因此包括在经典的 C 或 C++语法材料中，这一技巧都是被有争议地、谨慎地进行描述的。更为严格的要求是：不要省略最后一个分支后的 break 语句，以避免将来加入新的分支时遗忘掉一个 break 子句。即使在允许使用该技巧的环境中，也被明确地要求在代码中"对算法或省略 break 的原因做出备注"。一个较为良好的风格应当是：

```
/**
 * 应当明确注释省略 break 的原因
 */
switch ( i ) {
  case 100 : i++;    // defer break;
  case 200 : j++;    // break omitted for end.
}
```

其中，第一个备注明确指出，在这里的算法要求延迟（defer）进行 break；第二个注释则说明由于结束而省略 break。

最后，由于 break 同时是一个能在循环语句中使用的子句，所以还存在更多的细节没有描述。关于这些细节，请阅读"2.4.5.2 break 子句"。

2.4.4 循环语句

以下三种循环结构是开发人员所熟知的：

```
// for 循环(增量循环)
for ([var ]initialization; test; increment)
  statements;

// while 循环
while (expression)
  statements;
```

```
// do...while 循环
do
  statement
while (expression);
```

通常，while 与 do...while 中的循环条件（expression）都应当是有意义的，仅在少数情况下，它被置为 true 以表示无限循环。[1]例如：

```
while (true) ...

//或
do
  ...
while (true);
```

在循环体中，是可以使用空语句的，但通常除了展示技巧之外并无益处：

```
var i = 10;
while (console.log(i), i--);
```

它完全等价于：

```
// 方法一
var i = 10;
while (i) {
  console.log(i);
  i--;
}

// 方法二
var i = 10;
do {
  console.log(i);
}
while (--i)
```

与此类同的问题也会出现在 for 语句中：很多人习惯将循环体放在 for 语句的表达式中，例如：

```
for (var i = 10; i<10; console.log(i), i--);
```

这样的用法对读代码的人来说会是一种灾难。因此，建议 for、while 与 do...while 等循环语句中只放置与循环条件相关的表达式运算。

除了上述三种循环之外，JavaScript 还支持其他几种用于对象成员列举的循环语句。考虑到它们的特殊性，我们将在"3.1.3.1 成员的列举，以及可列举性"中专门讲述。

---

[1] 我不建议使用"for (;;)..."来表示无限循环，尽管就字符数来说它看起来最少。

2.4.5 流程控制：一般子句

我们已经被无数次地忠告"不要使用 GOTO 语句"，然而还是有一些语言保留了 GOTO 语句，这也包括 JavaScript 语言，尽管至今仍未启用。

即使不讨论 GOTO 语句，程序系统中仍然需要一些语句来改变执行流程。例如本小节中将讨论的 break、continue 以及 return 语句。但是这些在语言中顽强地存活下来的语句都不再像 GOTO 一样可以"无条件地任意跳转"，而是受限于语句的上下文环境。例如，break 只能用于 for、while 等循环语句以及 switch 分支语句和标签化语句的内部，而 return 只能用于函数内部。因此，一些讲述 JavaScript 语言语法的书籍中会称它们为"子句"。本书在此也采用这种说法，表明它们是"上下文受限的"这一事实。

2.4.5.1 标签声明

JavaScript 中的标签就是一个标识符。标签可以与变量重名而互不影响，因为它是另一种独立的语法元素（既不是变量，也不是类型），其作用是指示"标签化语句（labeled statement）"。而它的声明也很简单：一个标识符后面跟一个冒号":"。可以在多数语句前面加上这样的标签以使该语句被"标签化（labeled）"，例如：

```
this_is_a_label:
  myFunc();
```

除了单一的语句之外，标签也可以作用于由大括号表示的复合语句。例如：

```
label_statements: {
  var i = 1;
  while (i < 10) i++;
}
```

但是标签不能作用于注释语句、模块导入导出语句，以及函数或类的声明语句。因为这些语句没有执行含义，所以也就不能将它们标示为流程控制的目标。其中由于注释是被解释器忽略的，因此下例中的标签实际作用于注释语句后面的一个语句（即 if 条件语句）：

```
my_label_2:
/*
  hello, world;
*/
if (true) {
  console.log('hello, is a test!');
}
```

标签在语义上用于表示一个"语句/语句块"的范围。这个范围是指单一语句的开始到结束位置（分号、行末或文末结束符），或者成批语句的开始到结束位置（一对大括号）。如

图 2-11 所示。

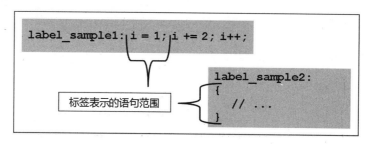

图 2-11　标签表示的语句范围

在 JavaScript 中，标签只能被 `break` 语句与 `continue` 语句所引用。前者表明停止语句执行，并跳转到 `break` 所指示标签的范围之外；后者表明停止当前循环，并跳转到 `continue` 所指示标签的范围起点。

2.4.5.2　break 子句

如果在 `for`、`while` 等循环中使用 `break`，那么这表明停止一个最内层的循环；而将 `break` 用在 `switch` 语句中的话，则表明跳出 `switch` 语句。例如：

```
/**
 * 在 for 循环中使用 break 的简单示例
 * （使 i=50,j=50 不被处理）
 */
for (var i=0; i<100; i++) {
  for (var j=0; j<100; j++) {
    if (i==50 && j==50) break;
    // ...
  }
}

/**
 * 在 switch 中使用 break 的简单示例
 */
var chr = 'A';  // or 'B' and other...
switch (chr) {
  case null: break;
  case 'A':
  case 'B': break;
  default:
    chr = 'X';
    break;
}
console.log(chr);
```

尽管不太常见，但 `default` 分支中的 `break` 在某些情况下确实是有价值的。例如：

```
// （参见上例）
default:
  if (!isNaN(parseInt(chr))) break;
  chr = chr.toUpperCase();
}
```

break 子句默认作用于循环语句的最内层或者整个 switch 语句，因此它不必特别地指定中断语句的范围。但 break 子句也具有一种扩展的语法，以指示它所作用的范围。该范围用声明过的标签来表示，例如：

break my_label;

这使得 break 子句不但可以使用在循环与条件分支内部，也可使用在标签化语句（labeled statement）的内部。如下例：

```
/**
 * 显示末10个字符
 */
var str = '12345678910';

my_label: {
  if (str && str.length < 10) {
    break my_label;
  }
  str = str.substr(str.length-10);
}

// other process...
console.log(str);
```

在这种情况下，break 子句后的 my_label 不能省略——尽管 break 位于 my_label 所表示的语句范围之内。因此以下三种用法都将触发语法编译期的脚本异常：

```
my_label: {
  if (str && str.length < 10) {
    // 错误1：在标签化语句中使用break而不带label
    break;
  }
  str = str.substr(str.length-10);
}

if (true) {
  // 错误2：在标签化语句的范围之外引用该标签
  break my_label;
}
else {
  // 错误3：在有效的范围(标签化语句、循环和switch分支)之外使用break;
  break;
}
```

2.4.5.3 continue 子句

continue 仅对循环语句有意义，因此它只能作用于 for、while 和 do...while 等这些语句的内部。它默认表明停止当前循环并跳转到下一次循环迭代开始处运行。例如：

```
// 声明一个 "工人(Worker)"类
function Worker() {
  this.headSize = 10;
  this.lossHat = false;
  this.hat = null;
  this.name = 'anonymous';
}

// 声明工人使用的"帽子(Hat)"类
function Hat() {
  this.size = 12;
}

// 有三个工位(或更多)
works = new Array(3);

// 这里有一段业务逻辑，例如给每个工人发帽子，或者在工作中丢掉帽子
// works[2] = new Worker();

// 现在检查每个工人的帽子，给没帽子的工人补发一个
for (var i=0; i<works.length; i++) {
  if (!works[i]) continue;
  if (!works[i].lossHat) continue;

  works[i].hat = new Hat(works[i].name);
  works[i].lossHat = flase;
}
```

可以看到，continue 使代码的结构变得简单了。可以用 continue 尽早地清理掉一些分支，以便轻松地写出"干净"的业务代码。

continue 后面也可以带一个标签，这时它表明从循环体内部中止，并继续到标签指示处开始执行。但如果这个标签指示的语句不是一个循环语句，JavaScript 引擎会认为这是一个语法错误。也就是说，continue 后面的标签只能对单个循环语句有意义，因此它甚至不能作用于一个包括循环的复合语句。例如：

```
// (……，接上面的代码)

// 建立一个仓库
library = {};
library.hats = function(sex) {
  return [];  //<-- 这里应当返回仓库中的读性别适用的全部帽子的列表
}

breakToHere:
```

```
for (var i=0; i < works.length; i++) {
  if (!works[i]) continue;
  if (!works[i].lossHat) continue;

  // 在仓库中为该工人挑选一顶大小合适的帽子
  var oldHats = library.hats(works.sex);
  for (var j=0; j < oldHats.length; j++) {
    if (oldHats[j] && (oldHats[j].size > works[i].headSize)) {
      works[i].hat = oldHats[j];
      works[i].lossHat = false;
      delete oldHats[j];
      // 挑选成功，跳到外层循环处理下一个工人
      continue breakToHere;
    }
  }
}
```

这段代码是可以执行的，但是如果你在 "`breakToHere:`" 后面加一对大括号（如下面的代码那样），脚本解释引擎就会认为出错了：

```
breakToHere: {
  for (var i=0; i < works.length; i++) {
    // ...
  }
}
```

因为 `continue` 不允许跳转到 "当前/外层的单个循环语句的起始" 之外的其他任何地方。

2.4.5.4　return 子句

`return` 子句只能用在一个函数之内，且同一个函数之内允许存在多个 `return` 子句。当函数被调用时，代码执行到第一个 `return` 子句则退出该函数并返回 `return` 子句所指定的值；当 `return` 子句没有指定返回值时，该函数返回 `undefined`。例如：

```
1  function test(tag) {
2    if (!tag) {
3      return;
4    }
5
6    return tag.toString();
7  }
8  var v1 = test();
9  var v2 = test(1234);
```

所谓 "第一个 `return` 子句" 是指逻辑含义上的、第一个被执行到的 `return` 子句，而不是物理位置上的。例如在上面的代码中，第 8 行没有传入 `tag` 变量的值，因此将从第 3 行的 `return` 返回；而第 9 行调用 `test()` 时，则从第 6 行的 `return` 返回。

最后，当执行函数的逻辑过程中没有遇到 return 子句时，函数将会执行到最后一条语句（函数声明末尾的大括号处），并返回 undefined 值。

2.4.6 流程控制：异常

异常是一种比前面所提到的其他子句复杂许多的流程控制逻辑。异常与一般子句存在着本质上的不同：一般流程控制子句作用于语句块的内部，并且是编程人员可预知、可控制的一种流程控制逻辑；而异常正好反过来，它作用于一个语句块的全局，处理该语句块中不可预知、不可控制的流程逻辑。

结构化异常处理的语法结构如下：

```
try {
  tryStatements
}
catch [(exception)] {
  catchStatements
}
finally {
  finallyStatements
};
```

该处理机制被分为三个部分（上述语法只说明了其中后两个部分），包括：

- 触发异常，使用 throw 语句可以在任意位置触发异常，或由引擎内部在执行过程中触发异常。
- 捕获异常，使用 try...catch 语句可以（在形式上表明）捕获一个代码块中可能发生的异常，并使用变量 exception 来指向该异常的一个引用。[1]
- 结束处理[2]，使用 try...finally 语句可以无视指定代码块中发生的异常，确保 finally 语句块中的代码总是被执行。

在上述语法中，catch(){...}块和 finally{...}块都是可选的，但必须至少存在一个。并且，如果存在同一级别的 catch 块，则 finally 块必须位于 catch 块之后，且在执行上 catch 块也是先于 finally 块的。但如果在 finally 块的执行中存在一个未被处理的异常——例如在 finally 之前没有 catch 处理块，或者在 catch、finally 块处理中又触发了异常，那么这个异常会被抛出到更外一层的 try...catch/finally 中处理。

finally{...}语句块的一个重要之处在于它总是在 try/catch 块退出之前被执行。这一过

---

1 在 ES2019 之后的版本中，JavaScript 允许省略掉"(exception)"以忽略该异常。
2 很难给 finally{...}语句块一个合适的命名，这里的命名主要强调 finally 块的一般性作用。

程中常常被忽略的情况包括：

```
// 在(函数内部的)try 块中使用 return 时，finally 块中的代码仍是在 return 子句前执行的
try {
  // ...
  return;
}
finally {
  ...
}

// 在(标签化语句的)try 块中使用 break 时，finally 块中的代码仍是在 break 子句前执行的
// 注意，continue 子句与此类似
aLabel:
  try {
    // ...
    break aLabel;
  }
  finally {
    ...
  }
```

最后我们讨论 throw 语句。这个语句既可以作用于上述语法的 try{...} 块，也可以作用于 catch{...} 与 finally{...} 块。无论在哪个位置使用——包括在 try/catch/finally 块之外使用，它总是表明触发一个异常并终止其后的代码执行。throw 语句后"应当是"一个错误对象：Error() 构造器的实例，或通过"catch(exception)"子句中捕获到的异常 exception。之所以说"应当是"，是因为 throw 语句其实可以将任何对象/值作为异常抛出。例如：

```
try {
  throw(100);
}
catch(e) {
  console.log(e); // 100
}
```

有趣的是，如果 throw 语句位于一个 finally{...} 语句块中，那么在它之后的语句也不能被执行——这意味着 finally{...} 语句块中的代码"不一定"能被完整地执行。同样的道理，即使不是使用 throw 语句显式地触发异常，在 finally{...} 块中出现的任何执行期异常也会中止其后的代码执行。因此，对于开发者来说，应尽可能保证 finally{...} 语句块中的代码都能安全、无异常地执行。如果不能确信这一点，那么应当将那些不安全的代码移入 try{...} 块中。

2.5 JavaScript 的语法：模块

JavaScript 的应用环境中很早就出现了对模块的支持，例如，Node.js 中的 require() 函数。

从现状来看，Node.js 对模块路径和装载方式的约定得到了比较广泛的应用，但并非完善，并且它与 CommonJS 的模块支持在设计上基本是一致的。其他的一些实现或规范包括 AMD、CMD，以及 UMD 等。其中，CommonJS 与 AMD 分别是服务端和浏览器端模块化方案的主流选择，前者用 `require()` 载入，用 `exports` 对象导出，后者使用 `define()` 来声明模块的依赖关系，而装载过程却通常利用浏览器或应用框架的自身机制。

这些非标准化的实现使得JavaScript语言先于ECMAScript规范具备了组织更大规模系统开发的能力。[1] 不过现在一切有了变化，因为从ES6 开始，规范中已经明确地支持模块以及与名字空间相关的特性了。

2.5.1　模块的声明与加载

即使一个 .js 文件中没有 `export` 语句，它也可以被其他文件作为模块导入，在这种情况下，JavaScript 引擎仍然会为它创建一个空的导出名字表。也就是说，这两种行为——使用 `export` 语句来表明自己是模块，与普通文件被作为模块加载——在 ECMAScript 中是没有差别的。

ECMAScript 约定只能在模块文件的顶层使用 `import/export` 语句，例如，你不能将它们用在 `if/for` 等语句块中，或者将它们用 `try...catch` 语句包括起来。

2.5.1.1　加载模块

```javascript
// 简单装载
import "module-name";

// 命名导入
import defaultExport from "module-name";
import { importsList } from "module-name";

// 名字空间导入
import * as aNamespace from "module-name";

// 默认导入的扩展形式
import defaultExport, ... from "module-name";
```

如果你只打算载入一个模块而无视该模块对外部导出的内容，那么可以使用简单装载。但这既不表明也不预设源模块中是否具有实际的导出。由于模块可以被多次加载并且首次加

---

[1] 在《程序原本》一书中按照语言适应的开发规模分类，将这些特性归为"系统"这个规模下的语言特性。但"System Programming Language"还存在在另一个定义，即"用于编写（更面向操作系统的）系统软件的语言"，或更直接地指出"是用于编写软件以操作和控制硬件的语言"，这是不同分类体系依赖带来的分歧。

载后就被缓存，所以简单装载的另一种使用场景就是预加载某些模块。

理解简单装载——以及包括所有使用"from module-name"语法来进行——的加载过程发生了什么，是非常重要的。装载模块意味着模块中的顶层代码会被执行一次，由于引擎的模块装载系统会静态扫描全部模块并确定装载的次序，所以事实上模块名在"import"语句中出现和被依赖的次序也就成了那些顶层代码得以执行的次序。显然，由于后续的模块是基于缓存的，所以它们的顶层代码不会被反复执行。

所有模块的顶层代码都是顺序地、串行地执行的。[1]顶层的文件由引擎装入并被称为主模块，它是逻辑上所有代码的入口。ECMAScript没有约定主模块需要任何特定的标识，例如导出名字或文件扩展名。[2]

带命名的导入语句是更加常见的用法。因为多数情况下我们装载一个模块的目的，就是要得到该模块所导出的名字的引用。而根据 ECMAScript 中 export 的语法，模块也可以（可选的）导出一个没有名字的实体——值或对象。那么这种情况下就可以使用下面的语法了：

```
// 例如，被导入模块(module-name)
export default ...;

// 当前模块(defaultExport as x)
import x from "module-name";
```

这样就在当前模块中命名了 x 这个标识符。然而如果源模块中已经声明了 x 这个名字的导出，那么就应该以如下语法来导入该名字：

```
// 例如，被导入模块(module-name)
export var x = ...;

// 当前模块(import that <x>)
import {x} from "module-name";
```

或者将这个名字导入成新名字 y：

```
// (续上例)

// 当前模块(import <x> as <y>)
import {x as y} from "module-name";

// 也可以导入一个使用","号分隔的名字列表
import {x, x as y, z} from "module-name";
```

---

[1] 预期在 ES2020 中将提供支持动态模块装载的 import()，它意味着可以并行地执行这些顶层代码。但如果源模块是由 import 语句静态加载过的，那么顶层代码也不会在 import() 加载中再次执行（不过关于这一点仍然存有争议）。
[2] Node.js 需要使用扩展参数才能开始内置 v8 引擎的模块支持，并且要求模块文件必须以.mjs 作为扩展名。比较来看，某些非 JavaScript 语言需要主模块中包含特定的名字，例如，main。

或者将所有名字导入一个名字空间：

```
// (续上例)

// 得到"module-name"的名字空间(唯一实例)
import * as myNames from "module-name";
```

"默认导入（for defaultExport）"和"名字导入（for nameList）"是两种不同的语法风格，起因在于源模块中也存在着两种不同的导出声明方法。为了简便，ECMAScript 也约定了可以将两种风格混用的语法，即"默认导入的扩展形式"。例如，

```
// 混用默认导入和名字导入
import defaultExport, { names... } from "module-name";

// 混用默认导入和名字空间导入
import defaultExport, * as aNameSpace from "module-name";
```

2.5.1.2 声明模块

```
// 导出声明
export let name1, name2=..., ..., nameN; // 包括 var、const 等声明
export function FunctionName(){...} // 包括具名的函数声明和类声明

// 导出已声明的名字, 其中'default'将作为默认名特殊处理
export { name1, variableName as name2, name as default, ... };

// 将一个数据用默认名导出
export default ...; // 可以是任何数据、变量或声明，包括匿名函数和类声明

// 导出指定模块中的名字(聚合多个模块中的导出名)
export ... from "module-name"; // 支持导出名字、默认名或整个名字空间
```

所有在 JavaScript 中通过声明语法得到的名字都可以被导出，并且 export 关键字通常可以直接用在声明语句之前，例如"export var x = ..."。

也可以将 export 语句自身理解为声明语句。这能准确反映它是"（静态的）语法分析阶段"就得到处理的事实。正因如此，下面语句中的可执行部分"1+2"其实与模块导出的行为无关：

```
// 用默认名导出表达式执行的结果
export default 1+2;
```

在处理这个语句时，JavaScript 在语法分析阶段只会在导出表中建立名字"default"，而这个名字与值的绑定却要等到执行阶段才会处理。这与 JavaScript 处理 var 声明的方式是类似的。

可以通过当前模块导出其他模块中定义的名字，这称为聚合。这在构建组件包或代码包时很有用，可以快速而灵活地装配一组接口。通常可以直接指示将哪些名字聚合到当前模块中，例如：

```
// 聚合（并导出）源模块 module-name 中的名字 x 或 v
export {x} from "module-name";
export {v as x} from "module-name";
```

但在使用：

```
// 聚合（并导出）源模块 module-name 中的全部名字
export * from "module-name";
```

这样的语法时，那些被聚合的名字不会重复出现在当前模块的导出表中。只是在需要引用某个名字时（例如 x2），当前模块会先查找自己的导出名字中是否有 x2，如果没有，则会通过一个内部登记项（称为 RequestedModules）来索引那些源模块，以实现深度遍历。

类似地，所有的导出语句事实上都会在运行期环境初始化之前添加到导出表中，这个导出表也用于构建该模块的名字空间——二者在应对不同需求的抽象时是同一个概念。接下来，根据执行过程的需求（即其他模块的 import），引擎将会初始化以及装载这个模块，在这个过程中该模块的顶层代码将会被执行。

而这时——你应该已经注意到了——那个表达式"1+2"就作为模块顶层代码被执行，然后结果值就被绑定给了一个默认名字。

2.5.2 名字空间的特殊性

在 ECMAScript 中，名字空间看起来像是一个普通对象，并且也可以通过对象成员来存取那些被导出的名字。不过由于名字空间对象的原型是 null，所以除了那些导出名字之外它没有任何多余的成员名。例如：

```
// 例如：被导入模块 (module-name)
export var x = 'good';

// 导入名字空间
import * as myNames from "module-name";

console.log(myNames.x); // 'good'
console.log('x' in myNames); // true
console.log('toString' in myNames); // false
console.log(Object.getPrototypeOf(myNames)); // null
```

2.5.2.1 名字空间的创建者

具体的 JavaScript 引擎在装载主模块并开始执行第一行用户代码之前，通过语法分析就可以得出所有模块之间的导出、导入关系。所有通过：

```
export ... from 'module-name';
```

语法声明聚合的模块被优先装载，随后是那些使用类似：

```
import ... from 'module-name';
```

语法显式指定了导入项的模块。在所有模块依赖关系的深度遍历结束后，JavaScript 就会开始向当前模块（主模块）的执行环境添加那些 import 项所声明的名字，并让导出名（源模块的）与本地名字（当前模块）绑定在一起。

在所有其他方式声明的（例如，使用 var 声明或函数声明等）名字创建之前，那些通过 import 导入的名字就已经被创建并绑定了值。然而自此之后，模块依赖的维护工作就结束了。也就是说，主模块根本没有自己的名字空间。

除了这个特例，其他的模块都在它们被 import 导入的时候，由 JavaScript 引擎为之创建了一个对应的名字空间对象。显然，主模块没有被 import 导入过。

2.5.2.2 名字空间中的名字是属性名

不同于导入名，名字空间中的名字其实是属性名，可以像对象属性一样操作。源于名字空间本身是一个特殊对象，所以它的属性（即名字空间中的名字）也有一些特殊性。例如：

```
// 被导入模块(module-name)
export var x = 'good';

import * as myNames from 'module-name';

// { Value: 'good', Writable: true, Enumerable: true, Configurable: false }
console.log(Object.getOwnPropertyDescriptor(myNames, 'x'));

// 属性描述符显示它是可写的，且名字空间（作为对象）未被冻结
console.log(Object.getOwnPropertyDescriptor(myNames, 'x').writable); // true
console.log(Object.isFrozen(myNames)); // false
...
```

名字空间设计了独立的读写属性以及获取属性描述符等内部操作。所有名字的属性描述符的性质是一样的（可写、可列举和不可配置）。但这些属性名实际上是被映射到它的内部列表（称为 Exports）的，所有的读操作将访问该内部列表并返回其中所绑定导出项的值，也就是实现下述操作的语义：

```
// (续上例)
console.log(myNames.x);
```

而删除或更新属性、属性描述符的操作都将直接返回 false。由于模块总是在严格模式中，所以该返回值会触发异常。例如：

```
// (续上例，以下操作将导致异常)
delete myNames.x; // TypeError: Cannot delete property ...
myNames.x = 2000; // TypeError: Cannot assign to read only property ...
```

如果尝试使用 Object.defineProperty() 来更新 myNames 的属性描述符，而新的描述符相对于上述默认值（以及属性值的绑定项的值）是无变化的，那么不会触发异常。例如：

```
// (续上例)
desc = Object.getOwnPropertyDescriptor(myNames, 'x');

// 示例：无更新，不会触发异常
Object.defineProperty(myNames, 'x', desc);

// 示例：更新描述符将触发异常
desc.value = 'none';
Object.defineProperty(myNames, 'x', desc);  // TypeError: Cannot assign to read only property 'x' ...
```

当然，你仍然可以列举完整的名字列表（以及此类的操作）：

```
// (续上例)
console.log(Object.keys(myNames)); // 名字空间中的全部导出名字
```

2.5.2.3 使用上的一些特殊性

导入名先于代码执行被创建，因此它可以提前使用。例如：

```
// 示例：x 是有值的
console.log(x); // isn't undefined, the <x> value exported
import x from 'module-name';
```

使用命名导入，与使用"名字空间+本地变量声明"的效果在表面上是类似的。例如：

```
// 导入名字空间
import * as myNames from "module-name";

// 如下语句的效果是类似的
import { x, y } from "module-name";
const { x, y } = myNames;
...
```

但三种存取方式是有着本质上的区别的：

```
// 例如：被导入模块(module-name)
export var x = 'good';
```

```
// 1. 导入名字空间(使用 myNames.x)
import * as myNames from "module-name";

// 2. 导入名字(使用导入名 x)
import {x} from "module-name";

// 3. "名字空间+本地变量声明"(使用本地名字 x2)
var {x: x2} = myNames;

// 测试
console.log(x, x2, myNames.x); // good good good
```

对于方法 1，参见上一小节：myNames.x 是一个对象属性，但与一般对象属性的操作不同。而在方法 2 中，x 是当前模块中的一个本地名字，它被创建为所谓的"非可变间接绑定（immutable indirect binding）"，并关联到目标模块 module-name 中的对应导出项。这决定了该本地名字跟常量是类似的、是不可写的。例如，当读取 x 时，实际发生的操作是：

- 当前模块查找到一个引用名 x，并，
- 发现它绑定到了源模块（M）的导出名 x。因此，
- 将会调用模块 M 的内部操作来返回 M["x"]。

因此这将得到一个来自源模块的引用，进而得到该引用的值（例如上例中的 'good'）。但是如果是写 x，则不会发生这么深的访问操作，因为在第一步得到当前模块中的引用名 x 时，就会发现这个 x 是一个"非可变的（immutable）"绑定，不可修改。这将导致如下结果：

```
// (续上例)
console.log(x); // good
x = 100; // TypeError: Assignment to constant variable.
```

简单地说：读的是源模块的引用，写的是本地的名字。

而在使用方法 3 来访问 x2 时，由于 x2 是在本地声明为变量的，因此它可以写。并且，当它读的时候也只是访问本地环境中的值，而不是对源模块的引用。因为从引用中取值的操作已经在之前模板赋值时就发生过了。例如：

```
// 在这里会发生从 myNames.x 中取值的操作，并将该值赋给本地名字 x2
// var {x: x2} = myNames;
...

// (续上例)
console.log(x2); // good
x2 = 100;
console.log(x2); // 100
```

另外，使用名字空间还有一个潜在的好处：如果使用 import 导入一个名字，而在源模块中不存在该名字，那么将导致一个异常，而访问名字空间时是不会有这种异常的。例如：

```
// (续上例)

// 如果使用 import，则将在模块初始化阶段抛出异常
// import { xyz } from "module-name";

// 变量 xyz 的初值将被置为 undefined
var { xyz } = myNames;
```

最后，由于模块总是运行在严格模式中，所以用户代码没有办法动态地在模块顶层的名字空间中创建一个新名字或标识符。也就是说，你既没有办法增删 `myNames` 的属性表，也不能在"module-name"模块中使用 `eval` 来动态地创建一个名字。

2.6　严格模式下的语法限制

JavaScript 从 ES5 开始支持严格模式，它需要使用字符串序列：

```
"use strict"
```

来开启。注意，它是包括双引号的（也可以是一对单引号）。在代码中它是一个字符串字面量，被用在一段代码文本的最前面，作为"指示前缀（Directive Prologue）"。

由于 JavaScript 中的代码块是按语句来解析的，因此在这个字符串的后面加上分号或回车符就可以将该指示前缀解释成"字面量表达式语句"，从而开启相应代码块中的严格模式。包括：

- 在全局代码的开始处加入。
- 在 `eval` 代码开始处加入。
- 在函数声明代码开始处加入。
- 在 `new Function()` 所传入的 `body` 参数块开始处加入。

例如：

```
// 下面的函数声明表明它是一个运行在严格模式下的函数
function foo() {
  "use strict";
  return true;
}
```

除了这种显式进入严格模式的方法之外，如下情况下的代码也默认处于严格模式中：

- 模块中。

- 类声明和类表达式的整个声明块中。[1]
- 在引擎或宿主的运行参数中指定，例如"node --use_strict"。

在本小节中，我们所说的"语法限制"是指，如果在代码文本中出现了违例，则在语法分析期该段代码文本就是无效的——所在代码块完全不能装载执行，或函数字面量未能成功声明，以及函数对象创建或 `eval()` 执行返回"语法错误"异常。而所谓"执行限制"，则是指将会导致运行期错误的限制。

2.6.1 语法限制

总的来说，有七种语法在严格模式中被禁用——在旧的ECMAScript版本中，它们是合法的。[2]

其一，在对象字面量声明中存在相同的属性名。例如：

```
// 禁例1：对象字面量的属性名相同
var obj = {
  'name': 1,
  'name': 'aName'
}
```

在非严格模式中，上述的声明将使用最后一个有效的声明项。[3]

其二，在函数声明中，参数表中带有相同的参数名。例如：

```
// 禁例2：函数参数表中的参数名称相同
function foo(x,x,z) {
  return x+z
}
```

在非严格模式中，将会传入参数表所指定个数的参数（即与形式参数对应），但在代码中访问同名的参数时，只有最后一个声明是有效的。例如：

```
// 在非严格模式中，下面的函数声明是有效的
function foo(m,m,n,m,a,n) {
  return m+n
}
```

---

1 这里强调"整个声明块"是因为 `class` 声明中的 `extends` 段是支持表达式的，该表达式事实上也处于严格模式中。详情可参见"3.1.2.1 声明类和继承关系"。
2 读者需要自行将下面代码中的禁例运行在严格模式中以进行测试。
3 该语法限制是在ES5规范中定义的，自ES6开始该限制就被取消了，因此最后一个声明项将总是有效的。

```
// 显示 6，表明函数声明中有 6 个形式参数
console.log(foo.length);

// 显示 10，表明 m,n 的取值分别为第 4 个和第 6 个参数
console.log(foo(1,2,3,4,5,6));

// 显示 NaN，因为 m+n 的实际运算行为是"4 + undefined"
console.log(foo(1,2,3,4));
```

其三，不能声明或重写 eval 和 arguments 这两个标识符。亦即是说，它们不能出现在赋值运算的左边，也不能使用 var 语句来声明。另外，由于 catch 子句以及具名函数都会隐式地声明变量名，因此在它们的语法中也不允许用 eval 和 arguments 作为标识符。最后，要强调的是，arguments 或 eval 也不能使用 delete 去删除。例如：

```
// 禁例 3.1: 向 eval 或 arguments 赋值
eval = function() { }

// 禁例 3.2: 重新声明 eval 或 arguments
var arguments;

// 禁例 3.3: 将 eval 或 arguments 用作 catch 子句的异常对象名
try {
  //...
}
catch (eval) {
  //...
}

// 禁例 3.4: 将 eval 或 arguments 用作函数名
function arguments() { }

// 禁例 3.5: 删除 arguments，或形式参数名
function foo() {
  delete arguments;
}
```

在非严格模式中，上述语法都是有效的，但在一些引擎中，重写 eval 将导致运行期异常。

其四，用 0 前缀声明的八进制字面量。例如：

```
// 禁例 4: 八进制字面量
var num = 012;
console.log(num);
```

在非严格模式中，上述代码运行将显示 10。

其五，用 delete 删除显式声明的标识符、名称或具名函数。例如：

```
// 禁例 5.1: 删除变量名
var x;
delete x;
```

```
// 禁例 5.2: 删除具名函数
function foo() {}
delete foo;

// 禁例 5.3: 删除 arguments, 或形式参数名
function foo(x) {
  delete x;
}

// 禁例 5.4: 删除 catch 子句中声明的异常对象
try{} catch(e) { delete e }
```

在非严格模式中，通常这些操作只是"无效的"，并不会抛出异常。此外，用 `delete` 操作其他一些不能被删除的对象属性、标识符时将导致执行期异常。[1]

其六，在代码中使用一些扩展的保留字，这些保留字包括 `implements`、`interface`、`let`、`package`、`private`、`protected`、`public`、`static` 以及 `yield`。例如：

```
// 禁例 6: 使用扩展保留字
var yield;
function let() { }
```

这些保留字并不存在于旧 ECMAScript 版本的保留字列表中，因此在非严格模式中它们是可用的。

其七，在代码中包括 `with` 语句。例如：

```
// 禁例 7: with 语句
foo = function() { with (arguments) return length }
```

注意，在严格模式中，`with` 语句直接被禁止了。这是一个非常大的变化。

2.6.2　执行限制

下面我们将讨论几种严格模式下的代码运行期异常，以及这些异常形成的原因。

其一，在严格模式下向不存在的标识符赋值将导致"引用异常（ReferenceError）"，而在非严格模式下将会（隐式地）在全局闭包中创建该标识符并完成赋值运算。例如：

```
// 禁例 1: 向不存在的标识符赋值
aName = 123;
```

由于在 JavaScript 中允许局部变量访问 `upvalue` 和全局变量，所以在语法分析期并不能确认 `aName` 是否真实存在于执行环境中。因此，"禁例 1"只可能导致执行期错误。正确的做法

---

[1] 这些内容属于"执行限制"的范畴，详情请参见"2.6.2　执行限制"。

是在当前闭包中用 var 声明该标识符, 或确保在闭包的执行环境中存在该标识符。例如:

```
"use strict";
// 正确的方法: 用 var 声明
var aName = 123;
function foo() {
  // 在 foo 函数的执行环境中存在标识符 aName
  aName = "newName";
}
```

其二, 运算符处理一些不可处理的操作数时, 将导致"类型异常或语法错误 (TypeError/ SyntaxError)", 表明操作数是不适当的类型或具有不适当的属性描述符性质。例如:

```
var obj = { x: 100 };
// 禁例 2.1: 当对象是不可扩展的 (isExtensible 为真) 时, 向不存在的属性赋值
Object.preventExtensions(obj);
obj.y = 100;

// 禁例 2.2: 当对象是不可删除属性的 (isSealed 或 isFrozen 为真) 时, 尝试删除属性
Object.seal(obj);
delete obj.x;

// 禁例 2.3: 删除某些不能删除的系统属性、标识符, 或 configurable 性质为 false 的属性
delete Function.prototype;
delete eval; // SyntaxError

// 禁例 2.4: 写只读属性 (包括 getter-only properties)
Object.defineProperty(obj, 'x', {writable: false});
obj.x = 200;

// 禁例 2.5: 写常量
const str = "a string value";
str = 100;
```

在上述对属性的操作中, 由于属性的性质是可以在运行期改变的, 因此在语法分析期并不能确认上述操作是否有效。[1]因此这些禁例也只能导致执行期错误。

其三, 访问 arguments.callee 或函数的 caller 属性将导致"类型异常 (TypeError)"。例如:

```
// 禁例 3.1: 访问 callee 或 caller
function foo() {
  console.log(typeof arguments.callee);
  console.log(typeof arguments.callee.caller);
  console.log(typeof foo.caller);
}
```

---

[1] 静态语言可以在语法分析期发现对常量 (const) 的赋值操作。但是对于动态语言来说, 由于在当前执行上下文中存在动态的标识符, 因此无法在语法分析阶段断定这类错误。

在这里出现的异常是由属性存取运算符（句点）导致的，该运算符认为 `callee` 或 `caller` 对于严格模式下的函数来说是不正确的。而事实上这些属性是存在的，因此下面的代码在严格模式中也是能正确执行的：

```
// 禁例 3.2: 访问 callee 或 caller
function foo() {
  "use strict";
  console.log('callee' in arguments); //显示 true
  console.log('caller' in foo); // 显示 true

  // 显示"get, set, enumerable, configurable"
  console.log(Object.keys(
    Object.getOwnPropertyDescriptor(arguments, 'callee')));
}
foo();
```

其四，以下代码的执行效果与非严格模式并不一致。

```
// 差异1: 对 arguments[n] 与形式的修改将不再相互影响
//     - 在严格模式中返回传入的 x 值 'abc'
//     - 在非严格模式中返回 100
function f(x) { arguments[0] = 100; return x; }
f('abc');
```

2.6.3　严格模式的范围

除非在创建和启动 JavaScript 引擎时将它置为严格模式，或者通过模块来加载整个系统，否则默认情况下用户代码只能指定一个有限范围的严格模式。此外，JavaScript 保留了一个用于动态执行的非严格模式的全局环境，用户代码可以随时进入该模式。

2.6.3.1　有限范围下的严格模式

如果一段代码被标志为"严格模式"，则其中运行的所有代码都必然是严格模式下的。其一，如果在语法检测期发现语法问题，则整个代码块失效并导致一个语法异常；其二，如果在运行期出现了违反严格模式的代码，则抛出执行异常。

举例来说：

```
1   "use strict";
2
3   function foo() {
4     var arguments;
5   }
```

如果上述代码是引擎初始化完成之后装载的第一段用户代码——例如浏览器中的第一个 <script> 块，那么由于第一行的"指示前缀"已经表明当前引擎运行在严格模式中，因此 foo() 函数在语法解释期就会导致异常——尽管它的 *functionBody* 区并没有这样的指示前缀。

反过来，如果在某个函数内部加入"指示前缀"，它却不会影响到外面的代码。例如：

```
1  function foo() {
2    "use strict";
3
4    //...
5  }
6
7  var eval;
```

在这段代码中，foo() 函数是运行在严格模式下的，而它外面的——全局的——代码却运行在非严格模式下，所以第 7 行是合法的，整段代码也是合法的。

但是一个函数如果需要运行在严格模式下，则它的名字和参数的违例情况总会被检测，这里反复重申这一点，是因为下面的代码"在形式上"或许会被误解。例如：

```
1  function eval(x, x) {
2    "use strict";
3
4    //...
5  }
6
7  var arguments;
```

在这个例子中，"指示前缀"在形式上位于第二行，或许会被误认为它不能"向前"影响到第 1 行。而事实上该"指示前缀"表明从第 1 行到第 5 行所声明的整个函数都运行在严格模式下，亦即是说，该代码的第 1 行有两个禁例（参考"2.6.1 语法限制"中的禁例 3.4 和禁例 2）。但是，第 7 行的代码是合法的。

最后，如果"指示前缀"出现在代码中间——作为一个字面量表达式语句时，那么它将被忽略，也不会导致当前代码块或函数进入严格模式。但是注释文本和代码首部的空行会是例外。其中，注释会被解释器直接忽略，而首部空行则会因为一个奇怪的理由而无法影响到这些"指示前缀"。例如：

```
1
2  "use strict";
3  var eval;
4  function foo(m,m) { ;"use strict"; return m }
```

在这样的首部空行中，换行符会尝试引导一个"自动插入分号"的行为。然而在"自动插入分号"的规则集中约定：如果插入分号后解析结果是空语句，则不会自动插入分号。因此第 2 行的"指示前缀"会生效,并导致代码进入严格模式。与此相比较的,如果单独使用第 4 行代码,那么它声明的函数 `foo()` 就并不会进入严格模式,因为它的第一行是一个有效的空语句。

2.6.3.2 非严格模式的全局环境

在任何处于严格模式的代码中,JavaScript 引擎都允许用户代码通过如下两种方式将代码执行在一个非严格模式的全局环境中:

- 使用间接调用的 `eval()` 函数,详情可参见"6.6.3.2 例外:obj.eval()的特殊性"。
- 使用 `new Function` 方式创建的函数,详情可参见"6.6.7 其他的动态执行逻辑"。

这两种方式使得 JavaScript 引擎保留了全部的非严格模式特性,以支持传统的 JavaScript 语法和技巧。例如添加一个全局的变量:

```
// 使用如下命令行启动 Node.js 引擎
// > node --use_strict foo.js

// file: foo.js
function foo() {
  // fail
  try {
    x = 1234;
  }
  catch(e) {
    console.log(e.message);  // "x is not defined"
  }
  console.log(typeof x); // "undefined"

  // success
  (0, eval)('x = 1234');
  console.log(typeof x); // "number"
}

foo();
console.log(x); // 1234;
```

2.7 运算符的二义性

严格来说,我们这里说的二义性并不是学术含义上的。JavaScript 会通过一套语法规则、优先级算法以及默认的系统机制来处理这些"(看起来)存在二义的代码",使代码在运行时有某一确定的含义。但往往这些代码在开发人员看来是不能那么清晰地、直观地理解其背后的意图。因此我们接下来讨论这些内容,不是为了卖弄技巧,而只是想使语法(在某些时候)显得更为清晰。

本书不打算讨论正则表达式中的符号与运算符之间的二义性问题。在这个前提下，表2-19基于对运算符的考查，列出了存在二义性的语法元素。

表 2-19 存在二义性的语法元素

	运算符/符号	运算符含义	其他含义	章节
具有二义性的运算符	+	增值运算符 正值运算符 连接运算符	数值字面量声明 （正值、负值或指数形式）	2.7.1 加号"+"的二义性 （注1）
	()	函数调用运算符 分组运算符	new运算符的形式参数表 （某些语句中的语法符号） （分组运算常用作强制优先级）	2.7.2 括号"()"的二义性
	?:	条件运算符	:号有声明标签的含义 :号有声明switch分支的含义 :号有声明对象成员的含义	2.7.3 冒号":"与标签的二义性
	,	连续运算符	参数分隔符 对象/数组声明分隔符	2.7.5 逗号","的二义性
	[]	解构赋值 数组下标 对象成员存取	数组字面量声明	2.7.6 方括号"[]"的二义性
	*	幂运算符（**） 乘法运算符 yield委托	生成器函数声明	
其他	{}	解构赋值	复合语句 函数的代码体 字面量风格的对象声明	2.7.4 大括号"{}"的二义性 2.7.7 语法设计中对二义性的处理
	;		空语句 语句分隔符 类声明分隔符 （分号可被回车和文末符替代）	（注2）
	in	属性检查	循环语句的语法元素	2.7.7 语法设计中对二义性的处理
	async		（箭头函数声明有语法歧义）	

注1：有关加号"+"的二义性问题，部分内容同样适用于运算符"+="。
注2：空语句可以视作语句分隔符使用中的特例，因此本书不讨论这个二义性的细节。

2.7.1 加号"+"的二义性

单个的加号作为运算符在 JavaScript 中有三种作用。它可以表示字符串连接，例如：

```
var str = 'hello ' + 'world!';
```

或表示数字取正值的一元运算符，例如：

```
var n = 10;
var n2 = +n;
```

或表示数值表达式的求和运算，例如：

```
var n = 100;
var n2 = n + 1;
```

在三种表示法中，字符串连接与数字求和是容易出现二义性的。因为 JavaScript 对这两种运算的处理将依赖于运行中的数据类型检测，所以独立地看一个表达式：

```
a = a + b;
```

是根本无法知道它真实的含义是在求和还是在做字符串连接。这在 JavaScript 引擎做语法分析时，也是无法确定的。

加号"+"带来的主要问题与另一条规则有关。这条规则是"如果表达式中存在字符串，则优先按字符串连接进行运算"。例如：

```
var v1 = '123';
var v2 = 456;

// 显示结果值为字符串'123456'
console.log( v1 + v2 );
```

由于加号"+"进行的是值运算，因此当对象（例如 x）参与运算时将调用方法 x.valueOf() 来确定操作数的类型（T），并在类型 T 不符合要求时调用 x.toString() 来再次尝试。出于这样复杂的类型转换逻辑，操作数 x 的实际运算结果变得难以预测，这也成为 JavaScript 在类型处理中的主要诟病之一。

严格来说，这是 JavaScript 在动态语言方面的特性，即所谓动态类型绑定，而非语法上的二义性。关于这方面的更多细节，请参见"6.2.2 从对象到值"和"6.3.1 值运算：类型转换的基础"。

2.7.2 括号"()"的二义性

括号最常见的形式之一是作为函数声明中的"虚拟参数表"：

```
// 声明函数时，括号用作参数表。
function foo(v1, v2) {
  //...
}
```

但在某些情况下它也可能只作为"传值参数表（这有别于函数声明中的'虚拟参数表'）"而并不表达函数调用的含义。到目前为止，这只出现在new关键字的使用中：new关键字用于创建一个对象实例并负责调用该构造器函数，如果存在一对括号"()"指示的参数表，则在调用构造器函数时传入该参数表。例如[1]：

```
// 构造对象时，用于传入初始化参数
var myArray = new Array('abc', 1, true);
```

并且它也可以在 with、for、if、while 和 do...while 等语句，以及 catch() 等子句中用来作为限定表达式的词法元素。例如：

```
// try...catch 中 catch 子句的语法符号
try {
  // ...
}
catch (x) {
  // ...
}

// （以下都是合法语句）
for (;;);
switch (0) {}
if (0);
with (0);
while (0);
```

其中，用作if、while和do...while语句中的词法元素时，括号会有"将表达式结果转换为布尔值"的副作用。事实上，还有一些语句中的括号也会产生此类附加效果，例如，在with(x)中会将x转换为对象。[2]

第四种情况是，括号"()"可用于强制表达式运算，这类似于通常说的强制运算优先级。但即使不考虑优先级这一因素，括号在这里的语义就是强制其内部的代码作为表达式运算。例如：

```
1    var str1 = typeof(123);
2    var str2 = ('please input a string', 1000);
```

在第 1 行代码中，"()"强制 123 作为单值表达式运算，然后再对结果值 123 进行 typeof 运算。同样的道理，第 2 行代码里的一对括号也起到相同的作用——强制表达式运算，由于

---

[1] 我们还将在"3.1.1.1 使用构造器创建对象实例"中对这一问题做更深入的分析。
[2] 更多的细节可以参见"6.3.1.2 语句或语义导致的类型转换"。

连续运算符","的返回值是最后一个表达式的值,于是结果值是 1000。因此上面的第 1 行代码并没有调用函数的意思,而第 2 行代码将使 str2 被赋值为 1000。

最后一种情况最为常见:作为函数/方法调用运算符。例如:

```
// 有(),表明函数调用。
foo();
// 没有(),则该语句只是返回一个变量。
foo;
```

我们一再强调:函数调用过程中的括号"()"是运算符。也因此得出推论,当"()"作为运算符时,它只作用于表达式运算,而不可能作用于语句。所以你只能将位于:

```
function foo() {
  return (1 + 2);
}
```

这个函数内的、return 之后的括号理解成表达式运算,而不是理解成"把 return 当成函数或运算符使用"。所以从代码格式化的角度上来说,在下面两种书写方法中,第二种才是正确的:

```
// 第一种,像函数调用一样,return 后无空格
  return(1 + 2);

// 第二种,return 后置一空格
  return (1 + 2);
```

基于同样的理由,无论"break (my_label)"看起来如何合理,也会被引擎识别为语法错误。因为 my_label 是标签而不是可以交给"()"运算符处理的操作数,标签与操作数属于两个各自独立的、可重复(而不发生覆盖)的标识符系统。

2.7.3 冒号":"与标签的二义性

冒号有三种语法作用:声明对象字面量的成员和声明标签,以及在 switch 语句中声明一个分支。冒号还具有一个运算符的含义:在"?:"三元表达式中,表示条件为 false 时的表达式分支。下面的例子说明了这几种情况:

```
// 示例 1: 用于声明对象字面量的成员
var obj = {
 value: 100,
 foo: function() {
    //...
 }
}

// 示例 2: 用于声明标签
myLabel: {
```

```
// ...
}

// 示例 3: 声明 case 分支
switch (obj) {
  case X : break;
  default: {
  }
}

// 示例 4: 用于条件(三元)表达式
X ? 'yes' : 'no'
```

其中三元表达式中的问号"?"没有二义性，而 `case` 和 `default` 分支能被作为标签语句的特例来解释，因此冒号的二义性问题集中在标签声明与对象成员声明的识别上。出于这个缘故，在"2.7.4 大括号'{}'的二义性"中，我们还会给出一个实例来更详细地说明它。

2.7.4 大括号"{}"的二义性

大括号有六种作用。在所有场景中，它都是作为语法/词法符号来使用的。

2.7.4.1 复合语句/语句块

第一种比较常见，表示"复合语句"。例如：

```
// 示例 1: 表示标签后的复合语句
myLabel : {
  // ...
}
// 示例 2: 在其他语句中表示复合语句
if ( condition ) {
  // ...
}
else {
  // ...
}
```

由于语句末尾的大括号的前后都可以省略";"号，因此下面这行代码就值得回味了：

```
// 示例 3: 复合语句中的表达式语句
{1,2,3}
```

这条复合语句中的逗号","被理解为连续运算符：

```
1,2,3;
```

由于外面有一对大括号，所以我们省略了语句末尾的一个分号。然而，当将它与一个解构赋值模板来比较时，就可以发现在语法解析上的困难了：

```
# 左侧是赋值模板
> let {a, b} = { a: 100, b: 1000};

# 如下是对象声明
> {a, b}
{a: 100, b: 1000}

# 如下是语句
> {a, b};
1000
```

2.7.4.2 声明对象字面量

当大括号用作对象声明时：

```
// 示例 4: 声明对象字面量
var obj = {
  x: 1,
  y: 2,
  z: 3
}
```

它的字面量声明部分其实是一个字面量风格的单值表达式：

```
{x: 1, y: 2, z: 3}
```

根据语法规则，我们可以考虑用类似如下的方法将该单值表达式变成语句。但这并不总是可行的，例如：

```
// 使用分号的表示法
{x: 1, y: 2, z: 3};

// 使用复合语句的表示法
{{x: 1, y: 2, z: 3}}
```

这是因为"{"在语法解析时被优先作为语句块的开始符号，因此要实现类似效果，需要先强制让引擎将这一部分代码按表达式解析。例如：

```
// 先强制作为连续运算（语句），然后将对象字面量理解为单值表达式
0,{x: 1, y: 2, z: 3};
```

接下来的讨论会使问题进一步复杂化，例如：

```
// 示例：大括号的语法歧义
if (true) {
  entry: 1
}
```

`if` 语句后面的语句可能是以下三者之一：

- 一个单行语句。

- 一个表达式（语句）。
- 一个由大括号包含起来的复合语句。

其中正确的理解仍然是"语句优先"。因此大括号变成了复合语句，而"entry:"成了标签，最终输出语句的值会是"1"：

```
// 显示上面的示例语句的值
var code = 'if (true) { entry: 1 }';
var value = eval(code);
console.log( value ); // 显示值1
```

用户代码仍然可以用强制表达式运算的方式来得到对象字面量（作为操作数或单值表达式来理解）。如：

```
if (true) ({
  entry: 1
});
```

验证如下：

```
// 使用括号"( )"强制表达式运算的结果
var code = 'if (true) ({ entry: 1 })';
var value = eval(code);
console.log(value); // 显示值"[object Object]"
```

2.7.4.3 函数声明

大括号的第三种用法，是声明函数字面量时的语法符号：

```
foo = function() {
  //...
}
```

但由于存在"function()"或"=>"这样的语法来作为前缀，因此基本上是不会混淆的。作为参考示例，下面这段代码中的语法歧义是括号"()"运算符导致的，而不是大括号"{}"出了问题[1]：

```
function foo() {
  //...
}(1,2);
```

2.7.4.4 结构化异常

大括号也是结构化异常处理的语法符号：

---

[1] 详情参见"2.4.1.3 函数调用语句"。

```
try {
  // 代码块 1
}
catch (exception) {
  // 代码块 2
}
finally {
  // 代码块 3
}
```

大括号在结构化异常中是语法符号，因此它不能用单行语句来替代。理解这一点，对于语法设计来说是很重要的，例如识别如下的语法分析错误：

```
// 示例：遗漏了try后面的语法符号，因此下面的代码导致语法分析错误
try
  i=100;
catch (e) {
  /* 略 */
}
```

2.7.4.5　模板中的变量引用

模板在 JavaScript 中是预解析的，也就是说，模板被声明为字面量，且在引擎正式执行代码之前完成解析。模板在 JavaScript 中的语法"${...}"用于替代一个表达式，而它用作"${x}"这样的变量名时，只不过是将变量名引用理解为单值表达式（并计算返回该单值）而已。

由于"${...}"内的代码被理解为表达式，因此它不会与语句语法产生冲突。亦即是说，在模板内不存在语句，因此"{}"就不会被解析成块语句。这也是 eval 和模板的典型区别之一，如下例所示：

```
# eval将字符串按语句解析，因此这里执行了一个空语句
> eval('{}');
undefined

# 模板将"${}"内部的代码理解为表达式，因此这里返回了空对象
> `${{}}`
'[object Object]'
```

2.7.4.6　解构赋值

解构赋值利用赋值表达式左右运算数的不同来消除二义性。从语法设计的角度上来讲，赋值表达式左侧的运算数是一个引用，而右侧则是一个值。赋值的语句即是：

- 将右侧的结果值赋给左侧的引用来存储；但，
- 如果左侧的被引用对象没有存储能力，则抛出异常。

这也就是如下代码是执行期异常，而不是语法分析期错误的原因：

```
> const x = 5;

# 写常量是执行期的类型异常，而不是语法分析期的错误
> x = 8;
TypeError: Assignment to constant variable.
...

# 向一个"值"赋值的行为是引用异常，也不是语法分析期的错误
> 8 = 8;
ReferenceError: Invalid left-hand side in assignment
...
```

解构赋值在语法分析期只处理左侧的"赋值模板（的语法有效性）"，因此类似如下的代码在这个阶段是合法的：

```
let { x, y, 1: {a} } = ...
```

而下面的代码则不合法：

```
let { `a`: a } = ...
```

因为"对象赋值模板"是作为语法分析期的分析逻辑阶段处理的逻辑（这与字面量风格的对象声明是一致的），所以JavaScript允许"对象赋值模块（和字面量风格的对象声明）"在"*name: value*"语法的声明项中，*name*可以是标识符、字符串、数字和使用"[...]"风格的计算属性名。其中"数字"是按字面量解析的[1]，示例如下：

```
# 12e3 被解析成数字字面量12000
> { 12e3: 100 }
{ "12000": 100 }
```

然而相同位置的字面量`a`却无法做这样的解析，也无法完成它在执行期的行为（计算并返回一个字符串值作为结果），因此在这里出现`a`是不合法的：

```
{ `a`: a } = ...
```

在执行期，JavaScript 引擎将左侧的赋值模板视为一个内部结构，该结构表达了一组名字（声明的标识符名）与它们的值之间的处理关系；并且在执行时解析每个标识符名以便从对应的值对象（赋值表达式的右侧）获取有效的值。所以事实上，每个左侧标识符名的解析会在执行期再发生一次，在语法分析阶段解析它们的语法有效性。

然而赋值模板并不仅仅出现在赋值表达式的左侧，例如还可在函数的参数界面中：

```
function foo({x, y}) {
  ...
}
```

---

[1] 对于数字字面量，具体的 JavaScript 引擎可能只允许它的一个子集，例如不支持正数、负数，或者小数。这主要是因为 ECMAScript 允许数字字面量的初衷是支持类似数组的下标存取，因此它隐含地说明了这种语法只支持 0 和正整数，但这一点并未在规范中明确。

或 `try` 语句所隐含的异常对象声明中：

```
try {
  ...
}
catch({message, code}) {
  console.log(message);
}
```

JavaScript 会在类似情况下进行专门的语法分析处理。注意，这些处理总是发生在声明性质的语句或子句中，并且总是将赋值模板作为变量声明的一种扩展语法在使用，亦即是说，通过增加新的语法分析逻辑来规避二义性。

2.7.5 逗号"," 的二义性

逗号","既可以是语法分隔符，又可以是运算符。在它作为"连续运算符"使用时，其效果是运算如下表达式并返回结果值。例如：

```
a = (1, 2, 3)
```

该表达式是三个（字面量的）单值表达式的连续运算，其结果值是最后一个表达式，即数值 3。这样一来，整个赋值表达式的效果就是"将变量 a 赋值为 3"。但如果这里没有括号来调整优先级，那么按默认优先级是会先完成赋值运算，例如：

```
a = 1, 2, 3
```

的效果就是"将变量 a 赋值为 1"。但整个表达式作为语句的话，仍然会返回连续运算的值"3"。例如：

```
# (示例 1)
# 语句的返回值是 3
> eval('a = (1, 2, 3)');
3

# a 赋值为 3
> a
3

# (示例 2)
# 语句的返回值是 3
> eval('a = 1, 2, 3');
3

# a 赋值为 1
> a
1
```

但如果试图用类似"示例 2"的方式来做变量声明的话，就会出现语句错误：

```
// （语法解析期出错）
var a = 1, 2, 3;
```

这是因为逗号被解释成了语句 var 声明时用来分隔多个变量的语法分隔符，而不是连续运算符。这在变量声明（var/let/const）语法和连续运算符之间出现了二义性。

存在同样混乱问题的，还有在"2.3.5.3 面向表达式的运算符"中列举过的示例：

```
// 显示最后表达式的值"value: 240"
var i = 100, print = x => console.log(x);
print( (i+=20, i*=2, 'value: '+i) );
```

其中，函数 print() 会把下面的代码：

```
print(i+=20, i*=2, 'value: '+i);
```

理解为从左至右的三个参数传入：

```
print(120, 240, 'value: 240');
```

并且只会处理第一个参数，所以最终输出的结果会是值"120"。需要补充的是，这行代码执行完毕之后，变量"i"的值已经变成 240 了。

因此，上述示例中的 print() 函数调用时会多一对括号，以便让 JavaScript 理解这里的逗号","是连续运算符，而不是函数参数表中的语法分隔符：

```
console.log( (i+=20, i*=2, 'value: '+i) );
```

这样一来，就可将内层的括号顺理成章地理解成"分组运算符"了。下面的代码，

```
i+=20,
i*=2,
'value: '+i
```

也就成了三个操作数的连续运算，且将该连续运算用作上述"分组运算符"的操作数（注意，分组运算符是面向表达式的）。由此，print() 显示的结果与 i 的最终值才是一致的：240。

2.7.6　方括号"[ ]"的二义性

下面的代码会有语法错误吗？

```
/**
 * 示例1: 方括号的二义性
 */
a = [ [1] [1] ];
```

是的，很奇怪，这个语句并没有语法错误。尽管我们几乎不理解这行代码的含义，但 JavaScript 解释器可以理解，它会使 a 被赋值为 [undefined]。也就是说，右边部分作为表达式，可以被运算出一个结果：只有一个元素的数组，该元素为 undefined。

这个例子在工程中是有实际意义的。它最早出现在我的一个项目中，因为我用如下的方式来声明一个二维表——这种用数组来实现本地数据表的方法很常见：

```
var table = [
  [ ... ],
  [ ... ],
  [ ... ]
];
```

但在某次复制代码时漏掉了一个逗号，于是代码就变成了下面这个样子：

```
/**
 * 示例 2：方括号的二义性
 */
var table = [
  ['A', 1, 2, 3]       // <-- 这里漏掉了一个逗号
  ['B', 3, 4, 5],
  ['C', 5, 6, 7]
];
```

这在语法解析期并没有错误，却在运行时产生了意想不到的效果——上面的代码被 JavaScript 引擎解释成了如下的数组声明：

```
var table = [
  undefined,
  ['C', 5, 6, 7]
];
```

出现这个问题的原因，首先在于方括号既可以用于数组的字面量，又可以是存取数组下标的运算符。因此对于示例 1：

```
a = [ [1] [1] ];
```

来说，它相当于在执行下面的代码：

```
arr = [1];
a = [ arr[1] ];
```

由于 JavaScript 中字面量可以参与运算，因此第一个"`[1]`"被理解成一个数组的字面量，它只有一个元素，即"`arr[0] = 1`"。接下来，由于它是对象，所以 `arr[1]` 就被理解为取下标为 1 的元素——很显然，这个元素还没有声明。因此"`[1][1]`"的运算结果就是 `undefined`，而 `a = [ [1][1] ]` 就变成：

```
a = [ undefined ];
```

根据这个分析，可以推导出下面的一些结论：

```
a = [ [][100] ];      // 第一个数组为空数组,第二个数为任意数值,都将得到 [ undefined ]
a = [ [1,2,3][2] ];   // 第一个数组有三个元素,因此 arr[2] 是存在的,故而得到 [ 3 ]
a = [ [][] ];         // 第一个数组为空,是正常的;但第二个作为下标运算时缺少索引,故语法错
```

同样，下面的代码也能够得以运行：

```
a = [ []['length'] ]; // 第一个数组为空数组，因此将返回它的长度，结果得到 [ 0 ]
```

这类代码并不像它们表面看起来那样古怪和易于识别。例如下面的代码可能是真实的：

```
array_properties = [
 ['pop'],
 ['push']
 ['length']
];
```

无论出于什么原因，你可能忘掉了"`['push']`"后面的那个逗号，因而将得到如下的一个数组——而它居然还能继续参与运算：

```
arr_properties = [
 ['pop'], 1
];
```

不过这样的二义性仍然不够复杂，因为我们还是无法解释在示例 2 中为何会出现一个 `undefined`。而示例 2 的复杂之处就在于它集中呈现了下面三个语法二义性带来的恶果：

- 方括号可以被理解为数组声明，或下标存取。
- 方括号还可以被理解为对象成员存取。
- 逗号可以被理解为语法分隔符，或连续运算符。

我们再来看这个例子：

```
/**
 * 示例 2：方括号的二义性
 */
var table = [
 ['A', 1, 2, 3]    // <-- 这里漏掉了一个逗号
 ['B', 3, 4, 5],
 ['C', 5, 6, 7]
];
```

它的第 2 行并没有被理解成一个数组，也没有被直接理解成数组元素的存取。相反，被理解成了 4 个表达式连续运算。因为从语法上来说，由于`['A', 1, 2, 3]`是一个数组对象，因此后面的方括号"`[ ]`"会被理解为"对象属性存取运算符"。那么规则就变成了这样：

- 如果其中运算的结果是整数，则用于做下标存取。
- 如果其中运算的结果是字符串，则用于对象成员存取。

在这里，`['B', 3, 4, 5]`的作用是运算取值，所以"'B', 3, 4, 5"被当成了 4 个"各由 1 个字面量构成的"表达式。","也就不再是数组声明时的语法分隔符，而是连续运算符了。而在"2.7.5 逗号','的二义性"中我们说过，","作为连续运算符时，是返回最后一个表达式的值。于是，表达式"'B', 3, 4, 5"就得到了 5 这个值。然后，JavaScript 会据此

把下面的代码：

```
var table = [
 ['A', 1, 2, 3]     // <-- 这里漏掉了一个逗号
 ['B', 3, 4, 5],
 ['C', 5, 6, 7]
];
```

理解成：

```
var table = [
 ['A', 1, 2, 3][5],
 ['C', 5, 6, 7]
];
```

而`['A', 1, 2, 3]`这个数组没有第五个元素，于是这里的声明结果变成了：

```
var table = [
 undefined,
 ['C', 5, 6, 7]
];
```

图 2-12 更加清晰地展示了这个声明与运算交叠在一起的过程。

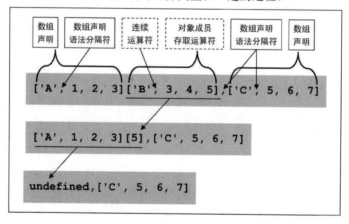

图 2-12　示例 2 运算过程的详细解析

用同样的方法，我们就不难解释表 2-20 所示的代码了。

表 2-20　一些其他类似代码的分析

	用户声明		引擎的理解

示例 1	`var table = [`
	`  ['A', 1, 2, 3]`
	`  ['B', 3, 4, 0],`
	`  ['C', 5, 6, 7]`
	`];`
		`//<-- 这里漏掉了一个逗号`
		`// 理解为取下标 0`
			`var table = [`
			`  'A',`
			`  ['C', 5, 6, 7]`
			`];`

续表

	用户声明	引擎的理解

示例 2	`var table = [`
	`  ['A', 1, 2, 3]` // <-- 这里漏掉了一个逗号
	`  ['B','length'],` // 理解为取属性'length'
	`  ['C', 5, 6, 7]`
	`];`
		`var table = [`
		`  4,`
		`  ['C', 5, 6, 7]`
		`];`

2.7.7 语法设计中对二义性的处理

在 JavaScript 语言发展的过程中，出于静态语法分析的需要，一些特定语法形式下的二义性被识别出来，并在 ECMAScript 规范中得到明确的定义。例如，我们在函数声明中常常见到的重复声明参数名，在传统 JavaScript 中是被默认接受的，但到了严格模式中，这种语法就被禁止了。因此，它在语法分析阶段就被明确地标示为"有重复项（has duplicates）"，并且根据上下文环境（严格/非严格模式）和参数形式（例如，简单参数列表）等条件决定不同的后续处理。

还有一些语法设计天生就存在二义性，例如这段代码：

```
f = async(x, y) ...
```

在读取到"`async(...)`"时，JavaScript 引擎认为这是在调用一个名为 `async()` 的函数，还是遇到了一个异步箭头函数声明呢？类似于：

```
// （可能性1）
f = async(x, y) + "abc";

// （可能性2）
f = async(x, y) => {
  // ...
}
```

于是这一语法结构就被称为"Cover CallExpression And AsyncArrowHead"，在具体的语法分析时，又分成两个部分（即两个可能性）来处理，包括：

- CoveredAsyncArrowHead，即理解为箭头函数的头部。
- CoveredCallExpression，即理解为调用表达式。

然而接下来还有更复杂的语法组成部分，例如在箭头函数语法中不使用括号：

```
// （不使用括号）
f = async x => {
  // ...
}
```

这种情况下的语法分析需要在读取到"=>"时就将左侧的元素理解为"绑定了标识符的异步函

数头部（AsyncArrow Binding Identifier）"。但这与下面的声明又是冲突的：

```
// （将 async 理解为参数名）
f = async => {
  // ...
}
```

因为 async 并不是 JavaScript 的保留字，可以直接作为参数名。于是必须在分析中将它的语法从 "异步箭头声明或（一般箭头函数的）参数" 中识别出来。[1]

没有括号时的箭头函数已是麻烦，在箭头函数声明中使用了括号来表示参数时，更是麻烦。这种情况下它被称为 "Cover ParenthesizedExpression And ArrowParameterList"。在具体语法分析时，它也是作为括号表达式和箭头函数的参数列表两种语法结构来处理的。综上所述，当左侧被理解为异步箭头函数的头部（CoveredAsyncArrowHead）时：

```
async (x, y) => {
  // ...
}
```

那么如下的 "Cover ParenthesizedExpression And ArrowParameterList" 语法组件：

```
(x, y)
```

将按 ECMAScript 约定的规则（Covered FormalsList）：

```
AsyncArrowHead:
    async [no LineTerminator here] ArrowFormalParameters
```

作为 "ArrowFormalParameters" 来解析。进一步地，将从 ArrowFormalParameters 中解析得到形式参数表，即包含 *x* 和 *y* 两个形式参数的列表。否则，将它作为一个名为 async() 的函数的调用参数列表（Covered ParenthesizedExpression）。

除此之外，另一个典型的二义性语法是：

```
{ a = 100 } = { a : 100 };
```

在这个简单的示例中，左侧赋值模板中包括的 "a = 100" 称为 "Cover InitializedName"，它与变量声明并赋初值的语法是一致的（且在语义上也近似）：

```
var a = 100;
```

而事实上在赋值模板中是作为 "变量 a 的默认值" 来声明的，类似函数参数表中的用法：

```
# 一个箭头函数，及其参数表中的默认值
> foo = (a = 100) => a;
> foo()
```

---

[1] 与此相关的，await、yield 等是被 ECMAScript 定义为在受限上下文中的保留字的，因此在一些情况下也可以直接用作参数名。

```
100

# 对象赋值模板中的默认值
> var { a = 100 } = {};
> a
100
```

更加奇特的用法出现在下面的语法中：

```
{ 100 : a = 100 }
```

如果你有机会这样使用它，那么会得到有趣的结果：

```
{ 100 : a = 100 } = { 100 : a = 100 }
```

CHAPTER 第 3 章

JavaScript 的面向对象语言特性

> 类是在模块类型的基础上建立起来的,类的实例称为对象,基于类的语言和程序设计技术也称为面向对象。
>
> 面向对象的程序设计可以看作是在重用这个方向上的一种追求,它使人能更容易地以扩展和精化现有抽象的方式来定义新抽象,从而提高代码重用的可能性。
>
> ——《程序设计语言——实践之路》,Michael L. Scott

3.1 面向对象编程的语法概要

在 JavaScript 中,面向对象框架看起来有一套自己的语法规则,但其实很多规则都演化自第 2 章讲述的"JavaScript 的语法:声明、表达式、语句"这一基本体系。例如,对象属性的存取与方法调用,就实现为一种表达式而非静态语法。

接下来的内容是 JavaScript 中面向对象编程语法的概述,表 3-1 是一个汇总。

表 3-1　JavaScript 中为面向对象设计的语法元素

类型	语法元素	语法	含义	备注

字面量声明	{ ... }	`{`
		`  propertyName_1: expression_1,`
		`  [symbol_2]: expression_2,`
		`  [computedName_3]: expression_3,`
		`  ...`
		`  property_n: expression_n,`
		`  ...`
		`  variableName,`
		`  [get|set] propertyName(..) {..},`
		`  ...`
		`}`
			（一般）对象	（注1）

	[...]	`[`
		`  element_1,`
		`  ...`
		`  element_n`
		`]`
			数组对象	

	/ ... / ...	`/expression pattern/flags`	正则表达式对象	（注2）

类声明	class	`class className [extends super] {`
		`  ...`
		`}`
			声明类	

	constructor	`constructor(..) {`
		`  ...`
		`}`
			声明构造方法	

	get	`get propertyName() {`
		`  ...`
		`}`
			声明属性取值方法（getter）	（注3）

	set	`set propertyName(value) {`
		`  ...`
		`}`
			声明属性置值方法（setter）	

		`methodName(..) {`
		`  ...`
		`}`
			声明方法	

运算符	new	`new constructor[(arguments)]`	创建指定类的对象实例	
	in	`propertyName in object`	检查对象属性	
	instanceof	`objectInstance instanceof constructor`	检查变量是否指定类的实例	
	delete	`delete expression`	删除实例属性	
	.	`object.Identifier`	存取对象成员（属性、方法）	

	[ ]	`object[string]`
		`object[symbol]`
		`object[symbolOrString_expression]`		

续表

类型	语法元素	语法	含义	备注
语句	for...in	`for ([var | let]variable in object) statement;`	列举对象成员名	（注4）
	for...of	`for ([var | let]variable of Array) statement;`	列举数组成员值	（注4）（注5）
	with	`with (object) statement;`	设定语句默认对象	
其他	super	`super[(arguments)]` `super.`*XXX*`([arguments])`	类声明中引用父类	（注6）
	new.target		构造器函数中引用构造器自身	
	this		在上下文中指向当前对象实例	

注 1：各表达式和语法元素可以写在同一行，也可以写在不同的行。此处使用这样的代码格式只是为了清晰地展示语法。

注 2：正则表达式字面量必须写在同一行。

注 3：方法声明中可以使用 `static`、`async` 和 `*` 等语法修饰词（也称为限定词）。

注 4：语法 "`[var | let] variable`" 表明可以使用 `var` 或 `let` 声明变量名。事实上，在这里也可以使用 `const` 声明常量并在迭代中多次赋值，关于这一点的细节可以参见 "4.4.2.4 循环逻辑中的代码分块"。

注 5：在 ES6 中设计的这个语法是用于迭代器的，而非仅用于数组。这些实现了迭代器接口的对象包括 `Array`、`Map`、`Set`、`String`、`TypedArray`、`arguments` 等，它们有些时候也被称为集合（collections），其中的 `arguments` 和 `String` 对象也被称为类数组对象（array-like objects）。

注 6：它们并不是直接引用，而是引用对象（父类/构造器方法）的一个包装。并且在将 `super.`*XXX* 作为方法调用时，也会同时访问当前作用域中的 `this` 引用。

3.1.1 对象声明与实例创建

通常可以使用字面量声明对象，或者用 new 关键字创建新的对象实例。也可以通过宿主程序来添加自己的构造器，并用 new 关键字来创建它的对象实例。某些引擎支持更为特殊的用法，例如可以在宿主环境中创建对象实例，并允许用户在脚本代码中持有和使用它。[1]

3.1.1.1 使用构造器创建对象实例

构造器是"创建和初始化"对象一般性的方法，需要使用 new 运算符让构造器产生对象

---

1 在 JScript 中可以通过 `ActiveXObject()` 来创建宿主或操作系统环境中的对象，也可以在宿主或操作系统中创建对象并注册到 ROT（Running Object Table），最后由 JavaScript 通过 `GetObject()` 来取用。不过这些已经超出了本书讨论的范围。

实例。new 运算的语法规则如下。

```
语法:
new Constructor[(arguments)];

包括:
obj = new Constructor;
obj = new Constructor();
obj = new Constructor(arg1[, arg2, ...]);
```

其中，"构造器（`Constructor`）"可以是普通函数，也可以是 JavaScript 内置的或宿主程序扩展的构造器——按照惯例，构造器函数名应该声明为首字母大写的风格。下面的示例简要说明了由用户声明的构造器创建实例的方法：

```
// 可以被对象方法引用的外部函数
function getValue() {
  return this.value;
}

// 构造器(函数)
function MyObject() {
  this.name = 'Object1';
  this.value = 123;
  this.getName = function() {
    return this.name;

  }
  this.getValue = getValue;
}

// 使用new运算符, 实现实例创建
var aObject = new MyObject();
```

JavaScript 将在构造器函数执行过程中传入 new 运算所产生的实例，并将该实例作为 this 对象引用传入。这样一来，在构造器函数内部，就可以通过"修改或添加 this 对象引用的成员"来完成对象构造阶段的"初始化对象实例"——就像在上例中声明的构造器 `MyObject()` 一样。

在语法中，参数表为空与没有参数表是一样的。因此下面两行代码是等义的：

```
// 示例: 下面两行代码等义
obj = new MyObject;
obj = new MyObject();
```

但如果该参数不为空，那么就将它视为构造参数——这种情况下构造器并不是一个普通意义上的函数，因此这里不能直接将理解为函数参数列表。

也可以只将构造器作为普通函数来使用，例如下面的代码：

```
// 示例: 将foo()视为普通函数
function foo() {
```

```
  var data = this;  // <<- 这里暂存了this，当然也可以不暂存它
  return {};
}
obj = new foo();
```

在这里，最终`obj`也会被赋值为一个对象。但它并不是由`new`运算产生的对象实例，而是`foo()`函数中返回的对象字面量——注意，使用这种方法的时候，只能通过`return`返回一个引用类型（对象、函数等），而不能是值类型数据——例如，不能是`true`、`'abc'`之类。当用户试图返回值类型数据时，脚本引擎会忽略掉它们，仍然使用原来的`this`引用。[1]此外，如该例所示，`foo()`函数内部保留的`new`运算产生的实例，也可以用作其他的用途，例如用变量`data`来保存私有数据。[2]

在 JavaScript 中还会有一些涉及"初始化对象实例"的方法，但因为更多地牵涉到原型继承的问题，所以如下内容将被安排到"3.2 JavaScript 的原型继承"中去讨论：

- 通过构造原型实例来初始化；或
- 通过 `Object.create()` 并使用属性描述符的方式来构建对象并初始化。

3.1.1.2 声明对象字面量

使用字面量风格的对象声明，比使用构造函数要简单方便。它的基本语法如下：

```
语法：
{ PropertyDefinitionList, ... }

包括：
obj = { propertyName: expression[, ...] }
obj = { [symbol]: expression[, ...] }
obj = { [computedName]: expression[, ...] }
obj = { variableName, ... }
obj = { [get|set] propertyName(){ ... }, ... }
obj = { }
```

示例如下：

```
// 示例：一些已声明过的变量或标识符
function getValue() {
  // ...
}
// 对象字面量声明
var aObject = {
  name: 'Object Literal',
```

---

[1] 将 `foo()` 视为普通函数的方法，虽然带来了一些特殊效果，但是也破坏了对象的继承链。关于这种技术对继承链产生的影响，将在"3.2 JavaScript 的原型继承"中讲述。
[2] 构造器中"暂存 `this` 实例的一个引用"是一个有用的技巧，尽管你也可以不暂存它。

```
  value: 123,
  getName: function () {
    return this.name;
  },
  getValue, // 使用"变量名/值"作为属性名、值
  get name2() { // 使用存取器的属性
    return 'name: ' + this.name;
  }
}
```

这里的名字（*propertyName*）可以用字符串、数字或一般标识符。通常会使用一般标识符，只有在特殊的情况下才使用它的字符串格式。这些"特殊的情况"通常是指：

- 使用的标识符不满足 JavaScript 对标识符的规则。
- 特殊的、强调的属性名。

例如你试图用"`abc.def`"来做属性名，但这并不是一个合法的标识符。这时就可以像下面这样声明：

```
obj = {
  'abc.def': 123
};
```

对于"名字：值"对的右边，可以是任何类型的字面量或任何表达式的计算结果。因此下面的声明是合法的：

```
// 示例 1: 嵌套的对象字面量声明
obj = {
  'obj2': {
    name: 'MyObject2',
    value: 1234
  }
};

// 示例 2: 使用函数(表达式)的返回值
function getValue() {
  return 100;
}

obj = {
  name: 'MyObject3',
  value: getValue()
}
```

在名字（*propertyName*）的声明中也允许使用"[ ]"，可以包含一个符号（*symbol*）或者可计算的表达式的值（*computedName*）来作为名字——这个值只能是 symbol、string 类型的，否则将尝试转换为 string 类型的值。也可以直接引用变量名（*variableName*）作为属性名，同时使用该变量的值作为属性值，并且这在 with 语句中也是可用的。例如：

```
// 在字面量风格的对象声明中直接引用变量名
var career = 'programmer';
var profile = {career};

// 相当于
profile = {'career': career}

// 使用 with 闭包中的标识符
var obj = {age: 32};
with (obj) {
  profile = {career, age}; // career 使用变量名，age 使用 obj.age 属性
}
```

这些语法带来了简捷和灵活的对象字面量声明方式，并有效地利用了其他已存在的变量名字。此外，还可以使用"对象展开"语法来引用对象的成员（而非对象自身），例如：

```
// （续上例）
// 直接在声明中引用变量 profile
me = {profile};

// 通过自定义的属性来引用 profile 对象
// (与上面效果相同)
me = {profile: profile}

// 对象展开
// （与上面效果不同，info 对象复制了 profile 所有的对象成员，但不引用对象自身）
info = {...profile};
```

方法声明是新的特定语法（而不是省略掉 function 关键字的函数声明）：

```
profile = {
  aMethod() {
    ...
  }
}
```

也可以加上修饰字 get/set，用来表明这是属性存取方法：

```
// 声明一个带取值方法的 name 属性
profile = {
  get name() {
    ...
  }
}
```

某些类的对象实例也可以使用它特有的字面量声明语法，具体来说是指数组（Array）与正则表达式（RegExp）。另外，空对象也以字面量"null"的形式存在（当然，也可以把它看成常量，或者语法关键字）。下面的代码是一个简要的示例：

```
// 示例 1: 数组对象
var arrayObject = [1, 'abcd', true, undefined];

// 示例 2: 正则表达式对象
var regexpObject = /^a?/gi;
```

```
// 示例 3: 空对象
var nullObject = null;
```

3.1.1.3 数组及其字面量

可以直接使用 `new` 运算来创建一个数组，例如：

```
// 创建指定长度的数组
arr = new Array(10);
```

当 `Array()` 的参数只有一个并且是数值类型时（`typeof` 的值为 `'number'`），使用 `new` 运算创建出来的会是一个用该数值指定元素个数的数组——其每个元素都是 `undefined` 值。也可以使用如下语法来初始化一个指定了具体元素的数组：

```
// 构建数组并置入元素 element0...elementN
arr = new Array(element0, element1[, ...[, elementN]])
```

但这样指定元素并创建数组，就实在不如直接使用字面量声明了：

```
语法:
[element0, element1[, ...[, elementN]]]

包括:
arr = [element0, element1[, ...[, elementN]]]
arr = [ ]
```

用字面量来声明数组时，数组可以是异质的（数组元素的类型可以不同）、交错的（数组元素可以是不同维度的数组）。数组的交错性使它看起来像是"多维的"，但事实上不过是"数组的数组"这种嵌套特性。也就是说，我们并不能用类似:

```
arr = new Array(10, 10);
```

这样的方式来得到一个每维 10 个分量的二维数组（该语法在 JavaScript 中会得到包含两个元素的一个一维数组），但可以用：

```
arr = [[1,2],[3,4]];
```

这样的方法来得到一个交错的数组——数组的数组。但尽管它的大小（以及表达的数学含义）也是 2×2 的，但在数据结构的本质上并不具备某些多维数组的特性。[1]

从表面上来看，也可以在 JavaScript 的数组中使用如下语法：

```
arr[1,2,3]
```

但这种语法并不返回某个多维数组指定下标为 1、2、3 的元素，而只是返回 `arr[3]` 这个

---

[1] 从技术上来说，连续布局才是真正的多维数组，而"行指针"只是指向数组的指针数组，即数组分量是一个其他数组的引用（引自《程序设计语言——实践之路》）。在本书中这被称为数组的数组、交错数组。

元素。因为JavaScript将"1,2,3"解释为连续运算，并返回最后一个表达式的值"3"。[1]如果你试图访问交错数组的某个下标分量，应该用类似如下的语法：

```
> var arr = [,[,,[,,,"abc"]]];
> arr[1][2][3]
"abc"
```

或模板赋值语法：

```
# （续上例）
> var {1:{2:{3:x}}} = arr;
> x
"abc"
```

也可以使用数值字符串作为下标来访问数组成员，但这时在语义上却有所不同。这种情况下是将数组作为对象来进行"名-值"存取的。JavaScript中的数组既是用下标存取的索引数组，也是支持属性存取的关联数组。因此，在将数组视为普通对象并用`for...in`语句列举时，是可以列举到那些数值的索引下标的。

不但数组可以作为对象使用，反过来，某些对象也可以用作数组，这称为类数组对象（Array-like objects）。例如，函数中的参数对象`arguments`就是典型的类数组对象。或者，你也可以简单地声明一个，例如：

```
arrayLikeObject = {length: 10}
```

所有数组都是可迭代对象，但类数组对象却不一定可迭代；反过来说，可迭代对象也不一定都是数组。有关数组的这些特性，请参见如下章节：

- 3.1.3.1　成员的列举，以及可列举性
- 6.4　动态类型：对象与数组的动态特性
- 6.4.3　类数组对象：对象作为索引数组的应用
- 5.4.2　调用

3.1.1.4　正则表达式及其字面量

正则表达式字面量的语法为：

```
/expression pattern/flags
```

其中，可以不指定`flags`而使用默认值，或指定为表3-2所示的标志的组合：

---

[1] 关于表达式运算的细节请参见"2.3　JavaScript的语法：表达式运算"和"2.7.5　逗号','的二义性"。

表 3-2　正则表达式标志字符

标志字符	默认	备注
u	false	使用 Unicode 字符集
m	false	多行文本，此时^和$也用于匹配文本内的单行首尾
g	false	全局匹配，将找到字符串中与模式匹配的全部子字符串
i	false	忽略字符大小写
y	false	仅匹配正则表达式的 `lastIndex` 属性指示的索引

而表达式模板（expression pattern）由普通字符（字符a~z、0~9 等）和表 3-3 所示的元字符构成。[1]

表 3-3　正则表达式元字符

匹配对象	元字符	备注
字符子集	\d、\D、\s、\S、\w、\W	1. 每个元字符只能匹配一个字符。若该元字符表示一个字符子集，则匹配子集中的任一字符。 2. 对于"控制字符"来说，X 是指字符集[A~Z, a~z]中的任一字符。 3. 对于八进制 ASCII 字符来说，ddd 是指 0~377，对应于十六进制的\x0~\xFF。 4. 在使用"自定义匹配字符子集"时，可用"a-z"的格式来指定连续子集
单个字符	\f、\n、\r、\t、\v、.	
一般性转义字符	\\、\(、\{等	
位置	^、$、\b、\B	
控制字符	\cX	
十六进制 ASCII 字符	\xhh	
八进制 ASCII 字符	\ddd	
十六进制 Unicode 字符	\uhhhh、\u{hhhhh}	
自定义匹配字符子集	[xyz]、[^xyz]	
匹配分组	()、(?:)、(?=)、(?!)	获取、非获取，以及正、负向预查等
匹配 x "或" 匹配 y	x|y	
匹配次数设定	*、+、?、 {n}、{n,}、{n,m}	如果?紧临"匹配次数设定"之后，则表明是非贪婪模式
非贪婪模式设定	?	默认为贪婪模式
引用匹配	**元字符**	
引用一个已获取的匹配	\nn	（注1）

注 1：指在一个正则表达式中复用已通过"匹配分组"获取的、文本中的子字符序列。它的指定格式与"八进制 ASCII 字符"是冲突的。当发生歧义时，优先理解为"获取匹配"；若找不到足够的匹配个数，则理解为"八进制 ASCII 字符"。

---

[1] 该表仅是 JavaScript 中正则表达式语法的一个概要，详细说明请参阅其他资料或书籍。

除了表 3-3 备注中说明的一些常见问题之外，不太常见的用法是在正则表达式内的"引用匹配"——我们可能会在 `String.replace()` 等方法中使用 $xx 来引用某个已获取的匹配，但那是在正则表达式之外进行的。

所谓"在正则表达式内的引用匹配"是指如下这种情形：

```
// 待配置的字符串
'abcd1234cdef............1234........1234....'
'abcd182349cdef..........182349......182349...'
```

若试图表达上述重复出现的子匹配，那么可以使用这样的表达式，如图 3-1 所示。

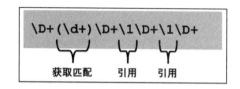

图 3-1 正则表达式中"引用匹配"的使用示例

这样就可以匹配上面列举的两个字符串，而不匹配下面这种：

```
// 不匹配的格式(注意数字不重复)
'abcd1234cdef............1111........11111111...'
```

另外一种情况是一种经常犯的错误。该错误源于正则表达式具有单独的语法格式，而非一个字符串，因此当开发人员试图直接将正则表达式用在字符串中——例如用这样的一个字符串来创建对象时，就会出现一些意料之外的问题。最常见的情况是这样的：

```
// 有正则表达式字面量如下
rx = /abcd\n\r/gi
```

开发人员试图将它修改成一个正则表达式对象的创建，于是直接复制了上述代码，修改如下：

```
// 使用字符串创建的正则表达式对象
rx = new RegExp('abcd\n\r', 'gi');
```

在开发人员的预期中，这两个正则表达式应该是一样的。然而忽略了一个问题：在字符串中"\"也是转义符，因此当使用转义后的字符串 'abcd\n\r' 来创建正则表达式对象时，就出现了错误。而在很多情况下，该错误既非语法错误，也不导致运行期错误——只是与开发人员的预期不一致而已，但足以在代码中留下巨大的隐患。

解决该问题的方法是为字符串中的 '\' 增加转义，因此上例应修改为：

```
rx = new RegExp('abcd\\n\\r', 'gi');
```

3.1.1.5 在对象声明中使用属性存取器

除了上述的基础语法之外，还可以在字面量声明中使用属性的存取器（accessor），也称为读写器（get/setter）。存取器是使用 get/set 做限定词的方法声明，具有对象方法的一切性质，只不过通常被称为存取器函数（accessor functions）。例如：

```
get propName() {
 //...
}
set propName(newValue) {
 //...
}
```

仅在 ES5 规范的严格模式下，对象字面量声明中只允许出现同一 propName 的名字声明或存取器声明之一，而不允许同时出现；否则解析器将会认为声明了两个相同名字的属性，并抛出一个"无效属性"的异常。不过需要强调的是，这项限制在 ES6 之后就被取消了。例如：

```
// 正确的用法
obj1 = {
  aName: 'a value.'
}

// 不正确的用法：同时出现"名/值"声明与存取器声明
obj2 = {
  aName: 'a value.',
  get aName() {
     ...
  }
}
```

3.1.2 使用类继承体系

在使用 new 运算从"构造器"创建对象时，构造器既可以是一般函数，也可以是从 ES6 开始支持的"类"。这种"类"本质上是一种声明构造器的方式，因而所谓类继承，其实也是传统原型继承模式的一种表现方式。

3.1.2.1 声明类和继承关系

声明一个类本质上就是声明一个构造器函数，其基本语法为：

```
class className [extends parentClass] {
  constructor() {
     ...
  }
```

```
    ...
}
```

当父类（super）是内置的 Object() 时，extends Object 可以省略；当不需要指定构造过程时，constructor() { ... } 声明也可以省略。这样一来，下面三个声明在语义上就是等价的：

```
// 最简单的类声明
class MyObject {}

// 等价于（采用构造函数声明风格）
function MyObject() { }

// 或等价于（采用变量声明风格）
var MyObject = new Function;
```

对于使用 class 关键字的类声明过程来说，最明显的收益就是可以使用 extends 关键字来声明父类。例如：

```
// 最简的类声明
class MyObjectEx extends MyObject {
  ...
}
```

这基本上替代了原先在构造函数声明风格中的如下代码：

```
// 与如下效果类似
MyObjectEx.prototype = new MyObject();
MyObjectEx.prototype.constructor = MyObjectEx;
```

由 class 关键字引导的整个类声明（包括类表达式）代码块总是工作在严格模式中。这意味着 extends 声明也同样处在严格模式下。用 extends 声明的 parentClass 是一个表达式（的结果值），因此这事实上是说，该表达式将运行在严格模式中。例如：

```
// 在 extends 中的表达式（例如，字面量风格的函数表达式）是处于严格模式中的
class MyObject extends function x() { xyz = 123; } {
  // ...
}
```

测试如下：

```
# 严格模式下向未声明变量赋值将导致异常
> new MyObject;
ReferenceError: xyz is not defined
...
```

最后，在将一般函数用作构造器时，函数体就是构造过程本身。而在使用 class 关键字时，该构造过程就被独立出来并用特定的方法名来声明，即 constructor：

```
class MyObject {
  constructor() {
    console.log('Constructing...');
```

```
  }
}

// 与如下效果类似
function MyObject() {
  console.log('Constructing...');
}
```

这样一来，一个类的继承关系和构造过程就声明完成了。

3.1.2.2　声明属性

使用函数作为构造器时需要通过原型来声明对象实例的属性。例如：

```
// 构造函数声明风格
function MyObject() {
  console.log('Constructing...');
}

// 在原型上声明属性
MyObject.prototype.aName = 'value';
MyObject.prototype.aMethod = function() {
  // ...
};
```

而对于使用 class 关键字的类声明过程来说，这些声明都可以采用特定的关键字或语法来声明：

```
// 类声明风格
class MyObject {
  // 声明属性的读方法
  get aName() {
    ...
  }

  // 声明属性的写方法
  set aName(value) {
    ...
  }

  // 声明方法
  aMethod() {
    ...
  }
}
```

如果在上例中只有get和set二者之一，那么该属性就是只读或只写的，并且你只能使用这种方法来声明类的存取属性。如果你打算声明一般属性，那么仍然需要直接操作这个类的原型。[1]例如这样：

```
class MyObject {}

// 在原型中声明属性
MyObject.prototype.aName = 'value';

// 示例
var obj = new MyObject();
console.log(obj.aName); // value
```

3.1.2.3 调用父类构造方法

在上例中，如果我们为 `MyObject` 派生一个子类 `MyObjectEx`，那么可以想见的是：子类 `MyObjectEx` 是以 `MyObject` 的一个实例为原型的：

```
class MyObjectEx extends MyObject {}
```

如前所述，关键字 `extends` 为你实现了类似的逻辑：

```
// 作用类似于如下：
MyObjectEx.prototype = new MyObject();
MyObjectEx.prototype.constructor = MyObjectEx;
```

然而我们也知道，如果构造器 `MyObject()` 是支持参数的，那么由于 `extends` 只声明了继承关系，因而无法传入类似下面这种构造过程所需要的参数：

```
// 简单的 class 声明无法实现下面的构造过程
MyObjectEx.prototype = new MyObject(x, y);
...
```

要实现类似的效果，就需要在子类 `MyObjectEx` 的构造器方法中调用父类的构造方法，JavaScript 规定这个构造方法——可以是父类，也可以是父类构造器——在整个类声明中都可以使用 `super` 关键字来访问。例如：

```
// 访问父类构造方法
class MyObjectEx extends MyObject {
  constructor() {
    super(x, y);
  }
}
```

在这种情况下使用 `super()` 时，将会默认传入当前所构造的实例作为父类可以访问的 `this` 引用。也就是说，`new` 运算所构建的对象实例将在当前类和父类（整个继承链）中传递。在这个效果上，它与如下使用构造函数的传统方式是类似的（注意下例中的 `MyObject()` 也必

---

[1] 有关存取属性与一般属性的区别与具体使用方法的介绍请参见 "3.5 可定制的对象属性"。

须被声明为传统的构造器，即普通函数）：

```
function MyObjectEx() {
  // super(x,y)将实现为类似代码
  MyObject.apply(this, [x, y]);
}
MyObjectEx.prototype = new MyObject();
MyObjectEx.prototype.constructor = MyObjectEx;
```

于是就可以在构造方法中操作 `this` 实例了。注意在使用 `this` 之前，总是需要先显式地调用 `super()` 以便在当前构造方法中获得 `this` 实例。例如下面的代码：

```
// 访问父类构造方法
class MyObjectEx extends MyObject {
  constructor() {
    super();      // <- 必须在引用 this 之前调用 super() 方法
    this.x = 100;
    this.y = this.x * 100;
  }
}
```

不过如果没有 extends，那么不调用 super 也是可以的：

```
// 没有 extends 时，不调用 super 也可以访问 this
class MyObject {
  constructor() {
    this.x = 100;
    console.log(this);
  }
}
```

3.1.2.4 调用父类方法

在类声明语法中可以直接调用到父类方法，这需要用到 `super.XXX` 引用。[1] 例如：

```
// 声明基类上的 foo() 方法
class MyObject {
  foo(x) {
    ...
  }
}

// 使用继承
class MyObjectEx extends MyObject {
  foo(x, y) {
    super.foo(x);    // <- 调用父类同名方法
  }

  bar(x) {
    super.foo(x);    // <- 调用父类方法
```

---

[1] `super.XXX` 是属性引用，而 `super.XXX()` 是将属性作为方法调用的语法。关于这一点的细节，请参见 "3.3.2.3 super 对一般属性的意义"。

```
    }
}

// 示例
var obj = new MyObjectEx();
obj.foo(100, 200);
```

在使用 super.*xxx* 调用父类方法时也会隐式地传入当前的 this 引用,这与在构造器中调用 super() 时是一致的。

3.1.2.5 类成员(类静态成员)

在类声明语法中也可以用 static 关键字来声明类静态成员,包括静态方法和属性,并且它们也是在子类中作为类成员继承的:

```
// 声明类的静态方法和属性
class MyObject {
  static get aName() {
    return 10;
  }

  static foo() {
    console.log(super.toString());
  }
}
class MyObjectEx extends MyObject {}

// 访问类静态成员
console.log(MyObject.aName);
// 调用类静态方法
MyObject.foo();
// 子类可以继承
MyObjectEx.foo();
```

访问类静态成员时并不需要创建对象实例,因为它是类自有的成员。并且如果它是方法(包括静态方法和属性存取方法),那么也是可以使用 super 的。只是在其中调用 super() 或 super.*xxx*() 时,this 会绑定到类(构造器函数)本身——因为这种情况下并没有创建对象实例。

事实上,类静态成员也可以直接声明为"类/构造器函数"的成员。除了不能使用 super 之外,并没有特别的不同:

```
// 与上例等效的声明
class MyObject { }
MyObject.aName = 10;
MyObject.foo = function() {
  console.log(Object.toString.call(MyObject));
}
```

```
// 访问类静态成员
console.log(MyObject.aName);
// 调用类静态方法
MyObject.foo();
```

3.1.3 对象成员

JavaScript 中的对象是 "属性包"，属性即所谓的对象成员。当我们分别讨论对象实例与类时，属性（property of objects, or prototype properties of class's instances）和类成员（member of classes）是两个概念。但是由于类本身（即构造器本身）也是函数类型的对象，所以当我们统一用 "对象" 这个概念来讲述时，其成员仍被称为属性。

对象成员有三种性质，称为属性的可读写（writable）、可列举（enumerable）和可重置（configurable）性质。当一个成员的 `writable` 性质为 `false` 时，称该属性为只读的；当它的 `enumerable` 性质为 `false` 时，称该属性为隐式的，反之则称为显式的。

对象成员可以是自有的（own properties），也可以是继承的（inherited properties）。所谓继承的，是指对象的父类或祖先类原型（即该对象的原型链上）具有该成员；子类对象可以用相同名字重新声明该成员，这称为覆盖（override）或重写（overwrite）。

3.1.3.1 成员的列举，以及可列举性

对象成员是否能被列举，称为成员的可列举性。当某个对象成员不存在或它不可列举时，对该成员调用 `propertyIsEnumerable()` 方法将返回 `false`。比较常见的情况是，JavaScript 对象的某些特定成员被设置为隐藏的，因而不能被列举。例如：

```
var obj = new Object();

// 不存在 'aCustomMember'，显示 false
console.log(obj.propertyIsEnumerable('aCustomMember'));

// 数组的 .length 属性是隐藏的
console.log([].propertyIsEnumerable('length'));
```

在这种情况下，可以用 "in" 运算检测到该成员，但不能用 "for...in" 语句来列举它。[1]

---

[1] 在 JScript 与 JavaScript 中，对可列举性中的"继承自……"这个描述的理解也是不同的。这导致 `propertyIsEnumerable()` 的行为，以及（包括内置成员在内的）可见性的处理并不一致。关于这一点，我们在 "3.2.3.3 如何理解 '继承来的成员'" 中会再次讲到。

一直以来，对`propertyIsEnumerable()`的设计存在歧义。按照现有规范[1]，该方法是不检测对象的原型链的，即对象继承来的成员不能被列举。但是更合理的设计是让该方法检测原型链。为什么？因为事实上它们是可以被`for...in`语句列举的。如下例所示：

```
// 定义原型链
function MyObject() {}
function MyObjectEx() {}
MyObjectEx.prototype = new MyObject();

// aCustomMember 是原型链上的（父类的）成员
MyObject.prototype.aCustomMember = 'MyObject';

// 显示 false，因为 propertyIsEnumerable() 不检测继承来的成员
var obj = new MyObjectEx();
console.log(obj.propertyIsEnumerable('aCustomMember'));

// 但在列举 obj 时，将包括 aCustomMember
for (var propName in obj) {
  console.log(propName);
}
```

ES5 以前的`for...in`语句只操作那些显式的成员，而无论它们是通过何种方式显式声明或继承的，甚至只是出于引擎约定。[2]而从ES5 开始，JavaScript提供了更多操作对象成员的方法，包括表 3-4 中列举的方法。

表 3-4　其他操作对象成员的方法

键名	成员	语法	含义	备注
一般键名	仅显式成员	for...in	可列举的成员名（含原型链）	
		Object.keys() Object.values() Object.entries()	可列举的、非符号的自有属性名	注1
	包含隐式成员	Object.getOwnPropertyNames()	全部的、非符号的自有属性名	
符号键名	包含隐式成员	Object.getOwnPropertySymbols()	全部的、符号键名的自有属性名	

注 1：三者的列举范围是一致的，后两种可以从`Object.keys()`的结果中直接`map()`得到。

在实际中会经常使用`Object.keys()`来获取对象"自有的（own）"显式成员列表。与此相关的，事实上，`Object.values()`和`Object.entries()`也可以由它的结果转换而来（所以它们是在 ES8 中才较晚地被规范的）：

---

1 但是，既然规范是这样要求的，那么也必须"按照错误的方法来实现"，这即是所谓标准的强制性。结果是，在脚本引擎中，`propertyIsEnumerable()`被实现为"只检测对象的自有属性"。
2 在一些书籍中，`Object()`的这些属性也被称为"内置成员"或"预定义成员（方法或属性）"。在 ES6 之后，"隐式的属性"不再仅出自 JavaScript 的约定，也可以通过定制对象属性的性质来使一般属性变成隐式的。详情可参见"3.5　可定制的对象属性"。

```
// 与 Object.values(obj)等效的代码
Object.keys(obj).map(key=>obj[key])

// 与 Object.entries(obj)等效的代码
Object.keys(obj).map(key=>[key, obj[key]])
```

另外，也常常会用`Object.getOwnPropertyNames()`来列举对象的内置属性，例如[1]：

```
> Object.getOwnPropertyNames(Object.prototype)
[ 'constructor',
  '__defineGetter__',
  '__defineSetter__',
  'hasOwnProperty',
  '__lookupGetter__',
  '__lookupSetter__',
  'isPrototypeOf',
  'propertyIsEnumerable',
  'toString',
  'valueOf',
  '__proto__',
  'toLocaleString' ]
```

对于`for...in`语法来说，它所列举的成员名的顺序是不可依赖的。通常，当一个对象的成员的插入不是有序的，那么它的`for...in`列举也就不是有序的。多数情况下这并不要紧，但对于数组对象来说并非如此，因为索引数组的下标序列是有意义的。为此我们一般会采用如下方式来增序列举数组成员[2]：

```
// 列举数据成员
var arr = ['a', 'b', 'c', 'd'];
for (var i=0, len=arr.length; i<len; i++) {
  console.log(i, arr[i])
}
```

或者使用数组方法`forEach()`：

```
// 与上例等效
arr.forEach(function(item, i) {
  console.log(i, item)
})
```

又或者，也可以使用`for...of`语句，它有序列出数组成员的值（但不能得到成员的索引）。但是该语句其实是在将数组视为"集合对象（Collection objects）"[3]并列举其中包含的"集合成员"，而不是列举"对象成员"。从根本上来说，这些集合公布了它们提供的默认内置的迭代器，而`for...of`语句只是调用这些迭代器而已。例如同样是集合对象的Set：

```
var arr = ['a', 'b', 'c'];
```

---

[1] 不同的引擎对这些"隐含的成员名称"的实现并不一致，ECMAScript 只推荐性地约定了其中部分属性名。本例中显示的是 Node.js v8.x 的输出。
[2] 在 Node.js 中，`for...in` 列举数组下标时也是有序的，但这一点不可依赖。
[3] 详情参见"3.4.4.2 集合对象"。

```
// 数据
for (var value of arr) {
  console.log(value);
}

// 集
for (var member of new Set(arr)) {
  console.log(member);
}
```

这也意味着 `for...of` 可以列举所有带有迭代器的对象（可迭代对象），而无论它们是否是集合或者数组。例如：

```
> for (var chr of 'AbC') console.log(chr);
A
b
C
```

最后，可以列举到每一个显式的成员名（或通过 `Object.getOwnPropertyNames()` 来获得自有的成员名），但却无法通过该接口确知设计者是打算指定成员作为方法（method）、属性（property），还是事件句柄（event）。在 JavaScript 中，任何类型的值都可以成为对象属性而并没有办法来辨识它们。也就是说，在 JavaScript 中，我们不可能从成员的类型上准确了解设计者的原始意图。

3.1.3.2 对象及其成员的检查

JavaScript 使用 in 运算来检查对象是否具有某个成员（包括显式的或隐式的，也包括符号作为键名的属性等）。其语法为：

```
// 语法
propertyName in object

// 示例：用 in 运算检测属性
var obj = { aName: 'value' };
console.log('aName' in obj);
```

这种运算也用来检测环境兼容性，例如：

```
// 示例：为不同的脚本引擎初始化一个 XMLHttpRequest 对象
if ('XMLHttpRequest' in window) {
  // for ie7.0+, or mozilla and compat browser
  return new XMLHttpRequest();
}
else if ('ActiveXObject' in window) {
  // for ie 4.0~6.0
```

```
    return new ActiveXObject('Microsoft.XMLHTTP');
  }
  else {
    throw new Error('can\'t init ajax system... ');
  }
```

但这样的检查并不一定可靠。因为更早版本的 JavaScript 引擎可能根本没有实现 in 运算。因此在 JavaScript 1.3 之前，我们建议用下面的代码来做相同的事：

```
// 示例：兼容更早版本的对象检查代码
if (window.XMLHttpRequest) {
  // for ie7.0+, or mozilla and compat browser
  return new XMLHttpRequest();
}
...
```

在 JavaScript 中，取一个 "不存在的属性" 的值并不会导致异常，而是返回 undefined。而 undefined 被 if 语句作为布尔值 false 理解，其效果也正好相当于使用 in 运算，类似一个 "隐含的类型强制转换" 运算。而在下面的示例中，属性名列表 propertyNames 中任意的一个都将导致 _in() 检测返回 false：

```
var obj = {};

function _in(obj, prop) {
  if (obj[prop]) return true;
  return false;
}

// 检测不存在的属性
console.log( _in(obj, 'myProp') );

// 检测某些有值的属性，仍会返回 false
var propertyNames = [0, '', [], false, undefined, null];
for (var i=0; i<propertyNames.length; i++) {
  console.log( _in(obj, propertyNames[i]) );
}
```

这显然没有达到我们预期的目的。

因此，旧版本的 JavaScript 推荐另外一种方案来检测属性是否存在：

```
// 示例：兼容更早版本的对象检查代码
if (typeof(window.XMLHttpRequest) !== 'undefined') {
  ...
}
else if (typeof(window.ActiveXObject) !== 'undefined') {
  ...
```

```
}
else ...
```

由于前面说过"取不存在的属性将返回 undefined",因此用 typeof 运算来检测该值,一定是 undefined 字符串。这样看起来是达到目的了,但事实上还是存在问题。例如:

```
var obj = {
  'aValue': undefined
};
// 示例:使用 typeof 运算存在的问题
if (typeof(obj.aValue) != 'undefined') {
    ...
}
```

这种情况下,aValue 属性是存在的,但我们不能通过 typeof 运算来检测它是否存在。正是由于这个缘故,在 Web 浏览器中,DOM 的约定是"如果一个属性没有初值,则应该将其置为 null"。可见,早期的 JavaScript 不能有效地通过 undefined 来检测属性是否存在。同样的道理,JavaScript 规范在较后期的版本中便要求引擎实现 in 运算,以更有效地检测属性。

此外,还可以使用 instanceof 运算符来检测"对象是不是一个类的实例"。例如:

```
// 语法
object instanceof Class

// 示例:用 instanceof 运算检测实例类别
console.log(obj instanceof MyObject)
```

其中的 class 可以是一般构造器函数或类声明:

```
// 声明构造器
function MyObject() {
  // ...
}

// 或声明类
// class MyObject {}

// 实例创建
var obj = new MyObject();
// 显示 true
console.log(obj instanceof MyObject);
```

instanceof 运算符将会检测类的继承关系。因此一个子类的实例,在对祖先类做 instanceof 运算时,仍会得到 true。如下例:

```
// (续上例)

// 声明子类(也可以使用原型继承)
class MyObjectEx extends MyObject {}

// 实例创建
```

```
var obj2 = new MyObjectEx();

// 检测构造类，显示 true
console.log(obj2 instanceof MyObjectEx);

// 检测祖先类，显示 true
console.log(obj2 instanceof MyObject);
```

更多检查对象及其属性性质的方法，包括 `Object.isExtensible()`、`Object.getOwnPropertyDescriptor()` 等，详情请参见"3.5.3 属性表的状态"。

3.1.3.3 值的存取

多数情况下我们会用对象成员的名字来存取值。有两种方法：

```
var obj = {
  value: 1234,
  method: function() { }
}

// 方法1：使用对象成员存取运算符"."
var aValue = obj.value;

// 方法2：使用对象成员存取运算符"[ ]"
var aValue = obj['value'];
```

"."和"[]"都是对象成员存取运算符，所不同的是：前者右边的操作数必须是一个标识符，后者在方括号中的操作数可以是变量、标识符、符号、字面量或表达式。因此对一些不满足标识符命名规则的属性，只能使用"[]"运算符，例如：

```
var obj = {
  'abcd.def': 1234,
  '1': 4567,
  '.': 7890
}

// 示例：需要使用"[]"运算符的一些情况
console.log(obj['abcd.def']);
console.log(obj['1']);
console.log(obj['.']);
```

赋值模板也可以用于将对象的属性值读取到变量中，并且它通常用作属性的成批读取，或者按照模式（模板）的规则读取。例如：

```
var obj = {
  'abcd.def': 1234,
  '1': 4567,
  '.': 7890,
  more: {
    a: 100,
    b: 200
```

```
    }
  }
var {'abcd.def': x, '.': y, more: {a: z}} = obj;
console.log(x);  // 1234
console.log(y);  // 7890
console.log(z);  // 100
```

这种声明赋值模板的方法也可用在函数参数上，这样可以避免在函数内频繁地"取对象成员"。例如：

```
// (续上例)
var func = (({'abcd.def': x, '.': y}) => x+y;
console.log(func(obj));
```

无论是声明成员，还是取它的值，都可以在"[]"运算符中使用可计算的成员名，即使用表达式来作为成员名，例如：

```
// (续上例)
var nameLeft = 'abcd', nameRight = 'def';

// 在"[]"运算符中使用表达式计算的值作为成员名
console.log(obj[nameLeft + '.' + nameRight]);  // 1234
console.log(obj[[nameLeft, nameRight].join('.')]);  // 1234

// 也可以在赋值模板中使用
var func2 = (({[nameLeft + '.def']: x}) => x*100;
console.log(func2(obj));  // 123400
```

3.1.3.4　成员的删除

可以使用 delete 运算符来删除一个对象的指定属性。例如：

```
var obj = {
  method: function() { },
  prop: 1234
}
global_value = 'abcd';
array_value = [0,1,2,3,4];
function testFunc() {
  value2 = 1234;
  delete value2;
}// 调用 testFunc() 函数，函数内部的 delete 用法也是正确的
testFunc();

// 以下四种用法都是正确的
delete obj.method;
delete obj['prop'];
delete array_value[2];
delete global_value;
```

```
// 也可以删除全局对象 Global 的某些成员
delete isNaN;
```

不过该运算符不能用于删除:

- 用 `var/let/const` 声明的变量与常量。
- 直接继承自原型的成员。

其中,关于`delete`不能删除"继承自原型的成员"有一点例外:如果修改了这个成员的值,仍然可以删除它(并使它恢复到原型的值)。[1]例如:

```
function MyObject() {
  this.name = "instance's name";
}
MyObject.prototype.name = "prototype's name";

// 创建后,在构造器中 name 成员被置为值"instance's name"
var obj = new MyObject();
console.log( obj.name );

// 删除该成员
delete obj.name;
// 显示 true,成员名仍然存在
console.log( 'name' in obj );
// 并且被恢复到原型的值"prototype's name"
console.log( obj.name );
```

因此,如果真的需要删除这样的属性,只能同时操作它的原型。当然,由于这是原型,所以它会直接影响到这个类构造的所有实例。下面的例子说明了这一点:

```
function MyObject() {
  // ...
}
// 在原型中声明属性
MyObject.prototype.value = 100;

// 创建实例
var obj1 = new MyObject();
var obj2 = new MyObject();

// 示例 1: 下面的代码并不会使 obj1.value 被删除
delete obj1.value;
console.log(obj1.value);

// 示例 2:
// 下面的代码可以删除 obj1.value。但是,
// 由于是对原型进行操作,所以也会使 obj2.value 被删除
```

---

[1] 这是因为,`delete` 运算本质上是用于删除实例的自有属性表中的描述符的,请参阅"3.2.3.3 如何理解'继承来的成员'"。

```
delete obj1.constructor.prototype.value;
console.log(obj1.value);
console.log(obj2.value);
```

JavaScript的一些官方文档中提及，delete仅在删除一个不能删除的成员时，才会返回false[1]；在其他情况下（例如删除不存在的成员，或者删除继承自父类/原型的成员），即使删除不成功也会返回true。例如：

```
function MyObject() {}
MyObject.prototype.value = 100;

// 该成员继承自原型，且未被重写，删除返回true
// 由于delete操作不对原型产生影响，因此obj1.value的值未发生变化
var obj1 = new MyObject();
console.log( delete obj1.value );
console.log( obj1.value );

// 尝试删除Object.prototype，该成员禁止删除，返回false
console.log( delete Object.prototype );
```

除此之外，用delete操作删除宿主对象的成员时，也可能存在问题。例如在下面这个例子中，属性aValue就删除不掉，而在取值时又触发异常[2]：

```
// code in Internet Explorer 5~7.x
aValue = 3;

// 显示true
console.log('aValue' in window);
delete aValue;

// 条件仍然为真，然而用console.log()显示值时却出现异常
if ('aValue' in window) {
  console.log(aValue);
}
```

在非严格模式下，delete运算通常不会导致异常（上例中是取值而非删除操作导致的异常）。但这种情况的确偶有发生，例如删除宿主的成员：

```
// code in Internet Explorer 5~7.x
window.prop = 'my custom property';
delete window.prop;
```

这时发生的异常可能是"对象不支持该操作"，表明宿主（例如浏览器中的window）不提供删除成员的能力——不过不同的宿主的处理方案也不一致，例如，Firefox浏览器就可以正常删除。

---

1 这种因"不能删除成员"而返回false的情况并不多，而且（至少在历史中），这还依赖不同的脚本引擎，例如，Mozilla的SpiderMonkey中arguments就是可以删除的。
2 这里疑为JScript的一个Bug。

3.1.3.5 方法的调用

很多语言中的"面向对象系统"是由编译器,或者指定的语句/语法来实现的。例如,Delphi 从 Pascal 过渡而来,C++则源自 C 语言,为了实现"面向对象",它们都对语法进行了扩展。然而 JavaScript 并不这样,它通过"运算"来实现这一面向对象特性。

回顾之前的内容,如果我们已经创建了一个对象实例 obj,那么可以用此前提到过的两种方法之一来存取对象属性:

```
// 方法1: 使用对象成员存取运算符"."
var aValue = obj.value;

// 方法2: 使用对象成员存取运算符"[ ]"
var avalue = obj['value'];
```

我们已经说过,"."与"[ ]"是两个运算符。在此基础上,JavaScript 并没有做任何语法扩展就实现了方法调用:

```
// 调用方法: 基于运算符"."
obj.method();

// 调用方法: 基于运算符"[ ]"
obj['method']();
```

所以,事实上 JavaScript 中的方法调用,就是指"取得对象的成员,并执行函数调用运算",当然,在这个过程中还要传入 this 对象引用。具体到语法的实现方法上,只需使"."和"[ ]"运算的优先级高于"()"即可。

在 JScript 环境中还存在一种特例: 对于 ActiveObject 对象实例,它的方法在一些情况下可以不使用"()"来调用。如下例所示:

```
// 示例: Exit是方法调用, 但没有使用"()"运算符
var excel = new ActiveXObject("Excel.Application");
console.log('enter to close excel...');
excel.Exit;
```

3.1.4 使用对象自身

有一些操作是仅针对对象自身而非对象成员的,典型的例子就是之前讨论过的 instanceof 和 typeof。除此之外,还有一些运算或语句是直接作用于对象自身的。

3.1.4.1 与基础类型数据之间的运算

对象可以直接与其他基础类型的数据进行运算。例如:

```
// 尝试进行数值运算
console.log(new Object * 1);
```

尽管这个操作的结果是 NaN，但这个操作本身是有意义的。它表明 `Object()` 的实例——也包括任何的对象实例，可以先被转换成一个基础类型，然后再与值 "1" 进行数值运算。这个转换过程与 `Object.prototype.valueOf()` 有关，可进一步参考 "3.6.1.2 可被符号影响的行为" 和 "6.2.2 从对象到值"。

3.1.4.2 默认对象的指定

在 JavaScript 中，脚本引擎可以很容易地区分用户代码是在访问值、对象还是对象的成员。例如：

```
1   // 示例1：存取对象成员
2   var obj = new Object();
3   obj.value = 100;
4
5   // 示例2：访问(全局的)对象或值
6   value = 1000;
```

`with` 语句是使用对象自身的另一种方法，它的作用在于改变上述第 6 行代码的语义，让它存取 obj 对象的成员（而不是全局变量）。[1]例如：

```
7   // (续上例)
8   with (obj) {
9     value *= 2;
10  }
11
12  // 显示 200
13  console.log(obj.value);
14  // 显示 1000
15  console.log(value);
```

3.1.5 符号

符号作为数据类型，是用 `Symbol()` 函数来创建新值的：

```
var aSymbol = Symbol();
```

在这种情况下，`Symbol()` 被称为 "符号类型"，而不是 "符号类"，而值 aSymbol 就直接称为 "符号"。在语义上是指 "aSymbol 是 `Symbol()` 类型的一个值"，这与 "字符串创建自字符串类型" 之类的语义并不一样。

---

[1] 对于对象及其闭包系统来说，`with` 语句具有某些特别的语法效果。关于这部分内容请参见 "5.5.3.3 对象闭包"。

符号可以作为对象的成员名使用（注意，这不是它的唯一作用[1]）。且这种对象成员仍然被称为属性，也具有一般对象属性的全部性质，也可以继承或基于原型访问等。唯一不同的是，它通常需要特殊的方式才能列举、存取和使用。

3.1.5.1 列举符号属性

当符号用作对象的属性名时，我们称该属性为符号属性。使用 `for...in` 语句是不能列举符号属性的，并且 `Object.keys()` 也不能用来列举符号属性。唯一能有效列举符号属性的方法是 `Object.getOwnPropertySymbols()`。

尽管符号属性也有可读写、可列举和可重置等性质，但是因为 `for...in` 语句并不列举符号属性，所以——事实上——也没有必要去隐藏它们，例如设置 enumerable 为 false。并且无论如何，`Object.getOwnPropertySymbols()` 总是可以取得一个对象全部的、自有的符号属性列表。

在默认情况下，一般对象并没有自有的符号属性。例如，在 Node.js 中，下面的代码会列举到一个空数组：

```
> Object.getOwnPropertySymbols(new Object)
[]
```

3.1.5.2 改变对象内部行为

出于 JavaScript 对内部行为的约定，所有对象的行为都受到一些"与内部行为相关的"符号属性的影响。这些符号名称被定义在 Symbol 类型中，如表 3-5 所示（更详细的讨论参见"3.6.1.2 可被符号影响的行为"）。

表 3-5 与内部行为相关的部分符号属性

符号	影响的语法元素或对象行为	类型
Symbol.hasInstance	object instanceof Class	function
Symbol.iterator	for...of	function
Symbol.unscopables	with (object) { ... }	object
Symbol.toPrimitive	Object.prototype.valueOf()	function
Symbol.toStringTag	Object.prototype.toString()	string

---

1 这也是我们将这种数据类型放在本章中讨论的原因（尽管符号是独立的数据类型，而非对象）。从语言设计的角度来说，符号是用来声明系统中的唯一值的。对象在系统中也有着类似的唯一性，但对象是引用类型，而符号是值类型。

这意味着可以用下面这样的方法来改变一个对象默认的、内部的行为。例如：

```javascript
var str = new String('hi');
console.log(str);

// 显示'101'，而不是预期的'100hi'
str[Symbol.toPrimitive] = ()=> 1;
console.log(100+str);

// 显示false，这意味着instanceof检测对所有MyString()的实例都失效了
class MyString extends String {
  static [Symbol.hasInstance]() { return false }
}
console.log(new MyString instanceof MyString); // false

// 可用defineProperty()方法声明，以避免添加属性时受原型性质的影响（例如内建类）
Object.defineProperty(String, Symbol.hasInstance, {value:()=>false});
console.log(new String instanceof String); // false
```

3.1.5.3 全局符号表

使用字符串作为属性名可以随处访问，例如：

```javascript
// 模块A
var propName = 'myProp';
export var obj = { [propName]: 100 };

// 模块B
import {obj} from 'module_a';
console.log(obj['myProp']);
```

这个示例的关键在于标识符 propName 并没有导出，而在模块 B 中即使无法获得这个标识符，只要它知道这个属性的字符串名字，也是可以访问到属性 obj.myProp 的。然而使用符号作为属性名时，例如：

```javascript
// 模块C
var symbolPropName = Symbol();
export var obj = { [symbolPropName]: 100 };
```

就必须导出标识符 symbolPropName 以访问对应的属性。

当然还可以使用全局变量。但通常来说，并不建议在模块中直接使用全局环境，或直接将一个变量声明到全局对象中去。因此，作为类似场景下的一个补充，JavaScript 也提供一种新的手段：

```javascript
// 语法
Symbol.for(keyName)
```

例如：

```
// 示例 - 模块A
var symbol = Symbol.for('symbolPropName');
export var obj = { [symbol]: 100 };


// 示例 - 模块B
import {obj} from 'module_a';

var s = Symbol.for('symbolPropName');
console.log(obj[s]);   // <- 显示值: 100
```

JavaScript 确保即使用户代码在多个地方调用了 `Symbol.for()`，也有且仅有第一次调用时会创建（并返回）符号，而此后的调用都将直接返回该符号。

这种内建机制保证了这些符号全局唯一，也意味着 `Symbol` 在全局建立了一个"符号名-符号"的对照表。因此，这个全局符号表也可以反过来查找它的 *keyName*。例如：

```
// （续上例）
console.log(Symbol.keyFor(s));  // <- 显示符号s注册的名字是: 'symbolPropName'
```

3.2 JavaScript 的原型继承

一个对象系统的继承特性有三种实现方案，包括基于类（class-based）、基于原型（prototype-based）和基于元类（metaclass-based）。这三种对象模型各具特色，也各有应用。在这其中，JavaScript 使用了原型继承来实现对象系统，并基于原型继承实现了具备类继承特征的对象系统。

"原型继承"是 JavaScript 最重要的基础模型，它帮助 JavaScript 构建了丰富、多变且适用于动态语言的、完整的面向对象语言特性。

3.2.1 空（null）与空白对象（empty）

很少有人会从这个话题开始讨论原型继承。我必须先指出：在 JavaScript 中，"空白对象"是整个原型继承体系的根基，但下面我们先从"空（null）对象"谈起。

在 JavaScript 中，"空（null）"是作为一个保留字存在的，代表一个"属于对象类型的空值"。因为它属于对象类型，所以也可以用 `for...in` 去列举它；又因为它是空值，所以没有任何方法和属性，因而列举不到内容。另一方面，多数对象相关的方法调用都将 `null` 作为特殊值处理，例如它不能使用 `Object.keys()` 来列举键值。如下例所示：

```
// 显示类型 object，null 是一个属于对象类型的对象
console.log(typeof null);

// null 可被列举属性
var num = 0;
for (var propertyName in null) {
  num++;
  console.log(propertyName);
}

// 显示值 0
console.log(num);
```

null 也可以参与运算，例如"+（加法和字符串连接）"或"-（减法）"运算。由于它并不创建自 Object() 构造器或其子类，因此 instanceof 运算会返回 false。

null 不是"空白对象（empty object）"。空白对象（也称为裸对象），是一个标准的、通过 Object() 构造的对象实例。例如我们使用：

```
obj = new Object();
```

得到的 obj 实例。由于对象的字面量声明也会隐式地调用 Object() 来构造实例，因此下面的代码也可以得到一个"空白对象"：

```
obj = { };
```

空白对象具有"对象"的一切特性，因此可以使用对象的内置属性和方法（toString、valueOf 等），而且 instanceof 运算也会返回 true：

```
// （续上例）
var empty = new Object;
console.log(typeof empty);
console.log(empty instanceof Object);
console.log('toString' in empty);
```

我有时候也会说空白对象是"干净的对象"，因为在默认情况下，它只有原生对象的一些内置成员。而 for...in 语句并不列举它们，所以空白对象在 for...in 中也并不产生任何效果。

但是总有一些操作会使空白对象在 for...in 中显得"并不那么干净"——会列举出一些属性名，而后文将要讲到的原型操作就会有这种作用。[1]

3.2.1.1 空白对象是所有对象的基础

我们用下面的代码来考查一下最基本的 Object() 构造器：

---

[1] 此外，在某些引擎（例如，SpiderMonkey JavaScript）中重写它的内部成员，也会导致这种效果。

```
// 列举原型对象成员并计数
var num = 0;
for (var n in Object.prototype) {
  num++;
}

// 显示计数: 0
console.log(num);
```

这说明 `Object()` 构造器的原型就是一个空白对象。然而这有什么意义呢？这意味着，下面的两行代码，无非都是从 `Object.prototype` 上复制出一个"对象"的映像来——它们也是"空白对象"：

```
obj1 = new Object();
obj2 = { };
```

因此，对象的"构建过程"可以被简单地理解为"对原型的复制"，如图 3-2 所示。

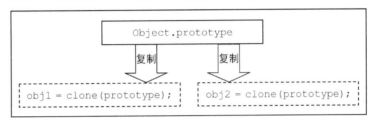

图 3-2　原型继承的实质是"复制"

原型的含义是指：如果构造器（`Object`）有一个原型对象（`Object.prototype`），则由该构造器创建的实例（`obj`）都必然复制自该原型对象。换言之，所谓"原型（**Prototype**）"，就是构造器用于生成实例的模板。而这样的"复制"就存在多种可能性，由此引申出动态绑定和静态绑定等问题。

假如先不考虑"复制"如何被实现，至少我们可以关注到：由于实例（`obj`）复制自 `Object.prototype`，所以它必然有了（或称为"继承了"）后者——原型对象——的所有属性、方法和其他性质。

这也就是所谓继承性的实现。

3.2.1.2　构造复制？写时复制？还是读遍历？

图 3-2 假设每构造一个实例，都从原型中复制出一个实例来，新的实例与原型占用了相同的内存空间。这确实可以使 `obj1`、`obj2` 等与它们的原型"完全一致"，但也非常不经济——内存空间的消耗会急速增加。

另一个策略来自一种欺骗系统的技术：写时复制。这种欺骗的典型示例就是操作系统中的动态链接库（DLL），它的内存区总是写时复制的。这种机制先指明 `obj1` 和 `obj2` 与原型的引用关系，如图 3-3 所示。

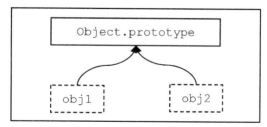

图 3-3　使用写时复制机制的原型继承

系统将这种引用关系理解为"`obj1` 和 `obj2` 等同于它们的原型"，那么在读取的时候，只需要顺着指示去读原型即可。接下来，当需要写对象（例如 `obj2`）的属性时，我们就复制一个原型的映像出来，并使以后的操作指向该映像就行了。这大致就变成了图 3-4 所示的情况。

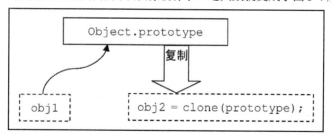

图 3-4　"写操作"在使用写时复制机制的原型继承中的效果

这种方式的优点是，只在第一次写的时候会用一些代码来分配内存，并带来一些代码和内存上的开销，此后就不再有这种开销了，因为访问映像与访问原型的效率是一样的。不过对于经常进行写操作的系统来说，这种方法并不比上一种方法经济。

JavaScript 采用了第三种方法：把写复制的粒度从整个原型变成了成员。这种方法的特点是：仅当写某个实例的成员时，才将成员的信息复制到实例映像中。[1]这样一来，在初始构造该对象时，局面仍与图 3-3 所示一致，但在写对象属性，例如

`obj2.value = 10`

的时候，会产生一个名为 `value` 的属性值，放在 `obj2` 对象的成员列表中（见图 3-5）。

---

[1] 这一行为现在被标准化为"创建同名属性并赋以默认性质"，而在此前的一些实现方案（例如，JScript）中是通过复制成员及其性质来创建新成员的。二者是手段上的差异，在继承性的实现思想上并无不同。

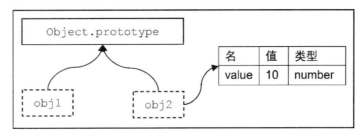

图 3-5　JavaScript 使用读遍历机制实现的原型继承

我们发现，`obj2` 仍然是一个指向原型的引用，在操作过程中也没有与原型相同大小的对象实例创建出来。这样，写操作并不导致大量的内存分配，因此在内存的使用上就显得很经济了。但 `obj2`（以及所有的对象实例）都需要维护一张成员列表。这张成员列表指向在 `obj2` 中发生了修改的成员名、值与类型，称为对象的自有属性表（own properties）。这张表是否与原型一致并不重要，只需要遵循以下两条规则。

- 规则 1：保证优先读取对象的自有属性表。

现在访问 `obj2.value` 时，就可以得到值 10 了。但是对于 `obj1.value` 来说呢？这时"读遍历"规则就起到作用了。

- 规则 2：如果在上述自有属性表中没有指定属性，则尝试遍历对象的整个原型链，直到原型为空（`null`）或找到该属性。

因此访问 `obj1.value` 的结果，将取决于原型（以及整个原型链）的成员列表的情况。假设图 3-6 所示的原型也持有一张表。

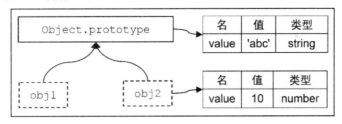

图 3-6　obj1 与 obj2 将访问到不同的成员列表

那么 `obj2.value` 会得到值 10，而 `obj1.value` 自然也就得到了值 `'abc'`。因此，可以发现原型继承带来的另一个效果：`obj1.value` 与 `obj2.value` 类型并不相同。

当然，如果原型链上没有如图 3-6 所示的一张自有属性表（或者说这个表为空），那么 `obj1.value` 的值就将是 `undefined` 了。所以 JavaScript 提供了以下方法：

- `Object.getOwnPropertyDescriptor()`

- `Object.getOwnPropertyNames()`

来访问该表。而且在为某个属性置值时，本质上就是在这个自有属性表中创建一项，以覆盖原型中同名的属性。如下例所示：

```
var obj1 = new Object;
var obj2 = new Object;

// obj1 与 obj2 都访问 Object.prototype.value
Object.prototype.value = 'abc';
console.log(obj1.value);  // 'abc'
console.log(obj2.value);  // 'abc'
console.log(Object.getOwnPropertyNames(obj2)); // 空数组

// obj1 的成员不变，仍然访问 Object.prototype.value
// obj2 的自有属性表中创建了一个名为 value 的项
obj2.value = '10';
console.log(obj1.value);  // 'abc'
console.log(obj2.value);  // 10
console.log(Object.getOwnPropertyNames(obj2)); // ['value']
```

注意，上面的规则其实与"对象是什么"是没有关系的，它仅是一种存取成员的规则，以及存储这些成员时的数据结构约定。而关于这个结构的最后一点补充是：存取实例中的属性，比存取原型中的属性的效率要高。很明显的例子是，在图 3-6 中存取 `obj2.value` 比 `obj1.value` 要少遍历一个自有属性表。

那么可以推论：所谓"空白对象（empty object）"，是指在它的原型链上的所有自有属性表都为空的对象。而所谓"原型链（prototype chain）"，就是对象所有的父类和祖先类的原型所形成的、可上溯访问的链表。

3.2.1.3 构造过程：从函数到构造器

上面的规则只讲述了"怎么得到对象"，而这并不是构造的全过程，例如，我们并没有解释"函数作为一个构造器，都做了些什么"。

其实函数首先只是函数，尽管它有一个 `prototype` 成员。在默认情况下，所有函数的这个成员总是一个指向标准的 `Object()` 构造器的实例——空白对象，不过该实例创建后，`constructor` 属性总是会先被赋值为当前函数。可以理解为如下代码：

```
// 简单版本的 asConstructor()
function asConstructor(f) {
  return Object.assign(f, {
    prototype: {'constructor': f}
  });
}
aClass = asConstructor(new Function);
```

关于这一点很容易证明，因为 `delete` 运算符总是可以删去当前属性，而让成员存取到原型的属性值。所以：

```
// 注：本例用于说明 JavaScript 内部机制与 asConstructor()有类似效果
function MyObject() {}

// 1. 显示 true，表明原型的构造器总是指向函数自身
console.log(MyObject.prototype.constructor === MyObject);

// 2. 删除该成员
delete MyObject.prototype.constructor;

// 3. 上述删除操作使该成员指向原型中的值
// ( 显示值 true )
console.log(MyObject.prototype.constructor === Object);
```

与 `asConstructor()`所展示的一样，`MyObject.prototype` 其实与一个用 `new Object()`创建的空白对象并没有本质区别，然而当函数有了 `prototype` 这个属性之后，它就变成了一个"构造器"。于是，当用户试图用 `new` 运算创建它的一个实例时，JavaScript 引擎就再构造一个对象，并使该对象的原型链指向这个 `MyObject.prototype` 属性就可以了。

因此，函数与构造器并没有明显的界限，唯一的区别只在于原型 `prototype` 属性是不是一个有意义的值。[1]例如，一个普通的JavaScript函数，如果不将它视作构造器，那么这个 `prototype` 属性就显得很多余了。

3.2.1.4　内置属性与方法

JavaScript 对象实例本身并没有什么特别的性质。对象的行为来源于引擎对原型以及对属性表的理解，例如所谓的"空白对象"只不过是下面这样一个结构：

- "原型"指向 `Object.prototype`。
- "属性表"指向一个空表。

一如下面的示例的效果：

```
var empty = {};

var proto = Object.getPrototypeOf(empty);
var props = Object.getOwnPropertyNames(empty);

// 显示 true，原型指向 Object.prototype
console.log(proto === Object.prototype);
```

1　早期 JavaScript 函数中的 .prototype 是一个隐藏属性，并且是必然有值的。但在 ES6 之后，ECMAScript 规范中的"对象方法"是没有该属性的。

```
// 显示 0，属性表为空
console.log(props.length);
```

而这样的空白对象看起来"干净"，是因为原型链上没有显式成员：

```
// (续上例)

// 显示非零值，表明原型链上 Object.prototype 的属性表不是空的
var propsInChain = Object.getOwnPropertyDescriptors(Object.prototype);
console.log(Object.keys(propsInChain).length);

// 显示 0，表明没有显式成员
var enumerabledMembers = Object.values(propsInChain)
  .filter(descriptor => descriptor.enumerable);
console.log(enumerabledMembers.length);
```

更进一步的推论是：所有"实例"之所以具有对象的某些属性（以及相关的对象特征），是因为它们的共同原型 Object.prototype 具有这些属性（继承自 Object.prototype）。表 3-6 对此做了一个分类，这意味着表中所有的成员是每一个对象实例所必然具备的——它们共同继承自 Object.prototype。需要强调的是，其中一些对象特征并不是"原型继承"所必需的，而是 JavaScript 作为"动态语言"所必需的。

表 3-6 对象原型（Object.prototype）所具有的基本成员

成员名	类型	分类	主要章节
toString	function	动态语言	6.2.2 从对象到值
toLocaleString	function		6.2.2 从对象到值
valueOf	function		6.2.2 从对象到值 6.2.2.4 深入探究 valueOf() 方法
constructor	function	对象系统：构造	3.1.1.1 使用构造器创建对象实例
propertyIsEnumerable	function	对象系统：属性	3.1.3.1 成员的列举，以及可列举性
hasOwnProperty	function		3.5 定制对象属性
isPrototypeOf	function	对象系统：原型	3.4.1.2 多态

对于一个具体的构造器，它除了具有表 3-6 所述普通对象的成员之外（因为自身是一个对象），还有一些属于函数类型的特别成员，如表 3-7 所示。

表 3-7 构造器（函数）所具有的特殊成员

成员名	类型	分类	主要章节
call	function	动态语言（继承自 Function.prototype6.7）	6.7 动态方法调用（call、apply 与 bind）
apply	function		
bind	function		5.3.2.6 绑定函数

续表

成员名	类型	分类	主要章节
name	string	函数式语言（总是重写为自有的成员）	5.3.2.1　一般函数
arguments[1]	object		5.3.1.5　参数对象
length	number		5.3.1.1　可变参数
caller	function		5.4.2.3　caller：谁调用我
prototype	object	对象系统：原型	3.2　JavaScript 的原型继承 5.3.3.3　类与对象态的函数

当 `Object()` 作为对象的基类（祖先类）时，它还持有一些可以用来操作对象的类方法（Static methods of the Object class），如表 3-8 所示。

表 3-8　Object() 的类方法

Object.xxx 成员名	分类	主要章节
create()	原型	3.4.3.4　直接创建对象
getPrototypeOf()		3.2.2.2　使用内部原型链
setPrototypeOf()		3.2.3.1　简单模型
assign()	属性表项增改	3.4.3.1　类抄写
defineProperty()		3.5.2.2　使用属性描述符
defineProperties()		
getOwnPropertyDescriptor()	属性表列举	3.5.2.3　取属性或属性列表 3.1.3.1　成员的列举，以及可列举性 3.1.3.2　对象及其成员的检查
getOwnPropertyDescriptors()		
getOwnPropertyNames()		
getOwnPropertySymbols()		
keys()		
values()		
entries()		
seal()	属性表状态	3.5.3　属性表的状态
freeze()		
preventExtensions()		
isSealed()		
isFrozen()		
isExtensible()		
is()	其他	（注1）

注 1：Object.is() 通常被理解为比较运算（==或===）的替代方法。从这个角度上讲，Object.assign() 也就可以被理解为合并运算在对象上的实现（类似+运算之于字符串或数值）。

---

[1] 在函数被调用期间有意义，但并不推荐使用（它与函数内可访问的 arguments 变量不同）。

上述三张表可以分别用如下代码来列举：

```
// 表 3-6, Object.prototype 的成员
Object.getOwnPropertyNames(Object.prototype);

// 表 3-7, 构造器（函数）所具有的特殊成员
Object.getOwnPropertyNames(Function);
Object.getOwnPropertyNames(Function.prototype);

// 表 3-8, Object() 作为基类的类方法
Object.getOwnPropertyNames(Object);
```

3.2.1.5　原型为 null："更加空白"的对象

原型为 null 是原型继承中的特例，它有两种情况：其一，Constructor.prototype 值为 null；其二，Object.getPrototypeOf(obj) 值为 null。

当一个函数作为构造器使用，且它的 prototype 属性为 null 值时（或 prototype 属性为任何非对象值），这个函数也是能创建出实例来的。但实质上这个实例是直接通过 new Object() 创建的：

```
// 置构造器的 prototype 属性为无效值：null，或任何非对象值
function MyObject() {}
MyObject.prototype = null;

// 原型 prototype 是无效值的情况下，实例是通过 new Object() 来创建的
var obj = new MyObject;
console.log(Object.getPrototypeOf(obj).constructor === Object);
```

但有趣的是，尽管新实例不是由 MyObject 创建的，new 运算却仍然会用它作为 this 来调用一次 MyObject()。例如：

```
function MyObject() {
  this.showMe = function() {
    console.log(typeof this);
  }
  console.log('call in...');
}
MyObject.prototype = null;

// 测试
var obj = new MyObject;
obj.showMe();
```

只是这种情况下不能检测 obj 与 MyObject 的类属关系，因为遍历 MyObject 的原型链时会得到 null 值：

```
// （续上例）
```

```
// 显示"Function has non-object prototype 'null' in instanceof check"
try {
  console.log(obj instanceof MyObject);
}
catch(e) {
  console.log(e.message);
}
```

由于新实例实际上是 `Object()` 的实例，所以它仍然有原型：

```
// （续上例）

// 显示 true 值
console.log(Object.getPrototypeOf(obj) === Object.prototype);
```

但是，如果我们将这个对象（或任何 JavaScript 的对象）的原型值设为 `null` 值呢？如下例：

```
// （续上例）
Object.setPrototypeOf(obj, null);

// 它仍然是对象，但没有继承来的任何属性（原型是 null），也不再是 Object 的实例
console.log(typeof obj);  // 'object'
console.log('toString' in obj);  // false
console.log(obj instanceof Object);  // false
obj.showMe();  // 能访问自有的属性（以及方法）
```

简单地说，这样的对象实例是一个只有一级（没有原型链）的属性包——只有一个自有属性表。比起空白对象（empty object），它"更加空白"——连 `Object` 类的内置属性也没有继承。[1]不过它仍然具有对象的一切性质，包括作为其他对象的原型，或者使用 `Object.defineProperty()` 等方法来操作它。

与直接向 `Constructor.prototype` 属性置值不同，`Object.setPrototypeOf()` 方法不接受对象和 `null` 之外的其他值。

3.2.2 原型链的维护

我们已经多次提及"原型链（prototype chain）"，并且明确地提出了它的定义：对象所有的父类和祖先类的原型所形成的、可上溯访问的链表。[2]在此前的讨论中，我们侧重讲述了一般对象与 `Object()` 构造器/类的 `.prototype` 属性之间的关系，但其实并没有太多地涉及这个链表。

---

[1] 有关这种对象的更多讨论，请参见"3.6.2.1 原子"。
[2] 在原型继承中，"类"即是创建对象的构造函数。这里所谓的"类"，是早期 JavaScript 为了描述"对象（或实例）与创建它的构造器"之间的关系而引入的概念。所以这里所谓"父类"或"祖先类"等都是指一般构造器，这与我们将在"3.4.3.3 类继承"中讨论的"类"是有着概念上的差异的。

因为这个链表在多数情况下对于"对象实例"来说不可见。

3.2.2.1 外部原型链与 constructor 属性

在 ES6 以前的 JavaScript 中，需要用户代码来维护一个外部原型链，也称之为"构造器原型链"。这个显式维护的链表是通过修改构造器的 `prototype` 属性来形成的，例如下例中的 `MyObject.prototype`：

```
// 构造器声明
function MyObject() {}
function MyObjectEx() {}

// 原型链
MyObjectEx.prototype = new MyObject();

// 创建对象实例
obj1 = new MyObjectEx();
obj2 = new MyObjectEx();
```

这是一种基于传统原型继承风格来实现的对象系统。用户代码可以通过访问子类（例如 `MyObjectEx`）的属性来找到父类（即 `MyObject`），从而得到这样一个外部的、显式的原型链。例如：

```
# （续上例）

# 子类的 .constructor 属性指向了父类
> MyObjectEx.prototype.constructor === MyObject
true
```

然而这也会导致子类实例拥有一个错误的 `constructor` 属性。测试如下：

```
# （续上例）

# 子类实例继承了错误的 .constructor 属性
> (new MyObjectEx).constructor === MyObject
true
```

上例（错误地）暗示了 `MyObjectEx()` 的对象的构造器是 `MyObject`。为了解决这一问题，用户代码还需要显式维护原型的 `constructor` 属性：

```
function MyObject() {}
function MyObjectEx() {}

// 构建外部原型链
MyObjectEx.prototype = new MyObject();
MyObjectEx.prototype.constructor = MyObjectEx; // << 添加该行代码
```

然而由于覆盖了原型的 `constructor` 属性，原型与父类之间的关系（即原型链）就被切断了。

因此在早期 JavaScript 中，外部原型链与有效的 `constructor` 属性只能二取其一。但是还是有一些框架提出了一种编写构造器函数的模式，可以兼得二者之利。例如：

```javascript
// 构造器声明
function MyObject() {}

// 子类的一种实现模式
function MyObjectEx() {
  this.constructor = MyObjectEx;
  // ...
}

// 构建外部原型链
MyObjectEx.prototype = new MyObject();
```

这样一来，`MyObjectEx()` 构造的实例的 `constructor` 属性都正确地指向 `MyObjectEx()`，而原型的 `constructor` 则指向 `MyObject()`。但是因为每次构造实例时都要重写 `constructor` 属性，所以它效率较低。

3.2.2.2　使用内部原型链

维护一个原型链的必要性是什么呢？

这个问题与原型继承的实质有关，也与面向对象的实质有关。面向对象的继承性约定：子类与父类具有相似性。在原型继承中，这种相似性是在构造时决定的，也就是由 `new()` 运算内部的那个"复制"操作决定的。因此如果改变了继承性的定义，说"子类可以与父类不具备相似性"，那么就违背了对象系统的基本特性。

为了达成这种一致性且保证它不被修改 [1]，ECMAScript 约定对象实例必须在内部持有该对象的原型 [2]。并且，ECMAScript 还进一步规范了存取这个内部原型的标准方法，这就是 `Object.getPrototypeOf()` 和 `Object.setPrototypeOf()`。例如：

```javascript
// 原型继承：构造器声明
function MyObject() { }

// 原型继承(1)
function MyObjectEx() { }
MyObjectEx.prototype = new MyObject();
```

---

[1] 也就是说，子类必须具有父类的特性。这也是 JavaScript 中不能用 `delete` 删除从父类继承来的成员的原因。尽管这看起来是"自有属性表"带来的特性（因而显得与继承性无关），但它保证了在重写成员、改变它的实现等的同时，在界面（Interfaces）上保持与父类的必然一致。

[2] 在早期的一些 JavaScript 应用环境（包括 Mozilla Firefox、Node.js 等）中，允许用户代码通过一个特定的属性名 `__proto__` 来访问该属性。后来 ECMAScript 也通过扩展规范的方式，对该属性名进行了标准化约定。

```
MyObjectEx.prototype.constructor = MyObjectEx;

// 原型继承(2)
function MyObjectEx2() { }
MyObjectEx2.prototype = new MyObjectEx();
MyObjectEx2.prototype.constructor = MyObjectEx2;

// 测试对象
var obj = new MyObjectEx2();

// 原型继承：遍历原型链
var proto = Object.getPrototypeOf(obj);
while (proto) {
  console.log(">> " + proto.constructor);
  proto = Object.getPrototypeOf(proto);
}
console.log(">> " + proto);
```

上例将输出：

```
>> function MyObjectEx2() {}
>> function MyObjectEx() {}
>> function MyObject() {}
>> function Object() { [native code] }
>> null
```

而 `Object.setPrototypeOf()` 就用于重写内部原型，以切断对象与它的构造器或类之间的关系，或者使对象实例"变成"基于其他原型，从而得到新的内部原型链。例如：

```
// (续上例)

MyObject.prototype.aValue = 100;

// obj 是 MyObjectEx2() 的实例，会受到其原型链的影响
console.log(obj instanceof MyObject); // true
console.log(obj.aValue); // 100

// 重置到其他对象(例如空白对象，或Object.prototype)
Object.setPrototypeOf(obj, {});
console.log(obj instanceof MyObject); // false, 重置后不再是 MyObject() 的实例
console.log(obj instanceof Object); // true, 仍然是 Object() 的实例
console.log(typeof obj); // 'object', 是对象
console.log(obj.aValue); // undefined, 不能再访问(重置前的)原型链中的属性

// 重置原型到 null
Object.setPrototypeOf(obj, null);
console.log(obj instanceof Object); // false, 不是 Object() 的实例
console.log(typeof obj); // 'object', 是对象
```

3.2.3 原型继承的实质

修改原型是 JavaScript 中最常用的构建对象系统的方法，它的好处是可以在实例构造之后"动态地"影响到这些实例。也就是说，对象实例的特性不但可以在 new 运算中通过"构造"来得到，也可以在此后通过"原型修改"来持续获得。

JavaScript 原型继承的实质便是对原型修改"效果的传递"。它基于以下两个事实。

- 原型：原型是一个对象。
- 原型链：在访问属性时，如果子类对象没有该属性，则将访问其原型的属性表。

简单的示例说明如下：

```javascript
// 构造器声明
function MyObject() {}

// 构造完成后并没有成员'name'
var obj = new MyObject();
console.log('name' in obj);

// 效果：对象实例通过原型得到了成员'name'
MyObject.prototype.name = 'MyObject';
console.log('name' in obj);
```

3.2.3.1 简单模型

用来讲述原型继承的一个比较学术的示例，是做一个动物王国的模型。但是，无论有何等伟大的构想，我们也得从一只猫和一只狗开始。

```javascript
/**
 * 示例 1
 */
// 1. 构造器
function Animal() {};    //动物
function Mammal() {};    //哺乳类
function Canine() {};    //犬科
function Dog() {};       // 狗
function Cat() {};       // 猫

// 2. 原型链表
Mammal.prototype = new Animal();
Canine.prototype = new Mammal();
Dog.prototype = new Canine();
Cat.prototype = new Mammal();

// 3. 示例函数
function isAnimal(obj) {
```

```
    return obj instanceof Animal;
}

// 4. 示例代码
var dog = new Dog();
var cat = new Cat();
console.log(isAnimal(dog));
```

结果输出 `true`——证明狗是一种动物,也证明我们的生物学学得不错。接下来要在这个系统上添加一条规则:动物呼吸。该怎么做呢?其实只要修改一下原型就行了:

```
// (续上例)

// 5. 原型修改
Animal.prototype.respire = function() {

  // 交换氧气与二氧化碳
}

// 6. 现在无论是dog, 还是cat, 都可以呼吸了
console.log( 'respire' in cat );
console.log( 'respire' in dog );
```

使用同样的方法,可以修改继承树上的任意分支(类),以使得它们的原型具有某些属性或方法。对于这个示例来说,该继承树的树形如图 3-7 所示。

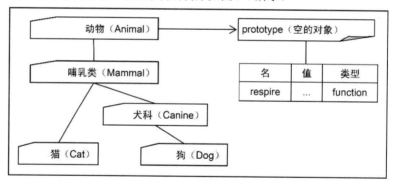

图 3-7 示例 1 所构建的继承树

注意,在构造这个继承树时,Dog 属于 Canine 这个分支,而 Cat 是属于 Mammal 这个分支的。这意味着 Canine 的原型修改不会影响到 Cat,而 Mammal 的原型修改会影响到 Dog 和 Cat。并且还应该留意到,正是 JavaScript 为每个构造器初始化了一个"空白对象",才使我们可以用"原型修改"的方法重写构造器(类)的属性,而子类才可以继承这些属性。反之,如果原型是 `null`,或原型不是对象,那么这种子类继承父类的属性(以及重写父类的属性以影响子类)的特性就不可能成立。

3.2.3.2 基于原型继承的设计方法

如果 JavaScript 是一种"静态的语言",那么通过上述过程(原型修改+原型继承)创建的所有实例将是一致的,而且对象继承树也会保持结构的稳定,并满足对象继承的全部特点。

在这样一个系统中,原型继承关注于继承对象(在类属关系上)的层次,而原型修改关注具体对象实例的行为特性。JavaScript 中的原型在这两方面——类属的层次和行为的特性——是相互独立的,这也构成了"基于原型继承的对象系统"最独特的设计观念:将继承关系与行为描述分离。因为这两种关系并不严格绑定,所以:

- "类属关系的继承性"总是一开始就能被设计为正确的。
- 成员的修改是正常的、标准的构造对象系统的方法。

但是,留意一下:"原型修改"本质上是一种动态语言特性。因此这里正好就是动态语言与面向对象继承交汇的关键点。JavaScript 也正是依赖动态语言的特性(可以动态地修改成员)来实现原型构建模式的。这种模式代表一种所谓"从无到有(ex nihilo("from scratch"))"[1]的过程,包括这样一些逻辑:

- 首先为每一个构造器分配一个原型;并,
- 通过修改原型构造整个对象树;接下来,
- 通过在原型链中查找属性表来访问一个实例的成员。

在这里,所谓"从无到有"是指:在理论上可以先构建一个"没有任何成员"的类属关系的继承系统,然后通过"不断地修改原型",从而获得一个完整的对象系统。尽管在实际应用时,不会绝对地将这两个过程分开,但"从无到有"的设计方法却是值得我们思考的。

3.2.3.3 如何理解"继承来的成员"

一个成员如果能被 `for...in` 语句列举出来,则它对外部系统是可见的[2],否则它不可见;一个不可见的成员仍然是可以存取的,对象成员可否存取的性质称为读写特性,某些成员不能写,称为只读的。这些性质称为可见性和读写性。

子类继承自父类时,也会继承成员的读写性和可见性。简单地说,父类的只读成员在子

---

[1] 具体参见 Christophe Dony、Jacques Malenfant、Daniel Bardou 编写的 *Classifying Prototype-based Programming Languages* 一书。
[2] 这里使用了"可见的"这个名词,没有使用第 2 章说到的"可列举性",是因为 `propertyIsEnumerable()` 方法在 ECMAScript 规范中存在设计错误,这使得"可列举性"一词不能准确表达这里的含义。

类中也"应当"是只读的[1]，父类的不可见成员在子类中也"应当"是不可见的，很多性质类似于此。在概念上，这是面向对象的继承性所要求的。然而源于实现方案的不同，在历史中，JavaScript的不同引擎对此的解释并不一致。

至少存在两种解释，一种是继承成员名字，一种是继承成员性质。前一种方式将名字与性质直接关联起来，认为"该名字的成员是具有指定性质的"；而后一种方式则认为系统只是"为该名字的成员指定了特定的初始性质"。

两种解释有非常大的差异，这是导致 JScript（使用第一种解释）与 SpiderMonkey JavaScript（使用第二种解释）在"继承来的成员"方面存在巨大差异的根源。首先我们来看看在 JScript 中是如何认为"该名字的成员是具有指定性质"的：

```
// 示例1: 使用构造器重写
function MyObject() {
  this.constructor = null;
}
// 以下列举在 JScript 不会显示成员 constructor
var obj = new MyObject();
for (var n in obj) {
  console.log(n);
}
```

在这个例子中，JScript 通过一张"需要隐藏的成员名字列表"来指定属性 `constructor` 是不可见的。因此即使使用 `this.constructor` 强制重写它，也不会被列举出来。与此相似，也可以直接声明一个对象并指定该成员：

```
obj = {
  constructor: null
}
```

同样，该对象的 `constructor` 成员是不可见的。然而如果在 SpiderMonkey JavaScript 中运行示例，那么就会列举出 `constructor` 成员。这表明重写使得对象成员 `constructor` 的既有性质（这里是指可见性、读写性等）被重置了。可见，SpiderMonkey JavaScript 在列举时成员的可见性不是依赖名字的，而是依赖这些可被重置的性质值。

从 ES6 开始，这一行为有了明确规范：重写操作被约定为针对自有属性表进行。因此重写的结果决定于写该属性时的性质设置，而不再继承自父类。这样一来，我们就可以看到：一个在父类中不能被删除、列举且只读的成员被重写后，就变成了可删除、可列举和可写的。也唯有如此，该成员的重写效果才能被清除——在删除重写的成员后，将重新沿用父类的值

---

[1] 在 JScript 中不能设置对象成员的读写性，因此本小节将跳过这部分。需要补充的是，JScript 中的对象，如果有读写性限制，那么该限制应该是在用 ActiveX 技术为 JScript 扩展类时，通过 ActiveX/COM 技术实现的，这不是 JScript 本身的特性。

与性质。

所以从实现上来说,成员的性质是基于名字理解的还是基于具体属性(在属性表中的)专属性质的,决定了对象系统如何理解"继承来的成员"。当然,这也主要是早期的 JavaScript 引擎之间才会存在的差异。

3.3 JavaScript 的类继承

在早期的JavaScript中并没有类,只是使用"构造器(constructor)"来实现类的某些功能[1],直到ES6 才开始正式支持类。在语法上,"类(Class)"是一段静态描述,它必须先被确定好,然后由引擎去装载和装配;而在实现时,JavaScript的类继承系统仍然是基于原型的——这是很罕见的一种实现模型。

3.3.1 类是静态的声明

原型继承依赖程序的执行过程,是通过原型修改来实现继承特性的一种方法。在这种方法中,因为子类依赖父类的构造过程,所以子类必然晚于父类构造。例如:

```
function MyObjectEx() {
  // ...
}

// 原型继承:指定这种继承关系时,MyObject()这个构造器必然早于下面这行代码来声明
MyObjectEx.prototype = new MyObject();
```

由 JavaScript 的"函数声明"是在语法解析期来处理的,所以(在同一个 js 模块中)所有的声明都早于代码的执行。因此在源代码中,用下面这样的方法来声明上述原型继承关系也是可行的:

```
// 原型继承关系(语句执行是有顺序关系的)
MyObject.prototype = new Object();
MyObjectEx.prototype = new MyObject();

// 构造器函数(请注意"声明"之间通常是没有顺序关系的)
function MyObjectEx() {
  // ...
}
```

---

[1] JavaScript 也因此被称为"无类语言"。

JavaScript 的类继承，是通过类声明来表达上述前两行的继承关系的语法。更准确地说，类声明通过"声明语法"来将上述示例代码中的

- 构造器（函数）声明，和
- 继承关系声明

全部提前到了语法解析阶段。自此，JavaScript 的类无论是在构造方法上，还是在继承关系上，都不再有执行顺序的限制了。

举例来说，如果将上述类声明放在两个模块中，并在其他代码中导入它们：

```
// file 1: MyObject.mjs
export class MyObject extends Object {
  // ...
}

// file 2: MyObjectEx.mjs
import {MyObject} from './MyObject.mjs';
export class MyObjectEx extends MyObject {
  // ...
}


// file 3: main.mjs
import {MyObjectEx} from './MyObjectEx.mjs';
import {MyObject} from './MyObject.mjs';
...
```

会发现上述代码是可以执行的。尽管（显式地）看起来在 `main.js` 中 `MyObject.js` 装载得更晚，但是整个类继承树的组织关系是由 `extends` 来决定的，各个模块之间的装载顺序并没有影响类继承关系的构建过程。

类是静态的声明，意味着类继承关系的构建过程也是静态的，是在语法分析期就决定了的。与此相关的，这也意味着类声明语法中的方法或属性存取器只是（对象方法的）声明，而不是函数，因此也就不能在声明内直接引用它们的名字。例如：

```
// 当使用构造器语法时
function MyObject() {
  // 作为构造器，这里可以直接引用 MyObject 这个函数名
  console.log(typeof MyObject);
}

// 当使用类声明语法时
class MyObjectEx {
  constructor() {
    // 是声明语法而非函数，因此 constructor 不能被视为函数名
    console.log(typeof constructor); // 显示 undefined
  }
  foo() {
```

```
    // (同上)
    console.log(typeof foo);  // 显示 undefined
  }
}
```

3.3.2 super 是全新的语法元素

super 是什么？

它并不是一个变量或指向数据的标识符。例如，任何时候你都不可能用 typeof super 来取得它的类型，尽管我们知道它指向父类构造器。这是它与 this 这个关键字极大的不同之处。

super 是与 new 类似的一个语法元素 [1]，有两种语法：

```
// 语法 1
super(arguments)

// 语法 2
super.propertyName
super[expression]
```

可以使用在类声明或字面量风格的对象声明中。仅在类声明中，它的第一种语法表明调用父类的构造方法。

3.3.2.1 super 的作用

super 的出现是为了填补原型继承的一项众所周知的不足：无法有效调用父类方法。在之前讨论原型继承时，我们提到维护原型链的必要性。其中，对象实例是通过访问 obj.constructor.prototype 来访问到其原型的方法的。正是出于这个目的，维护 obj.constructor 的有效性才成为原型继承的一种"与生俱来"的负担，以便用户代码中能使用类似如下的方式来调用父类方法：

```
MyObjectEx.prototype.aMethod = function() {
  var thisClass = this.constructor;
  var parentClass = thisClass.prototype.constructor;
  parentClass.prototype["aMethod"]();  // 调用父类方法
  ...
}
```

---

[1] super 在 ECMAScript 规范中并不被称为运算符（Operator），而只被称为关键字（Keyword）。虽然它被放在表达式中讲述，但却是在 JavaScript 语法分析阶段就具有特殊意义的。另外，new 虽然被称为运算符，但 new.target 的出现打破了这一认知。

即使后来有了 `Object.getPrototypeOf()` 也并没有使上述问题得到根本性的改变。因此一些第三方框架通常会要求使用特定的方式来维护继承关系，并添加特定属性来引用父类对象并进一步访问父类方法。

ES6 之后，在 JavaScript 中首次出现了能有效调用父类方法的语法。`super` 的使用基于一个前提：即明确地知道类继承关系。例如用 `extends` 来声明这种关系：

```
class MyObjectEx extends MyObject {
  foo() {
    super.aMethod();   // 可以确知 super 指向类 MyObject
    ...
```

然而也许还有一些例外。比如我们假设已经构造了一个继承树，并创建了一个子类的实例——直到现在，类继承关系仍然是明确的，但是如果接下来使用 `Object.setPrototypeOf()` 修改了这个子类实例的原型呢？在这种情况下，子类中的 `super` 又会将父类理解成什么呢？

这是一个绝佳的设问。[1]

3.3.2.2　super 指向什么

我们先看一段代码，如下：

```
// 示例 1
class MyObject {
  static showMe() {
    console.log("我是: " + super.toString());
  }
}
```

输出结果将会显示 MyObject 的整个声明：

```
> MyObject.showMe();
我是: class MyObject {
...
```

这个结果令人费解，它似乎是说 `super` 指向了 `MyObject`，而不是它的父类 `Object`。我们当然知道这个解释是不正确的，但要深入理解这个现象，就需要仔细考查 "`super` 到底指向什么？"

事实上，不同地方的 `super` 的语义并不相同。并且我们在讨论这些语义时，还必须首先清楚 `super` 作为语法关键字的一个附加效果，即：

---

[1] 这将在 "3.3.2.5　super 的动态计算过程" 中进一步讨论。

`super.xxx`作为方法调用时，将会隐式地传入当前方法中的`this`对象。

因此，事实上可以如下这样理解这些语义。

```
// 示例 2

// 类声明
class MyObjectEx extends MyObject {
  constructor() {
    // 语义 1: 在类的构造方法声明中, super 指向父类构造器, this 指向 new 创建的新实例
    // 相当于 super = MyObject.bind(this)
    super();

    // 语义 2: 在语法 super.xxx 中, super 指向父类原型, 在构造过程中 this 指向创建的新实例
    // 相当于 super.toString = MyObject.prototype.toString.bind(this)
    super.toString();
  }

  foo() {
    // 语义 2: (同上, this 指向调用本方法时的 this 对象)
    // 相当于 super.foo = MyObject.prototype.foo.bind(this)
    super.foo();
  }

  static doSomething() {
    // 语义 3: 在静态类方法中使用语法 super.xxx, 其 super 指向父类, this 指向
    // 调用当前方法的类 (构造器函数, 在本示例中是 MyObjectEx)
    // 相当于 MyObject.do.bind(this)
    super.do();
  }

  static get aName() {
    // 语义 3: (在类静态成员的存取方法中, 同上)
    super.do();
  }
}

// 字面量风格的对象声明
obj = {
  foo() {
    // 语义 4: 在方法声明中使用 super.xxx 时, super 指向对象 obj 的原型, this 指向
    // 调用本方法时的 this 对象
    // 相当于 super.toString = Object.getPrototypeOf(obj).toString.bind(this)
    super.toString();
  },
  bar: function() {
    // 不能引用 super
  }
}
```

那么在上页的示例 1 中，`showMe()`是类声明中的类静态方法声明，是上述"语义 3"的

效果。亦即是说，在示例代码：

```
MyObject.showMe()
```

中传入的 `this` 对象是 `MyObject`。那么对照上述的"语义 3"，方法 `showMe()` 中的代码 `super.toString()` 实际类似于：

```
// 参见" static showMe()"的声明
Object.toString.bind(MyObject)()
```

所以最终效果是调用了 `Object.toString()` 方法，但却显示了 `MyObject` 的类声明。当然，我们也可以确认，`super.xxx` 中的 `super` 并没有指向 `MyObject`，而是正确地指向了它的父类 `Object`。

3.3.2.3　super 对一般属性的意义

JavaScript 事实上允许用户代码通过 `super.xxx` 这一语法来引用父类中的与 `xxx` 同名的属性，而不仅仅是方法。例如：

```
// 父类和父类.prototype 原型中的属性
class MyObject {}
MyObject.prototype.x = 100;

class MyObjectEx extends MyObject {
  foo() {
    console.log(super.x);
  }
}

obj = new MyObjectEx;

// 示例 1
// - obj.foo() 通过 super 访问到的 x 值
obj.foo(); // 100
// - obj 通过原型继承访问到的 x 值
console.log(obj.x); // 100

// 示例 2
// - 修改对象实例的 x 值
obj.x = 200;
console.log(obj.x); // 200
// - 通过 super 访问到的原型值是不变化的
obj.foo(); // 100

// 示例 3
// - 修改原型的值
MyObject.prototype.x = 300;
// - 通过 super 访问到的值受到影响
obj.foo(); // 300
```

```
//   - 对象的自有属性（这里是覆盖了继承属性）不受影响
console.log(obj.x); // 200
```

如 "3.3.2.2　super 指向什么" 所讨论的，所谓的 "同名属性" 仍然取决于 super 使用的地方。例如在类静态方法中，它就指向类的原型：

```
class MyObject {}
MyObject.x = 100;

class MyObjectEx extends MyObject {
  static foo() {
    console.log(super.x);
  }
}

// MyObject is prototype of MyObjectEx
console.log(Object.getPrototypeOf(MyObjectEx) == MyObject); // true

// the `super` point to MyObjectEx
MyObjectEx.foo(); // 100;
```

而在字面量风格的对象中，它就指向对象的原型（而不是 "类.prototype"）。如下：

```
obj = {
  foo() {
    console.log(super.x);
  }
}
obj.foo(); // undefined

Object.setPrototypeOf(obj, {x: 100}); // rewrite prototype
obj.foo(); // 100
```

上例也展示了有关 super 引用的一个重要事实：对于任何对象实例（obj）——包括它是函数或构造器——来说，在其方法（foo）内引用 super.xxx 时，

- super 总是绑定在 Object.getPrototypeOf(obj) 上；且，
- 无论将来该 foo() 函数被用来作为哪个实际对象（如下例中的 obj）的方法。[1]

例如：

```
var proto = {data: 'based'};

var obj = {
  foo() {
    console.log(' => method obj.foo()');
    console.log(' => ', super.data);
  }
}
```

---

[1] 因为 super 是基于声明方法时所在的对象或类来动态计算的，因而与当前调用时传入的 this 引用无关。详情可参阅 "3.3.2.5　super 的动态计算过程"。

```
// 置 x 的原型
Object.setPrototypeOf(obj, proto);

// obj2 没有原型，那么 obj2.foo 中能访问 super 吗？
var obj2 = Object.create(null);
obj2.foo = obj.foo;
```

测试如下：

```
# 由于 obj.foo 声明时总是将 super 绑定到原型，所以能调用到"原型.foo"
> obj2.foo()
=> method obj.foo()
=> based
```

3.3.2.4　super 在两种继承关系中的矛盾

在类声明中可以声明属性存取器方法，但如果这个方法需要调用父类的属性存取器，那么 super 也许并不能提供有意义的支持。例如：

```
// 示例 1: 假设子类试图实现父类 defaultCount + 3
class MyObject {
  get defaultCount() {
    return 10;
  }
}

class MyObjectEx extends MyObject {
  get defaultCount() {
    // 使用 super.defaultCount 会访问到什么呢？
    return super.defaultCount + 3;
  }
}
```

根据语法约定，`super.defaultCount` 的确会访问到 `MyObject.prototype.defaultCount`。测试如下：

```
# 子类 MyObjectEx 的实例
> (new MyObjectEx).defaultCount
13

# 使用 super 引用所访问的属性
> MyObject.prototype.defaultCount
10
```

然而在这个例子中，`defaultCount` 真的应该访问该原型的属性值吗？如果——我们这样假设——你需要的只是父类（而不是父类原型）的 `defaultCount` 呢？那么这时它应该被设计为类静态属性：

```
// 示例 2: 显式引用类名
class MyObject {
  static get defaultCount() {
```

```
      return 10;
    }
  }

  //子类实现父类 defaultCount + 3
  class MyObjectEx extends MyObject {
    static get defaultCount() {
      return super.defaultCount + 3;
    }
    printMyCount() { // 访问当前类的静态属性
      console.log(this.count || MyObjectEx.defaultCount);
    }
    printMyCount2() { // 或直接访问父类的静态属性
      console.log(this.count || (MyObject.defaultCount+3));
    }
  }

  // 示例
  (new MyObjectEx).printMyCount(); // 13
```

也就是说，在对象方法中必须使用类名来显式地访问父类或祖先类，而这会增加重构的复杂度。这时可以使用如下工具函数：

```
// 对于对象 me 来说, 得到构建它的类（父类）
function PARENT(me) {
  return Object.getPrototypeOf(me).constructor;
}
```

新的子类 MyObjectEx2 实现如下：

```
// 示例 3: 使用 PARENT()函数
class MyObjectEx2 extends MyObject {
  static get defaultCount() {
    return super.defaultCount + 3
  }
  printMyCount() {
    console.log(this.count || PARENT(this).defaultCount)
  }
}

// 测试
var obj = new MyObjectEx2();
obj.printMyCount();   // 显示: 13
```

在根本上来说，这是 super 在语义设计上同时支持了类与原型继承——类方法和对象方法中各自的原型链——所导致的矛盾。这一矛盾表现为：对象方法中缺乏一个必要的语法词汇来指示"当前对象与它在类继承链上的 parent"这样的关系。[1]

---

1 利用私有（保护的）属性，可以实现一个"类似关键字"的 parent。

3.3.2.5 super 的动态计算过程

JavaScript 中的每一个方法都有一个名为 `[[HomeObject]]` 的内部槽（Internal slots）[1]，用来在方法执行过程中找到对应的 super。它用于保存一个在语法分析阶段确定的、声明方法时所基于的对象（对于对象方法来说是 `AClass.prototype`，对类静态方法来说则是 `AClass`）。至于"找到 super"，则是一个使用该 `[[HomeObject]]` 内部槽进行动态计算的过程。

这个计算依赖以下一些前设：

- 在语法分析阶段会保证 super 只出现在方法声明中。
- 除箭头函数之外，其他函数（包括方法声明）都不会使用"词法 this 绑定"；并且因此，
- 在执行环境栈中（自顶向下）找到的第一个"支持 this 绑定的环境"，就必然对应于"当前正在执行的方法"。[2]

基于此，在方法执行时引擎就可以从环境栈中得到它的执行环境，并且：

- 得到"绑定的 this"以及"对应的方法（函数）"；然后，
- 读取该方法的 `[[HomeObject]]` 内部槽以得到它所基于的对象（例如 base）[3]；接下来，
- 通过 `Object.getPrototypeOf(base)` 从该对象得到 super。

如此一来，也就同时得到了 super 和 this。

由于构造方法中的 this 引用是要先调用 `super()` 才能创建的，所以构造方法虽然也是"支持 this 绑定的环境"，并且也能得到"当前正在执行的构造方法"，但是不能在调用 `super()` 之前取得有效的 this 值。[4]

进一步地推想就可以知道：即使如上得到了"当前正在执行的构造方法"，但是构造方法在语法上是对象方法——而非类静态方法，因此它的 `[[HomeObject]]` 记录的是 `Class.prototype`，无法用于找到父类（Class 的 super）。

因此在处理"调用父类构造器（即 `super(...)`）"语法时，是直接将"当前构造方法"用作 base，并进一步地调用 `Object.getPrototypeOf(base)` 来得到真正的 super 的。换言之，

---

[1] `[[HomeObject]]` 是本书讨论的第一个内部槽。内部槽是 ECMAScript 约定在对象内部实现和访问的，通常情况下它们不能被用户代码访问。在 ES6 之后，ECMAScript 约定了通过符号属性或代理（Proxy）对象来访问部分内部槽的能力（参见"3.6.1 关于运行期侵入"）。一般也将这些可访问的内部槽称为"内部属性"，以便与传统意义上的对象属性有所区分。
[2] 执行环境栈顶部可能还有其他未绑定 this 的环境，例如，语法块或 with 闭包等。
[3] 事实上，在执行期，JavaScript 会将函数实例的 `[[HomeObject]]` 值抄写到函数环境中，所以这个值也是从环境中读取的，而非从语法分析结果的那个函数实例中。
[4] 这种情况下将会触发一个异常，以表明在 `super()` 调用之前访问了 this 引用。

JavaScript 语言精髓与编程实践（第 3 版）

它等同于从类方法中取得的`[[HomeObject]]`槽。所幸这一问题仅出现于"在构造方法中使用的`super(...)`语法"的情况，因此也仅此一个特例。

由于`super`是动态计算并与绑定给它的内部槽`[[HomeObject]]`的，所以也可以通过重置`prototype`的方式来影响`super`。例如在某些情况下，甚至不需要以属性存取的方式来调用方法：

```
class MyClass extends Object {
  static superTag() {
    console.log(super.tag);
  }
}

Object.tag = "Object";

// 显示 super tag
MyClass.superTag(); // 'Object'

// 重置 MyClass 的 prototype，并导致 super 存取的结果发生变化
NewParent = new Function;
NewParent.tag = "A New Parent";
Object.setPrototypeOf(MyClass, NewParent);
MyClass.superTag(); // 'A New Parent'

// 直接作为函数调用，super 是绑定的
foo = MyClass.superTag;
foo(); // 'A New Parent'
```

3.3.3 类是用构造器（函数）来实现的

除了在语法上帮助用户维护继承关系，以及提供`super`关键字便于用户代码访问父类之外，从本质上来说，JavaScript 中的"类"，是用构造器（函数）来实现的，和一个一般函数并无不同。例如：

```
// 例1
class MyObject {}
console.log(typeof MyObject); // 'function'
```

当类声明中没有声明构造方法时，那么 JavaScript 会默认为这个类添加一个如下的构造方法：

```
// 当使用 extends 声明了父类
class MyClass extends ParentClass {
  constructor(...args){
    super(...args);
  }
}

// （或者，）如果没有用 extends 声明父类
class MyClass {
```

```
constructor(){}
}
```

所以只要是类，就总是显式或隐式地存在一个对应的构造方法。因此在 JavaScript 中，类作为标识符在实质上就是"一个引用了该构造方法的函数"。如下所示：

```
# (续上例)
# 类作为标识符，其实就指向构造方法
> MyClass === MyClass.prototype.constructor
true
```

但类继承仍然与原型继承有着非常大的不同。

首先，在传统的原型继承方式中，子类的原型总是父类的一个实例，因此子类在声明时必须能够先调用父类构造器（以创建原型），例如我们一再展示的：

```
// 在传统的原型继承下，MyObject 必须先被调用一次
function MyObjectEx() {}
MyObjectEx.prototype = new MyObject;
...
```

而在 JavaScript 实现类继承时并不通过（类似如上的）动态过程来构造原型链，而是简单地执行重置了原型的原型，如下：

```
// (本例是如下代码的模拟效果)
// class MyObjectEx extends MyObject {}

// 1. 声明一个构造器/构造方法
function MyObjectEx() {}

// 2. 置原型的原型
// (注：MyObjectEx.prototype.constructor 是自有属性，不需要再重写)
Object.setPrototypeOf(MyObjectEx.prototype, MyObject.prototype);
```

并且它还会修改类的原型，例如将 MyObjectEx 的原型置为 MyObject[1]：

```
// (续上例)

// 3. 置类的原型
Object.setPrototypeOf(MyObjectEx, MyObject);
```

测试如下：

```
# 测试：在类与子类构造器之间维护的原型链
> Object.getPrototypeOf(MyObjectEx) === MyObject
true
> MyObject.isPrototypeOf(MyObjectEx)
true
```

接下来，我们进一步考查 new 运算在传统的原型继承中的使用。例如：

---

[1] 正因如此，super() 才可以为类静态声明找到它们的父类。

```
// 如果要用原型继承方式调用父类方法，则需要维护原型链，并持有父类的构造器（例如 base）
function MyObjectEx() {
  base.call(this);

  this.aMethod = function() {
    base.prototype.aMethod.call(this);
    ...
  }
  ...
}
var obj = new MyObjectEx();
```

在该例中，需要注意，在调用 base.call() 时 this 实例就是存在的。这个 this 实例：

- 实际上是使用 MyObjectEx() 构造器创建的。并且，将以该实例作为 this 引用，
- 从 MyObjectEx() 开始并上溯至基类，将每个构造器作为函数来调用。

与此不同，对于类来说，new 运算将使用它的基类来构造实例。更准确地说，new 运算将回溯它的继承链并使用顶端的原生构造器来构造实例。这个过程类似于：

```
// （本例是如下代码的模拟效果）
// new MyObjectEx()

// 模拟类继承中 this 对象的创建和使用
var thisObj = new Object;
MyObject.call(thisObj)
MyObjectEx.call(thisObj);
```

因此，类继承中的 this 实例：

- 实际上是使用 Object() 构造器创建的。并且（使用它作为 this 引用）
- 调用构造器，该调用是顺序的[1]，从基类开始一直到 MyObjectEx()。

这样一来，这个顺序与上例中的原型继承正好相反。由此带来了一项著名的限制：

- 在类的构造方法中，不能在调用 super() 之前使用 this 引用。

显然，必须让所有的构造方法都先调用 super() 以回溯整个原型链，才能确保基类最先创建实例。这也是没有在类中声明 constructor() 方法时，JavaScript 会为它默认添加一个构造方法、并在其中调用 super() 的原因。更确切地说，如果子类是派生的（derived），那么它就必须在 constructor() 中调用 super，而非派生类（即没有声明 extends 的类）就不能调用它。例如：

```
// 非派生的：在声明中未使用 extends 关键字
```

---

[1] 即使显式地声明类的构造方法，每个构造方法也仍然会回溯（逆序）调用。所谓"顺序调用构造器"变成了在代码中显式地使用 super() 调用父类构造过程。即，在得到 this 实例之后所有的构造器（的剩余部分代码）被顺序地执行了一遍。

```
class MyObject {
  constructor() {
    console.log('->', 'MyObject');
  }
}

// 派生的：声明中使用了 extends 关键字，所以在构造器中必须调用 super()
class MyObjectEx extends MyObject {
  constructor() {
    super();
    console.log('->', 'MyObjectEx');
  }
}
```

测试如下：

```
# 测试
> x = new MyObjectEx;
-> MyObject
-> MyObjectEx
```

在类似 `MyObject` 这样的非派生类的构造方法中，`this` 对象是在进入该构造方法之前就由引擎创建好了的（因此不需要在构造方法中调用 `super`）；并且，在构造方法中还可以返回一个对象来替换这个默认创建的 `this` 对象。这沿袭了一项历史久远的传统设计：在 JavaScript 的传统语法中，`new` 运算会为构造器（函数）创建一个对象作为 `this` 引用，并调用该函数；且允许在该函数中返回对象以替换默认创建的 `this` 对象。

最后，在任何时候，你都可以混合使用两种继承风格：

```
// （续例 1）
function MyObjectEx() {}
MyObjectEx.prototype = new MyObject;
MyObjectEx.prototype.constructor = MyObjectEx;

class MyObjectEx2 extends MyObjectEx {}
var obj = new MyObjectEx2;
```

对于创建 `obj` 的 `new` 运算来说，这个隐式的调用将回溯到第一个非"类声明"的构造器为止。更进一步地，你也可以使用旧的风格或者框架库来扩展继承关系，包括类抄写等[1]。

3.3.4 父类的默认值与 null 值

在用 `class` 关键字声明的语法中，如果 `extends` 的 *ParentClass* 是默认的，那么将使用默认值 `Object`。所以下面两个声明的效果是基本一致的：

---

[1] 类抄写是一种在 JavaScript 框架中实现继承的常见方式，亦称为 mixIn（混入），现在通常直接使用 `Object.assign()` 来实现。详情参见 "3.4.3.1 类抄写"。

```
class MyObject {}
// 或
class MyObject extends Object {}
```

但二者在使用上还是另有区别的。比如，如果它们分别都声明了构造方法 `constructor`，那么在第一种风格中不能使用 `super()` 来调用父类的构造过程，而第二种就必须调用 `super()`。虽然有这样的差异，但它们都还是有事实上的 `super` 类的。例如：

```
class MyObject {
  constructor() {
    console.log('Value x:', super.x, this.x); // 100, 100
  }
}
Object.getPrototypeOf(MyObject.prototype).x = 100;

// 或
class MyObject2 extends Object {
  constructor() {
    super();
    console.log('Value y:', super.y, this.y); // 2000, 2000
  }
}
Object.prototype.y = 2000;

// 测试
new MyObject;
new MyObject2;
```

然而也存在 `super` 指向 `null` 值的情况，这意味着没有父类，也没有父类的构造方法。这种情况下的 `class` 声明为：

```
class MyObject extends null {}
```

这个 `class` 声明很特别。我们知道它的父类是 `null`，不能作为函数调用，因此显然代码 `super()` 是无效的。进一步地，由于在有 `extends` 声明的构造方法 `constructor` 中：

- 如果要引用 `this`，则需要先调用 `super()`，所以不能引用 `this`；并且，
- 由于 `super.xxx()` 调用需要绑定 `this`，所以也不能使用；并且，
- 由于 `super.xxx` 事实上无法访问到有效成员，因此也不能使用。

那么显然与 `super` 和 `this` 相关的一切性质在构造方法声明中都失效了。需要强调的是，这种失效不是在语法分析期发生的，而是在执行期发生的。这一定程度上是因为 JavaScript 支持将 `class` 声明风格用于表达式，例如：

```
var ParentClass = null;
var obj = new (class extends ParentClass {
  // ...
})
```

由于 `ParentClass` 是一个变量的当前值，因此它是否为 `null` 值，即 `super` 是否有效只能在执行过程中才确知。

我们知道，如果一个类声明 `MyObject` 是有父类的，那么相当于 `MyObject.prototype` 这个对象是构造自 `ParentClass` 的一个实例。例如：

```
# 类声明
> class MyObject extends Object {}

# 是 Object 的实例
> MyObject.prototype instanceof Object)
true

# 由 ParentClass 构造
> Object.getPrototypeOf(MyObject.prototype).constructor === Object
true
```

那么如果 `ParentClass` 为 `null` 值，就意味着 `MyObject.prototype` 不是由 `ParentClass` 构建来的，因而其原型为 `null`：

```
# 类声明
> class MyObject2 extends null {}

# 是一个对象（但不是 Object 的实例）
> typeof MyObject2.prototype
object

# 原型为 null（不是由 ParentClass 构造的）
> Object.getPrototypeOf(MyObject2.prototype)
null
```

但这样一来，"在语义上"它就没有办法从"父类构造器中"构造出原型来，所以也就不能用 `new` 运算符来创建实例：

```
class MyObject extends null {}
try {
  new MyObject;
}
catch(e) {
  console.log('ERROR:', e.message); // MyObject()不能作为构造器，无法创建实例
}
```

既然不能创建实例，那么它也不需要声明对象方法。这样一来，这种类就成了所谓的纯静态类。纯静态类只有类方法有意义，不能创建实例。例如：

```
// 显式将 MyObject 声明为纯静态类
class MyObject extends null {
```

```
  // 对象方法 (无意义，可以声明，但不能访问和使用 [1])
  foo() {
    console.log('instance method: ', this.toString())
  }

  // 静态类方法
  static bar() {
    console.log('class method: ', this.toString())
  }
}

// 不能作为一般函数调用，也不能创建实例
// MyObject();
// new MyObject;

// 可以作为静态类，访问静态方法
MyObject.bar();
```

纯静态类只是"在语义上"不能用来做构造器，而并不是"没有构造方法"。从根本上来说，纯静态类使用的是一个默认构造方法，该构造方法总是调用super()来试图让父类构造对象实例。[2]因此用户代码还是可以声明一个构造方法，以定制一个新的创建实例的过程的。同样地，你当然也不能调用super()。不过可以创建一个实例并返回它，用来作为new运算的值，这跟用传统的函数作为构造器的方法是一致的。例如：

```
class MyObject extends null {
  constructor() {
    return Object.create(new.target.prototype);
  }

  // 对象方法
  foo() {
    console.log('call instance method');
  }
}

// 创建实例
var obj = new MyObject();

// 调用实例方法
obj.foo();

// 是 MyObject() 的实例
console.log(obj instanceof MyObject); // true
```

---

1 这种派生自 null 且没有构造方法的类其实也是可以创建实例的，并且这些对象方法也有它们的应用场景，例如在"3.6.3 元编程模型"中就对这样的类有所应用。另外，Metameta 项目中的 Meta.from() 方法也给这样的类提供了一个主要应用场景。
2 因此这里并不是 JavaScript 限制了 AClass() 类不能作为构造器使用，而是 AClass() 作为构造器使用的过程"发现"父类无效。这与将 Constructor.prototype 或 AClass.prototype 指向无效值是不同的。详情可参见"3.2.1.5 原型为 null：'更加空白'的对象"。

```
// 不是 Object() 的实例
console.log(obj instanceof Object); // false
```

注意，在构造方法中应当使用 `new.target.prototype` 作为原型，因为 `new.target` 总是指向调用 `new` 运算时的那个类（例如上例中的 `MyObject`）。而 `MyObject.prototype` 总是通过类继承声明来确保子类、父类直至祖先类的 `AClass.prototype` 在原型链上的继承关系，所以这个关系必须在这里通过引用 `new.target.prototype` 来得到。

3.4 JavaScript 的对象系统

所谓对象系统，就是"一组对象构成的系统"。这些对象之间存在或不存在某种联系，但总之是通过一些规则组织起来的。若以这样一个"对象系统"为基础来衍生演化，且其新系统仍然满足这些组织规则的话，整个系统即是所谓的"面向对象系统"。

因而对象系统的核心问题，即是"对象如何组织起来"的问题。在这个问题上，组织规则之一[1]，就是"继承"。我们已经讨论过这一关键规则的一个具体实例——原型继承，也提及原型继承是一种"从无到有"的构建对象系统的方法。注意，无论是原型继承、类继承，还是在 JavaScript 中尚不存在的元类继承等，继承的最终目的都是构建一个"对象系统"，而不是"系统"。[2]

3.4.1 封装与多态

对象系统还包括其他两个方面的要素（即组织规则）：封装、多态。通常它们与继承一起，合称为对象系统的三个要素。接下来，我们将进一步讨论封装与多态。

3.4.1.1 封装

面向对象编程中的封装，表达为 `private`、`protected` 等关键字限定的成员存取范围或作用域，以及对象在不同继承层次上对成员的叠加。在一般的（例如基于类继承的）对象系统中，封装特性是由语法解析来实现的。[3] 而在历史中，JavaScript 的原型继承模型是依赖"变量

---

[1] 组织对象系统的更多方式，请参见《程序原本》一书的 10.5 节——更复杂的对象系统：从 GoF 模式来看"对象及其要素之间的关系"。
[2] 可参阅《继承与混合，略谈系统的构建方式》。
[3] 也就是说，依赖于"4.4 语句与代码分块"中讲述的代码分块来实现组织。另外，相关内容还将在"4.6 层次结构程序设计"中进行更详细的分析。

作用域"[1]来实现封装特性的。

然而JavaScript的变量作用域只有表达式、函数（局部）和全局三种。[2]表 3-9 列举了这些变量作用域对封装性的影响。

表 3-9 变量作用域对封装性的影响

面向对象的封装性	条件	语法作用域	JS 变量作用域
（partial）	声明在多个文件中可见	文件	
published	（语法效果同 public）	（同 public）	（同 public）
public	访问不受限制，在类的外部可见	任意	全局
protected	该类及其派生类可见	类+子类	
internal	该程序内可见	项目	
protected internal	该程序内、该类及其派生类可见	项目+类+子类	
private	仅该类可见	类	局部

表 3-9 表达的意思是：如果通过语法分析来实现这些封装性，则需要对类、子类、项目和文件等 4 种作用域进行语法分析。在传统语言（及其编译器或语法解释器）中实现这样丰富的封装性并不困难，但在 JavaScript 中基于"变量作用域"来实现时，就只能得到 public 和 private 这两种封装性。

读者可能看不到二者的必然性。我们先来看看下面的代码：

```
function MyObject() {
  // 私有(private)变量
  var data = 100;

  // 私有(private)函数
  function _run(v) {
    console.log(v);
  }

  // 公开(public)属性
  this.value = 'The data is: ';

  // 公开(public)方法
  this.run = function() {
    _run(this.value + data);
  }
}

// 演示. 最终将调用到_run()函数
```

---

[1] 详情可参见"4.7 历史遗产：变量作用域"。
[2] 详情可参见"表 4-10 JavaScript 中的变量作用域"。

```
var obj = new MyObject();
obj.run();
```

我们发现，由于在JavaScript中"类"表现为"构造器"，而构造器本身就是一个函数，因此在（执行期的、变量的）作用域上，也就表现为函数的性质。因而这样的作用域，在事实上也就只有"函数内"与"函数外"的区别，其封装性依赖于代码运行期间的"可见性"的效果。[1]

在目前的 JavaScript 中，还未能超越"变量作用域"来设计类或对象系统的封装性。其中类继承虽然是基于静态语法声明的，但考虑到与原型继承的一致性，（目前）也并没有设计更多的封装性语义，例如它并不支持 protected、internal 等关键字的修饰。另外，虽然严格模式带来了一些执行层面的作用域限制（类声明与模块工作在严格模式中），但具体到类或原型继承的对象系统，也并没有出现"文件""项目"和"类＋子类"等相关的封装特性。

3.4.1.2 多态

多态性表现在两个方面：类型的模糊与类型的确认（或识别）。在一些高级语言中，它们分别被表达为 as 和 is 这两个关键词或运算。

JavaScript 是弱类型的，通过 typeof 运算考查变量时，它要么是对象（object），要么是非对象（number、undefined、string 等），绝不存在"像是某个对象或者某个类"这样的多态问题。又或者说，因为任何一个实例的类型都是基本类型中的 object，因此它本身就是"类型模糊"的。

同样由于没有严格的类型检测，因此你可以对任何对象调用任何方法，而无须考虑它是否"被设计为"拥有该方法。对象的多态性被转换为运行期的动态特性——例如，可以动态地添加对象的方法/成员，使它看起来像是某个对象。下例说明了这种情况：

```
function Bird() {
  this.wing = 2;
  this.tweet = function() { };
  this.fly = function() {
    console.log('I can fly.');
  }
}

function asBird(x) {
  Bird.call(x);
  return x;
}
```

---

[1] 我们看到，在 ECMAScript 最新关于"私有字段"的几乎所有提案中，都提出了类似"创建一个新的作用域"的解决方案。而这里所讨论的"变量作用域"的不足，就是原因之所在。

3.4 JavaScript 的对象系统

测试如下：

```
# 测试1: 让一个对象"fly", 或让一只(模仿的)鸟"fly"
> asBird(new Object).fly()
I can fly.
```

在这个例子中：一个对象是不是 `Bird` 类型，并不是 `fly()` 的必要前提。因为在 `new Object` 创建对象并作为参数 `x` 调用 `asBird()` 的全过程中，`x` 都是一个 `Object` 类型的对象，但它却是可以"飞（fly）"的。"能否飞行"只取决于它有没有 `fly()` 方法，而不取决于它是不是某种类型的对象。

下面我们讲述类型识别的问题。

由于所有对象的 `typeof` 值都是 `object`，所以在系统需要确知对象具体类型时，应当使用 `instanceof` 运算来进一步检测对象类型。在"3.1.3.2 对象及其成员的检查"中我们已经讲过该运算了，它其实等效于其他高级语言中的 `is` 运算。

对于上例来说，如果要让对象"能否飞行"取决于它是不是 `Bird` 构造器/类产生的实例，那么应该使用类似下面的代码：

```
// (续上例)
function isBird(instance) {
  return instance instanceof Bird;
}
function doFly(me) {
  if (!isBird(me)) {
    throw new Error('对象不是Bird或其子类的实例.');
  }
  me.fly();
}
```

测试如下：

```
# 测试2: Bird 的实例可以"fly"
> doFly(new Bird)
I can fly.

# 测试3: Object 的实例 asBird() 之后虽然"看起来像Bird", 但不能"fly"
> doFly(asBird(new Object))
Error: 对象不是Bird或其子类的实例
    at doFly (repl:7:11)
```

对象实例也有一个 `isPrototypeOf()` 方法，用来在不依赖构造器的情况下检测两个对象之间(基于原型的)的继承关系。这完全类似其他高级语言中的 `is` 运算语义。因此上述 `isBird()` 也可以实现为如下版本：

```
// (可替代上例中的同名函数)
function isBird(instance) {
```

```
            return Bird.prototype.isPrototypeOf(instance);
}
```

不过设计 isPrototypeOf() 方法的主要原因并不是要让它看起来"更像"is 运算,而是因为在使用 instanceof 时,其实是在检测右边操作数的原型属性(*aConstructor*.prototype)的原型链,而不是这个操作数本身(例如不是 *aConstructor*)的原型链。因此当试图将一个函数作为一般对象参与运算时,instanceof 就失效了。而 isPrototypeOf() 可以在这种情况下检测两个函数之间的继承关系,例如:

```
// 直接置f2的原型链
var f1 = new Function, f2 = new Function;
Object.setPrototypeOf(f2, f1);

// 检测不到f1 与 f2 之间的原型链关系
console.log(f2 instanceof f1);  // false

// 使用 isPrototypeOf 检测
console.log(f1.isPrototypeOf(f2)); // true
```

这也同样是类之间无法使用 instanceof 来检测继承关系的原因,并且也是可以使用 isPrototypeOf() 解决的。例如:

```
// 类继承
class MyObject {}
class MyObjectEx extends MyObject {}

// 检测不到类之间的继承关系
console.log(MyObjectEx instanceof MyObject);  // false

// 使用 isPrototypeOf 检测
console.log(MyObject.isPrototypeOf(MyObjectEx)); // true
```

3.4.1.3 多态与方法继承

多态性中的另一个关键问题是,在类型继承中识别父类的同名方法。仍以上面的代码为例,但现在遇到的是一只鸵鸟:

```
function Ostrich() {
  this.fly = function() {
    console.log('I can\'t fly.');
  }
}
Ostrich.prototype = new Bird();
Ostrich.prototype.constructor = Ostrich;
```

测试如下:

```
# 测试4: 鸵鸟是鸟, 但不能飞
> doFly(new Ostrich())
I can't fly.
```

但是对于 `doFly()` 这个函数来说，在 `isBird()` 中用以识别的表达式是：

```
instance instanceof Bird
```

这并有没错。这里也并不是 `instanceof` 运算的结果导致"飞"的失败，而是因为 `Ostrich` 类的 `fly` 方法覆盖了父类方法。在这个对象系统的设计中，我们有理由让 `Bird` 的子类默认具备飞的能力，但显然不必每个子类都像 `Bird` 一样飞得很难看（例如，`Phoenix` 类一定是很艺术化地飞）。因此，子类必须依赖父类的某些能力来扩展新的方法。

但是这就有了冲突：在实现子类 `Ostrich` 时已经覆盖了 `fly` 方法。同样，实现 `Phoenix` 等类时，也会覆盖这个方法。于是想要"依赖父类的某些方法"时，却发现"找不到那些方法"了。因此，在 `class` 声明风格的类继承中可通过 `super` 关键字来解决这一问题。在这种方式中，`Ostrich` 类的写法如下：

```
// 在子类覆盖父类方法时，使用方法继承
class Ostrich extends Bird {
  fly() {
    super.fly(); // I can fly now!
  }
}
```

测试如下：

```
# 测试5：让鸵鸟具备Bird一样的飞的能力
> doFly(new Ostrich())
I can fly.
```

3.4.2 属性

一些讨论对象系统的书籍会把属性、方法和事件（Properties、Methods、Events，PME）作为对象系统完整的外在表现来讨论。与此类似的，接口系统现在也表达为PME这三个方面。然而在本节中，"方法"是特指那些函数类型的属性的。[1]注意，在这种情况下，方法是属性的一个子集，有着对象成员的全部特性（属性性质、继承性等）。

3.4.2.1 方法

方法（Methods）就是函数类型的属性。除了 `null` 值，所有 JavaScript 对象都能操作自己的属性表（这也包括作为一个对象来使用的函数），在对象的自有属性表中维护的方法称为对象方法，而在 `Constructor.prototype` 这个对象上维护的方法，是那些用 `new Constructor()`

---

[1] 在 JavaScript 的传统中，对象成员统称为属性而并不再细分为方法和事件等。在 ES6 之后出现的"方法"这一专属概念将会在"5.3.2.4 方法"中讲述。

所创建实例的原型方法。原型方法是所有实例通过原型继承来共享使用的——相同父类的实例调用的原型方法是同一个函数。

对象可以通过重写对象方法来覆盖它所继承的原型方法，这与重写一般属性没有任何不同。因此也可以使用 `Object.defineProperty()` 等来创建这些方法。当方法被重写之后，也可以使用 `Object.getOwnPropertyDescriptor()` 来获取它的描述符，否则就需要回溯对象的原型链，直至找到离它最近的祖先类的 `Constructor.prototype`，以及在该原型上声明的原型方法。

在方法的函数体内可以使用 `this` 引用，这时 `this` 代表调用方法时所关联的对象实例。如果一个方法"仅仅作为"函数被调用（而没有关联对象）的话，那么它的 `this` 会指向全局对象或 `undefined`。如下例：

```
var obj = {
  showThis: function() {
    console.log(this);
  }
}
// 示例1. 作为一般函数
var aFunction = obj.showThis;
aFunction();
```

方法/函数中所关联的 `this` 引用，是在调用该函数时（在运行期）动态传入的。传入这个 `this` 的总的规则有三项：

- 使用当前上下文中的 `this` 或函数已绑定的 `this`；或，
- 在使用属性存取运算符（包括 `.` 和 `[]` 运算符）时将左操作数作为 `this` 传入，例如传入 `obj.showThis()` 中的 `obj`；或
- 使用 `Function.call`、`Function.apply`、`Function.bind` 或 `Reflex.apply` 等，将指定参数传入以用来作为 `this` 引用。

例如：

```
（续上例）
// 示例2. 使用当前上下文中的this
()=>this;  // 箭头函数
super.xxx(); // 使用 super.xxx()或super()调用

// 示例3. 作为对象方法
obj.showThis(); // 传入 obj

// 示例4. 绑定对象
var showMe = obj.showThis.bind(new Object);
showMe(); // 传入被绑定的对象
```

```
// 示例5. 使用call/apply时传入指定对象
obj.showThis.call(new Object);
```

当一个函数在调用时得到的 this 值是 undefined 或 null 时，那么：

- 如果函数工作在严格模式下，则仍使用 undefined 或 null 值作为 this；否则
- 将以全局对象作为 this 值。

例如：

```
(续上例)
// 示例6. 严格模式下的this引用
function showInStrict() {
  'use strict';
  console.log(this);
}

// 严格模式下，函数没有传入this引用时，它指向undefined
showInStrict(); // 显示 undefined

// 非严格模式下的函数，在没有传入this时，它指向global
var showGlobal = obj.showThis;
showGlobal(); // 显示 global

// 虽然showMe指向showInStrict，但是由于传入了obj，所以仍然显示有效的this
obj.showMe = showInStrict;
obj.showMe(); // 显示 obj

// 严格模式下的函数也可以绑定到指定的对象上
var showMe = showInStrict.bind(new Object);
var showNull = showInStrict.bind(null);
showMe(); // 显示指定对象
showNull(); // 显示 null
```

箭头函数使用"当前上下文中的 this"是 ES6 之后 JavaScript 的特殊行为：

```
function foo() {
  // 1. 箭头函数
  var showInArrow = ()=> {
    console.log(this.name);
  }
  showInArrow(); // 测试项1

  var obj = {
    showInArrow,
    name: 'aObject',
    showThis: function() {
      console.log(this.name);
    }
  }

  // with 语句中的方法调用
```

```
  with (obj) {
    var showThis2 = ()=> console.log(this.name);
    showThis();  // 测试项 2
    showThis2(); // 测试项 3
    showInArrow(); // 测试项 4
  }
}
```

测试如下:

```
# 测试
> foo.call({name: 'Outside'})
Outside     // 测试项 1
aObject     // 测试项 2
Outside     // 测试项 3
Outside     // 测试项 4
```

其中，在测试项 1 和测试项 4 中直接调用了箭头函数 showInArrow()，它总是直接使用当前上下文中的 this（即 foo.call() 中传入的名为'Outside'的对象）。测试项 3 是说明在 with 语句中并不存在一个"上下文中的 this"，这补充说明了测试项 2 中的 showThis2() 仍然显示 'Outside' 的原因。在所有测试项中，只有第 2 项会显示'aObject'，这说明 showThis() 事实上仍然是作为方法调用的[1]：with 语句中的对象方法会隐式地传入 with 的对象作为 this 引用。

箭头函数的另一个特殊性在于它会忽略"传入的 this 对象"。亦即是说，bind()、apply() 或 call() 等方法，以及在 Array.forEach() 等方法中传入的 this 对象，对于箭头函数是无意义的，例如：

```
// bind()等操作对箭头函数无意义
function foo2() {
  var func = ()=> console.log(this.name);
  func.call(new Object);
  [1].forEach(func, new Object);
}

// 测试：显示'Outside'，表明在 foo2()中新创建的对象未能作为 this 使用
foo2.call({
  name: 'Outside'
})
```

最后需要再次强调 super.xxx() 和 super() 的特殊之处：它们的 this 引用也是隐式传入的。关于这一点，请参见 "3.3.2 super 是全新的语法元素"。

---

[1] 在 with(xxx) 语句中，xxx.showThis() 方法在作为函数使用时，对象闭包本身并没创建新的 this 引用，而是为所有能遍历到的方法在调用时动态绑定一个 this。这类似于传入 xxx 作为 this 引用，而非使用标识符去引用闭包中的名字 this。

3.4.2.2 事件

大多数高级语言自身其实并没有事件（Events）系统，在这种情况下，事件是对象系统实现时由应用框架提供的额外机制，而非对象系统的必然需求。例如，在Delphi的面向对象系统中，事件系统就是Windows消息系统的一个延伸，并因此出现了`DispatchMessage()`这样的方法，用以在Delphi中支持它。[1]

JavaScript中的"事件"也同样是"外来户"，JavaScript引擎自身并没有事件系统。[2]我们经常在浏览器开发中使用的`OnLoad`、`OnClick`这样的事件，其实是DOM——一个由宿主供应与维护的可编程对象模型提供的。所以，尽管大多数时候我们在用JavaScript来写事件的响应函数，或面向事件响应来架构系统，但事件上却并非ECMAScript或JavaScript语言的一个组成部分。

要用 JavaScript 实现一个简单的事件框架是非常容易的，因为所谓"事件"的本质，仅仅是"在确定的时候发生的、可由用户代码响应的行为"而已。下例说明了这种结构：

```javascript
function MyObject() {}

MyObject.prototype.OnError = undefined;

MyObject.prototype.doAction = function(str) {
  try {
    return eval(str);
  }
  catch(e) {
    if (this.OnError) this.OnError(e);
  }
}

// 1. 创建对象
var obj = new MyObject();
// 2. 添加事件处理句柄
obj.OnError = function(e) {
  //...
}
// 3. 调用方法，执行过程中可能触发 OnError 事件
obj.doAction('aObj.tag = 100');
```

在这个示例中，如果用户代码不响应 `OnError` 事件，程序也可以正常运行；如果响应 `OnError`，也可以在处理句柄中使用 "`throw e`" 来重新触发异常。而这整个（有关于事件系

---

[1] 在更早期的对象系统中，所谓 Messages 并不是指事件，而仅仅是指对象的方法。所以 Niklaus Wirth 才会说，在对象系统中，尽管过程现在称为"方法"，调用一个过程现在表述为"发送一条消息"。这里的"消息"其实就是指方法调用。

[2] 亦即是说，所谓"事件"在语言层面并不存在。再加上之前提到过，JavaScript 中的"方法"其实是属性存取与函数调用的连续运算效果，是被模拟出来的，因此 Anders Hejlsberg 很形象地说，JavaScript 中的对象其实只是"属性包"。由此可见，PME 只是对象系统的外在表现形式，在实现技术上并不是必需的。

统的）过程，是 JavaScript 语言无关的：语言只提供了 `try...catch` 语句，以及像 `OnError`、`doAction` 这些方法调用而已。

另外还有一些类似事件的机制，例如，`Array.sort()` 方法中需要回调的一个比较函数，又例如在 SpiderMonkey JavaScript 中实现的 `Object.watch()` 方法需要一个观察对象属性变化的 `handler`。但它们也不应该被理解为事件。尽管没有一种有说服力的方法来解释为什么它们不能被这样理解，但从语言层面扔掉有关"事件系统"的概念，确实有助于理解引擎实现方面的更多细节。

3.4.3 构造对象系统的方法

JavaScript 中的原型继承并不是唯一构造系统的方法，由语言提供的、原生支持的方法还包括类抄写、类继承，以及直接创建对象等。其他可以在 ECMAScript 语言基础上扩展的方法包括元继承、元类继承等，这些内容将在 "3.6.2 类类型与元类继承" 中讲述。

3.4.3.1 类抄写

在早期的JavaScript 1.0 中提供的方法被称为类抄写，它的理念源自面向对象理论最初的概念定义和语义要求。[1]类抄写后来进一步发展为称为"混入（mixin）"的对象编程方法。我们此前曾经讲述过类抄写的基本用法（参见"3.1.1.1 使用构造器创建对象实例"）:

```
function MyObject() {
  this.<propertyName> = ...;
}
```

在此基础上可以实现与类继承相似的"子类派生"方法，例如[2]:

```
/**
 * 公共函数: 子类派生 extend()
 */
extend = function(subClass, baseClass) {
  // 暂存父类构造器
  subClass.baseConstructor = baseClass;
  subClass.base = {};
  // 复制父类特性(属性与方法)
  baseClass.call(subClass.base);
```

---

[1] 参考《结构程序设计》中对类的定义：能够产生比调用过程存活更久的实例的过程，称为类；所产生的实例称为该类的一个对象。该定义没有描述"调用过程"的性质（即 `new` 运算不是必需的），但是它定义了"实例"之于类的相似性，即对象是类所描述性质的继承者。

[2] ES6 之后的 `Object.assign()` 方法是对类抄写过程的一个复现，使用 `Object.assign()` 方法也可以更简单地实现这里的 `extend()` 函数。

```
}
/**
 * 构建对象系统
 */
function Mouse() { /* 测试用 */ }
function Animal(name) {
  this.name = name;
  this.say = function(message) {
    console.log(this.name + ": " + message);
  }
  this.eat = function() {
    this.say("Yum!");
  }
}
function Cat() {
  Cat.baseConstructor.call(this, 'cat');
  this.eat = function(food) {
    if (food instanceof Mouse)
      Cat.base.eat.call(this);
    else
      this.say("Yuk! I only eat mice - not " + food.name);
  }
}
extend(Cat, Animal);
function Lion() {
  Lion.baseConstructor.call(this, 'lion');
}
extend(Lion, Cat);
/**
 * 测试
 */
var cat = new Cat();
var lion = new Lion();
var mouse = new Mouse();
var unknowObj = {name: "shadow"};

cat.eat(mouse);           // Yum!
cat.eat(unknowObj);       // Yuk! I only eat mice - not shadow
lion.eat(mouse);          // Yum!
```

在这个示例里,我们看到猫喜欢吃老鼠,而由于我不知道狮子对老鼠是否感兴趣,因此只能认为它也喜欢——我的生物学学得显然有些问题。

这个例子的独特之处在于:我们用 extend() 维护了一个 baseConstructor 成员,这个成员总是指向父类的构造器。而子类实例的构造逻辑就变成了:先向父类传入 this 引用以抄写父类方法,再向子类传入 this 引用以抄写子类方法(如 Animal.say 等方法);后者覆盖前者中的同名成员(如 Cat.eat 方法)。整个构造过程都是在不断地从"类构造器"向"this 引用"抄写成员,因而被称为"类抄写"。

在这样的构建过程中,不但能通过修改 this 引用来添加、改写子类成员(例如在 Cat() 中重写 eat 方法),也可以通过抄写具有所有父类的成员。通过这样的方法,我们就可以用"类抄写"的方法来构建复杂的对象系统。

类抄写有两个问题。第一个问题是以内存开销换取效率。

仍以在"3.2.3.1 简单模型"中讲述的"动物王国"系统为例。如果我们是在"类继承系统中"去使"动物能呼吸",则应修改 Animal() 类的声明,以使得该类具有"呼吸"这样的行为。这样一来,根据类继承的定义,由于 Animal 类具有了"呼吸"行为,所以所有的子类也就具有了这种行为。

"3.2.3.1 简单模型"中示例 1 的含义、效果都与此类同:先写 Animal() 构造器,然后要做的事是改写 Animal() 构造器——或者说类——以添加或抄写它的成员。我们来试试这个方法:

```
// 类继承的实例:修改示例1的构造器声明部分
function Animal() {
  this.respire = function() {
    // 交换氧气与二氧化碳
  }
}

// (后略)
```

很明显,这段代码必须写在构造器中——就像其他面向对象语言要求写在类声明中一样。这个方法好不好呢?并不怎么好,因为这意味着每次创建这个 Animal 的实例时,都需要给实例初始化一个名为 respire 的方法。

更不幸的是,在这种实现方法之下,在构造的多个 Animal 实例之间,它们的 respire 方法并不是同一个函数——这意味着更多的内存开销。下面的代码证明了这一点:

```
// 示例:重写构造器的方法会导致实例持有不同的方法(或函数)
var obj1 = new Animal();
var obj2 = new Animal();

// 显示值: false
console.log(obj1.respire === obj2.respire);
```

但这种方法也有好处。由于这种方法是通过不断修改实例（`this`）的成员来得到对象的，因此所有的属性都在实例（`this`）的自有属性表中。进一步的推论是：访问任何成员都不必回溯原型链，因而效率更高。

类抄写的第二个问题是系统并不维护原型继承链。因此在类抄写构建的系统中，不能使用 `instanceof` 运算来检测继承关系。对于这个问题，上述的 `extend()` 给出了一半答案：维护一个父类的实例 `base`。除此之外，用类抄写构建的系统还应当自行维护一个继承树，并用特定的方法或函数来检测实例与类的关系。

总的来说，类抄写并没有利用原型继承的任何特性。

3.4.3.2 原型继承

传统中，原型继承是 JavaScript 构造对象系统的标准方法。在 JavaScript 最初的 15 年中，这一方法是继承模型的唯一选择，它既是这门语言的核心精髓，也是主要的设计负担。

在之前的"3.2.3.1 简单模型"中已经讲述过原型继承的主要方法与过程。包括：

```
// 方法 1: 修改原型
function MyObject() {}
MyObject.prototype.<propertyName> = ...;

// 方法 2: 重写原型
function MyObject() {}
MyObject.prototype = {
  // 直接声明一个对象实例……
}

// 方法 3: 继承原型
function MyObject() {}
// 使用 new() 构造一个实例
MyObject.prototype = new ParentClassConstructor();
```

其中方法 1 和方法 2 虽然操作了原型，但利用的是"修改对象成员"这种动态语言特性，因此，（对于类继承树的构建来讲，）事实上也没有"继承"特性；而从"修改对象成员"这个特性上来讲，方法 3（继承原型）可以看作方法 2 的一种扩展方式。

同样是方法 3，事实上它也是 JavaScript 中最经典、最传统的原型继承方法：使用 `new` 来创建子类的原型，从而构建原型继承关系。在这种方法中，`new` 运算可以影响"内部原型链"，从而使 `instanceof` 运算可以有效检测一个实例与其原型链上的父代类之间的类属关系。使用 `new` 运算来确保原型继承链的构建过程，在早期 JavaScript 中是唯一的途径，也是基于原型继承的构建对象系统的最基本方法。

原型继承避免了类抄写的两个关键问题：更多的内存开销和不能维护原型链。但它又存在什么问题呢？对于原型继承来说，它不但存在一些语言特性上的缺陷：

- 在维护构造器引用和外部原型链之间无法平衡；和
- 没有提供调用父类方法的机制。

并且还很显然是一个典型的、以时间换空间的解决方案：继承层次中邻近的成员访问更快，而试图访问一个不存在的成员时耗时最久。

但我们来想想现实中的对象系统。我们其实最希望基类、父类等实现尽可能多的功能，也希望通过较多的继承层次来使得类的粒度变小以便于控制。从这里来看，访问更多的层次，以及访问父类的成员是复杂对象系统的基本特性。而且，我们总是希望在继承树的叶子节点上做尽可能少的工作——如果不是这样，就没有必要构建对象系统了。但是原型继承显然与这种现实需求相冲突。就其根本的原因来说，JavaScript 原本就是为了一种轻量级的、嵌入式的、以 Web 浏览器端为主的脚本语言而设计的，这种应用环境决定了它的空间占用是关键，而时间消耗则相对次要得多。

早期的浏览器端并不承担较多的逻辑运算，而大型对象系统中对功能实现总是倾向于向基类靠拢。后者的需求促使基类（例如基础库或运行环境中的类）的逻辑变得更重，而这正是原型继承所不擅长的。

3.4.3.3　类继承

类继承既是对原型继承的增强，也是一种再实现。

从纯粹概念的层面来讨论，"原型也是对象实例"是一个极为关键的性质，这是它与"类继承体系"在本质上的不同。对于类继承来说，类不必是"对象"，因此类也不必具有对象的性质。举例来说，"类"可以是一个内存块，也可以是一段描述文本，而不必是一个有对象特性（例如，可以调用方法或属性存取器）的结构。

JavaScript 中的类，本质上就是在描述对象；其 extends 声明，则是在描述继承关系。例如：

```
// 方法 4: 使用类声明
class MyObject4 extends ParentClass {
  // 以下用于描述对象, 即所谓的对象成员 (member)
  get name() { }
  foo() { }
  ...
}
```

从本质上来说，方法 4 是前述方法 3 的一个应用：MyObject4 作为类在被声明出来之后，

`MyObject4.prototype`的内部原型链就会被置为`ParentClass.prototype`。不过`MyObject4`的使用（例如，使用`new MyObject5()`来创建实例）还是有些不一样[1]：

- 其一，类的实例是创建自基类的。
- 其二，类构造方法的调用顺序是逆向的。

类继承比原型继承更加强调类的设计过程，类是对象的描述者，并且这种描述是强加在对象（类创建的实例）之上的。这种强制性导致我们在基于类继承来设计系统时，必须预先考虑好某个类是否具有某种属性、方法或其他特征。如果某个类的成员设计得不正确，则它的子类、接口及实例等在使用过程中都将遇到问题，而重构这样的系统的代价是高昂的。

3.4.3.4　直接创建对象

脱离传统的`new`运算直接创建对象，是对原型继承模型的简化。

无论是经典的原型继承，还是通过`class`来声明的类继承，都会用`new`运算调用一次构造器函数。"构造"这一过程既包括对原型链的维护，也包括对新实例的修饰——甚至可以用`Reflect.construct()`来取代`new`运算，以便更细致地控制构造过程中的`new.target`和所创建实例的`constructor`值。例如：

```
// 方法5: 使用 Reflect.construct()以构造器来创建基于原型继承的对象
function MyObject(x) {
  this.xxx = x*3;
  console.log('call me, and new.target is: ', new.target.name);
}
MyObject.prototype = new Object;

function targetConstructor() {
  console.log('non initialization...');
}

// 示例：一般的构造运算
var obj = new MyObject(5);
console.log(obj.xxx); // 15, new.target is MyObject()
console.log(obj.constructor.name); // 'Object'

// 示例：更细致地控制构造过程
var obj = Reflect.construct(MyObject, [100], targetConstructor);
console.log(obj.xxx); // 300, new.target is targetConstructor()
console.log(obj.constructor.name); // 'targetConstructor'
```

1　详细分析请参见"3.3.3　类是用构造器（函数）来实现的"。

new 运算的可替代性，让我们注意到一个事实：所谓原型继承，其本质只是"复制原型"，即，以原型为模板复制一个新的对象。构造函数与 new 运算等过程所附加的效果，其实对复制原型来说是无意义的。仍以上例为例：

```
// 在构造器中修饰对象实例
function MyObject() {
  this.xxx = ...;
  ...
```

其构造器函数对实例的这种修饰作用——对于原型继承来说——可有可无。于是就出现了 Object.create() 这样一种简单的方法，它将"构造器函数"从对象创建过程中赶了出去。在这种新的机制中，对象变成了简单的"原型继承+属性定义"，而不再需要"构造器"这样一层语义。例如：

```
// 在构造器中修饰对象实例
newObj = Object.create(PrototypeObj, PropertyDescriptors);
```

PropertyDescriptors 是一组属性描述符，用于声明基于 PrototypeObj 这个原型之上的一些新的属性的添加或修改——它与 Object.defineProperties() 方法中使用的参数是一样的，并在事实上也将调用后者。它的用法如下例所示：

```
// 方法6: 使用 Object.create() 直接基于原型创建对象
var aPrototypeObject = {name1: 'value1'};

var aInstance = Object.create(aPrototypeObject, {
    name2: {value: 'value2'},
    name3: {get: function () { return 'value3' }}
  }
)
```

在这样的新方案中我们看不到类似 MyObject() 那样的构造器了，并且事实上在 Object.create() 内部也不需要引用用户声明的构造过程，它的实现类似如下：

```
function Object_create(prototypeObj, propertyDescriptors) {
  var obj = Object.setPrototypeOf(new Object, prototypeObj);
  return Object.defineProperties(obj, propertyDescriptors);
}
```

如同 Object.setPrototypeOf() 仅支持对象或 null 值作为原型，向 Object.create() 传入其他非对象的 prototypeObj 值也会导致异常。当然，如果传入 null 值的话，也将得到一个"更加空白"的对象。[1]

Object.create() 只是避免使用构造器来设置新实例原型的一种方法，它没有了在构造器中修饰对象实例这一过程，但和 class 声明一样，在本质上仍然是原型继承。

---

1 详情参见 "3.2.1.5 原型为 null：'更加空白'的对象"。

3.4.3.5 如何选择继承的方式

类抄写与原型继承[1]正好是互补的两种方案：

- 类抄写时成员访问效率更高，但内存占用较大；而原型继承反之。
- 类抄写不依赖内部原型链来维护继承关系，因此也不能通过 `instanceof` 来做这种检测；原型继承却维护着这种继承关系，也可以用于检测。

除此之外，原型继承中的"写复制"机制也决定了我们不能单纯地依赖原型继承。对"写复制"机制有较深了解的读者应该知道：写复制机制在"引用类型"与"值类型"数据中的表现并不一致。具体来说，就是复制引用时，所有实例都将指向同一个引用——从语义上来讲也的确应当如此。但我们也会有这样的需求：实例成员指向基于同一类型的不同实例的引用。例如，在一个存放"线程池对象"的容器中，每个线程池需要一个独立维护的池，而不能直接使用父类中的某个池的相同引用。由此带来的问题实际上是较为严重的，因为这意味着我们必须给原型继承保留一个构造过程，在这个过程中初始化一些引用类型的成员，使得它们能够指向不同的引用。这其实又走回了老路：使用类抄写过程来为每个实例描写某些引用类型的成员。

这种需求导致出现了 `Object.assign()` 这样的方法，并且在远程或跨进程传递对象的系统模型中，使用 `JSON.stringify()` 这类方法来序列化和反序列对象，也成为现实的需求。这些方法除了"传递对象或其性质"之外，本质上也是在缩减原型继承的层次，将对象性质尽可能集中在它的自有属性表中，从而访问更快，控制也更加方便灵活。

尽管类继承是基于原型继承实现的，但是它的核心理念却与原型继承存在矛盾。类继承倾向于在基类中实现更基础、更稳定和更通用的对象性质，以减轻在子类和最终实例上实现逻辑的负担。这通常要求更深层次和更细粒度的继承，并且也是类库会成为大型系统和语言运行期的核心组成部分的原因——这类系统的稳定性要求底层是静态化的、稳定的、逻辑丰富的和确定的，并同时又需要一种标准化的扩展与衍生系统的方法，以满足系统进化的需求。在稳定性和进化需求上兼备且平衡的系统构建模型，就目前可见的，就是类继承和类库了。

面向更加轻量的原型继承，或是面向更深层次的类继承，是 JavaScript 语言设计摇摆不定的一个主要表现。另一个方面，`new` 运算是传统语句风格的（例如，它不是一个函数调用），而使用 `Object.create()` 则是典型的函数调用风格。这在一定程度上，也反映了 JavaScript 在函数式语言和过程式语言这两种风格中的摇摆。

---

[1] 在这里，类继承和直接创建对象可以看成对原型继承的补充。

Object.create()和Object.setPrototypeOf()是ES6之后公开的两种操作原型的主要方式，它向应用层开放了对象系统的核心结构。这一方面是对旧设计的修补，例如，用来替代早期使用new维护原型链，并进一步构建对象系统的方法。如下例：

```
// 方法 7：实现类似方法 3 的继承原型
function MyObject() {}

// 使用Object.setPrototypeOf()重置内部原型链
Object.setPrototypeOf(MyObject.prototype, ParentClass.prototype);

// （或，）使用Object.create()来创建原型
MyObject.prototype = Object.create(ParentClass.prototype);
```

另一方面这种开放也带来了对新的设计的破坏，例如

```
// 方法 8：通过原型操作重构类继承关系
class MyObject extends Object {}

// 相当于重置extends
Object.setPrototypeOf(MyObject, Function);
...
```

JavaScript根本上是围绕小型系统和轻量应用环境设计的，它兼具"动态、函数式、原型继承"等多种语言特性，在灵活多变的同时带来了一种混杂的程序设计语言学知识体系，其结果是易学难精，而且是越深入底层越容易感到混乱。它虽然能够组织大型对象系统，但又对大型对象系统中的封装和多态处理得不够，所以在大型应用中常常缚手缚脚，心有余而力不足。而这也是在ES6之后在类继承语言特性设计上所主要需要解决的问题，包括更强的封装特性，以及类静态语法注解等。[1]

在继承方式的选择上，仍应择需而用：其一，在大型系统上必须采用类继承的思路，其继承关系的确定性和支持静态语法检测等特性，可以帮助开发者最终简化构建大型系统的开发和业务逻辑的实现，并提供足够的系统稳定性；其二，在小型结构或者体系的局部使用原型继承的思路，既可以有优美的实现和高效的性质，也可以更深入地理解JavaScript中混合不同语言特性的精髓。

3.4.4 内置的对象系统

标准规范下的JavaScript有38个内置对象。[2]包括7个在语法形式上具有字面量风格的声

---

[1] 这里主要是指class-fields、class-properties、decorators等这些新的、尚未被标准化的提案。
[2] 内置（Built-in）对象与原生（Native）对象的区别在于：前者是在引擎初始化阶段就被创建好的对象，是后者的一个子集；而后者包括一些在运行过程中动态创建的对象。

明，其中三种字面量（Number、Boolean 与 String）定义的是值类型数据，但可以通过包装类转换至相应的对象类型。整个对象系统如图 3-8 所示。

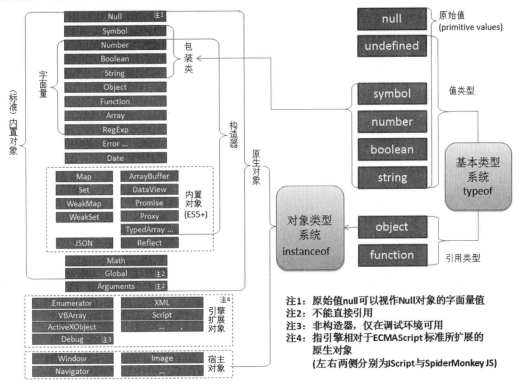

图 3-8　JavaScript 中的对象系统

除此之外的数据类型，包括图中有关引擎扩展对象和宿主对象的部分都不在 ECMAScript 规范的描述中。所有构造器或类都可以使用 new 运算来创建对象实例。接下来，我们将讲述包括 Error、Date、Math、Global 和 Arguments 等在内的对象，它们都是在 ECMAScript 规范的早期（ES5 之前）就被约定了的，并且我们也将概要地讲述在 ES5 及之后规范的各种对象。此外，请读者综合阅读如下相关章节：

- 2.2.1　变量的数据类型
- 2.2.3　使用字面量风格的值
- 3.1.5　符号
- 6.2.1　包装类：面向对象的妥协

特殊的类型 Global，它只有一个全局存在的单例，即所谓的 global。由于没有任何规范要求在JavaScript环境的全局中存在一个名为global的变量并指向上述对象[1]，或显式地定义其构造器函数Global()，因此唯一能在所有引擎中通用的、得到global对象的方法，是借Function对象来实现的：

```
// 得到 global 对象的标准方法
var global = (new Function('return this'))();
```

一旦得到这个对象，就可以列举这个对象中的全局名字。这些名字就是你可以访问的整个内置对象系统，以及所有"泄露"到全局的变量（它们也被作为global的属性，以便作为一个全局可以访问的标识符来使用）[2]：

```
// （续上例）

// 列举所有宿主对象和全局变量（在Node.js中它们一般以显式成员名存在）
Object.keys(global);

// 列举所有全局名字（内建对象、宿主对象和全局变量等）
Object.getOwnPropertyNames(global);
```

理解Global()类与global对象，是理解JavaScript内置对象系统的起点。正如其名字所指，它既代表了这个系统中逻辑执行的最终范围，也代表了这个系统的全体。因此下面两行代码在语义和执行效果上是一致的：

```
new Object()
new global.Object()
```

3.4.4.1　早期规范（ES5之前）中的对象

与Global类似，Arguments也是在早期就被规范过的对象，并且也没有一个显式声明过的构造器。更确切地说，它们都没有约定过构造器，其实例是可以由new Object()来创建并赋予各种成员的。但Arguments确实存在一个"语义上"独立的构造器，并可以通过下面的方式来得到它：

```
// 得到 Arguments 构造器的标准方法（在Node.js中，它等同于Object）
var Arguments = (new Function('return arguments.constructor'))();
```

之所以说是"语义上"存在的，是因为Arguments在语义上可以作为类并创建其实例，而Global应该只有一个全局实例，所以它没必要有一个语义上的、可引用的构造器。

Arguments()的实例总是由引擎在函数调用时动态创建并添加在函数闭包中的，因此能

---

[1] ES2018将global作为规范的一部分定义在了全局变量中。
[2] 详情可参见"2.2.2.1　块级作用域的变量声明与一般var声明"。

在函数的执行代码中直接使用 arguments 这个标识符。可以使用 arguments 的属性 0...n 和 length 来访问函数执行时传入的各个参数——这使得 arguments 看起来类似一个数组，但它并非数组对象。有关 Arguments() 的更多特性，可以参阅如下章节：

- 5.3.1.5　参数对象
- 6.4.3　类数组对象：对象作为索引数组的应用
- 6.7.1　动态方法调用以及 this 引用的管理
- 6.7.4　栈的可见与修改

另一个早期规范过的对象是 Error() 构造器，它用于创建一个可以用 throw 语句抛出的错误对象。不过 Error() 在这一点上并没有什么特殊性，因为事实上 throw 语句可以将任意对象作为错误抛出并由 try...catch 语句来捕获，而 Error() 只是用面向对象的方式规范了一类对象，让用户代码更便于识别与处理错误类型而已。ECMAScript 中规范了如下原生错误类型（Native Error Types），用户代码可以派生它们的子类或自行定义更多的错误对象，如图 3-9 所示。

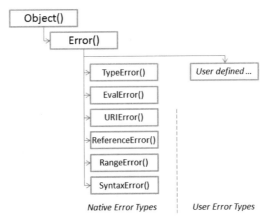

图 3-9　原生的和用户自定义的错误类型

此外，最常见的对象是 Date() 构造器，它用于处理日期与时间值。JavaScript 中的时间值记录是以 1970 年 1 月 1 日零时为相对基点的毫秒数，因此可以用这样的毫秒值来构造日期对象：

```
// 用日期字符串来创建日期对象
var x = new Date('2012/10/21');

// 用毫秒数来创建日期对象
var x = new Date(1350748800000);
```

同样的原因,当日期运算中无法表达为这种数值时,就会返回"非数字值(NaN)",例如:

```
// 显示 NaN,表明无效的日期值
console.log(Date.parse('a')); // NaN
```

构造器 `Date()` 也会创建出所谓的"无效日期对象",如:

```
// 构造一个无效日期对象(这并不会导致异常)
var obj = new Date('a');

// 它的日期运算也会得到 NaN
console.log(obj.valueOf()); // NaN
console.log(obj.getYear()); // NaN
```

还有一个需要被提及的常用对象是 Math,它不是构造器,而是作为全局单例对象提供了一些与数学运算相关的定义和方法,例如 Pi 值的定义,以及三角函数运算、取整运算等。除了 Math 对象之外,global 对象还定义了一些与数值计算相关的成员,包括 Infinity、NaN、parseInt() 和 parseFloat() 等[1],你可以在代码中直接使用。

有且仅有一个对象不在 global 所代表的对象系统中,即不能由它们的类或子类创建,这就是 null 对象。这是因为 JavaScript 中的 Null 作为类型只有一个字面量形式的 null 值,并且这个 null 值也是一个对象。与 null(作为对象)不同的是,undefined 是一个值,但它却被定义在 global 中(这是为了兼容早期 JavaScript 的设计)。如下所示:

```
# undefined 值被定义为 global 的属性
> Object.getOwnPropertyDescriptor(global, 'undefined')
{ value: undefined,
  writable: false,
  enumerable: false,
  configurable: false }
```

3.4.4.2 集合对象

JavaScript 提供两种集合(Collection Types)对象,其中索引集合(Indexed Collections)包括数组(Array)和类型化数组(TypedArray),而键值集合(Keyed Collections)包括 Map、Set、WeakMap 和 WeakSet。此外,JavaScript 也设计了专门的语句 for...of,用于列举集合中的成员。

数组(Array)是 JavaScript 早期就提供支持的一种内置对象,可以使用字面量风格来声明。数组在实现上与对象没有本质的不同,数组成员 `array[1]` 与对象属性 `object[1]` 在

---

[1] 在"6.3.3.1 到数值的显式转换"中有对 parseInt() 和 parseFloat() 方法的进一步讨论。

JavaScript 的对象系统中可以做相同的理解。出于这种概念上的一致性，我们也并不认为 `Array()` 对象的各个元素在具体引擎中进行存储时有着内存地址的连续性。因此 JavaScript 的数组是异质、交错和稀疏的，可以存在不连续的下标（元素为 `undefined` 的空洞）以及保存任意类型的元素（详情可参见"3.1.1.3 数组及其字面量"）。

数组由于存储的不连续性，以及元素的不一致，因而有着巨大的性能问题，所以 JavaScript 也提供了类型化数组（TypedArray）来高效处理地址连续、成员结构化的集合。TypedArray 是一类数组的统称，它包含表 3-10 所示的 9 种对象（构造器）。

表 3-10 类型化数组

类型	字节	元素类型	C 风格	描述
Int8Array	1	byte	int8_t	8 位二进制带符号整数 $-2^7 \sim (2^7)-1$
Uint8Array	1	unsigned int	uint8_t	8 位无符号整数 $0 \sim (2^8)-1$
Uint8ClampedArray	1	unsigned int	uint8_t	8 位无符号整数 $0 \sim (2^8)-1$（注1）
Int16Array	2	short	int16_t	16 位二进制带符号整数 $-2^{15} \sim (2^{15})-1$
Uint16Array	2	unsigned short	uint16_t	16 位无符号整数 $0 \sim (2^{16})-1$
Int32Array	4	long	int32_t	32 位二进制带符号整数 $-2^{31} \sim (2^{31})-1$
Uint32Array	4	unsigned int	uint32_t	32 位无符号整数 $0 \sim (2^{32})-1$
Float32Array	4	unrestricted float	float	32 位 IEEE 浮点数
Float64Array	8	unrestricted double	double	64 位 IEEE 浮点数

注 1：Uint8ClampedArray 是不支持 DataView 的，它主要用于处理 HTML5 Canvas 元素（以替换 CanvasPixelArray），除非你的代码与 canvas-y 有关，否则应该避免使用它。它与 Uint8Array 的唯一区别就是其数组元素对溢出处理的不同。[1]

这些类型化数组将使用一个连续的存储空间来构造对象实例。它与 `Array()` 对象有着很大的不同，例如 [2]：

```
// 字符串：通常是连续存储的
var str = 'abcd';
```

---

[1] 一般溢出处理为最小值减 1 时成为最大值（例如，Uint8 的 255），称为下溢；最大值加 1 时成为最小值（例如，无符号整数的 0），称为上溢。而 Clamped 意味着下溢时仍为最小值，上溢时仍为最大值。

[2] 字符串到 `Uint8Array()` 的转换是有损的，因为 JavaScript 中使用的是 UTF-16 的字符编码，所以至少应该使用 `Uint16Array()` 来处理字符串。此外，更好的方法是使用 `ArrayBuffer` 来操作这样的字符串，而非使用 `typedArr.set()`。

```
// 一般数组：通常不连续存储
var normalArr = str.split('');

// 类型化数组：在内存中有连续字节的空间作为数组元素
var typedArr = new Uint8Array(4);
typedArr.set(normalArr.map(c=>c.charCodeAt(0)));

// 测试
console.log(typedArr);  // [ 97, 98, 99, 100 ]
console.log(typedArr instanceof Array);  // false, 表明Array不是它的父代类
```

对于这个例子，`normalArr`的元素的个数和类型都是不确定的，而`typedArr`的则是在创建时就确定好的。因此，后者——TypedArray只能修改元素的值，这些能影响元素值的方法其实只有以下 5 个 [1]：

- `typedArr.copyWithin()`
- `typedArr.fill()`
- `typedArr.set()`
- `typedArr.sort()`
- `typedArr.reverse()`

其他方法都只会操作数组而不会直接更新数组元素。当然，如所有数组一样，也可以直接用下标`typedArr[x]`来存取指定的元素。

数组本质上是提供集合元素的有序访问的，而键值集合（Keyed Collections）则是无序的。其中，Map()对象是一个键值对的集合，其 `get()`/`set()`、`delete()`、`has()`等主要运算是面向键值对的 key 的；而 Set()对象则强调集合中的元素值无重复，主要运算 `add()`、`delete()`、`has()`等都是操作元素的值的。

WeakSet()与Set()对象一样有`add()`、`delete()`和`has()`方法，但是`weakSet.add(x)`中的 x 只能是对象，并且当这个对象 x 添加到 weakSet 时并不会增加 x 的引用计数——这意味着对象在 WeakSet 之外维护着生存周期，可以不经`delete()`操作而从该集合中消失。出于这样的原因，不可以列举 WeakSet 中的元素，也不可以从这个集合中取出元素，只能使用`weakSet.has(x)`来查看某个对象是否还存在——它或是已经消失了，或在其他某个地方被持有了引用。

与 WeakSet "使用对象的弱引用作为值" 类似，WeakMap 使用这样的弱引用作为键值对中的键（key）。因此后者也不能列举所有的键，即它既没有`forEach()`也没有`keys()`方法。

---

[1] 这些被称为"修改器方法（Mutator methods）"。普通数组会比 TypedArray 多出 5 个修改器方法，分别是`pop()`、`push()`、`shift()`、`unshift()`和`splice()`。亦即是说，普通数组可以改变长度，而 TypedArray 不能。

关于 `WeakSet()` 与 `Set()` 对象，我们再做最后一点补充。既然 Set 和 WeakSet 是直接将值作为元素而没有 key 的，那么它为什么又会被归为"键值集合"呢？这是因为 `Set()` 提供了与 `Map()` 对象一致的操作界面，包括相同的迭代器操作等，例如 `aSet.forEach()` 和 `keys()` 方法。不过在这些方法和操作中，Set 集合中元素的键与值（key/value）是一样的：`forEach()` 列举的回调函数中的 `key` 与 `value` 相同，而 `keys()` 方法也只是 `values()` 方法的一个别名而已。

3.4.4.3 结构化数据对象

所有的 TypedArray 对象其实都是结构化的数据（Structured Data），它们本身也都是基于 `ArrayBuffer()` 对象来实现的，如图 3-10 所示。

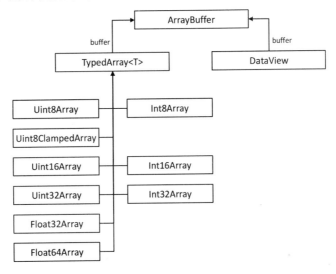

图 3-10 类型化数组

`ArrayBuffer()` 主要提供一种访问其他高级语言或引擎外部数据的方式，多数情况下它的实例会作为 TypedArray 来使用，但它并不是 TypedArray 的基类。`ArrayBuffer()` 甚至也不是数组风格的类（array-like objects），更不是 `Array()` 的子类。在下例中 `buff[x]` 这样的操作，是 JavaScript 对象的属性访问，而非数组元素的下标存取：

```
// 注：不能直接存取 buff 中的数据
var buff = new ArrayBuffer(4);
buff[0] = 'a';
```

需要使用 TypedArray 对象作为视图，或直接使用 `DataView()` 来创建视图，才能操作 `ArrayBuffer()` 对象中的数据。例如：

```js
var buff = new ArrayBuffer(4);

// 将 buff 的字节 0 置为整数 10
var arr = new Int8Array(buff);
arr[0] = 10;

// arr 与 view 实际上是 buff 的两个视图，操作的是同一块数据
var view = new DataView(buff);
console.log(view.getInt8(0)); // 10

// 通过视图（或 TypedArray）存取 buff 中的数据
view.setInt16(0, 0x1234);
console.log(view.getInt8(1).toString(16)); // 34
```

所以通常情况下，外部系统可以将结构化数据作为一个数据块传给 JavaScript，并提供一个 `ArrayBuffer()` 的接口，然后 JavaScript 就可以操作这个数据块而无须依赖外部系统的应用程序接口（API）了。这种数据交换的常见示例就是文件系统读取，例如：

```js
// in Node.js
var fs = require('fs');
fs.readFile(aFilePath, function(err, data) {
  // 取前 4 字节，例如 Unicode 文件的 BOM 头
  var buff = data.buffer.slice(0, 4);
  console.log(new Int8Array(buff));
  ...
})
```

JavaScript 也在需要共享内存的环境中提供了 `Atomics` 和 `SharedArrayBuffer()` 对象以支持类似的原始二进制数据缓冲区——在单个、独立的 JavaScript 引擎实例内部通常是没有这一需求的。[1] 其中，`SharedArrayBuffer()` 与 `ArrayBuffer()` 的界面是一致的，但其数据保存在多个线程（或引擎实例）共同维护的共享内存中，而 `Atomics` 对象提供了一组静态方法用来对 `SharedArrayBuffer` 对象进行原子操作，以确保这些线程同步。

JavaScript 支持的最后一种、也是最常用的一种结构化数据是 JSON 对象。它用对象方法的形式提供了两个常见的操作，即 `JSON.parse()` 和 `JSON.stringify()`，并且可以直接作为函数而不用绑定 `this` 来调用。这让它在一些回调函数或类似运算中使用起来非常便捷，例如，`promiseObj.then()`。在这里需要略微提及的是：`JSON.parse()` 的结果并不总是对象。因为 JSON 格式的数据既包括对象与数组，也包括 `number`、`string`、`boolean` 和 `null` 值，所以 `JSON.parse()` 可能返回这些值。反之，`JSON.stringify()` 也可以将这种值转换为 JSON 格式文本。例如：

---

[1] 尽管没有约定，但是 JavaScript 引擎通常被实现为单线程的，或者说宿主通常会将 JavaScript 引擎实例创建在独立的线程中。因此，引擎实例内的数据处理通常是不考虑线程安全问题的。

```
console.log(JSON.parse('1'));  // 数字: 1
console.log(JSON.stringify('hello'));  // 字符串: '"hello"'
```

3.4.4.4 反射对象

通过反射（Reflection）机制，可以访问、检测和修改对象的内部状态与行为。其中，反射对象Reflect用于提供反射机制的一个常用界面——但它并不是使用反射机制的唯一方法。Reflect对象的功能可以通过其他方法或语法来实现[1]，参见表3-11。

表 3-11 Reflect 的界面

Reflect.xxx 方法	可替代方法	备注
apply(target, ...)	target.apply()	调用函数
construct(target, args, ...)	new target(...args)	创建实例（注1）
getPrototypeOf(target)	Object.getPrototypeOf(target)	原型 （读、写）
setPrototypeOf(target, ...)	Object.setPrototypeOf(target, ...)	
get(target, prop, ...)	target[prop]	属性值 （读、写、检查）
set(target, prop, ...)	target[prop] = xxx	
has(target, prop)	prop in target	
deleteProperty(target, prop)	delete target[prop]	属性表项管理 （增加、删除、列举）
defineProperty(target, ...)	Object.defineProperty()	
getOwnPropertyDescriptor(...)	Object.getOwnPropertyDescriptor()	
ownKeys(target)	（注2）	
isExtensible(target)	Object.isExtensible(target)	属性表管理 （禁止扩展）
preventExtensions(target)	Object.preventExtensions(target)	

注1：考虑到在构造器中 new.target 的设置，该方法无法通过 Shim 代码完整实现。
注2：该方法返回全部自有的字符串键名和符号键名的属性，可以使用如下类似代码替代实现。

```
function Reflect_ownKeys(target) {
  return Object.getOwnPropertySymbols(target)
    .concat(Object.getOwnPropertyNames(target));
}
```

Reflect对象用于"调用"对象的行为。与此不同，Proxy类从另一个角度来实现反射，它用于"改变"对象的行为。Proxy可以代理目标对象的全部行为[2]，并通过在助手对象handler上的陷阱来响应"在代理对象上发生的"指定行为。这些行为的界面与表3-11中所示的Reflect

---

1 并不是所有的"可替代方法"都能直接达到与相应 Reflect.xxx 对象一致的效果，但是可以通过简单的 Shim 代码来实现。
2 关于这些行为以及代理机制的详细阐述，请参见 "3.6.1.3 内部方法与反射机制"。

的界面是一致的,也就是每个可被反射的`Reflect.xxx`方法都有一个对应的、可声明为`handler.xxx`的陷阱。例如:

```javascript
// 示例:代理obj对象,并尝试进行属性的读写操作

var obj = { value: 100 };
var p = new Proxy(obj, {
  get: function(target, key) {
    console.log('access key name:', key);
    return target[key] * 2;
  }
});

// 代理机制并不改变原始对象自己的操作
console.log(obj.value); // 100

// 只能响应"在代理对象上发生的"行为,例如读属性
console.log(p.value);  // 200

// 未定义陷阱的行为会被直接投射到目标对象,例如写属性
p.value = 1;
console.log(obj.value); // 1
```

通过对类/构造器创建代理,可以很方便地观察它的每一个实例的行为。例如:

```javascript
/*******************************
 * 文件 MyObject.mjs
 *******************************/
export default class MyObject {
  // ...
}
MyObject.prototype.value = 100;


/*******************************
 * 文件 MyObjectProxy.mjs
 *******************************/
import MyObject from './MyObject.mjs';

var logger = {
  // 更多handler方法

  get: function(target, key) {
    console.log('[INFO] - ' + target._id, 'access key name:', key);
    return target[key];
  }
}

var uuid = 0;
export default new Proxy(MyObject, {
  construct: function(...args) {
    var newInstance = Reflect.construct(...args);
    return new Proxy(Object.assign(newInstance, {_id: ++uuid}), logger);
  }
```

```
});

/*******************************
 * 示例 - test.mjs
 *******************************/
import ProxyObject from './MyObjectProxy.mjs'
import MyObject from './MyObject.mjs'

var p = new ProxyObject;
console.log(p.value);

var obj = new Object;
console.log(obj.value);
```

如上,由于 `Proxy` 类隔离了被代理对象的业务逻辑和外界对它的观察行为,一旦我们想观察 `MyObject` 实例的更多特性,只需要修改 `MyObjectProxy.mjs` 中的 `logger`——这个 `handler` 上的陷阱,而不需要修改 `MyObject.js` 中的任何业务逻辑。

模块名字空间对象(module namespace object)也被归为反射机制的一部分,一定程度上是因为它可以用于观察一个模块的内部情况,这与反射的定义是类似的。模块名字空间对象有两个含义,其一是指模块自身的导出表,这定义在该模块的名为`[[Namespace]]`的内部槽中;其二是指使用

```
import * as xxx from 'module-name';
```

语法导入的对象 *xxx*。这个对象 *xxx* 是真正用户可见的模块名字空间对象,并且也事实上是对`[[Namespace]]`的间接引用。模块名字空间对象没有构造器/类,除了有 `Symbol.toStringTag` 这个符号属性(和在源模块`'module-name'`中导出的名字)之外,也没有其他任何自有的方法或属性,但是它仍然是一类特定的对象,可以用如下方法检测到它的类名:

```
// (续上例)
console.log(Object.getOwnPropertySymbols(xxx));  // 显示 Symbol.toStringTag
console.log(Object.prototype.toString.call(xxx));  // 显示 [object Module]
```

3.4.4.5 其他

JavaScript 提供了一类称为"控制抽象(Control Abstraction)"的对象,包括迭代器、生成器等将在如下章节讨论的内容:

- 迭代器(Iteration),参见"5.4.4 迭代"。
- 生成器函数类和生成器类,参见"5.3.2.2 生成器函数"和"5.4.5 生成器中的迭代"。
- Promise 类,参见"7.2 Promise 的核心机制"。

- AsyncFunction 类，参见"7.3.3.3　new Function()风格的异步函数创建"。

在通用的 ECMAScript 的规范之外，引擎扩展对象是一个并不太大的集合，一般来说比较确定，它们也属于引擎的原生对象。在 JScript 中，`Enumerator`、`VBArray`、`ActiveXObject` 三个对象都与 COM/ActiveX 系统有关。其中，`VBArray` 与一种 COM 框架中的名为 `SafeArray` 的数组有关（VBScript 中的数组都是 `SafeArray`，所以这里的名字用 `VBArray`，看起来像是 JScript 与 VBScript 交换数据的一个中间对象）；`Debug` 对象仅在调试环境中有效，它不是构造器，因此不能创建实例。

在SpiderMonkey JavaScript中扩展了`Script()`和`XML()`两个对象，前者用于将一段脚本代码解析、编译成一个全局中的函数，后者仅实现于SpiderMonkey JavaScript 1.6 及以上版本，是基于名为E4X（ECMAScript for XML）的规范而实现的、能在JavaScript中直接支持XML数据的技术。[1]

除了 JScript 与 SpiderMonkey JavaScript 之外，其他引擎也有相对独立的对象扩展。这些不同引擎独自实现的扩展对象，一般不会被其他引擎接受，在移植中存在明显的兼容问题，因此建议慎重使用。

最后一类是宿主对象，它们也不是引擎的原生对象，而是由宿主框架通过某种机制注册到 JavaScript 引擎中的对象。这一类对象极为丰富，例如我们常见的 DOM 对象模型，以及浏览器框架（`Window`、`Navigator` 等）。宿主对象既可能是一个在宿主初始化引擎的过程中创建好的对象，也可能是一个在宿主运行过程中才会创建出来的对象。同时，宿主对象也包括动态创建或产生的对象实例和构造器函数，例如 `Image()`、`XMLHttpRequest()`等。

一些宿主会把自己提供的对象 / 构造器也称为"原生对象"，例如，Internet Explorer 7 就把它提供的 `XMLHttpRequest()` 称为原生的，与此相对的是，在它的更早先版本中通过 `new ActiveXObject('Microsoft.XMLHTTP')` 这样的方法创建的对象。在这种情况下，读者应注意到"宿主的原生对象"与"引擎的原生对象"之间的差异。

3.4.5　特殊效果的继承

一些JavaScript内置对象具有在对象系统的封装、多态与继承性之外的特殊效果，这些效

---

[1] 与此类似的是 Microsoft 在 Internet Explorer 中实现的 XML DataLand，该技术用于在 HTML 页面中包含 XML 数据且支持 JavaScript 直接访问。但 MS XML DataLand 是在 HTML 层面实现的一种数据表示技术，而 E4X 是在 JavaScript 层面实现的一种可编程数据对象技术，二者存在本质上的差异。

果如表 3-12 所示[1]。

表 3-12 内置对象的特殊效果

对象	特殊效果	示例

Number
Boolean
String
Symbol
	包装类	`Object.prototype.wrapperClass= function() {`
		`  console.log(this.constructor.name)`
		`};`
		`// 将调用对应的包装类来得到一个临时对象(作为this)`
		`'hello'.wrapperClass(); // 显示包装类名'String'`
		`(1).wrapperClass(); // 显示包装类名'Number'`

Object	调用包装类	`// 将按值参数的类型,调用对应的包装类来构造实例` `new Object(5).wrapperClass();`

Array	自动维护的
	length 属性
		`var arr = new Array(5);`
		`arr[10] = '11 elements'; // 将维护length属性`
		`console.log(arr.length); // 11`

Date	日期对象的 相关运算	`var d = new Date();` `d.getYear();`

Function	创建可执行的函数	`var func = new Function();`
		`func(); // 可执行`
		`console.log(typeof func); // 'function'`

RegExp	可执行, 可参与字符串运算	(注1)
Proxy	代理目标对象, 以及回收代理	`var p = new Proxy(new Object, {});` `var {proxy:p2, revoke} = Proxy.revocable(p, {});`
TypedArray DataView	创建与绑定 buffer	`var arr = new Int32Array(10);` `var arr = new Int8Array(new ArrayBuffer(10))`
ArrayBuffer SharedArray Buffer	初始化 buffer, 并维护 byteLength	`var new ArrayBuffer(10);`
WeakMap WeakSet	不修改引用, 并自动回收对象	(略)
Map/Set	(无)	
Error	(无)	(注2)

注 1: 仅在 SpiderMonkey JavaScript 中支持。

注 2: 任意对象或值都可以由 throw 抛出并被 catch 捕获,这并非 Error() 对象的特殊效果。

---

1 这里只讨论了 ECMAScript 标准中的原生对象,同样的问题也会出现在引擎扩展的对象和宿主对象中。例如,JScript 中的 ActiveXObject() 具有从 COM 类库中创建对象的能力,而 DOM 对象模型中的 Image() 具有预装载图像的能力,等等,这些特殊效果在继承过程中会丢失。

类似的——作用于特定对象实例的——效果，是不能通过一般方式来继承得到的。举例来说，Function 函数的"可执行"效果是指在类似如下的代码中：

```
func = new Function();
```

所得到的 `func` 对象"是一个可执行的函数"的效果。假设我们尝试用传统的方式来继承 Function() 的一个子类，那么得到的 myFunc 是不可执行的：

```
function MyFunction() {
}
MyFunction.prototype = new Function();
// OR
// MyFunction.prototype = Function.prototype;
// MyFunction.prototype = Function;

// 输出 true, 表明 myFunc 是一个函数对象
var myFunc = new MyFunction();
console.log(myFunc instanceof Function);

// 触发异常: " myFunc is not a function"
myFunc();
```

可见对象 myFunc 的父类 MyFunction() 虽然从 Function() 中继承了"函数对象的所有属性"——这是完全符合对象继承的语义的，但不能继承它"可执行"的效果。同理，表中列出的各种内置对象/类的特殊效果不被对象系统继承：一方面，这些效果被引擎绑定在特定的构造器上，而不是它们的原型上；另一方面，对象系统只负责维护内部原型链，以确保 `instanceof` 运算能正确检测这种关系，而不负责这些特定效果的实现与传递。

使用 class 声明的方式可以"派生引擎原生对象"并继承特殊效果，这对大多数类是有效的（除了与"包装类"相关的几种效果之外[1]）。例如：

```
class MyFunction extends Function {}
class MyArray extends Array {}
class MyDate extends Date {}
var func = new MyFunction('console.log("HELLO")');
var arr = new MyArray(10);
var d = new MyDate();

// 可调用
func(); // "HELLO"
// 有自动维护的 length 属性
arr[20] = 0;
console.log(arr.length); // 21
// 能调用相关方法
console.log(d); // 将隐式地调用 Date.prototype.toISOString()
```

---

[1] 值类型与它的包装类之间的关系是在引擎内部设定的，因此既不可能通过重写构造器（的标识符）来替代这种效果，也不能通过继承来使得这些包装类的子类继承这种效果。

这是由于 class 声明方式实际上是使用基类来创建实例的，因此类似的过程如下[1]：

```
function MyDate() {}
Object.setPrototypeOf(MyDate.prototype, Date.prototype);

var d = new Date();
Object.setPrototypeOf(d, MyDate.prototype);
MyDate.call(d);

// 测试
console.log(d); // 将隐式地调用 Date.prototype.toISOString()
console.log(d instanceof MyDate); // true
console.log(d.constructor === MyDate); // true
```

或者这样来实现类似效果的构造器（传统原型继承风格）：

```
function MyDate(...args) {
  let Base = Object.getPrototypeOf(MyDate.prototype).constructor;
  self = Object.setPrototypeOf(new Base(...args), MyDate.prototype);
  // ...

  return self;
}
Object.setPrototypeOf(MyDate.prototype, Date.prototype);

// 测试
var d = new MyDate;
console.log(d); // 将隐式地调用 Date.prototype.toISOString()
console.log(d instanceof MyDate); // true
console.log(d.constructor === MyDate); // true
```

3.5 可定制的对象属性

在完全不考虑"对象"如何实现与存储的情况下，仅其语义而言：对象，就是一组（零到任意多个）属性的集合，即所谓的"对象是属性包"。至于这个集合中的成员究竟是普通属性还是方法，或者是可被回调的"事件"，是无关紧要的。

所以属性的性质也并不用于描述该属性的类型或作用，而主要用于描述一个属性之于这个集合的种种关系。这些关系有三种：Writable（可写）、Enumerable（可列举）和 Configurable（可配置）。除此之外，一个属性本身还具有两种性质：Name/Value，即名字和值。

综上所述，如果要"声明"一个对象，本质上来说就是（为它所有的属性）描述清楚上述 5 种性质。JavaScript 约定了 Writable、Enumerable 和 Configurable 三种性质的默认值，因此多数情况下只需指定 Name 和 Value 即可。

---

1 详情可参考"3.3.3 类是用构造器（函数）来实现的"。

3.5.1 属性描述符

在使用对象字面量时，其实是用"名称/值"的方式快速地定义了上述属性性质的一个简化版：

```
obj = {
  name: 'value'
}
```

而 JavaScript 内部是用属性描述符来定义这些性质的。属性描述符也是一个对象。属性按它的描述符的不同，可以分成以下两类。

- 数据属性：a named data property，兼容 ES3 的一般属性，如上例中的 `obj.name`。
- 存取属性：a named accessor property，用 `get/set` 定义的属性。

3.5.1.1 数据描述符

仍以上例中的属性 `obj.name` 为例，它的描述符如下：

```
// a data property description of key 'name'
{
  value: 'value',
  writable: true,
  enumerable: true,
  configurable: true
}
```

这种描述符主要用于有确切值的数据，称为数据描述符（Data descriptor）。它是一种兼容 ES3 的、传统的属性描述符，由两部分构成，参见表 3-13。

表 3-13 数据属性描述符

	属性	值类型	默认值	含义
数据描述（注1）	value	（任意）	undefined	基本"名字/值"定义
	writable	Boolean	false	属性可否重写，当它为 false 时，属性是只读的
性质描述	enumerable	Boolean	false	属性可否列举，值为 false 时，不能被 for...in 语句列举
	configurable	Boolean	false	属性的性质可否新配置，值为 false 时，Writable 与 Enumerable 值是可以修改的，且该属性是可用 delete 运算删除的

注1：必须至少具有 value 或 writable 两种性质之一。

3.5.1.2 存取描述符

带读写器的存取描述符（Accessor descriptor）与上述的数据描述符只能存在一种，而不可能同时存在。其格式为：

```
// a accessor property description
{
  get: function() { … },
  set: function(newValue) { … },
  enumerable: true,
  configurable: true
}
```

它仍然由两部分构成，如表 3-14 所示。

表 3-14 存取属性描述符

	属性	值类型	默认值	含义
存取描述 （注1）	get	Function	undefined	取值函数(getter)
	set	Function	undefined	置值函数(setter)
性质描述	enumerable	Boolean	false	属性可否列举， 值为 false 时，不能被 for...in 语句列举
	configurable	Boolean	false	属性的性质可否新配置， 值为 false 时，Writable 与 Enumerable 值是可以修改的，且该属性是可用 delete 运算删除的

注 1：必须至少具有 get 或 set 两种方法之一。

当读、写属性时，将分别调用 get 与 set 所指向的两个函数。可以在 get/set 中使用 this 来访问"当前对象"的其他成员或调用它们的方法。注意，所谓"当前对象"并非是这里的"属性描述符（对象）"，而是持有该属性的对象本身。

由于 this 指向对象本身，因此可以直接或间接地访问到当前属性。显然，这可能导致死循环，例如，你在同一个对象 obj 上声明了下面两个属性：

```
obj = Object.create(null, {
  aData: { // 一个存取属性
    get() { return this.aMethod() }
  },
  aMethod: { // 一个数据属性
    value: function() { return this.aData }
  }
});
```

那么试图读 obj.aData 属性时，就会触发异常——这与具体的引擎实现有关，例如提示"太多层递归（too much recursion）"，或导致死锁。

3.5.1.3　隐式创建的描述符：字面量风格的对象或类声明

使用字面量风格来声明对象时，它的性质值是有些不一样的，如表 3-15 所示。

表 3-15　字面量风格的对象声明的默认性质值

性质	默认值	备注
Writable	（通过语法分析结果确定）	
Enumerable	true	总是使用默认值
Configurable	true	总是使用默认值

由于字面量风格的声明中不存在对 Enumerable 和 Configurable 的定义，因此它们总是使用默认值。为了兼容旧的对象声明语法，Writable 值需要按照语法分析来确定。其一，当使用旧的字面量风格声明属性或添加对象属性时，JavaScript 总是会初始化一个数据描述符并包括两个性质：Value 和 Writable，其中 Writable 为 true。例如：

```
// 旧的字面量风格声明的属性
obj = {
  name: 'value'
}

// 添加属性值
obj.newName = 'value';
obj['newName2'] = 'value';
```

其二，一般方法声明可以视为上述传统声明的补充形式，在属性描述符的使用上与上述规则一致。例如：

```
// 方法声明
obj = {
  foo() {
    // 使用数据描述符将 foo() 添加为 obj 的属性
  }
}

// 添加属性值
obj.newName = 'value';
obj['newName2'] = 'value';
```

其三，在使用存取方法来声明属性时，会初始化一个存取描述符，它包括两个函数——get 或 set 之一，或两者皆有。例如：

```
// 用字面量风格声明的存取属性
obj = {
  get name() {
    return 'value';
  }
}
```

3.5 可定制的对象属性

因此在使用字面量风格声明时，一个属性的可写性只可能是表 3-16 所示的两类情况之一。

表 3-16 可写性：字面量风格声明的对象属性

	声明方式		Writable 含义	备注
数据描述	基本形式	`Name: Value`	可读写属性	
存取描述	读写器	`get Name() { }`	只读属性	注 1
		`set Name(newValue) { }`	只写属性	注 2
		`get Name() { },` `set Name(newValue) { }`	可读写属性	

注 1：也称为"取值属性（getter-only property）"。

注 2：也称为"置值属性（setter-only property）"，是较少使用的一种形式。按照 ES5 规范中 8.12.3.12 节的介绍，在这种情况下读取属性应该得到值 undefined。

在使用类声明（包括字面量风格的类表达式声明）时，属性的描述符创建规则与上述一致。需要指出的是，类静态成员会声明为类（AClass）的属性，而一般成员会声明为类的原型（AClass.prototype）的属性。例如：

```
// 字面量风格的类声明
class AClass {
  foo() {
    // 声明为 AClass.prototype.foo 属性（的数据描述符）
  }
  static get name() {
    // 声明为 AClass.name 的属性存取方法
  }
  get name() {
    // 声明为 AClass.prototype.name 的属性存取方法
  }
}
```

3.5.2 定制对象属性

在"3.1.3 对象成员"中，我们曾将对象/类的属性从继承性的角度分为如下两类。

- 自有属性：own properties，该属性创建于对象的自有属性表中。
- 继承属性：inherited properties，该属性是父类原型上的自有属性（即创建于原型对象的自有属性表中）。

从子类对象的角度更细分地来看，覆盖属性（overrided properties）覆盖了父类原型上的同名属性，也是一种（子类自有的）自有属性。最后，还有一类自有属性被称为内部属性（internal properties），它是每个对象实例内部的、自有的属性。部分内部属性是可被继承的，或是可以被某些公开方法影响的，因此子类实例也可以覆盖它们。

3.5.2.1 给属性赋值

如果向一个对象的属性赋值，那么在 JavaScript 内部发生的行为很有可能是多样的。具体来说，包括四种情况。

其一，如果一个属性是不存在的，那么将隐式地创建一个数据描述符，且 `Writable`、`Enumerable` 和 `Configurable` 均为 `true` 值。然后将赋值操作的值填入 `Value` 中。

其二，如果一个属性是当前对象自有的，那么赋值操作将变成更新已存在的数据描述符。[1]在这种情况下，只要`Writable`不是`false`（不是只读属性），那么值会被填入`Value`中，否则什么也不做（或在严格模式中抛出异常）。例如：

```
var obj = {};
// 例1：向不存在的属性赋值
obj.n1 = 100;
// 显示 {value: 100, writable: true, enumerable: true, configurable: true}
Object.getOwnPropertyDescriptor(obj, 'n1');

// 例2：向自有的属性赋值
obj.n1 = 200;
// 显示 {value: 200, writable: true, enumerable: true, configurable: true}
Object.getOwnPropertyDescriptor(obj, 'n1');

// 例3：向只读属性赋值
obj2 = Object.create(obj, {n2: {value: 100, writable: false}});
obj2.n2 = 200;
console.log(obj2.n2); // 100, 赋值不成功
// 显示 {value: 100, writable: false, enumerable: false, configurable: false}
Object.getOwnPropertyDescriptor(obj2, 'n2');
```

其三，如果是从某个原型继承来的可写属性，并且它使用的是"数据描述符"，那么将会在子类（当前对象）的自有属性表中再创建一个数据描述符。这个新属性描述符本身并不继承任何性质（例如是否可列举），而总是按一个默认的数据描述符方式来初始化，即 `Writable`、`Enumerable` 和 `Configurable` 均为 `true`。例如：

```
// （续上例）

// 重置 n1 的 enumerable 性质为 false，因此在 obj 中是不可见的
Object.defineProperty(obj, 'n1', {enumerable: false})
```

---

[1] 如后文所述，存取描述符无法直接通过赋值来更新，因为赋值操作将触发该描述符的 `setter` 置值器。

```
console.log(Object.keys(obj)); // 显示为空数组

// n1 继承自 obj
console.log(obj2.n1); // 200
// 不是 obj2 自有的属性
console.log(obj2.hasOwnProperty('n1')); // false

// 例 4: 向继承来的可写属性置值
obj2.n1 = 300;

// 由于为 n1 赋值导致创建新的属性描述符，因此 n1 成为自有的属性
console.log(obj2.hasOwnProperty('n1')); // true

// 由于新的数据描述符的 enumerable 重置为 true，因此在 obj2 中它是可见的
console.log(obj2.propertyIsEnumerable('n1')); // true
```

最后，如果一个属性使用的是存取描述符，那么无论它的读写性质是什么，都不会新建属性描述符。如果在子类中继承了这样一个属性，那么在子类中对该属性的读写也会忠实地调用（继承而来的、原型中的）读写器。

3.5.2.2 使用属性描述符

在 JavaScript 中不能直接修改属性描述符的性质以影响源对象，这是因为属性描述符只是复制了对象属性的内部性质，而不是这些性质的直接引用。但是可以通过 Object.defineProperty() 等方法来声明（或覆盖）原有的属性描述符，从而影响对象属性的性质。这些可用的方法有三个，参见表 3-17。

表 3-17　创建属性的方法

分类	Object.xxx 方法	说明（注 1）
属性声明	defineProperty(obj, name, descriptor)	为对象声明一个属性
	defineProperties(obj, descriptors)	为对象声明一组属性
	create(prototype, descriptors)	创建对象并声明一组属性

注 1: 如果是新声明属性描述符，那么属性描述符中性质的值默认为 false[1]；如果是更新描述符，性质的值默认时是指不覆盖原有值。

表中 Object.defineProperty() 方法中的 descriptor 是指描述符本身。例如可以这样为一个对象添加一个属性：

```
var obj1 = {};
```

---

[1] 参见表 3-13、表 3-14 和表 3-15。

```javascript
Object.defineProperty(obj1, 'aName', {
   get: function() { ... },
   configurable: true
  }
);
```

而 `Object.defineProperties()` 和 `Object.create()` 方法中的 `descriptors` 则用于定义一组属性，每一项由一对 "aName: aDescriptor" 构成。例如：

```javascript
var obj2 = {};
Object.defineProperties(obj2, {
   name1: {
     get: function() { ... }
   },
   name2: { ... }
  }
);
```

`Object.defineProperty()` 和 `Object.defineProperties()` 也可用于修改既有的属性描述符值——在操作某个属性时，如果该名字的属性未声明则新建它；如果已经存在，则使用描述符中的新的性质值来覆盖旧的性质值。这也意味着可以将一个属性的"数据描述符"重写为"存取描述符"，或者反之。例如：

```javascript
var obj = { data: 'oldValue' }

// 显示 'value', 'writable', 'enumerable', 'configurable'
var oldDescriptor = Object.getOwnPropertyDescriptor(obj, 'data');
console.log(Object.keys(oldDescriptor));

// 步骤一：通过一个闭包来保存旧的 obj.data 值
Object.defineProperty(obj, 'data', function(oldValue) {
 return {
   get: function() { return oldValue },
   configurable: false
 }
}(obj.data));

// 显示 'get', 'set', 'enumerable', 'configurable'
var newDescriptor = Object.getOwnPropertyDescriptor(obj, 'data');
console.log(Object.keys(newDescriptor));

// 步骤二：测试使用重定义的 getter 来取 obj.data 的值
//   - 显示: "oldValue"
console.log(obj.data);

// 步骤三：（测试）尝试再次声明 data 属性,
//   - 由于在步骤一中已经置 configurable 为 false，因此导致异常(can't redefine)。
Object.defineProperty(obj, 'data', {value: 100});
```

与赋值操作类似，如果在子类中使用这些方法来定义父类的同名属性（覆盖继承来的属性），那么该属性也将变成子类对象中"自有的"属性，它的可见性等性质由新的描述符来

3.5 可定制的对象属性

决定。但不同的是,"重新定义属性"这个操作与原型中该属性是否"只读"或是否允许修改性质(configurable)是无关的。

这可能导致类似如下的情况:在父类中某个属性是只读的并且其描述符性质是不可修改的,但在子类中,同名的属性却可以读写并可以重新修改性质。例如:

```
// 默认性质{writable:false, enumerable:false, configurable:false}
var obj = Object.defineProperty(new Object, 'n1', {value: 100});
obj.n1 = 200;
console.log(obj.propertyIsEnumerable('n1')); // false, 表明是不可列举的
console.log(obj.n1); // 100, 表明是只读的

// 重新定义 obj2.n1
var obj2 = Object.create(obj);
Object.defineProperty(obj2, 'n1', {
  value:obj2.n1, writable:true, enumerable:true, configurable:true});

// 可以通过重定义属性, 使该属性从"只读"变成"可读写"(以及其他性质的变化)
obj2.n1 = 'newValue';
console.log(obj2.n1); // 'newValue'
console.log(obj2.hasOwnProperty('n1')); // true, 表明是自有的
```

仅仅观察两个对象实例的外观,无法识别这种差异是如何导致的,只能看到结果:一个父类中只读的属性在子类中变成了可读写的。而且,一旦用 delete 删除该属性[1],它又会恢复父类中的值和性质。例如:

```
// (续上例)

// 尝试删除该属性
delete obj2.n1;
console.log(obj2.n1); // 100, 即它在原型中的值
```

事实上,无法阻止子类对父类同名属性的重定义,也无法避免这种重定义可能带来的业务逻辑问题。关于这一点,可以简单地总结为:

- 属性的性质不可继承。

3.5.2.3 取属性或属性列表

JavaScript 定义了一组非常丰富的方法来操作这些属性,如表 3-18 所示。

---

[1] 也可以修改描述符中的 configurable 值,以使它不可删除。

表 3-18　取属性或属性列表的方法

分类	Object.xxx 方法或语法元素	说明
取属性描述符	getOwnPropertyDescriptors(obj)	取所有描述符，含名字、值和性质
	getOwnPropertyDescriptor(obj, name)	取指定属性名的描述符
取属性名	getOwnPropertyNames(obj)	取对象自有的、字符串的属性名数组
	getOwnPropertySymbols(obj)	取对象自有的、符号的属性名数组
	keys(obj)	取对象自有的、可见的属性名数组
	for...in 语句	列举可见的属性名
取属性值	for...of 语句	列举成员中的数组元素
	values(obj)	取对象自有的、可见的属性值数组
	entries(obj)	取对象自有的、可见的名值对数组
	.和[]运算符，以及解构赋值等	（按属性名取值）

Object.getOwnPropertyDescriptors()用于从对象取出属性描述符，它得到的结果与 Object.defineProperties()或Object.create()传入的descriptors参数是类似的。略有不同的是，描述符的某些性质在定义时可以不全，但在取出的结果中却总是包括全部性质。例如：

```
// （参考前例）
var desc = Object.getOwnPropertyDescriptor(obj1, 'aName');

// 显示 'get', 'set', 'enumerable', 'configurable'
console.log(Object.keys(desc));
```

for...in 语句得到的总是该对象全部的可见属性名，而Object.keys()将得到其中的一个子集，即（不包括继承而来的）自有的可见属性名。下面的例子显示了二者的不同：

```
var obj1 = { n1: 100 };
var obj2 = Object.create(obj1, {n2: {value: 200, enumerable: true}});

// 显示 'n1', 'n2'
//    - 其中 n1 继承自 obj1
var keys = [];
for (let key in obj2) keys.push(key);
console.log(keys);

// 显示 'n2'
console.log(Object.keys(obj2));
```

Object.getOwnPropertyXXX()得到的与上述两种情况都不相同，它列举全部自有的属性，无论是否可见。也就是说，它是 Object.keys()所列举内容的超集——包括全部可见和不可见的、自有的属性。仍以上述示例为例：

```
// (续上例)

// 定义属性名 n3, 其 enumerable 性质默认为 false
Object.defineProperty(obj2, 'n3', {value: 300})

// 仍然显示 'n1', 'n2'
// - 新定义的 n3 不可见
var keys = [];
for (let key in obj2) keys.push(key);
console.log(keys);

// 显示 'n2'
console.log(Object.keys(obj2));

// 显示 'n2', 'n3'
console.log(Object.getOwnPropertyNames(obj2));
```

本小节部分内容可参阅 "3.1.3.1 成员的列举,以及可列举性"和"3.1.3.3 值的存取"。

3.5.3 属性表的状态

对象有一个内部属性`[[Extensible]]`用来影响其自有属性表的相关行为。该属性的默认值是`true`,表明一个对象是可以被添加和删除属性的。与此相关,还存在两组与操作自有属性表的方法,如表 3-19 所示。

表 3-19 管理属性表状态的方法

分类	Object.xxx 方法	说明	对自有属性表的操作
状态维护	preventExtensions(obj)	使实例 obj 不能添加新属性,也不可重置原型	禁止表 add
	seal(obj)	使实例 obj 不能添加新属性,也不能删除既有属性	禁止表 add/delete
	freeze(obj)	使实例 obj 所有属性只读,且不能再添加、删除属性	禁止表 add/delete/update(冻结表)
状态检查	isExtensible(obj)	返回`[[Extensible]]`值	是可增加属性项的
	isSealed(obj)	返回 seal 状态	密封的(禁止删除的)
	isFrozen(obj)	返回 freeze 状态	冻结的

`seal` 与 `freeze` 状态不是直接的状态值,而是基于`[[Extensible]]`和现有的自有属性(的性质)而计算出来的、动态的值。其中,

- `seal` 是指`[[Extensible]]`为`false`,且所有自有属性的`configurable`性质为`false`。

- freeze 是指 [[Extensible]] 为 false，且所有自有属性的 configurable 和 writable 性质都为 false。

亦即是说，isSealed(obj) 和 isFrozen(obj) 两个状态是使用类似如下代码得到的：

```
isSealed = function(obj) {
  return !Object.isExtensible(obj) &&
    Object.values(Object.getOwnPropertyDescriptors(obj))
      .every((desc)=>!desc.configurable);
}

// 当 desc.writable 以 undefined 值参与运算时并不影响结果
isFrozen = function(obj) {
  return !Object.isExtensible(obj) &&
    Object.values(Object.getOwnPropertyDescriptors(obj))
      .every((desc)=>!desc.configurable && !desc.writable);
}
```

因此，Object.seal(obj) 方法将会列举 obj 对象所有自有的属性描述符，并将它们的 configurable 性质的值置为 false，而该性质的值为 false 时是不能删除对应的属性的，于是该对象看起来就成了"禁止删除（包括覆盖属性所在的、自有的）属性"。类似地，Object.freeze(obj) 将置所有 writable 性质为 false，从而带来了该对象被"完全冻结"的效果。

当然，这两个方法都还会潜在地将 [[Extensible]] 置为 false。

接下来，我们结合上述状态的解释，来分析几个现象。其一，对一个自有属性表为空的对象，使用 preventExtensions(obj) 将导致它同时密封和冻结。如下例：

```
Object.status = function(obj) {
  return ['isExtensible', 'isSealed', 'isFrozen']
    .map(key=>[key, Object[key].call(null,obj)]);
}

// 显示:
//[ [ 'isExtensible', true ],
//  [ 'isSealed', false ],
//  [ 'isFrozen', false ] ]
var obj = {};
console.log(Object.status(obj));

// 显示:
//[ [ 'isExtensible', false ],
//  [ 'isSealed', true ],
//  [ 'isFrozen', true ] ]
Object.preventExtensions(obj);
console.log(Object.status(obj));
```

在这里，尽管用户代码没有显式地调用 Object.seal(obj) 和 Object.freeze(obj)，但是

由于[[Extensible]]已经被置为 false，且对象的自有属性表是空的，所以 isSealed 和 isFrozen 这两个计算过程也就返回了 false 值。

其二，存取属性并不受 freeze 状态的"置属性只读"的影响。如下例：

```javascript
var data = 100;
var obj = {
  data: 100,
  get value() { return data },
  set value(newValue) { return data = newValue }
}
console.log(obj.data);  // 100
console.log(obj.value); // 100

// 置值
obj.data = 200;
obj.value = 200;
console.log(obj.data);  // 200
console.log(obj.value); // 200

// 冻结
Object.freeze(obj);
Object.isFrozen(obj); // true

// 数据属性已置为只读，赋值运算无效
obj.data = 300;
console.log(obj.data); // 200

// 不影响存取属性，赋值成功
obj.value = 300;
console.log(obj.value); // 300
```

这里的原因非常简单，因为 Object.freeze() 只是置所有数据属性的 writable 性质，而存取描述符并没有这个性质。因此在置值操作中，赋值器（setter）总是会被调用，而与对象是否被冻结无关。

其三，当父类（原型）冻结或指定属性只读，赋值运算会失效，但能用重新声明属性的方法达到与赋值运算相同的效果。如下例：

```javascript
var obj = { data: 100 }
console.log(obj.data);  // 100

// 置属性只读，赋值运算失效
Object.defineProperty(obj, 'data', {writable: false});
obj.data = 200;
console.log(obj.data); // 100, overwrite fail

// 使用重新声明，可以覆盖值
Object.defineProperty(obj, 'data', {value: 200});
console.log(obj.data); // 200, success

// 冻结
```

```
Object.freeze(obj);

// 不可重新声明（异常）
// Object.defineProperty(obj, 'data', {value: 300});

// 在子类实例中，该属性是只读的，但可以重新声明
var obj2 = Object.create(obj);
obj2.data = 300;
console.log(obj2.data); // 200, overwrite fail

// 在子实例中，可以重声明
Object.defineProperty(obj2, 'data', {value: 300});
console.log(obj2.data); // 300, success
```

也就是说，赋值运算检查的是 writable 性质，修改和删除属性描述符时检查的是 configurable 性质，这两个都是针对"属性表项"的。而在子类实例（以及任何实例）中创建属性描述符时检查的是对象的 [[Extensible]] 属性，是针对"属性表"而非"属性表项"的。因此在 [[Extensible]] 这个内部属性为 true 时，对象就总是可以创建新属性，也包括"重新声明（覆盖）"父类同名属性。关于这一点，我们也可以简单地总结为 [1]：

- 属性表的性质不可继承。

最后，从本质上来说，delete 运算用于删除对象自有的属性描述符，而非某个属性。因此当属性描述符的 configurable 性质为 false 时，属性不能被删除；当该对象的 [[Extensible]] 内部属性为 false 时，属性也不能被删除。当然，如果属性是在原型中（即它是继承属性而非自有属性）的，那么属性还是不能被删除的。

3.6 运行期侵入与元编程系统

到现在为止，我们将有关 JavaScript 中的面向对象的一切，都尽量放在原型继承的体系下来讨论。这一体系的基本特点是：属性就是一切，继承的本质就是对自有属性表的管理。

但接下来不同。JavaScript 提供了多种混乱且相互杂糅的技术，允许开发人员在运行期侵入对象，具备了影响几乎所有对象相关运算符和语句的能力。这些手段渐渐地形成了一个全新的技术内核，从而使得元编程在 JavaScript 语言中若隐若现。

---

[1] 这与 "3.5.2.2 使用属性描述符" 中提到的 "属性性质不可继承" 略有区别。在这里，主要强调内部属性 [[Extensible]] 作为自有属性表的性质，是不可继承的。

3.6.1　关于运行期侵入

早期的 JavaScript 中并没有提供运行期侵入的语言特性。有一些看起来类似的特性，也渐渐地被识别出来并归类到动态语言特性中去了，例如 `valueOf()` 或 `toString()` 带来的动态类型特性。最早被真正用于运行期侵入的是一个一直以来都未被规范的语法元素：对象的 `__proto__` 属性。它可以让开发人员直接操作（包括重写）对象的原型，并进而影响 `instanceof` 运算符。直到后来 `Object.setPrototypeOf()` 成为 ECMAScript 规范的一部分，`__proto__` 属性才渐渐走向幕后，变成主要面向浏览器的扩展语法。

`__proto__` 属性反映了我们了解和影响JavaScript内部运行逻辑的迫切需求。事实上，有些语言机制在不引入"内部属性"这一概念时是很难讲述清楚的。这些内部属性通常记作 `[[InternalPropertyName]]`。我们在前面的叙述中用到过三种内部属性 [1]，包括：

- `[[HomeObject]]`：方法的主对象，参见"3.3.2.5　super 的动态计算过程"。
- `[[Namespace]]`：名字空间对象，参见"3.4.4.4　反射对象"。
- `[[Extensible]]`：可扩展标记，参见"3.5.3　属性表的状态"。

早期的JavaScript连如何定义一般属性都没有讲得很清楚。其中一个经典的例子就是 `obj.propertyIsEnumerable()` 方法，既然它是 `Object.prototype` 上的方法，那么就应该是针对单个实例（以及它的自有属性表）的列举检查啊？但事实上它将访问原型链并检测所有属性的可见性。另外，在早期的JScript中，将 `obj.constructor` 作为"不可显示"的属性来处理 [2]，也是这种规范缺失带来的结果。

因此 ECMAScript 最终推出了有关属性描述符的一整套规范，既包括对单个属性的性质的定义（属性描述符的 `Configurable`、`Enumerable` 等性质），又包括对整个自有属性表的状态控制（内部属性 `[[Extensible]]`）。这些规范如今成了 JavaScript 的面向对象机制的一部分，它们是原生语义层面的，而非侵入性的。

所以所谓侵入与否，在 JavaScript 中也是一个渐进渐变的概念，不是一成不变的。

3.6.1.1　运行期侵入的核心机制

对象在 JavaScript 内部被描述为具有一些内部槽的结构体，操作这个结构体的方法称为内

---

[1] 另外一个没有明确指出的内部属性是`[[Prototype]]`，它是"原型（也就是前文中提到的`__proto__`）"作为内部属性的规范定义。详情可参见"3.2.2.2　使用内部原型链"。
[2] 详情参见"3.2.3.3　如何理解'继承来的成员'"。

部方法（internal methods），并基于此提供了处理对象各种行为的确定逻辑。然后 JavaScript 对外公布了使用这些内部槽和内部方法的一组界面，从而赋予了开发人员侵入运行期（的处理逻辑）的能力。

就目前来说，适用于基本对象的内部方法一共有 11 个，另外，适用于函数对象的内部方法有 2 个。[1]这也就是 JavaScript 的反射机制（`Reflect`和`Proxy`类）只有 13 个方法的原因。其中，`Reflect`对象提供直接调用这些内部方法的能力，而`Proxy`则在这些内部方法外包裹了一层拦截器，以影响那些内部行为。

基本对象的内部槽有且仅有两个，分别是`[[Prototype]]`和`[[Extensible]]`。对象还持有一个自有属性表，当`[[Extensible]]`为 `true` 时，表明这个表可以增删和修改；当访问属性时，如果在自有属性表中没有找到指定属性，且`[[Prototype]]`为非 `null` 值时就表明可以上溯到该原型对象的自有属性表查找。直接操作这两个槽的方法有 4 个，如表 3-20 所示。

表 3-20 操作基本对象的内部槽的方法

内部槽	操作	行为
`[[Prototype]]`	`Object.getPrototypeOf(obj)`	取 `obj` 的`[[Prototype]]`值
	`Object.setPrototypeOf(obj, ...)`	置 `obj` 的`[[Prototype]]`值
`[[Extensible]]`	`Object.isExtensible(obj)`	取 `obj` 的`[[Extensible]]`值
	`Object.preventExtensions(obj)`	置 `obj` 的`[[Extensible]]`值为 `false`

函数对象也会多出两个内部槽`[[Realm]]`和`[[ScriptOrModule]]`。`[[Realm]]`是指这个函数对象所在的领域（可以先看作可执行环境的一个静态映像），而`[[ScriptOrModule]]`则指向初始化该函数的结构：脚本块、模块或`null`（例如它是动态创建的）。但 JavaScript 并不提供直接访问函数对象的这些内部槽的任何方法。除此之外，它作为一个对象，即理解为`Function()`类的一个实例，就与普通对象并没有什么不同了。[2]

3.6.1.2 可被符号影响的行为

JavaScript 公布了一组面向内部机制的符号属性，以访问这些内部槽。符号所指代的属性是被声明在对象的自有属性表中的，而并不是上述的内部槽。通过符号属性来影响内部机制

---

[1] 参考 ECMAScript 2018 中的 Table 5: Essential Internal Methods，以及 Table 6: Additional Essential Internal Methods of Function Objects。
[2] 但是如果从基本类型——它 `typeof` 值为`'function'`的一个数据类型——的视角来观察的话，还会有更多其他的细节。

的方法存在很大的局限性，并且也与后面要讲到的反射机制迥然不同。

目前公布的 11 个符号属性如表 3-21 所示。

表 3-21　已公布的面向内部机制的符号属性

Symbol.xxx 属性	影响行为	属性值的界面（注1）
species	（隐式创建对象）	function
hasInstance	obj instanceof target	function(obj) {}
unscopables	with (target) ...	{keyName: booleanValue, ...}
toStringTag	target.toString()	string
toPrimitive	（值运算）	function(hint) {}
iterator	for (...of target)... new CollectionTypes(target) Promise.allOrRace(target) arr.from(target) （解构赋值、展开运算等）	（迭代器对象，参见 "5.4.4　迭代"）
（以下与数组或字符串相关）		
isConcatSpreadable	arr.concat(target)	true/false
match	str.match(target) str.endsWith(target, ...) str.includes(target, ...) str.startWith(target, ...) new RegExp(target, ...)	function(str) {}
replace	str.replace(target, newString)	function(str, newString) {}
search	str.search(target)	function(str) {}
split	str.split(target, limit)	function(str, limit) {}

注1：如果属性值是一个函数，则该函数调用时 this 引用指向 target。

下面结合示例简单地介绍一下这些符号。[1]各示例中分别采用了不同的方法来给符号属性置值，这些置值（以及取值）的方法对所有符号都是通用的。

- Symbol.toStringTag

toStringTag 仅对原生的 Object.prototype.toString 方法有效。如果子类覆盖了该方法，

---

[1] 符号属性也被记作类似 @@toStringTag 这种格式，以便与 [[internal slots]] 这样的内部槽相区别。

则新方法未必会读取该属性。它的使用如下例所示：

```
// 方法1：直接字面量（也可以使用读写器方法）
var obj = {
  [Symbol.toStringTag]: 'YourObjectClassname'
};

// 测试
console.log(obj.toString()); // '[object YourObjectClassname]'
```

- Symbol.toPrimitive

toPrimitive 指向的函数在需要将 target 对象转换为值数据的情况下就会被调用，例如 '1'+target。其界面中的 hint 值用于表明试图转换为的值类型，包括 'number'、'string'，或使用 'default' 表明上述二者之一（皆可）。例如：

```
// 方法2：字面量声明方法（也可以使用一般的属性声明）
var obj = {
  [Symbol.toPrimitive](hint) {
    if (hint == 'number') return NaN;
    return 'invalid';
  }
};

// 测试
console.log(''+obj); // 'invalid'
console.log(+obj); // NaN
```

- Symbol.hasInstance

hasInstance 指向一个函数，在使用 obj instanceof target 这样的语法时，才会由引擎去访问：调用该函数且以它的返回值作为 obj instanceof target 运算的结果。并且事实上，JavaScript 中的 Function.prototype 就默认有这样一个属性，所以我们总是可以对所有函数使用 instanceof 运算：

```
> Function.prototype[Symbol.hasInstance]
[Function: [Symbol.hasInstance]]
```

并且由于没有限制 hasInstance 必须作为构造器函数（或其原型）的属性，因此也可以影响 instanceof 运算符，实现"对象构建自对象"这样的语义。[1]例如：

```
// 方法3：声明为类静态成员
class MyObject {
  // 声明静态成员，重写了 Function.prototype 继承来的同名属性
  static [Symbol.hasInstance](obj) {
    return super[Symbol.hasInstance](obj) || // 调用原方法
      (obj && obj.className == 'MyObject'); // 或检查 className
```

---

[1] 自从 Object.create() 出现之后，这样的语义也就具有其合理性了。

```
    }
}

// 测试1
var obj = { className: 'MyObject' };
var obj1 = new MyObject;
console.log(obj instanceof MyObject); // true
console.log(obj1 instanceof MyObject); // true

// 测试2："对象构建自对象"
// - 注意, fakedBase 是一般对象
var fakedBase = new Object;
fakedBase[Symbol.hasInstance] = (obj)=> 'className' in obj;
console.log(obj instanceof fakedBase); // true

// 测试3: 在 Object() 之外构建一个对象系统
var atom = Object.create(null);
console.log(atom instanceof Object); // false, 不是 Object() 的实例
atom.className = '[META]'; // anything
console.log(new Object instanceof fakedBase); // false, 排除一般对象
console.log(atom instanceof fakedBase); // true, 是 fakedBase 的实例
console.log({className: ''} instanceof fakedBase); // true, 支持字面量
```

- Symbol.unscopables

unscopables 指向一个对象，该对象的每一个属性指明是否从 with 闭包中强制排除对应的 target.xxx 属性。这是因为 with(target) 语句在试图将属性名作为名字访问——需要通过 [[get]] 行为去访问 target 的指定属性——之前，会用查表的方式查询 unscopables 对象。例如：

```
var f = new Function;
var constructor = null;  // 在 with 语句之外的标识符

// 会访问 f.prototype.constructor
with (f.prototype) console.log(f === constructor); // true

// 排除
f.prototype[Symbol.unscopables] = { constructor: true };

// 会访问到 with 语句之外的标识符
with (f.prototype) console.log(f === constructor); // false
```

- Symbol.isConcatSpreadable

isConcatSpreadable 是一个布尔值，仅当 target 是一个数组或类数组的集合（Collection）对象[1]，并且试图使用 arr.concat 来连接它时才有意义。当 target[Symbol.isConcatSpreadable]

---

[1] 详情可参见 "3.4.4.2 集合对象"。

为true时，arr.concat()内部会调用循环取出target集中的每一个元素并添加arr——这个过程类似for...of target语句；否则将target对象作为单个元素添加到arr。例如：

```
var obj = [1, 2, 3];

// 方法4：对象属性存取操作
obj[Symbol.isConcatSpreadable] = false;

// 测试：不展开元素
var arr = [0].concat(obj);
console.log(arr.length);  // 2
console.log(arr[1]);  // [1,2,3]

// 测试：默认情况下会展开元素
var arr = [0].concat([1,2,3]);
console.log(arr.length);  // 4
console.log(arr[1]);  // 1

// 测试类数组
[0].concat(new Array(400)).concat(401);
[0].concat({length:400, [Symbol.isConcatSpreadable]: true}).concat(401);
```

注意这里的连结展开（ConcatSpreadable）与 JavaScript 运算符中的展开运算（SpreadableOperator）并不一样。其中，连结展开只作用于 arr.concat() 方法，在数组连接时用于展示目标对象（target），整个过程中是对目标对象的下标存取。而展开运算针对有迭代器的对象，包括字符串、Set/Map 等，运算过程中也是迭代器在起作用，与下标存取没有关系。例如：

```
# s作为一个元素
> let s = Object('abc');
> [].concat(s).length
1

# 使s支持连结展开
> s[Symbol.isConcatSpreadable] = true;
> [].concat(s).length
3

# s是支持展开运算的(SpreadableOperator)
> [...s].length
3

# 使s不再支持展开运算
> s[Symbol.iterator] = undefined;
> [...s].length
TypeError: s is not iterable
```

- Symbol.match、Symbol.replace、Symbol.search 和 Symbol.split

这 4 个符号都指向函数，如果目标对象使用了其中之一，那么会使（对应的）字符串操作受到相应的影响。以 `str.split()` 为例,假设我们要用一个一般对象(作为目标对象)来分隔字符串,那么只需为它的 `Symbol.split` 为名字的属性设置一个分隔方法就可以了:

```
// 目标对象
var separator = { };

// 设置一个分隔方法
separator[Symbol.split] = function(str, limit) {
  return str.split(' ', limit)
}

// 测试
var str = 'hello world';
console.log(str.split(separator));
```

也可以这样定制类:

```
class Separator {
  [Symbol. split](str, limit) {
    return str.split(this.separator||' ', limit)
  }
}

var tor = new Separator();
console.log('hello world'.split(tor));

tor.separator = ',';
console.log('hi,friend'.split(tor));
```

这也是 `String.split()` 的第一个参数可以使用正则表达式的原因。下例揭示了这个秘密:

```
# 指向一个名为[Symbol.split]的函数
> console.log((new RegExp)[Symbol.split])
[Function: [Symbol.split]]
```

以及更多的秘密:

```
> console.log(Object.getOwnPropertySymbols(RegExp.prototype));
[Symbol(Symbol.match), Symbol(Symbol.replace), ...
```

当 `obj[Symbol.match]` 是一个非 `undefined` 值,并且可以转换为布尔值 `true` 时,它会影响 `str.match()` 之外的其他一些行为。因为在这种情况下,JavaScript 会尝试将 `obj` 理解为一个正则表达式。具体来说,这时 `endsWith()`、`includes()` 和 `startWith()` 将不接受它作为第一个参数,并抛出类型错误。而 `new RegExp()` 的行为就更为复杂了,可以提供一种将普通对象模拟成正则表达式的手段。例如:

```
// 示例: 关于Symbol.match 的特殊性
var obj = {
  source: 'abc.e',
  flags: 'i',
  [Symbol.match]: true
}
```

```
// obj 被理解为正则表达式并据此创建新实例
var rx = new RegExp(obj);
console.log(rx.source, rx.test('abcde')); // true

// 异常
try {
  ''.endsWith(rx);
}
catch(e) {
  console.log(e.message); // "TypeError:... "
}
```

- Symbol.species

最后需要特别指出的是 `species` 符号，它指向一个构造器函数，主要影响 JavaScript 内部隐式创建对象的行为。例如使用如下代码时：

```
var newArray = arr.slice(0, 2);
```

就会产生一个新的 `Array()` 对象，并且将在隐式创建这个新对象时访问属性：

```
// read <Symbol.species> property
arr.constructor[Symbol.species]
```

来决定使用哪个构造器。需要注意的是，这些受到影响的方法——在它们需要创建新的实例时——将通过它"所基于的对象"（通常是 `this` 引用）来查找"对应的构造器"并尝试读取 `Symbol.species` 属性。这些支持 `Symbol.species` 的构造器/类（以及它们的实例）并不是特别多，如表 3-22 所示。

表 3-22　支持 Symbol.species 的类

类	影响的对象方法/行为	基于的对象（实例）
RegExp（注1）	`str.split(rx, ...)`	`rx`
Promise（注2）	`promise.then()`	`promise`

Array	`arr.concat()`
	`arr.filter()`
	`arr.map()`
	`arr.slice()`
	`arr.splice()`
		`arr`

TypedArray	`new TypedArray(srcTypedArray)`
	`x.set(srcTypedArray)`
	`typedArr.subarray()`
	`typedArr.filter()`
	`typedArr.map()`
	`typedArr.slice()`
	`typedArr.splice()`
		`srcTypedArray`
		`typedArr`

续表

类	影响的对象方法/行为	基于的对象（实例）
ArrayBuffer	buff.slice()	buff
SharedArrayBuffer		

注 1：当使用 str.split() 时，如果第一个参数是正则表达式，会再创建一个该正则表达式的克隆并强制开始粘连模式（"y"标记）来作为分隔符，以避免影响原正则表达式的 lastIndex 等属性。

注 2：promise.catch() 和 .finally() 方法事实上也是基于 .then() 方法来实现的，因此也受到相同的影响。

在通过 Symbol.species 属性得到一个函数并将该函数作为构造方法调用时，对于上述不同的类，其调用的界面是不同的。这与具体的方法/行为有关，例如：

```
// 仅以 ArraySpecies() 为例，各构造器来自类似如下代码：
ArraySpecies = Object.getPrototypeOf(arr).constructor[Symbol.species];
...

// 使用各个构造器创建实例时的常见界面：
function ArraySpecies(len) { ... }
function ArraySpecies(...elements) { ... }
function ArrayBufferSpecies(bufferData, bufferByteLength) { ... }
function PromiseSpecies(executor) { ... }
function RegExpSpecies(rx, newFlags) { ... }
```

3.6.1.3 内部方法与反射机制

对象可以用自己的处理过程来覆盖内部方法，这称为自有内部方法（Own InternalMethod）。JavaScript 在调用内部方法时，会优先使用对象自有的方法（这就跟原型继承机制一样，在读取属性时优先使用自有属性）。JavaScript 内建的对象许多都是这样的，当这些内建对象的构造器创建一个实例时有机会传入一张列表（internal slots list），用来覆盖内部方法。综合考查 ECMAScript 规范，这些拥有自有内部方法的类如表 3-23 所示。

表 3-23 拥有自有内部方法的类 [1]

覆盖内部方法	类 Bound Functions	Array	String	Arguments	Typed Array	Namespace	Proxy	handler.xxx（注 1）
[[GetPrototypeOf]]							9.5.1	getPrototypeOf()
[[SetPrototypeOf]]						9.4.6.1	9.5.2	setPrototypeOf()（注 2）
[[IsExtensible]]						9.4.6.2	9.5.3	isExtensible()
[[PreventExtensions]]						9.4.6.3	9.5.4	preventExtensions()
[[GetOwnProperty]]		9.4.3.1	9.4.4.1		9.4.5.1		9.5.5	**getOwnPropertyDescriptor()**

---

1 表中所示的章节号为 ECMAScript 规范中的章节号。

续表

覆盖内部方法	类	Bound Functions	Array	String	Arguments	Typed Array	Namespace	Proxy	handler.xxx（注2）
[[HasProperty]]						9.4.5.2		9.5.7	has()
[[DefineOwnProperty]]			9.4.2.1	9.4.3.2	9.4.4.2	9.4.5.3		9.5.6	defineProperty()
[[Get]]					9.4.4.3	9.4.5.4		9.5.8	get()
[[Set]]					9.4.4.4	9.4.5.5		9.5.9	set()
[[Delete]]					9.4.4.5			9.5.10	deleteProperty()
[[OwnPropertyKeys]]				9.4.3.3		9.4.5.6		9.5.11	ownKeys()
[[Call]]		9.4.1.1						9.5.12	apply()
[[Construct]]		9.4.1.2						9.5.13	construct()

注1：注意，代理的 handler.xxx 并不直接覆盖内部方法，且 handler.xxx 的名字与内部方法名并不完全对应。

注2：Object.prototype 这个实例也覆盖了内部方法 [[SetPrototypeOf]]，以避免它被重写。

其中，反射机制中的 Proxy 对象提供了覆盖全部 13 个内部方法的能力，从而实现对任意对象的侵入。一个代理对象（proxy）可以代理一个目标对象（target）的全部行为，并通过在助手对象 handler 上的陷阱（traps）来响应"在代理对象上发生的"指定行为。代理对象就好像拦截在目标对象之前的防火墙。

JavaScript 并不直接调用 handler.xxx 这样的陷阱方法，而是调用 Proxy() 实例的自有内部方法，并由后者来决定如何使用陷阱方法。对于 Proxy 对象的自有内部方法，它们都有着基本相同的逻辑：

```
function _INTERNAL_METHOD_STANDIN(proxy, methodName, ...args) {
  var {target:"[[ProxyTarget]]", handler:"[[ProxyHandler]]"} =
    peekInternalSlots(proxy);

  var method = handler[toTrapName(methodName)];
  if (!method) {
    method = peekInternalMethod(target, methodName);
    return method(target, ...args);
  }

  ... // 检查所有参数

  // 调用陷阱方法。在陷阱方法内，
  // - this 引用是 handler，且在原参数列表前加入了 target
  var result = method.apply(handler, [target, ...args]);

  ... // 检查或修改结果值
  return result;
}

// 使 Proxy() 可以代理其他的代理对象
function peekInternalMethod(obj, methodName) {
```

```
// 返回 obj 自有的内部方法（如果它有替代器的话），或返回普通的（Ordinary）内部方法
}

// 简单名字转换
function toTrapName(methodName) {
  // 注意，一些内部方法与陷阱的名字是有差别的
}
```

由此可见，使用 `handler.xxx` 陷阱与原生内部方法的区别主要在于 `Proxy` 是否做了前置与后置的检查（以及调用界面上略有不同）。除此之外，`handler.xxx` 的调用逻辑（时间、频率和环境等）与原生的并没有差异。

`Proxy` 这个侵入的路径看起来很好，但实际使用时却会有些问题，这有两个方面的原因。其一是因为部分 JavaScript 内部检测会绕过代理。例如，`new` 运算会检测目标函数是否是构造器，这是通过检查其 `[[Construct]]` 内部方法槽是否有值来实现的，会绕过代理中的 `handler.construct`。例如：

```
// 箭头函数是不能用作构造器的
var f = ()=>{};

// 代理添加了构造方法，但是不能绕过内部检测，因此实际上执行不到 handle.construct
var MyObject = new Proxy(f, {
  construct: function() {
    console.log('try custom constructor...');
    return new Object;
  }
});
```

测试如下：

```
# 未执行到 handle.construct 就抛出了异常
> new MyObject
TypeError: MyObject is not a constructor
...
```

其二，因为这些内部方法事实上也是相互调用的，进而带来了递归调用的可能。更具体地来说，在 13 个内部方法中，`[[DefineOwnProperty]]` 等 5 个操作不是在原子操作层面实现的，而 `[[GetPrototypeOf]]` 等其他 8 个则是原子操作。所谓原子操作，是指它们的功能只依赖对数据的直接访问，而不调用其他方法。

反映在语言上，原子操作相关的语法或调用总是安全的。但是这也意味着开发人员要保证它们在覆盖时也不得调用其他非原子操作，否则会破坏系统的稳定性。在默认情况下，这些内部方法之间的调用关系如表 3-24 所示 [1]。

---

[1] `[[Call]]` 等内部方法也是原子操作，未列出的原因是它们未被非原子操作依赖。在其中需要特别说明的是 `[[OwnPropertyKeys]]`，它是从自有属性表中直接列取描述符的，列取顺序为 `Integer index`、`String keys` 和 `Symbol keys`。

表 3-24　内部方法之间的调用关系

非原子操作＼原子操作	[[GetPrototypeOf]]	[[GetOwnProperty]]	备注
[[DefineOwnProperty]]		取描述符	（注1）
[[Delete]]		取描述符	delete 运算符
[[HasProperty]]	取原型 对原型递归调用[[HasProperty]]	取描述符	in 运算符
[[Get]]	取原型	取描述符	
[[Set]]	检查原型中是否有同名存取属性；如果有，调用 get/set	对自有属性访问 Value 域，或调用 get/set	（注1）（注2）

注1：会访问[[Extensible]]内部槽来决定是否可以创建自有属性(可扩展)，但不会调用[[IsExtensible]]内部方法。另外，内部方法[[SetPrototypeOf]]也会访问[[Extensible]]内部槽来决定是否可以更改原型。

注2：会调用[[DefineOwnProperty]]来创建或更新自有属性。

最后再补充一下关于[[Set]]内部方法的操作。在[[Set]]置值时，如果它需要创建或更新自有的属性描述符，会调用[[DefineOwnProperty]]来实现。而且在整个过程中[[GetOwnProperty]]会发生多次，包括检测当前对象（例如，proxy）是否有指定属性，以及检测目标对象（例如，receiver）、目标对象的原型等。下面的代码展示了这一过程（并展示了 Proxy 对象的使用）：

```
var obj = new Object;

// 这里对obj又做了一次代理，以便能展示[[set]]对 target 的影响
var target = new Proxy(obj, {
  getOwnPropertyDescriptor: function(target, key) {
    console.log(' [[GetOwnProperty]] on target >>', ...arguments);
    return Reflect.getOwnPropertyDescriptor(...arguments)
  }
})

var proxy = new Proxy(target, {
  getOwnPropertyDescriptor: function(target, key) {
    console.log(' [[GetOwnProperty]] on proxy >>', ...arguments);
    return Reflect.getOwnPropertyDescriptor(...arguments);
  },
  defineProperty: function(target, key, desc, receiver) {
    console.log(' [[DefineOwnProperty]] on proxy >>', ...arguments);
    return Reflect.defineProperty(...arguments);
  }
})
```

测试如下：

```
# 注意赋值操作触发的是[[Set]]内部方法
> proxy.n1 = 100
 [[GetOwnProperty]] on target >> {} constructor
 [[GetOwnProperty]] on proxy >> {} n1
```

```
[[GetOwnProperty]] on target >> {} n1
[[GetOwnProperty]] on target >> {} n1
[[GetOwnProperty]] on target >> {} constructor
[[DefineOwnProperty]] on proxy >> {} n1 { value: 100,
 writable: true,
 enumerable: true,
 configurable: true }
[[GetOwnProperty]] on target >> { n1: 100 } n1

> console.log(obj.n1);
100
```

3.6.1.4　侵入原型

`Object()`是 JavaScript 对象系统的基类。然而（仅对于 `Object.prototype` 来说），不能重置它的原型。例如：

```
# 原型是 null
> Object.getPrototypeOf(Object.prototype);
null

# 且不能重置
> Object.setPrototypeOf(Object.prototype, new Object);
TypeError: Immutable prototype object ...
```

这是 ECMAScript 规范对 `Object.prototype` 的一点限制，确保它总是由宿主或脚本引擎来进行初始化。且一旦初始化之后，就不可再改变（这称为非可变原型，immutable prototype）。其具体的做法就是让 `Object.prototype` 的自有内部方法`[[SetPrototypeOf]]`指向一个特定的逻辑：

- 如果置值等于既有的值，则返回 `true`；否则，
- 置初值之外的任何值，均返回 `false`，表明不成功。

出于同样的原因，JavaScript 也将 `Object.prototype` 属性的性质置为不可写和不可重置：

```
# 属性 prototype 的性质
> console.log(Object.getOwnPropertyDescriptor(Object, 'prototype'));
{ value: {},
  writable: false,
  enumerable: false,
  configurable: false }
```

所以对于 `Object` 及其子类，只剩下一种侵入方法：扩展 `Object.prototype` 上的属性（包括添加或更新），从而影响所有以它为祖先类的子类和子类实例。这也是利用 JavaScript 语言的原型继承特性来实现侵入的、原生的、传统的手段：

```
function MyObject() {}

var obj = new Object;
```

```
var obj2 = new MyObject;

// Object.prototype 是可扩展的
console.log(Object.isExtensible(Object.prototype)); // true

// 扩展 Object.prorotype
Object.prototype.x = 100;
console.log(obj.x);   // 100
console.log(obj2.x);  // 100
```

当然，也可以给 `Object.prototype` 添加前面所讲述的符号属性，例如使用 `Symbol.iterator` 来让所有对象都可迭代。

这显然不够。事实上我们可以做得更多——只是这样的操作不能在 `Object.prototype` 上做罢了。比如入侵它的一个子类的原型，我们有机会在子类与基类之间插入一个代理，从而完全透明地侵入这个子类。例如：

```
1  function intrudeOnPrototype(Class, handler) {
2    var orginal = Object.getPrototypeOf(Class.prototype);
3    var target = Object.create(orginal);
4    var {proxy, revoke} = Proxy.revocable(target, handler);
5    Object.setPrototypeOf(Class.prototype, proxy);
6    return ()=> revoke(Object.setPrototypeOf(Class.prototype, orginal));
7  }
8
9  var str = new String('OldString');
10 var recovery = intrudeOnPrototype(String, {
11   get: function(target, prop) {
12     if (prop === 't') return 100;
13     return Reflect.get(...arguments);
14   }
15 });
16 var str2 = new String('NewString');   // Or str2='NewString'
17
18 // 测试 1: 原型没有变化
19 console.log(Object.getPrototypeOf(str) ===
20   Object.getPrototypeOf(str2)); // true
21 console.log(str.t); // 100
22 console.log(str2.t); // 100
23
24 // 测试 2: Object()没有受到影响
25 console.log((new Object).t); // undefined
26
27 // 测试 3: 重置
28 recovery();
29 console.log(str.t);  // undefined
30 console.log(str2.t); // undefined
```

在这个例子中，需要先留意一个事实：`String.prototype` 的原型其实就是前面讨论的 `Object.prototype`。如下：

```
# 且不能重置
> Object.getPrototypeOf(String.prototype) === Object.prototype;
true
```

所以，关键在于第 2 行得到的 `orginal` 变量，也就是 `Object.prototype` 在代码全程并没有修改。而且在第 4 行代码中，`revocable()` 创建代理的其实是以 `orginal` 为原型的实例 `target`——所以事实上也并没有修改 `String.prototype`。于是代码全程既没有修改 `Object.prototype`，也没有修改 `String.prototype`，却完成了侵入。更进一步地，可以针对 `target` 来使用其他侵入手段（例如使用符号属性），也是安全的、可撤销的。

最后需要注意的是，直接替换 `Object.prototype` 并不是严格意义上的运行期侵入，因为这会导致替换前/后有两种不同原型的对象实例。又例如，其实你也可以替换 `Object()` 构造器本身。但这些都不是好的运行期侵入手段——它们会被感知到，也通常是不推荐的。

3.6.2 类类型与元类继承

运行期侵入只是元编程的冰山一角。事实上，深入理解语言机制，可以让我们在更多方面进行拓展，例如构建自己的对象系统或继承体系。这其中就包括在JavaScript中并没有显式支持的元类和元类继承。[1]

这里所说的类（Class），是指用 `class` 关键字声明的类，包括静态类和类表达式。

而所谓元类（meta class），是指能产生类的类。

3.6.2.1 原子

最小颗粒度的运算对象显然是值，包括 `undefined`、`boolean`、`string`、`number` 和 `symbol`。它们都是 ECMAScript 所约定的原始值（primitive values）。但如果只考虑 JavaScript 的对象系统，那么它的原子——最小颗粒度的运算对象又是什么呢？

是的，我们曾经提到过它，就是所谓的"更加空白的对象"[2]：

```
// 原子对象
var atom = Object.create(null);
```

这种 `atom` 对象具有一般对象的全部性质，也适用所有对象的操作或运算；它比空白对象

---

[1] 项目可参见 Git 仓库（aimingoo/metameta）。
[2] 可参见 "3.2.1.5 原型为null：'更加空白'的对象"、"3.4.3.4 直接创建对象"和"3.6.1.2 可被符号影响的行为"。

（empty object）更原始，却又不像 `null` 表示对象类型中的"无值"、`undefined` 表示的基础类型中的"无值"。并且，atom 对象是不受 `Object.prototype` 影响的，因为它甚至都不是 `Object()` 实例：

```
# 是对象
> console.log(typeof atom);
'object'

# 不是 Object() 的实例
> console.log(atom instanceof Object);
false
```

那么最小颗粒度的类又是什么样子的呢？显然，它应该是以 atom 为原型的类：

```
// 原子构造器（亦称为原子函数、原子类）
var Atom = new Function;
Object.setPrototypeOf(Atom.prototype, null);
```

原子类（Atom）仍然不是元类。这个原子类构造出来的仍然是对象实例——这些实例与上例中的 atom 有相同的性质。这也意味着我们有三种方式来得到 atom 实例：

```
// 方法 1：以 null 作为原型创建对象
var atom = Object.create(null);

// 方法 2：将任意对象的原型置为 null
var atom = Object.setPrototypeOf(new Object, null);

// 方法 3（与方法 1 和方法 2 略有区别，实例的原型不是 null，而是另一个 atom）
var atom = new Atom;
```

3.6.2.2 元与元类

现在我们来考虑元类的问题。由于类是函数（构造器），因此所谓元类就必须是"能产生函数的函数"。基于这一定义，可以这样来得到它：

```
class Meta extends Function {
  // （参见下文……）
}
```

这的确是可行的。但考虑到我们要得到的元类本身也应当是一个原子，并且——如同在概念上所定义的——它应该产生一个类，所以更好的处理方法是这样的：

```
1  // 元（元语言/元编程体系的基类型，v1.0）
2  class Meta extends null {
3    constructor() {
4      return Object.setPrototypeOf(class extends null {
5        constructor() {
6          return Object.create(new.target.prototype);
7        }
```

```
 8          }, new.target);
 9      }
10  }
```

那么 Meta 与 Atom 的关系是什么呢？

留意第 4 行代码中的一个类表达式（字面量风格声明的值），是一个父类为 null 的、匿名的类。它实际与前面介绍的原子构造器有相同的语义、相同的效果。[1]例如：

```
// 原子构造器（使用类继承方式的声明）
class Atom extends null {
  // ...
}

// 与前面介绍的原子构造器 Atom() 等效
console.log(Object.getPrototypeOf(Atom.prototype)); // null
```

因为 Meta 的构造方法返回的实例就是这样的一个类表达式，即原子函数，亦即 Atom。所以，我们也就得到了 Atom（原子构造器、原子类）的第二种声明方式：

```
// 原子类（从"元"得到原子类）
var Atom = new Meta;

// 方法 4（参见上一小节）
var atom = new Atom;
```

考虑到要将 Meta 作为元编程模型的原子类型，它自己也必须是最小颗粒度的，因此它的原型也应当是 Atom。如下（使用上一小节中的方法 2）：

```
11  // （续上例）
12
13  // 下一行代码在控制台会显示异常，因为控制台试图取原型的 name 属性来作为函数名显示
14  //（如果想避免这行错误信息，在本行前加 void 即可，不会影响执行效果）
15  Object.setPrototypeOf(Meta, null);
```

于是我们就有了两个继承体系。一个是以 Atom 为基类的对象继承系统，另一个是以 Meta 为基类的类继承系统。为了跟 JavaScript 已有的构造器名字有所区别，我们定义如下：

```
// 元类
//  - 仅用于建立一层抽象语义
class MetaClass extends Meta {}

// 元对象（类）
//  - 隐含地声明了 MetaObject 扩展自 Atom 类
class MetaObject extends new MetaClass {}
```

注意在这两个声明中，MetaClass() 只是对 Meta() 的一个简单继承，用于建立一层抽象

---

[1] Atom() 作为一个原子构造器时，需要有自己的构造方法，如上例中的 5~7 行。关于这一点，可参见"3.3.4 父类的默认值与 null 值"。

概念上的子类型。因此，`new MetaClass()` 与 `new Meta()` 的结果实际上是一样的——只是在语义上有区别。而之前我们也说过：

```
Atom = new Meta;
```

因此，事实上，`MetaObject` 也就是 Atom 的子类。

3.6.2.3 类类型系统

我们说 `MetaObject` 是 Atom 的子类，即 `MetaClass` 的实例，然而下面的结果会与我们的这一预期相反：

```
# 检查继承关系
> MetaObject instanceof MetaClass
false
```

为什么会这样呢？

问题出在运算符 `instanceof` 的一项约定：当它的右操作数是一个函数时，则使用该函数的 `.prototype` 来检查原型链。因为在这个表达式中，函数指代的是类（构造器），它之于对象实例的原型是 `Constructor.prototype`（而不是构造器自身）。

之前我们讲到过，可以通过 `Symbol.hasInstance` 来实现"对象构建自对象"这样的语义，同样也可以用这个符号来实现"函数构建自函数"（即这里的"类构建自类类型"）。如下：

```javascript
// 元（元语言/元编程体系的基类型，v2.0）
class Meta extends null {
  constructor() {
    return Object.setPrototypeOf(class extends null {
      constructor() {
        return Object.create(new.target.prototype);
      }
      // 使 instanceof 恢复到默认
      static [Symbol.hasInstance](obj) {
        return Object.prototype.isPrototypeOf.call(this.prototype, obj);
      }
    }, new.target);
  }
  // 让元及其子类在 instanceof 运算中以自身作为操作数
  static [Symbol.hasInstance](obj) {
    return Object.prototype.isPrototypeOf.call(this, obj);
  }
}

// 参见"3.6.2.2 元与元类"
Object.setPrototypeOf(Meta, null);
class MetaClass extends Meta {}
class MetaObject extends new MetaClass {}
```

于是我们得到了一个对JavaScript元编程的全新扩展，即所谓的类类型系统，主要用于定义类以及操作类的类型信息。由于它是指从MetaClass开始扩展的类型系统，因此也可以称为元类类型系统。现在在这个系统中，我们已经可以开始创建第一个对象了：它是一个简单的、所谓"更加空白"的对象，没有任何自有属性。[1] 例如：

```
# 检查继承关系
> MetaObject instanceof MetaClass
true

> MetaClass instanceof Meta
true

# 对象
> var obj = new MetaObject();
> obj instanceof MetaObject
true

# obj 不是 Object()或其子类的实例
> obj instanceof Object
false

# obj 是对象
> typeof obj
'object'
```

3.6.2.4　类类型的检查

新的类类型系统不但带来了它最终的产物"原子对象（atom）"，还带了一个新的概念：类类型。这在本质上是对类的衍生和系统化做出了另一种规范：在旧式的类继承中，类是由父类扩展而来的；而在类类型体系中，类是由类类型创建出来的。

```
// 旧的类继承
class MyObject { }
class MyObjectEx extends MyObject { }

// 类类型继承
var MyObject = new MetaClass();
class MyObjectEx extends MyObject { }
// OR
class MyObjectEx extends new MetaClass() { }
```

---

[1] 这并不完全正确。尽管这的确是一个原子对象(atom)，但它是用 new 运算创建的，所以还有一个继承自原型的 constructor 属性。可以从 Meta.prototype 或 Atom.prototype 上删除属性 constructor，这并不会影响它们的应用。

在不先创建实例的情况下，如何识别一个类或是类类型呢？毕竟它们都是函数。这并不难：

```
# 类类型的原型总是派生自 Meta
> MetaClass.prototype instanceof Meta
true

# 类的原型不是 Meta 的子类实例
> MetaObject.prototype instanceof Meta
false
```

类似于此，可以给 Meta 和 MetaClass 声明如下方法：

```
class Meta extends null {
  // （参见上文）
  ...

  // 元
  // - Meta 派生的所有类类型（或 Meta 的子类）
  static isMeta(obj) {
    return obj instanceof Meta && obj.prototype instanceof Meta;
  }

  // 原子对象
  // - Meta 是原子对象，反之则不一定
  static isAtom(obj) {
    return !(obj instanceof Object) &&
      ['object', 'function'].includes(typeof obj);
  }
}

// 类类型是类的父类，也是所有该类实例的祖先类
class MetaClass extends Meta {
  // 元类/类类型
  static isClassOf(obj) {
    return obj instanceof this || obj.constructor instanceof this;
  }
}
```

例如：

```
# MetaObject 是类，但不是类类型；它是 MetaClass 创建出来的
# - 元类（类类型）是类的类
> MetaClass.isClassOf(MetaObject)
true
# - 类类型是 Meta，类不是
> Meta.isMeta(MetaClass)
true
> Meta.isMeta(MetaObject)
false
# - 都是原子（基于元编程系统）
> Meta.isAtom(Meta)
true
```

```
> Meta.isAtom(MetaClass)
true
> Meta.isAtom(MetaObject)
true
> Meta.isAtom(MetaObject.prototype)
true

# 实例是原子, 但不是元
> var obj = new MetaObject;
> Meta.isAtom(obj)
true
> Meta.isMeta(obj)
false
```

但是要留意,尽管对象不是类类型的实例,但反过来,类类型却是对象的祖先类类型。例如:

```
# 对象不是类类型的实例
> obj instanceof MetaObject
true
> obj instanceof MetaClass
false

# 类和类类型都是对象的(父/祖先)类类型
# - 注意静态方法是继承的
> MetaObject.isClassOf(obj)
true
> MetaClass.isClassOf(obj)
true
```

3.6.2.5　类类型的声明以及扩展特性

旧式的类声明其实很简单,它将对象原型声明与类成员声明放在了一起:使用 static 声明的是类方法,可以由类继承;否则是对象方法,通过原型继承给对象实例。但是在类类型中这行不通了,因为类类型设计的目的就是把二者分开。例如:

```
// 声明类类型
class MetaClassEx extends MetaClass {
  static foo() {
    // 静态方法成了类类型的成员
    console.log('static method in ClassType types.');
  }
  bar() {
    // 非静态方法或属性不能由后代类/类类型继承
  }
}

// 声明类
class ObjectEx extends new MetaClassEx {
  static foo() {
    // 可以继承来自类类型(MetaClassEx)的类方法,所以可以调用 super()
```

```
    super.foo();
    console.log('static method in Class types.');
  }
  bar() {
    // 可以由对象实例继承
    console.log('call by instance.');
  }
}
```

测试结果如下:

```
> var obj = new ObjectEx;
> obj.bar()
call by instance.

> ObjectEx.foo()
static method in ClassType types.
static method in Class types.
```

但是这样一来,在 `MetaClassEx` 中声明的 `bar()` 方法又去哪儿了呢? `bar()` 方法,准确地说是 `MetaClassEx.prototype.bar()` 方法,确实是被丢弃了。因为任何 Meta 所创建的类都是一个原子类(Atom),它的原型是 `null`。这意味着"元"的原型不对它的实例(类)起任何作用。这也是我们设计这个元编程模型的初衷。

但是为什么不能让类类型的实例有一个"初始的"原型呢?亦即是说,是否能以任意一个原型为基点来创建类呢?当然,这是合理的。这就好像 `Object.create()` 可以以任意的原型为基点来创建实例一样。这可以通过为 `MetaClass` 定制一个构造方法来实现:

```
// 元类
class MetaClass extends Meta {
  constructor(prototype) {
    super();
    if (!prototype) return;
    if (!Meta.isAtom(prototype)) throw new Error('Need a atom prototype');
    Object.setPrototypeOf(this.prototype, prototype);
  }

  // (略)
  ...
}
```

现在仍然可以通过扩展元类来得到更多的类类型,但在创建类时,就可以为类初始化一个原型了。例如:

```
var arrayMethods = Object.getOwnPropertyDescriptors(Array.prototype);
class NativeAtom extends MetaClass {}
class ArrayAtom extends new NativeAtom(Object.create(null, arrayMethods)) {}

// 测试
var atom = new ArrayAtom();
```

```
atom.push(0,1,2,3,4,5);
console.log(atom.join());    // 0,1,2,3,4,5
console.log(Meta.isAtom(atom));  // true
```

是的,这样将得到一个可以做数组操作的原子。

需要强调一点,元类(MetaClass,类类型)在构建类时所传入的原型也必须是一个原子。因为如果给类添加一个非原子的原型,那么这个类就不再属于元编程模型了(该类将会成为一个普通的、JavaScript 原生的类)。

最后,事实上也可以将 Meta 或其子类类型.prototype 成员传给 MetaClass 来构造类。相较于本小节开始的讨论,这样会让类类型声明过程中的原型声明"重新有效"。从一定程度上来说,这是有意义的,比如在声明类类型的过程中,可以预先决定/设计一些对象方法。但是这并不会改变上述的继承关系。例如:

```
class MetaList extends Meta {
  push() {
    console.log('prototype method in MetaList.');
  }
}

class MetaListEx extends MetaList {
  push() {
    super.push();
    console.log('prototype method in MetaListEx.');
  }
}

class ListObject extends new MetaClass(MetaListEx.prototype) {
  push() {
    super.push();
    console.log('method in ListObject.');
  }
}
```

测试如下:

```
# 可以继承类类型中的原型方法
> var list = new ListObject();
> list.push();
prototype method in MetaList.
prototype method in MetaListEx.
method in ListObject.

# 实例与类类型没有继承关系
> list instanceof ListObject
true

> list instanceof MetaListEx
false

# 类与它被构建时传入的原型(的类)没有继承关系
```

```
> ListObject instanceof MetaClass
true

> ListObject instanceof MetaListEx
false
```

3.6.3 元编程模型

在我们现在已经实现的体系中包括如下系统。

- **原型继承系统**：可以没有构造器的、原生的 JavaScript 对象系统。
- **类继承系统**：使用 class 声明的 ES6 风格的面向对象系统。
- **元对象继承系统**：以 Atom，即 MetaObject 为基类。
- **类类型继承系统**：以 MetaClass 为基类。
- **元编程系统**：以 Meta 为元的可编程系统。

为了简化对"元编程系统"的描述，我们简单地称 MetaClass 继承出来的子类就是类类型，而由 MetaObject 继承出来的就是类。因此任何时候，都可以用如下语法来创建一个新的类类型：

```
class MetaClassEx extends MetaClass {}

// OR (构建新的基类，参考 class MetaClass)
class NewMetaClassBase extends Meta {}
class MetaClassEx2 extends NewMetaClassBase {}
```

亦即是说，元类（MetaClass）作为一个类型，是所有类类型的基类：1. 创建自 Meta；2. 可以被重新定义；3. 可以派生子类类型。并且，上例也说明了，不但可以创建元类的子类，还可以重新创建元编程系统（基于 Meta）的新的基类。

接下来，可以由任何类类型来创建类，并派生这些类的子类。这些类/子类，就是 JavaScript 原生的类继承体系了。例如：

```
// 创建一个新的类类型
class BaseListClass extends MetaClass {}

// 创建一个新的基类
class BaseList extends new BaseListClass{}

// 子类
class StringList extends BaseList {}
```

可以从 BaseList 类派生出很多 List 类，所有 List 类都是 BaseList 的子类，而 BaseList 是一个 BaseListClass 类类型的实例。于是得到这样的一个继承关系：

- 类类型影响类的特性，例如，`BaseListClass` 影响所有的 `List`。
- 类影响实例的特性，例如，`StringList` 影响它的所有实例。

如下代码检测了它们的继承性：

```
# 类是类类型的实例
> BaseList instanceof BaseListClass
true

# 类类型是元类的子类
> MetaClass.isClassOf(BaseListClass)
true

# 类类型是可以创建类的类（构造器）
> typeof BaseListClass
function
> typeof (new BaseListClass)
function
```

为了进一步简化"元编程系统"，可以充分利用 JavaScript 原生对象系统的一些特性，因为本质上元编程系统中的对象仍然是 JavaScript 的原生对象。可以考虑将原生的 JavaScript 类/构造器（例如 `Array`）直接转换为原子类来使用，例如：

```
class Meta {
  ...
  static from(constructor) {
    return new this(Object.setPrototypeOf(class extends null{},
      this.isAtom(constructor) ? constructor : this.asAtom(constructor)));
  }
  ...
}

// test
Objext = Meta.from(Object);
```

这个 `Objext()` 原子类构造的都是原子，可以简单测试如下：

```
# 创建原子
> x = new Objext;

> Meta.isAtom(x)
true
```

而那些原本在 `Object()` 上的类方法，现在也变成了 `Objext` 中可用的。例如：

```
# 测试那些可用的工具方法 Objext.xxx
> Objext.keys(x)
[]

> Object.getOwnPropertySymbols(x)
[]
```

那么同样地,我们可以得到一个基于 JavaScript 基本的对象系统的、扩展的元编程模型,而几乎不用什么实现代码:

```
# 使用 from() 方法
> class MetaArray extends new Meta(Meta.from(Array)) {}
```

测试如下:

```
> arr = new MetaArray(1,2,3)
MetaArray {"0":1, "1":2, "2":3}

> MetaArray.isArray(arr);
true

> Array.prototype.join.call(arr)
"1,2,3"
```

CHAPTER 第 4 章

JavaScript 语言的结构化

> 程序是可被组织的元素。
>
> 然而如果程序是可被组织的,那么"结构化"其实就只是组织的手法之一。这意味着后者——结构化——只是"程序是什么"的一个解,而绝非唯一解。
>
> ——《我的架构思想》

4.1 概述

对计算过程的认识不同产生了不同的计算模型,基于这些计算模型进行的分类,是计算机语言的主要分类方式之一。在这种分类法中,一般将语言分为四大类:命令式语言、函数式语言、逻辑式语言和面向对象程序设计语言。然而如果从程序本质的角度来看,它们还可以进一步地归为两类:命令式语言和说明式语言。

其中,结构化是命令式语言的主要实现手段,而面向对象程序设计语言是当前在结构化应用编程领域中最有表现力和最常用的语言类型。可以将"结构化编程"[1]和"面向对象编程"视作命令式语言在其演化过程中的两个阶段,并且无论是从语言定义还是从数据抽象的发展

---

[1] 在结构化编程早期出现的语言,常常被称为"过程式(语言)"。所谓过程,表现为程序调用或函数调用,有别于后来在"面向对象(语言)"中出现的方法调用。

来看，面向对象编程都是结构化编程的自然延伸，即它也是结构化的。

4.1.1 命令式语言

"命令式"这个词事实上过于学术化。简单地说，我们常见的编程语言，从"低级的"汇编语言到"高级的" C++，以及我们常用的 Java、Pascal 之类都是命令式语言。

整个命令式语言的发展历程，都与"冯·诺依曼"计算机体系存在直接关系。这种计算机系统以"存储"和"处理"为核心，而在编程语言中，前者被抽象成内存，后者被抽象成运算（指令或语句）。所以命令式语言的核心就在于"通过运算去改变内存（中的数据）"。

我们应该注意到：软件程序与硬件系统在本质上存在紧密的联系。

4.1.1.1 存储与数据结构

由于命令式语言的实质是面向存储的编程，所以这类语言比其他语言更加关注存储的方式。在程序设计的经典法则"算法+数据结构=程序"中，命令式语言首先关注的是"数据结构（即类型系统）"。表 4-1 说明了 Intel 计算机体系在"数据结构"上的简单抽象。

表 4-1 "数据结构"上的简单抽象

自然语义	机器系统	编程系统	语言/类型系统
基本数据单元	16/32/64 位系统	位、字节、字、双字	bit、byte、word、dword、…
连续数据块	连续存储块	数组、字符串、结构体	array、string、struct（注1）、…
有关系的数据片断	存储地址	指针、结构、引用	pointer、tree、…

注 1：C 语言中的"结构"类型在 Pascal 中被称为"记录（record）"。为了避免与本章中所述的"算法+（数据）结构"的结构混淆，在后文中，编程语言中的"结构"称为"结构体"。而"结构"一词，通常用来表达概念上的"数据结构（或类型系统）"。

命令式语言在运算上也是基于上述的"存储结构"来进行算法设计的。例如表检索，通常认为是在一个"连续数据块"中找到指定的、"基本数据单元"中的值。例如：

```
/**
 * key, 一个值, 例如字符
 * table, 一个数组, 例如字符数组
 */
function SearchInTable(key, table) {
  for (var i=0; i<table.length; i++) {
    if (table[i] == key) return true;
  }
  return false;
}
```

基于上例的基本需求和数据结构的设定，推论出"有序表检索效率更高"，并进一步提出用表排序的相关算法（例如，冒泡排序），设计出"二分法查找"等有序表检索算法。再后来，算法从"对原始数据排序"进化到"对数据映射排序"，从而有了更快速的"hash 排序"与"hash 检索"。海量数据处理的原始模型才由此逐渐形成。

所有这些算法的原始基础，仍旧是表 4-1 中对"数据抽象（即它的表现形式）"的设定。

4.1.1.2　结构化编程

但结构化编程与命令式语言并不是同一层面上的概念：前者讲的是一种程序设计与开发的方法，后者则是运算范型（表达为语言）。因此在结构化编程的整个知识域中，其实仅有"数据结构"与命令式语言（这一编程范型）处在同一概念层面上：

- 所谓"数据结构"，就是命令式语言所关注的"存储"。

在结构化程序设计语言中，对结构的解释包括三个部分：程序的控制结构、组织结构和数据结构。所谓控制结构，即顺序、分支和循环这三种基本程序逻辑；所谓组织结构，即指表达式、语句行、语句块、过程、单元、包等；所谓数据结构，包括基本数据结构和复合数据结构，且复合数据结构必然由基本数据结构按复合规则构成。

像Frederick P. Brooks, Jr.这样的先驱，很早就意识到"算法+数据结构=程序"的价值。Brooks在《人月神话》中就曾指出"数据的表现形式是编程的根本"。正是大师们在"数据结构"上不懈的努力，成就了C/Pascal这样的结构化编程语言[1]、Windows、Linux/UNIX这些伟大的操作系统，以及Oracle、MS SQL Server等这些数据库系统[2]。

然而，从基于x86系统的汇编语言，到代表近三十年来"高级语言"发展史的C、Pascal、Basic，以及在关系数据库方面独领风骚的SQL[3]……所有这些在通用软件开发领域耳熟能详的编程语言，都被困守在"冯·诺依曼"体系之中。无数的经典语言与编程大师谨遵"算法+数据结构=程序"这句断言，而从未在本质上有过任何突破。

1　结构化程序设计中的"结构"并不是语言概念中的"结构类型（struct）"，二者没有必然的联系。结构化分析方法的要点是根据数据的处理过程，自顶向下地分解系统模块。这一分析、设计的过程被称为结构化，它的产物是模块（module）、过程（procedure）等之间的交互与接口，而不是一个具体的数据结构。从软件开发过程来讲，编程语言中的数据类型（包括结构体等），来自上述分析、设计阶段的数据建模。
2　结构化程序设计绝不是"数据结构"一言可概之的，但在这里我们重在强调语言特性，而非编程方法的历史与演进。
3　在另一种分类体系中，SQL 被归类为"第四代程序设计语言（4GL, Fourth-Generation Language）"。在该分类体系中，还包括机器语言（1GL）、汇编语言（2GL）、高级语言（3GL），以及图形化程序设计语言（5GL）。这是一种较为笼统的以语言演化的次序、功用及实现方式来分类的方法。

4.1.1.3 结构化的疑难

在命令式语言发展上的所有努力，最终都必然要面临的问题是"如何抽象数据存储"。我们知道，在结构化编程时代，解决这个问题的是"结构体（结构类型）"。但是一方面，结构体在数据表达上过度的弹性带来了编程设计中的不规范，因此事实上在结构化编程时代，除了关系数据库之外，并没有什么一致的、规范化的编程模型出现。另一方面，结构体在根本上是面向机器世界的"存储描述"，因此它的抽象层次明显过低。

抽象层次过低带来的问题至少包括三个方面。

其一，结构体与实体直接相关，并且将这种相关性直接呈现在使用者的面前，因此开发人员必须面临数据的具体含义与关系。

在命令式语言中，变量（数据）的作用域首先按冯·诺依曼体系分为数据域与代码域。然后根据编译器的约定，分为局部域、单元域与全局域。一些编译器还约定了"块"级别的作用域，例如 C 语言中的线程锁机制。

然而，结构体本身并不具有隐藏数据域的特性，它只是忠实地反映程序系统与实际应用环境的映射关系。例如一个对房间的描述：

```
(**
 * programming language: pascal
 *)
TRoom = record
 bed: integer;
 desk: integer;
 chair: integer;
 lamp: integer;
 window: integer;
 people: integer;
 // reserved : array [0...300] of byte;
end;
```

我们假设将 TRoom 这个结构体应用于一个实际系统中：对于工程辅助设计（CAD）系统来说，people 成员显然是多余的；而对于虚拟现实系统（VR）来说，people 又是主要的成员，其他的则可能由另一个封闭的子系统处理。因此，很直接的问题是，对于更复杂的系统来说，需要更多的、更复杂的"实体与成员"的包含或封装关系。换言之，数据对于不同的子系统、结构体和逻辑代码来说，应该存在不同的可见性。

在结构化时代，处理这个问题的方法是在 SDK 中约定"带下画线（_）前缀的成员是保留的"，或者直接隐匿掉这些成员的名字，并从文档中彻底清除它们（如上例中的 reserved 成员）。这些做法，除了激发程序员探索不止的欲望，以最终写出《某某系统未公开文档技术大全》之类的著作之外，并未解决根本问题。

其二，结构体的抽象更面向于数据存储形式的表达和算法实现的方式，脱离了具体使用环境和算法的结构缺乏通用性。

这其实是一个非常致命的问题。因为在大多数情况下，结构一旦设定，算法也就确定了。例如对 ZIP 文件的文件头的描述：

```pascal
/**
 * programming language: pascal
 */
TCommonFileHeader = packed record
   VersionNeededToExtract: WORD;      // 2 bytes
   GeneralPurposeBitFlag: WORD;       // 2 bytes
   CompressionMethod: WORD;           // 2 bytes
   LastModFileTimeDate: DWORD;        // 4 bytes
   Crc32: DWORD;                      // 4 bytes
   CompressedSize: DWORD;             // 4 bytes
   UncompressedSize: DWORD;           // 4 bytes
   FilenameLength: WORD;              // 2 bytes
   ExtraFieldLength: WORD;            // 2 bytes
end;

TLocalFile = packed record
   LocalFileHeaderSignature: DWORD;           // 4 bytes  (0x04034b50)
   CommonFileHeader: TCommonFileHeader;       // 26 bytes
   filename: AnsiString;                      // variable size
   extrafield: AnsiString;                    // variable size
   CompressedData: AnsiString;                // variable size
end;
```

在这个结构体的设计中，`TLocalFile` 作为文件头被写入 zip 文件的每一个子文件的压缩数据的头部，其中前 30 字节可以作为一个完整的数据块直接保存。但是，在 `TCommonFileHeader` 的设计中，`Crc32` 和 `CompressedSize` 这两个成员，却需要在完成数据压缩之后才能写入。也就是说，在做 zip 压缩文件时，要在添加完一个文件的压缩数据后，将文件读写指针移回到这个位置来重写这两个值。

结构的设计决定了算法的实现，这已然是很明显的事。现在所有的 zip 文件都以这种方式标识着子文件，因此我们已经没有办法来修改算法，使结构被重用到新的算法，或者将其他算法应用到这个旧的结构。

结构体的设计直接面向存储，正是这种过低的抽象层次使重用性大大降低。程序、系统和开发人员被约束在结构的设计与调整之上，而不是关注在现实系统的实现之上。

其三，僵化的类型与僵化的逻辑并存，影响了业务逻辑的表达。

在现实生活中，人们并不关心"被关注对象"的类型，而只关注它的具体逻辑。例如人们在饥饿时只关注"吃"，并不关注吃的是什么。

第 4 章　JavaScript 语言的结构化

在一个子系统的逻辑产生的时候，子系统事实上只关注逻辑作用于一个该作用的对象，而并不关注这个对象的构造（如类型）。例如，财务人员面对手中的一堆票据，他只关心这些票据的总金额是多少，因此"求总计"的子系统最直接的实现方法，就应当类似"财务人员手执一个计算器（或算盘）"：计算系统内部如何处理小数与整数，那是靠另外一套法则去保障的，最好不要直接与原始数据（票据）关联起来。

泛型运算解决的正是这样的问题。在一个强类型系统中，泛型系统像一台计算器或算盘一样，用独立的逻辑（例如 C 语言中模板在编译时生成代码）去应付各种数据类型上的运算法则。而在业务逻辑层面，开发人员只需将原始数据（例如票据）累加即可。

```
/**
 * programming language: C
 * 示例 1：处理确定类型值的累加函数
 */
long add_values(long a, long b) {
  return (a + b);
}

/**
 * programming language: C++
 * 示例 2：处理不同类型值的累加函数，通过模板(泛型)来解决强类型问题的示例
 */
#include <iostream.h>

template <class type1, class type2> type1 add_values(type1 a, type2 b) {
  return (a + b);
}
long add_values(long a, int b);
double add_values(double a, long b);

/**
 * call demo
 *   v1, v2, v3 模拟输入的可变类型的原始数据
 */
void main(void) {
  long v1 = 1200L;
  int v2 = 1100;
  double v3 = 100.0 / 3;

  cout << "Value: " << add_values(v3, add_values(v1, v2)) << endl;
}
```

强类型与泛型出现的真正原因，仍然是因为"结构体"是面向存储进行的数据抽象。只有抽象层次更高一些，抽象不会影响到存储本身时，这个矛盾才会被真正解决。

4.1.2 面向对象语言

在前面的讨论中，我有意地将"结构化的疑难"归结为由"抽象层次过低"所引发的三点，而忽略了"结构化"带来的其他问题。这是因为，这三点正是"面向对象"所解决的主要问题：

- 开发人员必须面对数据的具体含义与关系。
- 脱离了具体使用环境与算法的结构缺乏通用性。
- 类型与逻辑僵化从而影响了业务逻辑的表达。

4.1.2.1 结构化的延伸

那么，"面向对象"是如何解决这些问题的呢？

首先，"面向对象"通过提出更加细化的可见性设定，实现了更好的数据封装性及数据域管理。通过指定具有更确定含义的可见性、设计良好的类/对象层次，可以在极大程度上避免不相干的子系统了解到更多的结构细节。这些可见性标识见表 4-2。

表 4-2 面向对象系统常见的可见性设定

可见性	含义	备注
published	已发布，面向特殊系统（例如 IDE）的	（注1）
public	公开，不限制访问的	
protected internal	内部保护，访问限于该成员所属的类或从该类派生来的类型	（注2）
protected	保护，访问限于此程序	
internal	内部，访问限于此程序或从该成员所属的类派生的类型	（注2）
private	私有，访问限于该成员所属的类型	

注 1：在 Delphi 中，该可见性仅面向可视化组件库、RTTI 和 IDE。
注 2：部分语言未实现。

接下来，"面向对象"中的继承被用来解决结构的通用性问题。如果一个结构所声明的"成员 p"：

- 既可以是 A 对象的成员，又可以是 B 对象的成员；并且，
- 该成员对两个（或更多）对象中的含义在抽象概念上存在类似。

那么，

- 就可以在 A 和 B 之上声明一个父类 O；并且，
- 使 A 和 B 从父类 O 中继承"成员 p"。

这样 A、B 具有各自子系统所需的特性，而父类 O 就可以在多个子系统中复用。

最后，解决"强类型"与业务逻辑表达之间的冲突的重任，就落在了"面向对象"系统的"多态性"上。对于任意子系统来说：

- 由于子类 A 与子类 B 都具有父类 O 的特性，因此任意能作用于父类 O 的行为都必然可以作用于 A、B 两个子类。

所以，在类型系统检查的过程中一旦明确"父类行为的抽象"，那么子类如何设计，都不会影响到父类的行为（业务逻辑）。简单地说，如果一个"对象结构"相关的逻辑是确定的，那么这个结构无论如何衍生，逻辑仍旧是确定的。

下面用一个较为复杂的示例，综合说明面向对象系统的这三种特性。

```delphi
/**
 * programming language: Delphi
 * (在以下代码中，斜体字表示是一个系统的或外部的处理例程)
 */

// 步骤1. 基类及其表达的运算逻辑
type
  // 封装性：值的表达形式，以及它与其他值的计算方法被封装在类的内部，是外部不关心的逻辑
  TCalcData = class(TObject)
    function GetValue: integer; abstract;
    function CalcValue(y: integer): double; abstract;
    // ……与运算类型相关的、上述方法的不同版本(overload;)

    function GetResult: double;
  end;

  // 多态性：Machine 负责处理的都是 TCalcData，而不必关心真实的子类类型
  TCalcMachine = class(TObject)
  privated
    FLastObject: TCalcData;
    property LastObject: TCalcData read get_last write set_last;
  public
    function calc(obj: TCalcData): TCalcData;
  end;

// 步骤2. TCalcData 的子类，表达各自子系统对数据的理解
type
  // 继承性：对象系统如何继承以及在子类中如何实现，与(其他的)外部逻辑是无关的
  TIntegerData = class(TCalcData)
    ...
  end;

  TDoubleData = class(TCalcData)
```

```
  ...
  end;

// 步骤3. 由步骤1所决定的算法逻辑
function TCalcMachine.calc(obj: TCalcData): TCalcData;
begin
  Result := create_data_instance(LastObject.CalcValue(obj.GetValue));
  LastObject := Result;
end;

// 步骤4. 外部业务逻辑（假设外部系统总是能显示double值），IO操作等
var x, y: TCalcData;
var mac: TCalcMachine;
...
repeat
  x := get_data_instance(get_data_from_input_source);
  y := mac.calc(x);
  echo_data_to_output_dest(y.getResult);
until (query_total);
...
```

在这个示例中，步骤1中的 `TCalcData` 与 `TCalcMachine` 的类设定决定了系统如何计算数据，该计算方法实现在步骤3中。但是，步骤1、步骤3与步骤2之间并不存在逻辑上的相关性，因为步骤2的作用在于通过继承性扩展系统，而不影响既有系统的逻辑。至于步骤4，是在确定的"对象系统＋对象系统间的逻辑"之外进行的系统 IO 操作，这些操作与既有对象系统也是无关的。如此一来，我们就把：

- 运算数据的表达
- 数据间的运算规则
- Machine 如何计算
- 应用与外部系统如何交互

这些逻辑都分离开了。由此可见，"对象"无疑是比"结构体"更高层次的数据抽象/数据结构。而这一判断的基础，正是：

> 结构确定（步骤1），则算法确定（步骤3）

在这样的前提下，按照面向对象程序设计的理论，无论怎样进行类衍生（步骤2），都不会影响到"已经确定的类设计"。

因此结构、数据与逻辑被绑在一起，从而形成了对象/类声明。它包含了数据实体、实体关系，以及与实体相关的运算。简言之，对象不但封装了更多的局部逻辑，还潜在地描述了它如何对整个体系架构与业务逻辑进行支撑。

但是在这里应该注意，对象只是更高层次的数据抽象，所基于的仍旧是对结构的认可，而并非对算法的认可。正是因为它并没有突破"结构影响算法"的边界，所以我们才在面向对象系统中看到这样一种状况：如果对象基类的抽象不合理，或者继承树设计得不合理，那么在这个对象系统上的应用开发将会束手束脚——接下来，对继承体系的重构又会影响到业务逻辑或算法的实现。

"结构化"的抽象是实体到结构体的直接映射，而"面向对象"的抽象则是实体到类、衍生关系到"继承性"的映射。由此可见，在面向对象系统中，对象基类及其继承树是对数据抽象的表达，而这种抽象比结构化系统要复杂，因此更高级且更难深入。

但同时，由于继承关系是现实系统中非常泛化的一种关系，也是人类社会中的一种普遍关系，因此能够帮助开发人员理解并应用。这是面向对象系统能够得以发展的根本。

4.1.2.2 更高层次的抽象：接口

如果我们将对象系统理解为三个元素的复合体：

- 数据，对象封装了数据体以及数据的存储逻辑。
- 行为，对象向外表现了在数据上可以进行的运算与运算逻辑。
- 关系，对象系统设定了一些交互关系，例如观察者模式中的"观察"与"被观察"关系。

那么会发现，这个对象系统所表达的含义又过度确定了。也就是说，我们又回到了原来的话题上：数据系统与业务系统的耦合度还是过高。这个问题的根源仍然在于抽象程度过低：我们确定了运算目标（对象）的结构与行为，其实在一定程度上也就限制了它的抽象性。

这样就引出了接口的概念。[1]

接口的定义更加符合我们对"自然系统"的理解：系统提供能力，我们使用系统的能力，而不关注能力的来源与获取方法。还是回到开始那个例子：我们需要一个计算系统来求和。但是我们为什么要关注这个计算系统是基于何种基础的类型系统，并如何继承而来的呢？有了"基类"的概念后，就在不同的子系统之间筑起了道道城墙——我们无法让一个C++语言的对象用在Java中，也无法让一个继承自 `TManualCalc` 的对象与继承自 `TRobotCalc` 的对象互换

---

[1] 这里所说的接口（Interface）是语言概念，而不是应用开发中的概念。例如通常说的 API，是"应用程序接口（Applications Programming Interface）"；HCI，是"人机接口（Human-Computer Interface）"，等等。又例如在具体语言中，模块对外部系统的声明也称为接口，并有单独的关键字来标识它，例如，Pascal 中出现过单独的格式文件（.int）来描述这些接口，而在 C 语言中与此相同的文件被称为头文件（.H）。

——如果你一开始就将它们设计为不同的基类的话。[1]

接口（Interface）提出的观点就是：只暴露数据体的逻辑行为能力，而不暴露这种能力的实现方法和基于的数据特性。这里用"数据体"而不是"对象"，是因为 Interface 并不关注"接口系统实现者"的数据结构特性，例如，是使用"对象 / 类类型"来实现接口，还是用"结构类型"来实现接口（尽管在具体语言中，这是与确定的数据类型相关的）。在有了接口的观念之后，我们会发现系统间的关系变得无比清晰明朗：用或者不用。

接口首次从系统或模块中剥离了"数据"的概念，进而把与数据有关的关系也清理了出去，例如，引用（对象间的引用是面向对象体系的灾难之源）。因此，接口是一种更高层次的抽象。它是目标系统与计算机系统的功能特性的投影：如果二者的投影一致，则必然是一个能够互换或互证的系统。

接口的高度抽象带来了很多附加价值，其中之一就是系统的可描述性。例如，某个部署在服务器上的 Web Services，可能是一套由 Python 开发的极为复杂的系统，但对于外部的接口来说，可能只是如下的 Interface（体系描述中不应强调交互的数据类型）：

```
ISearch = interface
  function search;
end;
```

虽然不同的子系统可能对这个接口有自己的描述，例如 Delphi：

```
(**
 * programming language: delphi
 *)
ISearch = Interface
  function search(anything: IKeys): ICollection;
end;
```

但是在这个抽象的系统之外，作为使用者——我，其实只需从网页中输入一个字符串，至于：

- 系统如何处理
- 是在本地，还是远程
- 目标系统是人工的，还是机器的
- 如果是人工的，是一个人，还是一群人
- 或者既不是人工的，也不是机器的，而是一群猴子

---

1 现实中如果需要计算，那么我们只关心计算系统能否接受"计算（calc）"，该行为接受一些操作数，然后返回计算结果即可。至于这个系统是人工在处理，还是计算机在处理，我们并不需要那么关注。

等这样的一些问题,则是我不需要考虑的。即便有人告诉我:在远在银河系之外的星系中,一群猴子在处理这个系统,因而产生了我需要得到的搜索结果,那么我也会无视——因为我只关心是否搜索到了想要的东西。

这就是Web Services。Web Services的基础之一,就是更加泛义化的Interface。而把除了"有没有猴子参与搜索工作"这样有明显答案的问题之外的、所有虚头八脑[1]的概念(例如,Interface、Python、目标系统和海量检索等)深藏在背后,成就了一代帝国的软件公司,就是Google。

Google 的首页,就是这样的一个 Interface。

4.1.2.3 面向接口的编程方法

不过,并没有太多人注意到一个事实,"面向接口的编程方法"已经悄悄地出现了。例如前面提到过的Web Services,无疑就是基于面向接口编程思想的。而且,面向接口的编程语言(IOPL,Interface Oriented Programming Languages)也已经出现。L. Robert Varney在 2003 年提交过一份有关IOP的研究报告,并在ARC(一种LISP的方言)中实现过一个语言原型。之后,在 2005 年 12 月,Christopher Diggins[2]又尝试性地对IOPL做过一个定义。Konrad Anton也在Java环境中提出了一个IOPL语言的实现方案(2006 年 2 月)。与此同时,IOP作为一种新的理念,更多地出现在SOA/SOP(Services Oriented Architect/Programming)的实现或阐释中,无论是早期的服务治理(SOA Governance),还是新近的微服务设计(Microservices Architecture),都是这一路线上的一些观察或实践。

然而在上面这种分类体系下,我们也会看到一个问题:接口关注于行为的描述,而不是结构的描述。接口基于的原则并不是"结构确定,则算法确定",而是"在共同的规约描述下的(算法的)功能,是确定的"。同样,正是因为接口突破了"结构影响算法"的边界,我们才看到接口弥补了 OOP 的不足(例如,对象继承树的设计可能不合理),其变成了现代 OOP 编程语言中不可或缺的一部分。面向接口的编程,就此成为对面向对象编程方法的一种突破。

这种突破表现在:IOPL 并不是一种命令式语言,因为它缺乏"基于结构"这样的基本特性;IOPL 更像是一种说明式语言,因为它更加面向对算法的描述,例如,用接口来描述的

---

[1] 这个词是我到上海之后学到的第一个"无来由的、奇怪的"词语,意思大概就是莫名其妙、难于解释或者很学术、很"象牙"的那些东西。按照我在每本书中留下一个彩蛋的做法,我想问一个问题:上海人说"蛮好",到底是"满好",还是"蛮好"呢?

[2] O'Reilly 出版社 2005 年出版的 *C++ Cookbook* 一书的作者,是一个支持 IOP 的 Heron 语言的创建者。

GoF 模式，实际上不单单是陈述架构，也陈述了实现算法。

我们看到，一种在"命令式"的、面向对象编程的实践过程中创建出来的"面向接口编程（IOP）"，却是更接近"说明式"的。这一方面表明 IOP 在 OOP 中实现并应用存在一些思想方法的障碍，另一方面也体现了语言的不同分类之间相互衍生和促进的事实。

最后值得一提的是，在 ECMAScript 规范为将来的语言特性而保留的关键字中，`interface` 与 `implements` 赫然在列。

4.1.3 再论语言的分类

"从计算范型的角度"将语言分成命令式语言、函数式语言、逻辑式语言和面向对象程序设计语言四大类，是教科书上的经典分类法。

4.1.3.1 对语言范型的简化

回到编程的经典法则：算法+数据结构=程序。我们前面就说命令式语言关注于数据结构，其本质是基于结构的运算。从这一点来看，

- 在语源上，面向对象是命令式语言的直接继承者。例如，作为典型代表的C++与Java，在《程序设计语言概念》[1]中，称C++为"结合命令式和面向对象特性的语言"，称Java为"基于命令式的面向对象语言"。
- 在实现时，上述语言中的"对象"仍然是基于连续存储的概念进行的结构设计。事实上，尽管对象是更高的数据抽象，但仍旧不能摆脱结构对算法的限制。例如，GoF 模式，便是这种限制下的产物（既是设计，也是实现）。

进一步地说，"从（经典法则所述的）程序本质出发"进行语言分类，可以将语言分为"说明式"和"命令式"。亦即是说，对于"算法+数据结构"，说明式语言侧重于描述"基于算法的实现"，而命令式语言侧重于实现"基于结构的运算"。如此就描述了表 4-3 所示的分类体系。[2]

---

1 此书的英文名称为 Concepts of Programming Language（COPL），*11th edition*，作者为 Robert W. Sebesta，由 Pearson 出版社于 2016 年出版。
2 表中字体加粗的部分引自《程序设计语言——实践之路》一书。

表 4-3　程序设计语言的分类及其与计算机语言的关系

层次分类			子类	语言示例	备注
计算机语言	程序设计语言	说明式	函数式	LISP/Scheme、ML、Haskell	（注1）
			数据流式	Id、Val	
			逻辑式	Prolog、VisiCalc	
		命令式	冯·诺依曼	Fortran、Pascal、Basic、C 等	（注2）
			面向对象	Smalltalk、Eiffel、C++、Java 等	
	数据设计语言	标记语言	……	HTML、XML	
		交换语言	……	JSON	
	模型设计语言	建模语言	……	UML	

注 1：说明式语言的几种子分类的区别主要在于"说明"所陈述的主体的不同。例如，函数式主要陈述运算规则，数据流式主要陈述数值计算，逻辑式则主要陈述推理过程等。

注 2：一般概念下的命令式语言，早期也称为结构化程序设计语言、过程式语言等。

总的来说，JavaScript 也是语言不同分类间相互作用的产物，它既同时是说明式和命令式语言，又兼具串行和并行语言的特征。有着这样交叉分类特性的语言，通常被称为"多范型语言（Multi-paradigm Programming Language）"。

4.1.3.2　结构化的性质

"命令式"语言是语言范型上的分类，而"结构化"是一种程序设计与开发的方法。结构化通常并不作为语言范型来讨论的根本原因在于：就目前来说，所有在计算机语言上的尝试都是结构化的，都是在"结构化"的视角下对"机器可计算"的求解。关于这一点，我在《程序原本》一书中已经有过详细的讨论与分析，并提出最终的结论：程序是可组织的元素。

JavaScript 相对来说是比较易用的，而且它的早期学习曲线也很平缓。这得益于它与其他通用的结构化语言有着基本一致的性质：基础语法由语句、表达式和变量构成。其中，

- 语句用于展现程序的组织、逻辑和控制。
- 表达式用于陈述和实现算法。
- 变量（以及标识符与名字系统）用于定义和处理存储。

在可预见的将来，JavaScript 仍然会在结构化的道路上前进，并实现更多的规范与特性。

因此，讨论结构化的意义尤在，也尤其重要。

本章主要讨论 JavaScript 语言在组织结构和控制结构方面的特性，即所谓"展现程序的组织、逻辑和控制"方面的能力。这主要通过"代码分块"来实现，这种结构事实上也带来了信息隐蔽的效果。此外，本章对数据结构会稍有涉及。

4.1.4　JavaScript 的语源

一种广为流传的说法是：JavaScript 在语言特性上一定程度地借鉴了 Cmm 和 Java。这里的 Cmm，是指 1992 年前后由 Nombas 公司开发的一门嵌入式脚本语言 C-minus-minus（亦称作 C--）。但事实上，JavaScript 在语言特性方面与这两种语言都没有太大关系。

在 1996 年之前，在Cmm 2.x的最后一个版本之前，Cmm都并不是一门面向对象（或基于对象）的语言，Cmm正如它自己的名字所说的一样，是精减版的C，而不是C++或以C++为基础的变种。所以Cmm中有"结构（struct）"，也有`#include`等语法，整个体系是参考C语言的。可见，即使JavaScript与Cmm存在一些相似性，也只是因为它们同样地参考了C语言的语法。[1]

除了Cmm之外，JavaScript在特性设计上也并没有从Java身上得到什么灵感，因此事实上这两种语言缺乏最基本的相似性。但是不可争辩的事实是，由于JavaScript被要求实现得与Java有一些相似，这些相似性包括大多数Java的表达式语法和基本的流程控制结构——当然也可以说这些表面的、语法形式上的特性借鉴自C而非Java。换言之，"JavaScript与Java相似"一定程度上只是宣传用词。[2]不过除开C相关的部分之外，在语法上，JavaScript也确实受到Java的一些影响（例如，对象成员存取使用"."），此外，还有AWK与Perl[3]。

Brendan Eich解释过JavaScript的语源（设计思想）来自AWK、C、HyperTalk和Self。[4]其中，HyperTalk是macOS系统上的一种脚本语言，用来在HyperCard（一种类似名片整理程序的资料

---

[1] 在《JavaScript 高级程序设计》（*Professional JavaScript for Web Developers*）一书的最初两版中，曾经根据 Nombas 公司总裁的一份关于 Cmm/ScriptEase 语言历史的文档，将 JavaScript 语言"在网页内嵌入脚本"的构想指向 Cmm 的某个实现版本；另一些误导来自国际 IT 界著名杂志 *Wired Magazine*（连线杂志）2002 年 10 月 7 日上的一张名为 *Mother Tongues* 的图，以及 O'Reilly 出版社公布的 *The History of Programming Languages*、levenez 网站上的 *Computer Languages History* 等，它们都将 JavaScript 的语源直接指向了 Cmm。然而事实上这些都是不正确的，我在"还原 JavaScript 的真实历史"一文中进行了详细分析。

[2] 原文 The JavaScript language resembles Java……引自 *JavaScript Working Document V1.0*（1996 年 01 月 22 日），原始文档源自网景公司官方发布的 *JavaScript Authoring Guide*。

[3] 原文 *borrows most of its syntax from Java, but also inherits from Awk and Perl*……引自 Brendan Eich 参与编写的 *JavaScript Language Specification V1.1*（1996 年 11 月 18 日）。

[4] Eich 称……my influences were awk, C, HyperTalk, and Self……。

数据系统）中控制数据与图形用户界面，语法上与JavaScript相去甚远。但是在JavaScript最早的应用环境（浏览器）中，使用消息/事件来控制Web页面内容的思想，却源自HyperTalk，例如，著名的onkeyDown、onmouseUp等消息或事件。并且JavaScript 1.0也提供了一个内置的、动态地将当前网页中的HTML元素映射为可编程对象的系统（也就是DHTML和DOM的前身），以便用户能在代码中控制网页。

AWK是最早的脚本语言之一，它主要用于处理文本，而Brendan Eich所说的"语源"其实是指AWK中的另一个重要特性——关联数组（associative arrays）。[1] 在后面的章节中我们会讲到JavaScript中的对象与关联数组的关系，以及该特性更为具体的应用。

Self对JavaScript最主要的影响是它的原型继承系统。不过有关基于原型的对象系统的概念，是在JavaScript 1.1中提出的——我并不确定这项特性是否包含在Brendan Eich的JavaScript原始设计中。至于我们在后续章节中要讲到的函数式特性，以及动态特性（动态类型与动态数据绑定等），Eich并未确切指出它们直接受到哪些语言的影响。

4.2 基本的组织元素

如前所说，所谓结构化包括：程序的控制结构、组织结构和数据结构。经典著作《结构程序设计》中对此有一个形象的譬喻："一个程序可看成由一串珍珠组成的项链。"如此看来，在"项链"这个组织结构中，标识符就是一枚枚珍珠，而语句就是丝线。这个组织中的成员，就称为语法元素。表4-4列出了它们在程序设计语言中的组织含义。

表4-4 语法元素的组织含义

元素	物理形态	静态	动态
标识符		let/const/var 函数声明 类声明	非严格模式下的var 非严格模式下的函数声明
表达式	模板字符串	值[2] 箭头函数体[3]	通过eval执行表达式语句来实现

---

[1] 在AWK的基础上发展了如今最有名的"正则表达式（RegExp，Regular Expression）"，正则表达式也被视为一种处理文本的表达式语言，但在JavaScript 1.0中还没有支持正则表达式。此外，关联数组的概念来自一种更为古老的语言：SNOBOL 4。
[2] 除了用作箭头函数体之外，任何表达式在静态语义上都相当于一个值。
[3] 箭头函数体是表达式，但函数体被解析为语法结构时，这里的表达式是用作"表达式语句"的。也就是说，箭头函数体在表面或语法上看来是表达式，但语义上却是语句的组织结构。

续表

元素	物理形态	静态	动态
语句	.js 文件	块与块级作用域	`eval()`
模块	.mjs 文件	`import/export` `require()`	`import().then()`

4.2.1 标识符

总是可以将源代码文本视为由空白字符等[1]隔开的词法记号（Tokens）序列，使用Tokens这个词汇意在简单地表明它们不存在"语义"层面的预设[2]。而如果要在语义层面讨论Tokens，则它可以被分成五类，包括"语义上可以理解的"标识符/标识符名、标点符号、字面量和模板，以及在它们之外的"语义上不可理解的"Tokens，即"Invalid Tokens"[3]。

在Tokens中，由语言预设的标点符号（Punctuator）和部分用作保留字（ReservedWord）[4]的标识符名是确定了书写格式的，例如`++`、`if`和`function`等[5]。此外，都可以由用户代码来定义书写，包括标识符（Identifier）[6]、字面量（Literal）和模板（Template）。

尽管书写的语法不同，但总的来说，这三种用户代码定义的 Tokens 都是一系列字符的有序书写，只是：

- 标识符表明一个名字。
- 字面量表明由字面含义决定的值。
- 模板表明一个可计算结果的字符串值。

---

1 用来隔开语法符号的文本一般包括空白字符、行终止符（包括逻辑上的文本结束符）、注释文本。其中注释文本（单行或多行）可以在形式上被替换成一个行终止符，以简化语法分析。
2 Tokens 是代码静态语法概念，用以将整个代码文本解构成一系列符号，进而可以将代码文本中的程序语义映射成机器逻辑可以处理的对象，例如，语法树（AST，Abstract Syntax Tree）。
3 语言有识别那些 Invalid Tokens 的能力，并表达为词法违例。
4 保留字都是标识符名，且在字面上都是英文词汇，其中已启用的称为关键字（Keyword）。还有一些是为未来保留而尚未启用的（Future Reserved Word），例如 `enum`。
5 确实存在一些很特殊的、只表明特定语法或语义的关键字，例如 `this`、`super` 和 `new.target`，它们是动态求值的"引用（keyword of reference result）"，且后两种是上下文受限的；又例如，`yield` 和 `await`，它们并不是严格意义上的运算符，而是用于表达式的、上下文受限的语法关键字。此外，`let`、`static` 以及 `yield` 和 `await` 在某些语法中有着不同的词法含义。
6 严格的说法是，保留字是标识符名但不能用作标识符，这使得我们在称"标识符"时都自然排除了那些语法关键字，便于行文。

亦即是说，在 Tokens 这个层次上，用户代码能书写/声明"名字和值（names and values）"。其中，所谓的名字就是标识符（Identifier）。

4.2.2 表达式

表达式是 0~1 个运算符和至少 1 个操作数的有序书写，其中运算符可以是标点符号和关键字，而操作数可以是标识符、字面量[1]、模板。由于后者——操作数——在Tokens这个层次上只能是"名字和值"，因此运算符事实上表达的是：名字与值之间进行计算，并返回名字与值。又或者称这二者分别为（名字的）引用、值。例如：

```
# 零个运算符（单值表达式）
> 1
1

# 一个运算符（负值运算符），单操作数
> -true
-1

# 一个运算符，多操作数
> 1+1
2

# 一个运算符（?:是一个运算符），三个操作数
> true ? 'a' : 'b'
'a'

# 一个运算符（一对括号表达的函数调用运算符），未确定个数的操作数
> f(1,2,3)
```

并且多个表达式是可以连续计算的，而它们之间的计算次序取决于各独立表达式的运算符的优先级。例如：

```
# 连续运算（这里的逗号是连续运算符，也可以是各种表达式的连续运算）
> 1,2,3,4
4

# 连续运算中的优先级（先乘除后加减）
> 3+2*5
13
```

在JavaScript语言的概念中，表达式并不能独立于语句而存在，即使是单个表达式，也可以被称为表达式语句；即使是单个字面量的操作数，也可以称为字面量表达式语句；等等。

---

[1] 有三个字面量同时也是保留字：`null`、`true` 和 `false`。需要留意的是，标识符 `undefined` 既不是字面量，也不是保留字。

因为这个缘故，表达式要么将它的结果值用于持续的表达式计算，要么总是"最终地"通过一个语句来展示它的计算结果。[1]

4.2.2.1 字面量

ECMAScript 对早期 JavaScript 语言的认识以及规范化是一个渐进的过程，这一点在对字面量表示的处理中是有充分体现的。下面这三种表达形式：

```
// 对象、数组与正则表达式
{ ... }
[ ... ]
/.../
```

其中对象与数组是在 ES2 中就已经提出的，但那时它们并没有字面量表示语法，而仅仅是一个普通对象。

4.2.2.2 初始器

这些表示风格第一次出现在 ES3 中时即被称为初始器（Initializer）。[2]那么，仅仅对于如下语句来说：

```
var x = [1]; // 初始器
var x = 1;   // 字面量
```

区分字面量与初始器的意义何在呢？

这是因为 ECMAScript 希望在字面量表示中不包括运算过程,而初始器则是可以包括运算过程。所以在 ES5 中就只明确了 5 种字面量语法，这些字面量（Literal）的值是可以在出现的同时（在引擎看来是编译期）就确知的：`null`、`true/false`、数值、字符串和正则表达式。而数组与对象的表示形式就不具备这一特点，反而必须是一个运算的结果。例如可以是：

```
// 例3
var a1 = [100, 200];
var a2 = [x, 200];
var o1 = {x: 100, y: 1000};
var o2 = {x: zz, y: 1000};
```

在这其中，对象与数组的成员，都是可以通过一些表达式来赋以初值的，因此它们本身

---

[1] 这与 JavaScript 语言实现的机制有关：语言引擎被设计为一个按语句行顺序执行的"行处理器"。
[2] 然而 ES3 对于 JavaScript 来讲总是一个"迟来的规范"，事实上这些表示风格在自 JavaScript 1.2 以来的、历史中的、传统的称谓原本就是字面量。也就是说，字面量其实是一个用得更久、更约定俗成的称谓。例如，在《JavaScript 权威指南》第 4 版、第 5 版中均采用传统称谓，仍将数组与对象的声明形式称为字面量，但对它们的具体叙述却放到了表达式章节中。

也"可能"是无法预知的。所以在 ES3 及其之后，都将对象、数组的这两种表示法称为*初始器*，并归类在表达式之中。

在本书的第 1 版中，将包括函数在内的几种声明形式均称为字面量，并进一步地引申出相应的字面量表达式。在本书中遵循此惯例，也将初始器称为"字面量风格的（数组、对象或函数表达式等）"，在这种情况下主要是强调它们是独立的、原子的、可参与计算的。若有特殊需要，例如在强调它的表达式特性时，也会使用初始器这一称谓。

显然，受到这一约定叙述风格影响的语法元素，都是有着自己的运算过程、但又表现为字面量风格的值的。具体来说，包括如下几项。

- 数组：Array Initializer，也称为数组字面量，或字面量风格声明的数组。
- 对象：Object Initializer，也称为对象字面量，或字面量风格声明的对象。
- 函数：Function Defining Expressions，也称为函数字面量，或字面量风格声明的函数。
- 正则：Regular Expression Literals，也称为正则表达式字面量，或正则表达式。
- 模板：Template Literals，也称为模板字面量，或模板。

4.2.3 语句

我们说过，标识符表达的是*名字*，而字面量和模板表达的是*值*。而所有这些 Tokens 最终会有两个演进的方向：

- 其一，是在表达式中通过名字来引用值，并进一步地做值运算。这即是 JavaScript 中函数式语言特性的由来。
- 其二，通过语句来串联名字与值，并最终表述为将值置于名字。这即是 JavaScript 中命令式（含过程式和面向对象）语言特性的由来。

所有JavaScript的语句也可以分为声明语句和非声明语句两类[1]，所有的声明语句都是静态词法分析的，而非声明语句则是*动态执行的*（即用来叙述计算逻辑的[2]）。

对于声明语句来说，它要么用于声明标识符名字，要么用于声明名字与值的关系，后者也称为绑定。例如：

---

[1] 详见"4.3 声明"和"4.4 语句与代码分块"。
[2] 显然，由于表达式也可以叙述计算逻辑，因此所有非声明语句其实都可以用表达式替代。若从这个角度观察前者（声明语句），则显然这类语句是不应当有值的（可参见 4.4.4 块与语句的值）。

```
# 标识符 x
> var x;

# 声明标识符 y, 并与值绑定
> var y = 100;

# 声明一个函数, 并将声明的函数体(body)绑定给该函数名 foo
> function foo() { }
```

所谓函数,本质上也只是在语句(甚至是表达式或标识符)这个层面/层级的组织元素,它是典型的直接绑定名字与值的语法结构。例如,我们知道:

```
var x = 100
```

在 JavaScript 的处理中是将"声明名字"与"绑定值"分成了两个语义。与此类似,

```
function f() { ... }
```

也事实上是将上述两个语义所对应的语法实现在了同一个(函数声明)语句中[1]:

```
// 与如上函数声明等义
var f;
f = function() { ... };
```

从语句层面来说,函数是声明语句;从表达式层面来说,函数是函数字面量或值(匿名函数);从标识符层面来说,函数是名字(具名函数)。总之无论如何,函数作为基本的组织元素,其意义仅在于"函数的名字与它所绑定的值"[2],而与函数内的具体执行逻辑或组织行为方式都无关。

4.2.4 模块

在模块出现之前,JavaScript 已经通过语句与函数实现了完整的程序组织(亦即是说,在这个层级上已经提供了完备的编程能力)。这意味着,模块出现的目的并不是解决具体编程能力的问题。模块作为组织元素,有它自己的产生、发展与被驱动的核心逻辑。

模块只有两个语义,其一是它包含了一个功能集合,并构建和对外宣称了这个集合的一个列表;其二是它用于从外部得到上述列表,并按当前(外部)环境的语义理解和使用该列表。模块在语义上的成功之处,在于它是平衡"对功能的展示和对细节的隐蔽"两种需求所

---

[1] 类似将两个语义处理成一个完整逻辑的方式,这在传统的静态语言中是很常见的。典型的语句如"const x = 100",这在传统语言(或静态、编译型的语言)来说,是必然处理成单一逻辑的。但不幸的是,在 JavaScript 中,const 声明也是被切分成两个语义,并在两个阶段处理的。

[2] 这是对函数在"组织结构"维度上的观察。函数完整的结构化特性还包括其他两个方面:从"控制结构"维度来说,函数是"出入栈"或"挂起与恢复(suspend/resume)";从"数据结构"维度来说,函数是一个闭包或指向(每个函数实例自有的)环境记录的结构。

能带来的最小可能结果。

举例来说，综合前面（标识符、表达式和语句）的讨论，可以发现：迄今为止，所有的组织元素事实上要么映射名字、要么映射值。亦即是说，通过上述组织元素所能得到的最小元素集合是"名字+值"。因此，模块对外宣称列表时也就只需要提供这两种元素的表示法即可。参考 JavaScript 中的约定：

```
// 名字：导出 JavaScript 中那些可以被"声明"的名字
export <let/var/const/function/class ...>

// 名字：导出已声明的名字或对这些名字加以组织
export { name1, name2, …, nameN };
export { variable1 as name1, variable2 as name2, …, nameN };
export * from …;
...

// 值
export default expression;
...
```

其中，"export default..."是一个典型语法，它表明一个值可以不经命名而导出。这一语法使得模块对"模块所包含的功能集合"具有完备的展示能力。同理，import 也正是在这个方面与之对接，从而得以构建一个最小化的处理模型。

4.2.5　组织的原则

总的来说，我们需要面对影响一门语言设计的非常多的规范与原则，有些是原理性或公理性的，有些则是人为的、惯性的。在这里，由于我们是从纯粹的"组织原则"而非对一种或多种语言的喜好来讨论问题，因此事实上这些原则可以只包括三个基本部分，即：逻辑的、值的和形式结构的。前两者用于约束一个最小的可计算系统，最后一个用于让这个计算系统在形式上具有确定性（即让它成为可规范和可组织的）。

4.2.5.1　原则一：抑制数据的可变性

数据的可变性称为状态。如果系统是无状态的，那么该系统存在两种可能，一种是绝对静态的，因为没有可变性而没有状态；另一种是绝对连续动态的，因而没有有意义的瞬时状态。这两类系统在现实中都是存在的，因此也确实存在与之相关的可编程环境。举例来说，一个常值函数在任意时刻对外暴露的信息都是确定的，并且它是不可变更的。例如：

```
class MyClass {
  static get x() {
```

```
    return 0;
  }
}
console.log(MyClass.x); // 总是 0 值
```

又例如,所谓传感器(采集值),就是一个连续动态的系统。在这个系统中我们观察到的任意瞬时的结果,都不能代表系统的有效状态。通常这个系统对外的一个有效阐述是"过去某个时间度量中(例如 10s),它的均值为 x"。

从基于绝对连续动态系统的观察可以简单地得出一个定义:信息是对状态集合的解释。该集合的解释成本,即是编程所应付的复杂性。亦即是说,编程的目的是使一个系统对外呈现可解释的信息。那么这个集合越简单,即数据的可变性越低,系统的解释成本也就越低,编程的复杂度也就越低。

语言中的数据定义行为可以拆解为 4 个具体的步骤[1],包括:命名、置值前、置值和置值后。在根本上来说,这就是 JavaScript 中存在 MutableBinding 和 ImmutableBinding 两种变量绑定,以及每种绑定都存在 (un)initialized 两种状态的原因。一个数据存在这 4 种可能的状态,决定了 JavaScript 在数据可变性方面导致的编程复杂性的大小(程度/规模)。

可以通过缩减状态的数量来简化系统,例如以 Promise 为核心的并行语言特性,实际上就是一个三状态数据的可编程系统。而另一方面,JavaScript 应用环境中推荐使用 let/const 来替代 var,本质上是在控制数据可变性的范围(作用域),以便达到在该范围中减少状态总数的目的。

与此相关的,在结构化程序设计中提出的分治原则(divide and conquer)、自顶向下(top-down)、单入口单出口(single entry, single exit,简称 SESE)等,以及包括"信息隐蔽"在内的结构化基础理论,其实都无一例外地是在控制数据的可变性,进而达到降低系统整体编程复杂性的目的。

4.2.5.2 原则二:最小逻辑和最大复用

如果数据的可变性称为状态,那么状态(从认知理论的角度上来说)是对"变与不变"的认知的一种标示,而"变与不变"是被观察对象在时间轴上的投影结果。亦即是说,"变与不变"是一个时序结果,如果没有时序变化(时间作为维度不参与计算),那么也就没有所谓的"变与不变"。

---

[1] 这是我在 QCon 2019 大会上的演讲——在 JavaScript 中的并行语言特性——中,对数据定义行为的一个解释。这个解释有助于厘清那些数据表达与交互行为的细节。

我们似乎在讨论一个与"组织原则"无关的东西？并非如此，事实上我们是在讨论"组织的背景中是否存在时间维度"。如果存在，那么这是时序逻辑；如果不存在，那么这是非时序逻辑。很不幸，JavaScript 是一门既支持时序逻辑的语言，也是一门支持非时序逻辑的语言。前者是所谓顺序编程（串行）；后者，是所谓并行编程。

对于前者——顺序编程来说，早期的结构化理论已经论证过它的三种基本控制结构，即顺序、分支与循环。并且在"面向顺序机器"的结构化理论下，分支与循环也只是顺序控制结构的特例。所有以此为基础的理论都遵循一个基本规则：一个基础的控制结构只有一个入口和一个出口。由于所有这样的结构都可以被表达为函数的参数（arguments）和返回（return），所以这也同时论证了函数式语言与过程式语言完全等价。

然而函数有没有必要返回第二个或者更多结果呢？答案是"确有必要"。例如，ES6 之后出现的生成器函数，就可以通过 yield 传出函数执行过程中的多个状态；以及在 yield 过程中多次传入参数以影响状态的变化。那么从语义上来说，这样的"多个状态"是否使得控制结构变得更加复杂了呢？

这却并不一定。因为结构化理论在控制结构上选择了"面向顺序机器"并以"单入口单出口"为基本逻辑的前置条件，出于逻辑"正确性"的要求。简单地说，这个逻辑模型的计算背景是确定的、时序的，所以（像数学函数一样）也就存在一个绝对正确的结果值。然而如果系统的背景是"绝对连续动态、因而没有有意义的瞬时状态"的，那么也就不存在可观察的正确性。[1]当状态和基于状态的正确性要求都不存在的时候，"状态的多少"也就不是计算系统复杂性的参量了。换言之，在这样的背景下，并行调用 100 万次生成器函数，其结果与调用 1 次生成器函数只有精确性的区别，而没有正确性和复杂度的区别。任意多的次数（在非时序逻辑中）坍缩成 1 次，因此生成器函数表达为 1 次或任意多次传出值，其实都是没有区别的。

这意味着我们从系统中抽离了状态，抽离了循环，以及对系统控制结构去除了"单入口单出口"这样的前置限制。类似地，JavaScript 中的 Promise 也不再提供可变的状态、循环结构，以及传统含义中的系统退出（exit）等。整个系统的控制结构从（面向顺序机器的）结构化，走向了以非时序逻辑为背景的非结构化。[2]

控制结构趋向最简是一种最小化逻辑的趋势，而另一种趋势，则是将尽可能多且明确的

---

[1] 例如，在 N4C 项目（参见 Git 仓库 aimingoo/n4c）中，架构的基本设定为"没有全量、不存在一次精确"。
[2] 例如，微软计算机科学家 Mark Marron 认为"可以通过消除诸如循环、可变状态和引用相等复杂性的来源让编程变得更好"，并基于这个思想提出了 Bosque 语言，其灵感部分来自 Node.js/JavaScript 的语义。

逻辑内聚，以得到更大颗粒度的复用单元。仍然是 `Promise` 和 `Generator`，在它们向外暴露明确的、一致性的接口的同时，是将其内部封装的语义和逻辑整体作为复用单元的。以我经常使用的例子来说，如何正确编写一个 `Promise` 版本的 Hello World 程序呢？答案是：

```
Promise.resolve("Hello world")
  .then(console.log);
```

在这个示例中，所有与 `Promise.resolve()`、`console.log()` 和 `p.then()` 相关的逻辑，都并不仅仅是类似传统"函数调用"的简单复用，而是对包括并行语义、执行结构等在内的全部逻辑的复用。

4.2.5.3 原则三：语法在形式上的清晰与语义一致性

所有 `Promise` 的初学者都会在它的语法结构面前止步不前。从根本上来说，`Promise` 的语法存在一个极其致命的问题，如下例：

```
promise1              // promise1
  .then(f1)           // promise2
  .catch(f2);         // promise3
```

在这个语法结构中，我们会直觉地认为 `.then()` 是在响应 `promise1` 的某个状态，并且当这个状态不被响应时，`.catch()` 会响应 `promise1` 的另一个状态。然而在这个语法被实际实现时，JavaScript 将会按如下的方式处理：

```
promise2 = promise1.then(f1);
promise3 = promise2.catch(f2);
```

即上面的 `.catch()` 处理的是 `promise2` 的异常，而与 `promise1` 并没有（直接的）关系。类似于此的，所有 promise 对象的方法（以及它们的行为）都会立即返回一个新的 promise，而后续的方法（例如，`.then()` 返回 `promise2`，而 `.catch()` 是这一行为的后续方法）其实是以新对象为操作对象的，与原始对象断开了联系。

这在语法上不那么清晰且直观的地方在于：由于 Promise 在这里借用了 `try...catch` 的语法和语义，因此开发人员会在形式上将二者关联起来。然而在 `try...catch` 中，`catch` 块所捕获的异常与 `try` 块中触发的异常——以及它们操作的逻辑的主体——是同一个；而在与之相似的 Promise 的 `catch()` 块中，触发 `catch()` 行为的主体是 `promise2`。这两个逻辑存在"异常发生者与所发出位置"的不一致，于是给使用者带来了困扰。

所谓"位置"，在组织过程中就是"语法形式上的组织结构关系"。例如，JavaScript 中经典的"var 声明提前"问题。即，在 JavaScript 语法上，允许在一个变量声明之前使用该变量：

```
function foo() {
  console.log(x);
```

```
    var x = 100;
}
```

又例如在一种类成员声明的设计方案中提出：

```
class MyClass {
  x = new Object;
}

let a = new MyClass, b = new MyClass;
console.log(a.x === b.x);
```

在这个位置，如果成员 x 是执行语义，那么这里 x 就是变量，并且它应该为每一个实例执行一次（以便在每个实例中为 x 属性得到不同的 `new Object`）。在这种情况下，如果将它理解为声明语义，那么在语法上它用了赋值符号"="还可能带来与预期的偏差。并且基于既有的类继承语法风格设计，后一种语义还潜在地说 x 是一个以类原型属性 `MyClass.prototype` 为操作对象的一次性声明，因为所有之前在 `class` 成员声明中所声明的"都是以 `MyClass.prototype` 目标操作对象的"。

一门语言的可用性与易用性，取决于对语法设计与语义表达之间的关系处理。通常二者之间存在清晰且一致的映射关系，即一项语法总是能清晰无歧义地表达为一种明确的语义，以使得程序员的思维过程能被运行环境的语法分析过程以相同的语言模型表述。有效的设计是将新的体验放在对旧习惯的"合乎自然的变化"中，而不是新造一种特性或一个概念。尽管所有这些所谓"新风格"都是值得尊重的，但是"新风格"的推广成本也并非所有语言都可以承受的。

4.3 声明

我们现在讨论的声明（declaration）与声明式编程（declarative programming）是无关的，两者是不同领域中的概念。JavaScript中的所有声明都针对标识符名字（IdentifierName），以表明该名字在三个方面的性质：标识、值和确定性。[1]

JavaScript中的声明语句如表 4-5 所示。[2]

---

[1] 参见《程序原本》一书的 1.5 节。
[2] 在叙述习惯上，我们常常会说"声明一个字面量"，但字面量（Literal）是由词法规则（Lexical）表示的数据/值，严格来说是记法（Notation）而不是声明（Declaration）。

4.3 声明

表 4-5　JavaScript 中的声明

类别	名称	示例	说明
数据[1]	变量	`var x...;` `let x...;`	变量语句（Variable Statement）与其他词法声明（Lexical Declaration，包括 `let` 和 `const`）在概念上有着不同的语义
	常量	`const x = ...;`	

块	函数声明	`function x() {...}`
		`async function x() {...}`
		`function * x() {...}`
		`...`
			函数表达式和类表达式不是声明，箭头函数不是声明

	类声明	`class x ... {...}`	
	模块导入	`import * as x ...;` `import ...;`	导出语句不是声明
（其他）[2]	异常	`try {...} catch(x) {...}`	异常捕获中 `catch` 块允许声明名字
	循环	`for (var/let/const x...` `for await (var/let/const x...`	循环条件中允许使用 `let`/`const` 声明名字

4.3.1　声明名字

所有声明语句（以及语句中起到声明作用的子句）都至少包括一个名字的声明。[3]例如：

```
# 名字 x
> var x;

# 名字 foo 和 x
> function foo(x) {}
```

在上述声明中，名字 x 都是未置值的。在声明名字时不绑定值的，称为后绑定。

当声明语句同时声明名字和值的时候，表明二者的绑定关系。具体的绑定操作通常是 JavaScript 引擎在一个置值过程中完成的。多数情况下这个过程对用户代码是可见的。例如如下声明：

```
1    ...
2
```

1　在 JavaScript 的语法元素中，"变量声明（）"是一个语句，而"声明（）"是与"语句"处在同一抽象层级的语法概念。
2　这些语句本身并不是"声明语句"，但是它们包含了有声明作用的子句或语法部分，从而使它们在执行过程中也能"声明"名字。
3　`export default` 语句算是例外。这个声明语句并不声明一个有效的名字，但是为了在"没有名字"的情况下与外部（引用者模块）进行信息交互，它们之间还是约定以 `default` 作为导出名，这个名字被登记在导出表并被 `import defaultName...` 语法查找和引用。

```
3       // 名字 x
4       var x = 100;
5       x = 200;
```

它的绑定过程发生在执行期：在上述代码的 1~3 行中，变量x是未绑定的 [1]（initialized mutable binding），并存在初始值undefined。当执行到第 4 行时，发生一个置值过程，于是变量x被绑定了初值 100。与此不同的是let声明：

```
1       ...
2
3       // 名字 x
4       let x = 100;
5       x = 200;
```

在使用 let 声明时，在上述代码的 1~3 行中，变量 x 是未初始化的（uninitialized mutable binding），因此在第 1~3 行代码中访问名字 x 时会触发异常。只有在第一次置值之后，该变量才是可用的。

一些名字声明与绑定过程是同时发生并交由引擎在初始化环境时完成的。这种"在初始化环境时完成标识符声明以及值绑定两个过程"的过程对用户代码是不可见的。例如如下声明：

```
1       ...
2
3       function foo(x=100) {
4         ...
5       }
6       ...
```

其中函数名foo是作为一个标识符声明在当前环境中的，并且在声明时就确定了它与函数体（函数实例）的绑定关系。[2]这意味着在当前环境中总是可以访问该名字foo，包括在该名字声明之前，例如 1~6 代码行。

在 for 语句和 try 语句中的类似行为不足以让它们成为严格意义上的"声明（语句）"，它们只是在语法效果中会发生"声明名字"的行为。

4.3.2 确定性

确定性用来表明标识与值之间是否存在持续性的绑定关系，通常我们称之为变量或常量。

---

[1] 环境记录将其中登记的名称为绑定（binding），所以 HasBinding(N) 会返回 true。
[2] 这里的参数名 x 实际上是在执行 foo() 调用时——而非 foo 标识符声明过程中——才会绑定值的。但由于 foo() 调用发生时还会为该函数实例创建一个环境（闭包），因此 x 与调用时传入的实参也是在"（闭包）环境初始化时"绑定的。

而在 ECMAScript 规范中则用 `MutableBinding` 和 `ImmutableBinding` 来区分它们，表明它们是可以多次置值的（因此是不确定的），或只允许一次置值（因此是确定的）。

在JavaScript中，除`const`和`namespace`之外的所有语句声明的名字都是使用`MutableBinding`来创建的 [1]，因此我们总是可以重写标识符（变量名）。这是JavaScript动态语言特性的体现。例如下例中使用声明语法得到的`foo`函数：

```
1  function foo() {
2    foo = 100;
3    console.log(foo);  // 100
4  }
5  foo();
```

然而函数表达式是字面量风格的值，而非语句（参见"4.2.3　语句"）。对于此，JavaScript约定，所有类型的函数表达式 [2]——在它作为独立语法元素（表达式的操作数）的环境中——的名字绑定使用`ImmutableBinding`，因此是不可置值的。例如：

```
1  (function foo() {
2    foo = 100;
3    console.log(foo);  // [Function: foo]
4  })();
```

最后，在严格模式下，函数内的`arguments`在创建时也使用`ImmutableBinding`，因此它也是不可置值的。

4.3.3　顶层声明

JavaScript代码中的顶层声明是被特殊处理的。所谓顶层声明，是指一个块中的所有声明语句或其第一层具名函数中的声明。[3] 这一概念严格来说只在语法分析阶段有意义，但是由于动态作用域的存在，它实际影响了所有声明语句的运行期效果。

顶层声明包括顶层词法声明（TopLevelLexicallyDeclaredNames）和顶层变量声明（TopLevelVarDeclaredNames）两种。每种形式上的语句块（包括块语句、函数或类的 Body 区等）都按相同的规则遍历这两种顶层词法声明，以便得到对应的顶层声明列表，进而得到词法声明与变量声明列表。在某些情况下，它们跟顶层声明是一致的；在另一些情况下，它

---

[1] 注意，其一，名字空间（namespace）是指 `import * as ns...`语法中的 ns；其二，后文中提到的函数表达式和名字 arguments 都不是语句。
[2] 包括函数与类，其中函数包括异步函数、生成器函数等。
[3] 标签化语句的顶层变量声明，就是被标签的语句的变量声明，或被标签的、子级的标签化语句的顶层变量声明，或被标签的函数的名字。因此标签化语句（与除去标签之后的一般语句相比）在变量声明上没有特殊性。此外，标签化语句自身会有一个分析标签的规则，这独立于变量名/标识符系统之外。

们会以顶层声明为基础再次进行计算。后者取决于引擎支持的具体语言特性。

在 JavaScript 中之所以需要这两种顶层声明，主要因为对 var 声明的特殊处理。在 JavaScript 中，var 声明总是函数中的一个顶层声明，而（相同位置的）let/const 声明却只存在于它们所在的块中。因此，var 声明与 let/const 声明的作用域就需要两种顶层声明的遍历机制来处理。并且，按照传统的 JavaScript 语法定义，函数声明的函数名与 var 声明采用的是一致的作用域机制。因此，事实上的规则比想象的要略复杂一些。例如：

```
1   var x = "outer", y = "outer";
2
3   function foo() {
4     console.log([x, y]);
5     if (true) {
6       function x() {}
7     }
8     else {
9       function y() {}
10    }
11    console.log([x, y]);
12  }
13
14  foo();
```

在这个例子中，第 3 行与第 9 行分别声明了一个函数。按照 JavaScript 的传统语法，由于函数声明是一个顶层变量声明，因此在 foo() 函数内部就同时有了 x 和 y 两个顶层变量名，这意味着在"变量提升"效果的影响下，代码行 4 将输出"undefined, undefined"。

而在 ES6 之后，ECMAScript 约定了块级作用域，这里的顶层变量的计算就不一样了。准确地说，由于一项被称为"条件声明语句"特性的存在，JavaScript 允许动态地添加一个 var 声明：如果引擎支持这项特性，那么第 4 行代码就应该输出"outer, outer"；而到了第 11 行，由于函数名 x 被"条件声明"了，因此输出"[function x], outer"。

"条件声明语句"特性存在一些争议，例如如何理解下面这行代码：

```
if (true) function x() {}
```

按照 if 语句的语法设计，它的分支是一个一般语句，那么函数声明也是这样一个语句，并且与 var 声明类似。因此，如果上述语句成立，那么

```
if (true) var x = function() {}
```

也应当是合理的。确实，考虑到对传统 JavaScript 语法的兼容，ECMAScript 接受了这里的 var 声明（以及函数声明），但同时为了避免由此带来的概念上的矛盾，又规定了在 if/for/while 等单语句（single statement）后不支持词法变量声明。

在 ES6 之后，ECMAScript 将一些特殊的函数声明语法（以及由此带来的顶层变量声明名

字的计算方法）放在了"非严格模式"中，并且通过一个补充标准来规范它们。这包括下列三种特殊语法效果：

```
function foo() {
  // 函数声明的变量提升
  {function f1() {}}; // f1 将是 foo 的一个顶层声明

  // 标签化的函数声明语句
  labelName: function f2() {}; // f2 将是 foo 的一个顶层声明

  // 条件化的函数声明语句
  if (true) function f3() {}; // f3 将是 foo 的一个顶层声明
}
```

对于不支持该补充标准的引擎来说，上述语法都不会产生顶层变量。[1]因此——如果你可以访问到的话，那么它们——在语义上会在相应的语句位置存在一个变量声明。例如，一个典型的示例如下：

```
1  var x = "outer", y = "outer";
2
3  function foo() {
4    console.log([x, y]); // 由于这里没有顶层变量，因此 x,y 都是 outer
5    if (true) {
6      console.log(typeof x); // 这里有一个由函数声明产生的、块级别的变量名
7      function x() {}
8    }
9  }
```

在第 6 行代码的位置将会输出"function"。[2]那么参考这个示例，如果用户有机会在下面的第 4 行代码中访问 if 的条件分支（语句中的变量作用域），那么将会得到函数名 x [3]：

```
1  var x = "outer";
2  function foo() {
3    console.log(x); // outer
4    if (true) function x() {}; // 'x'
5    console.log(x); // outer
6  }
```

1　这对于严格按照 ECMAScript 6 之后规范实现的引擎来说都是成立的。但 Node.js 实现并默认开启了上述补充标准（准确地说是 annex b），因此下面的例子在 Node.js 中的执行效果会不同。

2　如果第 7 行使用 var 声明，则这里会显示 undefined。这是因为，var 声明的值绑定将延迟到声明语句（第 7 行）才会发生；而函数声明是名字和值预先绑定的，变量名提升后就有初值。

3　这是一个无法完成的示例，因为 if 语句自己是没有块作用域来"接收（登记）"函数名 x 的。"简单语句自身并不构成代码的形式分块"（参见"4.4.1.1　简单语句"）。并且这里没有办法书写其他语句来访问该名字，如果要这样做，则这里的函数就只能声明成函数表达式。

最后，除了计算顶层符号之外，在多数情况下，所谓语句的"词法声明与变量声明"是用在语法分析阶段来检测作用域中是否存在相同的标识符名的。另外，在初始化一个环境（Block/Global/Function/Eval/Module）时，也将利用这个（在语句分析期得到的）标识符列表来创建和初始化绑定。

4.4 语句与代码分块

排除所有用于"声明"的语句之后，剩下的所有非声明语句（无一例外地）都是过程叙述性质的。这些语句兼具如下两个作用。

- 陈述一个过程：
    - 陈述将被组织的元素。
    - 陈述上述元素之间的结构方法。
- 表达经过上述语句陈述过程之后的结果值。

其中，所谓的"元素间的结构方法"也被称为（形式上的）代码分块，或形式分块。[1]这些语句的结构方法如表 4-6 所示。

表 4-6 非声明语句的结构方法（注1，注2）

类别	名称		示例	块	被组织的元素
无形式分块的	简单语句	表达式语句	1+2+3;		元素：表达式
		空语句	;		（没有元素）
		调试语句	debugger;		
		单语句	if...		元素：表达式
			while... do...while... for...		元素：表达式（循环控制） 元素：语句（循环体） 元素：标签（标签化语句）
		子句(注3)	continue [label]; break [label]; return [expression]; throw exception;		元素：语句（语句的位置） 元素：表达式（的值） 元素：表达式（作为异常对象）

---

[1] 在不与"块语句"混淆的情况下，也经常被直接称为"块"。

续表

类别	名称		示例	块	被组织的元素

形式分块的	逻辑结构	循环语句	`for (let/const...`
			`for`
			`await(let/const...`
				2	元素：声明（循环控制变量）
					元素：表达式（循环控制）
					元素：语句（循环体）
					元素：标签（标签化语句）

		多重分支语句	`switch...`	1	元素：条件表达式 元素：语句（分支中的多语句）

	控制结构	异常语句	`try {`
			`  tryStatements`
			`}`
			`catch (exception) {`
			`  catchStatements`
			`}`
			`finally {`
			`  finallyStatements`
			`}`
				2~3	元素：语句（块中的多语句）
					元素：声明（异常对象名）

	其他	块/复合语句	`{ }` `{...}`	1	元素：语句 （分块是语义要求）
		with 语句	`with (object)` `  statement`	1	

注 1：该表说明"形式分块"是语句的唯一结构方法，而被组织的元素只有标签声明、标识符声明、表达式和语句。

注 2：语句的形式分块的作用，要么是支持语法中的"声明名字"，要么是支持语法上"多语句"的结构需求，又或者根本就是该语句本身的"语义要求"。

注 3：这些控制结构中的子句在使用时受限于指定的形式分块，但其自身并没有形式分块。

4.4.1 块

如果将一段代码理解为一个形式上的块（x），那么块 x 中除去简单语句（它们不构成自己的形式分块），其他部分也都是分块的。更确切地说：

- 简单语句是该块 x（即 statements，块中的语句行）的成员，而
- 其他分块是子级的块。[1]

这基本上可以理解为 JavaScript 对结构化编程的基础设定。

---

1 参见 4.3 节中的表 4-5，变量、常量和模块导入都是直接声明名字（以及名字的三个性质）而不分块的，所有函数声明则是在声明名字的同时声明了一个块。

4.4.1.1 简单语句

可以将大多数的表达式语句、空语句[1]和debugger语句等归为一类,称为简单语句。[2]多数情况下它们在语法形式上就很"简单",但事实上也包括像if这样在形式上看起来有些复杂的单语句(single statement)。

简单语句自身并不构成代码的形式分块。

4.4.1.2 单值表达式

一个块意味着一个独立的计算环境,可以有自己内部的标识符列表等。这可以理解为对"结构化编程"中信息隐蔽的实现。由于在概念上,表达式本身的计算环境依赖于它所在的语句,因此表达式本身是不需要分块的。进一步地,表达式语句作为简单语句也是没有分块的。

但是,JavaScript中的"值"可以构成单值表达式,并进一步构成单值表达式语句,这给问题带来了一定的复杂性。因为单值中的那些"字面量风格的值"[3]本身是需要一个独立的计算过程与环境的。但是即使如此,如同上面说过的,这些单值表达式所在的"简单语句本身"也是没有对应的形式分块的。[4]例如:

```
// 赋值表达式语句是一个简单语句
x = function() {
  // ...
}
```

其中的(字面量风格的)函数表达式是有自己的形式分块的,但它所在的赋值表达式却没有。由于赋值表达式没有形式分块,因此也就不存在一个用于"放置"名字声明的环境,这也就进一步解释了下面的代码:

```
// 函数"单值"存在自己的分块,并不影响其所在的表达式语句
1 + (function x() {
  // ...
}) + x;
```

正是由于在表达式语句"1+(...)+x"中不存在自己的块因此没有函数名 x 的引用,所以

---

[1] 空语句是只用一个分号(;)表示的语句,它可以独立存在,也可以是for、if等其他语句中空的循环体或分支。注意,空的块语句并不是空语句,因为执行引擎会为它初始化一个块级的环境。
[2] 声明语句并不一定是简单语句,例如,函数声明语句就是一个带有形式分块的语句,又例如,var/let/const 声明中等号左侧的赋值模板(JavaScript 会为赋值模板构建一个块级的环境)。
[3] 包括在"4.2.2 表达式"中列出的全部 5 种字面量与初始器。
[4] 关于这一点,你也可以简单理解为"表达式不分块"。但是在本书中,"形式分块"是语句的结构化特性,并不存在讨论"表达式有没有分块"的必要,因此将表达式语句并入"简单语句"来加以讨论。

第三个操作数中的 x 的值是 undefined。

4.4.2 块与语句的语法结构

多数语句都用于组织逻辑。这包括全部的循环、分支和多重分支语句,以及各种控制结构子句、异常语句等。这些语句许多都是分块的,并且支持在块中包括更多的执行逻辑,以及更多子级的块。

4.4.2.1 语义上的代码分块

JavaScript 的语法设计中的块语句和 with 语句相对比较特殊,这在于它们本身的语义就是用于描述形式分块的。例如:

```
// 块语句使用一对大括号来表示一个形式分块
{
  ...
}

// with 语句将声明一个使用指定对象成员作为上下文的形式分块
with (...) ...;
```

并且正因如此,在 JavaScript 的语法描述中,任何可以使用单个语句的地方都可以使用这两个语句而不会带来意外。例如:

```
// 在 if 的分支中直接使用 with 语句
var obj = null;
if (obj) with (obj) console.log(obj.toString());
```

块语句"{ }"在语义上就是顺序地组织一批语句,因此它可以直接描述三种基本逻辑中的顺序逻辑,并且——在语义性质上——它的整个块[1]仍然是"一个"语句。

4.4.2.2 分支逻辑中的代码分块

分支语句的语法描述为:

```
if (condition)
  statement1
[else
  statement2]
```

通常我们是利用"块语句是一个语句"的性质来得到一个形式分块,并"自然地"形成

---

[1] 后面讲述的条件语句和循环语句又可以进一步细分这些块(即进一步结构化),进而完成对全部三类基本逻辑的代码分块。

常见的代码/语法风格的。例如，

```
// 示例1: 块语句（复合语句/批语句）作为单个语句使用
if (condition) {
  1+2
}
```

然而如同我们之前提到过的，if 语句自身并没有一个代码的形式分块。这又是为什么呢？答案是：在语法设计上不必要。例如，

```
// 示例2: 条件分支是一个表达式语句（简单语句）
if (condition) 1+2;
```

在该示例中，表达式 condition 是执行在 if 语句所在的外层形式分块中的，并且表达式语句（1+2）也执行在同样的分块中。相比较来看，示例 1 中的两个表达式执行在不同的形式分块中。

注意这里要强调的是：示例 1 的形式分块是由块语句创建的，而不是 if 语句自有的。

4.4.2.3 多重分支逻辑中的代码分块

多重分支具有一个形式分块，并且所有的分支都共享这个自有的块。也就是说：

```
switch (expression) {
  case value1:
    statements
    [break;]
  case value2:
    statements
    ...
  [default:
    statements
    ...]
}
```

在这个语法中，value1 和 value2 中的 statements 都执行在同一个块中，它们共享相互之间定义的变量名，并且也受块之间执行效果的影响。在不同的分支之间，如果不是使用 break 子句来中断，那么 statements 之间是连续执行的。

这样的语法设计解释了下面代码中抛出的异常：

```
// 在 case 分支中不能多次使用 let/const 来声明相同的名字
switch (x) {
  case 100:
    let y = x;
  case 200:
    let y = x*2; // SyntaxError: Identifier 'y' has already been declared
}
```

由于块中已经存在了同名的变量，所以不能向父级的块读取：

```
// case 分支中将尝试引用 let y 所声明的变量（并导致异常），而不是引用 var y 所声明的变量
var y = 100, x = 100;
switch (x) {
  case 100:
    console.log(y);  // ReferenceError: y is not defined
  case 200:
    let y = x*2;
}
```

即使是在形式上更靠后的行，也不能使用此前声明的（但未经初始化的）名字。例如：

```
// 声明 let y 必须被"执行到"，才能初始绑定 y 的值，而不仅是在形式上更靠前
var x = 200;
switch (x) {
  case 100:
    let y = 100;
  case 200:
    y = x*2;  // ReferenceError: y is not defined
}
```

可以在各分支中使用自己独自的块语句和 let/const 声明，或者使用 switch 语句外部的声明。例如：

```
// 使用 switch 语句之外的、公共的声明
let y, x = 200;
switch (x) {
  case 100:
    y = 100;
  case 200:
    y = x*2;
}

// 各分支中使用自己的块语句
let x = 200;
switch (x) {
  case 100: {
    let y = 100;
  }
  case 200: {
    let y = x*2;
  }
}
```

尽管可以通过在块中"精心排布"来共享 let/const 声明并使代码"看起来可用"，但这样做会导致代码的可维护性变得很差，是不推荐的：

```
// 添加分支或使用 break 子句都将导致下面的"精心排布"失效
var x = 100;
switch (x) {
  case 100:
    let y = 100;  // 这是一个在 switch 语句自有的块中共享的变量声明
    // ...
  default:
    console.log(y);
}
```

最后需要补充的是：`switch` 语句中的 *expression* 表达式是执行在语句所在的块中（而非语句自有的块中）的，这与 `case` 或 `default` 分支不同。

4.4.2.4　循环逻辑中的代码分块

只有在循环语句的循环条件中使用 `let/const` 声明了新名字时，才会存在代码分块。例如在下面的语法中：

```
for ([initialization]; [condition]; [final-expression])
  statement
```

如果 *initialization* 表达式中存在 `let/const` 声明的名字时，那么无论 *statement* 是否是块，`for` 语句总是会有一个自己的形式分块，以便使用独立环境来登记这些标识符。例如，

```
// 示例1：x是在for语句自有的块中创建的（对于let/const 声明来说）
for (let x = 102; x < 105; x++)
  console.log('value:', x);
```

并且，按照 `for` 语句的语义，*statement* 是执行于该形式分块中的"唯一一个"语句（其他执行于该形式分块中的语法元素是 *initialization*、*condition* 和 *final-expression* 三个表达式）。

在 initialization 表达式中出现 `let/const` 声明时，所声明的名字总是位于上述 "for 语句自有的块"中；但如果是 var 声明[1]，则 var 声明的变量将被独立登记并在执行期由外部形式分块创建，而 for 语句只是引用它。关于 var 的复杂机制主要是用于处理 var 在变量声明上的特殊语法效果的（var 总是将变量声明在全局、模块或函数上下文中，而并不一定是当前块的作用域中），例如：

```
// 示例2: x将由外部形式分块通过扫描 for 语句的登记来创建
for (var x = 100; x < 105; x++)
  console.log('value:', x);

// 示例3：（同上）
x = 100;
for (var x = 102; x < 105; x++)
  console.log('value:', x);
```

因此，包括 `for...of`、`for await...of` 和 `for...in` 等在内的所有 `for` 循环，只要在循环表达式部分使用了 `let/const` 声明，那么就具有一个自有的形式分块，否则都没有这一特性。更进一步地，所有的 `while/do...while` 循环也都不具备这样的特性，因为它们不具备"声明名字"的语义。

---

[1] 使用 var 进行的"变量声明（varDecls）"是 JavaScript 早期设计的主要特点和主要遗留问题之一，详情请参见"4.7　历史遗产：变量作用域"。

当（因为使用了`let/const`，而）存在这样一个形式分块时，JavaScript 处理后续的循环体（ForBody）的方式也会有所不同。在正常情况下，如果 ForBody 中存在一个形式分块，那么该块的父级将指向 `for` 语句"所在的块"，例如，

```
// 示例 4: 由于 for 没有形式分块，所以 ForBody 区的块的父级将指向当前块（这里是指全局）
for (var x = 102; x < 105; x++) {
  // ...（块语句的形式分块）
}
```

而一旦使用了 `let/const`，那么上述块的父级就将指向 `for` 语句"自有的块"：

```
// 示例 5: 在 ForBody 区的块的父级将指向 for 语句自己的形式分块
for (let x = 102; x < 105; x++) {
  // ...（块语句的形式分块）
}
```

这样做的目的是使得上述块能够通过查询父级的块来找到 `for` 语句"自有的块"中的变量声明 x。即使下面的代码有意义：

```
// 示例 6: 访问自有的块中的变量声明
for (let x = 102; x < 105; x++) {
  console.log(x);
}
```

这就出现了第一个问题：ForBody 区可以不是一个块。例如，

```
// 示例 7: ForBody 区是简单语句
for (let x = 102; x < 105; x++) console.log(x);
```

由于 ForBody 区可以不是一个块，那么它就应该执行于由 "`for(...)`" 语法所定义的形式分块（loopEnv）中。但这紧接着带来了第二个问题：注意在示例 7 中，`let` 声明只会执行一次，而下面示例 8 中的每次循环都要求对 x 赋值。

```
// 示例 8: 访问自有的块中的变量声明
for (let x of [1,2,3]) {
  console.log(x);
}
```

这就导致 `let` 声明被执行多次。这与我们在其语义设计中要求"`let/const` 不能重复声明名字"冲突了。为了解决这一问题，`for` 语句会为每次循环创建一个新环境（iterationEnv），这样一来，就确保了每次都能声明一个新的 x。

到目前为止，一切都还好。并且出于对 `let/const` 的语义以及对块的理解，我们可以从上述过程中得到很好的收益。例如：

```
// 示例 9: 如果在 for 语句中使用 var x 声明，x 的值将总是 3
for (let x of [1,2,3]) {
  setTimeout(()=> {
```

```
    console.log(x);
}, 1000);
}
```

由于每次循环都有一个新环境,因此能起到类似闭包的效果:将 x 的引用保留到使用它的时候。但是新的问题出现了:现在有多少个代码的形式分块呢?

对于全部 4 种 `for` 语句来说,一旦使用带 `let/const` 声明的语法,那么:

- 将总是存在一个自有的形式分块(loopEnv)用于处理循环表达式;并且,
- 还将有一个形式分块(iterationEnv)来处理由迭代次数决定的循环体实例。
  - ◆ 如果是 `for` 语句,在每次循环中将创建一个新的实例并将它的父级指向 loopEnv。
  - ◆ 如果是 `for...of`、`for...in`,以及 `for await...of`,则每次循环所创建实例的父级直接指向 `for` 语句"所在的块"。[1]

所以使用了 `let/const` 的 `for` 语句将存在两个形式分块,并且其中 iterationEnv 会存在迭代次数个实例。这很快就带来了更致命的第三个问题:在循环中,下一次使用循环变量时,(在它被重写前)应该是上一次循环结束时的值。这意味着所有的环境必须首尾连接,以便后续环境能通过"父级的块"来访问到那些值。

然而,这是不现实的。一旦采用上述实现方案,就意味着循环中所有的历史环境都无法自由释放,并且随着迭代次数变多,访问全局(以及无效的名字)的代码将会变得越来越慢。因此JavaScript采用了更实际的处理方法:在每次创建iterationEnv的新实例时,从上一个实例中复制所有`let/const`声明的变量值(而不是串接新旧环境)。[2]

可见,"在ForBody区中使用自有的形式分块"事实上带来了实现上的复杂性,以及更低的执行性能。[3]因此大多数语法的`for`循环语句,以及所有的`while`、`do...while`等语句都是没有形式分块的,它们的循环体将直接执行在语句所在的块中。

4.4.2.5 异常中的代码分块

在 `try` 语句的语法中:

```
try {
  statements
```

---

[1] `for...in/of` 语句中类似 loopEnv 的块称为 TDZEnv,它只用于隔离循环表达式直接访问"语句所在的块",因此 ForBody 并不引用 TDZEnv,且 iterationEnv 的父级指向的是 `for` 语句所在的块。
[2] 在 `for...in/of` 语句中声明的变量在新迭代中总是直接覆盖的,因此不需要先复制历史值。
[3] 所以除非是在 setTimeout 或 Promise 等并行机制中,通常不建议使用 `let/const` 来声明 `for` 语句的循环控制变量。这既增加了迭代对环境的开销,也导致每次迭代都会在环境中复制变量。

```
}
[catch(parameter) {
  statements
}
finally {
  statements
}]
```

所有 "{..}" 都是标准的块语句语法的形式分块,由于 catch/finally 块必须至少存在一个,所以 try 语句拥有的形式分块是 2~3 个。

try 语句的每个形式分块都是独立执行的(如果它可以被执行到),与其他的分块无关。因此在不同的块间可以使用 let/const 来声明相同的名字——这既不会导致冲突,也不会相互引用。catch 块在执行时会创建一个与一般块语句相同的环境,并且为该块中的 *parameter* 所声明的名字绑定异常对象。由于 *parameter* 实质上是名字声明——标识符与异常对象的绑定,因此它也可以使用赋值模板。例如:

```
// 在 catch 参数中使用赋值模板
try {
  // 可以将任意对象/值作为对象抛出
  throw { message: 'A Error', code: 1234 };
}
catch({message, code}) {
  console.log(`${code}: ${message}`);  // 1234: A Error
}
```

4.4.3　块与声明语句

参考表 4-5,就声明语句来说,既有声明数据的名字的语句,也有在声明名字的同时声明块的语句,等等。下面讨论这些声明语句与块的相互关系。[1]

4.4.3.1　只能在块中进行数据声明

下例将导致语法分析期异常:

```
> while (false) let i = 0;
while (false) let i = 0;
               ^^^
SyntaxError: Lexical declaration cannot appear in a single-statement context
```

这是因为 while 语句本身并没有形式分块,它是单语句(single statement)。语句 let/const 具有声明名字的语义,而 JavaScript 引擎无法在 while 语句的相应位置初始化一个用于注册

---

[1] 我们将在 "4.7　历史遗产:变量作用域" 中单独讨论 var 声明语句与块的作用关系。

`let/const` 所声明名字的环境，因此在所有的单语句（以及表 4-6 所列的所有的简单语句）中都不能使用 `let/const` 来进行数据声明。

在循环表达式中使用 `let/const` 声明的 `for`、`for await` 语句确实存在这样的形式分块，并且在每次循环中都会初始化一个相应的环境实例，但是仍然不能在循环体中使用 `let/const` 声明的语句。这是 `for` 语句的语法限制而非实现上做不到。例如：

```
> for (let x;;) let i = 0;
for (let x;;) let i = 0;
                ^^^
SyntaxError: Lexical declaration cannot appear in a single-statement context
```

因此，在 JavaScript 中，事实上只能在"形式分块"中进行数据声明。关于数据声明请参见表 4-5，关于具有形式分块的语句请参见表 4-6。另外，`var` 语句在作用域上的特殊性决定了它不会受到这一限制。例如[1]：

```
# var 声明不受限制
> while (false) var i = 0;
...
```

4.4.3.2　能同时声明块的声明语句

语句可以在声明变量名的同时声明一个形式分块，例如函数声明（语句）：

```
// 函数声明会向"所在的块"注册一个名字，并且具有一个"自有的块"
function foo() {
    ...
}
```

与此类似，`import` 语句也具备这一性质。

由于解析"声明"是在语法分析期发生的而非在执行期，因此事实上所有的声明语句都会导致 JavaScript 在语法分析期构建对应的名字表，例如，所谓的 `varNames` 或 `lexNames`。这些名字表需要在 JavaScript 真正执行对应的代码块之前，在该代码块的实例化阶段进行声明实例化（Declaration Instantiation）。亦即是说，在 JavaScript 的几种形式分块——全局（Global）、块（Block）、函数（Function）、模块（Module）以及 Eval 块——中，其实都有相应的"声明实例化"过程用来处理那些声明语句在名字表中所登记的项。[2]

函数所声明的形式分块包括它的函数名和参数名，并且它的函数名将会在"所在的块（的 `varNames`）"中进行一次登记。而模块所声明的形式分块则另具特殊性。因为模块的使用机制

1　进一步的讨论请参见"4.7　历史遗产：变量作用域"。
2　详情可参考"5.5.3　与闭包类似的实例化环境"。

约定——同一模块的多次 import 之间会共享同一个块（以及其环境），因此事实上它的形式分块不是由 import 语句来创建的，而是由 JavaScript 引擎在装配所有模块的过程中创建的。[1]

关于函数与模块的形式分块[2]的更多细节请参见"4.5.1.3　级别 3：函数"和"4.5.1.4　级别 4：模块"。

唯一需要特别提示的是，函数表达式与函数声明语句的主要不同，在于后者将会在"所在的块"中登记函数名。这也是不存在"声明匿名函数的语句"这样的语法的原因。[3]

4.4.3.3　声明语句与块的组织

更多的函数、语句与模块构成了 JavaScript 文件。

在 ES6 之前，JavaScript 还没有提出模块和程序的概念，而是所有块都视为有顺序关系的代码片断，而 JavaScript 在逻辑上的责任只是连续地执行这些片断。由于这个时期的 JavaScript 并没有约定块何时以及如何装载到引擎中，因此引擎通常对载入的每个代码块先做语法分析，而后从第一条语句开始执行——即使这条语句看起来并不合理，或引用了一个未声明过的变量。

例如：

```
var test = function() { };
100
yest();
```

在这三行代码中，第一行是一个声明语句，第二行是一个单值表达式语句，第三行则是一个函数调用。其中，第二行可能是代码拼写时少输入了一个分号，也可能是开发人员有意使用其后的回车符来替代分号；第三行则可能是真的调用一个 yest() 函数，也可能是试图调用前面声明的 test() 函数，但输入时拼写出了错误。

正是由于缺乏"程序入口"的概念，也没有约定函数（function）和块（Block）[4]之外的源代码文本的处理方式，因此在 ES6 之前的不同宿主程序采用自己的方式来处理类似"应用程序""单元模块"和"模块依赖"等结构化元素，这导致JavaScript引擎无法在共同的约定下对上面三行代码进行有效的、可预期的分析。

1　这也是 JavaScript 在引入了模块（import/export）之后会存在"模块装载器"这一机制的原因。
2　包括与形式分块相关的词法作用域等概念。
3　其实这存在一个例外，就是如果用 export 语句来导出一个匿名函数，那么这个匿名函数是一个语句声明的结果，而不是一个函数表达式的值。
4　这个时期的"块（Block）"在概念上与 ES6 之后的有所不同：早期的 JavaScript 只用"块"来指代"函数之外的语句行"，而没有"块级别的作用域"或"代码形式分块"的语义。

但从 ES6 开始，JavaScript 提出了"模块（Module）"的概念，这些模块通常是扩展名为.js 的 JavaScript 文件 [1]——这沿用了 ES6 之前的惯例。从这时开始，考查所有具有"声明语句"性质的语法就会发现：在 JavaScript 中，事实上

- 所有声明语句，要么是在声明标识符，要么是在声明块。

更重要的是，JavaScript 约定所有的声明都必须在语法分析期处理。

这意味着，JavaScript 在语言设计方向上——尤其是在结构化方向上——更偏向于实现为静态语言。这其实是在为进一步的类型化做准备，并且只有在语言本身可以做静态语义分析的情况下，类型推导、预编译、执行期（JIT）优化等特性才可以方便地被加入 JavaScript 语言中。

这些其实是"结构化程序设计"对于大型程序设计语言的价值所在。换言之，随着程序规模的扩大，"更加结构化地"组织代码成为语言设计的必备。

4.4.4　块与语句的值

严格来说，所有语句在执行之后都会有"结果（Result）"，但是只有语句被正确执行并且返回一个"有效的值（Value）"时，这个 Value 才能被其他计算过程使用，参见表 4-7。因此对于 JavaScript 引擎来说，Result 包括以下这些信息：

- 语句的执行状态，以及
- 虽然正确执行但是并没有可用的 Value，或者
- 在正确执行后存在可用的 Value，等等。

其中后两种性质被简单地称为：语句无值和语句有值。

表 4-7　语句与它的值

类型	子类型	语法	值
声明语句	数据声明语句	`var	let	const ...;`	（无）

	函数声明语句	`function functionName() ...`
		`function* generatorName() ...`
		`...`	

	类声明语句	`class className ...`	

---

[1] Node.js 模块使用.mjs 为扩展名，但这并不是 ECMAScript 规范的约定。

续表

类型	子类型	语法	值
表达式语句	变量赋值语句	`variable = value;`	表达式值
	函数调用语句	`foo();`	
	属性赋值语句	`object.property = value;`	
	方法调用语句	`object.method();`	
	单值表达式语句（等）	`value;`	
块	块/复合语句	`{ statements }`	最后语句的值；如果没有任何语句生成值，则按"空语句"处理
	标签化语句	`labelname: statement;`	
	with 语句	`with (object)` `  statements;`	

分支语句	条件分支语句	`if (condition)`
		`  statement1`
		`[else`
		`  statement2];`
			最后执行的是 statement 的非 empty 值；（注1）或是 undefined（注2）

	多重分支语句	`switch (expression) {`
		`case label :`
		`  statementlist`
		`case label :`
		`  statementlist`
		`  ...`
		`default :`
		`  statementlist`
		`};`	

循环语句	for	`for ( ... )` `  statements;`	
	for...in		
	for each...in	`for each ( ... )` `  statements;`	
	for...of		
	While	`while ( ... )` `  statements;`	

	do...while	`do`
		`  statement`
		`while ( ... );`	

续表

类型	子类型	语法	值

控制结构	异常捕获与处理	`try {`
		`  tryStatements`
		`}`
		`catch (exception) {`
		`  catchStatements`
		`}`
		`finally {`
		`  finallyStatements`
		`};`	

	函数返回子句[1]	`return [expression];` `yield [expression];`	返回值
	异常触发语句	`throw exception;`	异常对象
	继续执行子句	`continue [label];`	（无）
	中断执行子句	`break [label];`	（无）
模块化	导入	`import ...;`	（无）
	导出	`export ...;`	（无）
其他	调试语句	`debugger;`	（无）
	空语句	`;` `{}`	（无）

　　注 1: 所有非 statement 的语句结构（例如 condition 表达式、case 子句等）的计算结果都不作为语句值处理。

　　注 2: 如果最终并没有执行到任何产生值的语句，则整个语句返回 undefined。（但在一些情况下，在 ES5 中是该语句无返回值。）

4.4.4.1　语句的执行状态

　　无论如何，JavaScript 代码中的出错总是以"某某语句出错"的形式展示出来的，因为事实上，所谓的"异常"就是一个在语句层面捕获和处理的语义对象。换言之，代码中的任何异常，都可以被转换为包含：

- 在相应位置上的"语句行被处理"时，
- 表示"语句的执行状态为 throw（失败并抛出）"

1　yield 同时是一个表达式语句，因为 yield 是一个运算符而非语句词法标识符。之所以说它具有"子句"的特性，是因为它必须使用在一个生成器函数内部，如同 return 子句必须使用在函数内部一样。

这样两个信息的一个结果（Result）并返回。

包括 `throw` 在内，所有简单语句中的所有 4 个子句都有自己的执行状态，

- 继续（continue）：语句处于循环中并被 `continue` 子句指示返回指定位置继续；
- 中断（break）：语句处于 `switch` 或循环中，并被 `break` 子句指示中止；
- 返回（return）：语句从函数中返回并带有某个 Value（包括默认返回的 `undefined`）。

除此之外，所有的语句都使用称为 `normal` 状态的结果（Result）[1]来返回自己的值。

4.4.4.2 语句无值

确实有一些语句是无值的，亦即是说，它们并不存在一个值的含义。其中包括所有的声明语句、`debugger` 语句[2]、导入导出语句[3]，以及空语句和空块语句。例如：

```
// 函数声明语句
function f() {
}

// let/const 声明语句
let x = 100;
const y = 1000;

// var 声明语句
var x2 = 1000;

// 导入导出语句等
...
```

当 `eval` 作用于结果无值的语句时，它将返回 `undefined`。但是，并不能反过来据此判断语句是否为无值。一个准确而有效的判断方法是利用下面这项特性[4]：

- 在一个语句块的返回值中，无值语句将被忽略。

亦即是说，如果语句无值，那么把它放在一批语句的末端时，将不会影响该语句的结果。

---

1 在 ECMAScript 中它被称为 "语句完成状态"。严格地说，在一个语句 "完成" 时，其一，`break`、`continue` 和 `throw` 状态的目的都仅仅是提交语句的执行状态，而非给出可进一步计算的 Value；其二，`normal` 状态表明语句正常结束，但并不决定其执行结果是否是可计算的 Value；其三，根据语义，（函数的）`return` 状态总是返回一个确定的、可进一步计算的 Value。
2 `debugger` 语句在未实现或未启用的环境中执行时，该语句无值且不影响其他语句。
3 和所有其他声明语句一样，`import/export` 语句都是在运行用户代码之前处理的（即所谓静态词法的），因此它们都是无值的。
4 无值语句实质上是指，该语句的完成状态中包含称为 Empty 的值。在 JavaScript 引擎的执行过程中，一个 Empty 值可以被其他有效的值覆盖（以确保成批语句返回最后一个有效值）；而反过来，Empty 值却不能用于覆盖其他有效值。这一逻辑在表面上看来，就是 "无值语句被忽略"。

例如：

```
# 空语句被 eval() 执行时返回 undefined
> eval(';')
undefined

# 示例：该语句被 eval() 执行时将返回值 1
> eval('1;')
1

# 空语句不影响上述返回值（下例是多个空语句）
> eval('1;;;;;;')
1

# 空块语句也不影响上述返回值
> eval('1;{};')
1

# 声明语句也不影响上述返回值
> eval('1; let x = 1000;')
1
```

4.4.4.3 语句有值

大多数语句都是有值的，例如，表达式语句的值，就是表达式的计算结果值，又如单值表达式语句，就是该单值。多数与"计算结果"有关的概念，都可以用在考查语句的值的场景中。

但是所谓的"形式分块"让语句的值有了更为复杂的讨论背景。从表面上看，一些简单的语句，例如条件语句 `if`，可以简单理解为：

- 如果语句失败，那么它的结果（Result）是一个包含 throw 状态的异常对象。
- 如果语句成功，那么它的结果（Result）必然是 then 或 else 分支中被正确执行的语句的值。

然而"无值的语句"对上述规则就构成了明显的挑战，例如：

```
# 试问如下语句的可能值
> if (false); else;
```

在这个例子中，then 与 else 分支都是空语句。而空语句是无值的，那么这表明 if 语句最终——由分支语句决定的——也是无值的吗？

答案是：ECMAScript 约定，在所有逻辑语句或有形式分块的语句中，

- 子句或块返回无值时，逻辑语句本身将以 undefined 值返回。

也就是说，这些语句最终是"必然是有值的"[1]，包括它可能是一个 undefined 值。并且，在循环语句和多重分支（switch）语句中，

- continue 与 break 只改变语句的执行流程，对返回的值（Value）无影响。[2]

以 switch 语句为例，当一个 switch 语句仅有一个或多个空的 case 分支时，各分支子句的执行结果都为空，其结果（如之前约定的）仍然是有值 undefined 的。例如：

```
# 空的 case 的结果无值，但整个 switch 返回 undefined
> eval('1; switch (true) { case false: }')
undefined
```

如果我们在 case 分支中使用了 break，那么该 case 分支的结果值也是不受这个 break 语句影响的。例如：

```
# break 子句（以及循环语句中的 continue 子句）是不决定最终返回的
> eval('1; switch (true) { case true: 2; break; }')
2
```

4.4.5　标签化语句与块

大多数语句都可以添加一个标签而变成"标签化语句"，例如：

```
> aa: 100;
100
```

这里的 aa 就是一个标签。即使这个标签不被其他语句或语法引用，或者该标签的存在毫无意义，它在语法上也是合法的。

当标签语句能作用于循环语句时，该标签可以被循环语句"内部的" break 和 continue 子句引用。这里所谓"内部的"是指循环体，既可以是一个块，也可以是一个语句。例如：

```
> aa: while (true) break aa;
undefined
```

其中，类似 break xxx 这样的带标签的 break 子句主要用在多重循环中。在一般常见的 switch 语句的块中是不使用标签化的 break 的。当然，如果使用，也是合法的。例如：

```
aa: switch (false) {
  case false:
```

---

[1] 这是很重要的结论，因为早期的 ECMAScript 在这种情况下将以无值返回，从而导致 if 等语句的行为变得不确定。
[2] 之所以强调这一特性，是由于在 ECMAScript 实现的迭代器中，循环中的 break 和 continue 都可能触发一个异常的 tor.return()。ECMAScript 将这种情况下的 break、continue 以及 throw 都理解为"语句的执行状态"异常导致的退出（return），而不是正常执行的"完成（normal completion）"。所以这几种状态是针对执行流程的而非针对值（Value）的，只是在迭代器的设计中需要由用户代码来处理罢了。关于这一点的更多细节，请参阅"5.4.4.3　迭代器的错误与异常处理"。

```
console.log('hi');
break aa;
}
```

所以标签化语句可以作用于块,也可以作用于(不仅是循环和分支语句)一般语句。

标签是独立的语法元素,因此可以与变量名或其他标识符名字重名。由于标签总是在语法分析期静态识别的,因此事实上它们是在 Script、Function 和 Module 的形式分块中作为源代码文本被处理的,即只有在这三种类型的代码块中做静态分析,并在错误时抛出语法分析异常(例如,标签未定义,或标签重复)。

4.5　组织形式分块的方法

前面讨论了 JavaScript 通过语句来构造代码的组织结构的问题,这种结构即是(形式上的)代码分块,或称为形式分块。而所谓形式分块,它的作用就是定义一个"块级别的"作用域。

亦即是说,形式分块与"块级别的"作用域对应——在代码文本中有一个物理上可见的形式分块,也就意味着 JavaScript 会为该分块创建作用域,称为词法作用域。这些作用域总的来说有 5 种,并与它们的形式分块大体对应(见表 4-8)。

表 4-8　JavaScript中的词法作用域[1]

序号	作用域		示例	说明	备注
1	表达式		(不存在)		(注1)

2	语句	数据声明	`var ...;`
			`let ...;`
			`const ...;`
				语法关键字表示特定的行为动作。被省略部分是动作的目标,而不能是复合语句(注2)	(注3)

		一般语句	`if ()...else...;`
			`for()...;`
			`do...while();`
			`while()...;`
			`with()...;`
				被省略的部分既可以是单行语句,也可以是用`{}`标识的块	指语句本身的作用域含义

		块	`{ ... };`
			`switch (){...};`
			`try {...}`
			`catch () {...}`
			`finally {...};`
				这些语法关键字本身也是语句,并且它们用`{}`来限制一个新的形式分块,并作为它的子级词法作用域	有形式分块的

---

[1] 注意表格中(尤其是在"块"作用域中)的语句结束符";"的使用,它表明何处是一个语句,而其他的则是表达式或代码块。另外,表格中"序号"列说明的是作用域级别的含义,是将在"4.6　层次结构程序设计"中讨论的内容。

续表

序号	作用域	示例	说明	备注
3	函数	function x() {...}; ...	以函数所声明的形式分块为作用域	
4	模块	export ...;	（注4）	
5	全局	依赖于 HOST 的实现		

注 1：eval 是特例。

注 2：以类似方式处理行为动作的，还有 break、continue 和 throw，但它们是不应当列举在本表中的。

注 3：具名函数声明（对于函数所在的块来说）也是数据声明。

注 4：当引擎将一个文件识别为一个模块时，它会为该模块创建一个与形式分块一致的作用域，这个作用域包括全部 export 的名字。引擎会使用一个特定的结构（namespace）来记录所有的导出名字，并允许其他模块使用 import 来引用它，并进而找到这个作用域（用来组合这些模块间的作用域层次）。

词法作用域与变量作用域是 JavaScript 这门语言中模块化层次的全部体现。[1]本节中所讲述的作用域是基于静态词法分析的，基本可以归为对词法作用域的理解。在第 6 章中有一部分对动态作用域的叙述，包括 "6.6.3　Eval 环境的独特性" 和 "6.5.4.3　成员重写对作用域的影响"。

而所谓变量作用域既是静态的，也是动态与静态之间的一座桥梁，并且它事实上也是 JavaScript 语言的早期历史遗产。关于这一点，请参见 "4.7　历史遗产：变量作用域"。

4.5.1 词法作用域

代码分块带来的语法效果是信息隐蔽。一般来说，所谓信息隐蔽，指的是变量或成员的可见性问题。而这个可见性的区间（即"域"），被称为作用域（Scope）。当这个域是通过静态词法分析而得出的时候，它就被称为词法作用域（Lexical Scope）。

词法环境（Lexical Environment）是词法作用域这一概念的运行期实现：代码在物理行上、显式地进行形式分块，并在引擎执行期映射成词法环境记录（Environment Record），以便将"块级别的"词法作用域实例化。[2]

---

1 在 ES2019 中，由于私有作用域的出现，这一点又一次被打破了。
2 形式分块与词法作用域在概念上所有不同：形式分块是物理上的、语法分析阶段就可以显式识别的，而词法作用域是逻辑上的、语句执行阶段动态创建的。因此形式分块对应的"词法作用域（的实例）"可能是零个或多个，这一点在之前对循环语句（例如 for）的分析中非常明显，可参见 "4.4.2.4　循环逻辑中的代码分块"。

4.5.1.1 不存在"级别1:表达式"

在 JavaScript 中并没有所谓的"表达式级别的"词法作用域,因为表达式没有自己的词法环境。但这存在着一个"有分歧"的例外,即 `eval()` 其实是一个"(函数调用)表达式",且又确实拥有一个独立的 Eval 词法环境,因此这种动态语言特性成了"唯一"在 JavaScript 中拥有表达式级别的词法作用域的特例。

正因为在表达式级别上不可以声明名字,所以早先在 Gecko 中的一项试验性的语法遭到了废弃。这称为 `let` 块(表达式):

```
// 语法
let (decls) expression
```

它支持这样的代码:

```
var a = 5;
let (a = 6) console.log(a); // 6
console.log(a); // 5
```

这意味着 `a=6` 这个声明只能作用于其后的一个表达式的作用域中。类似地,所有试图在表达式一级上支持名字声明的语法尝试都被 ECMAScript 宣称为不支持。

需要强调的是,类似于模板字符串、数组与对象等的初始器,它们的语法事实上都提供了在表达式级别上进行运算的能力,但它们都没有自己的词法作用域。

4.5.1.2 级别2:语句

我们说变量"存在于"某个语句级别的作用域,是指该变量[1]被创建出来之后,在脱离了创造它的(单个或连续的)表达式之后,仍然可以在(且仅在)所在语句的作用域中被访问。例如,在一些语言中,我们会看到类似下面这样的语法约束:

```
// 某些语言的语法规则说明:下面的变量是循环中的变量,在循环结束后不能访问
for (var i=0; i<10; i++) {
  // ...
}

// 基于上述规则,下面的代码显示变量 i 不存在
console.log(i);
```

这个例子在 JavaScript 中会显示结果值 10。而在 C#或 Java 中,这段代码在编译期就通不过,在最后一行提示变量 `i` 未声明。因此我们称 C#或 Java 语言存在一种"语句"级别的变量

---

[1] 这里是指包括对象、字面量、模板等在内的一个可运算对象。

4.5 组织形式分块的方法

作用域。当然，因为语法的差异，示例代码应该写成：

```
/**
 * 上述示例代码的 C 版本
 */
for (int i=0; i<10; i++) {
  // ...
}

// (对于 C#、Java 以及某些 C/C++ 编译器来说,) 下一行代码不能访问到变量 i
printf(i);
```

此外，前面说过，复合语句的词法作用域也是语句级别的。在C++语言中就存在一种"块锁（或局部锁）"，用来写类似多线程并行的代码。例如[1]：

```
{
  CLocal_Lock Lock(&m_cs);
  // 相当于如下的 JavaScript 代码: Lock = new CLocal_Lock(&m_cs);
  // 其中 CLocal_Lock 是一个用户实现的类

  // ...
}

// 上面创建的锁将不能在代码块之外访问
```

上面的示例与特性对比表明，早期的 JavaScript 在设计上以及引擎实现上都并没有"语句级别的"词法作用域，这是由于早期的 JavaScript 只支持所谓的"（函数级别的）变量作用域"，而"块级（词法）作用域"是直到 ECMAScript 2015 之后才提出的。因此在 ES6 之后，实现上述语法效果的示例如下：

```
// ES6 之后的实现：使用 let/const 声明，以支持"语句级别的"块级词法作用域
for (let i=0; i<10; i++) {
  // ...
}

// i 将是未定义的
console.log(typeof i);
```

没有形式分块的单一语句（single statement）是没有块级作用域的意义的，例如，事实上，你不能在 `if` 语句的分支中用 `let/const` 声明变量，例如：

```
# 示例1: 本例将导致语法错误
> if (false) let x = 100;
SyntaxError: Lexical declaration cannot appear in a single-statement ...
```

因此，多数情况下我们需要准确地区分"一个语句"或"一个块"：

---

[1] 这是在复合语句所表示的"语句词法作用域"内的一个变量。在 C++中，被称为自动变量。但在这个例子中，"锁"的效果（线程同步）并不是我们所说的语法效果，是类所设计的一个功能，而不是语法中的通用模式。

```
1     // 示例 2: 单一语句
2     label_1:
3       var value_1 = 100;
4       var value_2 = 1000;
5
6     // 示例 3: 块语句
7     label_2: {
8       var value_3 = 100;
9       var value_4 = 1000;
10    }
```

由于在示例 2 中 `label_1` 只作用于单一语句，因此第 4 行代码事实上没有被任何标签限定。而相应地，`label_2` 则将第 7~10 行代码声明为一个标签化语句。所以，无论标签语句限定的是单行语句还是块语句，它的语法域都只是"语句"。

`try` 语句也使用大括号来表示这样的一个块级别的词法作用域，因此你不可能将它们（作为语法元素）替换为单行语句或空语句的形式：

```
// 代码 1: 结构化异常处理的语法
try {
  i += 2;
}
catch (e) {
  // ...
}

// 代码 2: 导致语法分析错
try
  i += 2;          // <-- 错误 1: 试图替换为单行语句
catch (e) ;        // <-- 错误 2: 试图替换为空语句
```

类似地，`switch` 语句的大括号也是不可省略的：

```
// 可以没有任何分支
switch (true) {
}

// 以下导致语法错误: 不可以省略大括号（它是语法元素）
switch (true) ;
```

这会导致语法分析错误。

但是，`switch` 语句中的 `case` 子句使我们对该语句的语法产生了很多误解。在进一步解释 `switch` 语句的词法作用域效果之前，先陈述两个观点 [1]：

---

[1] 我们在 "4.4.2.3 多重分支逻辑中的代码分块" 中明确地指出: 从根本上来说，这是因为 `switch` 所有的分支共享同一个代码分块。

- `case` 分支使 `switch` 内的代码形成了局部分块，但这不是语法效果。亦即是说，这不是 JavaScript 语法概念上的某种作用域。
- `break` 语句的含义是跳出 `switch` 语句，而非跳出某个 `case` 分支。

首先，我们一般习惯性地将 `case` 分支的代码写成如下格式：

```
switch (x) {
  case true: {
    // ...
  }
  case false: {
    // ...
  }
}
```

这看起来使 `switch()` 内部形成了"代码分块"的效果，所以我们也会习惯性地将 `case` 后面的一个代码块理解为该分支影响的一部分。这一点也颇符合 Pascal 语言对"分支"的理解：将分支视作一个独立的代码块。

但是在 JavaScript 中，`case` 子句所影响的只是其后的一个语句。准确地说，它只是标识其后的一行代码的"起始位置"。对于整个 `switch` 语句来说，下面的代码是它的"词法作用域"所影响的范围：

```
switch (x) {
  i = i + 1;
  j = j + 1;
  j = j + 1;
  // ...
}
```

而 `case` 语句只是在这个范围内做了一些标识，以提示一个"起始位置"，并没有词法作用域所必需的"结束位置"的含义。因此构成了下面的语法：

```
switch (x) {
  case true:  i = i + 1;    // 标识该行的起始位置
              j = j + 1;
  case false: j = j + 1;    // 标识该行的起始位置
              // ...
}
```

所以我们说，在 JavaScript 的语法概念上，`case` 分支后是没有"作用域"这样的东西的，有的只是一行代码。因此开发人员习惯将代码写成：

```
switch (x) {
  case true: {
    i = i + 1;
    j = j + 1;
  }
```

```
  case false: {
    j = j + 1;
    // ...
  }
}
```

这样的格式,这只是开发人员的主观行为。同样的原因,写成如下

```
switch (x) {
  case true: {
    i = i + 1;
  }
  j = j + 1;          // <-- 这里与上面的代码不在同一个"视觉效果的'块'"内。
  case false: {
    j = j + 1;
    // ...
  }
}
```

的格式与前一种写法没有任何语义上的差别。

接下来我们讲述第二个观点,也就是 break 子句的效果。由于 case 子句没有"作用域"的含义,所指示的也仅是其后一个语句的起始位置,因此 break 子句事实上也并不对 case 子句起到语法效果。换言之,在下面的代码

```
switch (x) {
  case true: {
    i = i + 1;
    j = j + 1;
    break;
  }
  case false: {
    j = j + 1;
    break;
  }
}
// ...
```

中有两个 break。而两个 break 子句的语义都是跳出 switch 所限制的"词法作用域",而不是它们各自所在的 case 分支的"视觉效果上的'代码块'"。

4.5.1.3 级别3:函数

当使用函数调用运算"()"时,JavaScript 会为函数创建一个词法环境,以便将该函数的形式分块实例化为一个函数级的词法作用域。

函数内部可以包含语句和子级的函数,所有这些构成函数体(Function Body)。在 ES6 之后,函数体与一个一般的块语句——在形式分块的性质上——没有什么不同,因此函数声明中可以有块语句,且反过来块语句中也可以有"函数声明"。这在之前是不可想象的,因

为在早期的 JavaScript 中，下面的语句是不可明确解释的：

```
if (false) {
  function foo() {
  }
}
else {
  function bar() {
  }
}
```

在 ES6 之后，上述语句有了明确的解释：对于语句内的函数声明，其名字将提升至语句之外的函数或全局作用域（这让它的行为看起来与用 var 进行变量声明一样）。对此，需要特别补充或强调的是：之所以在函数内可以声明子级的函数，而在语句内却无法（在它的块级作用域中）声明函数，根本上是因为函数的名字是一个变量名（varNames），而不是一个词法名字（lexicalNames）。[1]

最后，箭头函数也是有自己的作用域的。这也包括如下简单语法中的表达式：

```
(paraments) => expression
或
parament => expression
```

这种情况并不能说明"表达式有作用域"，因为该作用域是由函数调用运算符来创建的，并且也总是将函数体作为语句来执行的，而与函数具体是哪种类型无关。至于箭头函数没有 arguments 和函数名等标识符，并且所绑定的 this 引用来自"所在的词法环境"等特性，是箭头函数的语法语义所决定的，也与作用域无关。

4.5.1.4　级别 4：模块

模块词法作用域所对应的形式分块是由模块的 export 声明决定的，执行环境将预先扫描所有这些声明并进行词法分析，然后会在实例化时创建一个自有的词法环境来登记它们。但这个实例化过程却是在执行 import 声明来导入该模块时才会发生的，用以绑定全部的顶层声明：在多数情况下，你可以将这些声明（包括 varDecls 和 functionDecls 和其他顶层的块中的声明）理解为需要在顶层登记的名字。

这些名字是模块词法作用域中的，而非全局的。[2]这与早期 JavaScript 的应用环境有显著的区别：在早期的浏览器中，由于没有模块的概念，因此使用<script>标签装载的.js文件中所

1　这是函数与块语句作为一个形式分块在作用域上的最大区别：函数级的作用域可以接受变量声明（varDecls），而语句级的作用域则不接受。这一项限制继承自 JavaScript 的早期设计，因此我们将放到"4.7　历史遗产：变量作用域"中讨论。
2　例如在非模块的环境中，顶层的 var 声明将被登记到全局。而在使用了模块之后，由于模块有自己的词法作用域，因此这些声明将登记到模块中而不会"泄露"到全局。

有的顶层声明都（在形式分块中）被视为全局的，并且所有的、顶层的语句都被视为全局代码。在有了模块词法作用域之后，这些"顶层的语句"将在它们（逻辑上的）第一次被import到执行环境时，在源模块的词法作用域中执行。

模块中的代码只会执行一次，如果模块中的名字被导出，那么所有导入它的模块将共享同一个实例。这在引擎中并不难实现，只需在导入变量时将变量名绑定[1]到目标实例的一个引用上就可以了，这个所谓的"引用"是ECMAScript内部的规范类型。并且，所有的导入都将使用所谓的"本地名字"在当前模块的词法作用域中登记，这些本地名字是只读和不可重新声明的，即使它们在源模块中是可以读写的变量。例如：

```
// file: source.mjs
export var x = 100;

// file: test.mjs
import { x as xx } from './source.mjs';
xx = 200; // TypeError: Assignment to constant variable.
```

最后，在模块的词法作用域中访问this引用时，总是得到undefined值。如下例：

```
// file: funcs.mjs
export function foo() {
  return this;
}
export var f2 = () => {
  return this;
}
console.log(this); // <- 这里会是 undefined

// file: test.mjs
import * as funcs from './funcs.mjs';
import {foo} from './funcs.mjs';

// test
console.log(funcs.foo()); // <- funcs.X 的语法使 foo()函数将 funcs 绑定为 this
console.log(funcs.f2()); // <- 箭头函数总是使用词法作用域中的 this 而不受上述影响
console.log(foo()); // <- 这里会得到模块词法环境中的 this 值 undefined，而非 funcs
```

测试如下：

```
> node --experimental-modules test.mjs
undefined
[Module] { f2: [Function: f2], foo: [Function: foo] }
undefined
undefined
```

---

[1] 模块词法作用域采用特殊方法（Create Import Binding）来将目标模块中的实例绑定到本地名字上，并且在当前模块的环境记录中也将使用特殊方法去访问这个本地名字，以访问到目标引用。

4.5.1.5 级别 5：全局

JavaScript的全局环境中一共存在三种用来登记名字的组件，包括词法作用域、变量作用域和全局对象（global）。所有变量声明（varDelcs和functionDecls）的名字都在变量作用域中登记[1]，而用户代码通过"访问不存在的变量名"导致的名字创建是作为全局对象的属性登记的。最后，其他的`let/const`等声明导致的登记，才是发生在全局的词法作用域中的。

全局词法作用域位于最外层的环境，它包括其他所有顶层的代码分块，以及它们对应的作用域，又或者它们更子级的块。用户代码运行在这个词法作用域中，但并不能通过全局对象（global）来访问到它，例如下例中用户代码可以访问到变量 x，却不能通过 global 来引用到"x"这个变量名：

```
// 全局对象（global）可以引用变量作用域（中的成员），但不能引用词法作用域
let x = 100;
y = 200;
console.log(x, y); // 100, 200
console.log(global.x); // undefined
console.log(global.y); // 200
```

如果某个系统是完全通过模块（的导入导出）创建的，那么宿主程序通常需要经由一个主模块来加载整个系统。这样一来，所有的代码都将运行在各自的模块中，因此就没有了"形式上的"全局环境。但这种情况下全局环境依然是存在的，用户代码可以通过全局对象（global变量）来部分访问它，并使用一些已约定的公共特性。如果运行环境不提供这个变量名，那么在任何时候都可以通过如下代码简单地得到它：

```
var global = Function('return this')();
```

不同的宿主程序对模块、主模块以及全局对象的理解可能存在不同。ECMAScript对全局对象的成员和操作等做了最基本的约定，但没有完全限制这个对象的创建和使用方法。例如，浏览器中所谓全局对象是指`window`，而Node.js则指向一个引擎内建的对象。同理，由于浏览器将所有脚本文件加载到同一个全局环境，所以在这些文件的最外层代码就可以通过`this`引用直接访问到`global`；而在Node.js中将各个.js文件作为各个独立的模块加载进来，每个模块都有自己的环境[2]，因此在主模块中访问的`this`并不是`global`[3]。例如：

```
// 在浏览器中使用<script src="./main.js"></script>装载
```

---

1 概念上来说是这样，但事实上，全局环境中的变量声明只作为名字登记（varNames），而实际的变量作用域组件与全局对象是共享同一个的。也就是说，在全局环境中使用 varDecls 和 functionDecls 的名字其实会创建在全局对象 global 上，这也是早期JavaScript 语言的实现要求。

2 注意，这里是指 Node.js 自己的模块机制，而不是它实现的 ECMAScript 标准模块机制。

3 在 Node.js 中，模块的顶层环境中的 `this` 指向该模块的导出表（即该模块的名字空间）。并且由于主模块也使用这一规则（相当于有自己的顶层环境），所以主模块中的 `this` 也就不指向 `global` 了。

```
// file: main.js

// 兼容浏览器环境
var global = global || Function('return this')();
var module = module || {};
// test
console.log("global:", this === global); // true
console.log("exports:", this === module.exports); // false
```

而在 Node.js 中测试上述示例：

```
# 与在浏览器中的测试输出相反
> node main.js
global: false
exports: true
```

因此，在 Node.js 中，要在模块（包含主模块）中向 global 添加变量名时，就只能利用 eval 的间接调用机制。[1]例如：

```
// 示例：在 Node.js 的 main.js 文件中向 global 添加变量名

// 间接调用的 eval
(0, eval)('var x = 100');

// 该代码总是返回有效的 global
global = Function('return this')();

// 测试
console.log(Object.getOwnPropertyDescriptor(global, 'x').value); // 100
```

4.5.2 执行流程及其变更

"术语'命令式'（imperative）来自命令和动作，这种计算模型就是基于基础机器的一系列动作。"[2]这句话很好地阐述了冯·诺依曼体系中的编程语言能得到运算效果的本质：顺序执行。而"顺序执行"也正是代码分块（或模块化）的最终目的。

这也就是前面进行词法作用域分析的原因。假设我们能将复杂的 .js 代码"微缩"一下，你就会发现，所谓代码文本其实不过是各种语法样式的语句的集合：

```
1    var i = 100;
2    i += 100;
3    if () ...;
4    function foo() { ... }
5    foo();
```

---

[1] 详情可参见 "6.6.3.2 例外：obj.eval() 的特殊性"。
[2] 参见《程序设计语言：概念和结构》一书，原版作者为 Ravi Sethi，裘宗燕等译。

```
6      while () ...;
7      {...};
```

宿主程序只需要去解释这些语句，分解它的语法结构、表达式和变量，然后完成最终的运算。

但是无论如何对代码分块，程序执行总会存在"例外"。一旦我们既要形式分块，又要在分块中处理"例外"，那么就需要一些语法来改变程序的"顺序执行"的流程。

最自然的想法当然是"GOTO"，但 GOTO 语句带来的灾难与它解决的问题一样多。于是，更进一步的想法是：如果对上面的代码做足够的抽象（例如分析它们的词法作用域），并为每一个抽象设计对应的语法以改变它（在同类型词法作用域中）的流程，那么就可以得到类似 GOTO 功能的灵活性，而又避免 GOTO 的滥用。

简单地说，就是"为每个词法作用域设计类似 GOTO 的语句"。这些专用的 GOTO 语句——我们今后称之为流程变更语句——如表 4-9 所示。

表 4-9　为每个词法作用域设计的类似 GOTO 的语句

级别（注1）	作用域	示例	说明
1	表达式		（无）
2	语句/块	`continue [label];`	对循环语句构成影响
		`break;`	
		`break [label];`	对标签化语句构成影响
		`break;`	对多重分支构成影响
3	函数	`return [...];`	对函数构成影响
4	模块（注2）		（无）
5	全局（或文件单元）	`throw ...;`	对全局代码构成影响

注 1：这里使用了与表 4-8 对应的序号，但具有级别含义。

注 2：由于模块是静态加载的，因此没有"执行流程"相关的概念。而在动态模块加载中，与模块相关的流程控制其实是 promise-chain 的一部分，是由 promise.then、.catch 和 .finally 等来实现的。

4.5.2.1　级别 1：可能的逃逸

没有任何有效的方式可在表达式中实现类似 GOTO 的语法效果。由于表达式仅仅由运算符和操作数组成，而二者都无法表达"计算/数据"之外的语义，因此不可能发生在表达式级别的执行流程控制。

通过制造"异常（Exception）"可以在表达式计算过程中产生一个向外层的中断。但与 GOTO 语法不同的是，这种中断并非是"表达式专属"的，而是普通的、一般意义上的、可被 `try...catch` 子句捕获的异常。这并不难实现，例如：

```
// 构建一个特殊的变量 x
var x = new Object;
x.valueOf = ()=> { throw new Error };  // 抛出一个异常作为它的值结果

// 当表达式将 x 作为值运算时，会抛出一个异常
console.log(x + 1);
```

这种中断事实上是发生在级别 5 的（参见"4.5.2.5　级别 5：throw 语句"），因为它无法将流程的变更控制在"表达式"这个级别。

由于多数表达式的操作数不能"既是数据，又是控制逃逸的逻辑"，因此只有极少数的表达式（或运算符）可以通过精心构造来实现这样一种语义：流程在逃逸后仍然回到表达式。例如，假设需要处理这样一种逻辑。

■ 如果一个字符串为空串，那么认为这个运算数对字符串的连接运算是无意义的。

我们可以这样来构造一个逃逸：

```
// 构建一个特殊的变量 x
var x = new Object;
x.valueOf = x.toString = ()=>'';

// 当表达式将 x 作为值运算时，（通常）会被忽略
console.log("Hello " + x + "world!");
```

由于 x 在表达式上下文中什么也没有做，因此它成功地"逃逸"并使流程回到了表达式连续运算上。这种逃逸可能发生在更复杂的例子中，例如，通过控制迭代器来决定如何展开数组，或者通过 Proxy 来影响 `instanceof` 等[1]：

```
// 构建一个特殊的变量 x
var x = new Object;
x[Symbol.iterator] = function*() { yield* [1,2,3] };

// 将 x 作为数组展开
console.log("values:", ...x);
```

由于在 JavaScript 中不能重载运算符，因此除了通过定制操作数的性质来影响运算符的行为，没有其他途径来实现这种"可能的逃逸"。

---

[1] 详情可参见"3.6.1.3　内部方法与反射机制"。

4.5.2.2 级别2:"break <label>;"等语法

在循环中,可以用 continue 和 break 来改变循环流程,这种效果如图 4-1 所示。

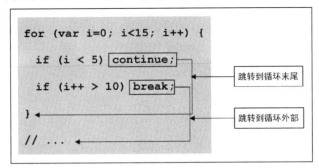

图 4-1 continue 和 break 的流程变更效果

我们先讨论与 break 子句相关的问题。

在表 4-9 中,我们说 for 循环和多重分支语句中的 break,在示例中都只写"break;",而没有写"break [label];"。为什么?这是因为,从本质上来说,"break [label];"是针对标签语句的,而并不是针对循环语句的一项语法。下面借用几个示例的演进关系来说明这一点:

```
1   // 示例1
2   var i = 0;
3   my_label : {
4     i++;
5     break my_label;
6     i = 0;
7   }
8   console.log(i);
```

在示例 1 中,当第 5 行的 break 执行时,执行流程跳出 my_label 标签所指示的作用域。接下来,看下面的代码:

```
1    // 示例2
2    var i = 0;
3    my_label : {
4      i++;
5      while (true) {
6        break my_label;
7      }
8      i = 0;
9    }
10   console.log(i);
```

在示例 2 中可看到,break 的效果仍然是作用于 my_label 的词法作用域的,而并不是作用于 while 的作用域的。所以，尽管可以在循环体内使用"break [label];"子句，但该子句在语法上应是"标签化语句"的子句，而不是循环语句的子句。更确切地说，循环语句的 break 子句只有一种语法：

```
break;
```

同样，标签化语句的 break 子句也只有一种语法：

```
break <label>;   // 在这里标签名是不可省略的
```

亦即是说，后者仅能用于标签化语句。因而在示例 2 中，它能从 while 循环的作用域中跳出的原因，应当解释为：流程变更语句可以跨越相同等级的作用域。

同时也应该留意到 switch 中的 break 子句。我们说过，switch 中 break 子句的作用是结束整个 switch 而非某个 case 分支，甚至强调，case 分支并没有形式分块的意义。那么，break 子句在 switch 的语法效果上是否也和上面一致呢？

是的，我们把 switch 套在上面的例子中来测试一下：

```
1    // 示例 3
2    var i = 0;
3    my_label : {
4      i++;
5      switch (true) {
6        case false:
7          break;
8        case true:
9          break my_label;
10     }
11     i = 0;
12   }
13   console.log(i);
```

在这个例子中，第一个 break 作用于 switch，因此跳出到第 11 行；而第二个 break 作用于标签化语句，因此跳出到第 13 行。这里的结论与前面的一致：

- "break;"是循环和多重分支语句的 break 子句的语法。
- "break <label>;"是标签化语句的 break 子句的语法。
- 示例 3 中第 9 行的 break 语句穿过了两个语法结构（的作用域）而跳转到第 11 行，因此它具有"跨越相同等级词法作用域"的特性。

既然循环和多重分支都不需要"break <label>;"这种语法，那么它为什么还存在呢？其实，"break;"本身是"（中断，并）跳出一个词法作用域"的概念没错，这个语义用在循环和分支中也没有问题。更为重要的是，我们需要一个"跨越语句级别的作用域"的语法结构，更明确地说是"语句级的流程变更语句"，所以"break <label>;"的语法被保留了下来。

无论你多么不愿意承认，"break <label>;"这个语法并不属于循环和多重分支，它不过是被"变着法子保留下来的"一个 GOTO 语句。这一点在 Pascal 和 Delphi 中可以得到印证：Pascal 和 Delphi 明确声明保留了 GOTO 语句，并且它只用于一个明确声明的标签语句，也只有一种语法格式。例如：

```
(**
 * Pascal/Delphi 语法中的 goto
 *)
procedure test();
label my_label;
begin
  //...
  if ( you_want_jump_jump ) then
    goto my_label;
  //...
  //...

my_label:
  //...
end;
```

而在 Pascal 和 Delphi 中，循环语句中的 break 就没有带标签的语法，如果你需要那样的功能，那么你能做的，就是定义一个标签，然后"goto <label>;"。所以，"break <label>;"语法其实就是"goto <label>;"。而且它的作用，也如同 GOTO 语句一样：跨越语句和批语句（这一级别）的作用域。

接下来我们讨论 continue 子句。在对 for 语句或其他循环语句所产生的执行流程控制效果中，它与 break 子句的作用类似，所以 continue 与 break 在表 4-9 中同样被列在第二级——作用于"语句"这个作用域。标签化语句同样也是"语句词法作用域"的，所以当 break 作用于标签化语句时是处于第二级的。

最后，在处理多重循环时，continue 子句还存在一种"continue [label];"的语法。这种 label 必须指定在一个循环语句的开始，即使将该循环语句套在一个（只有一个语句的）复合语句中，也是不合法的。所以可以说："continue [label];"是解决多重循环时的便利手段——与 GOTO <label>;没什么两样。事实上，以语法严格著称的 Pascal 就没有这样的"便利手段"，只能添加一个标志变量或者使用 GOTO 语句来达到类似的效果。

4.5.2.3 级别 3：return 子句

下面我们来讨论另一个语法效果：

- break <label>;不能跨越函数的词法作用域。
- return 子句可以跨越任何语句的作用域而退出函数。

以下面的代码为例：

```
1   // 示例1
2   my_label: {
3
4     function foo(tag) {
5       while (tag) break my_label;    ← 语法错：标签找不到。
6
7       while (true) {
8         switch (true) {
9           default:
10            return;
11        }
12      }
13    }
14
15  }
16  console.log('out my_label.')
17
18  foo();
```

在这个例子中，第 5 行试图跳转到第 15 行之后，但语法上不成立，提示为："标签找不到"。这意味着标签 `my_label` 不在函数 `foo()` 可见的词法作用域内。然而在上面的代码中，从形式上来看，函数 `foo()` 的确是在 `my_label` 的词法作用域之内的。那么，为什么 `break` 不能作用于 `my_label` 呢？

参考 "4.5.3 词法作用域之间的相关性" 中所说的规则，这个关于 `my_label` 标签的例子其实相当于：

```
1   // 示例1
2   my_label: {
3     // ...
4   }
5   console.log('out my_label.')
6
7   function foo() {
8     while (tag) break my_label;    ← 语法错：标签找不到。
9
10    while (true) {
11      switch (true) {
12        default:
13          return;
14      }
15    }
16  }
17  foo();
```

这就是 `foo()` 函数中找不到 `my_label` 标签的根源：它们事实上处在不同的词法作用域中

(也就是说，它们事实上是处于并行词法作用域的)。

通过对作用域的等级和相互关系的分析，我们陈述下面的观点：

- 流程变更语句可以"穿过"相同级别的任何词法作用域。
- 高级别的流程变更语句，可以"穿过"嵌套在其内的任何低级别的词法作用域，反之则不成立。

第一个观点可以由前面讨论过的观点解释："`break <label>;`"语法其实就是"`goto <label>;`"。亦即是说，"`break <label>;`"可以在它的词法作用域内，穿过循环、分支、异常捕获（批语句）和复合语句等"语句级别"的作用域，这些特性本质上就是相同级别词法作用域中的穿透。

第二个观点则用于解释"在任何语句中，可以用 `return` 退出函数"。反过来，也可以解释上例中，`break` 子句找不到标签的原因。

4.5.2.4 级别 4：动态模块与 Promise 中的流程控制

模块有自己的词法作用域，但没有相关流程控制语句。静态加载的模块并没有执行流程的概念，而对于动态模块来说，它的作用域将会"被包含于"一个 `Promise` 对象的执行环境中，类似在 "`new Promise(func)`" 语句的 `func` 中。

因此这种情况下也能针对模块进行流程控制。例如在 `promise.then` 中响应 `onRejected`，或者调用 `promise.catch()` 和 `promise.finally()`。然而由于这些响应函数或 promise-chain 上的调用都不会回到"模块（级别 4 的词法作用域）"，因此也就不存在所谓的"模块作用域中的 GOTO 语句"。

4.5.2.5 级别 5：throw 语句

首先应该注意到 "`try...catch...finally`" 语法结构的词法作用域是"语句"，而 `throw` 则是"全局"。接下来，还要注意到，我们称呼 `throw` 时，用的是"语句"，而不是"子句"。

`throw` 语句并不依赖 "`try...catch...finally`" 而存在：在用户代码中随时可以 `throw` 一个异常，因此它并不是一个子句。尽管 `throw` 的效果与 "`try...catch...finally`" 有一些关系：`throw` 抛出的异常可以由 "`try...catch...`" 捕获。但"捕获"是 `try` 语句的行为，`throw` 所做的只是向全局范围抛出一个异常，至于该异常被哪个作用域范围内的语法结构捕获和处理，并不是 `throw` 的责任。所以，从这个角度来看，尽管 `throw` 也是一个流程变更的语句，然而其作用域却是脚本引擎全局。

前面推论出来的有关作用域和流程变更的观点，也完全适用于 throw 语句。例如 throw 语句可以"穿过"函数的语句作用域：

```
function test() {
  while (true) do {
    throw new Error();
  }
}
test();

// 系统全局作用域或包括 test() 函数调用的语句块
```

在调用 test() 函数之后，我们看到 throw 语句起到了 return 语句的效果（尽管这个效果并不漂亮），所以它退出了循环语句和函数的作用域，并使流程回到全局作用域中——直到它遇到一个异常捕获语句，或者交由全局的或宿主程序环境的 onerror 事件处理程序，又或者最终交给系统的异常处理程序，以显示一个错误提示框。

4.5.3　词法作用域之间的相关性

结构化语言中的作用域是互不相交的，在这些作用域（及其对应的形式分块）之间只存在平行或嵌套两种相关性。例如：

```
/**
 * 示例1: 代码块一与代码块二平行
 */

// 代码块一
if (true) {
  // ...
}

// 代码块二
while (true) {
  // ...
}
```

```
/**
 * 示例2: 代码块一嵌套代码块二
 */

// 代码块一
if (true) {
  // ...

  // 代码块二
  while (true) {
    // ...
  }
}
```

结构化语言需要通过这种"互不相交"的特性来保证块之间的逻辑独立，以及消除耦合。但是也如同示例 2 所示，在"嵌套"这种相关性中，代码块二与代码块一的词法作用域存在重叠——结构化语言必须描述这两个代码块之间的相互作用关系。这种关系，就是通过前面所说的"词法作用域的级别"来控制的。具体来说就是：

- 相同级别的词法作用域可以相互嵌套。
- 高级别的词法作用域能够包含低级别的词法作用域。

- 低级别的词法作用域不能包含高级别的词法作用域。由于不存在包含关系，因此语言实现时，一般处理成语法上的违例或者强制解释为平行关系。

第一个规则的应用是常见的。在示例 2 中，由于 if 语句与 while 语句同是"语句"这个级别的词法作用域（等级 2），因此"if 语句包含了 while 语句的词法作用域"。除此之外，嵌套函数也是一个非常典型、常见的例子：

```
function foo1() {
  // ...
  function foo2() {
    // ...
    function foo3() {
      // ...
    }
  }
}
```

第二个规则在我们写函数时就已经经常使用了：

```
function foo() {
  // ...
  if (true) {
    // ...
  }
}
```

但是，第三个规则有必要较为详细地说明一下。在下面的例子中，示例 3 与示例 4 完全等效。因为语句无法"包含"比它等级更高的函数词法作用域，从而在示例 3 中将形式上的嵌套关系理解为平行关系：

```
/**
 * 示例 3: 该示例在效果上与示例 4 等效
 */

// 代码块一
if (true) {
  // ...

  // 代码块二
  function foo() {
    // ...
  }
}
```

```
/**
 * 示例 4
 */

// 代码块一
if (true) {
  // ...
}

// 代码块二
function foo() {
  // ...
}
```

4.5.4 执行流程变更的内涵

我们此前几乎是凭空地推论出一个"等级"的概念和"跨越相同等级"的语义，并在随后的解释中着重阐述了如下几点：

- 词法作用域是互不相交的。正是作用域互不相交的特性构造了代码结构化的层次，并消除了一些错误隐患。
- 词法作用域间可以存在平行或包含关系。高级别可以嵌套低级别的词法作用域，反之则不成立。
- 高级别的流程变更子句（或语句）可以跨越低级别的作用域，反之则不成立。

我们也论述过"`break <label>;`"实质上是"`goto <label>;`"，目的是把这个语法从循环与分支的作用域问题中分离出来。但事实上，JavaScript 与 Java 一样，对"`break <label>;`"是有使用限制的。在 Pascal 的语法中，GOTO 语句可以转向任何一个语句的起点位置（该位置只有标识起点的作用，而没有标识终点的作用）。但在 JavaScript/Java 中，标签化语句是有"语句"级的词法作用域的，而"`break <label>;`"的效果仅影响该作用域，因此它并不是那种"无所不能的 GOTO"。"`break <label>;`"对循环与分支的影响，可以解释为同等级词法作用域下的 GOTO 效果。

我们前面也论述过词法作用域不相交的特性。因此，不可能创造出标签语句与其他语句"交叉"的代码结构来。在这样的前提下，"`break <label>;`"与"标签具有作用域"共同产生的效果就成了："`break <label>;`"只能跳转出一个作用域，而不能跳入一个作用域。这成功地避免了 Pascal 中类似如下的语法：

```
(**
 * 示例：在 Pascal 语法中，goto 可以跳入循环结构
 *)
label my_label;
//...

while (i < 100) do
begin
  goto my_label;
end;

while (i>100) do
begin
  // ...
my_label:
  writeln('hello');
end;
```

从与具体语言无关的、形式化的角度来看待上述的事实，可以发现，词法作用域在结构化中的本质是将代码表现为图 4-2 所示的形式。

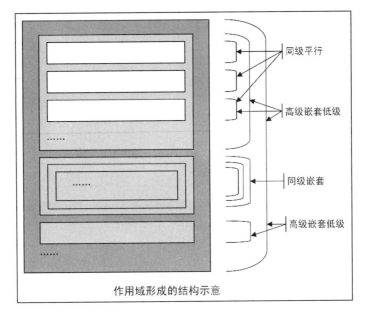

图 4-2　词法作用域的结构化含义

这种形式使得代码清晰，并且能表达结构化分析阶段对系统自顶向下逐层精化时所展现的逻辑组织。但应当注意到这种结构也使得执行流程变得僵化，缺乏一些灵活性。因此，尽管在理论上Böhm和Jacopini早已证明过类似这样的灵活性不是必需的[1]，E. W. Dijkstra则更进一步地指出灵活性对系统带来的危害[2]，然而在既存的语言中（即使已经声称"消灭了GOTO语句"的Java/JavaScript），依然保留有造成"流程变更"这种事实的语句或语法。

通过前面的分析，我们看到在这些新的语言实现中，程序执行的流程变更，本质上已经转义为作用域（及其等级）的变更。而这正是这些语言在保障"结构化编程"的清晰风格的情况下，能够具有充分的（且安全的）流程控制灵活性的根源。

这里要进一步强调的是，高级别的流程控制语句，对低级别的语句的作用域会产生"穿透"，这正是流程控制的关键，也是结构化编程严谨而不失灵活性的关键。其中的要诀，在于让流程变更子句（或语句）的设计覆盖不同级别的作用域，以获得最大的灵活性；但并不必覆盖所有的语句或语法结构——那将导致浪费和纵容。例如针对上面的作用域示意，流程

1　Böhm, Corrado, and Jacopini Guiseppe. Flow diagrams, Turing machines and languages with only two formation rules. Communication of ACM, 9(5):366-371, May 1966.
2　Edsger W. Dijkstra. Letters to the editor: Go to statement considered harmful. Communications of the ACM, 11(3):147–148, March 1968.

控制的设计仅仅（注意，在作用域形式上是对图 4-2 的倒置）[1]，如图 4-3 所示。

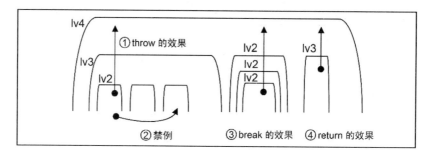

图 4-3　结构化程序设计语言中的流程控制设计

4.6　层次结构程序设计

　　JavaScript中的对象其实只是"属性包"，这是Anders Hejlsberg非常精准的概括。[2]事实上，在后来的ECMAScript规范中也采用了相同的叙述："对象是一个属性集（is a collection of properties）"。所谓属性，本质上是"（有别于变量名的）另一个"名字系统。在这个新的名字系统中，仍然存在着与变量或词法标识符类似的作用域问题，并且也受相似的规则约束。

　　在《结构程序设计》一书中，"面向对象"被称为层次结构程序设计。其中所谓的层次，是指由祖先类、父类和子类构成的继承层次。当出现这种层次结构时，也就自然地出现了"在层次中的信息隐藏"的问题，即面向对象的结构化程序设计。

　　封装、继承与多态是面向对象解决"结构性问题"的三种具体手段。其中[3]，

- 封装与继承是对数据（即对象性质）的结构化，分别展示数据的内聚与外延。
- 多态是对象性质在继承关系上的表现。

　　而当对象性质分成属性与方法之后，逻辑（方法）之于数据（属性）的可见性问题也就出现了，并且这种可见性必然在内聚与外延的两个方向上同时出现。

1　设计②在 Java/JavaScript 中是禁例，但在 Pascal 语言中，GOTO 语句却可以产生这样的语法效果。
2　这个说法来自Channel9网站在 2007 年 1 月对 Anders Hejlsberg 和其他三名微软架构师就"编程语言发展"进行的采访。Anders Hejlsberg 是 Delphi 之父、C#编程语言设计的首席架构师，也是 TypeScript 的核心开发者与 TypeScript 开源项目的重要领导人。
3　参见《程序原本》一书的 10.5 节。

4.6.1 属性的可见性

属性是对象的自有性质，方法（在 JavaScript 传统的含义上）也是属性的一种，它们是平等的。由于在传统上，JavaScript 并不存在"对象或类"这样的作用域，因此在对象方法中访问属性，与在其他域、其他环境中访问属性没有区别：

- 得到该对象的引用，然后，
- 使用属性存取运算符得到属性值。

并且由于所有的属性都是公开的，所以任何时候、任何环境下只要能获得这个对象（的引用），就可以无差别地访问它的全部属性。

符号具有隐匿名字的特性，但并不能隐匿可见性。当一个对象使用某个符号作为属性名时，用户代码至多也只是不知道其符号名而已，仍然是可以通过类似如下代码来访问该符号的：

```
obj = {
  [Symbol()]: function() {
    console.log('unnamed symbol method');
  }
}
```

测试如下：

```
# 无法直接列出符号名的属性
> Object.keys(obj)
[]

# 通过符号列出（或使用 Object.getOwnPropertyDescriptors）
> Object.getOwnPropertySymbols(obj)
[ Symbol() ]

# 调用上述方法
> f = obj[Object.getOwnPropertySymbols(obj)[0]]
> f.call(obj)
unnamed symbol method
```

另一个与属性可见性相关的设计是属性描述符中的 Enumerable 性质，它影响属性在 `for...in` 语句中的可见性效果。但它并不实际影响属性的可访问性，所以与符号类似，也只能起简单的隐匿作用。

由于并不存在"对象或类"这样的作用域，因此下面两种可见性只作为介绍，而并非是 JavaScript 或 ECMAScript 既有的实现。

4.6.1.1 属性在继承层次间的可见性

当一个属性只能在类或对象所声明的域中访问时,它被称为是"私有的"。这个私有性是针对同一类(的所有对象实例)或指定对象声明所在的范围的:

```
obj = {
  // 属性声明
  x: 100,
  // 属性(传统的方法)声明
  foo: function() {
    ...
  },
  // 方法声明
  foo2() { ... }
}
```
对象作用域

```
cls = class extends Object {
  // 属性(存取器)声明
  get x() { ... }
  // 方法声明
  foo() { ... }
  // 类方法声明
  static foo2() { ... }
}
obj2 = new cls;
```
类作用域

如果在 `obj` 或 `cls` 的作用域中存在某个属性(y),且它只能被上述的方法 foo 或 foo2 访问,那么它就是私有的。但这里存在一个疑问,`cls.foo2()` 是一个类方法,这个方法处在类的作用域中,那么它能访问到其实例 `obj2` 的私有域吗?因为 `obj2` 的作用域是由 `cls` 定义的,且形式上位于 `cls` 的类作用域的内部。

为了解释这个问题,事实上所有"基于类继承的"面向对象系统都在这里设计为"类作用域"和"实例作用域"两个部分。亦即是说,类方法与对象方法分别处于两个形式分块中。但这样也存在以下两种可能的方案:

```
cls = class extends Object {
  // 属性(存取器)声明
  get x() { ... }
  // 方法声明
  foo() { ... }
    实例作用域
  // 类方法声明
  static foo2() { ... }
  // 类静态成员声明
  static get x() { ... }
    类作用域
}
obj2 = new cls;
```

```
cls = class extends Object {
  // 属性(存取器)声明
  get x() { ... }
  // 方法声明
  foo() { ... }
    实例作用域
  // 类方法声明
  static foo2() { ... }
  // 类静态成员声明
  static get x() { ... }
    类作用域
}
obj2 = new cls;
```

其中区别在于:在第二种方案中,对象方法(实例)可以是类成员,而类方法不能访问对象。这带来了一些常见的作用域限定（或称为可见性限定），包括[1]：

- 私有的（privated），仅在实例或类作用域内部的方法可访问。
- 静态私有的（static privated），在类或（和）实例的作用域内部可以访问。
- ……

然而这样仍然是远远不够的。由于"类继承"是基于类来表达的，因此在"子类的实例作用域"中，相对于父类就出现了两种可见性问题：分别面向父类的和父类实例的作用域。一旦我们将问题复杂化到上述的形式分块和继承树中，那么就会约定出非常多的（形式分块间的）可见性。在面向对象的概念中，把这种与继承关系相关的作用域特性称为受保护的可见性：

- 保护的（protected）。在子类实例中可访问的父类或父类实例属性。
- 内部保护的（internal protected）。在同项目内子类实例中可访问的父类或父类实例属性。
- ……

4.6.1.2 属性在继承树（子树）间的可见性

如果一个类派生了两个不同的子类，那么子类（处于继承树上的不同子树）之间的可见性又是如何的呢？对于这个问题，大多数面向对象系统都承认它们之间存在着特殊的可见性关系，但又缺乏足够的手段来在具体语句中实现相关的作用域以及语法限定。

因此在这个问题上，面向对象设计倾向于将相关属性"（在设计上）上推至父类"来解决。亦即是说，如果子树间存在对属性 P 的可见性需求，那么该 P 属性声明于父类并设计为抽象的（abstract）和保护的（protected）。这样在各个子类中自行决定该属性的实现，而父子类间的继承关系则用来确保可访问它的可见性以及作用域。

这里有两个需要留意的地方，其一，是"抽象（abstract）"的提出，意味着是通过多态特性来解决可见性问题，这是折中的方法；其二，是在其他一些语言中，可能会使用类似"友类（friend classes）"的设计来作为这一问题的解决方案。

4.6.2 多态的逻辑

在传统的 JavaScript 的面向对象中，多态特性是很弱的，主要表现为类型识别，包括

---

[1] 不同的面向对象实现的方案（方法）不同，因此对于这些关键字的解释也不完全相同。

instanceof 关键字以及后来加入的 isPrototypeOf() 方法。自 ES2015 之后加入了 super 关键字，才彻底解决了实现多态时所需要的"调用父类方法"的问题。关于这些部分，请参见"3.4.1.2 多态"和"3.4.1.3 多态与方法继承"。

而之所以上一节中会提及私有的（privated）、保护的（protected）和抽象（abstract）等概念并讨论它们在可见性中的作用，是因为从本质上来说，在作用域或可见性概念上，可以将 super 理解为是受保护的（protected）：在类/对象中私有，且用于访问父类。[1]

4.6.2.1 super 是对多态逻辑的绑定

super 明确地指向继承关系中的父级。由于 JavaScript 存在两种继承方式，因此 super 也有分别面向原型和类的两种表现。例如：

```
// 表现1: super 指向原型对象
proto = { x: 100 };
obj = Object.setPrototypeOf({
  get real_x() {
    return super.x;
  }
}, proto);

// test
console.log(obj.real_x);  // 100


// 表现2: super 指向父类
class ObjectEx {
  show() {
    console.log(200);
  }
}

class ObjectEx2 extends ObjectEx {
  show() {  // 重写 show 方法
    super.show();  // 调用父类的 show() 方法
  }
}

// test
(new ObjectEx2).show(); // 200
```

然而我们知道，JavaScript 中的继承树是可以重置的。就好比说，之前我们假设熊猫是猫科动物，所以它的行为是卖萌；但现在我们发现它其实是熊科动物，所以它的行为是攻击性

---

[1] super 是关键字而非属性名，但 super 受作用域范围影响，且在该范围内存在可见性的效果，这与受 protected 限制的属性名是类似的。

的。当在面向对象系统中出现这种情况时，我们要么在熊科的子类中重写一个"熊猫"，要么直接将"熊猫"的父类修改成"熊"。在JavaScript中对后者是支持的，因为"访问super"是一个动态的逻辑，而不是子类（熊猫）上的一个确定的、静态的成员。例如[1]：

```
class Bear {
  dosomething() {
    console.log('AoooO!');
  }
}

class Cat {
  dosomething () {
    console.log('MiaoWuuuu!');
  }
}

class Panda extends Cat {
  go() {
    super.dosomething();
  }
}

// 现在 Panda 是卖萌的
var x = new Panda;
x.go(); // 'MiaoWuuuu!'

// 显示 true, 表明当前 Panda 类的父类是 Cat
console.log(Object.getPrototypeOf(Panda.prototype) === Cat.prototype);
// 修改继承关系到 Bear
Object.setPrototypeOf(Panda.prototype, Bear.prototype);

// 现在 Panda 是凶猛的
x.go(); // 'AoooO!'
```

所以我们可以认为在实际效果上，super 关键字本质上是绑定了一段"访问父类"的逻辑。由于父类可以重置，因此这一段逻辑就是多态的。这与"由于子类可以覆盖方法，所以对象是多态的"的基本概念是一致的。

4.6.2.2　super 是一个作用域相关的绑定

　　super 关键字是上下文受限的，并且是词法作用域（静态）绑定的。这个关键字只能使用在类声明（含类表达式）和对象字面量风格的声明中，并且只能出现在方法或静态方法声明

---

[1] 本例也可以直接基于原型继承来实现。另外，这里是直接修改了 aClass.prototype 的原型继承关系，这会影响所有 super reference syntax 的逻辑绑定，却不会影响 super call syntax 的逻辑绑定。关于后者，请参见 "4.6.2.2　super 是一个作用域相关的绑定"中关于"重置类继承关系"的讨论。

内部。这意味着 super 必须作用于某个方法的"函数作用域"中，且如果该方法是类声明中的方法，则该函数作用域还将是"类作用域"的子级作用域。例如：

```javascript
// super 作用于对象方法的函数作用域中
var obj = {
  foo() {
    return super.x;
  }
};

// super 是"类作用域"的子级作用域
class ObjectEx { // 类作用域
  foo() {
    return super.toString();
  }
}
```

而 super 是存在两种语法的。包括：

```javascript
// super call syntax
super()

// super property reference syntax
super.xxx
```

只能在类声明的构造器内使用 super call，且该语法实质上是在访问父类的构造器。按照之前对类继承的约定，这意味着 super call 是在访问 parentConstructor 而不是 parentConstructor.prototype。这只能通过类继承关系来查找，而不是原型继承关系。亦即是说：

```javascript
// super()将调用 Object()
class MyObject extends Object {
  constructor() {
    super();
    console.log('the super is:', Object.getPrototypeOf(MyObject));
  }
}
x = new MyObject; // the super is: function Object ...
```

而类继承关系又是可以动态绑定的，例如：

```javascript
// 重置类继承关系
Object.setPrototypeOf(MyObject, new Function);

// test
// the super is: function anonymous...
```

而（类声明中的）构造器的作用域呢？这个构造器自己的函数作用域，其实是作为实例方法来实现的，因此位于实例作用域。在形式分块上可以展示如下：

```
class MyObject extends Object {           ┐ 构  ┐
  constructor() {                         │ 造  │
    super();                              │ 器  │
    console.log('the super is:', Object.getPrototypeOf(MyObject)); │ 的  │ 实
  }                                       ┘ 函  │ 例  │ 类
                                            数  │ 作  │ 作
  foo() {                                   作  │ 用  │ 用
    ...                                     用  │ 域  │ 域
  }                                         域  ┘     │

  static foo() {                                      │
    ...                                               │
  }                                                   │
}                                                     ┘
```

所以 super() 与 super.xxx 都明确地指定了自己——作为 super 关键字——使用时所绑定的作用域环境。它既是受限的（即词法作用域绑定的），又是对多态逻辑绑定的。[1]

4.6.3 私有作用域的提出

从 ES6 提出类继承以来，类的声明中只能包括方法和存取器属性。这些存取器（存取方法）、一般方法或静态方法声明都处于相同的父级作用域，即该类声明时所在的、静态的词法上下文。由于 ES6 中的类构造方法自身并没有作用域方面的特殊性——它是一个普通的原型对象上的方法，因此也就没有为其他方法声明构建作用域的能力。亦即是说，由于缺乏（在"4.6.1.1 属性在继承层次间的可见性"中所讨论的）类作用域和实例作用域，因此 ES6 中的类实际所表现出来的作用域特性如下所示：

```
class MyObject extends Object {           ┐ 构   ┐
  constructor() {                         │ 造   │
    super();                              │ 器   │ 函
    console.log('the super is:', Object.getPrototypeOf(MyObject)); │ 的  │ 数
  }                                       ┘ 函  ┐ 作
                                            数  │ 用
  foo() {                                   作  │ 实 │ 域
    ...                                     用  │ 例 │
  }                                         域  │ 方 │
                                            的  │ 法 │ 函
  static foo() {                                ┘ 静 │ 数
    ...                                            态 │ 作
  }                                                方 │ 用
}                                                 法  │ 域
                                                  的  ┘
```

在 ES6 中没有数据属性的声明，因此也就——在语义上——不存在这些方法之间如何操

---

[1] super 依赖方法（作为函数对象时）的特定内部字段来查找父类，这个"内部字段"是语法分析时一次性写入的。所以 super 的多态逻辑和该逻辑依赖的数据都是写死的，而它表现出来的"多态性"，来自继承关系的动态变更。

作"同一数据或不同数据"的问题。但这种稳定性往往只存在于（如上的）语义中，因此事实上我们能够在这些方法中尝试访问某个共同的属性，例如：

```
class MyObject {
  foo() {
    console.log(super.x);
  }
}

var a = new MyObject, b = new MyObject;
a.foo();
b.foo();
```

这种——尝试访问父类的或原型的共同成员的——语义与访问环境中的同一变量是完全相同的。亦即是说，它与下面的代码没有本质上的区别：

```
var x = 100;
class MyObject {
  foo() {
    console.log(x);
  }
}
...
```

并且在实践中我们也确实是这样做的，以便避免由类继承和 `super` 关键字带来的一些概念困扰。例如，基于上述逻辑来实现一个属性存取方法：

```
var x = 100;
class MyObject {
  get x() {
    return x;
  }
}

var a = new MyObject;
console.log(a.x);
```

然而类似逻辑的不可靠之处在于如下两点。

- 需求 1：我们可能希望 `MyObject` 的每一个实例（例如 a 和 b）拥有各自不同的 x；或，
- 需求 2：即使它们真的拥有相同的 x，那么这个 x 也应该是 `MyObject` 的性质的一部分（从而避免在 `MyObject` 之外向变量 x 置值）。

这样也就提出了所谓的"私有成员"以及"私有作用域"的概念。亦即是说，上述需求 2 的实质是要求类有一个私有的域用来存放那些可能在类的行为（即类方法）之间操作的公共数据，而这些数据是不能从类的外面发起访问的；并且，所有实例也应该有类似的基于这一概念的性质[1]，即需求 1。这实际上是要求 JavaScript 提供类似如下的作用域设计：

```
class MyObject extends Object {
  ... // 一般对象成员声明

  constructor() {
    super();
    console.log('the super is:', Object.getPrototypeOf(MyObject));
  }

  foo() {
    ...
  }

  ... // 静态成员（类成员）声明
  static foo() {
    ...
  }
}
```

（右侧标注：对象作用域{0}、类作用域{C}）

参考 TypeScript 中的私有成员声明语法，以及 private-property 提案对抽象存取过程的定义，一个基于"私有作用域"机制的实现上述"私有的 get x()"的代码示例如下：

```
class MyObject {
  private x = 100;  // 声明"对象的"私有属性
  get x() {
    return (private this).x;  // 访问该对象的私有属性
  }
}

var x = new MyObject; // x 是全局环境中的对象
console.log(x.x); // x.x 是访问对象的公开属性
```

现在，所有作用域中的"x"都是安全的了。而关于这个作用域的具体实现与概念分析，我们将在"4.8 私有属性与私有字段的纷争"来详细讨论。

4.7 历史遗产：变量作用域

历史中，变量作用域又叫变量的可见性，但这两个概念在早期版本的 JavaScript 或 ECMAScript 中都并没有被明确提出，因为那个时候的"变量的可见性"其实只有所谓全局变量、局部变量两种。

而词法作用域的提出是 ECMAScript 5 的主要成就。并且这样一来，ECMA 趁机得以将诸多与变量相关的 JavaScript 历史特性，统统归纳到"变量作用域"这一概念集合下，形成了独

---

[1] 即结构化中"信息隐蔽"的性质。

特的"两种作用域"规范体系。[1]

早期有且仅有函数和全局环境支持变量作用域,而从ES6 开始,模块也是支持变量作用域的,如表4-10 所示。[2]

表 4-10　JavaScript 中的变量作用域

序号	作用域	示例	变量作用域	备注
1	表达式		(不存在)	注1
2	语句		(不存在)	
3	函数	function x() ... function* x()	支持	
4	模块	var x = 100;	支持	注2
5	全局	var x = 100; y= 100	支持	注3

注 1:　`eval()`是例外。在严格模式中,`eval()`会为它执行的代码同时创建词法作用域和变量作用域。这意味着严格模式下使用`eval('var x')`并不会带来变量名逸出。

注 2:　模块与严格模式下的函数一样,它们的变量作用域是作为词法作用域的一部分来实现的。

注 3:　全局的变量作用域是映射到全局对象的属性上的,并非一个独立的作用域/环境。

4.7.1　变量作用域

传统中,变量只存在局部与全局两种可见性。也就是说,变量名如果是登记在函数的变量作用域中的,那么它就是局部(函数内)可见的;否则就是登记在全局变量作用域中的,是全局可见的。对于ES6 开始加入的模块来说,变量是声明在模块的变量作用域中的,如果它被`export`,那么还会有一个同名字的项被登记在名字空间中。

具名函数和 `var` 声明一样,所声明的名字都是变量名,登记在变量作用域中。并且与变量名一样也可以多次声明、相互覆盖,效果与重写或置值类似。

---

[1] 从实现的方式来看,一些书籍中称纯粹的词法作用域实现为"静态作用域",而与代码执行期效果相关的变量作用域则被称为"动态作用域"。
[2] 该表与表 4-8 在等级(序号)上的含义是一致的。

4.7.1.1 级别3：函数（局部变量）

传统中，我们将在函数内声明的变量称为局部变量，以跟后面的"全局变量"区别开来。例如下面声明的三个变量（x,y,z）的作用域都在函数 foo() 之内，离开这个函数，这些变量就不可见了：

```
// 例1: 使用循环语句的例子
function foo() {
  var x = 10;
  for (var y=0; y<100; y++) {
    var z = 100;
  }
}
```

在这个示例中我们有意地使用了一个 for 循环。由于 JavaScript 不存在语句级别的变量作用域，因此 for 循环中的变量 y 也就"逸出"到函数的变量作用域中，变成（函数的）局部变量。对比多重嵌套的函数来看，由于内层的函数可以将变量注册在自己的变量作用域中，因此不会"逸出"到外一级。如下例所示：

```
// 例2: 使用嵌套函数的例子
function foo() {
  var i1 = 10;
  // 代码段 1

  function foo2() {
    var i2 = 100;
    // 代码段 2

    function foo3() {
      var i3 = 1000;
      // 代码段 3
    }
  }
}
```

在这里，代码段1不能访问代码段2中的变量 i2 和代码段3中的 i3，是因为它们处在各自的变量作用域中。相对于 foo() 来说，foo2() 和 foo3() 都是局部的，而全局不能访问局部的、私有的信息，这是信息分层和信息屏蔽的重要原则。

一个变量是只受变量作用域的影响的。例如，当我们在全局的代码块中写例1中的循环时，变量 y 和 z 就会变成全局变量；在 if 语句中写例2的嵌套函数时，函数名 foo 也会向 if 语句之外逸出。亦即是说，当在这些不支持变量作用域的语法元素——表达式或语句——中声明变量名时[1]，该变量的可见性会逸出到更外层的（surrounding scope）、更高级别的其他结构

---

1 再次说明，具名函数和使用 var 声明一样，所声明的名字都是变量名。

中去。

缺乏表达式和语句这两个级别的变量作用域，其实也是 JavaScript 的全局命名污染的诸多灾难之源中的一个。

4.7.1.2 级别 4：模块

模块中的变量与函数内在严格模式下的局部变量没有什么不同：在严格模式下，变量作用域将实现为词法作用域的一部分。[1]

由于模块的作用域总是严格模式的，因此在它其中的——包括子级函数中的代码，都无法使用 eval() 来动态地在外层变量环境中去"创建/声明"一个变量。类似这样的行为都只会影响模块自己的变量作用域。

在采用ECMAScript的静态模块装载机制时，主模块也将有自己的模块级的变量作用域。[2]所有这些模块是相互依赖而非嵌套的，因此模块之间除了使用 export/import 来相互引用之外，无法影响对方的变量作用域（以及模块环境）。

4.7.1.3 级别 5：全局变量

在 ES3 以及更早的 ECMAScript 规范中，由于未明确定义上下文环境、作用域以及它们之间的关系，因此按照早期 JavaScript 的惯例，所谓全局变量既包括在全局环境中声明的变量（var 关键字或具名函数），也包括 Global 对象的成员。并且，在具体环境中，全局变量也可以被解释成宿主对象的成员，例如浏览器中的 window。全局作用域一方面使全局变量拥有充分的便捷特性，另一方面又成为大型开发中的灾难。那些可能"随时随地"泄露到全局的命名，以及对全局变量无限制的访问，总在威胁着项目的品质。

从大型项目的角度看来，项目整体的品质比代码局部的灵活性更为重要。因此 JavaScript 以下两项特性是不利于大型项目的开发的：

- 在全局范围内随意声明变量，包括在全局范围内使用 if、for 等语句声明变量。
- 向一个未声明的变量名赋值时，会隐式地声明一个全局变量（全局属性 [3]）。

---

[1] 即变量将直接创建在词法作用域中，但变量（标识符）在使用时仍保留了一部分它的特性（这主要是指"变量提升"的效果）。
[2] Node.js 中的模块是使用函数模拟的，亦即是说，Node.js 模块在这种情况下实际上使用的是函数的变量作用域。当然，如果运行 Node.js 时使用了命令行参数 --experimental-modules，那么就是标准的 ECMAScript 模块加载了。
[3] 参见 "4.7.2.3 变量隐式声明（全局属性）"。

而从 ES5 开始，所谓全局变量作用域就成为一种特定的、规范的机制。通过这种机制，ECMAScript 得以将全局属性区别出来，成为与全局变量类似但又略有不同的语言特性。

4.7.2 变量的特殊性与变量作用域的关系

JavaScript 中的变量具有三大"有违常识"的特殊性。如下例：

```
// 变量提升：在var关键字之前可以使用
console.log('hoisting x:', x); // hoisting x: undefined
var x = 100;
console.log('value x:', x); // value x: 100

// 变量动态声明¹: eval()中使用var声明的变量位于当前函数/全局的变量作用域中
eval('var y = 100');
console.log('dynamic define y:', y); // dynamic define y: 100

// 变量隐式声明：向"未声明的变量赋值"的效果类似声明了一个全局变量
z = 100;
console.log('global z:', z); // global z: 100
```

4.7.2.1 变量提升

一些语言认为，即使在同一个词法作用域中，变量也只能在隐式或显式地声明之后才能被访问（才具有可见性）。C 语言就具有这种特性，例如：

```
1  function foo() {
2    if (!test) {
3      console.log("test value:", test);
4    }
5    var test = true;
6  }
```

在 C 语言中，这个函数是不能通过语法检测的。但在 JavaScript 中，显式声明的名字在变量作用域中是没有次序限制的：可以先声明再使用，也可以先（在某些语句或表达式中）使用它，然后再显式地声明。因此上面这个函数可以通过语法检测，而且也存在执行意义。

这称为"变量声明提升（Hoisting）"，它潜在的含义是：一个在当前作用域的任意位置用 var 声明的变量，其标识符会被"提升"到当前作用域或其外层的、最低级别的变量作用域（的开始处）。即，从这个外层的变量作用域开始的全部代码都可以访问该变量。

---

1 注意，变量动态声明的语义只发生在函数中。但是这个示例作为全局代码是可以执行的，不过这时它的效果是"全局属性"而非"动态变量"。关于这一点，请详见后述。

严格来说，这其实是JavaScript的语法解析与执行规则带来的"副作用"。JavaScript采用基于语句的静态语法分析，在这个过程中它将扫描所有顶层的变量声明，以便在顶层——整个引擎的全局，或者函数与模块的最外层——构建包含这些声明名字的环境。于是当程序开始在这些环境中运行时，由于环境中已经具有相应的名字，早期的JavaScript因此得以实现"执行代码在声明代码的物理行之前"访问名字。而到了ES5之后，针对这一特性提出了"变量作用域"的概念，于是这样一个"可以提升到外层来访问"的变量，从传统的"副作用"变成了一项特殊的语言设计。在实现上，它将声明在作用域中的名字创建为一个"已初始化（为`undefined`）的绑定"[1]，因此可以在作用域的任意位置访问。

与`var`语句声明的变量"在初始时置为`undefined`"不同，函数声明在初始时就绑定了函数体——具体的函数实例。因此函数声明不但是提升的，而且还是静态绑定的。例如下面这个例子，执行期函数`foo`在"它所在变量作用域之内的" 任意位置都可以直接使用：

```
// 引用 foo
TMyClass = Class(TObject, foo);

// foo 声明于全局变量作用域
function foo() {
  // ...
  this.Class = TMyClass;
}
```

在顺序上"使用`foo`标识符"可以早于"声明`foo`标识符"，这使得JavaScript不必使用专门的语法来处理前置声明（例如，Pascal 语法中的`forword`关键字）。

4.7.2.2　变量动态声明

JavaScript 的词法作用域是静态的，因此一旦它被实例化（Instantiation）就不能再增删。而变量作用域是动态的，在非严格模式中，可以通过`eval()`来向它添加新的项。例如：

```
function f() {
  var x = 100;
  eval('var y = 1000');
  console.log('values of x,y:', x, y);
}
```

测试如下：

```
> f()
values of x,y: 100 1000
```

---

[1] 相对应地，所谓"词法作用域"中的名字就是"未初始化的绑定"，因此必须在相应的声明（并初始化）的代码执行后才能访问，从而避开了提升。

但这个效果是有限制的。在使用直接或间接调用 `eval()` 的全局环境中，动态执行代码的"变量声明"语法会带来一个变量名的登记，但最终这些变量仍然是作为"全局属性"来实现的（关于这一点，请参见"4.7.2.3 变量隐式声明（全局属性）"）。而在模块中，由于没有动态代码能执行于它的顶层环境，即严格模式下的、名字空间所在的环境，因此无法在它的变量环境中添加新项。

因此，变量动态声明事实上只会发生在函数的变量作用域中。

4.7.2.3 变量隐式声明（全局属性）

在JavaScript中，以下两种全局名字的性质是不一样的 [1]：

```
// 例1: 全局变量
var x = 100;

// 例2: 全局属性
y = 200;

// 例3: 动态声明的全局变量
// (参见上一小节)
eval('var z = 300');

// 测试1: x,y 都将作为全局属性来实现
console.log(global.hasOwnProperty('y')); // true
console.log(global.hasOwnProperty('x')); // true

// 测试2: 不能删除 x，而可以删除 y
console.log(delete y, typeof y); // true, undefined
console.log(delete x, x); // false, 100
```

在早期的 JavaScript 中并不严格区分二者，因此统一将它们称为"全局变量"。直到 ES5 之后，随着变量作用域的提出才得以将二者有效地区分开来："全局属性"是直接在 `global` 对象的属性表中增删的一般属性，而"全局变量"——尽管也是作为全局属性来实现的，但是——还会被抄写到一个特殊内部表进行标记。

这些特性也同样影响到"变量动态声明"。动态声明的全局变量仍然表现为全局属性，并且由于它们是动态创建的，JavaScript还允许将它们动态地删除。[2] 例如：

```
// (续上例)

// 测试3: 全局变量（表现为不可删除的全局属性）
```

---

[1] 该示例不能直接在 Node.js 的控制台中运行，需要将代码存为.js 文件并从命令行执行。
[2] 直接删除全局对象的属性将导致它作为变量名的信息残留，但这不会带来什么负面影响。这是因为，这些内部的标记项（varNames）只用于引擎初始化全局环境时检查语法错误（例如，与词法作用域的冲突，或者严格模式下的重名项等），并没有其他作用。

```
var desc = Object.getOwnPropertyDescriptor(global, "x");
console.log(desc.configurable); // false
console.log(delete global.x, delete x); // false, false

// 测试 4：动态声明的全局变量（表现为可删除的全局属性）
var desc = Object.getOwnPropertyDescriptor(global, "z");
console.log(desc.configurable); // true
console.log(delete global.z, delete z); // true, true
```

此外，任何时候、任何位置都可以使用称为"`eval()`的间接调用"的技巧[1]来在——包括模块在内的——严格模式中动态声明全局变量（它将使代码执行在全局环境中），例如：

```
"use strict"; // 全局的严格模式

(0, eval)('var a = 1000');
function f2() {
  "use strict"; // 函数的严格模式
  (0, eval)('var b = 2000');
}

// 测试 3, 返回结果: 1000 2000
f2();
console.log(a, b);

// 测试 4, 返回结果: true true undefined
console.log('a' in global, delete global.a, typeof a);
console.log('b' in global, delete global.b, typeof b);
```

4.8 私有属性与私有字段的纷争

接下来的讨论是关于两个处于提案阶段的 ECMAScript 规范的分析，其中所谓"类字段"是基于早在 2016 年提出的"Private State"提案并经过多次编改撰写，到 2019 年在 TC39 提案库中成为处于 Stage3 阶段的提案。该提案在社区中存在非常多的争议，2018 年年底，在社区投票中以大比例（196：31）要求停止该提案，并同时引发广泛关注与质疑，随后该提案在 ECMAScript 2019 中未能成功闯入正式提案，并于 2019 年年底由 TC39 中国区小组正式发起了反对。

另一份提案是非正式提案，是我在 2018 年年底开始参与对上述提案的抵制之后的一个反思与尝试。该提案实现于本书的成书过程中，并于 2019 年 8 月开始正式在 GitHub 中提交实现代码。接下来将以此为例，讲述语言的结构化过程与思考，并在语法、语义实现等各个方面展示语言实现的细节。

---

[1] 详情可参见"6.6.3.2 例外：obj.eval()的特殊性"。

4.8.1 私有属性的提出

JavaScript 从产生开始，对象属性就是公开（public）的。对象是属性包，所以一旦拿到对象的引用，就可以查看它其中的全部属性。因此最早的 `for...in` 语句可以列举一个对象的全部属性，包括继承的、被约定不显示的等。在这种情况下，对象的属性至多是不被直接列举出来的，只要尝试去访问，总是可以访问到的（例如 `obj.constructor`，或 `obj.__proto__` 属性）。

然而有一个问题就被提了出来：能不能有一个属性，只能被当前对象自己访问，而不能被其他对象访问呢？这就被称为"私有的（privated）"属性。

问题的关键在于：到底怎样才算是"对象自己访问"。

4.8.1.1 对象字面量中的作用域问题

在下面的代码中，字面量声明的一对大括号中的函数、方法和属性，在形式上是在同一个域中的：

```
obj = {
  aProp: 100,
  foo: function() {
    ...
  },
  method() {
    ...
  }
}
```

但在 JavaScript 中并没有所谓的"对象作用域"，因此它们事实上都受 obj 对象更外围的作用域的影响。例如全局作用域或是函数作用域（如下面的函数 func）：

```
function func() {
  obj = {
    ...
  }
}
```

现在，我们假设 aProp 是私有的，那么它能被谁、在哪个作用域的范围内访问呢？

```
function func() {
  obj = {
    private aProp = 100;  // 这里是假设的语法
    ...
  }
}
```

`obj.foo` 是一个公开的属性，如果允许 `obj.foo()` 访问 `obj["private aProp"]`，那么也就

意味着下面这样新添加的方法也能访问：

```
obj.bar = function() {
  ... // 如果obj.foo()能访问私有属性，那么本函数也能
}
```

这事实上意味着，obj["privated aProp"]没有任何私有性，因为"添加一个函数类型的属性"是随时、随处都可能发生的，这是 JavaScript 的动态语言特性所决定的。

而 obj.method() 显然好一些，原则上来说，它不可能动态添加，因此我们似乎可以假设 obj.method() 能访问私有属性 obj["private aProp"]。但如果这样，下面的方式可以将一个方法动态地插入对象的属性包中：

```
Object.assign(obj, {
  method2() {
    ...
  }
})
```

obj.method2()仍然是一个方法。如果它内部不调用 super，那么几乎感觉不出来它与 obj.method() 有什么不同。与 obj.foo() 讨论的内容相同，如果 obj.method() 能访问 obj["privated aProp"]，那么 obj.method2() 就也能访问。除非，obj 所有的方法在调用时都检查它们的内部槽[[HomeObject]]，确认该方法是 obj 原本声明的真实方法，而不是后来动态添加的。然而这样一来，系统立即变得复杂了，每次调用都检查 obj.xxx() 的有效性的成本很高，不可接受。

所以现在来看，obj.method() 也不应该访问私有属性。

最后能在这个阶段使用的——可以执行逻辑的——语法组件，就只剩下了属性存取器了。例如：

```
function func() {
  obj = {
    private aProp = 100;   // 这里是假设的语法
    set aProp() {
      ...
    }
  }
}
```

那么，相同的问题还可以再问一次：如果 aProp() 作为存取方法能访问 obj["private aProp"]，那么 Object.defineProperty(obj, 'aProp', ...)所声明的存取器方法能访问吗？如果不能，又该如何识别？

所以，就目前的语法设计来说，没有办法在对象字面量中添加一个私有属性，满足：

- 条件1："只允许"在特定的作用域中访问；或/并且，
- 条件2："只允许"特定的方法或函数来访问。

4.8.1.2 类声明中的作用域问题

类声明有一个容易被忽视的性质：在类声明体中是没有直接执行的代码的。[1]类声明体被分成两个块，其中类的作用域被映射到constructor()方法上，亦即是说：

```
class MyClass extends Object {
  constructor() {
    ...
  }

  ...
}
```

在语义的结构性（代码的形式分块）上等效于：

```
class MyClass_constructor ... {
  // 构造代码
  ...

  // 其他的方法定义
  get aProp() {

  }
  method() {

  }
}
```

或更传统的构造器的形式分块：

```
function MyClass_constructor() {
  // 构造代码
  ...

  // 其他的方法定义
  Object.defineProperty(this, 'aProp', {
     get: function() {
        ...
     }
  });

  this.method = function() {
    ...
  };
}
```

---

[1] 可计算属性名是一个例外。可计算属性名会在类成员声明时被计算一次，并且它的值依赖当前（类实例化阶段）的上下文环境。但是可计算属性名不会在创建对象的阶段再次被计算。

那么现在的问题是：我们把私有属性声明在哪里，才能有效地表明"它是被对象私有存取的"呢？

没有任何作用域可以用于限制对象实例中的方法对属性的访问关系，因为 ECMAScript 的类语法并没有为这些对象实例的原型（`MyClassconstructor.prototype`）声明有效的作用域，唯一一个作用域是 `MyClassconstructor()` 自身的，它映射了类静态方法，并且——因为它将会用作构造器，所以——只在通过类创建对象实例的时候有效。

4.8.1.3 识别"对象自己（访问）"

在方法中总是可以使用 `this` 来引用"对象自己"。例如：

```
obj = {
  foo() {
    console.log(this.name);
  }
}
```

在这种情况下"访问"的行为是 `foo()`，因此要识别的信息包括：

```
// 识别项 1: 需要识别 this 是否能调用 foo()
x = { ...obj };
x.foo();

// 识别项 2: 需要识别在 foo() 中对 this.name 的访问是否是私有的
x = {
  name = 'new name'; // 这里是假设的语法
  ["private aProp"] = 'private name'; // 这里是假设的语法
}
obj.foo.call(x);
```

在 ECMAScript 中约定，可以通过 `foo` 方法的内部槽 `[[HomeObject]]`——如果它有该内部槽的话——来确认它是否属于某个对象的专用声明，这意味着"识别项 1"是可以实现的。但是因为当 `foo()` 是类声明中的对象方法时，`[[HomeObject]]` 指向原型，所以如果要检测实例是否可以调用 `foo()`，就必须回溯该类的原型链，而这样做的代价很高。

接下来对于"识别项 2"来说，检测对象 `x` 是否"真的"具有一个能用于 `.foo()` 方法的 `["privated aProp"]` 就很难。因为当属性是一个名字时，它既可以与自己的父类重名，也可以与其他的类或对象实例中的属性、私有属性重名。我们既需要检测"是否重名"，又需要检测"是否是私有的"，这非常困难。

识别"对象自己"的主要方法，是检查 `this`、`foo` 和 `["private aProp"]` 之间是否存在同一个主体。

4.8.1.4 识别"对象访问(自己)"

另一种策略是将焦点放在"访问"这个行为上,这比"识别自己"要容易一些。因为这看起来就是一个作用域问题:

```
obj = {
  private aProp = 100; // 这里是假设的语法
  foo() {
    console.log(this["private aProp"]);
  }
}
```

相对前一种方法来说,识别"对象访问",实际是检测 `this.foo` 或 `this["private aProp"]` 这样的操作是不是在访问私有成员。亦即是说,检测存取运算符"."或"[]"的有效性就可以了。

然而仍然存在一些细节问题。主要包括三个方面:

- 如何设计一个作用域。
- 如何在上述作用域中表示私有。
- 如何在存取运算符中检测私有成员与作用域的绑定关系。

4.8.2 从私有属性到私有成员

在传统中,我们将一个对象的成员称为属性,而将一个作用域中的成员称为变量。所以从概念上来说,如果要把"对象访问"的目标,理解为一个作用域与成员间的关系,那么这个目标在语义上就是变量,而不是属性。

这是ECMAScript规范在该提案[1]中至今为止遇到过的最大挑战与质疑:我们到底是在定义一个"私有字段"的提案,还是一个"私有变量",还是一个"私有属性"。也就是说,尽管目前该提案已经进入第三阶段了,但是它所规范的主体还是不明确的。

4.8.2.1 私有属性与私有字段

从 JavaScript 时代沿用下来的概念表明:对象的所有成员都是属性(Property),所以对象的本质就是属性包(Collection of properties)。如果有某个东西是"归属于"对象实例的,那么它必然就是一个属性。所以显然,早期的方法其实就是"函数类型的属性";ES5 之后

---

[1] TC39 的"类字段"提案(参见 Git 仓库 tc39/proposal-class-fields),目前处于公开确认的最后阶段(阶段 3)。

的方法也类似，这些新方法是必须显式声明的，并且最终是放在对象的属性包里的。正是由于这些基础的概念设定，所以：

```
class MyObject {
  get data() { ... }
  foo2() { ... }
  static foo3() {}
}

obj = new MyObject;
x.aMethod = obj.foo2;
...
```

等这些声明和执行逻辑才变得可行。所有与"对象成员"相关的操作都在逻辑及其实现上被归结到对"一张属性表"的处理。因此，如果有个属性是"这个对象私有的"，显然它就"应该"放到这个属性表中，并且标记为"私有"。这是最自然的抽象推理结果，在语义上最符合逻辑。

然而"类字段"提案却给出了另外一个语义层上的解释：对象是通过类成员来定义的一个结构，而类成员包括方法声明和字段声明；字段声明用于定义属性名和私有标识符名。这一部分的概念说明如下：

```
ClassElement:
  MethodDefinition
  static MethodDefinition
  FieldDefinition

FieldDefinition:
  ClassElementName Initializer

ClassElementName:
  PropertyName
  PrivateIdentifier
```

注意，这个概念体系在传统的类继承中是可行的。因为在类继承中，类是对象的规格（schema），对象是该规格下的一个实例。

然而如之前所讨论的，JavaScript 中的对象在定义上是"属性集"。因此如果 Field 不是属性，则它必然不属于"对象成员"这一概念集；如果 Filed 是属性，则"public field"必然与"property"这一现有概念冲突。Field 这一概念的出现，击穿了 JavaScript 对象的两个早期设定：

- 对象是原型继承的。
- 对象属性默认是公开的（public）。

那么 Field 这个概念又是哪里来的呢？首先，这个概念在程序设计语言中并不陌生，在 C#的语言体系中，它是记录（Record）的基本成员，而记录又是 C#类与对象的基础与特例。包括其他一些从结构化程序设计语言体系中发展出来的语言，从早期 C 语言的"结构（Struct）"类型中得到的启发之一，也就是 Field 这个概念。其次，记录（Record）是 ECMAScript 规范类型（Specification types）的基础，ECMAScript 规范是通过一系列的记录及其成员（也就是 Fields）来描述整个语言的实现的。最后，在 ECMAScript 规范所约定的语言类型（Language types）中的对象——也就是 JavaScript 的对象中，对象是由一系列内部字段（Field, Internal slots）和属性描述符的集合构成的。所以在这些基础概念中，Field 是一直存在的，只是没有展现给 JavaScript 的使用者而已。

然而把一个用于内部实现的概念（Fields）直接抛给 JavaScript 的使用者，是明智的吗？

4.8.2.2　私有字段与私有变量

更糟糕的做法是将这个私有字段的概念重新映射回对象，将它变成对象实例化阶段的一个处理过程。然而这是"类字段"提案在实现过程中采用的处理技巧，例如：

```
// 以下为"类字段"提案的语法
class MyClass { // 这里是 MyClass_constructor 的作用域
  #data = 100; // 位置1
  foo() {
    console.log(this.#data); // 位置2
  }
}
```

在"类字段"提案中，`#data = 100` 将被作为构造过程结束后为每个对象实例初始化的一段可执行代码。相当于：

```
function MyClass() {
  this.#data = 100;
}
// 示例，在创建实例后，x 将获得一个私有的'#data'字段
x = new MyClass();
```

这意味着在类声明中，类的声明体是作为对象的——每一个实例的——初始化代码来执行的。它同时具有类声明和对象初始器的双重含义，并且在执行语义上，它既是一次性的（对于原型 `MyClass.prototype` 来说），又是任意多次的（对于对象 x 来说）。进一步地，在具体实现上来说，它是类抄写（复制）的，而非对象属性那样继承自原型的。

所以在同一个语境（类的声明块）中，存在对同一个语法元素 `#data` 的两种理解。这一点在它的基础提案（类字段提案）中体现得尤其明显，例如：

```
let data = "Ho";
class MyClass {
  data = "Hi"; // 类字段"data"
```

```
info = `The value is: ${data}`;  // 这里必须通过 "this.data" 来访问上面的声明
...
```

有什么办法能融合两种概念差异,使得它能够在这种场景下表述适宜呢?

4.8.2.3 再论私有成员

综合之前的讨论,需要明确一个核心要点:我们讨论的"是或不是"对象的成员。或者更先于此提出的问题是:这个新的概念,是否应该设定为对象概念集中的一部分?

在所有设计中的所谓类字段,都包括两个层次的含义:

1. 如果它是一般类成员,那么它将被类的实例(即对象)继承,所有该类的实例都具有这个类成员的一个独立副本。
2. 如果它是静态类成员,那么它将只是类的字段,(如果是私有的,则只能)被类的方法访问。

在概念上这并不复杂,并且也是传统的面向对象概念集中的典型设计。但是在 JavaScript 语言的语法背景下,如果满足含义 1,那么这个字段应当是对象特性(例如,是对象的属性包中的成员)的一部分;如果满足含义 2,那么由于"类的本质是函数",所以这个字段就应该是函数作用域中的一个成员。

然而这二者是矛盾的。尤其是后者,一旦字段被理解为作用域成员,那么它就归属于标识符(Identifier)这个词法概念,并处于类似关键字、运算符等词法概念的相同层次中。更进一步地,它的抽象层次决定了它无法直接作为对象属性——这个(相对于词法环境/作用域等概念)较高抽象层次的实体来实现。而这正是"类字段"提案中许多奇特设定的根源,该提案说明:

- 字段不用于实现"保护属性"这样的语言特性,不得使用下标存取语法和"可计算属性名"这样的特性。
- 字段在词法上被说明为使用私有标识(PrivateIdentifier)的类成员,属于标记(Tokens),与一般标识符名字(IdentifierName)处于同一抽象层级。
- 字段不得使用"非名字"的标识符,例如不可以声明"1"或空字符串作为字段名,因为它不是合法的标识符名(与此相反,"1"和空字符串都是可以作为属性名的)。

4.8.3 "类字段"提案的实现概要

在不同的草案阶段,"类字段"提案对私有字段和私有字段名提出了好几种不同的实现方案，这里讲述的是其中一种（预期可以进入 stage4 或被废弃）。

出于语法的一致性的考虑，类字段提案也包括"公开字段"的设计。因为存在概念上的冲突，类字段提案用公开字段覆盖了传统的（公开的）属性的概念，这使得传统属性在对象成员和类成员上存在了不一致。并且即使仅是在类成员中，方法成员和一般属性名成员也存在了不一致。

4.8.3.1 语法设计

类字段提案提供了一个简单的语法来标示"私有字段"，例如：

```
#name
```

因此它允许用户代码使用标准的属性存取符"."来访问它。例如：

```
obj.#name
```

进一步地，类字段提案允许在类成员声明中使用"私有字段"的名字作为成员名。例如：

```
class MyClass {
  #name = "newValue";
  ...
}
```

由于字段名使用了赋值符号（=）来声明初始值，因此在语法形式上它表现得像一个运算/表达式，而非声明。相比较来看，JavaScript 的对象字面量是在语法形式上更接近"声明"的，例如：

```
obj = {
  name: "newValue",
  ...
}
```

在类字段提案中，上述"基础性的"语法设计给一些相关语法带来了设计压力。例如，"公开字段（public fields）"，在语法设计上就只是少了一个#号，如下例：

```
class MyClass {
  name = "newValue";
  ...
}
```

而公开字段在语法设计上是用来替代"公开属性（public property）"声明的，因此它很自然地被要求具有声明可计算属性的能力。因此，公开字段在提供这一语法设计后变成了如下风格：

```
class MyClass {
  [name] = "newValue";
  ...
}
```

而在形式上，这行代码是一个模板赋值，也就是说，用户代码中如果将这里理解为"执行代码"，那么它在语义上"显然"应该解释为：向一个声明为"name"的名字赋以"newValue"值。而"newValue"作为字符串对象是具有迭代器属性（@@Iterator）的，于是它在"用来作为执行代码的语义"上就应该被理解为：

```
[name] = [ 'n', 'e', 'w', 'V', 'a', 'l', 'u', 'e' ]
```

其执行结果应该是：

```
> [name] = "newValue"
'newValue'
> name
"n"
```

这显然与我们的预期相去甚远。

在理想情况下，我们——作为语法设计者——可以通过语法规范来强调"类声明阶段是声明语义"，以期让程序员接受声明语义与执行语义的差异，避免上述歧义性的理解。

然而这仅仅是理想情况，因为事实上，"类字段"提案要求实现框架将上述语义解释为执行代码。

4.8.3.2 实现框架

"类字段"提案对公开字段和私有字段提出了不同的实现方法。

该提案将公开字段理解为一个一般属性声明，例如：

```
class MyClass {
  name = 123;
  ...
}
```

在语义上它等效于：

```
defaultAttribute = { writable: true, enumerable: true, configurable: true };
Object.defineProperty(this, 'name', { value: 123, ...defaultAttribute });
```

为了使每一个由 `MyClass()` 构建出来的对象都具有上述属性，"类字段"提案约定在 `super()` 调用链的顶端构建了实例（`this`）之后，立即调用 `defineProperty()` 方法为之抄写所有声明过的公共字段。在每个实例看来，这个过程在形式上类似如下的代码：

```
class MyClass {
  this.name = 123; // 类声明中的字段将是"每个实例(this)"自有的
  ...
}
```

在运行期处理成了：

```
function MyClass() {
```

```
// 注意在规范中这里是调用 defineProperty()而非[[Set]]
Object.defineProperty(this, 'name', ...
...
```

因此它将在执行过程中（再次强调，"类字段"提案在这里将实现成执行语义）覆盖掉父类中的同名声明。例如：

```
class MyClass {
  #x = 100;

  // 公开#x 的置值器
  set x(v) {
    this.#x = v;
  }

  // 其他使用#x 的方法
  usingPrivateX() {
    console.log(this.#x);
  }
}

class MyClassEx extends MyClass {
  // 形式上这里是执行 this.x = 200，但实际上是声明子类 x 以覆盖父类中的 x
  x = 200;
}

let obj1 = new MyClass;
obj1.x = 200;
obj1.usingPrivateX(); // 200

let obj2 = new MyClassEx;
console.log(obj2.x); // 200
obj2.usingPrivateX(); // 100
```

而对于私有字段，类字段提案专门提出了一种新的规范类型，称为"Private Name specification type"。私有名是一个特殊名字，只在类处理#xxx这样的私有字段声明时产生，并且每个私有名都是唯一的——即使它们声明的字面名字相同。[1]通过这种新的规范类型，类字段提案阻止了通过 a.#x 去访问 b.#x 这样的欺诈行为。当然，实现中要达到这一效果，需要为每个函数构建一个新的词法环境（称为PrivateEnvironment），并像处理传统的变量环境（VariableEnvironment）那样来维护它们，以确保每个实例——在进入上述函数之后——能确认和使用（ResolveBinding）自己的私有名。

由于私有名各不相同，因此它可以被简单缓存，当一个对象被销毁时，它"持有"的那些私有名也就自然被销毁。由于每个对象都通过一个称为[[PrivateFieldValues]]的私有槽

---

1 这个规范类型类似语言类型中的符号（Symbol），只不过"符号"是语言中可用的，而"私有名规范类型"只出现在规范中，并且它总是以#name 这样的字面形式被程序员（使用对象的属性存取运算）引用。

来持有自己的私有名/值对，因此数量巨大以至于有必要启动自动回收机制。

4.8.3.3 概要分析

"类字段"提案为了实现"字段（Fields）"这个新的语法组件，在 ECMAScript 的现有规范的基础上提出了新的语法分析标记（PrivateIdentifier）、新的规范类型（PrivateNames）、新的环境记录（PrivateEnvironment）、新的对象成员结构（PrivateFieldValues）……

在静态语法阶段，该提案需要验证一个类声明环境中所有的标识符的有效性（AllPrivateIdentifiersValid）；在运行期，它需要为每一个实例初始化私有结构；在引擎级别，它需要在对象的回收阶段加入单独的字段回收处理；在语言特性中，它几乎在"私有字段"上限制了所有与原型继承相关的特性，并在"公开字段"中与其他类成员背道而驰（这里指采用了"类抄写"而不是"原型声明"语义）。

最后，类字段提案提供了一个极具争议的私有字段访问语法，并成功地做对了唯一一件事情，让社区把全部的争议焦点放在了这个语法上：

```
this.#name
```

4.8.4 "私有属性"提案的设计与提议

"私有属性提案（Private property proposal）"是一个非正式的提案，目前仍然处在社区讨论的阶段。这个方案提出了一种基于旧的原型继承来解决可见性问题的思路，并在技术上给出了实现原型。

"私有属性"采用了原有的 JavaScript 对象的基本概念，基于现有的 ECMAScript 规范组件提供实现模型。在继承性方面与既有规范保持完全一致，并且在可见性方面与其他编程语言高度接近。这使得"私有属性"提案所述的实现结果，在绝大多数情况下都能符合"语义可预期"的设计目的。

4.8.4.1 语法设计

"私有属性"提案约定属性采用关键字前缀的风格来声明。完整的属性声明风格如下：

```
class MyClass {
  private x = 100;
  ...
```

```
  public x = 100;
  public foo() {
    ...
  }
  ...
}
```

并约定现有的属性是"省略 public 关键字"的属性声明风格。亦即是说，下述两种声明是等效的：

```
class MyClass {
  foo() {
    ...
  }
  public foo() {
    ...
  }
}
```

所有的声明语法同时支持静态方法（static）声明，以及属性存取器（get/set）方法、异步方法（async）和生成器方法前缀（"*"）声明。例如：

```
class MyClass {
  private static async foo() {
    ...
  }

  private get x() {
    ...
  }

  ...
}
```

"私有属性"提案设定"私有属性"是一个可以在私有域中通过标识符简单访问的属性。"标识符访问"是它的标准风格，例如：

```
class MyClass {
  private x = 100;

  foo() {
    console.log(x); // 私有属性 x
  }

  ...
}
```

并没有显式的风格来表明这里的 x 是访问的私有属性，或是类声明以外的词法环境中的其他同名标识符。作为一个完整的"私有域（private scope）"，标识符 x 在概念上允许覆盖其外部词法环境的名字。但是该提案约定了一种显式声明"（内部的）私有属性名引用"的语法，

以解决访问this.#x这样的问题。[1]在这种情况下,一个"私有属性"才可以被其他对象或类进行"内部存取",例如:

```
class MyClass {
  internal private x = 100;  // 前缀internal用于声明内部访问

  compare(b) {
    return x === b[internal.x];  // internal.x是私有属性名引用
  }

  static compare(a, b) {
    return a[internal.x] === b[internal.x];
  }
}

// 示例
let obj1 = new MyClass, obj2 = new MyClass;
obj1.compare(obj2);  // accept
MyClass.compare(obj1, obj2);  // accept
```

并且,基于私有属性提案(以及对公开属性的语法风格约定),还同时提出了"保护属性"的设计与实现。在"保护属性提案(Protected property proposal)"中,保护属性也是通过关键字前缀声明的:

```
class MyClass {
  protected x = 100;
  ...
}
```

基于OOP概念中对protected的一般约定,上述子类声明中是可以直接使用x来访问保护属性的。例如:

```
class MyClassEx extends MyClass {
  foo() {
    console.log(x);  // 100
  }
}
```

同理,也可以通过internal前缀来约定在子类中进行内部访问,或通过"别名(语法...as...)"来规避命名冲突以便在子类中访问外部环境中的名字。例如:

```
class MyClassEx2 extends MyClass {
  private x as x2;
  foo(x) {
    console.log(x);   // arguments-x
    console.log(x2);  // protected-x
  }

  internal protected x3 = 200;
```

---

[1] 在规范中这被称为内部存取,并定义了一个概念语法(internal a).x。在这个概念定义下,a.#x是它的一种语法实现。

```
  static print(obj) {
    console.log(obj[internal.x3]);
  }
}

// 示例：别名访问
(new MyClassEx2).foo(10); // 10, 100

// 示例：内部访问
MyClassEx2.print(new MyClassEx2); // 200

// 示例：继承的内部访问
MyClassEx2.print(new (class extends MyClassEx2 {})); // 200
```

最后，提案还提供了"重置可见性（语法 as...）"的语义，使得开发者可以在子类中覆盖父类公开的保护属性。例如：

```
class MyClassEx2 extends MyClass {
  private as x; // 将 x 的可见性覆盖为"私有"
  foo() {
    console.log(x); // protected-x
  }
}

// 示例：访问覆盖后的私有属性（未覆盖值）
(new MyClassEx2).foo(); // 100

// 示例：在子类中，未覆盖的 foo()方法仍然可以在"父类的"私有域中访问
let a = new (class extends MyClassEx2 {});
a.foo(); // 100

// 示例：在子类中覆盖 foo()方法
let x = "outer";
let MyClassEx3 = class extends MyClassEx2 {
  foo() {
    console.log(x); // 当前类中不存在私有域中的 x
  }
};
(new MyClassEx3).foo(); // "outer"
```

4.8.4.2 语法与语义的关系

假设一个对象持有一个称为`[[Private]]`的内部槽，那么我们只是需要一个语法，在通过类创建这个对象时，指示 JavaScript 为该内部槽初始化一个列表就可以了。这并不难做到，对一般的类成员声明语法稍加扩展，就可以得到这样的一种声明：

```
class MyClass {
  private x = 100;
  ...
```

采用这样的语法有很多方面的考虑，比如 private/protected/public 是 ECMAScript 的

保留字,又比如说,与 Java 等其他语言在成员可见性声明上的相似性等。但重要的是"x=100"这个语法和";"作为声明结束符。其中,符号";"是一个可预期的、必然的选择,这是因为在 ECMAScript 规范中,类声明的各项其实都是以";"作为结束符的,只是由于我们之前所有的声明都是方法,而根据 ASI(Automatic Semicolon Insertion,自动分号插入)的规则,我们省略了这个行末符而已。因此在设计其他类成员声明的语法时,使用";"也只是对既有分隔符风格的沿袭。

然而 x = 100 这种声明与赋初值风格就存在很多争议,因为"="潜在地暗示了"这里存在一个执行的语义",并且事实上——包括变量声明(let/var/const)这类的声明语句在内的——所有使用这个符号的语法都是在"执行"表达式(并得到结果)。但是"私有属性"提案并没有将这里实现为"执行语义",因为从"类声明(class)"语句的语义表达上来说,这里将是"类成员声明",所以实现为"声明语义"是更加典型和自然的方案。[1]这意味着"x=100"是一次计算的、声明性的,它只表明:在所有对象的原型中,有一个私有成员 x 具有初值 100。

如果是这样,那么我们只需要求"创建每个实例时,使实例的[[Private]]的原型指向它在类中的原型"即可。即:

```
obj.[[Private]] = Object.create(MyClass.prototype.[[Private]]);
```

类似地,类的静态成员,以及在对象字面量中也可以声明它们的私有属性:

```
// 类静态成员中的私有属性声明
class MyClass {
  private static x = 100;
  ...
}

// 对象字面量中的私有属性声明
o = {
  private x: 100,
  ...
}
```

这些声明也同样意味着它们拥自己的[[Private]]私有槽,例如 MyClass.[[Private]]。这些私有槽是一次创建的(因为它们的声明也是一次执行的),并且它们没有指向其他原型,所以与之前的 obj.[[Private]] 并不相同。因此这里存在一个重要的基础设定:

- 只有使用 new MyClass() 语法风格得到的 obj 才具有一个指向原型的[[Private]]私有槽,其他情况下的对象私有槽的原型将指向 null。

---

[1] 无论如何,这种判断都是存在主观性的。选择实现哪一种语义,在这里并没有特别的好坏之分,但"声明语义"是更容易实现为原型继承,并沿用 JavaScript 传统的继承风格的。

4.8.5 "私有属性"提案的实现

4.8.5.1 核心的实现逻辑

现在我们需要一项语法来访问这个私有属性。在上述三种声明中，事实上都存在对应的方法声明（原型方法、静态类方法和字面量对象方法），而这些方法与一般函数不同——它们登记了声明时的主对象（HomeObject）。而所谓"私有属性"，正好在语义上就是"这些主对象能访问"的属性。换句话说，只要实现一个"只有在这些方法中才能访问的属性"就可以了，这样的属性就称为私有属性：

- 定义为只有声明在对象或类中的那些方法能访问的属性，称为"私有属性"。

所以在"私有属性"提案中，私有属性被解释成一个可以从原型继承来的性质，这个性质决定了它的私有性；而当这个私有值被重写后，它也必须（像传统的基于原型的属性机制一样）成为一个自有的私有属性。[1]

考虑方法的 HomeObject 对象就指向 `MyClass.prototype`，那么 `HomeObject.[[Private]]` 其实也就是所有实例 `obj.[[Private]]` 的原型。因此——重要的是——它们必然具有相同的属性名列表！那么显然，如果在调用方法（例如 `obj.foo()`）时能检测一下上述名字 x 是否存在，也就达到了检测名字私有性的目的。

有一个方法会"潜在地"检测对象属性名是否存在，这就是对象属性存取；将一个对象属性名检查过程放在函数的（即这里的方法 `obj.foo()` 的）闭包链上的方法，是为对象创建一个对象闭包。如果将这两种技术结合起来，就可以简单地找到一种语法来表达"私有属性访问"，即：

```
with (obj.[[Private]]) {
  foo() {
    console.log(x);  // access obj.[[Private]].x
    ...
  }
}
```

也就是说，如果在调用对象的 `obj.foo()` 方法时，在它的闭包外部添加一个使用 `obj.[[Private]]` 创建的对象闭包（`with` 语句会默认创建这样一个环境），那么在 `foo()` 中访问到的 x，就必然是它在类声明中的那个 x 值。因此，核心的实现逻辑就是：

---

[1] 注意，私有（private）和自有（own）是不同的概念。在 OOP 中，"私有"是可见性（visibility）的性质，它表明的是"谁可以访问到"，而不是"谁拥有"。但在"类字段"提案中，它被实现成"每个实例必须自己拥有"的字段，这事实上增加了实现的成本。

- 在调用对象方法时，使用对象的`[[Private]]`私有槽创建一个对象闭包。

4.8.5.2　一个简短的回顾

现在，再回顾一下这个实现过程：

```
// 1. 在类中声明私有字段 x，并在方法中使用标识符 x 来访问它
class MyClass {
  private x = 100;
  foo() {
    console.log(x);
  }
}
```

在类成员声明中约定了私有属性的声明和访问方法，并且（在这个例子中）约定了 x 是每个对象实例的私有属性。然后：

```
// 2. 当调用 obj.foo() 时为 foo() 函数添加一层闭包
with (obj.[[Private]]) {  // obj.foo()
  console.log(x);
  ...
}
```

最后，根据原型继承的原理，事实上就通过 `obj.[[Private]].x` 访问到了它的私有属性：

```
// 访问原型链
Object.getPrototypeOf(obj.[[Private]]).x

// (等同于)
MyClass.prototype.[[Private]].x

// (等同于)
foo.[[HomeObject]].[[Private]].x   // 注：foo()方法的 HomeObject 指向 MyClass.prototype
```

并且，如果试图写 x 值，例如：

```
class MyClass {
  private x = 100;
  setX() {
    x = 200;
  }
}
```

那么根据原型继承的特点，事实上 `setX()` 会导致在 `obj.[[Private]]` 中添加一个"自有的属性名 x，并置值为 200"。所以，我们简单地利用了原型继承中"写复制"的性质，完成了"私有字段"提案中"变私有为自有"的全部复杂逻辑。

4.8.5.3 保护属性的实现

在该提案的基础上实现保护属性（Protected property proposal）是非常简单的，也可以说毫不费力。因为保护属性在概念上是可继承的私有属性，而`[[Private]]`私有槽本身是一个标准的 JavaScript 对象，因此也就可以直接使用它的原型继承的特性。

可以为每个类的原型属性（`MyClass.prototype`）添加一个`[[Protected]]`私有槽，并使它的原型指向父类的`[[Protected]]`。即：

```
// class MyClassEx extends MyClass {}
Object.setPrototypeOf(MyClassEx.prototype.[[Protected]],
  MyClass.prototype.[[Protected]]);
```

这样一来，父类与子类之间就得到了一个可继承的私有成员列表。当把当前类`MyClassEx.[[Private]]`指向自己的`[[Protected]]`时，就可以使用（在"私有属性"中已实现的）相同方法来存取那些从`[[Protected]]`继承过来的属性了，这些保护属性或私有属性统称为"类的私有成员（Private members）"，因为它们在实例中都可以直接从`obj.[[Private]]`中读取。例如：

```
class MyClass {
  protected x = 100;
  protected y = 200;
}
class MyClassEx extends MyClass {
  foo() {
    console.log(y);   // 访问到父类 MyClass.prototype.[[Protected]]中的 y
  }
}

let a = new MyClass, b = new MyClassEx;
b.foo();
```

整个继承关系的结构如图 4-4 所示。

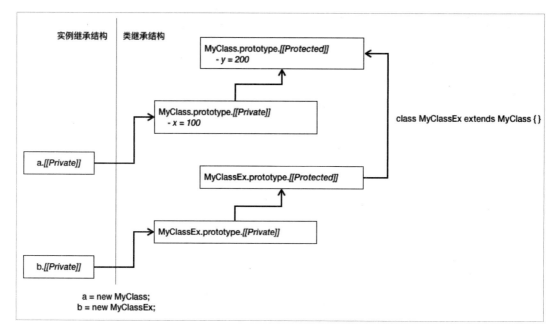

图 4-4 "私有属性"提案中的继承结构

在这个继承结构上，MyClass 的私有属性只会对它的实例（例如 a）可见，而它的保护属性将对所有子类（例如 MyClassEx）和子类的实例（例如 b）可见。而这正是 OOP 中对保护属性、私有属性的可见性定义。

4.8.5.4　可见性的管理（unscopables）

可见性并不是一成不变的，例如，MyClassEx 从父类继承来了保护属性 y，但它并不想让自己的后续子类也继承这个属性，那么就必须提供一种语义来让 MyClassEx 实现可见性管理，将保护属性 y "降级（Downgrade）"成当前类的私有属性。这就是"覆盖父类属性"语法（private as ...）的由来。

这也是其他 OOP 增强提案中很难触及的一部分，因为要实现保护属性，就需要在基础设计——例如，私有字段（Private fields）——上实现继承性；要实现可见性管理，就需要在继承性上实现覆盖或重置。然而这些在 OOP 特性实现框架中的大负担，其实在 JavaScript 实现原型继承的时候就处理过一次了，因此是在"私有属性"提案中可以拆箱即用的功能。

由于私有属性是使用标准 JavaScript 对象保存，并在方法调用中使用 with() 语义创建的一个对象闭包，因此我们就可以简单操作原型的`@@unscopables`符号属性，来使某个私有成员可见/不可见。例如：

```
let unscopables = MyClassEx.prototype.[[Protected]].@@unscopables
unscopables.y = true;
```

对于更深层次的继承来说，这种属性名访问的限制仍然是可以通过原型继承来影响子类的[1]，例如：

```
// class MyClassEx2 extends MyClassEx {}
Object.setPrototypeOf(MyClassEx2.prototype.[[Protected]].@@unscopables,
  MyClassEx.prototype.[[Protected]].@@unscopables);
```

最后，考虑到属性名在当前类的私有域中仍然需要可见，所以在当前私有域中可以抄写一份`private y = 200`，以覆盖同名的保护属性声明。

4.8.5.5 避免侵入（thisValue）

一个典型的侵入手段是使用其他对象的方法来访问，也就是在本节内容开始时提到的

- 识别"对象自己（访问）"，和
- 识别"对象访问（自己）"。

例如：

```
let a = new MyClass;
let faked = {
  private x,
  hijack() {
    console.log(x);
  }
}
// try
faked.hijack.call(a);
```

当使用`hijack()`方法尝试访问对象 a 的私有属性时，由于 MyClass 也同样声明了私有属性名 x，所以在上面的设计中，事实上是会显示`a.[[Private]].x`的值的。那么，有什么办法能避免这样侵入呢？

回顾之前的讨论，会有一个重要的设定：

```
// 访问原型链
Object.getPrototypeOf(obj.[[Private]]).x
...
```

---

[1] 尽管子类也可以通过继承关系使用符号名访问到父类的`@@unscopables`，但是子类一旦声明了自己的`@@unscopables`，父类的就被覆盖了，这会导致父类的可见性声明失效。因此这里仍然需要为`@@unscopables`建立一条自己的原型继承链。

```
// (等同于)
foo.[[HomeObject]].[[Private]].x // 注，foo()方法的HomeObject指向MyClass.prototype
```

也就是说，我们采用 `with (obj.[[Private]])` 构建对象闭包，在"可访问的名字列表"上其实跟使用 `with (foo.[[HomeObject]].[[Private]])` 构建的闭包是一模一样的！显然，因为它们指同一个原型。

然而如果使用后者，由于 `foo.[[HomeObject]]` 是在类声明中被 JavaScript 引擎严格绑定的，所以它根本就不可能被入侵攻击。那么，当把一个赋值语句：

```
obj_private.x = 300
```

拆解为"发现名字 x"和"向名字 x 赋值"两个行为时，就可以发现：

- 在 `foo.[[HomeObject]]` 的闭包中"发现名字 x"，并
- 向 `obj.[[Private]]` 中的"名字 x 赋值"。

这样一来，我们就可以拒绝所有的 `faked.hijack()` 方法的入侵，因为在 `foo.[[HomeObject]]` 中，名字是不可伪造的。同样，为了实现"不可伪造且（在各个类与对象实例之间）不可重复的名字 x"，可以在 `MyClass.prototype.[[Private]]` 中创建一个 `name-symbol` 和 `symbol-value` 的间接访问关系。于是：

- 所有在 `foo.[[HomeObject]]` 中查找到的私有名字（PrivateName）都不可伪造，且
- 所有通过 `name-symbol` 关系得到的私有符号（PrivateSymbol）都不可重复。

因此，无论如何都不可能用一个名字直接访问到对象实例的私有域（`obj.[[Private]]`）中的成员。因为，很显然，该域中只存在 `PrivateSymbol-value` 值对，而没有名字了。

需要留意的是，在整个过程中，用户代码的语法、语义以及存取私有成员的方法都不会有任何变化。我们没有语法、语义上的修改，而仅仅是做了实现层面上的优化。具体来说，这个优化发生在 ECMAScript 内部操作 `GetValue()` 和 `PutValue()` 上，并且需要在标识符发现过程（GetIdentifierReference）中为引用添加一个 `thisValue` 属性，以便在 `foo()` 方法与当前操作的对象上建立关联。

这项技术已经在之前的 ECMAScript 中实现过了，因为 super 这个关键字在创建引用时，就会传入这个 `thisValue` 值。而"私有属性"提案只是把它的识别方法改了一个名字，从 `IsSuperReference()` 变成了 `IsSuperOrPrivateReference()` 而已。

4.8.5.6　内部访问（internal）

我们建立的私有属性机制称为"强私有（Hard private）"，这是指一个对象的私有成员

是不能被其他对象或类来访问的。事实上，由于"私有属性"机制的特殊性，在类私有域
（MyClass.[[Private]]）和类对原型的私有域（MyClass.prototype.[[Private]]）之间也
是不能相互访问的。

这带来了一个问题，如下例[1]：

```
class MyClass {
  private x = 100;

  compare(b) {
    console.log(x === (internal b).x);
  }

  static compare(a, b) {
    console.log((internal a).x === (internal b).x);
  }
}

let a = new MyClass, b = new MyClass;
a.compare(b); // true
MyClass.compare(a, b); // true
```

这个示例是合理的，因为在当前类的设计中，类应该知道并有权操作它的实例的私有成员，因此必须有一种方式来突破类与对象，以及对象之间的边界，使得它们可以在合法的作用域（示例中的对象方法和类方法 compare()）中被访问。

基于相同的原理，存取操作可被分成"发现标识符"和"向标识符存取值"两个过程，我们也可以将概念语法 (internal a).x 理解为两个过程。这样就可以用语法 a[internal.x] 来实现它，具体来说：

- 为每个原型的 [[Private]] 创建一个对应的 [[Internal]] 私有槽，该私有槽用于存放那些在类声明中使用 internal 前缀显式指示的名字。[2]
- 将私有槽 [[Internal]] 作为保护属性公开给类方法和原型方法，并使它们访问到同一个 [[Internal]]。
- 由于语法 internal.x 是作为对象 a 的计算属性名的，这意味着它是一个属性名计算过程，而不是标识符发现的过程 GetIdentifierReference()，因此当处理该名字时，为 a[[internal.x]] 返回一个私有属性引用即可。

现在，在任何情况下，如果用户代码使用 internal.x 去访问 a 的属性，那么都能得到 a

---

[1] 示例中的语法 (private a).x 是一个概念语法，表示"进入 a 的私有域，访问私有成员 x"。这个概念语法可以有不同的语法表示和实现方法，例如，"类字段"提案中使用 a.#x，而这里的"私有属性"提案将在后面叙述的是语法 a[internal.x]。

[2] 私有槽 [[Internal]] 的使用方法和原理与符号属性 @@unscopables 有些类似，事实上它在设计和实现上都借鉴了后者。

的私有成员 x。一方面，由于 internal 是保护属性，所以它总是私有且可继承的，且必须在类或对象的私有域中才能访问；另一方面，由于 internal 只是"名字与 true 值"的值对，因此它既不会泄露那些用于实际访问的私有符号（PrivateSymbol），也不会泄露那些真实的值。

4.8.5.7 概要分析

"私有属性"提案在整个方案中并没有提出新的技术组件，而只是对既存于 ECMAScript 规范中的组件加以了复用。尤其重要的是，它并没有提出任何新的概念或设计思想，仅保留了原有原型继承的特点和语言逻辑，因而开发人员在理解、学习和应用上没有额外的负担。

该提案中采用标识符（在方法中）访问私有成员的方案，存在一定的技术选择风险，这意味着私有成员工作在一个作用域中，而不是（直接地）作为对象成员存取。并且由于存在 `PrivateName->PrivateSymbol->Value` 的映射关系，以及原型链访问，因此它的效率会略低于一般属性存取。不过这类问题在 JIT（just in time）引擎中存在改善的空间。对于这一点，尤为重要的是，"私有属性"事实上采用的是声明语法和语义，因此是一次执行的、静态的，这对于 JIT 优化将极为友好。

另一个存在争议之处在于"with 语句和对象闭包"的使用。在 JavaScript 应用中已经达成共识，即"with 语句"将带来动态的作用域范围和 `GetIdentifierReference()` 的不确定结果，因此包括 Eich（JavaScript 之父）在内的绝大多数 TC39 成员、引擎厂商都纷纷抵制这一语句的滥用。所以我们在 ECMAScript 规则中看到了这一运动的结果："with 语句"在严格模式中被禁用了。然而，在"私有属性"中我们并不直接使用 with 语句，而是使用它的基础组件（ObjectEnvironment），这并不受严格模式的影响。并且，我们必须明确指出，由于"私有属性"是声明语法和一次执行的、静态的，所以也不存在变化的、动态的作用域；再则，由于没有提供开发人员获取 `[[Private]]` 等内部槽的方法，所以这些内部机制并不会影响 JIT 优化，也不会对代码的静态语义分析（和程序员理解）带来任何困扰。

最后，基于该私有属性方案对应的"保护属性"和"公开属性"提案在概念上完全实现了传统 OOP，并且对类似"注解"这类未成熟提案也不存在任何依赖，即，没有长期的技术债，在可用性、完成度和概念相容性上，都是完整而充分的。

CHAPTER 第 5 章

JavaScript 的函数式语言特性

> 函数式程序设计始于 LISP。LISP 的程序和数据都用表来表示，甚至这种语言的名字本身就是"表处理系统（List Processor）"的缩写形式。著名的函数式语言 Scheme 是 LISP 的一种方言。
>
> ——《程序设计语言：概念和结构》，Ravi Sethi

5.1 概述

通常来讲，函数式语言被认为是基于"数学函数"的一种语言。当用数学领域中的抽象概念来解释函数式语言时，问题通常会聚焦为下面两个描述[1]：

- 数学函数是集合 A（称为定义域）中成员到集合 B（称为值域）中成员的映射。
- 函数式程序设计就是对函数定义、函数应用加以说明，其运算过程即是对函数应用求值。

第一句话基本上等于什么都没说，它的含义完全等同于"函数＝从问题中找到答案"。而第二句话的"对……加以说明，（然后，……）求值"基本上等于第一句话，所以相当于说：函数式程序设计是"计算函数"——还是等于什么也没有说。

但是这些古怪的文字的确是在阐述函数式语言的精髓。为了减轻你的痛苦（但绝非轻视你的智商），我换个说法来陈述它们：如果表达式"1+1=2"中的"+"被理解为求值函数，

---

1 基本概念引自《程序设计语言原理》（Robert W. Sebesta 著），但并未复录原文的概念陈述。

那么所谓函数式语言，就是通过连续表达式运算来求值的语言；既然上面的表达式可以算出结果"等于2"，那么函数式语言自然也可以通过不停地求值找到问题的答案。

5.1.1 从代码风格说起

在一些语言中，连续运算被认为是不良的编程习惯。我们被要求运算出一个结果值，先放到中间变量中，然后用中间变量继续参与运算。

其中的原因之一在于，这样容易形成良好的代码风格。这个原因被阐释得非常多。例如我们被教育说，不应该这样写代码[1]：

```
child = (!LC && !RC) ? 0 : (!LC ? RC : LC);
```

而应该把它写成下面这样：

```
if (LC == 0 && RC == 0)
  child = 0;
else if (LC == 0)
  child = RC;
else
  child = LC;
```

我知道在很多情况下，你还会被要求加上许多大括号以得到更漂亮的代码风格（Style）。是的，我承认我们应该书写具有良好风格的代码，我也曾经深受自己的不良代码风格之苦并幡然醒悟。但是上面这个问题的本质，真的在于"追求更漂亮的代码风格"吗？

例如我曾经有一个困扰，就是如何写 LISP/Scheme 的代码，才会有"更良好的风格"？下面这段代码是一段 LISP 语言的示例：

```
; LISP Example function
(DEFUN equal_lists ( lis1 lis2)
  (COND
    ((ATOM lis1) (EQ lis1 lis2))
    ((ATOP lis2) NIL)
    ((equal_lists (CAR lis1) (CAR lis2))
      (equal_lists (CDR lis1) (CDR lis2)))
    (T NIL)
  )
)
```

然而答案是：没有比上面这个示例更良好的LISP语言风格了。[2]由此看来：不同语言中所谓的"良好风格"看起来是没有统一标准的。

---

1 该例引自《程序设计实践》，Brian W. Kernighan 和 Rob Pike 著，裘宗燕译。
2 当然，你愿意用四个空格替换两个空格，或者把括号写在一行的后面等，是一种习惯而非"更良好风格"的必要前提。

或者说，语言风格的好坏并非判断"连续运算（或某种语言）"价值的重要依据。

5.1.2 为什么常见的语言不赞同连续求值

另一方面，"不支持连续运算"这种编程习惯（和代码风格）其实是为了更加符合冯·诺依曼计算机体系的设计。在这一体系的程序设计观念中，我们应这样写代码：

```
var desktop = new Desktop();
var chair1 = new Chair();
var chair2 = new Chair();
var me = new Man();

var myHome = new Home();
myHome.include(desktop);
myHome.include(chair1);
myHome.include(chair2);
myHome.include(me);
myHome.show(room);
```

看看，我们费尽心力才创建了一间有桌子、椅子和人的房子，并进而有了个家，但这个家的简陋条件，实在是比监狱还差。然而我们已经付出了如此多的代码（还不包括那些类的声明与实现），因此如果要创建一个更加漂亮而有生气的家，上面这样的代码我们得写很多年。

为什么要这样写代码呢？因为我们从面向过程、面向对象一路走来，根本上就是在冯·诺依曼的体系上发展。在这个体系上，我们首先就被告知：运算数要先放到寄存器里，然后再参与 CPU 运算。于是我们得到了结论，汇编语言应该这样写：

```
MOV EAX, $0044C8B8
CALL @InitExe
```

接下来，我们就看到过程式语言这样写：

```
var
  value_1: integer;
  value_2: integer;
begin
  value_1 := 100;
  value_2 := 1000;
  writeln(value_1 * value_2);
end.
```

然后，我们就看到了面向对象语言应该这样写：

```
var
  value_1: TIntegerClass;
  value_2: TIntegerClass;
var
  calc : TCalculator;
```

```
begin
  calc := TCalculator.Create();
  value_1 := TIntegerClass.Create(100);
  value_1 := TIntegerClass.Create(1000);

  calc.calc(value_1, value_2);
  calc.show();
end.
```

在冯·诺依曼体系下，我们就是这样做事的。所以在《程序设计语言——实践之路》这本书中，将面向对象与面向过程都归类为"命令式"语言，着实妥当。

综合前面的讨论来看，一方面，冯·诺依曼体系对存储的理解从根本上规范了我们的代码风格；另一方面，语言环境是风格限定与编程习惯形成的重要前提。因此对于一种语言来说，某种风格可能是非常漂亮的，但对于另一种语言来说，可能根本就无法实现这种风格。例如从形式上讲，如果我们以过程式代码的风格来看 LISP 代码，那么除了还存有缩进之外，美感全无。

因此问题的根源并不在于"代码是否更加漂亮"，而是 LISP——这种函数式语言——本身的某些特性需要"这样一种"复杂的代码风格，如同冯·诺依曼体系需要"那样一种"风格一样。

5.1.3　函数式语言的渊源

连续运算是 LISP（这种函数式语言）代码风格所表达的基本语言特征之一：运算一个输入，产生一个输出；输出的结果即是下一个运算的输入。在连续运算过程中，无须中间变量来"寄存"。因此从理论上来说：函数式语言不需要寄存器或变量赋值。

然而为什么"连续求值"会成为函数式语言的基本特性呢？或者说，这些能对函数式语言代码风格构成影响的特性是什么呢？要了解这一问题的实质，需要追溯"函数式"语言的起源。譬如我们得先回答一个问题：这种语言是如何产生的？

1930 年前后，在第一台电子计算机还没有问世之前，有四位著名的人物展开了对形式化运算系统的研究。他们力图通过这种所谓的"形式系统"，来证明一个重要的命题：可以用简单的数学法则表达现实系统。这四个人分别是阿兰·图灵、约翰·冯·诺依曼、库尔特·哥德尔和阿隆佐·丘奇。

在 1936 年，图灵提出了现在被称为"图灵机"的形式系统，证明可以通过 0、1 运算来解决复杂问题。接下来，在 1939 年，阿坦纳索夫研制成功第一台电子计算机ABC，其中采用了电路开合来代表 0、1，并运用电子管和电路执行逻辑运算。再接下来，在 1945 年，冯•诺依曼等人基于当时计算机系统 ENIAC（Electronic Numerical Integrator And Computer，电子数字积分计算机）的研究成果，提出了 EDVAC 体系设计[1]，以及在其上的编码程序、纸带存储与输入。该设计方案完全实现了图灵的科学预见与构思。[2]

我们现在主流的编程环境都是基于冯•诺依曼在 EDVAC 中的设计，包括五大部件：运算器 CA、逻辑控制器 CC、存储器 M、输入装置 I 和输出装置 O。其中，运算器基于的理论是 0、1 运算，而存储器 M 和输入/输出装置 I/O 则依赖于 0、1 存储。因此基于冯•诺依曼体系架构的程序设计语言，必然面临这样的物理环境——具有存储系统（例如内存、硬盘等）的计算机体系，并依赖存储（这里指内存）进行运算。

后来有人简单地总结这样的运算系统是"通过修改内存来反映运算的结果"。然而我们应用计算机的目的终究是进行运算并产生结果，所以其实运算才是本质，而"修改内存"只不过是这种运算规则的"副作用"，或者说是"表现运算效果的一种手段"。

因此相对于基于图灵机模型提出的运算范型，阿隆左•丘奇所提出的运算系统更加触达本质。这是一种被称为 Lambda 演算的形式系统，它本质上是一种虚拟机器的编程语言——而不是虚拟的机器，其基础是一些"以函数为参数和返回值"的函数[3]。尤其重要的是，"以函数为参数和返回值"既是它的基础理念，也是它的基础组件——"函数"的基本特性。

这种运算模式一直没有被实现。大约在冯•诺依曼等人的 EDVAC 报告提出了十年之后，一位 MIT 的教授 John McCarthy[4] 对阿隆左•丘奇的工作产生了兴趣。在 1958 年，他公开了表处理语言 LISP，作为对阿隆左•丘奇的 Lambda 演算的一种实现。不过，这时的 LISP 语言是作为 IBM 704 机器上的一种解释器而出现的，亦即是说，它工作在冯•诺依曼框架的计算机上。所以从函数式语言的鼻祖——LISP 开始，函数式语言就是运行在解释环境而非编译环境中的。而究其根源，还在于冯•诺依曼体系的计算机系统是基于存储与指令系统的，而并不是基于（类似 Lambda 演算的）连续运算的。

函数式语言强调运算过程，这也依赖于运行该系统的平台的运算特性。但当时主要的计算机都被设计成了冯•诺依曼体系，所以此后很长的时间里都没有在指令级别上支持函数式语言的机器系统产生。直到 1973 年，MIT 人工智能实验室的一组程序员开发了被称为"LISP

---

1 《存储程序通用电子计算机方案——EDVAC（Electronic Discrete Variable Automatic Computer，离散变量自动电子计算机）》是一份设计方案，而非（当时的）物理实现。EDVAC 方案直到 1950 年以后才被实现。
2 电子计算机的历史一直存在很多争议，如今这些争议已经被澄清。这一部分的文字请参见袁传宽教授在《人物》杂志 2007 年 10 月和 11 月刊中的文章《计算机世界第一人——艾兰•图灵》和《被遗忘的计算机之父——阿坦纳索夫》。
3 《函数式编程另类指南》（*Functional Programming For The Rest of Us*），Vyacheslav Akhmechet 著，lihaitao 译。
4 John McCarthy 被称为人工智能之父，是 1971 年（第 6 届）图灵奖得主。

机器"的硬件，阿隆左·丘奇的 Lambda 演算才终于有了硬件实现！

现在让我们回到最初的话题：为什么可以将语言分成命令式和说明式？是的，从语言学分类来说，这是两种不同类型的计算范型；从硬件系统来说，它们依赖于各自不同的计算机系统。而这些分类存在着本质的差异。于是现实变成了这样：大多数人都在使用基于冯·诺依曼体系的命令式语言，但为了获得特别的计算能力或者编程特性，这些语言在逻辑层实现了一种适用于函数式语言范型的环境。

这样的现实状况，一方面产生了类似 JavaScript 这样的多范型语言，另一方面则产生了类似 .NET 或 JVM 的、能够进行某些函数式运算的虚拟机环境。[1]

5.2 从运算式语言到函数式语言

连续运算是函数式语言的基本语言特征之一。其基本运算模型就是：

- 运算（表达式）以产生结果。
- 结果（值）用于更进一步的运算。

至于从 LISP 开始引用的"函数"这个概念，其实在演算过程中只有"结果（值）"的价值：它是一组运算的封装，产生的效果是返回一个可供后续运算的值。所以函数式语言中所谓的"函数"并不是真正的精髓，真正的精髓在于"运算"，而函数只是封装"运算"的一种手段。

到了这里，如果假设系统的结果只是一个值，那么必然可以通过一系列连续的运算来得到这个值。而这也就是一个机器系统"可计算"的基本假设。

5.2.1 JavaScript 中的几种连续运算

5.2.1.1 连续赋值

在 JavaScript 中，一种常见的情况就是连续赋值：

```
a = b = c = d = 100;
```

我们把它写成下面这种格式，可能会让人更好理解（这种风格并不一定更好，不过如果想要

---

[1] 自 .NET 3.0 开始，C# 开始支持 Lambda 表达式特性；而在 JVM 中，则要等到 Java 7 以后。

为每行写注释，可能这是一个不错的主意）：

```
1    a =
2    b =
3    c =
4    d = 100;
```

示例中第 4 行的表达式 "d = 100" 将被首先运算，并且因为表达式有返回值，所以得到了运算结果 "100"。接下来，该值参与下一个赋值表达式运算，变成了 "c = 100"。如此类推，我们就得到了连续赋值的效果。

所以，在其他某些语言中（例如 Pascal），连续赋值可能是一种 "新奇的语法特性"，但在 JavaScript 中它不过是一种连续表达式运算的效果。

5.2.1.2　三元表达式的连用

三元表达式是推荐连用的，这样能够充分发挥连续运算的特性。不过在连用三元表达式时，要注意代码的清晰与规整，例如：

```
1    var objType = _get_from_Input();
2    var Class = (objType == 'String') ? String
3          : (objType == 'Array') ? Array
4          : (objType == 'Number') ? Number
5          : (objType == 'Boolean') ? Boolean
6          : (objType == 'RegExp') ? RegExp
7          : Object;
8    var obj = new Class();
```

我们充分利用了表达式求值的特性：第 3～6 行的每个三元表达式的第三个操作数，其实都是下一行运算的返回结果。否则你可能需要写下面这样的代码（当然，你现在可能仍旧认为下面这样的代码风格更漂亮）：

```
var objType = _get_from_Input();
switch (objType) {
  case 'String': {
    obj = new String();
    break;
  }
  case 'Number': {
    // ...
  }
  // ...
  default: {
    obj = new Object();
  }
}
```

"运算"产生值,"值"参与运算——这个逻辑是三元表达式能够连续运算的关键,而不仅仅是语法表面上的一种代码风格。

5.2.1.3 连续逻辑运算

我们在前面说过,这行代码(以及它的代码风格)是不被其他语言所推荐的:

```
child = (!LC && !RC) ? 0 : (!LC ? RC : LC);
```

但在 JavaScript 中,连续的逻辑运算可以简单地解决这个风格问题。上面的代码等效于:

```
child = LC || RC || 0;
```

在这行代码中,等号右边表达式的意思是:

- 如果 LC 的值为真(能被转换成 true 值),则运算返回 LC 的实际值;否则,
- 如果 RC 的值为真,则返回 RC 的实际值;否则,
- ……
- 直到表达式结束,返回表达式最后一个操作数的实际值。

而这样的运算结果正是我们需要得到的 child 的值。

此外,连续逻辑运算也常用于弥补三元表达式在语义上的不足。例如,如果有一个条件 C:

```
child = C ? LC : RC;
```

并且,如果 LC 不存在(或不能被转换为 true 值),那么我们还需要令 child 赋值为 RC:

```
if (! LC) {
  child = RC;
}
```

这样的两个逻辑就需要更复杂一些的三元表达式连续运算:

```
child = C ? (LC ? LC : RC) : RC;
```

但如果使用连续逻辑运算,就非常简单:

```
child = C && LC || RC;
```

这个例子在条件 C 更复杂的时候尤其适用:

```
child = C1 && C2 && C3 && LC || RC;
```

而这也正好说明了 JavaScript 中连续逻辑运算的实质——将表达式

```
(C1 && C2 && C3 && LC)
```

的结果值作为"或(||)"运算的左操作数。由于任何类型的值都可以作为操作数,所以所谓布尔运算,只是布尔值作为操作数的一个特例而已。

5.2.1.4 逗号运算符与连续运算

逗号运算符表明从左至右地计算两个操作数，并且返回右操作数的值。这意味着如果一个表达式连用多个逗号运算符（可称为连续表达式），那么它的最终结果是最右侧表达式的值。例如：

```
> 1,2,3
```

这是两个逗号运算符连用，表达式：

```
1,2
```

的结果是 2，并且与后一个操作数构成新的表达式：

```
2,3
```

因此其最终结果是 3。

有些时候，逗号运算符也被用在函数的返回语句上，例如：

```
// 例: 使用 "," 运算符
function tryIt() {
  return Object.setPrototypeOf(this.prototype, null), this;
}
```

在这个例子中，`tryIt()`试图设计为返回 `this`，以便后面调用它的其他方法，而`setPrototypeOf()`操作返回的会是 `this.prototype`，所以用逗号运算符来返回右操作数。

此外，箭头函数也是一个使用连续运算的好地方，因为如果箭头函数只有一个表达式（包括连续表达式），那么该函数会返回这个表达式运算的结果。

5.2.1.5 解构赋值

一个解构赋值通常是独立的运算效果，并不需要作为连续表达式运算来处理。尽管它看起来貌似如此：

```
let { x, y } = { x: 100, y: 100 };
```

在这例子中，确实声明了 `x` 和 `y` 两个变量，但在语法上仍然只是使用了"一个"表达式而并不存在连用。

但是如果考虑赋值模板的嵌套问题，那么答案可能就稍稍有点不同了。例如：

```
let { x, y: { z, n: y } } = { x: 100, y: { z: 200 } };
```

在这里事实上发生了两次模板赋值：

```
let { x, y: tmp } = { x: 100, y: { z: 200 } };
let { z, n: y } = tmp;
console.log(x, y, z); // 100, undefined, 200
```

并且这样的两个（嵌套的）模板赋值在效果和语义上都与表达式连用是一致的。[1]

5.2.1.6 函数与方法的调用

在前面对三元表达式的讨论中，我们构造了一个并不十分恰当的例子。因为孤立来看，我们并不需要通过那样复杂的表达式来得到一个对象的类类型（在这种情况下使用类工厂可能是更好的主意）。但我说这是孤立的视角，是因为它忽视了另外一项 JavaScript 特性：对象的构造、函数与方法的调用等，本质上都是表达式运算，而非语句。

举例来说，我们可以用下面的代码完成对象的构造：

```
var obj = new ((obj=='String') ? String : Object);
```

这行代码用一个三元表达式运算来作为 new 运算符的第一个操作数。

所以事实上可以用下面的连续运算来完成"5.2.1.2 三元表达式的连用"中的示例：

```
var obj = new ((objType == 'String') ? String
  : (objType == 'Array') ? Array
  : (objType == 'Number') ? Number
  : (objType == 'Boolean') ? Boolean
  : (objType == 'RegExp') ? RegExp
  : Object
);
```

这样一组连续的三元表达式的运算结果，成为 new 运算符的操作数。最后，new 运算的结果（构造一个对象实例），又通过赋值运算给到了变量 obj。

接下来的代码将会更加有趣。让我们对上面的代码做一点小修改：

```
1   console.log(
2     (new ((objType == 'String') ? String
3       : (objType == 'Array') ? Array
4       : (objType == 'Number') ? Number
5       : (objType == 'Boolean') ? Boolean
6       : (objType == 'RegExp') ? RegExp
7       : Object)
8     ).toString()
9   )
```

我故意将代码折叠成这个样子，以便于更清楚地看到运算的层次，其中：

- new 运算在第 7 行就得到了运算结果——一个对象实例；然后，
- 它被一对分组运算符给包括了起来（第 2~8 行）；再之后，

---

[1] 在语义上，顺序（表达式连用）是循环的展开，而递归（这里指嵌套）跟循环是等价的。

- 分组运算的结果还是返回该实例；[1]最后，
- 调用了它的方法 toString()。

正因为函数调用在本质上是一个表达式，所以上述过程就是通过一系列表达式运算来得到一个对象的 toString() 值，最后使用 console.log() 输出——至此，仍是表达式。

但是更细致地来说，函数调用运算符中还存在着对参数的一个隐式的、从左至右的连续运算。只不过，这个"运算的顺序"其实是"从左至右传参"这一语法特性带来的副作用，与我们这里讨论的表达式运算并非是直接相关的。

5.2.2 如何消灭语句

看起来，表达式总是在进行顺序逻辑的运算（从左至右，或者从右至左），但它是否只具有"顺序"这样一个逻辑呢？又或者说，既然函数式语言是以"连续运算"为核心特性的，那么它是否能用"表达式运算"来完成全部的程序逻辑呢？

这包括其他语言中的三种基本逻辑结构：顺序、分支与循环。是的，我们在讲述命令式语言时提到过这三种基本逻辑结构，它既用于组织代码（语句），又用于陈述逻辑。这也同样是函数式语言所需要的。因此如果要通过"连续运算"来实现足够复杂的系统，那么我们需要：1. 消灭"语句"这个语法元素 [2]，只剩下表达式；2. 通过"表达式"来陈述三种基本逻辑；3. 运算。

5.2.2.1 通过表达式消灭分支语句

单个分支的 if 条件语句可以被转换成布尔表达式。例如：

```
/**
 * 示例 1: 消灭条件分支语句(无 else 分支)
 */
if (tag > 1) {
  console.log('true');
}

// 转换成
(tag > 1) && console.log('true');
```

---

[1] 本例这样处理只是为了更好地表示运算次序，以取得语法上清晰的效果，其中的分组运算符并不是必需的（"."运算的优先级低于"new"，所以这里并不存在歧义）。

[2] 对于组织代码与陈述逻辑这两种能力，如果不考虑代码写得多么凌乱、难懂的话，我们可以忽略前者。多数纯粹函数式语言的代码风格看上去都不怎么友好，这是因为人的理解能力通常基于语句陈述，而不是公式推导。

第5章 JavaScript 的函数式语言特性

而 if 条件语句（单个或多个分支）也总是可以被转换为三元表达式。例如下面的代码：

```
/**
 * 示例 2: 消灭条件分支语句
 */

// 1. 无 else 分支
if (tag > 1) {
  console.log('true');
}

// 转换成
(tag > 1) ? console.log('true') : null;

// 2. 有 else 分支
if (tag > 1) {
  console.log('true');
}
else {
  console.log('false');
}

// 转换成
(tag > 1) ? console.log('true') : console.log('false');
```

由于一个多重分支语句可以被转换成 if 条件分支语句的连用，例如：

```
/**
 * 示例 3: 多重分支语句与 if 语句连用的等效性
 */
switch (value) {
  case 100:
  case 200: console.log('value is 200 or 100'); break;
  case 300: console.log('value is 300'); break;
  default: console.log('I don\'t know.');
}

// 等效于
if (value == 100 || value == 200) {
  console.log('value is 200 or 100');
}
else if (value == 300) {
  console.log('value is 300');
}
else {
  console.log('I don\'t know.')
}
```

因此 switch 语句与 if 语句连用等效。而后者可以被三元表达式连用替代：

```
// （续上例）

// 示例 4: 使用三元表达式
```

```
(value == 100 || value == 200) ? console.log('value is 200 or 100')
  : (value == 300) ? console.log('value is 300')
  : console.log('I don\'t know.');
```

5.2.2.2 通过函数递归消灭循环语句

循环语句可以通过函数递归来模拟，这一点也是经过证实的。如下例[1]：

```
/**
 * 示例1: 通过函数递归来模拟循环语句
 */
var loop = 100;
var i = loop;

do {
  // do something...
  i--;
}
while (i > 0);

// 用函数递归模拟上述循环语句
function foo(i) {
  // do something...
  if (--i > 0) foo(i);
}
foo(loop);

// 用函数递归模拟上述循环语句(更多的表达式运算)
void function(i) {
  // do something...
  (--i > 0) && arguments.callee(i);
}(loop);
```

循环语句的一个良好特性就是开销很小，而在函数的递归调用过程中，由于需要为每次函数调用保留私有数据和上下文环境，因此将消耗大量的栈空间。这样一来，用函数来模拟循环就必然存在一个问题：栈溢出。

但是递归中也可以存在不占用栈的情况，这就是尾递归。简单地讲，尾递归是在一个函数的执行序列的最后一个表达式中出现的递归调用。这相当于在函数尾部发生的一个（无须返回的）跳转指令。因此当前函数不需要为下一次调用保持栈和运算的上下文环境，从而避免了栈或上下文环境的持续增长。

所以满足尾递归的函数就可以在不消耗栈和上下文环境的情况下，用来替代循环语句。

---

[1] 放下易用性不论，常见的三种循环语句 while、do...while 和 for 是可以互换的，因此下面只以 do...while 语句为例。

关于该理论，在SICP[1]中有过详细的解释，而在现实中，Scheme、Erlang等语言都将尾递归作为一种重要的特性内置于编译器中。这些编译器内置尾递归（或强调必须使用严格的尾递归）的原因在于：通过编译器的优化，可以无须依赖"（循环）语句"来实现高性能的迭代运算。同样地，ECMAScript也约定了在JavaScript语言特性中对尾递归的识别与应用，但仍然依赖用户代码的风格与习惯，引擎优化在这里能起到的作用相对较小。

5.2.2.3　其他可以被消灭的语句

由于可以不使用循环和`switch`，所以标签语句和流程控制中的一般子句（`break`和`continue`）也就没有存在的价值了。接下来，既然在连续运算过程中无须中间变量来"寄存"[2]，那么事实上就只需要值声明，而不需要变量声明（值参与运算，变量其实是值的寄存）。所以变量声明语句也是不需要的，而值声明通常表示为字面量或常量（后者是在名字声明的同时立即绑定值的）。

现在，除了值声明和函数中返回的子句之外，其他的语句都是可以被消灭的。但是，为什么还有这两种语句不能被消灭呢？[3]

5.2.3　运算式语言

接下来我们将开始讨论一种新的编程范型：运算式语言。它满足说明式语言的两个特性[4]：一是陈述运算，二是求值。

不同的运算式语言的编程能力是不同的，而且有时它们一开始并不是以一个语言范型出现的，而更像是某个体系中的小功能而已。另外，由连续运算来组织代码与用顺序语句来组织代码，是两种不同的风格。甚至，前者（连续运算）可能都很难称得上"有代码风格"。

5.2.3.1　运算的实质是值运算

将"值运算"换个说法，就是"求值"。如果说"运算的实质就是求值"，那么大家会觉得顺理成章。但是，如果把这里的"值"替换成是指"值类型（的数据）"呢？

1　《计算机程序的构造和解释》（*Structure and Interpretation of Computer Programs*），Abelson H.等著，裘宗燕译。
2　比如可以将循环控制变量（即中间变量）放到函数界面上作为参数传递。
3　我想，这里不再需要给出答案了吧——如果你认真读过本章的话。
4　参见本书第4章，函数式语言也是说明式语言的一个子分类。

仅仅是这个设问，其实就已经让我们向程序设计语言的本质走得更近了一步。为了说明这一点，这里先来考查一下 JavaScript 中各种运算的结果类型，如表 5-1 所示。

表 5-1　JavaScript 中以"值类型"为目标的运算

分类	名称	符号	说明	操作数	目标
数字运算	数值运算	+、-、*等	（所有数值运算）	number	number
	位运算	&、~、>>等	（所有位运算操作符）		
逻辑运算	逻辑非	!	对表达式执行逻辑非	boolean	boolean
	逻辑与或逻辑或	&&、||	对两个表达式执行逻辑与或逻辑或	boolean	（注1）
字串	连接	+	连接字符或字符串	string	string
比较	比较	（参见2.3.2节）	返回比较结果	（任意）	boolean
赋值	复合赋值	（参见2.3.3.2节）	运算并将结果值赋给变量	（值类型）	（值类型）
对象	对象构造	new	创建一个新对象	function	object
	对象检查	instanceof	检查对象继承关系	object	boolean
	成员删除	delete	删除对象成员	object	boolean
	成员检查	in	检查一个对象成员是否存在	object	boolean
其他	类型检查	typeof	返回操作数数据类型的字符串	（任意）	string
表达式逻辑	void	void	避免一个表达式返回值		undefined
	三元条件	?:	根据条件执行两个表达式之一	（表达式）	（注2）
	分组运算	( )	通常用于提升表达式优先级		
	逗号	,	使两个表达式连续执行		

注 1：逻辑与和逻辑或运算都将操作数理解为布尔值来进行计算，但其结果有不确定性。
注 2：是表达式之间的运算关系，结果只对表达式产生影响。

表 5-2 所示的是不确定结果类型的运算。[1]

表 5-2　JavaScript 中不确定结果类型的运算

分类	名称	符号	说明	操作数	目标（注1）
函数	函数调用	( )	调用函数并返回结果值	function	（任意）
	委托产生	Yield*	在生成器中委托目标产生值	可迭代对象	（任意）
	产生	Yield	在生成器中产生一个值	（任意）	

1　这些运算要么是使用引用类型来定位值，要么是像赋值这样在本章中不讨论的运算。

续表

分类	名称	符号	说明	操作数	目标（注1）
赋值运算	赋值	=	将一个值赋给变量	（任意）	
	解构赋值	？？？	将目标的成员值赋给变量	object	
对象	成员存取	[ ]或.	存取对象的成员	string	

注1：是指可以返回任意值的表达式，目标结果可能是对象或值；取决于具体的值、变量或对象成员的数据类型。

由此可见，所有不确定结果的运算都是用于"取得一个操作数"的，这通常是为了下一个运算而准备数据（包括暂存为变量等）。而除此之外的其他操作（表 5-1 中列出的）则都是"运算以产生值类型的结果"。因此我们可以推论，运算的目的就是"产生值"。更进一步地，由于"所有逻辑结构的语句都可以被消灭"，所以：

- 系统的结果必然是值，并且可以通过一系列的运算来得到这一结果。[1]

我们知道，计算机其实只能表达值数据。任何复杂的现象（例如界面、动画或模拟现实），在运算系统看来其实只是某种输出设备对数值的理解而已；运算系统只需要得到这些数值，至于如何展示，则是另一个物理系统（或其他运算系统）来负责的事情。所以运算的实质其实是值的运算。至于像"指针""对象"这样抽象的结构，从运算系统来看，其实只是定位到"值"以进行后续运算的工具而已——换言之，它们是不参与"求值"运算的。

所以，表 5-1 中的目标类型就"必然是值"。

5.2.3.2 运算式语言的应用

在 Mozilla 中实现的 JavaScript 的早期版本中有一项被称为"数组推导式"的特性，它提供一种能力，在数组声明的时候"推导（生成）"出一批数组元素，例如这样：

```
[for (x of iterable) if (condition) x]
```

这意味着它使用了类似循环语句的语义来迭代产生一批元素。注意，"循环（取出数组元素）"是需求的核心，而不是"用语句来实现"。所以，现在在 ECMAScript 的标准中，它被称为"数据展开"的语法替代了，变成了如下的表达式：

```
[...iterable]
```

---

[1] 这是一项重要的结论。尽管在这里没有展开讲述，但如果读者愿意了解一些计算系统基本模型方面的知识，可以以该项结论为出发点，了解一些关于函数式和数据流式语言的特性。例如，VAL 这门语言，一方面它是典型的数据流式语言，另一方面它也具有某些函数式特性。

如果需要对上述的数组元素进行筛选，那么还可以将 `iterable` 展开为数组并调用 `filter()`，然后将结果再展开为新数组的成员。例如：

`[...([...iterable].filter(condition))]`

所以 `for/if` 这样的语义仍然是存在的，只是在 ECMAScript 规范中放弃了 JavaScript 的一些方言的实验性特性（的实现方式），并选择了通过其他手段——例如特定的运算过程——来实现了它们而已。

当然也有不那么复杂的，例如 JavaScript 中的模板字符串。模板字符串其实也存在一个表达式运算过程，例如可以进行变量求值、函数调用，以及存取对象成员等。如同我们在表 5-1 中所展示的：一切表达式计算的结果都是值。因此这些值就可以进一步地转换成字符串，成为模板字符串的一部分。嗯，我们再看看它的语法：

`${expression}`

并不唯独是在 JavaScript 中，在 JSTL 1.0 中，为了方便存取 JSTL 标签中的数据而自定义了这样一种语言，跟上面 JavaScript 模板字符串语法完全一样，被称为"JavaServer Faces Expression Language（JSF EL）"。和之前提到过的所有藏在其他语言或应用环境中的计算特性一样，JSx EL（包括 JSP EL 和 JSF EL）提供的也是运算求值的结果，并且只有表达式而没有语句。

这一类语言被称为表达式语言（Expression Language，EL），是一种具有完备的程序设计能力的、极端精练的编程范型。为了将这个范型与直译的"表达式（Expression）"区分开来，在随后的文字中我们将之称为运算式语言（范型）。[1]

然而我们提出这样一个概念有什么目的呢？事实上，可以通过对这种语言范型的理解，来重新认识所谓的"函数"，以及"函数式语言"。

5.2.4 重新认识函数

我们现在面临着一个新的词汇——运算式语言（Expression Language，EL），它的特点在于强调"求值运算"。我们也列举了 JavaScript 中的表达式运算符，看到这些运算符处理的操作数都是"值类型数据"。

---

[1] Expression Language 通常被译作"表达式语言"。以这种方式叙述对象时，主要说明它是一种叙述表达式规格、性质和功能的语言，一般不作为程序设计语言，因此也不会指称某种编程范型，例如正则表达式（RegExp）是一种表达式语言，但并不是程序设计语言。在本书中，"运算式语言"用以确指一种程序设计语言范型，它强调通过"处理表达式求值"来完成整个程序设计过程。

因此 JavaScript 语言特性中的某个子集，可以作为一个最小化的运算式语言来使用，例如，在模板字符串中使用的表达式。除了不能完美地在表达式级别实现循环之外，JavaScript 已经有能力通过表达式运算来填补那些"被消灭的语句"，从而在"运算式语言"这个层面实现全部顺序、分支和循环三种基本逻辑。

5.2.4.1　函数是对运算式语言的补充

当在 JavaScript 中需要一种纯粹的"运算式语言"时，函数是一个必要的补充。这首先体现在对循环逻辑的封装上。在"使用尾递归"与"使用多范型特性来包含循环语句"这两种方案上，JavaScript（非常偷懒地）选择了后者。当然，只要不产生副作用，我们仍然承认这是一种纯粹的运算式范型。

作为更加具体的实例，可以在模板字符串中使用这样的技术。例如：

```
function chars() {
  var result = [], c='a'.charCodeAt(0);
  for (var i=0; i<26; i++) {
    result.push(c+i);
  }
  return String.fromCharCode(...result);
}

var str = `the string is "${chars()}"`;
console.log(str);
```

也可以在模板字符串中声明匿名函数并立即调用它，该匿名函数的返回值直接参与了后续的表达式运算。例如：

```
// （续上例）
var str2 = `the strings is:\n${
  (function() {
    return new Array(3).fill(chars());
  })().join('\n')
}`;
console.log(str2);
```

正如我们所强调的那样，在匿名函数中可以使用所有语言特性（例如语句），而这并不会影响外部表达式运算的纯洁性。因为对于这个"模板字符串运算式语言"来说，该函数是如何实现的并没有关系，有且仅有它的运算结果（作为值）参与了运算的过程。

因此，在一个纯粹的、完备的运算式语言中，函数是一个必要的补充。

5.2.4.2　函数是代码的组织形式

我们当然可以使用连续的表达式运算来完成足够复杂的系统，这一点在前面已经论证过了。但是如果真的这样去做，那么与使用一条无限长的穿孔纸带来完成复杂系统并没有区别——在代码（连续的表达式）达到某种长度之后，将难以阅读和调试，最终系统将因为复杂性（而不是可计算性）而崩溃。

在大型系统中，"良好的代码组织"也是降低复杂性的重要手段。对于运算式语言来说，使用函数来封装表达式是实现良好的代码组织的有效途径之一。从语义上来讲，一个函数调用过程其实只相当于表达式运算中的一个求值操作：

```
// 表达式一
a = v1 + v2 * v3 - v4

// 示例1：表达式一等效于如下带匿名函数的表达式
a = v1 + (function() {
  return v2 * v3 - v4;
})()

// 示例2：等效于如下表达式
a = v1 + (
  v2 * v3 - v4
)

// 示例3：使用具名函数的例子
function calc() {
  return v2 * v3 - v4;
}
a = v1 + calc()
```

对于运算式的语法解释过程来说，示例 1 与示例 2 之间的区别仅在于：一个是用匿名函数调用来求值的，另一个是通过强制运算符"括号()"来求值的。当然，将前者改成具名的，在语义上也没有变化（如示例 3）。

所以在运算式语言中，函数不但是削减循环等语句的一个必要补充，也是一种削减代码复杂性的组织形式。

5.2.4.3　当运算符等义于某个函数时

我们来看一段普通的 C 代码（以下设 bTrue 为布尔值 true）：

```
// 示例1：普通的 C 代码
if (bTrue) {
  v = 3 + 4;
}
else {
  v = 3 * 4;
}
```

为了让代码简单一些，可以将代码写成这样（所谓简单是指忽略函数声明的部分）：

```
// 示例 2：使用函数的普通 C 代码
function calc(b, x, y) {
  if (b) {
    return x + y;
  }
  else {
    return x * y;
  }
}
// 等效于示例 1 的运算
v = calc(bTrue, 3, 4);
```

我们说上面这两种写法都是命令式语言中的写法。下面将 JavaScript 作为"运算式语言"，用表达式来重写一下：

```
// 示例 3：使用表达式的 JavaScript 代码
v = (bTrue ? 3+4 : 3*4);
```

接下来我们提出一个问题，既然在这个表达式中，值 3 与值 4 是重复出现的，那么可不可以像示例 2 一样将它们处理成参数呢？当然，是可以的：

```
// 示例 4：使用函数来削减掉一次传参数
let f_add = (x, y) => x + y;
let f_mul = (x, y) => x * y;

// 与示例 3 等义的代码
v = (bTrue ? f_add : f_mul)(3, 4);
```

注意，示例 4 中的一个问题：其实 f_add() 与 f_mul() 本身并没有运算行为，而只是将"+"和"*"运算的结果直接返回。换言之：

- 这里的"+"与"*"运算符分别等义于 f_add() 与 f_mul() 这两个函数。

所以对于上面的代码，除开赋值运算符之外的"求值表达式"部分，将其改写成如下这样（当然，下面的代码并不能被正常执行，但形式上与示例 4 是一致的）：

```
// 示例 5
(bTrue ? "+" : "*")(3, 4);
```

类似地，我们改变一下代码书写习惯（改变书写代码的习惯其实对很多开发人员来说甚为艰难，在这里只是尝试一下）。新的代码风格是这样约定的：

◎ 表达式由运算符和操作数构成，用括号包含起来。
◎ 操作数之间的分隔符使用空格。
◎ 对于任何表达式来说，运算符必须写在前面，再写操作数。

注意，我们这里没有改变任何逻辑，只是换用了新的书写方法和顺序。那么新的代码应该写成这样：

```
((?: bTrue "+" "*") 3 4)
```

最后我们尝试约定一些新的标识符来替代这些符号（而不改变任何逻辑）：

- 对于三元表达式（?:）来说，?:号改用 if 来标识（至于三个操作数，按前面的规则，跟在运算符后面并用空格分隔即可）。
- 运算符可以用作操作数（这意味着"+"和"*"中的字符串引号可去掉）。
- 对于布尔值 true 来说，使用 #f 标识。

那么新的代码应该写成这样：

```
// 示例 6：新的代码风格
((if #f + *) 3 4)
```

最终的答案到这里就显而易见了：示例 6 其实是一行 Scheme 语言代码。Scheme 是 LISP 语言的一个变种，是一种完全的、纯粹的"函数式语言"。而在一个 JavaScript 表达式到一行纯粹的函数式语言代码的变化过程中，我们只做出了一个假设：

- 如果运算符等义于某个函数。

5.2.5 函数式语言

接下来继续讨论上面提到的这行 Scheme 代码：

```
((if #f + *) 3 4)
```

在这行代码中，"if"、"+"和"*"都是函数，而"#f"、"3"和"4"都是操作数（或者说值）。所以 Scheme 语言定义得非常简单：

`(function [arguments])`

也就是说，整个编程模式——函数式语言范型——被简化成函数与其参数（function and arguments）的运算，而在这个模式上的连续运算就构成了系统——整个系统不再需要第二种编程范型或冗余规则（例如赋值等）。

那么，函数式语言与我们一直讨论的运算式语言又有什么关系呢？

并不是一种语言支持函数，这种语言就可以叫作"函数式语言"。函数式语言中的"函数（function）"除了能被调用之外，还具有其他三个方面的性质：是操作数、可保存数据，以及无副作用。

JavaScript 中的函数是完全满足这三个特性的，这才是它能够被称作"函数式语言"的真正原因。而之前所谓"运算式语言范型"，无非是我们特地从 JavaScript 中抽取出的一个语言特性的子集，是用以偷梁换柱的一个名词罢了。

5.2.5.1 "函数" === "Lambda"

在继续讨论"函数式语言"之前,我们必须明确这个"函数"的含义。

先来看看Vyacheslav Akhmechet[1]对Lambda的一个解释:

> "我在学习函数式编程的时候,很不喜欢术语 Lambda,因为我没有真正理解它的意义。在这个环境里,Lambda 是一个函数,那个希腊字母(λ)只是方便书写的数学记法。每当你听到 Lambda 时,只要在脑中把它翻译成函数即可。"

简单地说,就是:函数===Lambda。所以复杂的概念也就简单了,例如"Lambda 演算(Lambda calculus)"其实就是一套用于研究函数定义、函数应用和递归的系统。

从数学上,已经论证过Lambda运算可用于构建图灵等价的运算系统;从历史上,我们已经知道函数式语言就是基于Lambda运算而产生的运算范型。所以从本质上来讲,函数式语言中的"函数"这个概念,其实应该是"Lambda(函数)",而不是在我们现在的通用语言(我指的是像C、Pascal这样的命令式语言)中讲到的function[2]。

5.2.5.2 函数是操作数

大多数语言都支持将函数作为操作数参与运算。不过出于对函数的不同理解,它们的运算效果也不一样。例如在 C、Pascal 这些命令式语言中,函数是一个指针,对函数指针的运算可以包括赋值、调用和地址运算,以及作为函数参数进行传值(地址值)。比较常见的情况是在函数 A 的声明中,允许传出一个回调函数 B 的指针。下例是这样一个 Win32 API 的声明:

```
(**
 * Pascal 语言声明的 EnumWindows()
 *)
function EnumWindows(lpEnumFunc: EnumWindowsProc;
 lParam: LPARAM): BOOL; stdcall

/**
 * C 语言声明的 EnumWindows()
 */
BOOL EnumWindows(WNDENUMPROC lpEnumFunc, LPARAM lParam);
```

由于这里的 `lpEnumFunc` 将传入一个地址指针,而后者显然可能来自另一个进程空间或者

---

[1] 《函数式编程另类指南》的作者。
[2] "函数式语言"中的"函数"并不是我们在命令式语言中看到的例程(函数 function 和过程 procedure),也不是我们在 JavaScript 中看到的 function 关键字或 Function 类型。仅凭"JavaScript 中函数是第一型的"就说"JavaScript 是函数式语言",这一结论是正确的,但推论过程并不严谨,或者说根本就是不正确的。

当前进程无效的地址，因此以地址值为数据的参数传递，大大增加了系统的风险。同时，基于指针地址值进行的运算，也带来了"内存访问违例"的隐患。

当 JavaScript 中的函数作为参数时，也是传递引用的，但并没有地址概念。由于彻底地杜绝了地址运算，也就没有了上述的隐患。由于参数是"函数调用"运算的操作数，因此当函数也是参数时它就只有操作数的含义了（而不再有地址含义），与普通参数并没有什么特别不同。

5.2.5.3 在函数内保存数据

函数式语言中的函数可以保存内部数据的状态。尽管某些命令式语言中也有类似的性质，但与函数式语言存在根本不同。

以（编译型、X86 平台上的）命令式语言来说，由于代码总是在一个被称为代码段的、不可写的内存区段中执行，因此函数中的数据只能是静态数据。这种特性通常与编译器或某些特定算法的专用数据绑定在一起（例如跳转表）。另外，在命令式语言中，函数内部的私有变量（局部变量）通常是不能保存的。局部变量将在执行期间临时分配在栈上，执行结束后就被释放了。

在 JavaScript 的函数中，函数内的私有变量可以被修改，而且当再次"进入"该函数内部时，这个被修改的状态仍将持续。在下面的 MyFunc() 函数中，setValue() 用于修改值，函数 getValue() 用于获取值，以进一步地考查函数内部的数据状态：

```
function MyFunc() {
  // 初值
  var value = 100;

  // 内部的函数, 用于访问 value
  function setValue(v) {
    value = v;
  }
  function getValue() {
    return value;
  }

  // 将内部函数公布到全局
  return [setValue, getValue];
}
```

下面我们执行一次函数 MyFunc，并得到它内部的这两个考查方法：

```
> var [setter, getter] = MyFunc();
```

接下来的测试表明函数 MyFunc() 在执行结束后,内部数据值仍保持它的状态:

```
# 测试 1
> getter()
100
```

我们调用 setter() 影响函数内部数据,且影响后的状态被保持。注意,在这个过程中,没有调用函数 MyFunc() 来再次进入函数内部:

```
# 测试 2
> setter(300)
> getter()
300
```

在函数内保持数据的特性被称为"闭包(Closure)",我们将在"5.5 闭包"中更详细地讨论它。闭包是函数执行时的现场,以及在执行后可观察、可重入的历史。

5.2.5.4 函数内的运算对函数外无副作用

运算对函数外无副作用,是函数式语言应当达到的一种特性。然而在 JavaScript 中,这项特性只能通过开发人员的编程习惯来保证。

所谓运算对函数外无副作用,其含义在于:

- 函数使用入口参数进行运算,而不修改它(作为值参数而不是变量参数使用)。
- 在运算过程中不会修改函数外部的其他数据的值(例如全局变量)。
- 运算结束后通过函数返回向外部系统的传值。

这样的函数在运算过程中对外部系统是无副作用的。然而我们注意到,JavaScript 允许在函数内部引用和修改全局变量,甚至可以声明全局变量。这一点其实是破坏它的函数式特性的。除此之外,JavaScript 也允许在函数内修改对象和数组的成员。这使得函数并不仅仅通过它的返回值来影响系统,因此也不是正确的函数式特性。

所以在 JavaScript 中,只能通过开发人员的习惯来实现这一特性。如果把"不在函数内修改对象成员"这个原则,与面向对象系统的属性存取器结合起来,那么系统的稳定性还能够进一步增强。在这种情况下,对象向外部系统展现的都是接口方法(包括读写器方法),从而有效地避免了外部系统"直接修改对象成员"。

由此可见,函数式中所要求的"(函数)无副作用"特性,其实可以与面向对象系统很好地结合起来。二者并不矛盾,在编程习惯上也并非格格不入。

5.2.5.5 函数式的特性集

我们也知道，不能通过重新设计 JavaScript 来使得它表现出这种"语言的纯粹性"。因此这里提炼并阐述一个最小特性集，以便在后文更好地讨论这些特性。

这样的一个特性集是：

- 在函数外消除语句，只使用表达式和函数，通过连续求值来组织代码。
    - ◎ 在值概念上，函数可作为操作数参与表达式运算。
    - ◎ 在逻辑概念上，函数等义于表达式运算符，其参数是操作数，返回运算结果。
- 函数严格强调无副作用。

这样的语言特性集的要点在于：关注运算，以及运算之间的关系。使用者必须认识到：连续运算是这个语言特性集的核心，而运算的结果就是我们想要的系统目标。

5.3 JavaScript 中的函数

我们在前面已经约定，在 JavaScript 中使用函数式风格编程，应优先使用表达式连续运算来组织代码，并且注意如下概念：1. 函数可以作为操作数参与运算；2. 函数可以等义于一个运算符。

接下来我们将详细讨论 JavaScript 中的函数的种种特性。这些特性是 JavaScript 中的函数能够成为"函数语言中的函数（Lambda）"的根源——也或许会表现为某些不足。当然，反过来说，正是为了让 JavaScript 成为一种函数式语言，设计者才为 function 这种类型添加了这些语言特性。

5.3.1 参数

在一些语言中，函数入口参数有多种调用约定，例如值参数、变量参数、传出参数，等等。常见的调用约定如表 5-3 所示。

表 5-3 常见的函数调用约定

调用约定	传参顺序	清除参数责任	寄存器传参	实现目的	其他
Pascal	由左至右	例程自身	否	与旧有过程兼容	较少使用
Cdecl	由右至左	调用者	否	与 C/C++模块交互	一些语言默认使用该约定

续表

调用约定	传参顺序	清除参数责任	寄存器传参	实现目的	其他
Stdcall	由右至左	例程自身	否	Windows API	WinAPI 通常使用该约定

在 JavaScript 中，函数参数值只支持一种调用约定。它的特点表现为：

- 传入参数是从左至右求值的。
- 传入参数的值（或其引用）在函数内的重写是无副作用的。
- 传入参数的个数相对于函数声明时的形式参数是可变的。

5.3.1.1 可变参数

许多语言支持可变的函数界面，即在函数声明中的参数个数、次序或类型都是可变的。JavaScript 也是如此，但 JavaScript 并不支持多重声明（多次进行函数声明以表明多种界面），而是使用"可变参数（dynamic parameters）"这样的技巧。并且，在 JavaScript 中支持可变函数界面时是"无规范的"——随便怎么声明都可以。

JavaScript 并不检查函数声明与函数调用时的参数类型、个数的关系。弱类型检查是 JavaScript 的核心语言特性之一，它提供给开发人员自行检查与处理这类问题的手段和一个基本（且简单）的规则：

- 访问一个不存在的参数时会得到 undefined 值。

无论这个参数是没有声明[1]还是声明了没有传入，或者根本就是传入了 undefined 值的，这个规则是完全一样的。

所以 Node.js 可以声明出这样的函数界面来：

```
fs.watch(filename[, options][, listener])
```

它表达了以下调用的可能性：

```
fs.watch(filename)
fs.watch(filename, options)
fs.watch(filename, listener)
fs.watch(filename, options, listener)
```

注意，第二、三种界面是无法通过参数数量来区分的。因此在实现这个界面时可选的手段是：

---

[1] 详情参见"5.3.1.5 参数对象"。

```
var defOptions = { ... };
var defListener = ...;

fs.watch = function(filename, options, listener) {
  // 检查参数顺序
  if (listener === undefined) { // 2 parameters or only one
    if (options !== undefined) { // 2 parameters
      if (typeof options === 'function') {
        [listener, options] = [options];
      }
    }
  }

  // 置默认值
  options = options || defOptions; // default options object
  listener = listener || defListener; // default handler
  ...
}
```

JavaScript 还提供给开发人员另一个并不太可靠的检查手段：检查函数声明的形式参数与调用时传入的实际参数在个数上的差异。例如：

```
function fsWatch(filename, options, listener) {
  if (arguments.length != fsWatch.length) {
    throw new Error('need ' + fsWatch.length + ' parameters');
  }
  // ...
}

// 属性 length 记录函数声明时的形式参数个数
console.log(fsWatch.length); // 3
```

这项检测"不太可靠"的根本原因在于 aFunction.length 的实用性并不高，它一方面严重地限制了函数界面的灵活性，另一方面又易于在代码逻辑中埋入隐患。因此除非开发人员试图明确地限制参数界面，否则通常是不推荐的。

最后，传入可变个数参数的一个简单（却并不常用的）技巧是用来避免在函数内进行局部变量声明。例如：

```
Array.prototype.clear = function(len) {
  len = this.length;
  if (len > 0) {
    this.splice(0, len);
  }
}
```

该示例中的参数 len 本来是不必声明的，更合理的做法是声明一个局部变量来暂存

"`this.length`"的值。因此这里声明`len`参数的唯一可能的理由只是"想省掉`var`这个关键字"。[1]

5.3.1.2 默认参数

对参数的"可变性"略有一些限制的是默认参数（default parameters）。JavaScript允许在参数的任意位置使用默认参数，一旦该参数不传入或者传入`undefined`，那么该参数在函数内将使用默认值。[2]

JavaScript的默认参数无助界面上的类型识别。仍以"5.3.1.1 可变参数"中的`fs.watch()`为例：

```
var defOptions = { ... };
var defListener = ...;
fs.watch = function(filename, options=defOptions, listener=defListener) {
 ...
}
```

这可以使`fs.watch()`支持下面三种界面：

```
fs.watch(filename)
fs.watch(filename, options)
fs.watch(filename, options, listener)
```

而剩下的一种就必须单独处理：

```
fs.watch(filename, listener)
```

例如：

```
// （参考上例）
fs.watch = function(filename, options=defOptions, listener=defListener) {
  if (typeof options == 'function') {
    [listener, options] = [options, defOptions];
  }
  ...
}
```

JavaScript的默认参数可以有任意多个，也可以放在参数列表的任意位置并且不需要连续（而不是像其他语言那样必须连续放在末尾）。然而需要留意的是，尽管所有的默认参数都是有名字的形式参数，但是从第一个默认参数开始，后续的所有参数都不会再记入形式参数计数（也就是不会反映在 *aFunction*.length 属性中）。例如：

---

[1] 我并不赞成用这种改变函数形式参数语义的"奇怪"用法，但这的确在某些代码包中出现过，并且也是经常被置疑的用法（在这里讲到它，更多的是释疑而非认同）。不过由于使用单一表达式来声明的箭头函数中不能使用语句（也就不能使用`var/let` 等声明），因此这种情况下用函数参数名来替代变量声明就成了唯一可选的技巧。

[2] 在这一点上仍然存在一些限制和陷阱，详情请参见"5.3.1.6 非简单参数"。

```
// 默认参数可以有任意多个，并且可以放在任意位置
function foo(v1, v2=null, v3, v4=1, v5) {
  console.log(v1, v2, v3, v4, v5);
}
```

测试如下：

```
# 调用时可以使用直接默认尾部参数，或者对中间的参数使用 undefined 值来表示默认
# - v2 使用 undefined 表示默认；v4 默认为 1；v5 没有默认值所以为 undefined
> foo("V1", undefined, "V3")
V1, null, V3, 1, undefined

# 从第二个参数（默认参数 v2）开始不再计入 aFunction.length 值
> foo.length
1
```

5.3.1.3 剩余参数

剩余参数（rest parameters）用于"一个标识符对应多个传入参数"的情况。它声明在参数列表尾部，以"收集"所有未被其他形式参数匹配的传入参数，例如：

```
var defOptions = { ... }; // 默认配置
var defListener = ...; // 默认侦听器

fs.watch = function(filename, ...args) {
  // ...
}
```

在这种情况下，args 参数名能收集到"任意多个"实际传入的参数，并且最终总会是一个数组变量。因此，args 可以作为数组展开，或者使用解构赋值等[1]，例如：

```
// （参考上例）
fs.watch = function(filename, ...args) {
  var [options, listener] = args;
  if (typeof options == 'function') {
    [listener, options] = [args[0]];
  }

  // 置默认值
  options = options || defOptions;
  listener = listener || defListener;
  ...

  // 检查通过剩余参数 args 传入的参数个数
  if (args.length > 2) {
    console.log(args.length, 'rest parameters:\n', ...args);
  }
}
```

---

[1] 剩余参数与展开语法并没有直接的关系，只是都采用相同的符号"..."，并在使用上偶尔存在这样的联动，导致它们看起来像是成对的操作。

同默认参数一样，剩余参数也不计入形式参数计数。由于剩余参数只能是参数列表中的最后一个，因此也不可能出现类似"剩余参数之后的参数（也就是把剩余参数当前缀参数来使用）"这样的语法/语义了。并且很显然，也不可能声明多个剩余参数。然而，值得一提的是，由于剩余参数总是一个数组，因此可以将它与数组模板赋值结合起来，实现更加复杂的参数声明。例如：

```
fs.watch = function(filename, ...[options, ...more]) {
  ...
}
```

在这个示例中，参数表中的剩余参数"...[]"是不具名的，并且后面直接使用了一个赋值模板，而其中的"...more"并不是剩余参数，它被称为赋值模板中的"剩余元素（Rest elements, or Assignment Rest Element）"。

5.3.1.4 模板参数

JavaScript 中的模板赋值语法由两部分构成：

AssignmentPattern = expression

赋值运算符"="左侧的赋值模板亦简称模板。与标识符一样，模板也是一种特殊的操作数（本质上它是一组标识符）。同样的原因（和标识符一样），模板也可以用于形式参数名声明，称为模板参数（pattern parameters）。

模板参数用于"多个标识符对应一个传入参数"的情况。传入参数既可以是数组，也可以是对象，因此模板参数也可以是对象赋值模板或数组赋值模板之一。甚至传入参数也可以是值类型数据，后者将被自动转换成对象。因此不可以传入 null 或 undefined，因为这样的参数不能转换到有效的对象类型数据。

需要注意的是，模板参数仍然只是"形式参数的声明语法"，而不是运算。当然，在传入实际参数时会有一个隐式的赋值操作，使模板中的标识符与实际参数值绑定起来——这是完全符合函数调用时"实参与形参绑定"这一运行期行为的。一个模板参数只对应一个传入的值参数，但会将值参数"通过解构赋值"的过程绑定到多个标识符。并且在模板中也可以进一步使用默认值，以声明更复杂的形式参数。例如：

```
// （参考上例）
fs.watch = function(filename, ...args) {
  return fs.watch(filename, args);
}

// （注意 watch2 修改了函数界面）
fs.watch2 = function(filename, [options=defOptions, ...more]) {
  ...
  var [listener, options] = (typeof options == 'function') ? [options]
    : [more[0], options];
```

```
// 置默认值
options = options || defOptions; // default options object
listener = listener || defListener; // default handler
...

// 检查通过剩余参数 args 传入的参数个数
if (more.length > 1) {
  console.log(more.length, 'rest parameters:\n', ...more);
}
}
```

模板参数与剩余参数在"参数默认值"上的处理并不相同。由于剩余参数不可能为 undefined，所以它不可能有默认值，而模板参数正好相反。例如：

```
var defaultArgs = [defOptions, defListener];

// "=defaultArgs"会导致语法错
fs.watch = function(filename, ...[options, ...more]=defaultArgs) {
  ...
}

// 语法合法的声明
fs.watch2 = function(filename, [options, ...more]=defaultArgs) {
  ...
}
```

最后，模板参数是计入形式参数计数的。但无论包含多少个标识符，一个模板只能在 *aFunction*.length 值中记为一个参数，例如：

```
# 显示参数数
> (function(a, [b, c]) {}).length
2
```

5.3.1.5 参数对象

无关乎函数界面如何设计，也无关乎形式参数使用怎样复杂的技巧或语法，参数对象 arguments 只有一个简单的规则：用一个类数组的对象顺序包含全部传入参数。

arguments 是函数内部的代码可以访问的一个变量。除了箭头函数之外，所有函数在被调用时都自动创建一个对象用作该变量。属性 arguments.length 总是表明实际传入的参数个数。由于它是类数组的，所以可以使用绝大多数数组操作（包括模板赋值、展开语法和剩余参数等）。例如：

```
// （参见"5.3.1.1 可变参数"中的示例）
fs.watch = function() {
  var [filename, options, listener] = arguments; // 参见上述示例中的函数界面
  if (listener === undefined) { // 2 parameters or only one
    ...
```

如同这个示例所展示的——它实际上什么也没有做——所有在赋值模板中可以使用的技巧与语法都可以用在 arguments 上（并且这些特性看起来与可变参数、默认参数、剩余参数、模板参数等很类似）。

表面看来，arguments 只是提供了一个代表全部传入的参数的数组，而其他特性都是 JavaScript 其他方面的语法与特性——除了有一点点不同，在你同时声明了形式参数的情况下。例如：

```
fs.watch = function(filename) {
  var [filename2, ...args] = arguments; // 参见上述示例中的函数界面
  ...
```

这个示例中的 filename 和 filename2 之间，会是什么关系呢？并且，args 与 arguments 之间又是什么关系呢？

这里有两条规则：

- 默认情况下，形式参数与 arguments 中的传入值是绑定的，所以向该参数写值，会影响到 arguments 中的成员，反之亦然。
- 除了直接使用 arguments[x]，其他方式得到的 arguments 成员都不会有上述（与形式参数绑定）效果。

如下例所示：

```
function foo(filename) {
  var [filename2, ...args] = arguments;

  // filename 会影响 arguments
  filename = 'new file name'; // changed
  console.log(arguments[0]); // 'new file name'
  console.log(filename2); // 'test.txt'

  // arguments 也会影响 filename
  arguments[0] = filename2; // reset to original
  console.log(filename); // 'test.txt'

  // 使用 filename2 时没有影响
  filename2 = 'update again';
  console.log(arguments[0]); // 'test.txt'
  console.log(filename); // 'test.txt'
}

foo('test.txt');
```

同理，其中的 ...args 也是不绑定的。这里的 ...args 只是用模板赋值（以及其所支持的剩余参数语法）来声明的一般变量。

最后，并不存在一个所谓的`Arguments`类。但是你可以用简单的方法构造一个与`arguments`性质完全相同的对象[1]：

```
function Arguments(...args) {
  // or direct return arguments;
  return Object.setPrototypeOf(args, Arguments.prototype);
}
Arguments.prototype[Symbol.iterator] = Array.prototype[Symbol.iterator];

// 测试
let args = new Arguments(1, 1, 2, 4);
console.log(args.length); // 4
console.log(args[2]); // 2
```

5.3.1.6　非简单参数

默认参数、剩余参数和模板参数被统称为"非简单参数（non-simple parameters）"。当参数声明中使用了非简单参数时，会导致函数进入一种特殊模式。在该模式下会有三种限制：

- 函数无法通过显式地使用`use strict`语言切换到严格模式，但能接受它被包含在一个严格模式的语法块中（从而隐式地切换到严格模式）。
- 无论是否在严格模式中，函数参数声明都将不接受"重名参数"。
- 无论是否在严格模式中，形式参数与`arguments`之间都将解除绑定关系。

这是因为函数需要从"用初始器赋值"和"形式参数与参数对象绑定"两种实现方式中二选一，用来处理调用时的传入参数。而那些非简单参数（参数声明中的默认参数、剩余参数或模板参数）只能使用"初始器赋值"来初始化，于是所有的参数都不再支持"形式参数与参数对象绑定"了。[2]

在默认情况下，函数参数是简单模式的。JavaScript 函数中的参数是允许重名的（但只有最后一个参数能作为可访问的标识符），这为一些特殊的参数传递或调用界面设计提供了可能。下面这个例子中使用下画线作为占位符，使这个函数界面在保持清晰的同时，又可以方便地接受其他规格的参数传入：

---

[1] 当然这是不包括有效的`callee/caller`属性的。不过在严格模式中，它们同样不存在，因此应用代码不依赖这些有环境差异性的性质。
[2] 这是两种不同的、排他的函数参数创建方式。由于在非简单参数（默认参数、剩余参数或模板参数）中允许使用类似"x = 100"这样的初值设置（注意，这里的值 100 可以是一个表达式），因此函数参数就必须允许在传入参数生效之前计算表达式，以得到初值；然而这个计算过程必须发生于每次函数调用且运行于本次调用的执行上下文中，于是 JavaScript 将这个执行过程"塞到"函数创建后至参数创建前的这段时间里，并让每次执行的结果值作为（由形式参数所指示的）变量名的初值。而在使用"形式参数与参数对象绑定"的简单参数模式中，只需要将二者一一对应起来就可以了，因为这些参数的初值都必然是默认值`undefined`。

```
// 在 foo() 中, 参数 v1~v3 是有意义的, 但在调用 foo2.apply() 时可以直接使用 arguments
function foo(v1, v2, v3, name) {
  // ...
  return foo2.apply(this, arguments);
}

// 忽略其他参数
function foo2(_, _, _, name) {
  ...
}
```

一旦参数被声明为非简单参数，就不能再使用重名参数了。例如：

```
// (本示例将导致语法错误)
function foo(v1, v2, v2="unkown", name) {
  ...
}
```

并且这时形式参数与 arguments 之间还将解除绑定关系。例如：

```
// 默认参数、剩余参数或模板参数都将导致形式参数与 arguments 解绑
function foo(filename, ...args) {
  filename = 'new file name'; // changed
  console.log(arguments[0]); // no effect
}
foo('test.txt');
```

最后，这种"解除绑定关系"还存在一个与"默认参数值"有关的隐式效果。当使用非简单参数时，通过 arguments 获得的参数是不被赋于初值的，因此它可能会与通过参数名得到的值不一样。例如：

```
function foo(a=1, b, c=2, d) {
  console.log(...arguments);
  console.log(a, b, c, d);
}
```

测试如下：

```
> foo(undefined, 100, 200, 300);
undefined, 100, 200, 300
1, 100, 200, 300
```

其中的变量 a 是通过"初始器赋值"来初始化的，这个初始器能识别传入值 undefined 并为变量 a 填入默认值 1。但是初始器不影响 arguments（并且规范约定它与变量也是解绑的），因此 arguments 只是严格地反映了传入参数，而不受默认参数的影响。

5.3.1.7 非惰性求值

在下面的例子中，代码的两个输出值将是什么呢？

```
/**
 * 示例1: 在参数中使用表达式时的求值规则
```

```
 */
// print()只接受一个参数
function print(msg) {
  console.log(msg);
}

var i = 100;
// case-1
print(i+=20, i*=2, 'value: '+i);
// case-2
print(i);
```

在这个例子中，case-1 会显示数值"120"，而 case-2 则会显示数值"240"。在 case-1 中，尽管 print() 只接受一个参数——表达式"i+=20"的运算结果（120），而并没有接受第二、三个参数，但是第二个参数值的表达式"i*=2"却完成了运算，并实际地向 print() 传入了运算后的结果值 240。

这种在不需要使用某个操作数的情况下，仍然处理了它的求值运算的特性，就称为"非惰性求值"，它总是积极地、优先地获得操作数，而无视它是否最终被使用。反之，（对于函数来说，）如果一个参数是需要用到时才会完成求值（或取值）的，那么它就是"惰性求值"的。

而 JavaScript 使用"非惰性求值"的很大一部分原因，在于它还支持赋值表达式，这也就意味着表达式会产生副作用。类似于这行代码：

```
console.log(i+=20, i*=2, 'value: '+i);
```

在语义上就是对系统产生副作用的。在"允许赋值表达式存在"的这种情况下 [1]，"非惰性求值"使函数在调用界面中就确定了可能产生的副作用，并决定了将会传入函数中，以参与运算的那些值——尽管这些值可能根本就不会被用到。

显然，你应该也已经看到了问题：由于值可能根本不被函数内部用到，因此它的运算也可能是完全无意义的：既不产生副作用，也不被使用。例如上面例子中的第三个参数，它完成了这样两个运算：

- 将数值 i 转换成字符串；并
- 与字符串 'value:' 合并成新字符串。

然而运算结果却根本不被使用——这显然是一种浪费。

---

[1] 之所以强调这一前提，是因为表达式与函数具有相同的性质（表达式是函数的一种语法形式），因此如果表达式支持赋值等有副作用的行为，那么函数试图通过惰性求值来避免副作用就失去了意义。如果真要那么做，系统中的同类行为（函数与表达式）就会产生不同的效果，从而变得难以掌握了。

5.3.1.8 传值参数

"非惰性求值"一部分的意义也在于"传值参数"的实现。JavaScript在函数界面上是传值的,而不是传递表达式或操作数的引用的——这里的引用是指ECMAScript规范类型中的"引用(Reference Specification Type)"。[1]

如果能够在函数界面上传递引用,那么引用的求值过程就可以发生在函数内。所谓"引用求值过程",是指一个引用同时包括"值和引用的含义"。例如:

```
1  obj.f()
2  (obj.f)()
```

在第一行代码中,"`obj.f`"是一个对象存取操作,这个操作的结果在后续的表达式运算中是作为一个引用来使用的,因此后续(函数调用)运算事实上能将 `obj` 作为 `this` 引用来使用。这意味着引用可以传递一个运算结果的、非值的信息。类似地,第二行代码的分组运算符"`()`"也返回一个引用结果,因此后续的调用仍然可以使用 `this`。注意,在这两个过程中,连续运算都会传递引用。如下例所示:

```
# 在全局 this 中声明一个 x
> x = 100

# 声明一个一般对象
> obj = { x: 200, f: function() { console.log(this.x) } }

# 示例 1
> obj.f()
200

# 示例 2
> (obj.f)()
200
```

但是如果在分组运算符"`()`"中使用了连续运算,那么情况就会变得不一样。例如:

```
# 示例 3
> (0, obj.f)()
100
```

这就是因为"连续运算符(逗号)"是连续求值过程并最终返回最右侧表达式的"值",而不是引用。然后这个值交由分组运算符(向后续运算)传递时就只剩下"值",而丢失了

---

[1] 本书并不详细介绍"ECMAScript 规范类型"以及相关的知识,仅在两处(本小节和"6.5.1.3 赋值操作带来的重写"节)对"引用(规范类型)"略有叙述;并且所有使用"this 引用"或"super 引用"的地方,在本质上也是将它们作为"引用规范类型"来讲述。不过,包括"this 引用""super 引用",以及所有其他使用"引用"这一词汇、并且未加特定强调的地方,你都可以将"引用"理解为一般性的文本意思,也就是"指向某个东西";或者,它也在这些情况下表明数据 x 是基本数据类型中的"引用类型",即 `typeof(x)` 的值为 `object` 或 `function`。

那些"非值的信息"。这个例子同样适用于对函数"传值参数"特性的解释，例如：

```
// （续上例）
function foo(x) {
  x(); // x是传值，而不是传引用的
}

// 示例 4
foo(obj.f); // 100
```

传值参数意味着你永远不可能在 JavaScript 中通过修改参数影响到函数外部的变量。的确，不论是通过 arguments 对象，还是直接操作形式参数名，我们都可以重写那个形式参数名（的值）。但是，由于那些"非值的信息"缺失，你既不可能让求值的过程发生在函数内（惰性求值），也不可能反向影响被传入的参数（例如，置值）。例如，对于其他一些语言来说，这个修改能否影响到原始值，取决于参数声明的形式：

```
// Pascal 风格：可以在函数内修改参数
function Func(var str: String): string;
```

JavaScript 并不提供上述风格的参数声明方式（这是传引用的），以及其他类似 in、out 等约束的参数声明方式。JavaScript 的函数所声明的参数，在绑定调用时的实际参数时，对每个传入参数"非惰性求值"并得到值结果。因此一定意义上来说：非惰性求值也是对"传值参数"特性的一个实现结果。

但是出于 JavaScript 语言中对象的特性，用户代码仍然可以修改函数界面上的对象的属性。这是非常常见的，例如：

```
// 示例对象
obj = {
  value: 100
}
function myCalc(obj) {
  //...
  obj.value = 2 * obj.value;
}
// 一般的代码风格
myCalc(obj);
console.log(obj.value);
```

在这种情况下，"函数没有对外的副作用"只能是程序员的编程习惯上的约束。因此如果试图让代码"更加函数式"，那么更合理的做法是：用函数处理值，并在函数之外处理对象。因而对于上面的例子，相对良好的函数式风格应该如下：

```
// （续上例）

// 某个函数式风格的计算过程
// （计算值，而不是操作对象属性或对象本身）
```

```
function myCalc2({value}) {
  return value*2;
}

// 输出: 200
console.log(myCalc2(obj));
```

当然，如果确定 `myCalc()` 是 `obj` 对象的特定逻辑，那么上面的代码也可以是这种典型的 OOP 风格：

```
obj = {
  value: 100,
  calc: function () {
    return this.value * 2;
  }
}
// 输出: 400
console.log(obj.calc());
```

5.3.2　函数

根据基本性质的不同，JavaScript 中共内置支持了 10 种函数，表 5-4 概要列出了它们之间的区别。

表 5-4　JavaScript 中的 10 种函数

小节		声明	表达式	具名	限制	其他
5.3.2.1	函数	Y	Y	可选		
5.3.2.2	生成器	Y	Y	可选	不能用作构造器	
5.3.2.3	类	Y	Y	可选	不能用作函数	（注2）
（注1）	异步函数	Y	Y	可选	不能用作构造器	
	异步生成器函数	Y	Y	可选	不能用作构造器	
	异步箭头函数	N	Y	不支持	不能用作构造器	
5.3.2.4	方法	Y	N	不支持	不能用作构造器	
5.3.2.5	箭头函数	N	Y	不支持	不能用作构造器	
5.3.2.6	绑定函数	N	N	不支持	（取决于被绑定函数）	计算结果
5.3.2.7	代理函数	N	N	不支持	（取决于被代理函数）	

注 1：参见"第 7 章　JavaScript 的并行语言特性"。

注 2：这 5 种函数都有声明语法并同时可以在表达式中使用该语法，因此它们既可具名，也可匿名；并且它们的 name 属性有着相同的性质、用法与限制。这一部分内容将在"5.3.2.1　一般函数"中统一作为普通函数的性质来讲述。

在表 5-4 中，对某种类型中的函数来说，"声明"列表明它是否有声明语法，而"表达式"列表明它是否可以将声明语法用于表达式中——所有函数都可以用作表达式的操作数，但它的声明语法则不一定适用于表达式。

"具名"列表明该函数是否支持一个确定的函数名。[1]有且仅有通过声明方式得到的函数才是可以具名的。函数具名的主要意义在于：在声明该函数的同时，在上下文中具有了一个该名字的标识符。函数也可以另外有一个与此无关的 name 属性：一方面，它并不能表明函数是否具名，另一方面具名函数也可能有着与名字不同的 name 属性。

接下来我们详细讲述每一种函数。

5.3.2.1 一般函数

一般函数（Ordinary or normal function）是指用函数声明语法声明的具名函数或匿名函数，其中匿名函数不能直接作为在代码上下文中的"声明"，只能作为表达式操作数，亦称为普通函数。

如果声明一个具名函数，那么该函数的名字会作为当前上下文中的一个标识符，并且这直接取决于函数声明时所处的位置。例如：

```
// 示例 1

// foo 会成为全局上下文中的标识符（变量名）
function foo() {
  // func 是在 foo() 函数内的一个标识符，
  function func() {
    // func 标识符也作用于该函数体的内部
  }

  // if 语句内的函数声明
  if (true) {
    // 函数声明不是块级作用域的（与 let/const 不同），所以 func2 在 foo() 函数内可见
    function func2() {
    }
  }
  console.log(typeof foo, typeof func, typeof func2)
}

// 测试 1
// - 在 foo() 函数内三个标识符都是可见的
foo();
```

---

[1] 按照惯例，首字母大写的命名风格是留给那些作为构造器使用的函数的。而一般方法、函数或那些不能被 new 运算作为操作数的函数，应当使用一个小写字母开始的名字来命名。这一规则同样应用于变量等标识符的声明。

```
// 测试 2
// - func 和 func2 在全局上下文中不可见
console.log(typeof foo, typeof func, typeof func2);
```

在表达式中可以直接使用（通过声明语法来得到的）具名函数的字面量，这种情况下它的标识符仍然在函数内有效，但对函数表达式之外的作用域无效。试对照示例 1 中（在函数内 `if` 语句中）的声明：

```
// 示例 2

// 将具名函数作为赋值表达式的右操作数
var f = function func2() {
  console.log(typeof func2);
}

// 测试 1
// - func2 在函数内是有效的
f();

// 测试 2
// - 在赋值表达式之外的上下文中是无效的
console.log(typeof func2);
```

在示例 1 中，`if` 语句内的函数声明称为"有条件的"函数声明：它是在执行期才影响作用域的，这与表达式有类似的性质；但它同时又是声明（语句），因此与表达式是不同的。

匿名函数不会在作用域中创建标识符，也因此它不能作为语句（而只能作为表达式操作数）。下例所示是变量声明并将匿名函数赋为初值：

```
// 示例 3

// 使用变量声明（匿名函数作为赋值表达式的右操作数）
var func2 = function() {
  console.log(typeof func2);
}

// 测试 1
// - 在函数内能访问到 func2 这个变量名（但不是函数名，因为该函数是匿名的）
func2();

// 测试 2
// - 重写变量会影响上述函数内访问 func2 这个标识符
x = func2; // 建立引用
func2 = 'a string';
x(); // 显示 'string'，而不是 'function'
```

与示例 2 的核心差异在于，具名函数可以有一个（在函数体内能访问的）名字，且这个名字由于是函数体外的上下文所无法访问的，所以也就不可改变。而示例 3 中的这个名字是在函数外可改变的变量名。

在 JavaScript 的规范中，所有的函数都可以有一个名字，即 *aFunction*.name 属性。这个名字是不可靠的，它可以改变，可以删除，也可以与已具有的名字不同。例如：

```
var x = function() {}
var y = function foo() {}

// 测试1
console.log(x.name, y.name);  // "x", "foo"

// 测试2
delete x.name;
Object.defineProperty(y, 'name', {value: 'y'});
console.log(x.name);  // ""
console.log(y.name);  // "y"
```

所以具名函数与匿名函数的差异也仅仅体现在这两个方面：1. 是否有一个可影响当前作用域的标识符；2. 是否可以用作声明语句。除此之外，它们具有的函数性质是一样的，包括用作构造器（`new` 运算符）和可以调用（函数调用运算符"`()`"）。当然，与此相关的特性也是可用的，例如，使用 `Reflect.construct()` 或 `Reflect.apply()` 来执行相应运算符的操作，或在 Proxy 中设置 handler 上相应的陷阱（traps）来捕获相应的行为。

当然可能你已经知道了，它们也同时是对象：

```
# 函数是对象的子类实例（是的，所有函数都是）
> (function(){}) instanceof Object
true
```

5.3.2.2 生成器函数

当给普通函数声明的 `function` 关键字加上一个"`*`"作为后缀限制词时，所声明出来的就是生成器函数（Generator function）。

生成器函数是可以作为函数调用的，但不能用作构造器（这与"类"正好相反）。调用生成器函数时，该函数声明的函数体并不执行，而是直接返回一个生成器对象（Generator/Generator Object，例如tor），生成器对象同时也是一个可迭代对象。[1]例如：

```
// 示例 4
function* myGenerator(x=0,y=0,z=0) {
  yield x * 2 + y * z;
```

---

[1] 生成器对象能作为可迭代对象使用，是生成器的核心机制。关于这一部分请参见"5.4.4.1 可迭代对象与迭代"。

```
}
var tor = myGenerator(1,2,3);
...
```

你可以持有这个 `tor` 对象，以便在后续逻辑中调用 `tor.next()` 方法来触发、执行和结束生成器函数体——你所声明的代码部分。

尽管每次调用生成器函数时都会得到一个新的 `tor` 对象，并且这个对象也被"理解成"生成器函数的实例：

```
# 生成器是生成器函数的实例
> tor instanceof myGenerator
true
```

但它并不是由生成器函数构建和初始化的：生成器函数只具有逻辑执行的意义而不用于产生实例，这也是它不被设计为构造器的原因。与此类似的是 Symbol 设计，所有符号都是 Symbol 值集之一，但 `Symbol()` 只能执行而不能用 `new` 运算来创建实例。

在生成器函数内，`this` 引用总是指向调用该生成器函数（以得到 `tor` 对象）时所传入的 `this`。例如：

```
// 示例 5

// 在生成器函数内使用 this
var obj = new Object;
function *f() {
  console.log("this is <obj>:", this===obj);
}

// 测试，传入 obj 作为 this
var tor = f.call(obj);
tor.next(); // this is <obj>: true

// 作为一般函数调用，没有 this 传入（默认指向 global）
var tor2 = f();
tor2.next(); // this is <obj>: false
```

此外，`yield` 也是仅在生成器函数内可用的一个运算符。[1]它与 `return` 只能用于函数内类似，而又有所不同：1. `yield` 是运算符，而 `return` 是语句/子句；2. `yield` 运算符"产生"一个值，但并不退出函数；3. `yield` 本身（由于是运算符）是有计算结果的。示例 4 中的 `yield` 在第一次执行 `tor.next()` 时就会产生数值 8，如下例：

---

[1] 规范中规定只能在生成器函数中使用 `yield`，但不同引擎在实现上却有所不同。例如，Firefox 为了保证向前兼容，允许在普通函数内使用该运算符。在这种情况下，该函数将被隐式地声明为一个生成器函数，且用 `yield` 返回的是值而非含有值属性的对象。而 v8 引擎将非生成器函数中的 `yield` 识别为未声明的标识符，并且在非严格模式下可以将它作为一个普通标识符重新声明。

```
// （续"示例 4"）
console.log(tor.next().value); // 8
```

而 `yield` 运算符的计算结果是下一次 `tor.next()` 调用传入的数据（取传入的第一个实参），例如：

```
// 示例 6
function* myGenerator2(x) {
  console.log('in generator:', yield 2*x);
  console.log('again:', [yield]);
}

var tor = myGenerator2(10);
```

测试如下：

```
# 1st call, yield value and pause
> console.log('yield value:', tor.next('1st ignored').value)
yield value: 20

# resume yield, and send data
#  - yield nothing
> tor.next('data...')
in generator: data...

# again
#  - push four parameters, but pick one only
> tor.next(1,2,3,4)
again: [ 1 ]
```

也可以用 `yield*` 运算符来委派另一个可迭代对象"产生"值。`yield*` 用于可迭代对象时将会展开后者，并逐次"产生"每次迭代过程的结果——如你所预想的，如果使用 `yield`，那么就只会直接返回结果而不会展开迭代了。很多时候，`yield*` 也被用来实现生成器的递归调用，在这种情况下，`yield*` 只是调用了这个生成器函数并（帮助你）持有了返回的那个可迭代对象而已——如同一个隐式创建的 `tor` 对象。

有且仅有生成器函数提供"重新进入函数现场"的能力。准确地说，是 `yield` 提供退出现场的能力，而迭代对象 `tor.next()` 则恢复到执行现场（resume and continue）。

5.3.2.3 类

类（Class）也是一个函数。同时，它也是构造器。但是，类不能执行函数调用运算。

类可以从任何一个普通函数来派生（因为后者也可以作为构造器），或者派生自 `null`。派生自 `null` 的类，是类的一种特例。与此相关的，对象也有类似性质（原型是 `null`）。这些特性可以参见：

- 3.2.1.5 原型为 null："更加空白"的对象

- 3.3.4 父类的默认值与 null 值
- 3.6.2 类类型与元类继承

类是 JavaScript 面向对象系统的一个主要实现，这些相关的特性主要在第 3 章中讲述，主要包括如下章节：

- 3.1.2 使用类继承体系
- 3.3 JavaScript 的类继承
- 3.4.3.3 类继承

类可以是声明语句（具名的），也可以是表达式的操作数（具名的或匿名的）。当它是声明语句时，在标识符方面的特性与普通函数是一样的。你可以在类的声明中安全地访问类名，例如：

```
// 示例 7
class MyClass {
  constructor() {
    console.log(new.target === MyClass); // true
  }
}

// 测试 1
x = new MyClass;

// 测试 2: 类不能执行函数调用
try {
  MyClass();
except(e)
  console.log(e.message); // TypeError: ...cannot be invoked without 'new'
}
```

类可以赋给对象成员，这种情况下它可以被理解为对象的一般属性，具有属性的全部性质。但是类不能执行函数调用运算，因此它在被置为对象属性时也不能当成方法来调用。不过你仍然可以用 new 运算来构造实例，例如：

```
var obj = {
  MyClass: class {
    get value() {
      return 10;
    }
  }
}

// 注意，运算符 "." 的优先级高于 new
console.log((new obj.MyClass).value); // 10
```

5.3.2.4 方法

只有在类声明和对象字面量声明中，使用了方法声明语法的函数，才是我们这里讲的方法（Method）。方法作为类的特性，在第 3 章中也有详细讲述，主要包括如下章节：

- 3.3　JavaScript 的类继承
- 3.4.3.3　类继承

方法在根本上也是一类特殊的函数，例如：

```
// 示例 8
// （类声明和类表达式中的方法可以直接参考本例）

// 对象字面量声明
var obj = {
  foo() { },
  runIt: function() { },
  runIt2: function me() { }
}
```

在这个例子中，`foo()`是一个方法声明，而runIt是一个值为匿名函数的属性；runIt2 与runIt也一样是属性，但它的值是具名函数。runIt/runIt2 并非严格意义上的对象方法，尽管它们更传统、经典，并且也历来都被称为方法。将一般函数[1]（例如runIt/runIt2）作为方法，是旧的JavaScript构建对象系统的主要风格与方式，是JavaScript面向对象系统概念集的主要组成部分，这在"3.4.2.1　方法"中有更多的叙述。

而在这里的 `foo()`方法，即"ES6 风格的方法"又与它们有什么不同呢？主要体现在三个方面：

- 方法不能作为构造器使用。
- 方法没有 prototype 属性（生成器作为方法时例外）。
- 方法不能具名。

此外，方法也可以是生成器、异步函数和属性读写器。但即使在这些情况下，上述性质也只有生成器会存在一个例外：

```
var obj2 = {
  // 声明属性存取器方法（也可以用 set 关键字）
  get name() {
    return 'property getter'
  },
```

---

[1] 一般函数的性质可以参见"5.3.2.1　一般函数"。

```
// 声明异步方法
async callMe() {},

// 声明生成器方法，用*作为方法名前缀即可
*maker() {}
}

// 唯一的例外：生成器方法会有prototype属性
console.log('prototype' in obj2.maker);  // true
```

方法不能用作构造器是因为 JavaScript 根本没有为它初始化一个名为`[[Construct]]`的内部槽，而"不能具名"则是语法限制。在上述所有声明中，方法名既不是上下文中的标识符，也不在方法（函数体）内部可见，例如：

```
var obj3 = {
  callMe() {
    console.log(typeof callMe);
  },

  *callMe2() {
    console.log(typeof callMe2);
  }
}

// 测试
obj3.callMe();  // undefined
obj3.callMe2().next();  // undefined
```

方法的最后一项特性，是在它的函数体内部可以使用 super 这个关键字，这包括"super 调用（Super call）"和"super 引用（Super reference）"两种形式。关于这一部分的细节，请参见"5.4.3.3 在方法调用中理解 super"。

5.3.2.5 箭头函数

箭头函数（Arrow function）总是用字面量声明语法来声明的，但它不是声明语句，只能作为表达式的操作数，并以表达式所在的上下文作为它的执行环境。此外，箭头函数总是匿名的，因为它的声明语法无法声明标识符。其基本语法如下[1]：

```
( parameters ) => { functionBody }
```

箭头函数不能用作构造器，但可以作为函数或方法（这里指对象的"函数类型的属性"）来调用。另外，箭头函数也可以声明是异步的，因此在它的函数体内也可以使用 await 运算符。

箭头函数除了在语法形式上"更简单"之外，主要的特点是：1. 它永远不持有自己的 this

---

[1] 详情参见"2.3.4.1 匿名函数与箭头函数"。

引用；2. 不会有参数对象（arguments）来代表传入参数。

由于它不持有自己的 `this` 引用，所以它的代码总是会访问到当前上下文中的 `this`：如果它声明在全局，则是 `global`；如果它声明在某个函数中，则是该函数调用时有效的 `this`。出于这一点限制，`apply/call` 调用也无法传入 `thisArg`，且 `bind()` 方法也无法将新的 `thisArg` 关联给它，尽管 `bind()` 方法会返回一个有效的绑定函数。例如：

```
// 示例 9

// 本示例用于展示 arrowFunc() 中可访问的 this 引用
function foo() {
  var arrowFunc = ()=>this.name;
  var obj2 = {name: 'me'};
  console.log('call: ', arrowFunc.call(obj2));
  console.log('bind: ', arrowFunc.bind(obj2)());
}
var obj = {name: 'object <obj>'};
```

测试如下：

```
# call foo() and bind `this` to <obj>
> foo.call(obj);
call: object <obj>
bind: object <obj>
```

5.3.2.6 绑定函数

绑定函数（Bound function）是一个计算值，通过目标函数的 `bind()` 方法返回结果来得到：

`targetFunc.`**`bind`**`(thisArg[, arg1[, ...]])`

通过 `bind()` 方法，绑定函数总是与被绑定的目标函数关联，通过调用后者来实现全部的行为，并且在调用后者时传入已绑定的 `thisArg` 和 `arg1...n` 参数。

绑定函数与调用目标函数的 `apply/call` 方法在效果上并没有区别，因为它们用类似的逻辑处理 `thisArg` 和 `arg1...n` 这些参数。但是绑定函数是一个真实的函数，可以被引用、暂存或放到闭包（上下文）中。此外，绑定函数也确实有自己的一些特殊性质，包括：

- 内部原型被置为与 `targetFunc` 的原型一致。
- 没有自有的 `prototype` 属性。

所谓绑定函数的内部原型与 `targetFunc` 一致，是指 `bind()` 方法默认会有如下操作：

`Object.setPrototypeOf(boundFunc, Object.getPrototypeOf(targetFunc))`

这意味着在 `boundFunc` 上调用 `targetFunc` 的那些继承自原型的方法是安全的，但却无法

调用 `targetFunc` 的自有方法或访问自有属性。例如：

```
class MyFunc {
  static foo() {
    console.log('prototype method in MyFunc');
  }
}

class MyFuncEx extends MyFunc {
  static foo() {
    console.log('own method in MyFuncEx');
  }
  callMe() {
    console.log('call me in MyFuncEx');
  }
}
```

在这个例子中，`extends` 关键字使 `MyFuncEx` 派生自 `MyFunc`，并且在引擎初始化这两个类时默认将 `MyFuncEx` 的原型置为后者。这样一来，所声明的类方法 `MyFuncEx.foo()` 就是它的自有方法，而 `MyFunc.foo()` 是它的原型上的同名方法。而在下面的测试中，绑定函数 `f` 将会调用到原型中的 `MyFunc.foo()` 方法：

```
// （续上例）

// 测试
var f = MyFuncEx.bind();
MyFuncEx.foo();  // own method
f.foo(); // prototype method
```

同样的原因（不能访问 `targetFunc` 的自有属性），绑定函数无法在类声明中替代目标函数用作父类。其根本原因在于 JavaScript 处理类声明以构建子类时，需要引用 `parentClass.prototype`。对于绑定函数来说，这由两个方面的因素来决定：其一，如果 `targetFunc` 的原型是没有 `prototype` 属性的，那么 `boundFunc` 将不能用作父类（会导致执行期异常）；其二，如果 `targetFunc` 的原型有 `prototype` 属性，那么 `boundFunc` 尽管能用作父类，却不能替代 `targetFunc`。例如：

```
# （续上例）

# MyFunc 的原型没有 prototype 属性
> 'prototype' in Object.getPrototypeOf(MyFunc)
false

# 因此以下代码导致异常（执行期异常）
> class MyFuncEx2 extends MyFunc.bind() {}
TypeError: Class extends value does not have valid prototype property ...
...

# MyFuncEx 类的原型有 prototype（即 MyFunc.prototype），所以以下能正常声明
> class MyFuncEx3 extends MyFuncEx.bind() {}
```

```
# 但是绑定函数继承了 MyFuncEx 原型的 prototype 属性，所以 MyFuncEx3 与 MyFuncEx4 不同
> class MyFuncEx4 extends MyFuncEx {}

# MyFuncEx4 是 MyFuncEx 的子类，它的实例可以使用方法 callMe()
> (new MyFuncEx4).callMe()
call me in MyFuncEx

# callMe()继承自父类原型
> 'callMe' in Object.getPrototypeOf(MyFuncEx4.prototype)
true

# 而 MyFuncEx 的绑定函数不能用来替代 MyFuncEx 作为父类（例如 MyFuncEx3 的父类）
> 'callMe' in Object.getPrototypeOf(MyFuncEx3.prototype)
false

# 实例也没有继承来的'callMe'属性
> 'callMe' in new MyFuncEx3
false
```

绑定函数没有自有的 `prototype` 属性，因此它可以自由地添加这样一个属性（并且不会影响到目标函数）。然而这个动态添加的自有 `prototype` 属性在多数运算中都是无效的（它可能会产生一些预期之外的结果）。例如：

```
> MyFunc = new Function;
> x = new MyFunc;
> f = MyFunc.bind();

# 原型检查(1)
> x instanceof f
true

> x instanceof MyFunc
true

# 伪造的原型属性
> f.prototype = new Object;

# 原型检查(2)
> x instanceof f
true

> x instanceof MyFunc
true

# 原型检查(3)
> MyFunc.prototype.isPrototypeOf(new MyFunc)
true

> f.prototype.isPrototypeOf(new f)
false

> (new f) instanceof f
true
```

绑定函数是分别将 *thisArg* 和 *arg1...n* 绑定到自己的内部槽中的，因此可以对绑定函数调用 call/apply/bind 方法。其中 *thisArg* 总是使用 bind() 方法传入的参数且不可替换，而新的、在调用绑定函数时传入的参数会追加在已绑定的 *arg1...n* 参数的后面。例如 [1]：

```
function foo() {
  'use strict';
  console.log("this: ", this && typeof this);
  console.log("args: ", ...arguments);
}
```

测试如下：

```
# f()是绑定函数，并且预绑定了参数1,2,3
> f = foo.bind(null, 1, 2, 3)

# 调用时追加了4,5,6
> f(4,5,6)
this: null
args: 1 2 3 4 5 6

# 绑定函数会忽略用 apply/call 传入的 thisArg
> f.call(new Object, 'a', 'b', 'c');
this: null
args: 1 2 3 a b c
```

在绑定函数作为构造器使用时，*arg1...n* 的使用规则不变，但 *thisArg* 值是没有意义的。因为绑定的 *thisArg* 并不会传递给构造过程，且在构造过程中的 this 引用总是由 new 运算符创建的。并且，在这种情况下，JavaScript 除了会把构造过程中的对象原型设为目标函数的原型（*targetFunc*.prototype）之外，还会将 new.target 设为目标函数。这个过程同样也是在绑定函数内部——它自身的构造方法中完成的。例如：

```
function MyObject(src) {
  console.log('Construct by', src);
  console.log(Object.getPrototypeOf(this) === MyObject.prototype);
  console.log(new.target === MyObject);
}
```

测试如下：

```
# 创建实例
> new MyObject('MyObject')
Construct by MyObject
true
true

# 绑定函数
> X = MyObject.bind(null, 'bound MyObject')
```

---

[1] 函数 foo() 中使用严格模式是避免在 *thisArg* 为 null 值时引用全局对象。详情可参见 "3.4.2.1 方法"。

```
# 使用绑定函数创建实例（在 MyObject 中的 this 和 new.target 不受影响）
> new X
Construct by bound MyObject
true
true
```

这些对 `thisArg` 和 `arg1...n` 参数的处理，以及在构造过程中处理 `new.target` 等逻辑，都是绑定函数所固有的，因此它被视为一类有确定行为的、独立的函数。

5.3.2.7 代理函数

如果使用 `Proxy()` 类创建一个函数的代理，那么这个代理对象也将具有函数的性质。出于 JavaScript 代理机制的设计，代理对象（Proxy object）自身既可能是定制过 `apply/construct` 行为的对象，也可能是没有使用陷阱而直接穿透到源对象。用户代码无法有效地检测这两种情况。

在不设置 `apply/construct` 陷阱的情况下，代理函数的调用与构造行为与源对象一致（否则这些行为将取决于用户的陷阱句柄中的具体代码）。如果一个函数没有 `[[Constuct]]` 内部槽，那么 `construct` 陷阱不会被调用到；同样（类似地），如果一个对象没有 `[[Call]]` 内部槽，那么 `apply` 陷阱也不会被调用到。

`class` 声明的类是比较特殊的，它具有 `[[Call]]` 内部槽，但是不能被调用。如果尝试调用它，那么将触发一个运行期异常。但由于类是在内部槽 `[[Call]]` 之内处理 `class` 的机制的，因此 `apply` 陷阱将被成功调用。例如：

```
## 声明类
> class MyClass { };

## 类禁止作为函数调用
> MyClass();
TypeError: Class constructor MyClass cannot be invoked without 'new'

## 创建它的代理
> p = new Proxy(MyClass, { apply() { console.log("Hi, apply!") } });

## 代理函数是可调用的
> p();
Hi, apply!
```

5.3.3 函数的数据性质

从 JavaScript 语言的数据视角来观察函数，它是一个引用类型的数据，并且更确切地说：

它是一种对象。然而，如果从函数式的角度来观察函数的话，那么它就既是可执行的函数（operators），又是函数执行中被运算的数据（variables/data）。

5.3.3.1 函数是第一型

在中文中解释"第一型/第一类数据类型（first-class data types）"会是一件比较艰难的事。其中的"第一类（first-class）"是有确定含义的修饰词，采用相同构词法的概念还有"第一类值（first-class values）""第一类函数/实体（first-class functions/entity）""第一类表示类型（first-class representation types）""第一类自然数据类型（first-class natural data types）"，等等。

在上述所有概念中，所谓"第一类（first-class）"，意在强调指称目标"不可分解、最高级别、不被重述"等。在一些解释中，直接套用社会学中的"一等公民（first-class citizens）"来阐释first-class，虽然同样未能说清楚，但起码让人有了直观的概念。[1]

与一般程序设计语言中的数据类型概念相比较，其"基础类型"和first-class data types的概念是相近的。所谓基础类型，是指在语言中用来组织、声明其他复合类型的基本元素，它在语言的语法解释级别存在，无须用户代码重述。换言之，"第一型（first-class data types）"通常是指基础类型。更加直观地说，它通常表现为如下特性[2]：

- 能够表达为匿名的字面量（直接量/立即值）。
- 有独立而确定的名称（如语法关键字）。
- 能被变量存储。
- 能被其他数据结构存储。
- 可作为例程参数传递。
- 可作为函数结果值返回。
- 在运行期可创建。
- 能够以序列化的形式表达。

---

1 事实上，"first-class data types"最早确实引申自"一等公民（first-class citizens）"这个概念。它出自英国科学家Christopher Strachey 1960年发表的一篇论文，*Functions as First-class Citizens*。Christopher是语义的奠基者、分时系统（Compactable Time-Sharing System, CTSS）概念的创立者，据说他的名字与C语言中的"C"有着一些关系。

2 JavaScript中的函数能够满足几乎全部特性，包括将函数序列化成字符串并在不同系统中进行传递与存储。只是多数宿主环境并非跨进程的或分布式的系统，因此这样的特性并非必需罢了。

- （与其他数据实体）可比较的。
- （以自然语言的形式）可读的。
- （在分布的或运行中的进程中）可传递与存储。
- ……

JavaScript 中的函数之所以能具有"函数式语言的函数"这样的特性，其最重要的前提就是"让函数可以作为操作数"。这使得它既可以作为数据值存储并在函数调用中传入传出，又可以作为函数来执行调用。这样的性质——运算符可以作为操作数，在函数式语言中有一个专门的名词，叫"高阶函数"。

所以事实上"高阶函数""函数是第一型"仅是函数的同一性质的不同陈述。而在 JavaScript 中的第一型，就是指 7 种基本类型：`undefined`、`string`、`boolean`、`number`、`symbol`、`object` 和 `function`。在基本类型的视角下，函数与对象是无关的，函数也并不是对象的一个子类类型。注意，事实上这 7 个基本类型都是第一型的，它们相互之间没有类型衍生关系，例如，显然不能说 `string` 是 `boolean` 的一个子类型。

5.3.3.2 数据态的函数

从函数式语言的角度来说，"所有的东西都是值"。[1]函数是第一型——可以作为值来使用、传递等，也正好可以阐释这一观念。

因为函数是值，所以函数可以作为数据存储到变量中，也可声明它的字面量——数据的字面表达形式。例如：

```javascript
// 将一个函数字面量赋值给变量 func 存储
var func = function() {
  //...
}

// 声明一个(命名的)函数变量
function myFunc() {
  // ...
}
```

因为函数是值，所以函数可以直接参与表达式运算。[2]例如：

```javascript
// 直接参与布尔运算
```

---

1 这里的"值"是指"可操作的数据对象"与"操作数据对象所产生的结果"，而不是所谓的"值/引用类型"中的类型概念。
2 所有运算的最终目的都是"产生值类型的结果"，因此要么是在求值，要么是在准备求值的数据（例如，访问对象属性）。详情可参见"5.2.3.1 运算的实质是值运算"。

```
if (!myFunc) {
  // ...
}

// 与字符串等其他类型数据混合运算
value = 'The function is ' + myFunc;
```

因为函数是值，所以它也可以作为其他函数的参数传入，或者作为结果值传出——在"5.3.3.1 函数是第一型"说这是"高阶函数"的特性，放在本小节中，作为"值的特性"来解释，也是一样的。例如：

```
// 函数作为参数传入
function test(foo) {
  // 函数参与表达式运算，以及作为函数返回值传出
  return (foo !== myFunc ? foo : function() {
    // ...
  });
}
// 将test()函数调用的返回值作为新的函数调用
test(myFunc)();
```

5.3.3.3　类与对象态的函数

经常听到有人说"JavaScript 中所有的东西都是对象"。的确，函数也是对象：

```
// 示例：函数是对象
function foo() {}
console.log(foo instanceof Object); // true
```

然而函数在对象系统中的形态是有多种的，包括：函数对象、代理函数、类，等等。

要理解对象态的函数，首先得理解 Function() 这个类。并且，得稍稍再提及一下"构造器"。构造器是 JavaScript 在早期约定的"类"的形式，如果一个函数能用来进行 new 运算，那么它就是构造器[1]（例如，MyConstructor）。new 运算总是会使用 MyConstructor.prototype 为原型创建一个对象实例，并接下来将 MyConstructor 作为初始化函数调用。在这个过程中：1. new 运算创建了实例；2. MyConstructor 在函数体中通过 this 引用对上述实例进行初始化。这也就是所谓"构造器"的全部秘密了。

而 Function() 就是一个这样的构造器，它能构造实例，也有 Function.prototype 作为所有实例的原型。而且重要的是，它所构造出来的实例就是函数——对象态的函数。尽管并非所有的函数（作为实例）都是由 Function() 构造出来的，但是 JavaScript 将所有函数的原

---

[1] 之前在"5.3.2 函数"中列举过的 7 种函数，只有方法和箭头函数是不能用作构造器的（绑定函数取决于所绑定目标函数的性质）。

型链的顶端都设为 `Function.prototype`，从而抹去了这一细节。在使用者看来，所有的函数都是 `Function()` 的实例；亦即是说，都是对象态的。

```
// (续上例)

// 所有函数都是Function()的实例
console.log(foo instanceof Function); // true

// Function()自身作为函数，也是它自己的实例
console.log(Function instanceof Function); // true

// Function()自身作为对象，也是Object()的实例
console.log(Function instanceof Object); // true
```

由于 `Function` 也是构造器，因此它能作为其他类的父类（可以派生子类）。例如：

```
// (续上例)
class MyFunction extends Function {
  // ...
}
```

按照"面向对象系统"的概念，`Function` 的子类（以及更深继承层次的子类）的实例也是函数，并且也当然还是对象：

```
// (续上例)
console.log(typeof new MyFunction); // 'function'
console.log(new MyFunction instanceof Function); // true
console.log(new MyFunction instanceof Object); // true
```

综上，`Function()` 类及其子类都是对象态的函数。当然，基于它们的性质，它们也是构造器。这样的子类在 JavaScript 原生的对象系统中还有三个，只不过它们都是隐藏的：

```
// 在语义上，GeneratorFunction()是Function的子类。类似如下声明：
// - class GeneratorFunction extends Function { ... }
GeneratorFunction = (function*() {}).constructor;

// 在语义上，AsyncFunction()是Function的子类。类似如下声明：
// - class AsyncFunction extends Function { ... }
AsyncFunction = (async x=>x).constructor;

// 在语义上，AsyncGeneratorFunction()是Function的子类。类似如下声明：
// - class AsyncGeneratorFunction extends Function { ... }
AsyncGeneratorFunction = (async function* () {}).constructor;
```

回顾 5.3.2 节中的表 5-4，其中一般函数、生成器、异步函数以及异步生成器函数等都存在它们的声明语句和表达式形式。现在，这其中的 4 种函数也都有它们各自的构造器，并且都是继承自 `Function` 的子类，如表 5-5 所示。

表 5-5 对象态的函数（构造器与类属关系）

对象(o)	对象的构造器(C) (o = new C)	对象的父类(Cls) (o instanceof Cls)	对象作为构造器 (x = new o)
函数	Function	Function	
类	（参见 3.6.2.2 节）	Function	
生成器	GeneratorFunction	GeneratorFunction	不能（注1）（注2）
异步函数	AsyncFunction	AsyncFunction	
异步生成器函数	AsyncGeneratorFunction	AsyncGeneratorFunction	
方法	（不支持）	Function	
箭头函数	（不支持）	Function	
异步箭头函数	（不支持）	Function	

注 1：所有 6 种不能作为构造器使用的函数对象（这里指使用 new C 创建出来的对象 o，或使用字面量风格声明的函数 o），都不能作为 class 声明中的父类。这似乎是显而易见的。

注 2：除生成器函数和异步生成器函数之外，其他 4 种都没有 o.prototype 属性。

由此可见，JavaScript 中的函数，总是由上述 4 个构造器或它们派生的子类构造出来的；若函数是声明出来的，那么必是以上述 4 种构造器之一为父类的。所以，JavaScript 用"类的实例"这一概念完美地覆盖了所有的函数。这些类及其子类的构造器界面是一样的，其语法如下：

```
// Function()构造器
function Function([arg1[, arg2[, ...argN]],] functionBody)

// 这些Function()的子类有着相同的构造器界面
class AsyncFunction extends Function { /* ... */ }
class GeneratorFunction extends Function { /* ... */ }
class AsyncGeneratorFunction extends Function { /* ... */ }
```

如果擅用模板字符串，那么也可以用很好的代码风格来使用这些构造器。例如：

```
// 示例：可以用模板字符串来控制myFunc函数的动态生成
var name = 'aVariantName';

var myFunc = new AsyncFunction('x', 'y', `
 var ${name} = x + y;
 console.log("calculated:", ${name});
 return {${name}};
`);

myFunc(1,2).then(obj=>console.log("promised:", obj[name]));
```

而这些类——Function()类及其子类——的实例仍然是函数，并且也仍然是对象态的（记住，我们目前讨论到的所有函数都是对象态的），例如示例中的 myFunc()。它们的特点包括：

- 是不具名的。
- 具有对象的全部特征,并以 *TheFunctionClass.prototype* 为原型。

  例如:

```
// (续上例,myFunc 函数是匿名的)

// myFunc 的原型是 AsyncFunction.prototype
console.log(Object.getPrototypeOf(myFunc) === AsyncFunction.prototype);
```

  这仅对于一般函数的类(Function)来说,在默认情况下:

- *theFunctionInstance.prototype.constructor* 指向 *theFunctionInstance* 自身。

```
// 对于一般函数的类来说,其原型的构造器指向自身
var f = new Function;
console.log(f.prototype.constructor === f); // true
```

而生成器和异步生成器通过产生的 tor 对象,被视为它的实例。但特殊之处在于,它们所有的原型属性 o.prototype 都不是自有的,而是直接继承自它们的类。例如:

```
// 参考上例
var f = new GeneratorFunction;  // or AsyncGeneratorFunction
console.log(f.prototype.constructor === f);  // false

// f.prototype 是继承自原型的
let P = GeneratorFunction.prototype;
console.log(Object.getPrototypeOf(f.prototype) === P.prototype); // true
console.log(Object.getPrototypeOf(f) === P); // true
```

而最后一种类型是"异步函数(AsyncFunction)",它既不支持 x = new o 这一语法,也没有 o.prototype 这一属性,因此也不具有上述这项性质。

所有的这些函数都具有"对象的全部特征"。包括:

- 若继承自 Function.prototype,则应参阅"3.2.1.4 内置属性与方法"中的表 3-7。
- 若继承自 Object.prototype,则应参阅"3.2.1.4 内置属性与方法"中的表 3-6。

  并且作为对象,它们具有

- 在"3.2.1.4 内置属性与方法"中的表 3-8 所述属性全部可操作的特性;以及,
- 本书第 3 章所述的对象的全部特性。

5.3.3.4 代理态的函数

代理函数[1]也可以称为一个函数的代理态。并且这个代理函数在撤销（revoke）之后仍然是一个函数，仍然处于代理态，只是由于不存在代理目标因而将无法实施行为。例如：

```
// 创建一个可撤销的代理
var {proxy:func, revoke} = Proxy.revocable(new Function, {});

// 可以实施行为（包括创建实例、检查继承性等）
func();

// 撤销
revoke();

// 仍然是函数
console.log(typeof func); // "function"

// 无法实施行为
try {
  func();
}
catch(e) {
  // ERROR: Cannot perform 'apply' on a proxy that has been revoked
  console.log('ERROR:', e.message);
}
```

函数与一般对象的区别在于，前者的内部结构中初始化了[[Call]]和[[Construct]]这两个内部方法（之一或全部）。之前讨论到的绑定函数，就是通过定制这两个内部方法来实现的：它重写这两个方法并使其分别指向一段特有的调用或构建逻辑（以处理暂存在内部槽中的thisArg和arg1...n参数）。而这里的代理类（Proxy）则重写了对象的全部 13 个内部方法[2]，因此借助代理类也可以实现与绑定函数完全相同的功能。当然，需要在handlers上添加自己的陷阱，以处理[[Call]]和[[Construct]]行为。

如果不借助创建代理时的handlers，那么没有有效的方法来分辨一般函数或代理函数，也无法侦测一个函数是在代理态，或是被代理的一般函数。唯一需要补充的是，handlers是可以动态维护的——不需要在 new Proxy()时一次性地设置好全部陷阱，而这意味着代理态的函数可能没有静态的、确定的行为。

---

[1] 参见"5.3.2.7 代理函数"。
[2] 参见"3.6.1.3 内部方法与反射机制"。

5.3.4 函数与逻辑结构

我们说函数式语言的基本特征之一就是"连续运算",这其中便隐含地陈述了一个事实:这些函数(运算)在逻辑结构上是顺序执行的。而分支与循环是顺序逻辑的两个特例。由于分支逻辑可以由三元运算和布尔运算符来替代,所以"如何通过函数实现循环逻辑"是唯一需要在函数式语言风格中被详细讨论的逻辑结构。[1]

在JavaScript语言中设计了一些机制作为在函数式语言风格下对循环逻辑的补充。这主要是指基于纯粹函数概念的递归和尾递归优化,以及面向特定"可迭代对象"的"迭代-生成器"机制(还包括在此基础上的`for...of`语句和Array迭代方法)。[2]

5.3.4.1 递归

函数的递归就是函数调用自身。由于可以使用函数参数来传递循环逻辑所必需的控制变量,因此——在不引入新的语义/概念的前提下——递归是实现循环逻辑的首选。

唯一需要解决的问题就是"在函数内识别函数自身"。[3]

在具名函数的函数体中可以直接引用函数名来实现递归,但这对匿名函数来说行不通。显然地,后者是不具名的。因此在JavaScript的设计中就添加了`arguments.callee`这个属性用来指向函数自身,以便在匿名函数中实现递归。[4]例如:

```
// 方法1: 具名函数
function foo() {
  return foo();
}

// 方法2: 匿名函数
function() {
  return arguments.callee();
}
```

再后来JavaScript有了严格模式,而在严格模式中的`arguments.callee`属性不再可用,于是"匿名函数该如何递归"的问题就再次出现了。

---

[1] 异步、并行等非顺序逻辑结构不在本章的讨论范围内,请参见第7章。
[2] 迭代被视为在函数的基础上实现的行为而非基本逻辑,因此它被放在"5.4.4 迭代"中讲述。
[3] 你可能认为尾递归是更大、更明显的问题。但事实上,从语义/概念的角度上来说并不是。因为尾递归是实现中需要考虑的优化,而从概念上来讲,"函数调用自身"带来的"什么是自身"才是核心的、不可规避问题。
[4] 参见"5.4.2.2 callee: 我是谁"。

出于严格模式的限制，表 5-4 中所列的前 8 种函数都会有上面的问题。[1]其中一般函数等前 5 种是因为它们存在匿名声明，其他 3 种则根本就是不具名的。并且，

- 类声明中的方法是严格模式的，因为类工作在严格模式中。
- 箭头函数没有 `arguments` 引用，尽管剩余参数（例如`...args`）可以部分替代之，但仍然无法访问到类似 `arguments.callee` 这样的属性。

解决这一问题的思路之一是多声明一个可访问的标识符。例如[2]：

```
// 方法 3: 使用 const 声明
const fact = x => x && x*fact(x-1) || 1;
console.log(fact(9)); // 362880
```

这里主要是利用了 `const` 声明的特性：1. 它在当前上下文的块级作用域中声明标识符；2. 它不可能被重复声明；3. 它不可写。基于这三种特性，一旦箭头函数赋给了 `fact` 标识符，那么在当前上下文中调用 `fact()` 也就必然是递归自身了。

但是在JavaScript中"声明标识符"是语句特性——你没有办法在一个表达式中为当前上下文声明出一个标识符。[3]同样的原因，你也没有办法在类或对象的方法声明中使用这一技巧。并且，对于方法来说，在调用它的时候还存在一个关键问题：如何维护 `this` 引用。进一步地讲，方法不能递归的根本限制也与此有关：直接递归函数时，是不能传递 `this` 引用的。在这种情况下可以选择一个特殊的实现技巧：用属性存取器来取代方法声明。例如：

```
var obj = {
  get foo() { return ... }
}
```

在这个声明中，如果 `get foo()` 声明中返回的是一个函数，那么这个属性使用起来跟方法就并没有什么区别。[4]考虑到我们需要维护 `this` 引用，因此在这里可以返回一个箭头函数来做递归，例如：

```
// 方法 4: 用属性来替代方法，并在递归中维护 this 引用
var obj = {
  get fact() {
    const fact = x => x && x*fact(x-1) || this.power || 1;
    return fact;
  }
}
```

---

[1] 绑定函数和代理函数是执行结果，与具名与否以及需要递归的函数体无关。
[2] 注意，在这里不能使用 `var/let` 来代替 `const` 声明。
[3] 函数所具有的名字是可以在函数体内访问的标识符。但是如果是在"具名函数表达式"中，那么这个名字并不能在"当前上下文"中作为标识符访问。不过需要留意的是，早期的 JScript 等部分引擎在这一点上有着不规范的实现。
[4] 这里是指在代码中像调用 `obj.xxx()` 方法一种使用 foo 属性。但是并不完全准确，因为这里的 `obj.foo` 属性作为一个普遍意义上的函数，其性质取决于属性的值的函数性质（可能是"5.3.2 函数"中之任一），而与方法并不一定相同。

测试如下：

```
# 当 x 递减到 0 时，power 用于设定将值放大的倍率（默认为 1）
> obj.power = 100
100

# 参见"方法 3"中的 fact() 函数
> obj.fact(9)
36288000
```

当然，既然我们事实上是使用箭头函数来维护 `this` 引用的，那么如下声明方法的方式也是可行的（在原理上与声明属性并无不同）：

```
// 方法 5：直接声明方法，以及递归调用
var obj = {
  fact(...args) {
    const fact = x => x && x*fact(x-1) || this.power || 1;
    return fact(...args);
  }
}
```

最后讨论一下绑定函数。因为绑定函数是执行结果，所以它自身没有函数体，也就不能"在绑定函数内调用自身"。但是通过声明常量的方法，也是可以对绑定函数做安全的递归调用的。在下例中，代码行 3 中的 `fact()` 函数并不是在调用当前函数的自身（当前函数是被绑定的一个匿名函数），但是却实现了递归调用的效果：

```
1  // 方法 6：绑定函数中的递归调用
2  var obj = {};
3  const fact = (function(x) {
4    return x && x*fact(x-1) || this.power || 1;
5  }).bind(obj);
6
7  obj.power = 100;
8  console.log(fact(9)); // 36288000
```

5.3.4.2　函数作为构造器的递归

构造过程整体是不应当被递归的，因为 `new` 运算会创建 `this`，若这一过程递归则会创建不确定数量的实例。然而仅讨论构建实例之后的实例初始化，那么可以存在递归。例如：

```
// 构造器的实例初始化阶段中存在的递归过程
function MyObject(x) {
  MyObject.call(this, x);
}
```

或匿名的构造器：

```
// 匿名构造器递归
obj = new (function(x) {
```

```
    arguments.callee(this, x);
})
```

但无论如何都无法在这样的递归中处理 `new.target` 值，因为这个值只能由 `new` 运算或 `Reflect.construct()` 方法来初始化。这也是类（及其构造方法）被限定为不能进行函数调用运算操作，进而也就不能递归的原因。

是否真的需要构造器的递归呢？这是值得商榷的，因为多数情况下它只是不良设计的结果。例如：

```
function MyObject(x) {
  if (x <= 1) {
    this.x = this.x || x;
  }
  else {
    this.x = (this.x || 1) * x;
  }
  return x>1 ? MyObject.call(this, x-1) : this;
}
```

其实这并不需要递归整个初始化过程，而只需递归生成值：

```
function MyObject(x) {
  const fact = x => x && x*fact(x-1) || 1;
  this.x = fact(x);
}
```

或（假定你真的需要递归赋值 `this.x` 操作本身的话）：

```
function MyObject(x) {
  if (x <= 1) {
    this.x = x;
  }
  else {
    const fact = x => this.x = x && x*fact(x-1) || 1;
    fact(x); // recursion assign this.x
  }
}
```

5.3.4.3 块级作用域中的函数

JavaScript 中的函数可以是块级作用域的一部分，这意味着函数也是该作用域的逻辑——例如，循环或分支——的一部分。

所以即使两个函数体相同，只要它们在不同的块中，那么它们就是不同的函数；又或者在循环的不同迭代中的函数，也是不同的。例如：

```
var aSet = new Set();
for (var i = 0; i < 10; i++) {
  aSet.add(function foo() {});
}
```

```
// 集合元素是唯一的，因此如下输出表明有 10 个不同的函数
console.log(aSet.size); // 10
```

示例中的函数 foo() 作为操作数被初始化了 10 次，因此相比在循环之外声明函数效率要差很多。这其实也指出了另一个结论：嵌套函数或函数作为表达式操作数时是性能更低的。

函数声明是在语法分析期完成的，但函数实例的初始化是在运行期进行的。因此函数初始化的位置与运行期性能有关，这也是更推荐将函数放在模块中的原因 [1]：相较于在函数甚至循环体内"即用即声明"，在最外层的块级作用域中初始化次数最少。

简而言之，不要将函数声明作为循环逻辑的一部分。

5.4　函数的行为

函数除了具有它作为 function 这种类型（这里是指 typeof 类型）的基本数据性质之外，还具有 JavaScript 语言赋予它的、用于实现逻辑结构的一些基本方法或模式。然而这些特性或性质的存在，终究只是为了实现"函数的行为"。

函数的核心行为是函数调用。它表达为一组参数的传入，和一个结果的传出，并等义于将传入参数"转换"为传出值。出于"非强制类型"这样的基础设计，同名函数的多种参数组合（可变参数）在 JavaScript 中是天生的。但是 JavaScript 并不支持多值返回，这与其他一些语言存在根本的、语义上的不同。并且在 JavaScript 内核中，函数或语句的执行结果必然是一个单值传出，这些前设甚至关系到"引用与完成"这两种 ECMAScript 规范类型的设计。

构造以及方法调用中对 this 的处理历来被函数式语言的拥护者所诟病，因为它意味着隐式地传入参数，以及 JavaScript 具有在"参数之外"去影响函数行为的能力。无论如何，伴随着面向对象与函数式特性更深的整合，这种问题将会愈加突出。但除了增加用户深入理解它的运作机制的难度之外，在应用层面使用这一特性将会变得越来越简单（例如，super.xxx 对 this 的隐式绑定）。

迭代与解构，对"函数调用"这个核心行为的上述前设加以了修补或增强。从一定程度上来说，"迭代"通过函数上下文的切换，实现了函数的多个入口与出口，而"解构"则实现了多值的返回。当然，这样的说法只是应用层面的"类比"，并不能改变 JavaScript 对"函

---

[1] 的确，离执行代码越远则查找引用的代价就越高，这貌似会抵销这里的性能优势。但事实上，应用环境中的 JavaScript 引擎具有类似"热点引用"这样的优化策略。也就是说，在首次使用时可能存在查找函数引用的代价，但之后离它最近的、最频繁的引用总是低代价的。

数的行为"的基本假设以及核心的语义设计。

5.4.1 构造

仅从对象系统来说，"构造"在表面现象上就是通过原型创建实例的过程。出于原型继承的概念，其所创建的"实例"会被置以原型：

```
// obj = new MyFunction;的效果
Object.setPrototypeOf(obj, MyFunction.prototype);
```

而无论是类继承还是传统的原型继承，所谓"原型"都是通过如下方式创建的：

```
MyFunction.prototype = Object.create(ParentClassFunction.prototype);
MyFunction.prototype.constructor = MyFunction;
```

其中，在类继承中这个过程是隐式的，请参见：

- 3.1.2.3 调用父类构造方法
- 3.3.3 类是用构造器（函数）来实现的

而在传统原型继承中是用户代码显式来实现的，请参见：

- 3.4.3.2 原型继承

除了对象系统中的表现之外，"构造"也是函数的行为之一。然而尽管如此，我们却到目前为止都没有从函数的调用或执行过程这个角度来讨论过构造这一行为，例如上述示例中的函数 `MyFunction()` 和 `ParentClassFunction()` 在构造过程中的关系。

一直以来，`new MyFunction()` 运算中包括两个事实：1. 它会创建一个实例，并作为后续调用的 `this` 引用传入；2. 它会调用 `MyFunction()` 这个函数，并将 `MyFunction` 作为 `new.target` 引用传入。但在这个"构造的过程"中，有两个潜藏更深的问题：

- `this` 引用是谁创建的？
- 谁以及什么时候调用 `ParentClassFunction()`？

5.4.1.1 this 引用的创建

若 `MyFunction()` 是一个一般函数 [1]，那么 new 运算会启用一个标准的、分三步的构建过程：

---

[1] 参见"5.3.2.1 一般函数"。生成器与异步函数虽然不是一般函数，但只是其原生的构造过程不同，而在 new 运算过程中的逻辑与一般函数是一致的。

(1) 取有效的 *MyFunction*.prototype 或 Object.prototype 为原型创建 this。

(2) 调用 *MyFunction.call*(this)来初始化实例，取结果值 result。

(3) 取有效的 result 值或 this 作为 new 运算的结果值。

从细节上来说，这一过程被作为"标准构建方法"填入 *MyFunction*()函数的[[Construct]]内部槽中。

在*MyFunction*()是一个类（以下称*MyClass*()类）[1]时，仍然使用的是上述的"标准构建方法"。在这种情况下，*MyClass*()类作为函数的代码体就是声明时所指定的或默认的构造方法constructor()，并且无论如何：

■ 如果有 extends 声明存在，那么该方法总是包括一个"通过 super()来调用父类构造方法"的过程。

于是在通过"标准构建方法"处理 *MyClass*()时，JavaScript 跳过了其中的第一步而直接进入 *MyClass.call*()，这使"在进入构造方法时"根本没有有效的 this 引用；然后上述"总是存在的" super()调用将接管这个"创建 this"的动作，从而确保总是能通过动态地、链式地调用父类 *ParentClassFunction*()的构造方法来产生 this 实例。

接下来，*ParentClassFunction*()会是怎样的呢？它包括三种情况：

```
// 例1: 以一般函数作为父类
function ParentClass() {}

// 例2: （或）以其他类作为父类
class ParentClass extends AncestorClass {}

// 例3: （或）父类/祖先类最终只可能是如下两种声明之一
class AncestorClass {}
class AncestorClass extends null {}

// 子类声明
class MyClass extends ParentClass {}
```

因此整个继承树的顶端只可能是例 3 中的两种情况：其一，extends 默认，则它等效于 AncestorClass()是一般函数[2]，也就与例 1 中的 *ParentClass*()这一情况相同；其二，如果 extends 置为 null，则调用该 AncestorClass()时返回的结果将用作this。

---

[1] 参见"5.3.2.3 类"。
[2] 这一点并不那么显而易见。事实上是 JavaScript 为该类添加了一个空函数作为构造方法，且这个空函数的[[ConstructorKind]]为"base"，这导致它与一般函数（作为构造器）的行为完全相同。关于类与构造器之间的关系，请参见"3.3.3 类是用构造器（函数）来实现的"。

所以综合这两种情况，从继承树的顶端来看，整个 new MyClass() 运算可以得到的 this 引用有两种可能来源：要么是类似 *MyFunction*() 风格声明中的、由"标准构建方法"的第一步构建出来的 this，要么是 extends 为 null 时由 AncestorClass() 构建出来的 this。其中前一种方法构建出来的，是 Object() 子类的实例——所有的 *MyFunction*() 风格声明的函数原型默认指向 Function.prototype，其内部构建行为即是创建一个 Object() 子类的、以 Object.prototype 为原型的实例。

而第二种方法（即在 extends 为 null 时）则由用户代码指定，通常：

- 如果没有构造方法，则默认的构造方法将会因为调用 super() 时访问到 null 而抛出异常；或者，
- 用户代码可以定制构造方法，例如可以使用 Object.create() 来创建实例（参见 "3.3.4 父类的默认值与 null 值"）。

5.4.1.2　初始化 this 对象

现在，在不详细讨论构造方法 constructor() 的情况下，我们已经知道 "构造行为中的 this 对象"可能来自以下途径：

```
// 1. 以下两种方式是类似的
// - new 运算在"标准构建方法"的第一步中会创建 this 并传入
function MyFunction() {}
class MyClass {}

// 2. 父类是其他类
// - 构造方法中调用 super() 以上溯至祖先类来构造实例
class MyClass extends ParentClass {}

// 3. 祖先类是 Object（或 JavaScript 的内建类）
// - 在构造方法中调用 super() 将得到一个类似 new Object() 的实例作为 this
class MyClass extends Object {}

// 4. 祖先类是 null
// - 不能引用 this
// - 用户代码必须在构造方法中自行创建实例并返回（作为派生类中的 this）
class AncestorClass extends null {}
```

接下来我们着重讨论上述的途径 2。

在这种情况下，由于在 new 运算进入 MyClass() 的构造方法——"标准构建过程"的第二步 MyClass.call() 时，this 引用是未初始化的，所以 JavaScript 约定"不能在调用 super() 之前使用 this 引用"。但接下来用户代码对于 MyClass() 的构造方法有两种可能的写法：

(1) 写法 1：在构造方法中包含一个 super()，以便让 `ParentClass` 来完成构建并进一步上溯至祖先类；或，

(2) 写法 2：在构造方法中根本不调用 super()，且构造方法可能

    a) 用 return 返回一个有效结果值；或可能

    b) 不用 return 返回任何值（或返回的结果值无效）。

由于在"写法 1"中调用过 super()，所以该构造方法（函数）的上下文中总是会有一个"动态创建的 this"。并且由于调用 super() 会将当前函数挂起并调用父类构造方法，也就意味着有一个类似"new `ParentClass()`"的过程发生并可以"先于 `MyClass()`"来对 this 进行初始化。于是得到了我们在"3.3.3 类是用构造器（函数）来实现的"中所提到的效果：调用 super() 导致逆向地上溯构造方法一直到基类并创建实例作为 this，然后开始执行 super() 之后的代码来顺序地初始化 this 对象。

换言之，这就是一个链式的函数调用和返回的效果。

而"写法 2"提出了用户代码的另一种可能：不调用 super()。这种情况下的 a 可能性，其实正好满足"标准构建方法"第三步对结果值的判断：取有效的 result 值作为 new 的结果值。所以在 JavaScript 的类声明中，如果在构造方法中没有调用 super()，也是可以通过返回值来作为（它以及它的子类）this 的。例如：

```javascript
// 示例：可以不调用 super() 而返回任意有效值作为子类中的 this
//  - 注：这里 ParentClass 是任意的，因为本示例不调用 super()
var ParentClass = class {};
class MyClass extends ParentClass {
  constructor() {
    return {message: 'created by MyClass'};
  }
}

class MyClassEx extends MyClass {
  constructor() {
    super();
    console.log(this.message);
  }
}
```

测试如下：

```
# 在 MyClassEx 的构造方法中得到的 this 是由 MyClass 创建的
> new MyClassEx
created by MyClass
```

也就是说，如果类有一个正确的构造方法，那么它要么创建了一个有效的 this，要么返回了一个有效的结果值作为 this 引用。JavaScript 不需要动态地检查用户代码的构造方法中是

否包含一个`super()`调用,而只需在这个构造方法退出时检查上下文和返回值就可以了。[1]因此JavaScript就可以在上述写法的b可能性中检查到:当前构造方法(函数)的上下文中没有"动态创建的`this`",并且返回的`result`值是无效的,那么JavaScript引擎就会抛出一个异常:

```
ReferenceError: Must call super constructor in derived class before
accessing 'this' or returning from derived constructor
```

这正好是"标准构建方法"的第三步。

5.4.2 调用

函数调用是函数的基本行为。也就是说,所有的函数都是可以调用的,但这意味着一个语言设计上的冲突:"类"是函数,但是不可以调用。因此"类"实际上被设计为一个"可调用的函数"[2],而对它执行"函数调用"时抛出异常[3]。

正如前面所述,构造及初始化实例的行为在本质上也是通过函数调用来实现的。其标准方法是使用函数调用运算符"()",并传入一个参数列表。例如:

```
// 示例函数
function f() {}

// 函数调用
f(x, y, z);
```

这个调用导致`this`引用以`undefined`值传入,并隐式地包含一个`this`引用的处理[4]:

- 如果函数工作在严格模式,则仍使用 `undefined` 值作为 `this`;否则
- 将以全局对象作为 `this` 值。

而一旦函数 `f()` 开始调用,JavaScript 就会在完成该函数上下文的预处理(prepare for calleeContext)之后,将 `calleeContext` 作为一个可执行帧推到"执行上下文栈(execution context stack)"的栈顶,称为入栈。例如如下函数:

```
function f() {
  // ...
}
```

---

1 这也正是类声明与一般函数(作为构造器)有所不同的原因:如果没有父类创建的`this`,则类声明的构造方法必须返回有效值,否则触发异常;而一般函数由于总是在第一步中由`new`运算创建了`this`,所以它可以返回非对象(或`undefined`)而让`new`运算仍然以`this`作为结果值。
2 函数本质上是一个有`[[Call]]`内部槽的对象,这意味着它被标记为可调用的(`isCallable`)。显然,类也会具有这个`[[Call]]`内部槽。
3 ECMAScript 规范中的内部操作`isCallable()`会为类返回`true`,而在对类进行"函数调用"运算时再由`Call()`内部操作去触发一个异常。
4 注意,我们将显式的`this`处理作为"方法调用",这将在"5.4.3 方法调用"中专门讲述。

```
function prev() {
  f(x, y, z);
}
```

调用 `f()` 的过程中会在运行环境中执行类似如下的形式代码：

```
// 示例1：函数调用行为的形式代码
function prev() {
  //切换执行上下文
  var callerContext = _pick_running_execution_context();
  var calleeContext = _Prepare();

  // 处理 thisArg
  _BindThis(f, calleeContext, thisArg);

  // 调用 f(x,y,z)
  var result = _EvaluateBody(f, args);

  // 从执行上下文栈移除 f()的 calleeContext 并恢复到 prev()
  ...
}
```

由于 JavaScript 引擎总是从"执行上下文栈"的顶端取可执行帧来执行代码，因此入栈也就相当于切换执行指针。在 JavaScript 的早期版本中，用户是可以部分访问这个栈的。不过 ECMAScript 规范中已经移除了可能通过如下手段：

- `arguments.callee`
- *aFunction*.caller
- *aFunction*.arguments

来访问这个栈的大多数说明，引擎通常只在非严格模式下有限地保留这些特性。

5.4.2.1 不使用函数调用运算符

确实存在一些不使用运算符 "()" 来完成函数调用的特例[1]，然而这并不包括之前在 "3.1.3.5 方法的调用" 中讲到的ActiveX对象。这是因为，ActiveX对象上的特例仅是早期JScript为了兼容VBScript语法而实现的特殊执行效果。不过，在有了存取属性之后，这样的特性实现起来并不困难，例如下面的例子就可以模拟 "3.1.3.5 方法的调用" 中的`excel.Exit`的效果：

```
// 示例1
var excel = {
```

---

1 在早期的 JavaScript 中，允许将调用运算符用于特定的非函数对象之上，例如在 SpiderMonkey JavaScript 对正则表达式的一些早期实现中就是如此。但这一特性已经被 ECMAScript 规范废弃，因而不存在进一步讨论的价值。

```
  get Exit() {
    process.exit(0);  // in Node.js
  }
}

excel.Exit; // process exit
```

回调是另一种典型的函数调用行为,它是在框架中实现控制逻辑的基本方法(或模式)。在 JavaScript 的历史中,setTimeout 和 setInterval 就是典型的回调,并且在早期,它们的参数是只接受"字符串"而不支持"函数"的。例如:

```
// 早期 JavaScript 中的回调
setTimeout('console.log("HI")', 1000);
```

所以,早期的 JavaScript 并不为这些回调实现任何特殊的机制,它在根本上相当于在这里使用了 new Function 来动态地创建一个函数对象。例如:

```
// (与上例类型)
setTimeout(new Function('console.log("HI")'), 1000);
```

使用这样的处理模式带来了两个问题:其一,不能传递参数;其二,丢失 this 引用(即不能回调对象方法)。

这两个问题在现在的回调中依然没有任何不同。首先,由于在回调中只能向控制函数(例如 setTimeout)传入一个函数引用,因此参数必须通过其他方法来传递;其次,由于 new Function() 事实上是将代码运行在全局的,因此在运行中,它的 this 引用总是(默认地)指向 global。当然,这些问题在现在解决起来已经很容易了:

```
// 示例 2

// 将普通函数用作回调函数
function callback(x) {
  console.log("Hi, ", this.name);
  console.log("X: ", x);
}

// (或,)使用箭头函数和上下文中的数据
var thisObj2 = {
  get callback() {
    let x = 200;  // 上下文中的数据
    return () => {
      console.log("hi, ", this.name);  // 箭头函数使用上下文中的 this
      console.log("X: ", x);
    }
  }
}
```

测试如下：

```
# 回调 callback 的一个绑定函数
> var thisObj1 = { name: "localy object 1" };
> setTimeout(callback.bind(thisObj1, 100), 1000);
Hi, localy object 1
X: 100

# 在回调中使用方法
> thisObj2.name = "localy object 2";
> setTimeout(thisObj2.callback, 1000);
Hi, localy object 2
X: 200
```

相比来说，回调仍然是一种显式的函数调用（在指定位置上使用函数作为参数）。在多数情况下的"（不使用函数调用运算符的）隐式调用"也是通过与回调类似的手段来实现的，只不过其中的 `this` 对象和参数传入的处理通常是事先约定的。例如，ES6 之后的模板调用（模板处理函数）其实就是一种隐式的函数调用，它通过在函数后跟一个模板字符串来调用该函数，并按特定格式传入参数。如下：

```
function foo(tpl, ...values) {
  console.log(tpl); // ["try call ", "."]
  console.log(values[0]); // "foo"
}
```

测试如下：

```
# 将 foo() 函数作为模板处理函数调用
> foo`try call ${foo.name}.`;
[ 'try call ', '.' ]
foo
```

在语法解析层面，JavaScript 会将代码

```
foo`...`
```

解析成一个 `foo()` 函数调用，并且由于所谓模板是字面量（Template Literals），所以紧跟在函数 `foo()` 后的参数其实在语法分析阶段就完成了它作为参数的预处理过程。在真正执行这行代码时，引擎是从环境中取出了这个"模板字面量参数"并执行一次，并因为上下文的不同而得到该参数值的一个全新副本。亦即是说，这里的参数绑定的过程是"在当前上下文中执行模板"，而与普通函数调用不同，后者是"对传入实际参数求值并绑定给形式参数"。

最后，按照约定，引擎将这个副本 [1] 作为一个称为"调用点数组（带有一个 `raw` 属性的 array-like 对象）"的参数传给左侧的函数以完成函数调用运算传入 `foo()`，从而完成对函数 `foo()`

---

1 通常在引擎层面的数据会有"引用"和"值"两种形式。"这个副本"作为 `foo()` 的传入参数时，是它的"引用"的一个规格化的结果，并表达为数组。而如果它被作为"值"来使用的话（例如用在赋值表达式的等号右侧），那么它就表达为一个字符串。

的隐式调用。

类似地，采用约定调用界面等方式来实现"隐式调用函数"的情况还包括：

- 将函数用作属性读取器时，属性存取操作将隐式调用该函数（如示例 1）。
- 使用 .bind 方法将源函数绑定为目标函数时，调用目标函数则隐式调用源函数（如示例 2）。
- 当使用 Proxy() 创建源函数的代理对象时，调用代理对象则隐式调用源函数。
- 可以使用 new 运算变相地调用函数。
- 可以将函数赋给对象的符号属性（例如，Symbol.hasInstance、Symbol.iterator 等），并在对象的相应行为触发时调用该函数。
- 某些运算符，例如委托生成（yield* x）会导致 x 对象中的迭代器被隐式地调用。
- 某些语句的隐式调用（例如，for...of 语法对迭代器的调用）。
- ……

5.4.2.2　callee：我是谁

callee 在 JScript 5.5、JavaScript 1.2 以下版本中是没有实现的，即使是现在用得也不多。但由于匿名函数和函数可被重写的特性的存在，使得 callee 变得不可或缺，否则如何调用匿名函数自身呢？

所以从 JavaScript 1.2 开始，arguments 对象拥有了一个成员：callee，该成员总是指向该参数对象（arguments）的创建者函数。由于 arguments 总可以在函数内部直接访问，因此也就总可以在函数内部识别"我是谁"。所以如果不考虑函数名重写或匿名的问题，下面的等式是成立的：

```
function myFunc() {
  // 下列等式成立
  arguments.callee === myFunc.arguments.callee;
  arguments.callee === myFunc;
}
```

这样一来，无论是否匿名，函数的递归调用总可以写成：

```
void function() {
  // ...
  arguments.callee();
}();
```

需要注意的是，在"5.4.2　调用"的形式代码中并不存在 arguments.callee 的赋值操作。赋值 callee 的行为其实是发生在参数 args 的准备阶段的。也就是说，当 JavaScript 解析到

```
f(x, y, z)
```

这行代码，决定要为调用 `f()` 准备一个参数列表 args 时，就会为 args 添加一个名为 callee 的成员，并且：

- 如果当前是非严格模式，则 callee 是一个数据属性描述符，value 指向 `f()`。
- 如果当前是严格模式，则 callee 是一个存取属性描述符，其 `get()` 将直接抛出异常。

示例如下：

```
# 非严格模式
> getDesc = 'return Object.getOwnPropertyDescriptor(arguments, "callee")';
> f = new Function(getDesc)
> f()
{ value: [Function: anonymous],
  writable: true,
  enumerable: false,
  configurable: true }
> f().value === f
true

# 严格模式
> f = new Function('"use strict";' + getDesc)
> f()
{ get: [Function],
  set: [Function],
  enumerable: false,
  configurable: false }
> f().get()
TypeError: 'caller', 'callee', and 'arguments' properties may not be
accessed on strict mode functions or the arguments objects ...
```

5.4.2.3　caller：谁调用我

在前面先讲述 callee 属性的原因仅在于：如果要遍历栈，则必须先有效地引用当前函数，然后才能使用 *aFunction.caller* 来访问它的调用栈 [1]。例如：

```
// callback 函数，用于显示函数的信息
var showIt = f=>console.log('-> ' + f.name);

// 遍历调用栈
function enumStack(callback) {
  var f = arguments.callee;
  while (f.caller) {
    callback(f = f.caller);
  }
}
```

---

[1] 在 JScript 中，也可以直接用 `arguments.caller` 来访问，但这也是非标准的用法。

下面的代码则演示了如何使用这些函数来遍历调用栈：

```
function level_n() {
  enumStack(showIt);
}

function level_2() {
  // ...
  level_n();
}

function test() {
  level_2();
}
```

测试如下：

```
> test()
-> level_n
-> level_2
-> test
```

即 enumStack() 函数被调用时的栈信息——排除 enumStack() 函数自身。

类似递归这样的调用会导致栈中出现相同的函数实例，然而你并不能通过 *aFunction*.arguments 和 *aFunction*.caller 属性来准确处理所有这些相同的函数。因为从语义上讲，在递归中，标识符 *aFunction* 总是指代同一个函数，因此这两个属性也就只能指向栈顶"最后一次"有效的调用者和传入参数。这会导致遍历调用栈出错，例如：

```
// 当imax置值大于1时，将导致enumStack()进入死循环
var i = 0, imax = 0;

function f1() {
  f2();
}

function f2() {
  if (++i < imax) {
    f1();
  }
  enumStack(showIt);
}
```

我们把这个例子构造得稍稍复杂了一点，其逻辑基本上就是：f1() 调用 f2()，然后 f2() 再调用 f1()。使用变量 i 来决定调用的次数，在置 imax 为1时，f2() 不会重新调用 f1()，因此它输出的栈信息是：

```
> imax=1, f1()
-> f2
-> f1
```

在置imax大于1时，f1.caller、f2.caller就会相互指向对方，从而导致死循环[1]：

```
> imax=10, f1()
-> f2  // caller 指向 f1
-> f1  // caller 指向 f2
-> f2  // caller 指向 f1
-> f1  // (死循环)
...
```

5.4.3 方法调用

在"5.4.2 调用"的伪代码中我们说过，调用函数的行为由三个主要步骤构成，包括：1. 预处理（Prepare）；2. 绑定this（BindThis）；3. 执行代码（EvaluateBody）。其中this值在调用一般函数时是undefined，并且：

- 如果函数工作在严格模式，则仍使用undefined作为this；否则
- 将以全局对象作为this值。

我们将调用函数时"持有有效this对象"的行为称为方法调用，以强调这种情况下该函数是"作为对象方法来使用的"这一事实。所谓"有效的this对象"包括直接对象方法存取，以及其他的一些方法向函数传入有效的this引用。例如：

```
// 1. 方法存取和调用（obj 作为 thisArg 传入）
var f = new Function, obj = {f};
obj.f();
obj["f"]();

// 2. 使用 apply/call
f.apply(thisArg, [...args]);
f.call(thisArg, ...args);

// 3. 使用反射接口
Reflect.apply(f, thisArg, [...args]);

// 4. 使用 bind 函数
var f2 = f.bind(thisArg, ...args);
f2(...args2);
```

---

[1] 出于Node.js等部分JavaScript引擎对执行过程的优化，过小的imax值并不会触发下例中的执行效果。

5.4.3.1 属性存取与 this 引用的传入

是什么使得一个"通过属性存取得到的"方法调用必然会包括有效的 `this` 引用呢?

"`this` 引用的传入"实际上发生在执行期，但很大程度上却依赖 JavaScript 在语法分析阶段所做的工作。举例来说，在

```
xxx.callMe(a,b,c)
```

这样一个方法调用中，JavaScript 会因为属性存取运算符"."的存在，而使它匹配一个特定的调用表达式（CallExpression）语法模式：

```
MemberExpression :
      MemberExpression . IdentifierName
Arguments :
      ( ArgumentsList )
CallExpression :
      MemberExpression Arguments
```

在语法分析阶段，JavaScript 先读到 `xxx.callMe` 并识别为 `MemberExpression`。接下来读到一对括号所表达的 `Arguments`，并根据"上一个表达式是 `MemberExpression`"这样的一个既定事实，将整个 *MemberExpression Arguments* 解析为 `CallExpression`。

在执行期，整个 `CallExpression` 作为一个表达式来进行运算。JavaScript 会先发现左侧操作数为一个成员存取表达式（`MemberExpression`），并得到一个引用。当表达式运算的结果是引用时，它可以表达为两种信息：

- 结果作为引用（左值/l-value）的信息。

  JavaScript 使用一个称为"引用（ref, Reference Specification Type）"的内部结构来指代它，包括三个域：1.`base`，可被绑定的对象，或 `undefined`；2.`referencedName`，名字，例如变量名；3.`strict`，严格引用标志，布尔值。

- 结果作为值（右值/r-value）的信息。

  它可以通过 `GetValue(ref)` 的方式从上述引用中获得。

首先会对 `MemberExpression` 中的 *xxx* 得到一个引用，其结构是：

```
// The Reference Specification Type of "xxx"
ref_xxx = {
  base: env,  // xxx 对象所在的环境（例如全局环境或函数环境）
  referencedName: 'xxx',  // 引用 xxx 对象的变量名
  strict: getCurrentMode()  // 取决于当前的运行环境
}
```

然后表达式 *xxx.callMe* 将被作为一个整体（属性存取表达式）：

```
xxx["callMe"]
```

的两个操作数来解释，并获得一个新的引用：

```
// The Reference Specification Type of "xxx.callMe"
// baseReference = GetValue(ref_xxx)
// propertyNameReference = EvaluationExpression('callMe')
// propertyNameValue = GetValue(propertyNameReference);
ref = {
  base: baseReference,
  referencedName: ToString(propertyNameValue),
  strict: getCurrentMode()
}
```

于是，仅仅通过两个表达式运算（Evaluation Expression），JavaScript 就在 `ref` 中得到了后续"方法调用"所需要的一切构件。

接下来才真正做"方法调用"的处理：

```
// xxx.callMe(a,b,c)
func = GetValue(ref); // 即 xxx.callMe 这个函数本身
thisArg = GetBase(ref); // 得到 xxx
args = EvaluationExpression(Arguments); // 取参数列表(a,b,c)
func.call(thisArg, ...args); // 调用函数
```

所以我们看到，所谓"this 引用的传入"实际是一个动态的运算结果，它依赖 JavaScript 的语法设计以及语言引擎在运行期动态解析 baseReference，并且最后在进行函数调用运算时动态地将 thisArg 传入。

5.4.3.2　this 引用的使用

在函数调用时"（向函数内）传入 this 引用"并不等于这个函数会实际使用它。如"5.4.2 调用"中的伪代码所展示的，这涉及三个阶段中的"绑定 this（BindThis）"如何处理"传入的 this 引用"。

由于这所谓的三个阶段是写入函数的 `[[Call]]` 内部方法槽中的，亦即是说，函数对象自己决定了如何使用 this，而非语法规则决定的。例如：

```
// 声明对象 obj，并用箭头函数 f 作为方法
var f = ()=>{}, obj = {f};
// 方法调用
obj.f()
```

在这个例子中，从语法上来看，`obj.f()` 是方法调用，所以 obj 确实会作为 this 引用传入 f()。但是 f() 是箭头函数，它的内部属性以及"其执行环境中的 this 绑定状态"都将采用被称为"lexical"的 this 引用模式，于是 BindThis 阶段将忽略传入的 this 引用而直接退出，这使得该箭头函数得以强制使用代码词法上下文中的、当前块的 this。

所以对于箭头函数来说，关键不在于"如何传入 `this` 引用"，而在于箭头函数"只使用词法上下文中的 `this` 引用"。因此无论是 `bind()` 方法，还是 `Array.prototype.forEach()` 中传入的 `this`，都不能影响箭头函数的这一特性。

5.4.3.3　在方法调用中理解 super

ES6 之后还存在一种经过明确声明的"方法"，它有别于传统的"对象的函数类型的属性"。具体来说，这些方法指的就是如下三种声明：

```
// 1. 对象字面量中的"对象方法"
obj = {
  foo() {
  }
}

// 类声明
class MyClass {
  // 2. 类声明中的"原型方法"（包括名为 constructor 的构造方法）
  foo() {
  }

  // 3. 类声明中的"静态方法（类方法/类静态方法）"
  static foo() {
  }
}
```

在 `this` 的使用方面，它们与前面两个小节中所讲的没有什么不同，都是被动接收"传入的 `this` 引用"的。但是在这三种方法中还支持 `super` 关键字，这存在两种用法，

- 一种称为"super 引用（Super reference）"，它总是写作 `super.xxx`，并且所谓的"super 方法调用"也只是基于它的一个连续运算，即 `super.xxx()`。
- 另一种通常写作 `super()` 的则称为"super 调用（Super Call）"。

需要强调的是：`super.xxx` 可以用于任何上述三种方法中，而 `super()` 仅能在类声明的构造方法中使用。构造方法会被声明在 `MyClass.prototype.constructor` 中，并作为一种特殊的原型方法。对于 `super()` 来说，在使用它的时候是没有 `this` 引用的，因为这个时候 `this` 引用所指代的对象还没有创建出来。

但是"super 引用（super.xxx）"却会给自己绑定一个 `this` 引用，这个 `this` 引用来自当前上下文中的 `this`。而后面的这一点特性，又与箭头函数有些类似。例如：

```
obj = {
  get foo() {
    return ()=>{
      console.log(this.name);
```

```
    }
  },
  get foo2() {
    return ()=>{
      // 当前上下文中的 this 将指向<obj>本身
      super.showMe(); // 这里隐式地传入了 this
    }
  }
}

// 测试标记的名字
obj.name = "The <obj>.";

// 向"主对象(HomeObject)的原型"添加方法，即 foo2()中的 super.showMe()
Object.getPrototypeOf(obj).showMe = function() {
  console.log(this.name);
}
```

测试如下：

```
# 箭头函数使用当前上下文中的 this，即 obj
> obj.foo()
"The <obj>."

# "super 引用"将在调用 super.xxx()时隐式地传递上述的 this 引用
> obj.foo2()
"The <obj>."
```

在上述示例中使用的是存取属性 obj.foo 与 obj.foo2，它们的存取方法（存取器）是一般的对象方法，与对象方法的行为是完全一致的。并且，需要留意的是，在 JavaScript 引擎内部，所谓 super.xxx 是作为整体独立的语法结构直接返回一个"super 引用"，并在这时将 this 绑定到"super 引用"之上的。亦即是说，this 并不是由上下文环境传递给 xxx()这样的方法调用，而是绑定给了 super.xxx 这个引用自身。

亦即是说，其一，this 并不是由上下文环境传递给 xxx()这样的方法调用的；其二，this 是直接绑定给了 super.xxx 这个引用自身的。因此后者的 this 的传递在这里是与调用行为无关的：即使用户代码并不调用 super.xxx()，这个 this 引用也是被绑定到 super.xxx 上的。

5.4.3.4 动态地添加方法

就"super 引用"来说，一个被调用方法中的"super.xxx 中的 super"是动态计算得到的，而不是像"this 引用"那样将 this 动态传入给函数。并且，super 的计算是受它的主对象（HomeObject）的原型所影响的。

因此，确实存在一种特殊的技巧将"方法"应用于 Object.defineProperty()等操作中。

例如：

```
var propObj, obj = new Object;
var propSuper = {
  foo() { console.log('Here') }
};

Object.defineProperty(obj, 'prop', propObj = {
  ["set"]() {
     super.foo(); // 'Here'
     console.log("这是一个特殊的 setter，它是一个'真的'setter 方法");
  }
});

Object.setPrototypeOf(propObj, propSuper);

// 测试 prop 的 setter "方法"
//   - 在存取器方法中可以调用到 propSuper.foo()方法
obj.prop = 100;
```

但是在这种情况下，方法内部能访问到的 super 将依赖于声明属性描述时的那个对象（即上例中的 propObj），而不再是某个对象（例如 obj）或类的原型。尽管这带来了更复杂的困境，但也让用户代码确实有机会"动态地"为类添加一个方法声明，例如：

```
class MyClass {
  get x() { return 100 }
}

class MyClassEx extends MyClass {
  get x() { return 200 }

  // 常规方法声明的`foo()`
  foo() {
    console.log(super.x, this.x);
  }
}

// 1. 动态地为 MyClassEx 添加一个方法
var propObj;
Object.defineProperty(MyClassEx.prototype, 'foo2', propObj = {
  value() {  // value of `foo2`
    console.log(super.x, this.x);
  }
});

// 2. 为 foo2()方法维护一个有效的 super
Object.setPrototypeOf(propObj, MyClass.prototype);

// 测试
var obj = new MyClassEx;
```

```
obj.foo(); // 100, 200
obj.foo2(); // 100, 200
```

5.4.4 迭代

如我们之前所说，"计算"是函数式语言的核心，而约定"可计算对象"就是这个核心中最先设置的条件。为了表达如何循环处理"可计算对象"，JavaScript 特意设计了一种"函数的行为"，称为迭代（iteration）；而它的可计算对象就称为可迭代对象。

原生的循环逻辑在函数式语言特性中是通过函数递归来实现的，而迭代通过操作"可迭代对象"提供了一类特定的循环逻辑。因此，迭代可以视为对 JavaScript 中循环逻辑的补充。

尽管语句 `for...of` 也用于处理可迭代对象，但它并不属于函数式特性的一部分。只是在语义上，`for...of aCollectionObject` 与 `aCollectionObject.forEach()` 是等效的，所以它们被放在一起讨论。

5.4.4.1 可迭代对象与迭代

可迭代对象是一种易于控制的结构，JavaScript 中有许多种迭代运算、语句和函数可以操作这种结构。它是实现 JavaScript 复杂的函数式运算的基础设施之一。

任何 JavaScript 的对象都可以表现为可迭代对象（Iterables，Iterable objects），只要该对象的内部槽 `[[Iterator]]` 中填写了一个有效的迭代方法即可。[1] 这个内部槽可以通过 `Symbol.iterator` 来访问，这意味着这个内部槽也同时被暴露为一个可访问的、可继承的符号属性。例如数组：

```
# 数组的迭代方法
> Object.getOwnPropertyDescriptor(Array.prototype, Symbol.iterator)
{ value: [Function: values],
  writable: true,
  enumerable: false,
  configurable: true }

# 继承自 Array.prototype
> typeof (new Array)[Symbol.iterator]
'function'
```

当执行一个迭代方法（函数）时，总是传入该可迭代对象作为 `this` 引用，并且该方法总是能返回一个用于"控制迭代过程"的对象，称为迭代器（Iterator）。[2] 而后者，即迭代器（Iterator）

---

[1] 这个约定称为"可迭代协议（Iterable protocol）"。
[2] 这个约定称为"迭代器协议（Iterator protocol）"，它与 Iterable protocol 合称为"迭代协议（Iteration protocol）"。

通过它名为 next 的方法来控制每一次的迭代行为。例如：

```
# 从原型中取原生的迭代方法
> f = Array.prototype[Symbol.iterator]

# 得到迭代器
> var iter = new Array('a', 'b', 'c');
> tor = f.call(iter)

# 第一次迭代
> tor.next()
{ value: 'a', done: false }
```

每次调用迭代方法（上例中的 f()）总是返回一个新的迭代器，因此一个可迭代对象能在多个各自独立的过程中被多次迭代。如果某一个迭代器内部的迭代过程已经结束——再也没有其他可被迭代的值（value），那么在 tor.next() 返回的迭代结果（Iterator Result）中的结束状态（done）为 true 值。例如：

```
# （续上例）
> tor.next() // 第二次迭代
{ value: 'b', done: false }

> tor.next() // 第三次迭代
{ value: 'c', done: false }

> tor.next() // 第四次迭代
{ value: undefined, done: true }
```

在第四次迭代时 done 为 true，这时 value 值其实是迭代过程完成时的退出值——它有可能是有意义的，但取决于调用者如何解释。同样，由于存在"调用者（迭代器的使用者）"这一角色，所以何时中止（或者调用多少次）迭代过程也由调用者自行决定。例如：

```
# （续上例）
> tor.next() // 第 n 次迭代，迭代结果的 done 为 true 但不会导致异常
{ value: undefined, done: true }
```

5.4.4.2　可迭代对象在语法层面的支持

任何可迭代对象[1]都可以直接使用 for...of 来列举它的成员。例如：

```
var arr = [1,2,3];
for (let x of arr) {
  console.log(x);
}
```

1　JavaScript 内建的可迭代对象包括 Array、TypedArray、Map、Set 和 String。WeakMap 和 WeakSet 虽然也是集合对象，但它们不是可迭代对象，也不可列举。

或被展开：

```
# 展开作为参数
> console.log(...'abc')
a b c

# 展开作为数组成员
> console.log([...'abc'])
[ 'a', 'b', 'c' ]
```

或作为数组等集合对象的初始成员，或者相互转换：

```
# 集合对象 (Collection types) 都可以创建自可迭代对象
#  - 将可迭代对象作为 new 运算中的初始化参数即可
> new Set('abc')
Set { 'a', 'b', 'c' }

# Array 和 TypedArray 都具有 from() 方法，用于从其他集合中得到元素
> Array.from(new Set('abc'))
[ 'a', 'b', 'c' ]
```

或匹配解构模式中的元素：

```
# 集合中的元素是无序的，所以这里匹配的是其迭代出的顺序
> var [a, ...more] = new Set('abc')

> console.log(a)
'a'

> console.log(more)
[ 'b', 'c' ]
```

类似地，由于"可迭代对象"表达的是对象的访问界面而不是对象的性质，所以某些通过该界面来实现的特性——在几乎所有的可迭代对象中——也是通用的。例如生成器中的 `yield*` 运算接受一个可迭代对象，以便委托后者批量地"产生"（这个集合的）值：

```
> function* f() { yield* [1,2,3] }
```

而一些使用数组或类数组的场合也允许直接使用可迭代对象，例如：

```
> void Promise.all(new Set('abc')).then(all=>console.log(all))
[ 'a', 'b', 'c' ]
```

但是数组的 `forEach`、`filter` 等方法却不是基于这一特性的，而是基于数组下标遍历的。因此下面这样的方法是不可行的：

```
// 数组的一些特性并不支持可迭代对象
Array.prototype.filter.call(new Set('abc123'), ...
```

并且，对象属性展开的特性看起来跟数组展开类似，但实际上是利用对象属性存取（包括下标索引）的特性，而非迭代器。因此下例中的字符串并不能换作集合：

```
# 将 Array、TypedArray 和 array-like objects 展开为对象属性
#  - 注意这里使用的是对象字面量声明
```

```
> console.log({...'abc'})
{ '0': 'a', '1': 'b', '2': 'c' }

# 对象展开时使用的是属性存取，因此并不支持Set等可迭代对象
> console.log({...new Set('abc')})
{}
```

5.4.4.3　迭代器的错误与异常处理

除了 `next()` 方法之外，迭代器对象还有 `return()` 和 `throw()` 方法，这些是可选的。这与在内部机制中关闭迭代器（Iterator Close）有关，因此这里的 `return()` 和 `throw()` 通常是"隐式地"被 JavaScript 调用的。

迭代是一个过程而非原子操作。然而这样的"一个过程"其实并不那么可靠，试想当 `for...of` 打开了一个对象的迭代器（tor）之后，却又突然中止了迭代过程——例如 break 或异常退出会如何呢？这时，`for...of` 就会尝试调用 `tor.return()`，并且如果在 `for...of` 语句自身执行过程中出现异常时[1]，如下例中：

```
// 注意这里没有讨论"..."部分的执行体
for (let x of obj) ...
```

当向变量 x 赋值过程中出现异常时，会导致整个 `for...of` 语句异常中止。这时对象 obj 中的迭代器 tor 被打开并且已经取得迭代值，因此在类似状况下，`tor.return()` 也会被执行。

然而并不是所有的异常（或异常触发的方式）都会导致 `tor.return()` 或 `tor.throw()` 触发。是的，异常也并不见得一定会导致 `tor.throw()` 触发，这让这个方法显得名不符实。这些触发的内部机制尽管相当复杂，却都基本遵循着一条"谁用谁负责"的原则：谁使用迭代器，就由谁来负责调用它的 return/throw 方法。[2]

而在 JavaScript 内部，真正使用了迭代器的有且仅有以下场合。

- 特定语法[3]：
  - ◎　`for (...of obj)...` 语句会通过对象的属性 `obj[Symbol.iterator]` 来列举成员。
  - ◎　在生成器内，`yield*` 可以委托给目标迭代器（target）。
  - ◎　在数组的解构赋值中，会取赋值表达式右边的值（value）的迭代器并列举其成员。

---

[1] 在展开语法或解构赋值等操作中也可能隐式调用迭代器，这些运算的异常退出也会触发 `tor.return()`。此外，一种比较特殊的情况是在 `for...of` 迭代中，如果最后执行的一行语句是 `continue` 并且结束了整个迭代而退出，那么也会触发 `tor.return()`。JavaScript 会认为这是一个非正常的退出。

[2] 这与 `tor.next()` 的规则是一样的。也就是说：在哪儿调用了 `tor.next()`，就由哪儿维护 return/throw。

[3] 参见 "5.4.4.2　可迭代对象在语法层面的支持"。

- 特定对象的方法或行为：
  - ◎ 在 `Array` 和 `TypedArray` 的 `from()` 方法中列举源（items）以复制给数组。
  - ◎ `Map/Set/WeakMap/WeakSet` 在创建时使用可选参数并从中（iter）列举成员。
  - ◎ `Promise` 在 `all()` 和 `race()` 方法中需要列举处理所有的 `promise` 对象。

因此也仅有上述情况中出现的异常，是由 JavaScript 运行时（Runtime）来决定如何调用 `tor.return()` 或 `tor.throw()` 的。举例来说：

```
// 取数组和原始的迭代方法
var arr = [1,2,3];
var iteratorMethod = arr[Symbol.iterator];

// 观察方法
var monitor = {
  ["return"](value) {
    console.log(" >> RETURN", this && this.name || '');
    return {value, done: true};
  }
}

// 重写迭代方法
arr[Symbol.iterator] = function() {
  var tor = iteratorMethod.call(this);
  return Object.assign(tor, monitor);
}

// 测试
for (let i of arr) {
  if (i == 2) break;
  console.log(" >>", i);
}
```

测试输出：

```
>> 1
>> RETURN
```

很显然，循环语句中的 `break` 导致 `for...of` 迭代中止，于是 JavaScript 就会负责调用一次 `tor.return()` 来通知 `arr` 它的迭代过程提前退出。然而如果将上例代码中的 `break` 改作 `throw` 语句：

```
throw new Error('error in for...of')
```

那么很不幸，JavaScript 仍然会调用 `tor.return()`，注意，这里并不是调用 `tor.throw()`。因为从语义上讲，"导致异常"的是 `for...of` 语句而非迭代器 `tor`，而 `tor` 的使用者（`for...of` 语句，或 JavaScript 的运行时）只是通知迭代器退出罢了。

JavaScript 也会隐式地调用 `tor.throw()`，但这只会发生在使用 `yield*` 来进行委托的生成器函数内。关于这一点，请参见 "5.4.5.3　方法 throw() 的隐式调用"。

5.4.5　生成器中的迭代

生成器函数本身并不是可迭代对象，并且它也不是构造器、不可用于构造对象实例。调用生成器函数可以得到生成器，后者也可以作为迭代器来使用，这在 JavaScript 中是很常规的用法。

5.4.5.1　生成器对象

生成器对象不是通过 `new` 运算产生的，而是通过调用对应的生成器函数（例如 `myGenerator`）得到的。生成器对象（也常简称为生成器）使用 `myGenerator.prototype` 作为原型，并因此具有了"迭代器界面"。例如：

```
1  function* myGenerator(x=0,y=0,z=0) {
2    console.log(" -> ", ...arguments);
3    x = x * 2 + y * z;
4    yield x;    // <- yield 1st
5
6    // ...
7    yield z - x; // <- yield 2nd
8
9    // ...
10   return "Ok";
11 }
12
13 // a generator object
14 var tor = myGenerator(1,2,3);
```

测试如下：

```
# 生成器函数是函数
> typeof myGenerator
'function'

# 调用结果是返回一个生成器对象（但并不是使用 new 运算构造的）
> tor instanceof myGenerator
true

# 使用 myGenerator.prototype 作为原型
> Object.getPrototypeOf(tor) === myGenerator.prototype
true
```

```
# 生成器对象拥有迭代器界面
> 'next' in tor
true

# 列举生成对象的属性/方法
> Object.getOwnPropertyNames(tor.constructor.prototype)
[ 'constructor', 'next', 'return', 'throw' ]
```

注意，在上述整个过程中，我们声明的 `myGenerator()` 函数的代码体都没有被执行，也并不会访问参数（例如传入的参数列表 1, 2, 3 等）。需要使用 `tor.next()` 方法来真正开始执行代码：

```
1   // （续上例）
2
3   // 开始执行生成器函数（myGenerator）内的代码
4   var generated = tor.next(); // -> 1 2 3
```

由于 `tor.next()` 是采用迭代器接口的，因此这时得到的 `generated` 也就是迭代结果：其中，`generated.value` 属性是生成器函数内的代码通过 `yield` "产生的值"，而 `generated.done` 表明整个生成器函数是否结束。

多次调用 `tor.next()` 可以使 `myGenerator()` 函数顺序地执行，并在遇到 `yield` 表达式时返回；下一次调用 `tor.next()` 时就在该紧接着 `yield` 表达式之后继续执行；如此运行直到整个 `myGenerator()` 函数执行结束（在函数末尾退出或使用 `return` 返回）。在这其中，`generated.value` 值总是反映每次 `yield` 的值。`yield` 运算符接受一个表达式作为参数，并以其值作为"产生的值"。例如：

```
1   （续上例）
2
3   // <- 8, done: false
4   console.log(" <- ", generated.value, ", done:", generated.done);
5
6   // <- -5, done: false
7   generated = tor.next(); // 2nd
8   console.log(" <- ", generated.value, ", done:", generated.done);
```

在第二个 `yield` 返回后，`generated.done` 仍然是 `false`。显然，在第 7 行（yield 2nd）之后仍然是有代码需要执行的，仍然是调用 `tor.next()`：

```
1   （续上例）
2
3   // <- 'Ok', done: true
4   generated = tor.next(); // will exit myGenerator()
5   console.log(" <- ", generated.value, ", done:", generated.done);
```

这一次 `tor.value` 拿到的值就是 `return` 返回的 `myGenerator()` 的结果值了。这也是在之前说

"(它)取决于调用者如何解释"的原因 [1]：迭代器在退出时返回的值，既可能是这里的生成器 `myGenerator` 的执行状态，也可能是毫无意义的其他任意值。后者，以我们之前所说的"可迭代对象"来说，当 `tor.done` 为 `true` 时，各种迭代运算都视为迭代中止且 `tor.value` 无意义。

不仅如此。这个生成器对象还同时实现了可迭代界面：

```
# 生成器对象实现了可迭代界面
> Symbol.iterator in tor
true
```

亦即是说，它也可以作为"可迭代对象"来使用。例如：

```
> new Set(myGenerator(1,2,3))
Set { 8, -5 }
```

但这个 `tor` 本质上仍然是迭代器（是用于迭代执行的结构），所以它只能完成一次迭代，这与数组等集合对象略有不同——后者是有着确实数据内容的集合。例如：

```
# tor 实现了可迭代界面，因此也是可迭代对象
> tor = myGenerator(1,2,3)

# tor 完成了一次迭代（用于展开成数组元素）
> arr = [...tor]
[ 8, -5 ]

# tor 已经迭代结束了，不能再次展开
> console.log(...tor)   // nothing

# arr 可以展开
> console.log(...arr)
8 -5

# 多次展开
> console.log(...arr)
8 -5

# 或其他使用迭代的行为
> new Set(arr)
Set { 8, -5 }
```

最后，如果你声明的是一个不需要参数的生成器，那么可以将它填入某个对象的 `[[Iterator]]` 内部槽中，使后者成为支持多次使用的可迭代对象。例如：

```
var obj = {
  [Symbol.iterator]: function*() {
    for (var i=0; i<10; i++) yield i;
  }
}
```

---

1 参见"5.4.4.1 可迭代对象与迭代"。

```
// 多次迭代
console.log(...obj);  // 0 1 2 3 4 5 6 7 8 9
console.log(...obj);  // 0 1 2 3 4 5 6 7 8 9
```

又或者利用迭代器调用时传入 this 引用的特性来替代参数传入：

```
var obj = {
  start: 3,
  [Symbol.iterator]: function*(start=5, end=10) {
    var {start, end} = {start, end, ...this};
    for (var i=start; i<end; i++) yield i;
  }
}

// 使用 obj 的属性替代/模拟参数传入
console.log(...obj);  // 3 4 5 6 7 8 9
obj.end = 6;
console.log(...obj);  // 3 4 5

// 使用默认值
delete obj.end
delete obj.start
console.log(...obj);  // 5 6 7 8 9
```

5.4.5.2 生成器的错误与异常处理

JavaScript 扩展了迭代器的错误与异常处理机制，它默认地为生成器对象提供两个原生方法来实现迭代器（tor）界面中的 return() 和 throw() 方法。例如：

```
# 从生成器函数中取生成器对象（并作为迭代器使用）
> f = function*(){}
> tor = f()

# 有 return() 的迭代器
> 'return' in tor
true

# f.prototype 是迭代器的原型
> f.prototype.isPrototypeOf(tor)
true

# return() 继承自 f.prototype 的原型
> Object.getPrototypeOf(f.prototype).hasOwnProperty("return")
true
```

如之前说过的，这两个方法的处理是"谁用谁负责"。由于生成器是用户创建的函数/对象，因此这里的 `return()` 和 `throw()` 通常是"显式地"被用户代码所调用的。[1] 所以你可以在"生成器函数之外的"代码中直接调用 `tor.return()` 来影响生成过程。例如：

```
function *myGenerator() {
  yield 1;
  yield 2;
  yield 3;
  return "Okay";
}

var tor = myGenerator();
```

测试如下：

```
# 1st
> tor.next()
{ value: 1, done: false }

# 强制中止并返回指定的值（作为结束状态中的 value）
> tor.return('Abort')
{ value: 'Abort', done: true }
```

在生成器中，`tor.return()` 方法的实际作用是返回（或"唤醒"）生成器函数 `myGenerator()`，并从上次 `yield` 的位置"立即退出（return）"该生成器。这种从外部调用 `tor.return()` 的方法，实际上是给了生成器 `myGenerator()` 一个结束处理的机会。例如：

```
1   function *myGenerator(fileName) {
2     var fd = fs.fileOpenSync(fileName); // 打开本地文件
3
4     try {
5       var x = yield readline(fd);
6       yield readline(fd);
7       yield readline(fd);
8     }
9     finally {
10      fs.fileCloseSync(fd);
11    }
12
13    return "Okay";
14  }
```

在这里，`myGenerator()` 希望退出函数之前无论如何都要关闭文件句柄 `fd`。然而如果我们在一个外部代码中使用如下逻辑：

```
var tor = myGenerator('...'); // set fileName
```

---

[1] 这与 "5.4.4.3 迭代器的错误与异常处理" 中介绍的内容有着很大的不同。

```
var firstLine = tor.next().value;
if (!isEmpty(firstLine)) {
  // read three lines and exit
  ...
}
```

那么当第一行是空行时,tor.next()就得不到读三次文件的机会,也就无法进入 finally{} 代码块来关闭文件句柄 fd 了。因此一个完整的逻辑应该是这样的:

```
// ...
if (!isEmpty(firstLine)) {
  // ... (略)
}
else {
  tor.return('Invalid file');
}
```

而 tor.return() 不仅是"返回(或唤醒)了生成器函数 myGenerator()",并且还在上次 yield 的位置:

```
var x = yield readLine(fd);
```

"制造"了一点点不同的现场,执行了一条类似如下的语句。注意,我们用 tor.return() 替代了 tor.next() 来唤醒 yield,因此 yield 运算的结果即是 tor.return() 传入的值 [1]:

```
5      return { value: yield readLine(fd), done: true }
```

但是由于这行代码"被制造于"一个 try...finally 块中,因此 JavaScript 在解释 return 子句并退出函数之前,还会处理 finally{} 块中的代码,即

```
10     fs.fileCloseSync(fd);
```

这样就得到了预期的执行效果——关闭 fd,提前退出 myGenerator() 并返回如下的结果值:

```
{ value: 'Invalid file', done: true }
```

return/throw 的内置行为是替换代码——这样的假设将有助于理解在上述 yield 位置发生的一切可能的执行逻辑,尽管这样替换是有违语法的(因而也不会真实发生)。类似地,假设你使用的是 throw() 方法:

```
// ... (略)
else {
  tor.throw(new Error('any error message from caller'));
}
```

那么其效果也是在 yield 位置替换为如下逻辑:

```
5      throw yield readLine(fd);
```

---

[1] 注意,由于这里的 return 行为将发生于 var x = ... 赋值行为之前,因此变量 x 是得不到 yield 的返回值的。

而这里并没有任何与"结束迭代"相关的行为,而仅仅是抛出了一个异常。因此如果 myGenerator() 的代码中没有 catch{} 块来捕获这个异常,那么就会导致这个函数异常退出(当然由于 finally{} 块的存在,所以 fd 也是会被关闭的),且没有返回有效的迭代结果对象。而在当前代码块(在调用 tor.throw() 所在的 else 子句)中会得到这个异常。

进一步考查这个行为:如果 tor.throw() 所触发的异常在 myGenerator() 中被处理了呢?例如我们在第 5 行中使用下面的代码:

```
5    try { var x = yield readline(fd) } catch(e) {}
```

按照前面所假设的"替换代码",那么:

```
5    try { var x = throw yield readline(fd) } catch(e) {}
```

显然 x 的赋值不成功,而代码进入 try...catch 之后的下一行,即第 6 行:

```
6       yield readline(fd);
```

所以 tor.throw() 会得到一个有效的迭代结果,且迭代并没有结束:

```
{ value: '<readLine()读到的第二行文本>', done: false }
```

生成器对象的 return/throw 方法总结起来有如下几个特点:

- 它们都是在 myGenerator() 函数外部调用的,与 tor.next() 类似,也是由生成器的使用者负责管理的逻辑。
- 它们都可以使迭代器函数 myGenerator() 从上一次 yield 位置恢复执行,也同样与 tor.next() 类似,将会传入一个值作为这个 yield 的运算的结果值。
- 最后,它们将通过(类似于)插入 return/throw 子句的方式来改变 yield 之后的执行逻辑,并且这些逻辑仍然受原来 myGenerator() 函数的上下文影响。

5.4.5.3 方法 throw() 的隐式调用

比较容易忽略的是,在使用了 yield* 来进行委托的生成器函数内,会"隐式地"调用 tor.throw()。更确切地说,当生成器函数(aGenerator)正处于被 yield* 所委托的迭代器(target)中时,如果 aGenerator 得到一个 throw 行为的唤醒,那么 JavaScript 就会向 target 发出一个 throw() 方法的调用。例如:

```
// 取数组和原始的迭代方法
var arr = [1,2,3];
var iteratorMethod = arr[Symbol.iterator];

// 观察方法
var monitor = {
```

```
  ["return"](value) {
    console.log(" >> RETURN", this && this.name || '');
    return {value, done: true};
  },
  ["throw"](err) {
    console.log(" >> THROW", this && this.name || '');
    return {value: err, done: true};
  }
}

// 在目标数组的迭代器上添加观察方法
var target = [3,4,5];
target[Symbol.iterator] = function() {
  var tor2 = iteratorMethod.call(this);
  return Object.assign(tor2, monitor, {name:"target"});
}

function *aGenerator() {
  yield 1;
  yield 2;
  yield* target;
  yield 6;
}

// 测试1: 列举值
var tor = aGenerator();
for (let i of tor) {
  console.log(i);
}
```

在测试 1 中将列举到 6 个值，其中 1、2、6 是由 aGenerator 生成的，而 3、4、5 是由 aGenerator 委托给 target 生成的。我们尝试在迭代过程进入被委托的 target（数组[3,4,5]内置的迭代器）之后，再尝试向 aGenerator 发出 tor.throw()：

```
# 重新获得一个生成器对象
> tor = aGenerator()

# 测试2: 在激活委托的 target 后制造一个 tor.throw()
> for (let i of tor) if (i==3) tor.throw();
 >> THROW target
{ value: 6, done: false }
```

注意，这时用户代码支配着迭代器 tor，我们调用了 tor.throw()，但又是谁调用了 target 中的 tor2.throw() 呢？

target 是被 aGenerator 使用（委托）的一个迭代器，这其中是 yield* 运算符开启了 target 的迭代器。因此——注意，这个过程也是符合"谁用谁负责"的原则的——当 aGenerator 被一个 throw 行为唤醒并需要通知 target 异常时，JavaScript 内部在处理 yield* 运算符的具体逻辑中调用了 tor2.throw()。同样是因为"谁用谁负责"，所以如果在迭代 target 的过程中 aGenerator 退出，那么 target 也会得到 return 通知。例如：

```
# 重新获得一个生成器对象
> tor = aGenerator()

# 测试 3: 在激活委托的 target 后中止迭代
> for (let i of tor) if (i==3) break;
 >> RETURN target
```

最后需要补充的是，（对于生成器对象来说，）在tor.next()中得到的this是调用生成器函数aGenerator()时传入的this，因为tor.next()实际是在生成器函数的上下文[1]中运行的；而在tor.return()和tor.throw()中得到的却是tor本身。

5.4.5.4　向生成器中传入的数据

迭代器对象"至少"具有next方法，但迭代协议却并未约定如何使用next方法的参数。[2]而在生成器中对此进行了有限的扩展：允许传入一个参数作为生成器（函数）内的yield运算符的运算结果。例如：

```
function* testMe() {
  var x = yield 10;
  console.log("[GET]", x);
}
```

测试如下：

```
# 取生成器对象
> tor = testMe();

# 在 yield 10 处从生成器内返回
> generated = tor.next();  // 1st, argument ignored
{ value: 10, done: false }

# 传入数据，推动生成器继续执行直到退出函数
#  - next()的参数作为testMe()中 yield 的结果值赋给了变量 x
> tor.next("sending data to 'x'...");  // 2nd
[GET] sending data to 'x'...
{ value: undefined, done: true }
```

迭代器对象的return和throw方法也是可选的，且它们的界面也没有确切的约定。但是，它们都应该返回一个如下规格的迭代结果对象（Iterator Result Object）：

```
// Iterator Result Object
{ value: <any>, done: <boolean> }
```

而在JavaScript内置的标准处理逻辑中，当需要调用这两个方法时所用的界面有两种：

---

[1] 请参见"5.3.2.2　生成器函数"。
[2] 准确地说是约定为"由目标迭代器自行决定如何处理（is dependent upon the target Iterator）"。

```
// 界面1: 在除yield*之外的处理中，例如，for...of或解构赋值等
var tor = {};

// 没有传入参数（tor作为this传入）
tor.return = function() {
  ...
}
```

另一个界面约定是出现在生成器中的：

```
// 界面2: 在生成器的被委托目标(target)中会用如下界面来得到外部传入的参数
var tor2 = target();

// 传入值（tor2作为this传入）
tor2.return = function(value) {
  ...
}

// 传入出错信息（tor2作为this传入）
tor2.throw = function(err) {
  ...
}
```

这个界面仅对委托目标（target）中的迭代器有用：当迭代过程处于 yield* tor2 中时，如果当前生成器外部通过 tor.return(value) 来触发 return，那么 JavaScript 在调用 target 的 tor2.return() 时会把 value 作为参数传入；类似地，在触发 throw 时也会向 tor2.throw() 传入 err 参数。

除了所有上述这些约定之外，JavaScript 的迭代器并没有其他任何确切的规则说明。因此在生成器中有关如何使用 next()、return() 和 throw() 方法及其参数的约定，都仅限于生成器的行为（以及 JavaScript 中生成器函数/类的实现）。

5.5 闭包

在 JavaScript 中，函数只是一段静态的代码、脚本文本，因此它是一个代码书写时，以及编译期的、静态的概念；而闭包则是函数的代码在运行过程中的一个动态环境，是一个运行期的、动态的概念。

全局和模块环境，与"函数闭包（Function Closure）"是不同的概念。但它们构建环境的方式以及它们与作用域之间的关系，和函数闭包是一致的，在本节中将对此进行概要叙述。

此外，在 JavaScript 中还存在一种特殊的"对象闭包（Object Closure）"，这是与 with 语句实现直接相关的一种闭包。我们将在"5.5.3.3 对象闭包"中单独讨论它。而在其他章节

中所谓的"闭包",都是特指函数闭包。

5.5.1 闭包与函数实例

由于 JavaScript 引擎通过闭包来为每个函数维护其执行期的信息,因此当函数被再次执行或者通过某种方法进入函数体内时,就可以通过访问闭包得到这些信息。

5.5.1.1 闭包与非闭包

从代码文本的角度来看一个js文件的内容,其实无非是三种可执行的结构[1]:脚本(Script)、模块(Module)和函数(Function)。其中,脚本和模块是指将代码的那些声明——例如变量声明或函数声明等——去除掉之后剩下的语句行。也就是说,任何一个js文件中的可执行逻辑,要么是全局的语句行(Script),要么是模块中的语句行(Module),要么是在全局脚本块和模块中的、语句行之外的那些函数声明(Function)。

很显然,不能将模块(Module)和全局脚本块(Script)多次实例化,这是做不到的。(单次装载的)模块和全局脚本块都是单次执行的,所以它们的执行环境是确定的。因此即使是在执行期,这些代码块中的"可访问标识符"也总是与静态代码文本对应"作用域(scope)"中的那些是一致的。这里所说的作用域,就是代码在形式上的分块。

然而函数(Function)却不是这样的。函数是可以实例化的,并且既可以被静态地声明和实例化,也可以被动态地创建。函数在语法上的声明与它在执行期的实例,以及与实例的多次执行过程之间都是一对多的关系,这带来了它与 Module/Script 不一样的执行期作用域效果。因此,有别于 Module/Script,对于函数代码块中的"可访问标识符",JavaScript 中用"闭包"来指代一个函数实例在运行期的作用域。

也就是说,闭包就是记录函数实例在运行期的"可访问标识符(identifiers in lexical scope)"的结构。[2]因此一个函数实例的一次执行,就会带来一个新的执行期作用域,即一个闭包;而在执行代码看来,它就是执行期的作用域链(scope chain),因其外部引用指向它被调用时的作用域。

---

[1] ECMAScript 的规范中定义了四种(four types of ECMAScript code),只是本书将 Eval code 的相关内容放在了第 6 章。并且除了 Eval code 之外,其他三种都采用了类似的结构来表达它们与源代码文本之间的关联:在可执行体的内部结构中使用 [[ECMAScriptCode]] 私有槽,来存放源代码解析后的节点树(root parse node of the source text)。
[2] ECMAScript 在执行环境(执行上下文)中用"词法环境"来指代这些可访问标识符,本章并不详细讨论 JavaScript 的执行机制,所以略掉这一层概念。

与此相对应的，Module/Script 在它们唯一的一次执行期中，是非闭包的。

5.5.1.2 什么是函数实例

对于上面这个定义，得先理解什么是"函数实例"。

在书写代码的过程中，函数只是一段代码文本。在真实的运行环境中需要先将它们变成可处理的数据对象——"对象系统中的"函数类的实例。从文本到数据对象的这个行为，

- 对于"函数声明（Declaration）"来说叫"实例化（Instantiate FunctionObject）"。
- 对于"函数表达式（Expression）"来说叫"创建函数的实例（Function Create）"。

这两个操作存在着语义概念上的细微不同，但操作的结果都是得到一个可参与运算的函数实例。

如同类可以有多个对象实例一样，一份函数代码也可以有多份函数实例（当然一个函数实例也可以被多次引用），因此变成了图 5-1 所示的样子。

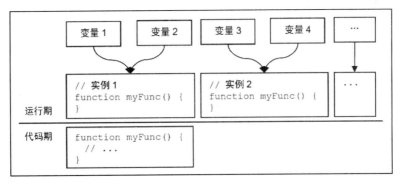

图 5-1　函数代码块的实例与引用之间可以存在多对多的关系

下面这个例子说明了在 JavaScript 中同一个函数代码块可以有多个函数实例：

```
function foo() {
  return function myFunc() {
    // ...
  };
}

var f1 = foo();
var f2 = foo();

// 显示 false，表明这是两个不同的函数实例
```

```
console.log(f1 === f2);
```

在这个例子中,函数 myFunc 是一个"函数表达式",并在每次执行 return 语句时创建一个函数实例。所以,f1 与 f2 是来自同一段函数文本的不同的函数实例。

然而这样的函数实例仍然只是静态结构,这使得它可以被变量赋值等。

5.5.1.3 看到闭包

闭包是用于记录"可访问标识符"的信息的。其初始信息是引擎在处理调用运算符"()"的时候,由一个称为"声明实例化(Declaration Instantiation)"的内部阶段来构建的[1]。也就是说,闭包内的初始信息就是函数代码体中的那些声明。

更复杂的信息还包括"(在运行中的)函数实例"的引用、环境[2],以及由包含 upvalue 在内的作用域链等。图 5-2 说明了这种结构关系。

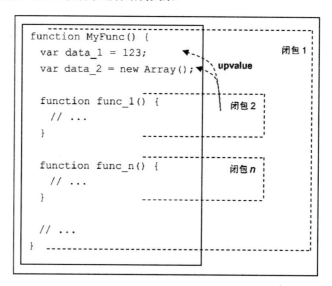

图 5-2　闭包及其相关概念之间的关系

图 5-2 能从静态的视觉效果上说明闭包、子函数闭包、upvalue 之间的关系,但并不能很

---

1 由于这里函数已经被调用,因此这个构建的结果将体现在调用上下文的环境中(也就是 argument.callee 所指代的内部结构),静态的"函数实例"与动态的"闭包"的区别也仅在这里。闭包是前者(函数实例中的声明等)在环境中的一个复制的映像。
2 例如模块或全局环境,以及在这些环境中用来查找变量的表。

好地传达出"闭包是运行期概念"这样的信息。[1]闭包在函数执行过程中处于激活的、可访问的状态；并在函数实例被调用结束后保持上述数据信息的最终数据状态，直到闭包被销毁。此外，一些在图中未能标示的信息包括：

- 在运行过程中，子函数闭包（闭包 2~n）可以访问 upvalue。
- 同一个函数中的所有子函数（闭包 2~n），访问一份相同值的 upvalue。

下例简单说明了第二条特性：

```
function MyFunc(){
  var data = 100;
  function func_1() {
    data = data * 5;
  }
  function func_n() {
    console.log(data);
  }

  func_1();
  func_n();
}

// 由于 func_n 与 func_1 使用相同的 upvalue 变量 data，因此在 func_n() 中可以显示
// func_1() 对该值的修改，返回结果值：500
MyFunc();
```

5.5.1.4 闭包的数量

在一般情况下，一个函数实例只有一个闭包，在闭包中的数据（闭包上下文）没有被引用时，该函数实例与闭包就被同时回收了。但也存在函数实例有多个闭包的情况，这非常罕见。下面特别构造了这样一个例子：

```
1  var checker;
2
3  function myFunc() {
4    if (checker) {
5      checker();
6    }
7
8    console.log('do myFunc: ' + str);
9    var str = 'test.';
```

---

[1] GitHub 中的 estools/escope 和 eslevels 项目能做类似的展示，它们最早来自 Douglas Crockford 的 nesting-level coloring of JS，并被 Daniel Lamb 进一步实现为 JavaScript-Scope-Context-Coloring。而在 sublime、atom 和 VSCode 等 IDE 中都有相关插件来展示类似的语法高亮效果，但也如本书所述的，类似 "scope levels" 分析都是静态的，它们与闭包相关，但缺乏"闭包是运行期概念"这样的信息。

```
10
11    if (!checker) {
12      checker = function() {
13        console.log('do Check:' + str);
14      }
15    }
16
17    return arguments.callee;
18  }
19
20  // 连续执行两次 myFunc()
21  myFunc()();
```

在这个例子中，myFunc()函数将执行两次。在第 21 行的第一次执行结束时，在第 17 行代码处将"函数实例自身的一个引用"（callee）作为结果值返回；接下来，在 21 行处会遇到第二个函数调用运算符，于是 myFunc()函数就被第二次调用了。由于第二次执行的只是一个引用，因此在这个示例中，myFunc()只创建过一个函数实例。

运行这个例子将输出三个信息：

```
do myFunc: undefined
do Check: test.
do myFunc: undefined
```

其中第一个和第三个信息都由第 8 行代码输出。输出 undefined 的原因在于：

- 函数被调用时，函数内的局部变量被声明并被初始化为 undefined。
- 局部变量表被保存在该函数闭包的 varDecls 域中。

第 8 行代码用于检测该值——并且我们强调它的值的确是 undefined。但是我们也注意到，第二个输出信息是 "test."，根据代码流程，该值是第二次调用 myFunc()时输出的——因为在第一次调用 myFunc()时，checker 还没有被赋过值呢。

但所输出的 checker 值，却是在第一次调用中被完成赋值的——它是一个局部函数引用；并且在它的闭包中，还引用了 upvalue 变量 str。由于这个变量是第一次调用的 myFunc()函数的闭包中的，因此在第一次 myFunc()调用结束后，闭包并没有被销毁——闭包中存在被其他对象引用的变量 / 数据。

所以，myFunc()第二次被调用并以函数形式调用全局变量 checker 时，checker 实际上是输出了"第一次 myFunc()调用过程中形成的闭包"中的 str——显然，这个值是 "test."。这就是第二个输出信息的由来。

这个例子传达出的信息是：

- JavaScript 中的函数实例可以拥有多个闭包。
- JavaScript 中的函数实例与闭包的生存周期是分别管理的。
- JavaScript 中的函数被调用时总是初始化一个闭包；而上次调用中的闭包是否销毁，取决于该闭包中是否有被（其他闭包）引用的变量 / 数据。

这里强调"函数实例与闭包的生存周期是分别管理的"。因此一个函数实例（以及其可能的多个变量引用）的生存周期，与闭包是没有直接关系的。换言之，会存在函数实例没有持有闭包的情况——例如一个未被调用的函数声明。[1]当然，还可能是闭包失效了，但未被引擎的内存管理器回收，而这就不在本书要讨论的范围中了。

5.5.2 闭包的使用

在语法分析阶段，JavaScript 能从函数的代码文本中得到以下两组信息（如下所谓"顶层"，是指函数自身的声明，而不包括其内嵌子级的声明）。

- varDecls：列表（VarDeclaredNames, and VarScopedDeclarations）
  是指所有顶层的变量声明。
- lexicallyDecls：列表（LexicallyDeclaredNames, and LexicallyScopedDeclarations）
  是指所有顶层的词法声明，包括各种具名函数、`let/const` 声明、标签化语句中的标签，以及 `export` 中导出的名字等。

有了这样两组信息，JavaScript 就可以为函数实例构建图 5-3 所示的信息，以表示它是"在语法分析阶段可以理解"的作用域，该作用域包括的就是一组名字列表。

---

1 这在"5.5.1.2 什么是函数实例"中略有提及。不过更确切地说，在这种情况下闭包只是还没有初始化，因为"声明实例化"的过程是由"函数调用"来触发的。例如，在 JavaScript 引擎执行任何用户代码之前，全局声明的函数就创建好了实例，但是如果这个实例还未被任何代码调用，那么也就没有任何闭包产生（或没有被初始化）。

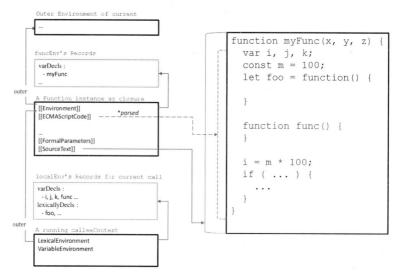

图 5-3 闭包相关元素的内部数据结构

下面讲述有关于该结构的基本规则。

5.5.2.1 运行期的闭包

当函数开始执行时,JavaScript会创建一个执行环境(Environment)[1],并将其可用的标识符列表指向函数实例中的作用域,从而完成从作用域(Scope)到闭包(Closure)的、在概念上的映射。它们常被混为一谈的根源也就在于此:(在初始状态下,)闭包在根本上不过是运行环境中对作用域的一个引用。

但闭包是运行期的,所以是变化的、有状态的、可存储的。

第一个可变的标识符就是 `this`。很显然,函数内可用的 `this` 引用通常是在运行期传入的。因此与在 "5.4.2 调用" 中所说的一样,函数调用的行为在预处理完成之后就会调用绑定 `this` (BindThis),使 `this` 引用成为闭包中动态添加的第一个信息。

接下来就是执行代码(EvaluateBody)。

---

[1] 一个环境(Environment)可以有多个环境记录(EnvironmentRecord),这些记录之间的关系,以及环境如何使用这些记录等都是由环境来约定的。根据这些约定的不同,ECMAScript 规范了 5 种环境。一个函数至少会创建一个环境(用于运行自身),但也可能创建多个环境并构成链(Chain),非简单参数以及后面讲到的函数表达式和非严格模式都将导致这种情况(参见 "5.3.1.6 非简单参数"、"5.5.2.4 函数表达式的特殊性" 及 "5.5.2.5 严格模式下的闭包")。这样的链也将链接到整个运行环境中,成为运行环境的一部分。显然,由于函数是栈式调用的,所以这样的链在执行环境中也就只有一个是当前活动的。

5.5.2.2　闭包中的可访问标识符

EvaluateBody并不是用户代码开始执行的起点，事实上最先做的是初始化闭包。[1]

在闭包初始化时，JavaScript 会将 varDecls 和 lexicallyDecls 两组信息合并起来形成一份可访问标识符列表。这个标识符列表由两个部分构成，称为变量环境和词法环境，但这两个环境与 varDecls 和 lexicallyDecls 并不是严格对应的。如果是在非严格模式下，那么这两个部分引用自同一个结构，是相同的；而在严格模式中，后者指向前者（类似将变量环境作为词法环境的原型）。因此，通过变量环境可能访问不到词法环境，而反过来从词法环境总是可以访问到全部的标识符列表，所以静态来看，这个列表也称为词法作用域（lexical scope）。

在这个阶段，JavaScript还会处理另外两个列表信息，一个是顶层的子函数列表，另一个是参数列表。这两个列表中的名字，也会被添加到可访问标识符列表的变量环境中。[2]而 arguments 是作为一个特殊的名字来处理的，具体的规则是：

- 如果 arguments 出现在参数列表中，它或是函数名，或是已经在 lexicallyDecls 中声明过的名字，则忽略后续的参数绑定操作；否则，
- 基于该函数的形式参数信息（formals and argumentsList）来创建一个参数对象，如果当前是非严格模式，则该对象支持"形式参数映射（mapped）"，否则它是非映射的（unmapped）；然后，
- 将名字 arguments 添加到参数列表中，并将上述参数对象以该名字绑定到访问标识符列表的变量环境中。

于是得到了整个标识符列表。这些标识符包括这个函数内顶层的各种变量、常量、函数名、参数名、类名和标签等，以及一个特殊的名字：arguments。

在这个列表中的所有名字都还"可能"有它们对应的值。例如，函数、类等声明总是在语法解析期结束后就能决定要绑定的值，而var/const/let等需要赋值过程的就不会绑定值[3]，后者包括所有需要初始器（Initializer）的数据。

另外需要绑定值的，是在调用这个函数时传入的参数，因为闭包是函数被调用时产生的，因此在决定创建闭包时已经可以知道实际参数，并通常被记为 argumentsList——它们也会在

1　即进行所谓的"声明实例化"。
2　变量环境会添加所有子函数的名字（即使它们其实是词法环境下的声明），这是因为 JavaScript 中的函数声明是可以被覆盖的。
3　不过某些 JavaScript 引擎会尝试将那些能值化的数据提前绑定到名字上，例如某些字面量。

这个阶段被绑定到它对应的形式参数名上。如果参数是非简单的（请参见"5.3.1.6 非简单参数"），那么在绑定参数前，JavaScript 会先多创建一层环境，并将相关的初始过程（例如默认值以及它的读取过程）放到这个多出来的环境中，作为一个动态添加出来的作用域。这样既隔离了引擎级别的初始过程与用户代码，又能使 argumentsList 在（调用初始过程来）绑定参数时通过作用域链访问到它。

然后，那些绑定了值的参数将优先被添加到标识符列表的变量环境中。而之后再绑定其他声明的名字时，这些被形式参数名预先占用掉的名字会被跳过而不会重复绑定，也不会被重复地初始化。

接下来才是用户代码的执行（Evaluating）。

5.5.2.3　用户代码导致的闭包变化

引擎的行为在用户代码来看是不可见的。例如在下面的代码中：

```
1  // 示例 1
2  function myFunc(num) {
3    var num = num + 1;
4    return num;
5  }
6  console.log(myFunc(10));  // 11
```

在第 3~4 行的用户代码中到底发生了什么呢？

这个示例中的闭包处理，几乎涉及了我们之前讲述的全部信息。首先，在第 6 行代码调用 myFunc() 时，JavaScript 引擎为 myFunc() 函数实例准备好了一个闭包，包括两个可访问标识符和它的信息：

```
// 闭包的标识符列表(varDecls and lexicallyDecls)
identifiers = {
  "num": {存放 num 信息的结构，指明它是一个已绑定的、值为 10 的、可变的变量声明}
  "arguments": {绑定到特定的 arguments 对象，是一个可变的变量声明}
}
```

由于变量名 num 实际上是通过形式参数名来绑定的，所以如下代码：

```
3  |   var num = num + 1;
```

中的 var 其实没有起到任何作用。它原本会导致 varDecls 中的对应记录在 identifiers 中创建一个标识符，但是正如前面所说的：这个名字被函数的形式参数名优先使用了，因此代码行 2 最终只是执行了一个一般的赋值语句而已。

接下来我们对源代码略作修改，如下：

```
1  // 示例 2
2  function myFunc(num) {
3    myFunc = num + 1;
4  }
5  myFunc(10);
```

这次在第 3 行代码中又会发生什么呢?

最令人疑惑的地方在于：在我们刚才给出的闭包的标识符列表 identifiers 中，并没有 `myFunc` 这个名字。那么，这第 3 行代码是访问到 upvalue，并且重写了这个函数本身吗？确实是，上面的代码执行将导致如下结果：

```
# （续上例）
> console.log(typeof myFunc, myFunc)
number 11
```

5.5.2.4　函数表达式的特殊性

最后我们再用一个新的示例来说明函数表达式在闭包中的效果：

```
1  // 示例 3（保留参数 num 仅是为了和上例进行对比）
2  var msg = (function myFunc(num) {
3    return myFunc = typeof myFunc;
4  })(10) + ", and upvalue's type is: " + typeof myFunc;
```

这个示例的关注点在第 2 行，问题在于：`myFunc` 在赋值表达式的右侧是不是一个有效的标识符？如果是，那么在本例中，它是否会被重写为自己的类型名 function 呢？测试如下：

```
# 输出结果表明 myFunc 在表达式中是 undefined 的
> console.log(msg);
function, and upvalue's type is: undefined
```

可见，在 `myFunc()` 函数内能访问和重写这个标识符，但是在它的外部却无法得到这个引用。这是为什么呢？

因为 JavaScript 在处理函数表达式的闭包时，与之前的函数声明并不相同。尽管它们貌似都是相同的字面量声明，但在 JavaScript 中却是不同的语法元素。首先，在它们的作用域中（scope）都有相同的标识符列表：

```
// 闭包的标识符列表(varDecls and lexicallyDecls)
identifiers = {
  "num": {存放 num 信息的结构，指明它是一个已绑定的、值为 10 的、可变的变量声明}
  "arguments": {绑定到特定的 arguments 对象，是一个可变的变量声明}
}
```

然而 JavaScript 在为函数表达式构建闭包时使用了双层的作用域。外层的作用域，称为"函数环境（funcEnv）"，其中只有简单的一个标识符，之后才是该函数自己的作用域：

```
outerScope = {
  identifiers: {
    "myFunc": {存放 myFunc 信息的结构，该函数表达式闭包作为值绑定到该标识符}
  },
  parent: {指向赋值表达式所在的作用域}
}
myFuncScope = {
  identifiers:  // (略。如上，包括 num 和 arguments)
  parent: outerScope
}
```

而 `myFunc` 的闭包只需要在运行环境中引用 `myFuncScope` 来作为词法作用域并形成链（lexical scope chain）。

这样一来，在 `myFunc` 函数内既能访问传入参数和内部的其他变量声明（如示例 1），也能像示例 2 一样重写作用域链上的 `myFunc` 这个标识符，又不会影响赋值表达式及其之外的作用域。因为这个 *outerScope* 是插入在当前表达式和 `myFunc` 的闭包（所引用的 `myFuncScope` 作用域）之间的。

5.5.2.5　严格模式下的闭包

我们之前提到，标识符列表分成两个部分，而在严格模式下的闭包中，作用域是指向 lexicallyDecls，并由后者再指向 varDecls 的。这有什么必要呢？

考虑一下 lexicallyDecls 的内容，它是除 var 之外的其他声明项，例如 const/let，又例如 class。很显然，它们是不可写的。[1]因此，从语义设计出发，JavaScript 约定 lexicallyDecls 列表是严格静态的，不可变更。

然而在 JavaScript 中支持动态执行（eval），这意味着下面的代码将导致标识符列表发生变化：

```
function foo(x) {
  eval('var y = 100');
  console.log(y); // 100
}
```

在这个例子中，按照传统 JavaScript 的设计，`eval()` 执行中发生的变量声明会作为新的变量名登记到当前函数（或全局）作用域，这就需要函数的作用域"可以动态添加"。因此在非严格模式中，JavaScript 将作用域分成两段，当 `eval()` 的代码试图添加新的变量时，（按照

---

[1] 这个列表事实上也包含那些函数声明语法中的函数名，但是它们在创建闭包时被抄写到了 varDecls，从而让它们变成了可写的。

它的语义）就可以将它们添加到 varDecls 中。

而在严格模式中，由于 eval() 语句在自己的作用域块中有独立的 varDecls，所以这些新变量就不会"释放"到函数中，也不会影响这些函数的作用域。例如：

```
function foo(x) {
  "use strict";

  eval(`
    var y = 100;
    console.log(y);   // 100
  `);

  // NOTE: 变量"y"位于eval语句自己的作用域中
  console.log(typeof y); // undefined
}
```

因此在严格模式中，并不需要这种两段式的作用域设计。

5.5.3 与闭包类似的实例化环境

事实上所有 4 种可执行结构都存在"实例化"这一过程。实例化本质上是将代码从文本映射成在执行环境（上下文）中的、绑定到可访问标识的结构。这个结构既代表了作用域，也代表了作用域在代码执行后的实时现场（例如闭包）。

Script 与 Module 的实例构建自它们作为 .js 文件被装载时，（在顶层声明的）Function 的实例构建自对 Script/Module 代码进行"声明实例化"的过程中。这些实例启动"声明实例化"的方式略有区别：Function 取决于调用运算符，而 Script/Module 由引擎在它们的文件装载（并且完成实例构建）之后开启一个"任务（Job）"来驱动。

所有的实例化环境都是"声明实例化"的结果，并都具有类似性质。这主要是指，它们有着类似的作用域规则，并且在执行环境使用它们时的方式也基本相同。这些结果将与可执行环境绑定起来，这会在可执行结构开始执行之前完成并作为执行环境的、当前上下文的一个部分。这个绑定过程简单来说就是把名字添加到执行环境中并初始化它们的值，例如 Global Declaration Instantiation。

5.5.3.1 全局环境

全局代码只执行一次，因此 JavaScript 不需要为之使用闭包这样的机制。但是这些代码仍然是有作用域的,也同样是一个可访问的标识符列表。由于少了"闭包"这一层概念,它们直接就是运行环境的一部分,例如 global。

全局环境包含全局对象 global,它是 Global 类的唯一实例,是引擎内置的。JavaScript 为全局代码块(即称为 Script 的可执行结构)建立了一个新的作用域,并用内部结构 [[ObjectRecord]] 指向引擎初始化的环境 global——这类似于使用 global 作为对象闭包。[1]然后再把用户代码中的声明"实例化"到这个新作用域中,之后才开始用户代码的执行。[2]亦即是说,用户代码所在的词法环境(scriptCtx's LexicalEnvironment)可以不直接操作引擎原生的那个 global,而这也意味着 JavaScript 引擎可以在多个实例间共享一个原生的 global。[3]

然后还有一个称为 [[VarNames]] 的内部结构,用来表明那些声明过的变量名与函数名。当代码访问一个全局的名字时,它会先访问 global 对象的属性,并取属性值。当添加一个全局的变量名时,会先将其添加到全局环境的作用域中(事实上也就是当前 global 对象的自有属性表中),并将该名字加入 [[VarNames]] 列表,用以表明该名字是 var 声明而非原生 global 对象的属性。[4]在下例中,用 var 声明的 x 和 z 会加入 [[VarNames]] 列表,但由于对应的、在 global 对象中的属性性质不同而出现操作上的差异:

```
// 声明变量会放到[[VarNames]]列表中,因此不能直接删除
var x = 100;

// 泄露的名字将导致全局创建了标识符 y, 但未添加到[[VarNames]]
y = '';

// eval 中声明的 var 变量也会放到[[VarNames]]列表中,但它是可以删除的
eval('var z = 200');

// 检查属性描述符
let canRemoveGlobalName = n => {
  return Object.getOwnPropertyDescriptor(global, n).configurable;
};

// 测试 1
```

---

[1] 在宿主系统中是否将 global 作为全局的 this 对象是可选的,所以会另有一个 [[GlobalThisValue]] 内部槽来指向全局的 this。其他内容请参见"5.5.3.3 对象闭包"所述。

[2] 这意味着用户代码(例如 js 文件)中的 "use strict" 是晚于环境构建而执行(或识别)的,而在 global 环境创建时,引擎是不会知悉用户代码是否"需要"运行于严格模式,并且也不会创建"所需的"环境的。更确切地说,"严格模式"的行为限制并非是全局环境/运行环境的自有性质。

[3] 对于具体的引擎环境来说,这是可选的。引擎可以决定如何初始化 global,例如直接使用原生的 global 对象,或者使用以原生 global 对象为原型的一个子类实例,又或者使用宿主相关的构造过程来创建特定的 global 对象实例等。这些过程发生于全局环境初始化的阶段,早于用户的第一行代码之前。

[4] 需要留意的是,与闭包中的 varDecls 类似,[[VarNames]] 中也会包括函数声明。而除了函数和 var 声明之外,其他声明会包含在全局环境的一个称为 [[DeclarativeRecord]] 的内部槽中,例如标签和类声明。

```
console.log(canRemoveGlobalName('x')); // false
console.log(canRemoveGlobalName('y')); // true
console.log(canRemoveGlobalName('z')); // true

// 测试 2
console.log(delete x); // false
console.log(delete y); // true
console.log(delete z); // true

// 测试 3
console.log(x); // 100, 未删除
console.log(typeof y); // 'undefined', 删除成功
console.log(typeof z); // 'undefined', 删除成功
```

当使用 const/let 声明变量时，标识符是直接创建在词法作用域中的，与 global 对象无关。因此当这与上例中的情况混在一起时，就会出现意料之外的情况（该示例适用于低版本的 Node.js 或 JavaScript 引擎，并且会因 global 对象的实现不同而在执行结果上有差异）：

```
// 在 global 对象上创建一个标识符 m
m = 'global name';

// 创建常量 m, 覆盖掉上一个标识符
const m = 1000;
console.log(m); // 1000

// m 作为属性并没有被重写
console.log(global.hasOwnProperty('m'), global.m); // true, 'global name'

// global.m 可写
global.m = m + 1; // 1001

// m 不可写
try {
  m = m + 1;
}
catch(e) {
  console.log(e.message); // TypeError: Assignment to constant variable.
}

// m 不可删除
console.log(delete m);  // false

// global.m 可删除
console.log(delete global.m); // true
```

这一示例意味着，使用 global.m 来访问全局变量（或全局标识符）并不安全，又或者说通过使用"未声明变量"来创建全局标识符在根本上就不安全。当然，许多人也已经知道，这样的用法事实上是早期 JavaScript 语言设计所留下的"特殊遗产"。

5.5.3.2 模块环境

跟全局环境类似，模块也是单次加载的，因此模块环境也只需要被实例化一次。这个过程也开始于执行第一行用户代码之前，并且取决于 JavaScript 引擎所获得的模块依赖树——这是在对源代码文本进行语法分析的阶段所获得的信息。

模块依赖树决定了顶层模块的装载次序，并且将通过深度优先遍历的方式载入这些模块内的子级的、被依赖的模块。由于仅通过静态语法分析阶段就可以构建一个没有重复节点的树，因此这个加载过程既不依赖任何用户代码的执行，又可以避免模块重复加载（以及由此可能导致的模块顶层代码重复执行）。

模块环境的实例化发生在具体加载一个模块（例如 x）的时候。并且在这时，其父级的（即使用 `import...x` 来装载它的）装载者模块（例如 `parentModule`）是还未被实例化的——在深度遍历中，叶子节点是优先完成实例化的。由于这个缘故，x 模块是不可能访问到 `parentModule` 所决定的或初始化的某些内容，例如，试图在 `parentModule` 中为全局变量置的值。

全局环境先于模块环境建立，但其代码执行是晚于上述的整个"模块环境的实例化过程"的，因此模块的实例化必须不能依赖任何由用户代码创建的全局变量。例如，你试图用一个变量名来控制加载的模块名，本质上并不是 JavaScript 的语法禁止这种行为，而是在处理 `import/export` 声明时，全局中任何的变量都未被赋值因此不可使用；并且即使是在当前模块中，它的可执行代码也是晚于实例化行为的，故同样也不能在 `import/export` 声明时使用模块内的变量。[1]

在实例化模块 x 时，会创建一个新的模块环境并将它的（以及任何一个模块的）parent 指向全局（`GlobalEnv`）。接下来的过程与函数实例化是类似的：模块也具有 varDecls 和 lexicallyDecls 这样的列表，并且也会将这些列表中的名字绑定到模块环境中，从而得到该模块的词法作用域。

然后 JavaScript 引擎开始执行模块的顶层代码——这是指模块中那些非声明的、顶层的可执行语句。同样是按照上述深度遍历的过程，处于叶子的模块将最先被执行。如上所述，在这个时间点上，所有的（哪怕是最顶层的）模块都已经完成了实例化。

最后需要补充的是：由于模块中的代码是执行于严格模式中的，因此它不可能通过"赋

---

[1] 这里试图解释 ECMAScript 中 "`import/export` 不支持可计算的模块名" 这一约束，其实是源于模块静态装载时的实例化逻辑而非简单的语法禁止。

值未声明的变量"来创建一个全局变量。这也就意味着，对于任何一个模块中的顶层代码来说，它都只能使用那些被环境提前初始化好的全局变量名。[1]并且按照这一规则，顶层的全局代码（例如，main.js）总是需要用至少一个import语句来载入其他被依赖的模块，因此main模块自身也必然是执行于严格模式、不能使用"赋值未声明的变量"这一语法的。

因此一旦使用模块（import/export），那么所有的代码都必然是严格模式中的了。

5.5.3.3 对象闭包

所谓"对象闭包"，是指使用with(x)语句为对象x动态创建的闭包，该闭包将被添加到执行环境当前的闭包链顶端。[2]对象闭包并不非常特殊，因为所谓全局环境（GlobalEnv）就拥有一个称为global的对象，并以该对象作为与全局环境关联的词法环境[3]，它与我们在这里讨论的对象闭包在性质上是一致的。

但是对象闭包没有"（与全局对象类似的）声明实例化"这一过程。因为对象以它的成员作为环境中绑定的标识符，而这些成员在执行with语句之前就已经实例化过了，对象闭包只需用一套访问规则去存取这些成员即可。[4]

闭包本质上就是一个链式的标识符系统。对象闭包与函数闭包在这个概念抽象上是完全一致的，但是在细节处理上略有不同，表5-6说明了这种差异。

表 5-6 函数闭包与对象闭包的差异

标识符系统	函数闭包	对象闭包	说明
this	有	没有	（注1）
局部变量（varDecls/lexicallyDecls）	有	没有	（注2）
函数形式参数名（argsName）	有	没有	仅与函数声明相关

---

1 这并不确切。因为new Function和eval支持的间接调用模式工作在非严格模式的环境下，因此可以在模块中使用这样的动态代码来影响"非严格模式中的全局环境"，从而让模块操作到那些未预先声明的全局变量。另外，由于global或globalThis对象的存在，用户代码可以通过向全局对象注入（类似于）全局变量的属性名，这也进一步将问题复杂化了。关于这一点，请参见"2.6.3.2 非严格模式的全局环境"。

2 在SpiderMonkey中，with语句不是打开对象闭包的唯一方式。首先，用Object.eval()可以让一段代码执行在对象闭包中，例如，"obj.eval('value = 100');"将在obj的对象闭包中执行代码。此外，Script()对象也可以强制在一个对象的闭包中执行代码，例如"new Script('value = 100').exec(obj)"就与上面语句的作用是一致的。

3 在ES6之后，JavaScript规范了有关"对象闭包"的术语并用"对象环境（Object Environment）"来指称它。与之相对应的，函数使用的是称为"声明环境（Declarative Environment）"的结构来构建闭包。如此一来，"环境"一词就特指静态结构，而"闭包"用于指代函数实例的、执行期的动态结构。

4 对象闭包中的标识符并不是实际的 varDecls 或 lexicallyDecls，而是通过存取规则来访问的。包括在对象中使用 Symbol.unscopables 指向的内部槽来禁止访问某些成员，也是"对象闭包（对象环境）"存取规则的一部分。

续表

标识符系统	函数闭包	对象闭包	说明
arguments	有	没有	仅与函数调用过程相关
函数名/对象名（funcName/objName）	有	没有	对象字面量不能具名
对象成员名	没有	有	（注3）

注1：在对象闭包中使用 this 时，将通过 upvalue 访问到它外部作用域中的 this 引用。

注2：在一些旧的引擎中，对象闭包中的 var 声明的效果存在引擎差异。

注3：在函数闭包中能访问 arguments，是因为引擎将该标识符作为一个特殊的名字添加到了闭包中，与（将函数作为对象时的）"对象闭包"并没有什么关系。

在对象闭包中用 var 声明变量的效果，与具体的引擎实现有密切关系。在 JavaScript 最初的语法设计中，函数内的（也包括函数内 with 语句中的）var 关键字被理解为所在函数闭包中的变量声明。如下例：

```
1  var aObj = { value: 'hello' };
2  function foo() {
3    with (aObj) {
4      var value = 1000;
5      console.log(aObj.value); // 显示值: 1000
6    }
7    console.log(value);  // 显示值: 'undefined'
8  }
9  foo();
```

由于 var value 被理解为 foo() 函数中的一个变量声明，因此第 7 行显示的是该变量的初值 'undefined'。然而，第 5 行的输出结果则证明第 4 行赋值的是 with 所指示的对象闭包中存在同名的属性。

这一问题的本质是，当词法作用域与变量作用域冲突时，该如何处理。因为

- var value 向 foo() 函数的闭包声明了一个局部变量；而
- value = 1000 操作的是 aObj 对象闭包中的一个属性。

这使得在不同的阶段中，同一行语句存在面向两种不同目标的语义与执行效果。而这明显是不合理的。这也同样是所谓"变量提升"带来的负面效果。

5.5.3.4 块

因此在 ECMAScript 中通过"块（Block）作用域"的概念规范了这些变量声明的行为。在保留了"var 声明的变量是'函数级'作用域"这一传统设计的同时，ECMAScript 约定将

`const/let` 声明的变量放在一个"块级"作用域中。

从语法形式上，块可以表现为：

- 一对大括号内的，或者
- 代码文本顶层独立的，或者
- `try...catch...finally` 的语句符号 "{ ... }" 之中的，或者
- `switch` 的语句符号 "{...}" 之中包括所有子句在内的等 [1]

一组语句列表。"块"与 Function、Script 和 Module 一样也有它自己的实例化环境，因此也会登记 lexicallyDecls（但是没有 varDecls）。块语句的实例是构建自语句执行过程中的（例如，从一对大括号 "{}" 起始处开始执行），因此它所创建的环境也可以在语句执行结束后被销毁。在这一点上，它与闭包完全不同。

可以想见的是，由于块实例的 lexicallyDecls 不可能在函数的、全局的或模块的顶层出现，所以也不会被后者作为标识符初始化。在构建块实例之后，块实例会自行调用"声明的实例化"过程，以确保在它的作用域内的那些标识符可用。

因此——坏消息是——上述实例化过程，并不意味着 case 子句需要在它被执行到之后才实例化。因为所有的 case 子句将共享 switch 语句的唯一一个块，而这个块的初始化是早于所有 case 分支的，因此在 case 分支中声明的那些名字在执行它们（所在的分支）之前就生效了。更严重的后果是：即使某个分支中的代码从来不会被执行到，但它所声明的标识符也将影响到其他分支。例如 [2]：

```
var x = 100;
switch (true) {
  case true:
    console.log(x); // ReferenceError: x is not defined!
  case false:
    let x = 200;
}
```

5.5.3.5　循环语句的特殊性

块语句的实例化环境是在它被执行时才构建的，这一结论也同时带来了一个疑问：难道 for/while 等语句的循环体——作为块语句——是会被多次初始化的？

答案是"循环体总是被多次初始化的"。尽管这可能很出人意料，因为看起来这是很低

1　参见 4.4 节的表 4-6。
2　详情可参见 "4.4.2.3　多重分支逻辑中的代码分块"。

效的做法。

首先并不是所有看起来使用了一对大括号的都是块语句。for 和 for...in/of 语句中的循环体被称为 body，它将循环执行于一个由 for 语句创建的作用域中。尽管这个作用域对 body 中的语句行有效，并且是按"块的实例化环境（块级作用域）"的方式构建的，但它的生存周期以及其内部的"声明的实例化"过程都是由 for 语句负责的。

在一部分引擎的具体实现中，while、do...while 语句在 JavaScript 中是转换为 for 语句来执行的。例如解析如下语句：

```
while (Expression) Statement
```

它最终将以类似如下方式调用 for 语句的执行逻辑：

```
for (;Expression;) Statement
```

因此在这种执行策略下，while 和 do...while 语句中对它们的循环体的使用与 for 语句使用 body 区的规则是一致的。并且，它们都不是真正的"块（Block）"实例化环境。

但另外一些按照 ECMAScript 约定来实现的引擎在处理 while/do...while 时与 for 语句会有差别。具体来说，在语法上，while/do...while 语句只能在使用块语句时（在其内层的作用域中）支持标识符声明，例如：

```
# 下例是语法正确的
> while (false) { let i = 0 };
```

而在这一语法中，实例化环境是由块建立的并在执行前由块来完成"声明的实例化"过程的。

无论两种方式（由 for 维护的作用域，或是由 Block 来维护的"块级作用域"）中的哪一种，循环体在每次迭代时都将处于一个全新的、为当前循环创建的实例化环境中。这意味着所有的 let/const 声明将被重新初始化[1]，例如：

```
1  for (var i = 0; i < 3; i++) {
2    let x;
3    console.log(typeof x);
4    console.log(x = i+1);
5  }
```

在这个例子中，变量 x 在第 4 行被赋予一个新的值，而它在第 3 行总是显示 'undefined'，这表明在下一次循环中，变量 x 并没有继承前次迭代的值。并且由于相同的原因（每次创建全新的实例化环境），下面的代码并不会出现"常量被多次赋值"这样的异常：

```
1  for (var i = 0; i < 3; i++) {
2    const x = i + 100;
```

---

[1] 注意 var 声明，函数声明以及类声明等在作用域的处理方式上与 let/const 是不同的。

```
3      console.log(x);
4    }
```

for 语句的三个表达式（initialization、condition 和 final-expression）是处于同一个由 for 语句创建的环境中的，这个环境也同时是循环体每次创建的环境的 parent。由于 for 语句本身并不"重新进入"，因此这个作为 parent 的环境也就只初始化一次。也正是基于这个设计，在 initialization 表达式中是可以出现 const 声明的。[1]

for...in/of 语句在处理循环体的逻辑上与 for 语句是一致的，但每次迭代都会创建新环境作为 parent。显而易见，这正是将它们设计为这一语法的初衷（为每个迭代创建一个全新的上下文），例如 [2]：

```
1    // 由于 for...in/of 语句被设计为每次迭代创建新的实例化环境，所以 key 可以声明为常量
2    for (const key in global) {
3      console.log(key);
4    }
```

5.5.3.6 函数闭包与对象闭包的混用

函数闭包与对象闭包既有相关性，也有各自的独立性。对象闭包总是动态添加在闭包链顶端的，而函数闭包则依赖于函数声明时的、静态的语法作用域限制。因此，二者可能出现不完全一致的情况，这很容易让人产生（至少在表面上的）困惑。例如：

```
1    var obj = { value: 200 };
2    var value = 1000;
3    with (obj) {  // <-- 对象闭包
4      function foo() {  // <-- 具名函数 foo() 的闭包
5        value *= 2;
6      }
7      foo();
8    }
9
10   // 显示 400
11   console.log(obj.value);
12   // 显示 1000
13   console.log(value);
```

这段代码中同时出现了两种闭包。其中，foo() 函数处于一个块级作用域中，并且这个"块

---

[1] 在 ECMAScript 的补充规范中，允许存在一种"for...in"语句的扩展语法，形式如"for(var x=...in obj)..."。其中的"=..."用于为 x 置初值，这使得在 obj 无法列举任何成员时，变量 x 中至少存在一个初值。该语法仅允许使用 var 声明，并且变量 x 的初值也仅在 for 语句零次迭代执行后才有读取的意义。
[2] 参见 "4.4.2.4 循环逻辑中的代码分块"。

（Block）"环境的实例化是在 with 语句打开了 obj 的对象闭包之后进行的，因此它的 parent 将指向这个对象闭包，于是在第 5 行代码中访问到了 obj.value[1]：使它的值乘 2，变成了 400。

另一种存在两种闭包的情况是：在函数中打开函数对象自身的闭包。例如：

```
function foo() {
  with (arguments.callee) {
    // 这里既处于 foo()函数的函数闭包中，又处于它作为对象时的对象闭包中
  }
}
foo();
```

5.5.4 与闭包相关的一些特性

在编译语言，以及以编译成二进制代码为主的静态语言中，函数体总在文件的代码段中，并在运行期被装入标志为"可执行"的内存区。因此，事实上我们不会认为代码、函数等会有"生存周期"。在大多数时候，我们会认为"引用类型的数据结构"——例如指针、对象等——具有引用、生存周期和泄露的问题。

下面讨论与闭包相关的一些主要特性，这涉及它的生存周期，以及闭包在不同环境中一些初始状态方面的差异。

5.5.4.1 变量维护规则

规则一：在函数开始执行时，闭包中"（与 varDecls 对应的）变量"的值都将重置。

例如在下面的代码中：

```
// 变量初始化
function myFunc() {
  console.log(i);
  var i = 100;
}

// 输出值总是 undefined
myFunc();
myFunc();
```

由于变量在闭包的实例化阶段就已经创建好了，因此在 myFunc() 内部，即使是在"var i"声明之前访问该变量，也不会有语法错误，而是访问到初值 undefined。而由于它总是在执

---

[1] 在早期的 JavaScript 中，foo() 函数的闭包链是在语法静态分析阶段就决定了的：它的 parent 指向全局环境。由于不支持块级的作用域，因此在第 5 行是无法访问到 obj.value 的——在 foo() 函数的闭包链上找不到 obj 的对象闭包。

行前被初始化，因此第二次调用 `myFunc()` 时，值仍是 `undefined`。

规则二：函数执行结束并退出时，变量不被重置。

这是因为"函数退出"不是闭包销毁的条件，由于闭包没有被销毁，所以变量也就不会被重置。于是 JavaScript 借此提供了"在函数内保存数据"这种函数式语言特性。需要说明的是，该规则与规则一并不冲突。上例中第二次调用 `myFunc()` 时，没有显示"在函数内所保存的数据（该例中是数值 100）"的原因是，在第二次调用时，函数创建了第二个闭包。

不需要再次调用该函数，而只是通过持有上述闭包的作用域的访问权，就可以考查该函数实例（准确地说是函数闭包）的内部，看到那些被保存的数据。这就是"5.2.5.3　在函数内保存数据"所讲述的内容和示例的效果。

规则三：闭包的生存周期，取决于函数实例是否存在活动引用。

闭包的生存周期与函数实例是否活动是相关的。因此闭包内数据（即"在函数内保存的数据"）的生存周期，取决于该函数实例是否存在活动引用。如果没有，则引擎"可能"会销毁它（即内存回收）。如果你试图观测这个销毁过程，可以尝试将这个函数实例添加到一个 WeakMap 里去。

5.5.4.2　引用与泄露

JavaScript 中的函数也是一个引用类型的"数据/值"，尽管我们没有从这个角度上去论证它必然存在引用、生存周期与泄露的问题，但事实上的确可以这样做。

除了这个原因之外，还应该注意到，由于全局函数事实上也可以视为宿主对象的属性（例如浏览器中的 `window` 对象），因此在很多情况下，JavaScript 中的函数都具有"作为方法时依赖于对象生存周期"和"作为闭包时依赖函数实例生存周期"这样双重的复杂性。

当然，也有独立于对象系统而存在的"纯粹的函数"，例如匿名函数、内嵌函数等。很多时候它们只用于运算，而并不赋值到某个对象成员（从而变成对象方法）。[1]但如果一个函数不被显式/隐式地赋值，那么它的函数实例在使用之后就必然被废弃——因为没有被引用。

也许有人会质疑：函数返回值是否有引用的效果呢？例如：

```
function myFunc() {
  function foo() {
```

---

[1] 在 ECMAScript 中，当一个匿名函数被绑定到其他变量或属性时，这个函数在语法上被称为"匿名函数定义"的；只有它是纯粹的、在不被引用的状态下参与表达式运算（包括函数调用）的时候，它才是"匿名函数表达式"。这二者在语法和语义上都有着细微的区别。

```
    //...
  }
  return foo;
}
```

这个例子其实可以用于证明函数返回（return 子句）并不导致引用。因为如果我们这样来使用 myFunc() 函数：

```
myFunc()();
```

那么函数 foo() 在返回后立即被执行了，然后就会被释放。因此，return 子句并不是导致引用的必然条件。相反，如果我们像这样使用：

```
func = myFunc();      // <-- 在这里产生一个引用
func();
```

那么将产生引用，然后 myFunc() 与 foo() 的生存周期就将依赖于变量 func 的生存周期了。

在接下来的代码中，我们以具体示例来分析一下创建和引用函数实例的过程（注意，下例中的匿名函数共产生了三个函数实例，但表现出来的生命周期并不一致）：

```
function MyObject(obj) {
  var foo = function() {
    // ...
  }
  if (!obj) return;

  // 属性 obj.xxx 引用了函数 foo
  obj.method = foo;
}
// 示例 1
MyObject();

// 示例 2
MyObject(new Object());

// 示例 3
var obj = new Object();
MyObject(obj);
```

在示例 1 中，MyObject() 被调用，在函数内部有一个匿名函数的实例被创建，并被赋值给 foo 变量，但因为参数 obj 为 undefined，所以该函数实例没有被返回到 MyObject() 函数外。因此 MyObject() 执行结束后，闭包内的数据未被外部引用，闭包会被销毁（这与内存回收算法有关，因此这里并不强调实时销毁），foo 指向的匿名函数也会被销毁。

在示例 2 中，传入参数 obj 是一个有效的对象，于是匿名函数被赋值给 obj.method，因此建立了一个引用。在 MyObject() 执行结束的时候，该匿名函数与 MyObject() 都不能被销毁。

但随后，由于传入的对象未被任何变量引用，因此随即被销毁了；然后，`obj.method` 的引用得以释放。这时 `foo` 指向的匿名函数没有任何引用、`MyObject()` 内部也没有其他数据被引用，因此开始 `MyObject()` 闭包的销毁过程。

示例 3 开始的过程与示例 2 一致，但由于 `obj` 是一个在 `MyObject()` 之外具有独立生存周期的外部变量，JavaScript 引擎必须对这种持有 `MyObject()` 闭包中的 `foo` 变量（所指向的匿名函数实例）的关联关系加以持续地维护，直到该变量被销毁，或它的指定方法（`obj.method`）被重置、删除 [1] 时，它对 `foo` 的引用才会得以释放。例如：

```
// 重新置值时，关联关系被清除
obj.method = new Function();

// 删除成员时，关联关系也被清除
delete obj.method;

// 变量销毁(或重新置值)导致的关联关系清除
obj = null;
```

对于示例 3，在对象销毁时，该对象持有的所有函数的闭包将失去对该对象的引用。而当一个函数实例的所有引用者都被销毁时，函数实例（及其闭包、调用对象）被销毁。

这看起来很完美：在纯粹的函数式语言中，在一个闭包中构造的对象只能被自己持有，或者通过函数返回以便被其他闭包引用——这显然是能被引擎感知的——所以函数与闭包总能在确知的情况下被销毁。然而在 JavaScript 中，由于函数内无法做到无副作用，因此它必须为每一个对象（包括函数实例）创建引用计数，只有当它不再被任何元素引用时，才处于自由（free）的状态。

然而有些对象总不能被销毁（例如，在 DOM 中存在的泄露），或在销毁时不能通知到 JavaScript 引擎，因此——对应地——也就有一些 JavaScript 闭包总不能被销毁。

5.5.4.3 语句或语句块中的闭包问题

一般情况下，当一个函数实例被创建时，它的一个对应的闭包也就被创建。在下面的代码中，由于外部的构造器函数被执行两次，因此内部的 `foo` 函数也被创建了两个函数实例（以及闭包）并赋值给 `this` 对象的成员：

```
// 示例 1
function MyObject() {
  function foo() {
```

---

[1] 该项不适用于使用 `var` 声明的变量，因为 `var` 声明的变量不能被 `delete` 操作删除。

```
  }
  this.method = foo;
}

obj1 = new MyObject();
obj2 = new MyObject();

// 显示 false，表明产生了两个函数实例
console.log( obj1.method === obj2.method );
```

这在函数之外（语句级别）也具有完全相同的表现。在下面的例子中，多个匿名函数的实例被赋给了 `obj` 的成员：

```
// 示例 2
var obj = new Object();
for (var i=0; i<5; i++) {
  obj['method' + i] = function () {
    //...
  };
}
// 显示 false，表明产生了多个函数实例
console.log( obj.method2 === obj.method3 );
```

尽管是多个实例，但它们仍然共享同一个外层函数闭包中的 upvalue 值——在上例中，外层函数闭包指的是全局环境。[1] 因此下面例子所表现出来的，仍然只是闭包中对 upvalue 值访问的规则，而并非闭包或函数实例的创建规则"出现了某种特例"[2]：

```
// 示例 3
var obj = new Object();
var events = {m1: "clicked", m2: "changed"};
for (e in events) {
  obj[e] = function(){
    console.log(events[e]);
  };
}
// 显示 false，表明是不同的函数实例
console.log( obj.m1 === obj.m2 );

// 方法 m1() 与 m2() 输出相同的值
// 其原因在于两个方法都访问全局闭包中的同一个 upvalue 值 e
obj.m1();
obj.m2();
```

在这个例子中，方法 `m1` 与 `m2` 究竟输出何值，取决于前面的 `for...in` 语句在最后一次迭

---

1 这并不矛盾。全局环境与函数环境不同，但是全局的代码仍然执行在一个引擎创建的函数（任务）中，这与"一般函数创建了闭包"在性质上是一样的。
2 这个例子引自一份早期的、存有误解的网络文档（这类对"变量声明"存有误解的示例是早期 JavaScript 语法和实现留下的一些遗迹）。

代中对变量 e 的置值,因为变量 e 是存在于这些方法公共的外层闭包中的 upvalue。

按照这段代码的本意,应该是每个函数实例输出不同的值。在早期的 JavaScript 中,对这个问题的处理方法之一,是再添加一个外层函数,利用"在函数内保存数据"的特性来为"每一个"内部函数保存一份独立的、可访问的 upvalue:

```
// 示例 4
var obj = new Object();
var events = {m1: "clicked", m2: "changed"};

for (e in events) {
  obj[e] = function(aValue) {  // 闭包 lv1
    return function() {  // 闭包 lv2
      console.log(events[aValue]);
    }
  }(e);
}

/* 或用如下代码, 在闭包内通过局部变量保存数据
for (e in events) {
  function() {  // 闭包 lv1
    var aValue = e;
    obj[e] = function() {  // 闭包 lv2
      console.log(events[aValue]);
    }
  }();
}
*/

// 下面将输出不同的值
obj.m1();
obj.m2();
```

由于闭包 lv2 引用了闭包 lv1 中的入口参数,因此两个闭包存在了关联关系。在 obj 的方法未被清除之前,两个闭包都不会被销毁,但 lv1 为 lv2 保存了一个可供访问的 upvalue ——这除了私有变量、函数之外,也包括它的传入参数。

很明显,上例的问题在于多了一层闭包,因此增加了系统消耗。同样的问题也出在 ES6 之后的 for 循环设计中,例如,在 ES6 之后使用"块级作用域"实现上述的示例,代码如下:

```
// 示例 5
var obj = new Object();
var events = {m1: "clicked", m2: "changed"};

for (let e in events) { // 默认 e 是 var 声明
  obj[e] = function(){
    console.log(events[e]);
  };
}
// 显示 false, 表明是不同的函数实例
```

```
console.log( obj.m1 === obj.m2 );

// 下面将输出不同的值
obj.m1();
obj.m2();
```

也就是说，相对于开始的示例 3，这个示例只是将变量声明从默认的 `var` 声明，修改为使用 `let/const` 声明，使得每个函数闭包都找到一份 "独立的、可访问的 upvalue"。而事实上，相对于示例 4，这个 "新语法" 并没有减少开销。在 JavaScript 引擎内部，仍然为每次循环创建了一个自己的环境。这与示例 4 的外层函数仍然是类似的。

不过这样的系统消耗并非不可避免。我们要看清楚这个问题，其本质是要保存 `for...in` 列举过程中的每一个值 e，而并非 "需要一个闭包来添加一个层"。那么，既然列举过程中产生了不同的函数实例，自然也可以将值 e 交给这些函数实例自己去保存，从而避免其他技术方案（包括 `for (let/const ...)` 这样的语法动态添加的环境，或者用户在外层函数中创建的闭包）带来的开销。例如：

```
// 示例 6
var obj = new Object();
var events = {m1: "clicked", m2: "changed"};

for (e in events) {
  (obj[e] = function() {
    // arguments.callee 指向匿名函数自身
    console.log(events[arguments.callee.aValue]);
  }
  ).aValue = e;
}

// 下面将输出不同的值
obj.m1();
obj.m2();
```

或者也可以使用具名的函数声明。例如：

```
// 示例 7
...
  (obj[e] = function f() {
    console.log(events[f.aValue]);
  }
  ).aValue = e;
...
```

5.5.4.4 闭包中的标识符（变量）特例

在函数以及它的闭包中，存在着复杂程度超出预期的名字冲突。例如下面这个极端的示例，函数名、参数名以及函数内声明的变量名都是 foo：

```
// 示例1: 几种主要的标识符名字冲突
function foo(foo) {
  var foo = foo + 1;
  console.log(foo);
}

// 显示值: 101
foo(100);
```

我们必须要解释为什么结果值是 `101`，而不是`'undefined1'`？这一问题涉及函数闭包内的整个标识符系统以及它们之间的优先规则。[1]

根据 ECMAScript 的描述，（在不考虑严格模式中禁止名字冲突的情况下，）可以将绑定过程简化为几条简单原则：1. 内部函数声明覆盖参数名；2. 内部函数或参数名中有`'arguments'`名称的标识符时，将覆盖函数的 `arguments` 对象；3. 函数内的 varDecls 声明中的标识符如果已经在其他位置被声明（例如，内部函数名或参数名），将不再新创建变量。

对于原则 3，我们仍然需要从变量声明与变量初始化两个阶段来讨论这个问题。首先，变量声明是语法分析期的事情，即在语法分析时将变量名记录在 varDecls 中。所以在下面这个例子中：

```
// 示例2: 没有初始化的变量声明
function foo(str) {
  var str;
}
foo('abc')
```

事实上并没有任何执行期的事情在 `foo()` 函数内发生。根据原则 3，记录在 varDecls 中的变量 `str` 并没有生效，它被忽略了。因此在语法分析之后、引擎为函数准备执行环境——闭包、标识符系统等正式运行之前，这个标识符就指向 argumentNames 中的名字。所以，下面的代码将显示`'abc'`，表明 `console.log(str)`实际上访问到了参数名：

```
// 示例3: str 指向参数名, 显示'abc'
function foo(str) {
  var str;
  console.log(str);
}
foo('abc');
```

同理，事实上，下面代码的第 3~4 行中的 `str` 都没有访问到 varDecls 中的变量定义：

```
1  // 示例4: 将显示'abcabc'
2  function foo(str) {
3    var str = str+str;
```

---

[1] 准确地说，我们是在讨论一个字符串标识在其上下文中"绑定变量"的方法，即给出一个字符串作为名字，将访问到哪个变量的值/引用的问题。因此这一小节的相关内容可以参阅 ECMAScript 规范中的 "Declaration Binding Instantiation"。

```
4    console.log(str);
5  }
6  foo('abc');
```

换言之，由于已经存在 `str` 这个参数名（或者有内部函数名称与 varDecls 冲突），于是 var 语句声明的效果就被忽略了，相应位置上将使用既有的名称。

最后补充两点。其一，在严格模式中，参数与子级函数名重复会导致异常，但它们与当前函数名却是可重复的。这会使得当前函数名被覆盖[1]，例如：

```
// 示例 5: 由于参数名覆盖了函数名，所以显示 'abc'
function foo(foo) {
  console.log(foo);
}
foo('abc');
```

其二，`this` 这个标识符通常是由引擎作为关键字来识别并处理的，它绑定在当前闭包或执行环境中（但不像 arguments 或 varDecls 中名字那样被创建），所以即使使用"with(x)..."打开的对象闭包中存在"x["this"]"这个属性名，也不能改变当前真正的 `this` 引用。

5.5.4.5 函数对象的闭包及其效果

这里所说的"函数对象"，是特指使用 Function() 构造器创建的函数。它与函数字面量声明、匿名函数不同，它在任意位置创建的实例都处于全局闭包中。亦即是说，Function() 的实例的 upvalue 总指向全局闭包。下例说明了这一点：

```
var value = 'this is global.';

function myFunc() {
  var value = 'this is local.';
  var foo = new Function('\
    console.log(value);\
  ');

  foo();
}

// 显示 'this is global.'，表明 foo 访问到全局闭包中的 value 变量
myFunc();
```

这其中的原因在于，Function() 构造器传入的参数全部都是字符串，因此没必要与函数局部变量建立引用。由此带来的一个便利是：在任意多层的函数内部，都可以通过 Function()

---

[1] 在引擎内部，funcName 与 argName 其实是处于两个环境中的，前者是后者的父级（parent）环境。所以所谓的覆盖名字，并不会真正发生对 funcName 的重写，而仅仅是在当前（argName 所在的、内一级的）环境中声明了一个新名字。

创建函数而不至于导致闭包不能释放。你可以用这个特性做很多事,例如下面的函数用来为你的函数定制一个特别的 toString() 效果:

```
function myFunction(name) {
  var context = [
    "return 'function ", name, "()\\n",
    "{\\n",
    "  [custom function]",
    "\\n}'"
  ];
  return new Function(context.join(''));
}

function aFunc() {
  //...
  //...
  //...
}

// 显示默认的 toString 效果
console.log(aFunc);

// 显示一个定制的 toString 效果
aFunc.toString = myFunction('aFunc');
console.log(aFunc);
```

在这个例子中,因为使用了 new Function(),所以在 myFunction() 中产生的函数实例不会引用它的入口参数 name。这样一来,无论调用 myFuncion() 多少次都不会建立更多的闭包;如果写成下面的代码,尽管结果一致,但系统需要维护的 myFunction() 实例数或闭包数却会大量增加:

```
function myFunction(name) {
  return function() {
    return 'function ' + name +
      '()\n{\n  [custom function]\n}';
  }
}
```

第 6 章

JavaScript 的动态语言特性

> 动态和静态结合的主流是融合各个领域的特点。经典的、面向对象的、函数型的、动态的，我们从所有这些中吸收可取之处，比起以前，生硬地嵌入（另一种语言的东西）将越来越不可取了。
>
> ——《微软架构师谈编程语言发展》，Anders Hejlsberg

6.1 概述

程序最终可以被表达为数据和逻辑（即结构和算法）两个方面，命令式和说明式（以及函数式）语言是从程序的这两个本质方面来进行分类的。借鉴自然语言的体系，所谓语言，是应当包括"语法、语义和语用"三个方面的。具体在计算机系统中实现某种语言时，如果在语言陈述时无法确定而必须在计算机执行时才能确定这三者之间的关系，我们称该语言是动态语义的（反之则称为静态语义的），例如对于 JavaScript 代码"a+b"，我们并不能确定是字符串连接还是数值求和。

是哪些因素导致这三者的关系不能静态确定呢？如同自然语言一样，上述"a+b"要有确定的含义，至少有两方面的限定因素：其一是 a、b、+这三个标识符的指称确定，这是语义层面的限制；其二是由该语句所在的上下文环境确定，而这是语用层面的限制。

然而遗憾的是，这两个方面在 JavaScript 中都是不确定的——所以 JavaScript 是完全动态的语言。其"标识符指称不确定"表现为：动态类型、（动态）重写和（动态存取的）数据结构三方面；其"上下文环境不确定"表现为动态的变量与词法作用域，并且也涉及我们在前面讲述过的闭包在运行期的一些具体问题。

6.1.1 动态数据类型的起源

最早的动态语言，据说是 1960 年由 Kenneth E. Iverson 在 IBM 设计的 APL，和同时期在贝尔实验室的 D. J. Farber、R. E. Griswold 和 F. P. Polensky 三人设计的 SNOBOL。这两种语言的共同特性表现为：动态类型声明和动态空间分配。

所谓动态类型声明，是指语言的变量是无类型的，只有在它们被赋值后才具有某种类型；所谓动态空间分配，是指变量在赋值时才会为其分配空间。当我们以代码的静态语义来看待所谓"变量"时，它其实只是一个标识符。当标识符被赋予一种含义或性质时——更普适的说法是"当事物A与B存在关联时"，我们称之为绑定。由此而来的概念是：SNOBOL与APL是一种在标识符上动态绑定"数据类型"与"存储位置"含义的语言。换成现在通常的概念，即动态类型绑定和动态数据绑定。在这种概念中，变量可以被理解为一个无类型指针（没有类型含义的、指向自由地址的标识），只有在指针被分配一个确定的内存空间时，才可以获知该指针指向内存区的内容以及可能的数据类型。[1]

尽管《程序设计语言概念》（COPL，*Concepts of Programming Language*）中认为APL与SNOBOL对后期的语言并没有产生什么影响[2]，但除开针对某种直接确指的语言，"动态类型系统"思想的提出，对后来的编程系统确实具有不容小觑的影响。

COM 体系中的 variants 是另一种形式的动态类型系统，它不是通过语言解释的层面，而是通过系统结构来支持的。《程序设计语言概念》中指出"为变量提供动态类型绑定的语言必须使用纯解释器实现"，而事实上，COM 设计理念打破了这一规则，基于对类型的高度抽象与统一（指 IDL 对类型系统的规定），COM 被设计为一个二进制规范，你显然可以用任何编译语言来提供 COM 组件，以及使用其中的动态类型系统。

6.1.2 动态执行系统

自从第一份能够被有意义地书写于其他介质——泛指计算机存储系统之外——的代码

---

1 《程序设计语言概念》中称之为"显式堆动态变量"，而 JavaScript 中的动态类型系统被称为"隐式堆动态变量"。不过所谓显式与隐式，只是在语法分析上是否具有明显的类型识别过程，并不强调是否采用相同的"动态"实现机制。
2 在 COPL 中也认为 SNOBOL 4 是已知最早支持模式匹配的语言，而 APL 则是至今所设计的最强大的数组处理语言。

出现以来,一个关键问题就被提了出来:要让计算机理解这份代码,就需要一个翻译系统。在普遍的观念中,翻译系统有编译器与解释器两类:编译器将代码翻译成计算机可以理解的、二进制的代码格式,并置入存储系统(例如,存为二进制可执行文件);解释器,这里主要是指单纯解释执行的语言系统,用一个执行环境来读入并执行这份代码。

对于解释执行的系统来说,显然我们不必总是逐字符读入并解释、执行,但由于一份代码如果被写定,那么执行时通常不需要改变,因此可以先做一次解释过程,由源代码转换为中间代码[1],然后执行系统只需要处理中间代码即可。这样做的好处是,执行系统可以变成虚拟执行环境,于是在不同的平台上用各自的虚拟执行环境来处理相同的中间代码,就可以实现跨平台应用,这也是Java和.NET的基本实现思路。

但是直接执行中间语言仍然是效率极低的(尽管比执行源代码效率要高),因此出现了即时(JIT, Just In Time)编译器。即时编译器由于只处理中间语言而不需要做复杂的语法解释和错误处理,因此实时性较好;而编译结果是本机的机器码,因此执行效率也很高。[2]

这些都还只是静态地装载和执行的过程。在这个方向上更进一步,我们还可以设计一种动态类型的语言,并让它被静态编译并加载到执行系统中——例如,COM(Microsoft Component Object Model)的"变体类型(Variants)"中的某些特性。然而,将整个问题倒转过来看,我们就在另一个方向上看到了"动态执行"。

所谓的"动态执行"是指可以随时载入一段源代码文本并执行它,因此一种有"动态执行"能力的动态语言——如同静态执行一样——仍然需要一个解释系统的支持。无论这种解释器是直接面向代码文本的,还是面向中间代码的,它都必须能够维护原始代码中的、全局的符号系统,以及公布的对象成员名。因为这些运行时读入的、动态执行的代码使用的是原始代码以及当前(装载时的)环境下的符号系统。事实上,可内嵌的动态执行引擎或脚本引擎总是需要在装载时为既有对象系统或RTL库初始化一套标识符,其根源也就在这里。

所以尽管在早期,通常以"动态类型绑定和动态存储绑定"作为对动态语言特性的基本约定,但在本书中将"动态执行"也作为这种语言的基本特性之一。

---

[1] 中间代码(Intermediate Code)经常与纯编译器时代的操作码(Operation Code, OpCode)混淆。对于纯编译器来说,OpCode所指的已经是机器码了。但中间语言还有它自己的OpCode,例如,.NET框架中的中间语言(MSIL, Microsoft Intermediate Language),就有与它对应的MSIL OpCode。一些并不使用中间语言机制的,在虚拟执行环境中可运行的中间代码被称为(某种专有的)OpCode,例如,PHP的Zend编译器,就有一种Zend OpCode。

[2] 语言系统、指令系统与操作码是三个不同但相关联的概念,例如,.NET架构中的MSIL、MSIL Instruction和MSIL OpCode。

6.1.3 脚本系统的起源

事实上，人们很早就习惯使用"动态执行"的方法来操作计算机系统了，甚至连 DOS 批处理都具有这种"动态执行"的特性：命令行外壳（DOS Shell，command.com 或 cmd.exe）其实可以看作上述的解释器，批处理则是可以动态装载并执行的代码——包含某种语法规则下的代码行，例如批处理语句和 DOS 命令。

正如你此时所想的，早期的 Shell、批处理或某些文字处理规则语言，都满足脚本系统的两个条件：

- 脚本描述规则（不一定是语法）。
- 脚本解释和执行环境。

所以脚本系统最早并不是作为"程序设计语言"的面貌出现的。如前所述，批处理是一种提供动态执行能力的脚本语言[1]，因为它们的确具有语言的全部要素：关键字、逻辑语句或语法、声明，以及以函数和命令为代表的处理过程。从语言的角度上来看，批处理也具有更加专业的称谓：Shell 脚本。[2]

再往前溯源，可以在 UNIX 操作系统的历史中找到脚本系统的起源。在还没有出现 UNIX 的时代，在 1965—1968 年，AT&T（美国电话及电报公司）、G. E.（通用电器公司）和 MIT（麻省理工学院）推动了 Multics（MULTiplexed Information and Computing Service，多路信息与计算服务）计划。20 世纪 60 年代末，Bell Labs（贝尔实验室）也正式加入该项目，但很快又退出了。虽然后来这个计划以失败而告终，但正是 Bell Labs 的参与，使得 Ken Thompson 成为 Multics 研究小组的一员。接下来以 Thompson 为主要推动力，（至少）产生了两项巨大的影响：

- 在操作系统历史上，Thompson 为了让他在 Multics 计划中开发的一款名为"太空旅行（Space Travel）"的游戏程序能够在一台废弃的 PDP-7 机器上运行起来，着手编写了一套操作系统[3]，这套操作系统名为 Unics（UNiplexed Information and Computing System），取意于"un-MULTiplexed"。后来，在 1971 年更名为 UNIX，成为现在众所周知的操作系统。
- 在程序设计语言史上，Multics 基于当时电脑的主要操作方式"批处理（Batch Processing）"

---

1 准确地说，"脚本"与"脚本语言"并不是一回事。在实际使用中，某些录制的宏（例如，录制键盘和鼠标操作），也是一种用于回放的"脚本"，但它们并不是"脚本语言"。
2 批处理与 Shell 脚本没有明显的界限，一般只是称功能较弱或没有复杂逻辑能力的为批处理，更强的则称为 Shell 脚本。例如，某些 UNIX Shell，或 Windows 的 PowerShell 比 DOS 批处理要强大得多。
3 可见偏执也是一种生产力。

的一次处理多条指令的思想，开发了一个"Multics Command Language"。[1]后来，Thompson 在PDP-7上实现Unics时，引用这一构思，实现了第一个UNIX Shell(command interpreter)，诞生于1971年。[2]这就是脚本类语言（Shell）的起源。[3]

晚至1978年，Bill Joy 在加州大学伯克利分校时编写了 C Shell，1979年随 BSD 首次发布。同时期，在 UNIX 系统上还出现了一个名为 AWK 的宏与文本处理语言，也被普遍认为是一种脚本语言，尽管 AWK 的创建者后来将它正式命名为"样式扫描和处理语言"。AWK 主要用于处理文本，即我们现在所谓正则表达式（RegExp, Regular Expression）的前身。而 AWK 的设计思想就受前面讲到的动态数据类型语言 SNOBOL 的影响。

正是因为AWK与Shell这两种早期的脚本语言系统，使得许多介绍"脚本语言"的文章总是解释"系统管理员是最早利用脚本语言的强大功能的人"，以及"处理基于文本的记录是脚本语言最早的用处之一"。但如果真的要从"功用"的角度来讨论，那么Shell及脚本语言最早受到的影响应该来自1960年的IBM 360 系统[4]，该系统提供了一种任务控制语言（JCL, Job Control Language），其基本思想是"用于控制其他程序(used of control other programs)"。

6.1.4 脚本只是表现形式

"JavaScript 是一种脚本语言"这样的定义肯定是不会错的，但是这样的定义并不确指它有什么特别的语言特性。因为"脚本"只是一种表现形式或者记述语法的形式，而并不用于限定特性。因而你也可以将 Pascal、C、PROLOG 这些语言等全部实现成"脚本语言"，但此种举措并没有对这些语言的实质有任何特别的改变。事实上，这些语言的确都有相应的脚本语言系统的实现。

以 UNIX 上的 sh 为代表的脚本语言，大约比 APL 和 SNOBOL 提出的"动态类型系统"的出现晚十年，因此我们不能将"脚本语言"与"动态语言"混为一谈。本书在这一章中主要讨论"动态语言特性"，因此强调脚本只是一种表现形式——不过在大多数情况下它的确

---

1 Multics Command Language 由 Peter Deutsch、Calvin Mooers、Christopher Strachey 等实现于 1967 年，也包括 E. L. Glaser、R. M. Graham、J. H. Saltzer 等人的一些设计思想与实现。Multics Command Language 的更早的影响来自 BESYS 和 CTSS 上的命令语言（Command language），以及 TRAC T64 上的宏语言（Macro language）。

2 通常称为 Thompson shell，1971年至1975年随 UNIX 第 1 版至第 6 版发布。而我们常说的 sh，则是指 1977 年 Stephen Bourne 在 Version 7 UNIX 中针对大学与学院发布的 Bourne Shell。它用于替代 Thompson Shell，不过它们的可执行程序的名字却是一样的。Bourne 或许更习惯于用 "Shellish" 来称之为 "外壳"，而更官方的释义，则称 sh 是一种 "Command shell interpreter and script language for UNIX"。

3 以 Shell 作为脚本语言的起源，可以参考《程序设计语言——实践之路》一书中对 Perl 语言的起源解释。

4 参见 CSCI: 4500/6500 Programming Languages - Scripting Languages 的第 13 章，作者为 Maria Hybinette。

更适用于实现动态语言,并强调"脚本化"并非 JavaScript 这种语言以及其他动态语言的本质特征。同样,下面这些与脚本化相关的特性,也疏离于其语言的本质。

- JavaScript 是嵌入式的语言

    JavaScript的早期实现,以及现在主要的应用都是嵌入在浏览器中、以浏览器为宿主的。但这并不代表JavaScript必须是一个嵌入式引擎。在一些解决方案中,JavaScript也可以作为通用语言来实现系统。[1]事实上,JavaScript引擎和语言本身,并不依赖"嵌入"的某些特性。

- JavaScript 用作页面包含语言(HTML Embedded、ServerPage)

    JavaScript的主要实现的确如此,例如,在HTML中使用<SCRIPT>标签来装载脚本代码,以及在ASP中使用JScript语言等。但是,这种特性是应用的依赖,而非语言的依赖。大多数JavaScript引擎都提供一种Shell程序,可以直接从命令行或系统中装载脚本并执行[2],而无须依赖宿主页面。

除开这些表面现象,我们将下面的一些特性归入动态语言的范畴,并在后面加以详述。

- 是解释而非编译

    JavaScript 是解释执行的,它并不能编译成二进制文件——的确存在一些 JavaScript 的编码系统和中间代码转换,但并没有真正的编译器。

- 可以重写标识符

    可以随时重写除关键字以外的标识符,以重新定义系统特性。重写是一种实现,其效果便是前面提到的"动态绑定"。

其他的一些来自动态语言系统自身定义的特性如下。

- 使用动态类型系统

    JavaScript在运算过程中会根据运算符的需求或者系统默认的规则转换操作数的数据类型。此外,变量在声明时是无类型的[3],直到它被赋予某个有类型含义的值。所以JavaScript既是弱类型的,也是动态类型的。

- 支持动态执行

    JavaScript 提供 eval() 函数,用于动态解释一段文本,并在当前上下文环境中执行。

---

1 例如,一个基于 SpiderMonkey JavaScript 的开源项目 jslib,即是用 C/C++语言扩展引擎的内置对象系统,以便使用该语言实现较大型的软件系统。
2 例如,WSH 中的 WScript.exe,Java 实现的 Riho 引擎和 SpiderMonkey JavaScript 等引擎都有各自的 Shell 程序。
3 作为类型系统完备性的必要项,JavaScript 将 undefined 也视为类型,但这不是通常的、强类型含义中的"类型"。

- 支持丰富的数据外部表示

  即使不使用 JSON，也可以将一个变量序列化成字符串，包括为任何数据类型定制它的外部表示方法。而反过来，你也总是可以用字符串文本来声明或创建一个数据。

  这些内容将在随后的内容中予以详述。

6.2 动态类型：对象与值类型之间的转换

JavaScript 中存在两套类型系统，其一是基础类型系统（Base types），是由 `typeof` 运算来检测的，按照约定，该类型系统包括 7 种类型（`undefined`、`number`、`boolean`、`string`、`symbol`、`function` 和 `object`）；其二是对象类型系统（Object types），对象类型系统是"对象基础类型（`object`）"中的一个分支。

面向对象的语言通常认为"一切都是对象"。于是在"对象类型系统"中就出现了一个问题：如果是这样，那么 `number` 基础类型与 `Number` 对象类型，以及其他基础类型与相应的对象类型是如何被统一的呢？

6.2.1 包装类：面向对象的妥协

为了实现"一切都是对象"的目标，JavaScript在类型系统上做出了一些妥协，其结果是：为部分基础类型系统中的"值类型"设定对应的包装类；然后通过包装类，将"值类型数据"作为对象来处理。[1]这些基础类型与包装类的关系如表 6-1 所示。

表 6-1 基础类型数据与包装类的关系

（分类）	基础类型	字面量	包装类	说明
值类型	undefined	undefined	（不需要包装类）	（注1）
	boolean	true, false	Boolean	这些基础类型是可被包装的"值类型数据"
	number	数值	Number	

---

[1] 从另一个方面来讲，JavaScript 为了使部分数据得到更高效的处理，保留了独立于对象类型系统的基础类型系统，从而使 JavaScript 没有成为一种像 Java 一样"纯粹的"面向对象语言。

续表

（分类）	基础类型	字面量	包装类	说明
值类型	string	`'...'`、`"..."` 和 `` `...` ``	String	这些基础类型是可被包装的"值类型数据"
	symbol	（无）	Symbol	
引用类型	function	`function() { ... }`		（注2）
	object	`{ ... }`		

注1：undefined 无论如何都不是对象——它在概念上处于"一切都是对象"之外。

注2：基础类型 function 与 object 的数据都是对象，因此看起来"似乎"都有各自的包装类，但它们与其对应的类更多的是映射关系而并非做值转换。关于该问题的细节，请参见"6.2.1.5 其他字面量与相应的构造器"。

这样一来，基础类型数据通过包装类转换而来的结果，和对象类型系统中的每一个实例一样，都成了理论上的"对象"。这些在本节中所述的"对象"，都具备如下特性：

- `typeof(obj)` 的值为 `'object'` 或 `'function'`。
- `obj instanceof Object` 的值为 `true`。

在开始本小节的讨论之前，我们先强调一下，在值类型数据经过"包装类"包装后得到的对象与原数据将并不再是同一数据，只是二者具有等同的值而已。

6.2.1.1 显式创建

JavaScript 支持一种特殊语法，可基于包装类显式地创建"值类型数据"所对应的对象。这种语法是将类构造器当成普通函数使用，该函数能将参数值进行包装，并以该类构造器的一个实例传出。这种语法看起来类似一些通用语言中的类型强制转换：

```
// 显式创建 "值类型数据" 的包装对象
var a = new AConstructor(value_a);
```

这里的 `AConstructor` 首先包括以下三种值类型的包装类：`Number()`、`Boolean()` 和 `String()`。下例说明如何使用这种显式包装：

```
// 例1
console.log(new Number(3)); // [Number: 3]

// 例2
var values = [100, 'hello, world!', true];
var types = {number: Number, string: String, boolean: Boolean };
values.map(value => new types[typeof value](value))
  .forEach(obj => console.log(typeof obj, obj));
```

测试结果如下：

```
object [Number: 100]
object [String: 'hello, world!']
object [Boolean: true]
```

从语言的实现来说，这与传统语言中的"类型强制转换"完全不同：强制转换是在同一数据（相同内存地址的不同引用）的基础上进行的，但上述语法将创建一个新的数据。

尽管值类型中的"符号类型（symbol）"存在对应的包装类，但是它不能通过这种显式创建的语法来得到对象实例。[1]

6.2.1.2 显式包装

JavaScript内建的`Object()`类支持显式地将`boolean`、`number`、`string`和`symbol`四种值类型数据包装成对应的对象，这一语法在语义上解释为"基于值来创建等同的对象"。[2]例如：

```
// 语法：显式将"值类型数据"包装为对象
var a = new Object(value_a);

// 示例
console.log(new Object(3)); // [Number: 3]
```

因此下列代码的效果其实与上面的例2是相同的（注意这对`symbol`也是有效的）：

```
// 例 3

// 所有四种有包装类的值类型数据
var values = [100, 'hello, world!', true, Symbol()];
values.map(value => new Object(value))
  .forEach(obj => console.log(typeof obj, obj));
```

测试结果如下：

```
object [Number: 100]
object [String: 'hello, world!']
object [Boolean: true]
object [Symbol: Symbol()]
```

6.2.1.3 隐式包装的过程与检测方法

对于值类型数据来说，如果它用作普通求值运算或赋值运算，那么是以"非对象"的形

---

1 这一限制与符号在语义上的特殊性有关。符号在语义上是"唯一的"，而对象实例在语义上也是"唯一的"。因此"new Symbol()"这样的语法对两个类型来说都是灾难——它无法在语义上同时表达两个系统中的唯一性。
2 注意，我们在这里只讨论了"new Object()"的语法，而没有讨论"Object()"作为函数调用时的语义效果。关于后面这种情况的语义，将在"6.2.3 显式的转换"中予以讨论。

式存在的。例如下面这行代码：

```
'hello, ' + 'world!'
```

在这行代码中，"+"运算符两侧的数据都是以"非对象"的形式在参与运算，也就是直接做值运算。

当对值类型数据进行对象系统的相关运算时[1]，下面的运算是不会有包装行为的：

```
// 示例1：分析对象运算过程中，运算是否产生包装行为
var x = 100;

// 1. instanceof 运算不对原数据进行"包装"
x instanceof Number

// 2. 如下将导致异常，因为不能对值类型数据做 in 运算
'toString' in x
```

而在做下面的运算时，它就需要通过包装类先将值类型数据变成对象：

```
// （续上例）

// 3. 成员存取运算时，"包装"行为发生在存取行为过程中
x.constructor
x['constructor']

// 4. 所谓方法调用，其实是成员存取后的函数调用运算，因此"包装"行为发生的时期同上
x.toString()

// 5. 做 delete 运算时，"包装"行为仍然发生在成员存取时
delete x.toString
```

综合上例中的步骤 3~5 可知：所谓值类型数据到对象的"隐式包装"，在已知的表达式运算中，其实总是由成员存取运算符触发的。[2]

然而如何检测被包装后的这个对象呢？我们知道，对象方法调用时，会传入一个 this 引用，而这个 this 引用必然是一个"真实的对象"。因此，如果是对值类型数据做方法调用运算，那么就可以检测到这个"被包装后的对象"。如下例：

```
// 示例2：通过方法调用来获取被包装后的对象

var x = 100;
Object.prototype.getSelf = function() {
  return this;
}
```

---

[1] 可参见"3.1 面向对象编程的语法概要"中的说明。
[2] 除此之外，for...in/of 语句和 with 语句也会导致"包装"过程，基本上，读者可以将此理解为这两个语句的副作用。

```javascript
// 包装行为发生在这个存取运算过程中
var me = x.getSelf();
// 包装后的对象
console.log(typeof me, me);  // 'object' [Number: 100]
```

用同样的方法，我们可以获得值类型数据、字面量与包装类的全部性质。下面是该种检测完整实现的代码：

```javascript
// 示例 3：检测值类型数据、字面量与包装类的性质
Object.prototype.getSelf = function(){
  return this;
}

Object.prototype.getClass = function(){
  return this.constructor;
}

Object.prototype.getTypeof = function(){
  return typeof this;
}

Object.prototype.getInstanceof = function(){
  return this instanceof this.getClass();
}

// 样本：7种字面量和字面量风格的声明
//（另，模板字面量将按字符串处理）
var samples = [
  '',  // 字符串
  100,  // 数值
  true,  // 布尔值
  function(){},  // 函数
  {},  // 对象
  [],  // 数组
  /./  // 正则
];

// 样本：添加符号作为特例（不支持字面量）
samples.push(Symbol());

// 取特性
var getAttr = (v, v2, cls) => [
  typeof v, v2.getTypeof(), v instanceof cls, v2.getInstanceof()
];

// 检测
samples.map(v => [typeof v, getAttr(v, v.getSelf(), v.getClass())])
  .forEach(([metaName, attr]) => {
    console.log(metaName, ':', attr);
  });
```

该项检测结果的部分数据如表 6-2 所示（其他数据参见"6.2.1.5 其他字面量与相应的构造器"）：

6.2 动态类型：对象与值类型之间的转换

表 6-2 字面量、包装类、构造器的相关特性（一）

基础类型	字面量(v)	包装类(v2)	特性			
			typeof <value>		<value> instanceof <class>	
			v	v2	v	v2
undefined	undefined		'undefined'	（注1）		
string	''、""、``	String	'string'	'object'	false	true
number	数值	Number	'number'			true
boolean	true, false	Boolean	'boolean'			true
symbol	（无）	Symbol	'symbol'			true

注1：undefined 没有包装类，因此也就没有所谓的实例（v2），或进行 instanceof 运算。

对 string、number、boolean 和 symbol 的值 v 检测的结果表明：

- 进行 typeof 检测时，都不是 'object'，这表明"值类型数据"不是对象。
- 进行 instanceof 检测时，值都是 false，表明它们都不是通过对象系统（构造器）创建的。
- 这两项特征真实地反映了"基础数据类型（值类型、值类型数据）"的特性。

6.2.1.4 包装值类型数据的必要性与问题

包装类是 JavaScript 用来应对"在值类型数据上调用对象方法"的处理技术。这与后来在 .NET 中产生的"装箱（boxing）"是一样的 [1]，只是 JavaScript 将这种技术称为"包装"而已。下例中：

```
Number.prototype.showDataType = function() {
  console.log('value:'+ this + ', type:' + (typeof this));
}

var n1 = 100;
console.log(typeof n1);
n1.showDataType();
```

在函数外部调用 typeof 查看 n1 的类型会是 number，而当调用 n1 的 showDataType() 方法时，n1 的类型却变成了 object。我们前面讲过，当进行

```
n1.xxxx
// 或
```

---

[1] JavaScript 没有类似"拆箱（unboxing）"的过程，因为它的函数形式参数不支持值的传出。

```
n1['XXXX']
```

这样的对象成员存取操作时，JavaScript 用"包装类（`Number`）"为 n1 临时创建了一个对象。因此上面调用 `n1.showDataType()` 这个方法的过程，看起来就好像：

```
// 等效的代码：貌似强制类型转换
Object(n1).showDataType();
```

与这行代码相同的是：在 `showDataType()` 调用结束后（准确地说是在该对象的生存周期结束时），临时创建的包装对象也将被清理掉。可见"值类型数据的方法调用"其实是被临时地隔离在另外的一个对象中完成的。而同样的原因，无论我们如何修改这个新对象的成员，这种修改也不会影响到原来的值。例如：

```
// 声明值类型数据，并修改它的成员
var str = 'abc';
str.toString = function() {  // <-- 这里重写 toString() 是无意义的
  return '';
}

// 显示'abc'，表明对 str 包装后对象的修改，不会传递到原变量
console.log(str);
console.log(str.toString());
```

这个例子是可以预期的，然而有些函数对入口参数值也会做类似的处理，但其效果会变得不可预期。如下例：

```
var str = 'abcde';
function newToString() {
  return 'hello, world!';
}

function func(x) {
  // 在这里，如果 x 是对象则修改它的成员，否则修改值类型包装的结果对象(并随后废弃该对象)
  x.toString = newToString;
}

// 试图显示'hello, world'，但实际仍然显示'abcde'
func(str);
console.log(str);
```

除了在属性存取等操作中需要一个包装过的对象之外，一些语句也有类似的需求。例如 `with` 语句总是试图打开一个对象的闭包，因此如果它作用的表达式返回一个值类型数据，那么 `with` 语句会通过包装类转换为对象并打开它的闭包。又例如（与此类似的），`for...in/of` 语句也会有这样的过程。

6.2.1.5 其他字面量与相应的构造器

在 JavaScript 中，四种基础类型的值都有其相应的包装类，其中三种可以声明字面量。除了 `undefined` 不参与讨论之外，基础类型中还有 `object` 与 `function`。这两种类型中的 `object` 基础类型，又有 `Object`、`Array` 与 `RegExp` 三种对象存在字面量风格的声明语法。

接下来，我们考虑这几种能进行字面量风格声明的对象，与其相应的构造器——注意这里没有称为包装类——之间的关系。这种关系如表 6-3 所示。

表 6-3 字面量、包装类、构造器的相关特性（二）

基础类型	字面量 (v)	构造器 (v2)	特性			
			typeof <value>		<value> instanceof <class>	
			v	v2	v	v2
function	function()...	Function	'function'	'function'	true	true
object	{ ... }	Object	'object'	'object'	true	true
	[...]	Array			true	true
	/.../...	RegExp[1]			true	true

在 JavaScript 中，这些引用类型的字面量总是由它对应的构造器产生的一个对象实例。这些字面量风格的声明在使用时，将会由对应的构造器创建一个对象实例，并绑定给相应的变量（或作为其他语法元素的结果）。

由于事实上这些"字面量风格的声明"并不能在引擎初始化阶段就真正地得到有效的字面量值，而必须等到相应位置上的代码被执行时，它们才能作为一个"单值表达式"被计算出来。因此它们在ECMAScript规范中都并不被称为（严格的语言意义上的）字面量，而被称为"初始器（Initializer）"[2]，或者函数声明/表达式[3]。

6.2.1.6 函数特例

表 6-3 中的 `function` 很明显是一个特例。但该特例正好展现了两个重要的函数特性：

---

1 在旧一些的引擎版本（例如，Mozilla Firefox 3.0 以前版本）中，正则表达式对象会伪造类型信息来将正则表达式对象"表现得"与 'function' 类型一致。这是为了实现一个早期的、过时的语法：将正则表达式作为函数调用（这纯粹是为兼容旧版而保留的一项特性）。除非你需要编写有关 SpiderMonkey JavaScript 早期版本的兼容代码，否则不需要考虑这一特例。
2 这也是"模板"在 ECMAScript 中使用了两个独立的概念来表达的原因。它在声明语法上被称为"模板字面量词法组件（Template Literal Lexical Components）"，而在表达式中被称为"模板字面量（Template Literals）"，因为后者是计算出来的。
3 函数声明和函数表达式并不相同，尽管它们可能在"字面量风格的声明"的代码文本上完全一致。

- `typeof` 对函数字面量（`v`）与包装后的对象（`v2`）检测都返回`'function'`，这表现了 JavaScript 作为函数式语言的重要特性——函数是第一型。
- 对 `v` 与 `v2` 进行 `instanceof` 检测，它们总是 `Function` 的一个实例，这表现了 JavaScript 作为面向对象语言的重要特性——函数是对象。

这正是 JavaScript 统一函数式语言与面向对象编程（命令式语言范型）的核心思想，这种思想一方面表现为"一切都是对象"，另一方面表现为"函数是第一型"。它们之间存在一种简单的、相互作用的二元关系，如图 6-1 所示。

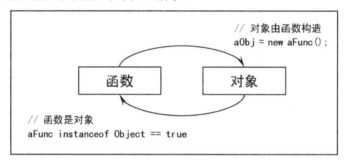

图 6-1 JavaScript 统一语言范型的基本模型

6.2.2 从对象到值

当问题反过来，"如果预期参与运算的是值，但传入的参数是对象"时，JavaScript 又如何处理呢？这涉及两个方面的问题，一个是隐式的对象到值的转换规则，另一个是 `valueOf()` 方法。

6.2.2.1 对象到值的隐式转换规则

首先，`null` 是对象。`null` 作为对象总是转换为确定的三种值类型，即 `0`、`'null'` 和 `false`。如下例（我们后面再来讨论这个例子本身）：

```
> [Number, String, Boolean].map(Class => new Class(null))
  .forEach(x => console.log(x));
[Number: 0]
[String: 'null']
[Boolean: false]
```

并且，除了 `null` 之外的所有其他对象都必然转换为 `Boolean` 的 `true` 值。

除了这几个特定的转换之外，对象到数字（number）和字符串（string）类型值的转换，

是直接与该对象的 valueOf() 以及 toString() 方法相关的。即，

- 如果试图转换为字符串，则先尝试该对象的 toString() 方法，然后再尝试 valueOf() 方法；否则（必然是尝试转换为数字），
- 首先尝试调用 valueOf() 方法，再尝试调用 toString()。

也就是说，无论预期转换为字符串还是数字，valueOf() 与 toString() 都会尝试顺次调用。

再接下来，这两个方法都既可能返回"预期的值"，也可能返回"（非值的）对象"。例如：

```
// 重写 toString() 方法, 返回仍然是一个对象
var x = new String('123');
x.toString = function() {
  return new Object;
}
```

类似于此的，如果 toString() 或 valueOf() 返回非值的对象，则视为结果值无效，并按上述规则尝试另一个方法。如果两个方法都返回无效结果值，则抛出异常。例如：

```
// (续上例)

// 重写 valueOf() 方法, 也返回一个对象
x.valueOf = function() {
  return new Object;
}

// 触发异常
console.log(+x); // TypeError: Cannot convert object to primitive value
```

这段转换代码的简单逻辑是：

```
// 隐式规则的简单逻辑
var typeHint, x = new String('123');
var methods = ['toString', 'valueOf'];
if (typeHint == 'number') methods = methods.reverse();

// 顺次尝试两个方法
let result;
for (let method of methods.map(key=>x[key])) {
  if (method && method.call) {
    result = method.call(x);
    if (result === null || result instanceof Object) continue;
    console.log('Ok, got value:', result);
    break;  // and return the <result>
  }
}

// 如果两个方法都返回非值 (例如对象)
throw new TypeError('Cannot convert ... to primitive value');
```

注意，上面的示例在错误信息中标出了 "**primitive value**"。由于在ECMAScript规范中，

null 值会被认为是这样的"（非对象的）原始值"[1]，因此它可以作为 toString()、valueOf() 的返回值并进入后续的值运算。所以下例并不会导致异常：

```
# 返回 null 值，但并不被视为对象
> var x = new Object;
> x.valueOf = x.toString = ()=> null;

# 被转换为 0
> console.log(+x)
0
```

6.2.2.2　直接的值运算不受包装类的方法影响

对于值数据来说，它们对应的包装类的原型方法会影响到"对值数据进行的"方法调用，例如 (5).valueOf()。当然，这也包括同名的对象自有方法。但是由于值数据在参与值运算时并不需要"对象→值"的转换，因此也就不需要隐式地调用这些包装类的方法。也就是说，对于代码：

```
> 1 + "2"
```

来说，无论运算规则是哪种（例如，假设是字符串连接或数值求和），都不会调用：

```
// 对于字符串"2"试图转换为数值来说
String.prototype.valueOf()

// （或，）对于数值1试图转换为字符串来说
Number.prototype.toString()
```

例如：

```
# 通过修改原型将"所有字符串对象转换为数值 0
> String.prototype.valueOf = ()=>0;

# 测试
> '5'.valueOf()
0

# 尝试对字符串对象求和（将隐式转换为数值，受原型方法影响）
> 1 + new String('6')
1

# 尝试对字符串值求和（在隐式转换中没有原型方法参与）
```

---

1. null 值在 ECMAScript 规范中是 primitive values 之一。JavaScript 引擎在对 toString() 和 valueOf() 以及后面将提及的 Symbol.toPrimitive 属性函数的返回值的检查中并不使用 typeof 运算符对应的 JavaScript 类型系统，而是识别 ECMAScript 规范层面约定的 Primitive Type 和 Primitive values。

```
# （注：这个示例中没有直接使用+号，是因为在值运算中，加号（+）运算符优先于字符串连接）
> 1 + +'6'
7
```

稍微解释一下"在值运算中，加号（+）运算符优先于字符串连接"这一规则对上例的影响。这一规则是在"+"号运算符两侧都是值类型数据时才会生效的。例如：

```
# 运算符两侧都是值类型数据，因此优先做"字符串连接"
> 1 + '6'
16
```

然而当运算符两侧有一个对象类型数据时，会发生一次"从对象到值"的隐式转换，在得到值类型数据后，才适用上述的"优先于字符串连接"规则。例如：

```
# （续上例）
# 右侧是一个对象，先将该对象隐式转换，然后再应用"字符串连接优先"规则
#  - 在隐式转换中会受 String.prototype.valueOf()方法影响
#  - 应用"字符串连接优先"时会再次检查两个操作数（或其隐式转换之后）的值
> 1 + new String('6')
1
```

因此对值类型数据来说，在包装类原型上的 toString() 和 valueOf() 方法其实只会对（包装后对象的）显式方法调用有效，而并不影响原始的值运算：

```
# 重写 String.prototype，显示被调用的信息
> String.prototype.valueOf = ()=> console.log('call me');

# x 是值类型数据
> var x = '0';

# 可以通过包装类"对值数据进行的"方法调用
> x.valueOf()
call me

# 但在值运算中并不调用相应的方法（例如这里没有显示'call me'）
> console.log(+x)
0
```

所以下面这个例子就并非是隐式类型转换导致的错误，而只是"+"这个运算不接受符号值——它无法将符号转换成预期的数字值：

```
// 触发异常，但返回的 TypeError 错误是"+"运算发出的，而非来自隐式的转换逻辑
var x = Symbol();
console.log(+x);  // TypeError: Cannot convert a Symbol value to a number
```

这也说明"类型转换分两个阶段"：其一是转换为原始值（to primitive value），其二是转换为尝试运算的值类型（to a number, or other）。

而这两个阶段，一个受上述"隐式转换逻辑（Ordinary To Primitive）"控制，另一个则

受具体的运算操作（例如运算符、函数或用户自定义的方法）控制。[1]

6.2.2.3　什么是"转换的预期"

在前面的讨论中绕开了一个话题，就是什么才是"转换的预期"。由于 valueOf() 和 toString() 的调用顺序与"转换的预期"有关，所以这个话题值得一谈。

然而并没有文档来说明当"操作数/参数（x）"与运算符或函数界面上的设计不一致时，JavaScript 的内核（也包括用户代码，或者具体语言引擎的运行期库）对这个 x 设定为哪种预期，并用该预期来决定上述调用顺序。

在有些情况下这比较显而易见，例如 parseInt(x) 这个函数，它显然是试图将 x 理解为字符串的。因此如果 x 是对象，那么它将先调用 x.toString()。例如：

```
#置该对象的两个方法（或重置 Object.prototype 原型上的方法）
> x = {toString:()=>'10', valueOf: ()=>-1}

> parseInt(x)
10
```

而 Math.abs(x) 则明显会将 x 先理解为数值。所以对同样的 x 对象来说，下面的示例优先使用了 x.valueOf() 方法：

```
# （续上例）
> Math.abs(x)
1
```

然而有些运算符或函数调用的"预期"却不那么明显。我们一直在讨论的"加号（+）"运算符就是其中之一：事实上我们并不能主观地假设它会将两个操作数预期为"数值"还是"字符串"。而在"所有没有预期"的情况下，JavaScript 优先使用"先 valueOf()，后 toString()"这一顺序。亦即是说，隐式地、默认地以"x.valueOf()"为优先。

然而这就带来了更进一步的困扰：在"对象到值的转换"时，默认"x.valueOf()"优先，而在"加号（+）"运算时，却默认字符串优先，二者正好不同。所以我们接下来看这个示例：

```
# （续上例）
> 1 + x
0
```

---

[1]　详情可参见"6.3.1.1　完整过程：运算导致的类型转换"。

```
> "1" + x
'1-1'
```

在整个运算中，启用了两条规则：

- 当 x 是对象时，先将 x 转换到值，并由"x.valueOf()优先"返回了数值-1。
- 接下来当"加号（+）"运算中发现字符串时，由"字符串连接优先"得到"1-1"；否则，
    ◎ 仍然是数值运算，得到 0。

然而只需简单地删除 x.valueOf 方法，一切就都变了（不过其结果仍然是符合上述规则的）：

```
# （续上例）
> delete x.valueOf
true

> 1 + x
'110'
```

6.2.2.4　深入探究 valueOf()方法

前面这个问题的根源在于：当 x 是对象时，默认情况下，x.valueOf()返回对象 x 自身，也就是.valueOf()返回对象，而不是"值类型数据"。

在预期中，以及在函数界面（例如名字所表示的显式含义）中，toString()方法总是应该返回一个字符串值，而 valueOf()应该返回一个"值类型数据"。然而真实的情况却并非如此：toString()与 valueOf()可能返回任何内容，包括 undefined、null 以及对象。只是如同在之前的小节中所述，在隐式转换规则中，当这两个方法返回"（非值的）对象"时，那么这个结果是被忽略的。并且既然隐式转换能接受与预期类型不同的值，那么 toString()返回 number，甚至 valueOf()返回 symbol 都是正常的。

对于 JavaScript 中已知的对象来说，表 6-4 中列出的前面几种 valueOf()的返回值，都是可接受的值类型，因此可以满足上述规则进行运算。

表 6-4　部分对象的 valueOf()值

对象实例	valueOf()返回值	备注
Boolean	布尔值	使用内部槽
Number	数字值	

续表

对象实例	valueOf()返回值	备注
String	字符串值	
Symbol	符号值	
Date	数字值,从 1970 年 1 月 1 日开始计算的毫秒数	(注1)
Array	数组本身	引用类型
Function	函数本身	引用类型
Object	对象本身	引用类型
RegExp	正则对象本身	引用类型
Error	错误对象本身	引用类型

注 1: Date 类型在处理 valueOf() 时非常特殊,是除 Boolean/Number/String/Symbol 之外唯一一个在 valueOf() 中返回值数据的对象,但这与 valueOf() 这个方法的定义并不矛盾。

可见默认时许多引用类型数据并不能通过它的 valueOf() 方法来得到一个有效的值,例如表 6-4 中列出的 Object、Error、RegExp 对象,以及 Function 对象等。如我们之前所说的,隐式规则将会忽略这个值并尝试调用它们的 toString() 方法来得到一个字符串,以使之能尽量参与值运算。当然,这并不总是有效的,也并不总是符合你的预期。

在用户代码中修改系统内置的这些对象原型的 valueOf() 或 toString() 方法是可以做到的,但并不可取。通常重写这两个方法的目的是改变用户自定义对象(或类)的行为,例如:

```
// 在类声明中重写原型方法
class MyObject extends Object {
  toString() {
    return 'nothing'
  }

  valueOf() {
    return 0;
  }
}

// 在 Node.js 中, console.log()总是尝试取 valueOf()值
//   (*) 这是宿主的行为, 不同的宿主可能并不一致
var x = new MyObject;
console.log(x);

// "+"运算在这里预期以数值运算, 因此调用 valueOf()是"+"运算的行为
//   (*) 这是该运算符的标准行为, 是受 ECMAScript 规范约定的
console.log(+x);
```

最后，如果你试图使 `toString()` 或 `valueOf()` 方法失效，简单的方式是将该方法置为 `null`，或置为一个返回任何"（非值的）对象"的函数。两种方法都是可行的，但建议使用后一种，以确保它们仍然可以作为对象方法调用。例如：

```
# 重写为函数（推荐，返回对象）
> var Invalid = ()=> Object;
> Number.prototype.toString = Invalid;

# 或重写为 null
> var x = new Object;
> x.toString = null;
```

6.2.2.5　布尔运算的特例

隐式转换规则中"对值的预期"只有字符串和数字两种，相比之下，布尔值就是很特殊的了。因为除了 `null` 值之外，所有的对象都被直接视为 `true` 值，而与 `x.valueOf()` 或 `x.toString()` 的结果值无关。

这带来了一个特例[1]：

```
# OR, x = Object(false);
> var x = new Boolean(false);

# x 的值是 false
> console.log(x.valueOf())
false

# x 在布尔运算中被视为 true
> console.log(!!x)
false
```

而接下来，如果我们进行数值或字符串的运算，它又是按 `false` 值处理的，例如：

```
# 作为字符串显示（将调用 toString）
> console.log('value is:', x)
value is: false

# 作为数值运算（将调用 valueOf）
> console.log(+x);
0
```

亦即是说，"任何对象（包括布尔对象）"在进行布尔运算时，都是作为对象使用的；[2]在

---

[1] 事实上在早期的 JavaScript 中，`new Boolean(false)` 是作为 `false` 值处理的。
[2] 当 JavaScript 中的表达式、语句等语法元素的预期操作数为布尔值时，总是采用这一规则。例如，`if` 语句或循环语句的条件检查，或者 `!`、`&&` 和 `||` 这些运算符。

进行数值或字符串运算时,都是按隐式规则使用 `valueOf()` 和 `toString()` 来转换为值使用的。

6.2.2.6 符号 Symbol.toPrimitive 的效果

任何对象都可以通过 `Symbol.toPrimitive` 这个符号属性来改变它作为值的效果。一旦对象(或它的原型)声明过 `Symbol.toPrimitive` 属性,那么 `valueOf()` 与 `toString()` 在值运算的隐式转换中就无效了。例如:

```
# x 值为 100
> var x = new Number(100);

# 直接使用 Number.prototype.valueOf()
> console.log(+x)
100

# 重写(将使用重写后的 x.valueOf)
> x.valueOf = ()=>101
> console.log(+x)
101

# 声明 Symbol.toPrimitive 属性
> x[Symbol.toPrimitive] = ()=>0
> console.log(+x)
0
```

使用 `Symbol.toPrimitive` 的优先级高于 `valueOf()` 和 `toString()` 方法,但不影响任何对这两个方法的直接调用。也就是说会存在下面的情况:

```
# (续上例)

# 优先使用了 x[Symbol.toPrimitive]
> console.log(+x)
0

# Node.js 中的 console.log() 将调用 valueOf()
> console.log(x)
{ [Number: 101]
  ...

# 显式调用 toString(),将使用 Number.prototype.toString()
> console.log(x.toString())
100
```

由于符号 `Symbol.toPrimitive` 属性约定是一个函数,其界面中的 `hint` 表明"预期转换到的目标类型",如下:

```
// 使用 Symbol.toPrimitive 方法传入的 hint
```

```
x[Symbol.toPrimitive] = function(hint) {
  if (hint == 'string') ...
}
```

在这种情况下，如果传入 hint 的预期是字符串而用户函数返回数字（或者反之），那么 JavaScript 也是可以接受的。JavaScript 并不对实际结果与预期结果进行复核。但是如果用户函数返回"（非值的）对象"，那么就会抛出一个类型错误（TypeError）的异常。这是因为一旦启用了 Symbol.toPrimitive 属性，那么它：

- 替代内置隐式转换规则。

  因此隐式转换中"顺次使用 toString() 和 valueOf()"这样的行为就失效了。

- 并且替代内置隐式转换规则对异常行为的处理。

  因此，在这个 Symbol.toPrimitive 属性的函数中返回对象的行为，就与 toString() 和 valueOf() "全都返回"对象的行为一致（抛出异常）。

无论 Symbol.toPrimitive 属性的函数中返回的内容是否符合预期，只要它不是对象，那么该值就会进入后续的运算。而怎样接受这个值（包括它可能是符号、布尔值等），仍然和之前一样，取决于后续的具体运算符或运算规则。例如：

```
# (续上例)

# 使 x 返回字符串
> x[Symbol.toPrimitive] = ()=> '012';

# "+" 运算将传入 number 作为 hint，但上述操作将导致返回值为字符串
# 而 "+" 运算将在后续操作中将该值转换为数值
> console.log(+x)
12

# 又例如，这里将调用 x[Symbol.toPrimitive]('default')，并返回字符串'012'
# 又由于 "+" 运算符在检测到任意操作数为字符串时，优先理解为字符串连接，所以结果是字符串
> console.log(x + 100)
012100
```

6.2.3　显式的转换

存在一种简单的、显式的语法来实现对象与值类型之间的转换方法，[1]如表 6-5 所示。

---

[1] 之前我们将不在用户代码中使用函数或方法调用进行的转换，称为隐式转换。相对应地，在这里将通过函数或方法调用，明确地将一种类型转为另一类型的称为显式转换。

表 6-5 显式类型转换的方法

x \ 转换到	object	number	boolean	string	symbol
值或对象	Object(x)	Number(x)	Boolean(x)	String(x)	Symbol(x)

其基本使用方法如下：

- 用 `Object(x)` 将值转换成对象。

当使用 `Object(x)` 时，如果 x 是值，则返回以 x 为值的对象；如果 x 是对象，则返回 x 本身。因此无论如何，它的返回结果都是一个有效的对象。

- 用 `Number(x)` 等函数调用形式将对象转换为对应的值。

当使用这种函数调用而非它们的构造器形式的风格时，函数预期的值类型是确定的（例如，`Number()` 预期是数值）。在这种情况下，如果 x 是值所对应的包装类对象，那么会先获得其值，然后再转换为预期值类型；如果 x 是其他对象，则按前述的"对象→值"的隐式规则转换为预期值类型；如果 x 是值，则直接进行值转换得到预期值类型。因此无论如何，它的返回结果都是一个预期类型的有效值。

6.2.3.1 显式转换的语法含义

上述方法在语法上完全类似其他语言中的"类型强制转换"——`Object(x)` 得到对象，`Number(x)` 等得该函数/类相应的值。例如：

```
// 假定我们并不关心 x 是何种类型的对象
var x = Object(100); // x 是对象

// 试图将 x 强制为字符串来参与运算
console.log('a string data:', String(x));

// 或强制为数值
console.log('number calc:', 1 + Number(x));

// 或强制为布尔值
console.log('boolean value:', Boolean(x));

// 甚至根本不考虑 x 是不是对象类型的情况下，强制将它理解为对象
console.log('is object:', typeof Object(x));
```

`Object()` 等 5 个构造器的函数形式给了我们一种简单而显式地处理数据类型的方法，它们是值类型与对象类型之间的桥梁。尽管"通过调用类似 `Number()` 的对象构造器来返回一个值数据"这样的设计显得有点不可理喻，但确实简捷。

6.2.3.2 对"转换预期"的显式表示

而之前讨论的"什么是'转换的预期'"问题,在显式转换中就变得很简单了:调用 `String()` 或 `Number()` 时就显式地指明了何种预期。并且当 x 是对象时,`String(x)` 等函数形式也会调用"隐式转换"的过程,包括调用 `x.toString()` 和 `x.valueOf()`。例如:

```
var x = {};
x.toString = ()=> new Object; // 使 toString()无效
x.valueOf = ()=> 2; // 返回一个有效的值数据

console.log('string value:', String(x));  // 2
console.log('number value:', Number(x));  // 2
console.log('boolean value:', Boolean(x)); // true
```

我们也提到过,布尔值并不在上述所谓"预期的值"的范畴之内,因为布尔值总是按确定规则转换的。这一规则也完全隐含在 `Boolean()` 这个函数中,亦即是说,任何数据 x 都可以通过 `Boolean(x)` 的方式来"显式地转换"到布尔值并参与运算。且这一转换总是与前述的规则一致 [1],例如:

```
# 一些常见的转换特例
> var xx = [false, new Boolean(false), new Object, 0, 1, +0, -0];

# 转换结果(注意 xx[1]的结果,是典型的"将 Boolean 对象作为对象"的转换,所以总是 true 值)
> xx.forEach(x=>console.log(x+"\t-> "+Boolean(x)))
false         -> false
false         -> true
[object Object] -> true
0             -> false
1             -> true
0             -> false
0             -> false
```

6.2.3.3 关于符号值的补充说明

需要补充的是关于符号值的显式转换。与所有的包装类一样,符号类 `Symbol()` 是对符号值 symbol 的包装,但 `Symbol()` 又不支持 new 运算——因为它不支持"显式创建"[2],这是它唯一特殊的地方。除了不能使用 new,你仍然有两种方法可以得到一个符号所对应的包装后的对象,其一是使用"6.2.1.3 隐式包装的过程与检测方法"中介绍的 `Object.prototype.getSelf()`,其二是直接使用 `Object(value)`。包装后的符号将确实是一个符号对象,并且支持 instanceof

---

1 详情可参见"6.2.2.5 布尔运算的特例"。在下面的示例中,`console.log()`输出的第一个 x 值调用了 `x.toString()` 来显示字符串值,而第二个 `Boolean(x)` 是显式转换。
2 详情可参见"6.2.1.1 显式创建"。

检测以及其他对象或类相关的运算。例如：

```
# 显式将符号值转换到对象
> var x = Object(Symbol())

# 对象类型
> console.log(typeof x)
object

# 对象性质
> console.log(x instanceof Symbol)
true
```

6.3 动态类型：值类型的转换

JavaScript 中数据的类型并不是由变量声明来决定的，它的类型将会延迟到它绑定一个数据时才能确定。而"变量声明时没有类型含义"也带来了一个问题：既然解释器并不知道源代码中的变量类型，那么也就无法检错。例如：

```
value_3 = value_1 + value_2;
```

在引擎对这行源代码做语法解释期间，并不能确知二者能否进行"+"运算，下面还会说到，这时也无法确定"+"所表达的是算术上的"求和"还是字符串的"连接"。

由于类型只能在代码执行过程中才能获知，所以 JavaScript 也就只能采用"运算过程中执行某种类型转换规则"来解决不同类型间的运算问题。这也就是我们上一节讲述的核心内容：JavaScript 总是在隐式地帮助你解决类型转换问题，以期最终、尽最大可能地让变量参与值运算。而在这个过程中，`String()`、`Number()`、`Boolean()` 和 `Symbol()` 既显式地提供了"任何数据到值"的转换方法，也作为包装类实现了"值到对象"的转换。

问题是：无论是 `toString()`、`valueOf()`，还是 `Symbol.toPrimitive`，这些显式或隐式转换规则背后的逻辑都只确保了"返回结果是'值'"，而并没有确保这些"值"是表达式运算（运算符）所预期的那种类型。

所以在 JavaScript 的表达式运算中发生的，最终必然是以值类型为基础的类型转换。

6.3.1 值运算：类型转换的基础

回顾"5.2.3.1 运算的实质是值运算"节，基础类型其实只有两类：值类型和引用类型，然而引用类型自身其实并不参与值运算。对于计算系统来说，引用类型的价值是：

- 标识一组值数据。
- 提供一组存取值数据的规则。
- 在函数中传递与存储引用（标识）。

这使得"引用→值"[1]和"值→值"[2]的类型转换是JavaScript中类型转换的终极目标。基于这一过程，我们可以参考之前的分析来考查一个简单示例：

```
> +[]
0
```

其中，加号（+）在这里是一个正值运算符，这意味着它的操作数"[]"需要被转换为一个数值。"Number([])"的结果是 0，所以返回值是 0（参见"6.2.3 显式的转换"）。

然而"Number([]) === 0"抹去了太多有关"值类型转换"过程的细节。

6.3.1.1 完整过程：运算导致的类型转换

在语法分析期，JavaScript 引擎首先解析到运算符，并将它的操作数（标识符或字面量值）置入语法树——在这一过程中并不对操作数的类型做任何推定。在运行期，引擎执行语法树上（由运算符指定）的运算时，将首先根据 "（运算符对）转换的预期"进行一次操作数的隐式转换。

在这里首先进行的语法推断是：是检查引用还是求值运算。而之前，我们在"5.2.3.1 运算的实质是值运算"中已经分析过这一过程的简捷性。即最终所有的运算目标都是"求值"。因此除了少数直接作用于"引用本身"的运算符之外[3]，都会首先发生"引用→值"的转换，称为"隐式转换"。

隐式转换需要抉择valueOf()和toString()的调用顺序，因此首先要根据具体的操作来确定一个可预期的目标类型。部分运算符或函数调用对运算对象是"没有预期"的，例如比较运算中的等值检测与序列检测（参见"2.3.2 比较运算"），又例如两个操作数的"+"运算符，那么这时就需要反过来通过操作数的数据类型来推断运算符的含义。隐式转换的目标是基础类型（toPrimitive），因此将调用对象的Symbol.toPrimitive符号属性方法[4]，或使用：

---

1 详情可参见"6.2.2 从对象到值"。
2 undefined 类型是一个特例：不必讨论某种类型到 undefined 类型的转换。原因很简单，任何"存在的值"，不可能变成"不存在的（undefined）"。所以这种想法在逻辑上就不通。
3 例如"属性存取（.和[]）"运算符，总是将左侧操作数作为引用来处理，因此事实上会进行"6.2.1 包装类：面向对象的妥协"中所说的隐式包装，完成"值→引用"的类型转换过程。
4 由于并不能预期将要计算的数据类型，因此这里传入的 typeHint 就会是 'default' 值。

- "6.2.2.1 对象到值的隐式转换规则"中讨论的方式来确定适用于"操作数的数据类型"的过程。并且，在
- "6.2.2.2 直接的值运算不受包装类的方法影响"中进一步地说明了这一过程不会影响到"值→值"的转换。

通过这个过程，原始的操作符（值运算）就可以假设所有的操作数都成为"值类型数据"。但是很不幸，这些操作数仍然可能不是符合预期的"类型"。举例来说：

```
# 对象 x 优先转换成的"值类型数据"是 '010'
> x = {valueOf: ()=> '010'}

# "正值运算符（+）"会尝试将 x 作为数值处理，但它将得到一个字符串 '010'
> +x
...
```

在这种情况下，就会再经历一次"值→值"的类型转换。

更加复杂的转换过程包括下面这样的例子：

```
> console.log(++[[]][+[]])
1
```

这个例子可以简化成两个部分来看，后半部分是 [1]：

```
> console.log(+[])
0
```

前半部分则是：

```
> console.log([[]][0])
[]
```

以及（注意这里是不能直接运行的）[2]：

```
> console.log(++[])   // <- Number([])将转换为 0
1
```

最后，除了运算符，一些函数在调用时可能执行一些隐式的类型转换。例如 String.prototype.search()方法，会将第一个参数转换为正则表达式。这看起来很是多余，但它的确是 ECMAScript 规范中的一部分。类似这种识别或强制参数类型的函数，在调用中也会因隐式类型转换导致异常，或者导致意外的逻辑。

---

1 现在你看到了值 0 和值 1。显然，有了 0 和 1，就可以重写一个程序的世界。因此这也是 JSFuck 这个古怪语言解释器的核心处理逻辑，至于 JSFuck 这一编程风格的名字，则是衍生自另一个 f*ck 系列的怪物语言（BF/Brainf*ck）。

2 这里涉及另一个复杂的细节，即在 ECMAScript 中"取值操作"与"属性存取操作"的不同。后者将得到一个 ECMAScript 规范中的"引用规范类型"，它可以用作"++"运算的操作数，而直接的字面量"[ ]"无法达成这一目的。关于"引用规范类型"，本书仅在"5.3.1.8 传值参数"和"6.5.1.3 赋值操作带来的重写"略有提及，并不展开讨论。

6.3.1.2 语句或语义导致的类型转换

还有一些语句在语义分析时会做一些强制转换的操作。

一个非常明显的例子是,"`if` 语句"必然会把表达式的结果转换为布尔值。与此相同的还有循环中的 `while()` 语法等,这些语法元素需要一个布尔值,因此它会将括号中的表达式运算的结果转换为布尔值。

在对象声明时,也存在标识符到字符串的转换(这种情况是非常罕见的):

```
obj = {
  length: 100    // <-- 这里存在一个标识符到字符串的转换
}
```

这里强调的是"标识符到字符串"的转换(而不是反过来)的原因是,在JavaScript引擎内部,对象成员名可以通过字符串或符号属性的形式存在并被访问,且在默认情况下——如果不是符号,那么——就会尝试转换为字符串。同样的道理,也可以认为`obj.prototype`这种存取运算也存在一个标识符向字符串转换的过程。[1]

这里还需要对 `switch` 语句进行一些强调与补充。在语法上,`switch()` 语句试图对表达式求值,并用该值与 `case` 分支中的值进行比较运算。但是,它在比较中采用的是类似"`===`"操作符的运算,即,会优先进行类型检测而不会发生类型转换过程。因此下面的示例不会进入 `case` 分支:

```
var obj = Object(2);
switch (obj) {
   case 2: console.log('hello');
}
```

6.3.2 值类型之间的转换

我们知道,把一个值转换成它自己类型的值是没有意义的。除此之外,表 6-6 列出了几种值类型数据之间的转换(其中阴影表示不需要转换或无法进行转换)。

---

[1] 只不过这个转换过程是 JavaScript 在语法解析阶段处理的,因此这里的标识符最终是以一个字符串的形式存在于解析的结果(语法树,AST/Abstract Syntax Tree)中的。而且反过来,事实上,`x["length"]`这样的语法就没有在语法解析阶段的类型转换处理,并且在这种情况下,`"length"`作为属性名的合法性却是在运行期求值和检测的,这也是它被称为"计算属性名(Computed Property Names)"的原因。

表 6-6 值类型数据之间的转换

转换到	undefined	symbol	number	boolean	string
undefined			6.3.2.1	6.3.2.1	6.3.2.1
symbol			（异常）	6.3.2.5	（异常）
number				6.3.2.2	6.3.2.2
boolean			6.3.2.3		6.3.2.3
String			6.3.2.4	6.3.2.4	

6.3.2.1 undefined 的转换

任何值都不能转换为 undefined，但反过来却不是。因为 undefined 实际上也需要参与运算，例如，试图显示一个 undefined 值。

undefined 能转换为特殊数字值 NaN，因此它与数字值的运算结果将会是 NaN，而不会导致异常。例如：

```
# 转换为数字值
> +undefined
NaN

# 与数字值的运算
> 10 + undefined
NaN
```

undefined 能转换为字符串 'undefined' 与布尔值 false，它总能恒定地得到这两个值。下面的例子说明了这一点：

```
# 转换为字符串
> undefined + ""
'undefined'

# 转换为布尔值
> !!undefined
false
```

另外，对于单个的 undefined 值，某些宿主的输出函数可能会显示为字符串 'undefined'，例如浏览器中的 window.alert() 和 document.writeln() 方法；而其他一些则有可能什么也不显示，例如在 WScript 环境中的 WScript.Echo()。但这并不是类型转换规则的问题，而是宿主的输出函数自己的处理。

6.3.2.2 number 的转换

除了符号之外的任何值都可以被转换为 number 类型的值。如果转换得不到一个有效的数值，那么结果会是一个 NaN，而 NaN 又是一个可以参与数值运算的值。这样处理的目的是，使得表达式可以尽量求值，而不是弹出一个异常。

number 值转换为布尔值时，非零值都转为 true，零与 NaN 都转为 false。与上述规则相容的情况是，以下特殊的数值都会被转换为 true：

- Number.NEGATIVE_INFINITY，比（-Number.MAX_VALUE）更小的值，负无穷大。
- Number.POSITIVE_INFINITY，比（Number.MAX_VALUE）更大的值，正无穷大。
- Number.MIN_VALUE，能表示的最接近零的正值。
- Number.MAX_VALUE，能表示的最大正值。
- Number.MAX_SAFE_INTEGER，最大的安全整数，即（$2^{53} - 1$）。
- Number.MIN_SAFE_INTEGER，最小的安全整数，即-（$2^{53} - 1$）。
- Number.EPSILON，1 与"能表示的大于 1 的最小的浮点数"之间的差值。
- global.Infinity，Number.POSITIVE_INFINITY 的初始值。

number 值在转换到字符串时有极其复杂的内部规则。因此除非使用显式转换（参见"6.3.3.2 到字符串类型的显式转换"），否则很难保证 number 到字符串这一转换的输出格式。但总的来说，以下特殊值被转换为一般字符串文本：

- Number.NEGATIVE_INFINITY，转换为'-Infinity'。
- Number.POSITIVE_INFINITY，转换为'Infinity'。
- global.Infinity，转换为'Infinity'。
- global.NaN，转换为'NaN'。

除此之外，其他数值都能被转换为一个有数值含义的字符串，例如'5e-324'。

6.3.2.3 boolean 的转换

boolean 值的 true 和 false 总是被转换为数值 1 和 0，因此你也总可以让布尔值参与到数值运算过程中。例如下面两个示例都将显示数值 1：

```
# 等义于 0+1
> i = false
> ++i
```

```
1
# 等义于 i += 1
> i = false // 重置
> i += true
1
```

另一个典型的例子是：

```
# 等义于 0 + 1
> true + false
1
```

它将显示值 1，注意不是字符串`'truefalse'`。这是因为在操作数不是"`string` 和 `number` 之一"的值类型时，"+"号运算符将被默认理解为求和运算，并进而尝试将操作数转换为 `number`。

`boolean` 值的 `true` 和 `false` 总是被转换为字符串`"true"`和`"false"`。

6.3.2.4　string 的转换

　　JavaScript 中对"字面量数字"与"字符串数字"的处理是不一样的，尽管它们看起来类似。首先，如果在代码中出现了字面量数字，那么这个数字是在语法分析阶段处理并作为一个数字值存放在变量中的。在这个处理中，JavaScript 会识别包括八进制在内的多种进制类型。然而，如果是"字符串数字"，那么它的转换过程只会发生在运行期，并且没有任何隐式的机制来处理八进制类型。例如：

```
// 这是一个字面量
var x = 021;
console.log(x);    // 17

// 这是一个字符串
var x = '021'
console.log(+x);   // 21
```

　　亦即是说，如果一个字符串由数值和不多于一个的小数点构成，那么它总是能被当作十进制数来转换为数值。并且类似下面这样的字符串也被识别为合法：

```
// 显示 21
console.log('0022' - 1);
// 显示 2.2
console.log('00.22' * 10);
// 显示 22
console.log('.22' * '100.');
```

　　如果字符串由`'0x'`（零和 x|X）开始作为前缀，且由 0~9、A~F、a~f 这些字符（不包括小数点）构成，则它总是可以被作为十六进制数转换为数值。

JavaScript 会尽量将字符串转换为整数值。因此即使字符串使用字符'e|E'（大小写皆可）这样的指数形式，那么转换结果也可能是一个整数。但如果不能作为整数有效存储，那么它也可能是一个指数形式的浮点数。例如：

```
// 显示 990000
console.log(+'9.9E5');

// 显示 9.9999e+28
console.log(+'99999000000000000000000000000');
```

不能把"true"和"false"这两个字符串转换为对应的 boolean 值（尽管 boolean 值是转换为这些字符串的）。在字符串中，有且仅有空字符串能被转换为布尔值 false，其他的字符串在转换后都会得到 true。

6.3.2.5 symbol 的转换

与 undefined 一样，没有任何类型能转换成符号。尽管任何类型都可以作为 Symbol() 的传入参数，并作为该符号的、字符串值的描述信息。例如：

```
# 任何值都可以作为符号的描述
> var x = Symbol(true), y = Symbol(true), z = Symbol(new Object);

# 任何符号都是唯一的（"相同的描述"并不说明它们是相同的符号）
> console.log(x === y)
false
```

symbol 只有一个值类型的转换可以发生：它可以转换为 boolean 值的 true。例如：

```
# 符号可以作为 true 值
> console.log(Boolean(Symbol()))
true

# （又例）
> console.log(!Symbol())
false
```

尝试将符号转换成其他值都会导致错误。但可以通过包装类将它转换为一个等值于该符号的对象：

```
# （又例）
> var x = Symbol(), obj = Object(x);

# 它们是相等的（因为 obj.valueOf() === x）
> console.log(obj == x)
true

# 但不全等（因为 obj 是对象类型）
> console.log(obj === x)
false
```

6.3.3 值类型之间的显式转换

除了通过包装类（的函数调用形式）来进行的、标准的显式转换[1]之外，值类型之间还存在一些其他的显式转换方法。

6.3.3.1 到数值的显式转换

我们先讨论 `global.parseInt()` 和 `global.parseFloat()` 这两个方法，它们用于将字符串显式地转换为数值。由于这两个方法是全局对象(`global`)的方法，所以我们通常省去 `global`，直接调用 `parseInt()` 和 `parseFloat()`。

`parseInt()` 支持传入一个值在 2~36 之间的 `radix` 参数来指定所使用的进制。语法为：
`parseInt(aString, [radix])`

在调用 `parseInt()` 时，如果转换不成功，则返回 `NaN`。如果 `radix` 为 `16`，无论 `aString` 是否有前缀"`0x`"，该字符串都将按十六进制处理；如果 `radix` 为 `8`，无论 `aString` 是否有前缀"`0`"，则该字符串都将按八进制处理。

如果不指定 `radix`，那么将采用数值字面量声明中使用的规则：将有前缀"`0x`"的处理成十六进制字符串，否则视为十进制字符串。例如：

```
// 当使用 radix=16 时可以省掉 "0x" 前缀
console.log(parseInt('0x13', 16));  // 19
console.log(parseInt('13', 16));    // 19

// 使用 '0x' 前缀时可以不指定 radix
console.log(parseInt('0x13'));  // 19
console.log(parseInt('013'));   // 13
```

`parseInt()` 和 `parseFloat()` 的特性之一在于总是尽可能地得到转换结果。即使字符串中只有（前缀的）部分能被转换，那么该转换也将成功进行。有些时候这项特性很好用，例如在 Web 开发中遇到 CSS 的属性值带单位（**pt/px** 等）时，可以简单地用 `parseFloat()` 清除它，以方便进行其他的运算。但有些时候，我们又会因为 `parseFloat()` 和 `parseInt()` 的这项特性遇到麻烦。例如：

```
> parseInt('4F')
4
```

结果值输出 `4`，但事实上我们可能只是想转换十六进制字符串，而又忘掉了传入 `radix` 参数(或

---

[1] 参见"6.2.3 显式的转换"。

增加"0x"前缀)而已。

parseInt()和 parseFloat()的另一个问题是它们总是尝试先将参数转换为字符串,即使参数本身就是数值。例如:

```
# 因为1e35值过大,转换为字符串后仍然是'1e35',而parseInt()并不转换浮点数
> parseInt(1e35)
1

# 当该数值较小时,结果又可能是正确的(因为1e10转换为字符串'10000000000')
> parseInt(1e10)
10000000000

# 使用parseFloat()可以正确转换
> parseFloat(1e35)
1e+35
```

分析上面这个示例,这是因为parseInt()和parseFloat()在参数处理上与调用Number()进行的显式转换有着极大的不同。Number(x)是将参数默认作为值类型处理,只有x是对象类型时才按照隐式规则来转换:首先调用x.valueOf()方法,之后再尝试调用x.toString()。而parseInt()和parseFloat()总是预期参数为字符串,所以会先调用x.toString()。例如:

```
# 模拟一个与Object(1e-10)结果类似的对象
> var x = new Object;
> x.toString = ()=> '1e-10';
> x.valueOf = ()=> 1e10; // 注意与上面字符串值不同(测试用)

# 调用了toString()来得到字符串,但parseInt()不处理指数/浮点数格式的字符串
> console.log(parseInt(x))
1

# 调用了toString()来得到字符串
> console.log(parseFloat(x))
1e-10

# 调用了x.valueOf()来隐式转换为值(JavaScript会尽量存储为整数)
> console.log(Number(x))
10000000000
```

所以对于parseInt()与parseFloat(),除非你能准确理解"将参数转换为字符串"时的规则,或你确实只传入有效的字符串值(例如,显式地调用x.toString()),否则不要使用它们。使用Number()来进行转换,将是更加安全的策略。

6.3.3.2 到字符串类型的显式转换

通过使用String(x)方式的显式转换,我们可以将不包括undefined在内的任意值或对象转换为字符串。之所以说"不包括undefined",是因为在语法上没有办法叙述这个转换

过程。例如：

```
var x = String()
```

并不能在语法上解释是有一个undefined值的参数呢，还是没有参数；[1]进一步地，也就没办法解释x是undefined值的转换结果呢，还是String()在没有参数时的返回值。

但是 ECMAScript 对 undefined 到 string 的转换是有明确约定的：一个 undefined 值应当转换为字符串'undefined'。要展示这一点，只能触发 JavaScript 的隐式转换。例如：

```
# 使用隐式转换来展示 null 和 undefined 的转换结果
> x = '' + undefined;
'undefined'

> x = '' + null;
'null'
```

另一种显式转换为字符串的方法是直接使用标准的toString()方法。所有对象[2]都无一例外地有toString()方法；对于值类型，我们还可以调用它的包装类的toString()方法。不过出于"toString()方法可能被重写"这样的原因，显式使用x.toString()来转换仍然不是绝对安全的。

此外，对于数值类型的数据来说，还可以使用toString()的一种扩展形式：

```
aNumber.toString([radix])
```

其中，radix 表示进制。例如，将一个数值转换为十六进制或八进制：

```
var value = 1234567;

// 显示 12d687
console.log( value.toString(16) );
// 显示 4553207
console.log( value.toString(8) );
```

并且，尽管我们平常不会用到二十二进制（或其他进制），但是你仍然可以在 JavaScript 中进行这种转换。对于超过十进制的表示值，JavaScript 会用 "a～z" 的小写 ASCII 字符来表示。因此 radix 的值的边界是 "2～36"，例如：

```
# 数值
> var x = 1234567;

> x.toString(2)
100101101011010000111
```

---

[1] 事实上，ECMAScript 约定是按"没有传入参数"来处理的，这种情况下返回一个值为空字符串的对象，即相当于 x = String('')；。
[2] 除了在"3.6 运行期侵入与元编程系统"中讲述的"原子（原子对象）"。尽管原子对象也是对象，但它们没有继承 Object.prototype 的那些属性，例如，toString()方法。

```
> x.toString(36)
qglj
```

此外，它的转换结果不会根据你的意愿来补零前缀，而且默认总是小写的字符。因此如果你希望将数字 1234567 转换成十六进制的 "0012D687"，就得自行处理。例如：

```
# 数值
> var x = 1234567;

# 补前缀并大写输出
> x.toString(16).padStart(8,'0').toUpperCase()
0012D687
```

在进行 Number 到字符串的转换时，还存在两个问题：指定小数点的位置与如何启用指数计数法。这需要使用 Number 对象的另外三个方法，分别是：

- toFixed(digits)，使用定点计数法，返回串的小数点后有 digits 位数字。
- toExponential(digits)，使用指数计数法，返回串的小数点后有 digits 位数字。
- toPrecision(precision)，使用定点计数法，返回串包括 precision 个有效数字（如果整数部分少于 precision 位，则在小数部分用 0 补齐），如果整数部分多于 precision 位，则使用指数计数法，并使小数点后有 precision-1 个数字。

最后，在 JavaScript 的各种对象中，存在一组以 "to" 为前缀的方法。这类似于 toString()，这些方法无一例外地都用于转换为字符串[1]：

- Date.prototype.toGMTString，格林尼治标准时间（GMT）表示的日期字符串。
- Date.prototype.toUTCString，协调世界时（UTC）表示的日期字符串。
- Date.prototype.toISOString，国际标准化组织（ISO 8601）表示的日期字符串。
- Date.prototype.toJSON，在将日期转换成 JSON 文本时由 JSON.stringify() 调用的方法，并且其他 JavaScript 对象或类也可以定义自己的 toJSON() 方法。
- Date.prototype 的 toDateString 和 toTimeString 方法，引擎默认格式的日期字符串（Date 部分、Time 部分）。
- String.prototype 的 toUpperCase 和 toLowerCase 方法，字符串转换为大写、小写。
- Number.prototype 的 toFixed、toExponential 和 toPrecision 方法，略（如前述）。

以及部分方法相对应的 .toLocaleXXX 系列：

---

[1] 在 ECMAScript 标准之外可能会有一些特别的实现。例如，在 JScript 中存在 VBArray.toArray() 方法，转换的结果就是数组对象，而不是字符串值。

- `Date.prototype` 的 `toLocaleDateString` 和 `toLocaleTimeString`

  宿主环境下的当前时区、当前系统配置的日期字符串（Date 部分、Time 部分）。

- `String.prototype` 的 `toLocaleUpperCase` 和 `toLocaleLowerCase`

  使用本地格式转换字符串大小写，在多语言环境、不同的内码中可能会有不同表现。

- `<对象>.toLocaleString`

  `Array`、`Date`、`Number`、`Object` 等类（的实例）具有该方法，其含义是根据本地规范来显示某种格式化的字符串，但其效果与引擎和操作系统环境的设置有关：默认情况下它与 `toString()` 的效果一致，但是除 `Object` 之外，其他类都有独自的实现而非直接指向 `toString()` 方法。

6.3.3.3　到 undefined 值的显式处理

任何情况下你都可以对表达式使用 void 运算来将其结果"转换"成 undefined。尽管这通常不被认为是真正意义上的类型转换，但它作为显式处理是有价值的。例如：

```
# 显式地得到一个 undefined 值
> void 0
undefined

# （或）
> void(0)
undefined
```

你可以用它来组织某些函数的、语义化的返回：

```
// 在返回中忽略某个值
function func(x, y) {
  return [1, void x+y, 0];
}

// 在解构赋值中忽略返回数组的指定成员
var [a,,c] = func();
// 显示: 1 0
console.log(a, c);
```

但是除了添加一个运算（以及可能潜在的运算优先级处理），使用 void 的形式不见得比直接在相应位置使用 undefined 值更有明确的语义。

6.3.3.4　到布尔值的显式处理

"!!"确实可以用来显式地将目标数据转换成一个布尔值。并且，这看起来与使用 void

6.4 动态类型：对象与数组的动态特性

的思路是一致的：将"有明确结果的表达式运算"视作显式类型转换的逻辑。

推荐在需要这种处理时直接使用 Boolean(x) 而非 !!x，前者的语义更加明确。[1]

6.4 动态类型：对象与数组的动态特性

索引数组与关联数组是从数组的下标使用方式上来区分的一种方法。[2]所谓索引数组，是指以序数类型作为下标变量，按序存取元素的数组；所谓关联数组，则是指以非序数类型作为下标变量来存取的数组。

在 JavaScript 中，（使用索引存取的）数组的下标必须是值类型的——如果试图将一个引用类型（object/function）或 undefined 类型值用作函数下标，则它们将被转换为字符串值来使用。而值类型数据包括 number、boolean、symbol 与 string，这其中只有 boolean 是序数的，其他三种则是非序数的（number 在 JavaScript 中表现为浮点数）。因此 JavaScript 必然以关联数组为基础，来实现"（使用索引存取的）数组"这种对象类型。

除此之外，类型化数组（TypedArray）尽管也是对象并具有对象的全部特性，但它的索引数组特性并不是基于对象的关联数组特性来实现的，而是独立的、依赖可扩展外部数据存取接口来实现的。

6.4.1 关联数组与索引数组

关联数组的下标是非序数的，所以它看起来更像是一张"表"，这大概是它在 C++中被称为 map 或在 Python 中被称为字典的原因了。JavaScript 的对象的"表特性"非常明显：可以使用"[]"作为成员存取符，而且成员可以是任意的字符串或符号。

更进一步明确地说，JavaScript 中的对象实例所持有的属性表（自有属性表），就是一个关联数组的内存表达。因而：

- 所谓属性存取，其实就是查表。

继续从这样的实现细节来考查 JavaScript 的对象，那么：

---

[1] 我并不推荐使用 void 来得到 undefined。但在 "6.3.3.3 到 undefined 值的显式处理"的讨论中，并没有说 Undefined() 这样的显式转换可用，并且现实中也并不经常这样使用 void 运算（毕竟"将有值的数据转换为 undefined"在语义上是缺乏逻辑的）。

[2] 也可以分为动态数组与静态数组。这种对数据的区分方法，是按照数组对存储数据的使用方式来区分的。从这个角度上来说，JavaScript 的数组是一种动态数组，这也是适合实现关联数组的一种存储策略。

- 所谓对象实例，其实就是一个可以动态添加元素的关联数组。
- 所谓原型继承，其实就是在关联数组的链中反向查找元素。

由此看来，JavaScript 的内部实现并不怎么神秘。

因此，所谓 `Array` 的元素存取其实也是查表。例如：

```
aArray["length"]
```

便是进入了一个关联数组存取的过程。同样，我们来看一下它作为索引数组时候的特性：

```
aArray[0]
```

其实也与前面完全一样、毫无二致。如果你非要说有什么不同，那大概是将字符串`"length"`换成了数值 `0`。当然，事实上你也可以使用字符串 `0`：

```
aArray["0"]
```

这与上面的存取效果没有任何不同。

既然所谓索引数组其实只是用数字的形式（内部仍然是字符串的形式）来存取的一个关联数组，那么你也就完全可以用 `in` 运算，或 `for...in` 语句来考查它的成员——这里指的是数组下标（或数组元素）。例如：

```
var aArray = ['a', 'b', 'c', 'd'];
// 显示 true
console.log('1' in aArray);

// for...in 列举元素 0~3
for (var i in aArray) {
  console.log(i + '=> ' + aArray[i]);
}
```

当然，如果你仅仅是要考查那些可索引的数组元素，那么仍然建议使用 `for...of` 语句，或者使用数组的 `forEach()` 等方法。其中，`for...of` 语句使用的是数组的迭代器接口，而 `forEach()` 则是通过循环来增量列举下标。这两种方式都是典型的索引数组存取逻辑。

6.4.2 索引数组作为对象的问题

JavaScript 中的数组表现为索引数组，但是具有对象的全部性质，并且它的每一个下标属性都是数组的当前实例的自有属性表中的成员。亦即是说，你甚至可以为每一个下标定义不同的属性描述符。JavaScript 没有为下标属性添加任何额外的性质。因此在默认情况下，数组总是可以作为一般对象来使用的，这也包括对象展开和对象解构赋值。例如：

```
# 测试数组
> var arr = [1,2,'345',,12];
```

```
# 在赋值模板（或展开）中作为数组使用
> var [x, y] = arr;
> console.log(x, y);
1 2
> console.log(['elements', ...arr]);
[ 'elements', 1, 2, '345', undefined, 12 ]
# 在赋值模板（或展开）中作为对象使用
> var { 0: x, 1: y, length } = arr;
> console.log(x, y, length);
1 2 5
> var x = { length: 100, ...arr };
> console.log(x.length + ' => ' + Object.keys(x));
100 => 0,1,2,4,length
```

6.4.2.1 索引数组更加低效

尽管大多数的处理仍然是基于对象的正常机制，但是 JavaScript 额外地处理了索引数组中的 length 属性。例如在以下情况中维护 length 属性：

- 使用 push、pop、shift、unshift 方法在数组首尾增删元素时。
- 使用 splice 方法在数组中删除元素时。
- 给大于或等于 length 值的指定下标赋值时，会隐式地重设 length 属性值。
- 可以显式地重写 length 属性来调整数组大小。
- 等等。

然而由于 JavaScript 数组是 "基于关联数组" 实现的，因此数组并不是一个连续分配的空间。而数组的很多方法都是使用递增或递减序的循环来列举那些元素的，包括最常见的 indexOf() 等。因此这样的索引方法并不会真正地带来什么效率（这在其他高级语言中是更有效的，或有特殊的优化方案）。而且，当数组进一步变得更加无序、自由存取时，这种列举的效率可能会更差。例如，我们可能声明一个数组为一百万个（或更多[1]）元素大小，但事实上却没有一个元素被存入数组——JavaScript 的数组在存储特性上是即需即分配的动态数组，不会导致存储问题。因此对这种数组做上述列举，会产生大量的虚耗（类似下例的效果）：

```
var aArray = new Array(100000);
for (var i=0, imax=aArray.length; i<imax; i++) {
  // 列举 aArray.length 次
}
```

数组遵循对象系统所约定的 "访问不存在的对象成员的值为 undefined" 这一规则，使

---

[1] JavaScript 数组的元素数的理论上限是一个无符号 32 位整数大小（大约 40 亿）。

得数组中的"下标空洞"有了自然的解释,而这只是一种存取规则下表现出来的效果,JavaScript 在事实上并不为数组"维护某种连续性"。

然而有趣的地方就在这里。我们设定下面这样一个数组:

```
var arr = new Array(1000*10000);    // 一千万个元素
arr[1] = 3;
arr[3] = 1;
arr[5] = 5;
arr[9999] = 9;
```

接下来我们问:如果用 `Array.prototype.sort()` 方法排序该数组,那么会有多少个元素参与运算呢?答案是:仅有上面的 4 个元素参与运算。下面的测试代码说明了这一点:

```
// (续上例)
function func(lv, rv) {
  console.log(lv + ", " + rv);
  return lv > rv ? 1 : (lv==rv ? 0 : -1);
}
arr.sort(func);
```

结果显示为[1]:

```
9, 3
9, 5
3, 5
9, 1
5, 1
3, 1
```

但到底是 undefined 值不参与运算呢,还是在数组内部使用 for...in 列举有效成员——而不是使用 length 遍历呢?答案是,(如果按照 ECMAScript 规范来实现,则)两种答案都不正确。

按照规范,数组的成员和 length 属性都是动态存取的。也就是说,无论是 for...of 迭代,还是一般的 for/while 循环,在循环体内是可以增删数组成员的;而且只要这个数组成员的下标还没有被访问,那么这些动态添加的成员将是可被列举的。因此,在"需要列举数组元素"的那些方法中,列举的算法都是从头至尾进行遍历的;而在"需要列举对象成员"时,则是访问自有属性表的。只有在访问自有属性表时,才不会尝试访问那些"下标空洞"的情况。

所以下面的示例简要地说明了 for...of/in 两种列举在数组中的不同。并且,这也将进一步解释那些(包括 `Array.prototype.sort()` 在内的)数组方法的内部实现:

```
var proxy = new Proxy(arr, {
  ownKeys() {
    console.log('TRY -> ownKeys()');
    return Reflect.ownKeys(...arguments);
  },
```

---

[1] 不同的引擎可能在显示上会有所不同。

```
  get(_, key) {
    console.log('GET -> ', key);
    return Reflect.get(...arguments);
  }
}))
```

测试如下:

```
# (续上例)

# 避免数组太长
> arr.length = 30;

# 排序
> proxy.sort()
GET ->  sort
GET ->  length
GET ->  0
GET ->  1
GET ->  2
GET ->  3
GET ->  29
...

# for...of 迭代
> for (let x of proxy);
GET ->  Symbol(Symbol.iterator)
GET ->  length
GET ->  0
GET ->  length
GET ->  1
GET ->  length
GET ->  2
GET ->  length
GET ->  3
...

# for...in 迭代
> for (let x in proxy);
TRY ->  ownKeys()
```

更进一步的测试表明,数组的绝大多数方法都将尝试列举所有下标[1],并且包括 for...of、数组展开等在内的 JavaScript 内部机制也将做这样的尝试[2]。仅有类似 pop、push、shift、unshift 等少数方法例外,因为它们只需要在确定位置上操作元素。

6.4.2.2 属性 length 的可写性

几乎与对象成员处理相关的所有方法都涉及 length 这个属性,但是也正如你可能已经意

---

[1] 例如,sort() 方法事实上将列举所有下标,但只有那些在自有属性表中的元素会参与比较。
[2] 使用迭代器接口的方法可能会因为提前中止迭代而不能列举全部下标,但它总是顺次尝试下标值,包括那些下标空洞。

识到的：length 既然是对象属性，那么是否也应该具有属性的一切性质呢？的确，每一个数组实例都将 length 作为自有属性，并且初始化为如下性质（属性描述符）：

```
> Object.getOwnPropertyDescriptor(new Array, 'length')
{ value: 0,
  writable: true,
  enumerable: false,
  configurable: false }
```

作为一项内部限制，length 属性的描述符必须是存取描述符，并且它不能再重写（可以置值，但其可配置性为 false），也不能在继承链中改变这些性质。对于该属性来说，唯一能进一步改变的只能是将可写性（writable）置为 false。于是这样一来，这个数组就变成"length 属性只读"的了。接下来，这将导致所有试图改变该值的方法失效，例如 pop/push，以及 splice 等。例如（在 v10 以下的低版本 Node.js 中，该示例可能会有不同的表现）：

```
# 创建空数组
> var arr = [1,2,3]; // OR, new Array()

# 置 length 属性为只读
> Object.defineProperty(arr, 'length', {writable: false});

# 尝试 pop/push
> arr.pop();
TypeError: Cannot assign to read only property 'length' ...
```

6.4.2.3　类型化数组的一些性质

一个限制了写 length 属性的数组与类型化数组是有一些相似性的，后者（类型化数组）是默认禁止修改数组长度的，因此那些影响该属性的方法也是不可用的。但是，类型化数组的 length 属性是由存取描述符来管理它的性质的，并且默认继承自它的原型（它没有写方法，但可以重置描述符）：

```
// 在对象及其原型链上查找属性的属主对象
var getPropertyOwner = function f(obj, key) {
  return !obj ? null
    : obj.hasOwnProperty(key) ? obj
    : f(Object.getPrototypeOf(obj), key)
}
```

测试如下：

```
# 创建类型化数组
> var typedArr = new Int32Array;

# length 不是类型化数组的自有属性
> typedArr.hasOwnProperty('length')
false
```

```
# 取原型，该值应等于 Object.getPrototypeOf(Int32Array.prototype)
> var p = getPropertyOwner(typedArr, 'length');

# 查看属性描述符
> Object.getOwnPropertyDescriptor(p, 'length')
{ get: [Function: get length],
  set: undefined,
  enumerable: false,
  configurable: true }
```

所有类型化数组都实现为一种典型的索引数组的操作界面，但由于它们的 length 属性被限制为不可写，因此它们总是定长的。类型化数组在创建时就被设定了大小，并且在它的数据大小许可范围内，可以通过它的不同数据视图来访问它的部分或全部。而数据视图在抽象概念上是可以重置大小和类型的。

视图是它所绑定的数据的一组接口（Interface），类型化数组通过这样的视图绕过了 JavaScript 内置的数据类型转换规则；尤其重要的是，也绕开了对 length 和数组下标作为对象属性在 JavaScript 中的一切性质。由于在视图中无须考虑其内部数据的类型，或它作为对象的特殊性质，从而提供了比 JavaScript 默认数组更有效率的索引数组操作。

如果一个类型化数组是创建时指定长度的，那么这个长度值被存为内部值并且上述 length 属性的 get 方法总是取该值作为结果；在类型化数组关联的 ArrayBuffer 解绑（例如 SharedArrayBuffer 失效）时[1]，length 属性总是返回 0 且忽略内部值。

因此类型化数组的 length 属性可能是 0 值，或是与如下计算值一致：

```
# 创建类型化数组
> var typedArr = new Int32Array(10);

# 取类型的元素长度
> var elementSize = (new typedArr.constructor(1)).buffer.byteLength;

# 计算长度(计算值)
> console.log('length:', typedArr.buffer.byteLength / elementSize);
length: 10

# 属性值
> typedArr.length
10
```

---

[1] 数据视图(DataView)总是绑定而非创建一个 ArrayBuffer，而一个 TypedArray 可能是绑定到一个 SharedArrayBuffer，也可能是内部分配的一个自有 ArrayBuffer。

6.4.3 类数组对象：对象作为索引数组的应用

在 JavaScript 中，索引数组的独特性并不表现在整数下标存取，而在于 `length` 属性的维护。反过来说，如果一般对象有了 `length` 属性，那么它与一般数组又有什么不同呢？

二者确实只存在着"微弱的"不同，因为一个"有 `length` 属性"的对象在 JavaScript 中就被称为"类数组对象（array-like objects）"。在多数情况下，这样的对象是可以作为数组来替代使用的，除了包括使用 `Reflect` 接口或原型 `Array.prototype` 的方法，还包括 JavaScript 面向数组提供的一些运算符（例如数组展开）。

给一个原子对象添加一个可写的 `length` 属性，就得到了一个"最原始"的类数组对象。因为原子对象没有任何成员，因此也没有原型。[1]例如：

```
# 创建 array-like objects 的方法
> var arr2 = Object.create(null, {length: {value: 0, writable: true}});
# 或者，使一个普通对象成为 array-like objects
> var obj = {length: 0};

# 尝试调用 Array.prototype 上的方法
> Array.prototype.push.call(arr2, ...'ABC');
3

# 显示该对象（注意它没有被显示为一个数组）
> console.log(arr2);
{ '0': 'A', '1': 'B', '2': 'C' }
```

数组的绝大多数方法都可以用类似上述的技巧来应用于一个类数组对象，并且同时维护这个对象的 `length` 属性。但是所有使用数组的迭代器接口的方法，却不适用于上述对象，例如：

```
# （续上例）

# 类数组对象默认时未实现迭代器接口
> console.log(...arr2);
TypeError: undefined is not a function
```

这是因为类数组对象默认时并没有定义 `Symbol.iterator` 这个属性。解决这个问题的方法也非常简单：

```
# （续上例）

# 使类数组对象可以被迭代
> arr2[Symbol.iterator] = Array.prototype[Symbol.iterator];
```

---

[1] 详情参见"3.6.2.1 原子"。

```
# 尝试作为数组展开
> console.log(...arr2);
'A' 'B' 'C'
```

事实上，这也是函数用来创建参数对象（arguments）的方法。参数对象在创建时也添加了这个符号属性（所以它也可以被迭代），并且使用的也是完全相同的技巧。下面的代码说明了这一点：

```
# （续上例）

# 返回参数的 Symbol.iterator 属性值
> var f = new Function('return arguments[Symbol.iterator]'), iter = f();

# 它与上一行中的 arguments 一样，都使用的是 Array.prototype 中的迭代器方法
> console.log(iter === arr2[Symbol.iterator]);
true
```

类数组默认时是不能被当作集合对象（这里是指 Collection Types）来使用的，因此也就不能用作其他集合的源，例如不能用作 Array.from() 的参数。但一旦添加了上述符号属性，它就可以作为 Map、Set、TypedArray、ArrayBuffer 等集合类型的源了。当然，如我们前面讨论的，这也是因为这些类都需要用迭代器接口来读取源，以获得集合中的部分（或全部）成员。其他与此相关的特性还包括 yield* 运算、for...of 语句和 Promise 类的一些方法等，可以参见如下章节：

- 3.4.4.2 集合对象
- 5.4.4 迭代
- 5.4.5 生成器中的迭代

最后，你也可以用更为简单的代码来获得这样一个类数组对象。如下例：

```
// 将数组转换为类数组对象（不使用迭代器）
var arr2 = Object.setPrototypeOf([], null);

// 或者，使用迭代器
var withIterator = Function('return arguments')();
var arr2 = Object.setPrototypeOf(['A', 'B'], withIterator);
console.log(...arr2); // A B
```

也就是说，将任何数组的原型设为 null，那么这个数组就成了类数组对象；如果进一步需要迭代器，那么将它的原型设为上例中的 withIterator 就可以了。这是因为 withIterator 对象，即参数对象本身就是仅有 length 和 Symbol.iterator 两个自有成员的原子对象。

6.4.4 其他

任何对象只要有迭代器接口,就可以简单地转换为集合对象。所有被迭代出来的元素,如果是引用则以引用形式包含在集合中,否则就在集合中存放值。集合并不主动转换"键或值的类型",并且会"更严格地"比较它们,因此你不可能创建一个有两个 NaN 的 Set 或 Map。例如:

```
#示例: 在 Map/Set 中 NaN 是"更严格比较的", 所以多个 NaN 是相同的值
> console.log(new Map([[NaN, 0], [NaN, 1]]));
Map { NaN => 1 }

> console.log(new Set([NaN, NaN]));
Set { NaN }
```

因此最简单的"统计一个字符串中包含哪些字符"的示例如下:

```
# 用集(Set)对象来迭代字符串中的字符
> console.log(new Set('abcadf134oaafshjafgoi'));
Set { 'a', 'b', 'c', 'd', 'f', '1', '3', '4', 'o', 's', 'h', 'j', 'g', 'i' }

# 或用于计数
> console.log(new Set('abcadf134oaafshjafgoi').size);
14
```

类型化数组也是集合类型(Collection Types)对象的一种,它的构建界面也允许传入"有迭代器接口的对象"作为源。但是,类型化数组会先通过迭代器接口得到一个类数组对象,然后再列举这个类数组对象的每一个成员并将它们添加到数组中去。之所以需要这样一次中介转换,原因在于类型化数组需要一个 length 值以便预先分配好内部的 Buffer。这个操作发生在 new TypedArray() 和 TypedArray.from() 中,例如:

```
# 集合对象(例如 Set)是有迭代器接口的
> var x = new Set('123456asdf');

# 将集合对象(x)作为源对象时,(如果需要,)会先在内部转换为类数组以得到数组索引
> var arr = Int32Array.from(x);

# 测试结果(注意这里转换成数字值不成功时将填为 0 值)
> console.log(arr)
[ 1, 2, 3, 4, 5, 6, 0, 0, 0, 0]
```

但是一般数组就没有这样的行为,而只是迭代列举每一个集合成员,然后再将它们顺次添加到数组中去就可以了。只是需要注意的是,在两类过程中,TypedArray 或 Array 都不会依赖源集合的 size 属性,因为在它们的界面中是只操作迭代器接口的。

6.5 重写

JavaScript 中的重写是一个代码执行期的行为。对于 let/const 声明的标识符，引擎将在代码的语法分析期对其进行限制，从而避免运行期的重写。因此只有那些在运行中发生的重写才会导致冲突，或因为错误的、意外的重写而导致不可预料的代码逻辑错误。

针对原型和构造器的重写，会影响重写前所创建实例的一些重要特性，例如，继承性的识别。因此这种重写通常被要求在引擎最先装入的代码中进行（例如程序包或模块加载）。令人遗憾的是，开发人员通常无法保证这一点。所以在多个 JavaScript 扩展框架复合使用的情况下，经常会因为重写而出现不可控制的局面。

基本上来说，在引擎级别上的重写限制主要是指保留字与运算符。这当然可以理解，起码我们所知道的许多语言都有这种限制。就总的趋势来说，ES5 以前的规范对重写的限制较少，更侧重体现动态语言的黏合剂特性，例如对象系统就依赖原型重写与原型修改来构造大型的继承系统；而 ES5 及其之后的规范对重写限制越来越多，更侧重体现语言的静态特性，例如对六种主要声明语句在语法和语义上的规范。

6.5.1 标识符的重写及其限制

标识符迟绑定是 JavaScript 的语言特性之一。所谓迟绑定，就是标识符在语法分析期是没有类型与值的，它的类型与值要推迟到运行期才能决定；而将这个值赋给标识符（并进一步确定了标识符的类型）的过程，称为绑定。

尽管我们在此前已经零星地提到过相关的知识，但没有明确而集中地解释一件事：绑定行为是推迟到何时才发生的。关于此，非常准确的解释是：在环境（作为一个设施）就绪的时候，其上下文中的所有标识符就被创建了；随后，用户代码开始执行，并且依据标识符在用户代码中的逻辑顺序在执行过程中完成绑定。

换言之，"执行不到，就不绑定"。但在这其中有两个例外，可以称为系统内部绑定操作。其一，除了 let/const 之外的声明，是在用户代码执行之前绑定的；其二，模块的导入导出是在用户代码执行之前由模块的装配逻辑负责绑定的。其中，"let/const 之外的声明"是指 var 声明、函数声明、类声明以及形式参数中的默认值声明。[1]然而 let 变量与 const 常量只

---

[1] 其一，var 声明是在用户代码之前就绑定了一个 undefined 值；其二，形式参数声明中的默认值的绑定（以及值参数与形式参数的绑定等都）发生在闭包的创建过程中，这一过程是早于函数体中的用户代码执行的。

有标识符的声明语义,其绑定语义是在执行过程中由赋值操作来实现的。

用户代码不能干预系统内部的绑定操作,但可以通过重写来重新绑定标识符。例如:

```
1  function f(x=1) {
2    x += '';
3  }
```

在这里,无论是否给x传入一个值,都会在执行用户代码(第2行)之前发生一个绑定操作;[1] 而通过重写第2行,给标识符x绑定了(或赋值了)新的值和类型。但是严格来说,初始化绑定与赋值,是两种不同的语言概念。

6.5.1.1　早于用户代码之前的声明与重写

归结起来,以下方式都可以产生/声明出一个标识符:

- `var/const/let` 声明(包括它们在 `for` 语句中的声明)
- 具名函数的名字及其形式参数名
- 类声明中的类名
- 模块导入
- `catch()` 块
- (非严格模式下,)向一个不存在的变量名赋值

除此之外就是系统保留或约定的标识符,例如 `super`、`this` 和 `null` 等。在系统约定的名字中,只有 `arguments` 在非严格模式下可以重写;`super/this` 等是保留的不可重写的关键字;而 `null/false/true` 等是值,所以不可写。但是可能让你出乎意料的是,`get`、`set`、`static` 等并不是关键字/保留字,所以它们是可以用作一般标识符的(也就是可以声明这样的变量名,或者重写之)。

`undefined` 与 `null/false/true` 这些值一样,是一个 ECMAScript 语言约定的原始值。但是因为历史原因,`undefined` 是可写的,只是(在非严格模式中)重写该值无效而已:

```
# 重写 undefined 并不会导致异常
> undefined = 'abc'

# 但是重写操作无效
```

---

[1] 给默认值赋值是一个较为复杂的行为,它也是形式参数出现所谓"非简单参数"的根源。从根本上来说,有默认值的变量名将会以一个 `let` 变量的形式创建出来,并在函数闭包初始化的阶段赋以实际参数值或默认值。而在所谓"简单参数"的形式参数中,那些变量名是作为 `var` 变量创建出来的。

```
> console.log(undefined)
undefined
```

这是因为历史中 undefined 并非是一个显式的、可全局访问的值，而是 void 运算的结果，或当函数没有返回，又或者变量声明后没有赋值等情况下 JavaScript 语言给返回的一个默认值。由于代码中可能需要对该值进行比较等特定操作，所以历史中有太多的场景都会用类似如下方式来声明一个全局可用的 undefined 值：

```
// 多数框架，或惯例中会用类似如下代码来声明 undefined 标识符
var undefined = void 0;
```

考虑到兼容问题，在 ECMAScript 规范中，undefined 这个标识符（原始值）和 null 等值的实现并不相同。具体来说，undefined 是 global 的一个属性，而 null/true/false 等不是：

```
> 'undefined' in global
true

> 'null' in global
false
```

因此所谓"undefined 可重写但操作无效"也仅是这个属性的"只读"性质带来的效果而已：

```
# undefined 其实是 global 的一个只读属性
> Object.getOwnPropertyDescriptor(global, 'undefined')
{ value: undefined,
  writable: false,
  enumerable: false,
  configurable: false }

# 在严格模式下写该属性仍然会导致异常
> Function('"use strict"; undefined = "abc";')()
TypeError: Cannot assign to read only property 'undefined' ...
```

'arguments' 和 'undefined' 在严格模式下不可写，其本质的原因是不同的。其中，'undefined' 是以所谓"对象环境记录（Object Environment Records）"的形式来实现的。简单地说，'undefined' 作为标识符，你可以想象它被声明于一个"类似将 global 用 with 打开的对象闭包"之中。所以在全局环境中，例如，Object、Map 等标识符也是可以重写的，并且由于它们的"可写性（writable）"性质为 true，所以在严格模式中也可以重写：

```
# 考查 Object() 构造器"作为全局对象的属性"是可写的
> Object.getOwnPropertyDescriptor(global, 'Object')
{ value: [Function: Object],
  writable: true,
  enumerable: false,
  configurable: true }

# （以 Node.js 为例，）可重写的全局标识符
> Object.getOwnPropertyNames(global).filter(key=>Object
.getOwnPropertyDescriptor(global, key).writable);
[ 'Object',
  'Function',
```

```
'Array',
'Number',
'parseFloat',
'parseInt',
'Boolean',
'String',
...
```

而 arguments 处于为它所在函数的、包括所有形式参数名的、以"声明环境记录"形式创建的词法环境中。[1] 与"对象环境记录"相比，它们是两种不同的登记标识符列表的方式。就"标识符能否重写"这一问题来说，对于对象环境记录，取决于该标识符作为对象属性时的"可写性"性质；对于声明环境记录，则取决于该标识符在代码上下文中（并由引擎登记于"环境记录"时）的"可写性"声明，例如 const/let/var。

显然，const 声明的标识符不可重写，这是该语法的语义决定的。但这里存在两种逻辑，一种是 const/let 声明的标识符不可重新声明，这貌似是在语法分析期就检测到的行为，但是却是在执行期、在上述"在环境（作为一个设施）就绪的时候"检测并抛出异常的。例如：

```
function f() {
  console.log('enter f()');
  const x = 1;
  const x = 2;
}
```

使用文件装载或在控制台中加入上述代码，都不会导致异常。所以在语法分析（将文本转换成 tokens/syntax tree）阶段是正常解析上述代码的。如果继续加入下面的代码：

```
f();
```

我们知道，当执行函数调用运算时，函数才会在它的环境中创建标识符列表（identifiers），而这时就会发现 tokens/syntax tree 中出现了两次 const x 的声明，进而触发异常：

```
# 标识符重复声明的检测也是出现在执行期的
> f()
SyntaxError: Identifier 'x' has already been declared
```

但是这时仍然没有任何用户代码被执行（例如，控制台没有输出 "enter f()"），JavaScript 仍然处在"为 f() 创建上下文环境/闭包"的阶段。

另一种逻辑是，const 声明的、已绑定值的标识符不可重新置值，这个行为却要到执行期才能检测到。例如（注意，与上例中的 f() 相比，函数 f2() 的第 4 行代码是不同的）：

```
1  function f2() {
2    console.log('enter f2()');
3    const x = 1;
```

---

[1] 可以参考 "5.5.2.3 用户代码导致的闭包变化"中对标识符列表 identifiers 的说明。

```
4        x = 2;
5    }
```

这次是能成功执行第 2~3 行用户代码的。但是，第 4 行代码的重写导致了标识符重新绑定，而这在 `const` 声明的常量上是不被许可的，因此触发了异常：

```
# 常量不可重写，这一行为的检测也是在执行期进行的
> f2()
enter f2()
TypeError: Assignment to constant variable.
...
```

接下来我们讨论在第 3 行代码处发生了什么。

6.5.1.2　声明对标识符可写性的影响

第 3 行代码是一个 `const` 声明。

在 JavaScript 中，`const/let` 声明是较晚出现的语法元素，早期的 JavaScript 中只有一个变量声明语法（此外，就是函数字面量中的函数名可以作为标识符了）。因此早期的 JavaScript 在实现 `var` 声明时很简单，代码如下：

```
var x = 100;
```

处理成如下两个阶段就可以了。

```
// 阶段一：在语法分析期解释如下代码，在当前环境中声明一个标识符 x
var x

// 阶段二：在执行期解释如下代码，处理成一条赋值语句
x = 100;
```

然而当 `const/let` 出现时，JavaScript 对变量/常量声明语句做了更加复杂的语义定义。在新的规范中，`const/let` 声明采用新方案来处理，而 `var` 声明采用了一种"兼容旧规则"的方案。新方案与旧规则的兼容方案都基于以下设定：

- `var/const/let` 在语法分析期仅得到标识符名。
- 在执行期它们在语义上是"将值绑定到标识符"，而非赋值。

其中，`var` 声明兼容旧规则的方法比较简单：让"将值绑定到标识符"与赋值操作在逻辑上完全一致。

我们之前说过的"在环境（作为一个设施）就绪的时候，其上下文中的所有标识符就被构建了出来"，需要注意的是，上述设定并不包括这个构建过程。这是因为不同"环境"下的构建过程是有区别的。这也是上述两项设定被单独抽象出来的原因。而在这些环境的构建过程中，从"标识符名"变成"环境中可访问的标识符"是一个特定的操作，叫"创建绑定

（Create Binding）"。

然而 JavaScript 创建的绑定（Binding）也有两种，称为"持久绑定（Immutable Binding）"和"可变绑定（Mutable Binding）"。我想你可能已经猜到了，const 声明所对应的一定就是持久绑定，而 let/var 则对应可变绑定。亦即是说，标识符的可写性是在它作为绑定被创建时就一次性决定了的。

但接下来，这些标识符（现在它还被称为"绑定"）是否就能被访问了呢？

答案是：按照 JavaScript 的规则，let/const 声明的标识符在"绑定值之前"是不能被访问的；而 var 声明的标识符则总是可以在当前环境中被访问，只是在"绑定值之前"它的值默认为 undefined。所以，这也是如下语句

```
let x = 0;
const x = 0;
```

中，x = 0 需要被称为"绑定值"而不是被理解为（像早期 JavaScript 中的 var 声明那样的）"赋值语句/赋值表达式"的原因。这里的"x = 0"——或更复杂的表达式——都被称为绑定，并且因为在它们之前标识符不能被访问，所以其所在的代码行将"必然"是 let/const 的初始绑定。这既是 let/const 具有"初始绑定"语义的由来，也是它们在"绑定初值"之前不可以被访问的原因。

对于"const x..."来说，一旦完成了对"持久绑定"的初始化，标识符 x 就不可以再重写；对于"let x..."来说，标识符 x 本身是"可变绑定"的，因此初始化或赋值操作都可以写值。当然，对于 var 声明来说，我们之前已经说过了，任何时候都可以写值。

由于常量的标识符不可重写，所以它必须在声明时立即绑定初值。因此如下代码：

```
const x;
```

对 JavaScript 来说是不合语义的。而在如下声明语句中，

```
const x = 100;
```

"绑定初值"的操作只是借用了赋值语句的语法，并非真的赋值。

6.5.1.3 赋值操作带来的重写

因为迟绑定的缘故，赋值操作在 JavaScript 中是一个非常独特的行为。首先，迟绑定决定了语法分析期几乎不对被操作数进行类型分析。例如：

```
1++
```

尽管"增值运算（++）"明显不能作用于字面量值，但JavaScript并不会将它作为语法错

误（在语法分析期）抛出，而是要到具体执行该行代码时才会触发一个"引用错误（ReferenceError）"：[1]

```
> 1++
ReferenceError: Invalid left-hand side expression in postfix operation
...
```

如同这个异常信息所提示的，向"1"这个词法元素（tokens）绑定一个新值的行为，与向"var x"中的x赋值的行为是一样的：它们都是在试图向一个左手端表达式赋值。所谓"左手端表达式（lhs, left-hand side expression）"，简单来说就是在如下的这样一个赋值表达式中：

```
x = 1
```

其左侧的那个表达式 x（在 JavaScript 中，操作数可以看作单值表达式）。左侧的这个词法元素可以是变量、常量、值以及其他东西。JavaScript 中非常多的词法元素都可以用作"左手端表达式（lhs）"；并且在多数情况下，对 lhs 有效性的进一步检测将会发生在执行期（也因此导致执行运算错误而非语法问题）。

lhs 总是被作为一个表达式执行并得到它的执行结果（Result），然后赋值语句将尝试向该 Result 置值（Put Value），此时 JavaScript 才会检测 Result 是否能接受赋值操作。而这样的一个结果（Result），既可以"是（可赋值的）引用"，也可以是非引用。而这里的"引用"，才是"ReferenceError"这个名字中所指的"引用（Reference）规范类型"。

这与 typeof 的结果的分类（object/function 是引用，其他的是值）是无关的。举例来说，既然"1++"会导致引用检查错误，那么将它换成一个"typeof 为引用类型的数据"就可以了吗？如下：

```
> ++{}
ReferenceError: Invalid left-hand side expression ...
...
```

仍然是与上例完全相同的错误。

当 Result 用作 lhs 时，它如果是一个"引用规范类型"，那么就是用来确指某个"被其他东西'引用'"了的数据，而无所谓这个"被引用"的数据是何种性质（对象/非对象）。所以根本上不是数据"是值还是引用类型"，而是数据"是否'被引用'"。

在 JavaScript 中，数据可以被某个环境/作用域中的标识符引用，或者被对象（以及集合）的成员引用，再或者，就是被一个"未被确定的对象"引用。这些情况都是存在的，都是"合法的引用"，例如：

```
// abc 可能是一个"未确定的（unresolvable）"引用，并需要后续被动态地创建并绑定给 global
function foo() {
```

---

[1] 一些引擎会将这种异常尽量提前到语法分析期抛出（但仍然会创建为"引用错误"而不是语法分析异常）。

```
    abc = 100;
}

// 被全局环境（全局环境记录是一种内部结构）引用
var x = 100;

// x被对象obj作为属性引用
var obj = {x};
```

所以我们看到下面这两个示例的效果并不相同：

```
# pop()的返回值是"孤立存在的"一个值，并没有被其他东西引用
> [100].pop()++
ReferenceError: Invalid left-hand side expression ...

# 数组的成员是被数组引用的，所以"存取数组成员的表达式"作为运算结果，是一个引用
> [100][0]++
100
```

在这两个例子中，运算++左侧的表达式作为运算数（lhs）被计算出一个结果[1]——这个结果在类似x[0]操作中返回的是"被数组引用的元素x[0]"，而在类似x.pop()的操作中只返回一个未被引用的数值。与后者类似，字面量也是未被任何标识符、环境、对象或集合成员引用的、"孤立存在的"一个数据，所以导致"引用错误（ReferenceError）"。

而所谓"左手端表达式（lhs）"这个语法抽象，是与它的外在形式无关的。例如：

```
obj.x = {}
```

在这里，左侧的lhs就是一个"对象成员存取运算"的操作结果；而在下例中：

```
x2 = obj.x
```

右侧的"右手端表达式（rhs）"和上面完全一样，还是"对象成员存取运算"的操作结果。

尽管它们确实是"完全相同的结果"，却仅仅因为它们在语法位置上的不同（lhs/rhs），因而在JavaScript中的理解也就完全不同。具体来说，当一个操作数作为lhs时，要执行的是"（检查它被谁引用，并）取引用"操作；反之作为rhs时，要执行的是"取值"操作。[2]所以，即便是如下代码：

```
obj.x = obj.x
```

在语义上也是可以解释的：从 obj.x 中取其值，再将该值置于以 obj.x 为目标的引用中。

这才构成了赋值语句的完整语义（value get from rhs, and put it to lhs's reference）。

由于操作数作为lhs时是需要"取引用"的，因此如果赋值操作左侧的数据"没有被引用"，

---

[1] 注意，这里的"结果（Result）"不是指数值100，而是包括"计算结果相关信息"的数据。
[2] 所以相同的表达式作为rhs的时候，是不可能导致"引用错误（ReferenceError）"的，因为不存在"取引用"的操作。

就会出现"引用错误（ReferenceError）"；[1]再进一步，如果左侧是被引用的，但当其可写性为false（是常量或只读的属性）时，就会出现"类型错误（TypeError）"。

而这就是重写在赋值操作中的两个主要限制：可引用与可写。

6.5.1.4 对象内部方法对重写的影响

当lhs是一个对象属性时，赋值操作将调用对象的[[Set]]内部方法来置值。[2]如此一来，如何置值，或者如何理解可写性，就成了[[Set]]内部方法自身的行为。例如：

```
1  var obj = {};
2  Object.defineProperty(obj, 'x', {value: 100, configurable: true});
3
4  // obj.x 是只读的，输出 false
5  console.log(Object.getOwnPropertyDescriptor(obj, 'x').writable);
6
7  // 尝试重写
8  obj.x = 200;
9
10 // 内部方法[[Set]]将忽略上述的写操作
11 console.log(obj.x); // 100
```

由于 JavaScript 没有提供直接操作内部槽[[Set]]的方法，所以我们借助 Proxy 来展示这一过程。例如：

```
12 // （续上例）
13
14 obj = new Proxy(obj, {
15   set(target, key, value) {
16     if (key === 'x' &&
17       Object.getOwnPropertyDescriptor(target, key).configurable) {
18       return Reflect.defineProperty(target, key, {value});
19     }
20     return Reflect.set(target, key, value);
21   }
22 });
```

在这个例子中，obj 被重写为它的代理，并在代理中重写了[[Set]]方法。当检测到写属性 x 值时，将尝试通过重写描述符的方法来强制置值。于是，属性的只写性就被忽略了。测试如下：

---

1 "引用错误"通常是运行期检查 lhs 的结果。字面量等在语法上其实是可以作为 lhs 的，但是这并不等于它能作为"赋值操作的运算数"。对于"++"等带有赋值特性的运算来说，会提前到语法分析期检测操作数，这种情况下"引用错误"就不是运行期结果了。
2 所以 TypeError 这样的异常既可能是赋值操作自己抛出的，也可能是由[[Set]]方法抛出的。

```
# 写值
> obj.x = 2000

# 取值
> console.log(obj.x)
2000

# 检查属性的性质
> console.log(Object.getOwnPropertyDescriptor(obj, 'x'))
{ value: 2000,
  writable: false,
  enumerable: false,
  configurable: true }
```

现在，综合之前有关的讨论，我们可以回顾在"6.5.1.1 早于用户代码之前的声明与重写"中所讲到的"重写 undefined"的例子。由于 undefined 是 global 对象上声明的属性，所以代码（相较于 true/false 等这些值类型数据，该例是特殊的）：

```
> undefined++
NaN
```

实际上存在如下三个行为：

- 访问到 global['undefined'] 并得到了一个引用（可引用性为 true）来作为 lhs；并且，
- 随后由++运算来向 lhs 进行隐式的赋值操作，由于 'undefined' 属性在 global 对象上是只读的（可写性为 false），因此写操作并不成功。由于 global 对象的内部方法 [[Set]] 在非严格模式中并不抛出异常，所以这个异常被忽略了。然后，
- 由于 undefined 转换为数值后为 NaN，而 NaN 的++操作运算结果仍然是 NaN，所以返回 NaN 值。

6.5.1.5 非赋值操作带来的重写

除了常见的赋值、解构赋值和复合赋值操作之外，值的自增/自减运算符（++/--）也是典型可重写的。自增/自减运算符会先隐式地将操作数转换成数值类型，并将标识符重写为最终运算的结果。因此也可能导致标识符的数据类型发生变化，例如：

```
# 数据类型为字符串
> var x = 'a'
> console.log(typeof x)
string

# 导致类型被重写为 number
> x++
> console.log(typeof x, x)
number NaN
```

for 和 for...in/of 语句中也存在标识符声明或赋值形式的重写，这取决于具体的写法。

例如：

```
// 这种是声明而非重写（因为每次迭代都会为body块重新创建作用域）
for (const x in obj) ...

// 这种是重写
var x;
for (x in obj) ...
```

JavaScript引擎在这两种不同风格中对代码行为的理解并不一致。另外，还存在下面这样的可能：

```
for (var x = 0 in obj) ...
```

在这种情况下，当obj没有任何成员名被列举时，x有一个初值0。[1]按照JavaScript规范的定义，这个0是"声明时标识符绑定的初值"，而非赋值操作的操作数。

最后，try...catch中的catch块是可以声明标识符的。但是它们[2]以一种类似let声明的方式被声明在catch子句的块级作用域中，因此它们既不能在catch块之外访问，也不能被catch块中的其他声明覆盖（但可以赋值重写）。例如：

```
1  try {
2    try {
3      throw {message: 'ERROR!', code: 100};
4    }
5    catch ({message, code}) {
6      var message = 'NOTHING';  // <-- 这里重新声明将触发异常
7      console.log(message, code)
8    }
9  }
10 catch (e) { // <-- 如同上面的message一样，变量"e"也是不能被重新声明的
11   e = {message: 'new error message' };  // <-- 这里的重写是安全的
12   console.log(e);
13 }
```

6.5.1.6 条件化声明中的重写

"条件化声明"允许在函数或全局块中使用if语句来有条件地向标识符绑定值。由于只有var声明和（内嵌的）具名函数声明是处于函数作用域的，因此它（即，有条件地初始绑定）的"条件子句"只能使var和具名函数的声明在当前函数（或全局作用域）中重写标识符，而不能用在let/const/class声明的名字中。例如：

---

[1] 在严格模式下不支持这一语法，并且该语法也不支持const/let。因为var声明的标识符是在函数所在的上下文中的，而const/let声明的标识符在语句一级（从而不需要一个与循环体无关的初值）。
[2] 注意，在catch()块中也可以用解构模块来声明多个标识符。

```
var x = 100;
function foo(cond) {
  console.log(x); // undefined, 在当前函数作用域中的、未被绑定值的标识符 x
  if (cond) { // 条件化声明, 在其分支中可支持 var 和具名函数
    var x = 1000;
  }
  else {
    function x() {}
  }
  console.log(x);
}
```

测试如下:

```
> foo(true)
undefined
1000

> foo(false)
undefined
[Function: x]
```

6.5.1.7　运算优先级与引用的暂存

赋值是典型的可用于重写的运算符，但是赋值运算的优先级很低，例如，它远远低于属性存取运算。这带来了一些典型的表达式运算效果，例如:

```
# 对象 x
> x = { a: 100 }

# 示例（赋值）
> x.a = 200
200
```

在这个赋值中，正是由于"赋值运算符（=）"的优先级低于"x.a"中的"属性存取运算符（.）"，因此才有了"1. 先取 x 的属性 a; 2. 再向 x.a 赋值"这样的语法效果。然而对于右结合（即"关联性"从右至左）的操作符来说，在同级操作符中，运算数是优先供右侧运算符使用的。也就是说，对于连等表达式（例如）:

```
# （续上例）
> x.a = x = 1
```

来说，第 2 个操作数（x）会优先被第二个赋值符号（=）使用，因此变成了:

```
# 与上例类似效果
> x.a = (x = 1)
```

那么这样一来，"x.a"作为属性存取运算会先于第一个赋值符号计算，并得到一个"对 x

对象的引用",而第二个"x = 1"又会在完成"x.a = …"之前计算。所以,关键之处在于[1]:
"x = 1"发生的重写并不会影响已经在左侧暂存的"x.a"这个(对x对象的)引用。

于是,"x.a"中的"x"将仍然是最开始".a"属性为 100 的那个,而实际的操作是将该属性值置为 1。关于这一点是很容易证实的:

```
# (重现上例)

# 用 r 来得到最开始 x 变量的一个引用
> r = x = { a: 100 }

# 重写 x
> x.a = x = 1

# x 被重写
> x
1

# 在连续赋值中"被暂存的"x.a 也被成功赋值
> r.a
1
```

由于"op="与"="也是同级别的运算符,同样适用于上述规则,因此使用"+="可以得到一个更直观的演示示例。如下:

```
# (使用"op="重现示例)
> r = x = { a: 100 }
> x.a += x = 1
> x
1

# x.a 的变化
> r.a
101
```

6.5.2 原型重写

原型继承的一些问题是难于规避的,例如原型重写。正因为原型是可以重写的,所以事实上你可以用相同构造器构造出完全不同的实例来。下例说明了这种情况:

```
1   function MyObject() {
2   }
3   var obj1 = new MyObject();
```

---

[1] 这样的暂存操作会发生在所有"右结合(右侧先于左侧)"的运算连用中,例如三元条件运算(?:)连用,以及求幂运算(**)连用等。并且也会发生于右侧操作数存在其他置值过程的情况下,例如,x.a = f(),那么在 f() 的调用过程中也是可以重写对象 x,而不影响暂存的 x.a 的。

```
 4
 5    MyObject.prototype.type = 'MyObject';
 6    MyObject.prototype.value = 'test';
 7    var obj2 = new MyObject();
 8
 9    MyObject.prototype = {
10      constructor: MyObject,    //<--重写原型时应维护该属性
11      type: 'Bird',
12      fly: function() { /* ... */ }
13    }
14    var obj3 = new MyObject();
15
16    // 显示对象的属性
17    console.log(obj1.type);  // undefined
18    console.log(obj2.type);  // 'MyObject'
19    console.log(obj3.type);  // 'Bird'
```

在这个例子中，由于第 5~6 行只进行了"原型修改"，所以我们知道 obj1 与 obj2 是"类同的"两个实例。而第 9~13 行则是原型重写，这种重写事实上破坏了原型继承链，其直接的结果就是：obj3 与 obj1、obj2 完全不同，并且这也将影响到继承关系的识别，例如：

```
20    // (续上例)
21    // 显示 false
22    console.log(obj1 instanceof MyObject);
23    console.log(obj2 instanceof MyObject);
24    // 显示 true
25    console.log(obj3 instanceof MyObject);
```

第 22~23 行代码显示 false 会让人疑惑，因为从上下文来看，obj1 与 obj2 的确是 MyObject() 构造器的实例。又例如：

```
26    // (续上例)
27    // 显示 false
28    console.log(obj1 instanceof obj1.constructor);
29    // 显示 true
30    console.log(obj1.constructor === MyObject);
```

第 28 行显示 false，潜在的含义是说"该对象不是由它的构造器构造的"；而第 30 行显示 true，则只是重复了第 22~23 行的结论：因为它们的构造器仍然指向 MyObject()。

第 28 行代码表现出来的问题是：在 JavaScript 中，我们无法保证对象与其构造器"必然"存在某种相似性。然而，这样（至少在代码的字面语义上）也就违背了"面向对象系统"的基本原则。

重写机制的存在，将导致同一个构造器可能存在多套原型系统。当构造器的当前原型被重写时，意味着"此前的一个原型被废弃"。因此在由该构造器所构造的实例中：

- 旧的实例使用这个被废弃的原型，并受旧原型的影响。
- 新创建的实例则使用重写后的原型，受新原型的影响。

6.5.3 构造器重写

接下来我们讨论直接重写构造器本身的情况。这包括两种重写方法，第一种是用 `const/let/var` 声明的标识符，或者 `import` 导入的标识符，又或者用 `class` 或 `function` 关键字声明的标识符等来覆盖旧的构造器名；另一种是直接向旧的构造器名赋一个新的值。

这两种方式在本质上没有区别，只不过是"标识符重写"的具体实现方式不同而已。

6.5.3.1 重写 Object()

如果我们重写了 `Object()` 这个构造器，那么系统还能构造出对象来吗？[1]

尽管会带来一些困扰，但是由于 `Object`、`Array` 之类并不是保留字，所以它们也是能被重写的。而且如果重写了 `Object()` 以及其他的内置构造器，那么当使用"`new Constructor()`"这样的语法来构造对象系统时，仍然是正常的。

这是因为构造器的原型（`Constructor.prototype`）这个实例是由引擎内置的、原生的 `Object` 创建的，并不受重写 `Object()` 的影响。下例说明了这一点：

```
// 1. 备份一个系统内部的 Object()
var NativeObject = Object;

// 2. 重写
Object = function() {
}

// 3. 声明构造器
function MyObject() {
}
// 4. 构造器的原型对象(Constructor.prototype)总是创建自 NativeObject;
console.log(MyObject.prototype instanceof NativeObject); // true
console.log(MyObject.prototype instanceof Object); // false
```

同样地，所谓"重写 `Object()`"事实上只会影响到显式地引用 `Object` 这个标识符（例如 `new`、`instanceof` 或函数调用运算），JavaScript 引擎在内部处理时既不直接使用（作为 `global` 对象成员的）`Object` 这个标识符，也不直接使用 `Object.prototype` 这个属性。

---

[1] 要知道，在"3.2.1.3 构造过程：从函数到构造器"中，我们说过，函数的 `prototype` 属性"（默认地）指向一个标准的 `Object()` 构造器的实例"。这里说"默认地"是指如果你没有重写这个 `Object()` 构造器的话。

这也意味着"重写构造器"事实上也不会影响到其他引擎内置的特性，例如字面量声明。在ECMAScript规范中，所有对象字面量声明（例如，对象、数组、函数或正则表达式等）都是与它们对应的原生构造器和原型相关的 [1]，尽管用户代码可以重写这些构造器，但并不会对字面量声明构成什么影响。例如：

```javascript
// 1. 取一个系统默认的字符串字面量
var str1 = 'abc';

// 2. 重写 String() 构造器
String = function() {
}
String.prototype.name = 'myString';

// 3. 取重写后的字符串字面量
var str2 = '123';

// 4. 如果 name 成员有值，则证明重写会影响到字面量
console.log(str1.name); // undefined
console.log(str2.name); // undefined
```

当然，我们也可以使新的构造器与原生构造器关联起来，这在多数情况下是可行且有价值的。例如：

```javascript
// （续上例）

// 5. 置新 String() 构造器的原型
Object.setPrototypeOf(String.prototype, Object.getPrototypeOf(''));
```

或者反过来改变原生 String.prototype 的原型链：

```javascript
// 1. 取一个系统默认的字符串字面量
var str1 = 'abc';
console.log(str1.name); // undefined

// 2. 在 String.prototype 的原型链中插入一个自定义的原型对象
var MyStringPrototype = {name: 'mystring'};
var NativeStringPrototype = Object.getPrototypeOf(String.prototype);
Object.setPrototypeOf(MyStringPrototype, NativeStringPrototype);
Object.setPrototypeOf(String.prototype, MyStringPrototype);

var str2 = '123';
console.log(str1.name); // 'mystring'
console.log(str2.name); // 'mystring'
```

不过这就只利用了原型继承的特性，而与构造器重写本身无关了。[2]

---

1 早期的 SpiderMonkey 支持一种称为"构造绑定"——将字面量声明绑定到它显式的构造器名——的技术，因此用户可以通过重写构造器来影响字面量声明。
2 这种修改继承链的技巧并不能应用于 Object.prototype，因为 Object() 的原型不可修改。详情可参见 "3.6.1.4 侵入原型"。

6.5.3.2 使用类声明来重写

在大多数情况下，我不建议重写内置构造器，除非你完全知道重写的后果。例如如下代码就会导致 Node.js 异常退出：

```
class Object extends Object {
  // ...
}
```

但是为什么这样的重写会导致异常呢？

首先，这与"重写了 `Object()` 构造器"这件事是没有关系的。如果你试图用函数声明来重写 `Object`，又或者直接向 `Object` 赋值都不会有问题；而真正触发了异常的，事实上是在 `extends ParentClass` 这个语法部分。更具体地说，是因为 JavaScript 在执行过程中试图引用 `ParentClass` 所指向的标识符，但这个标识符却失效了。

在类声明语法中，`extends ParentClass` 这个部分是可执行的。并且由于 JavaScript 约定类声明支持块级语法作用域，因此 JavaScript 需要保证 `ParentClass` 这个部分（作为一个表达式时）执行在类声明自己的块级作用域中。这个作用域在对 `class ClassName ...` 这个语法进行解释执行时就得以创建，并且当 `ClassName` 这个语法元素存在时，总是先将该名字添加到作用域中。简单地说，这时 `class` 的块作用域中有且仅有 `ClassName` 这个标识符。

于是当开始处理 `extends ParentClass` 并试图将 `ParentClass` 作为表达式执行时，`Object` 已经被声明为一个（当前作用域中的）新的、未绑定值的标识符。所以，要么触发"Object is not defined"这样的错误（Node.js/Chrome），要么触发"Cannot access uninitialized variable."这样的错误（Safari/Firefox），但总之是一个 ReferenceError 类型的异常。所以，换个方式去引用这个标识符就可以了：

```
class Object extends global.Object {
  // ...
}
```

同样的问题不会发生在"用类声明去重写用户定义的函数/构造器"的情况下。这是因为 `class` 会提前声明于所在作用域（包括全局或函数等），并拒绝被其他声明覆盖。即，这并非是重写导致的问题，而是语法上它们（`let/const/class`）不能被重复声明。例如：

```
# 声明一个函数/构造器
> var MyObject = new Function;

# 尝试重写（包括在全局作用域）
```

```
> class MyObject {}
SyntaxError: Identifier 'MyObject' has already been declared
```

之前我们强调重写 `Object()` 会出现的 **ReferenceError**（而非这里的 **SyntaxError**），是因为 `Object` 本质上是 `global` 对象的属性名，而非 `var/let/const` 这样的标识符声明。所以这种重写方法，也通常只应用于系统内建的、可以以 `global.xxx` 方式引用的那些构造器。

6.5.3.3 继承关系的丢失

一般来说，重写构造器可能导致的主要问题就是原有继承关系的丢失。如下例：

```
1   // 示例1: 重写 - 执行期重写声明过的标识符
2   function MyObject() {
3   }
4   var obj1 = new MyObject();
5
6   MyObject = function() {
7   }
8   var obj2 = new MyObject();
9
10  // 测试
11  console.log(obj2 instanceof MyObject);  // true
12  console.log(obj1 instanceof MyObject);  // false
13  console.log(obj1 instanceof obj1.constructor); // true
```

在该例中，由于在第 6 行重写了 `MyObject()`，因此使用重写前的 `MyObject()` 创建的 `obj1` 不能通过第 12 行代码的 `instanceof` 检查。这本身也是标识符重写的意义所在，且在第 13 行显示 `true` 值，也表明这种重写并不影响该实例的继承关系。

所以第 12 行表现出来的"（显式的）继承关系丢失"可以说是一种代码逻辑上的假象：在代码不能感知的情况下重写了构造器——因而可能会导致后续代码的一些意外。

而函数或类的重复声明，会让重写更早地发生。上例的一个修改版本如下：

```
1   // 示例2: 语法分析期的覆盖
2   function MyObject() {
3   }
4   var obj1 = new MyObject();
5
6   function MyObject() {
7   }
8   var obj2 = new MyObject();
9
10  // 测试
11  console.log(obj2 instanceof MyObject);  // true
12  console.log(obj1 instanceof MyObject);  // true
13  console.log(obj1 instanceof obj1.constructor); // true
```

与示例 1 相比，这个示例只有第 6 行代码不同，但执行结果差别却很大。`MyObject()`的两个函数声明在语法分析期就出现了标识符覆盖，也就是后面的声明覆盖了前面的，于是最终只有后一个声明是真正的`MyObject()`。因此`obj1`与`obj2`其实都是（物理顺序中的）第二个`MyObject()`构造器的实例。

但是一点细微的差异也许就改变了上述事实：

```
1   // 示例3: 重写 - 执行期重写变量
2   MyObject = function() {
3   }
4   var obj1 = new MyObject();
5
6   function MyObject() {
7   }
8   var obj2 = new MyObject();
9
10  // 测试
11  console.log(obj2 instanceof MyObject);  // true
12  console.log(obj1 instanceof MyObject);  // true
13  console.log(obj1 instanceof obj1.constructor); // true
```

这个示例意在说明第 6~7 行的`MyObject()`声明是早于第 1 行代码被创建在当前的环境中的，第 2~3 行的赋值实际上是重写了它。因此`obj1`和`obj2`都构建自第 2~3 行的`MyObject()`。与示例 2 相比较，它是将"语法声明覆盖"变成了"变量重写"，因而这两者的效果是迥然不同的。

6.5.4 对象成员的重写

严格来说，原型重写是对象成员重写的一种特例，而`Object()`等内建构造器的重写也是`global`对象成员重写的一种特例。在不考虑宿主的情况下，JavaScript 对象中的所有成员几乎都可以被重写。而对象成员重写与标识符重写在逻辑上并不一致，这也是重写`Object()`表现出奇异特性的原因之一。

一些成员的重写是有特殊意义的，例如，成员`toString`与`valueOf`的重写（参见"6.2.2.1 对象到值的隐式转换规则"）。而另一部分则没有什么特别的含义，例如，重写函数的`call`与`apply`成员。此外，JavaScript 专门提供了一组`Symbol.xxx`符号，开放了让用户重写对象内部成员的接口，这也是 JavaScript 元编程的基础技术之一（参见"3.6 运行期侵入与元编程系统"）。

由于成员重写在本质上是更新对象自有成员的属性描述符的具体性质，因此几乎所有的重写效果都与这些性质有关。[1]JavaScript开放了全部属性性质检查的接口，也使得我们有机会了解关于这一技术的全部细节。例如：

```
# 检测属性描述符是否完全不可重写
> var overrideDisabled = ([_, desc]) => !desc.configurable && !desc.writable;
> var toDesc = key => [key, Object.getOwnPropertyDescriptor(global, key)];
> var allDescriptor = Object.getOwnPropertyNames(global).map(toDesc);

# 事实上，Node.js 的 global 只有三个成员完全不可重写
> allDescriptor.filter(overrideDisabled).map(([key])=>key)
[ 'Infinity', 'NaN', 'undefined' ]
```

6.5.4.1 成员重写的检测

通过 `hasOwnProperty()` 方法我们总可以检测一个成员是否被重写，这并不难做到。例如：

```
// 检测成员是否是重写的
var isRewrited = function(obj, key) {
  return obj.hasOwnProperty(key) && (key in Object.getPrototypeOf(obj));
}

// 检测成员是否是继承来的
var isInherited = function(obj, key) {
  return (key in obj) && !obj.hasOwnProperty(key);
}
```

测试如下：

```
# 创建一个字符串对象的实例
> var x = new String();

# 字符串（实例 x）有一个名为 charAt 的属性，且它是继承来的
> console.log isInherited(x, 'charAt'));
true

# 字符串（原型）的 charAt 属性是自有的（不是继承来的）
> console.log(String.prototype.hasOwnProperty('charAt'));
true
> console.log(isInherited(String.prototype, 'charAt'));
false

# 字符串（实例 x）重写了名为 charAt 的属性，这导致它不再是继承来的属性
> x.charAt = new Function;
> console.log(isRewrited(x, 'charAt'));
true
> console.log(isInherited(x, 'charAt'));
false
```

---

[1] 直接向属性赋值或使用 `Object.defineProperty()` 都可以达到重写属性的效果。关于这一点，请参见 "3.5.2.2 使用属性描述符"。

但是继承可以是多层的，所以在 JavaScript 中出现了"属性由哪个原型来实现（而又有哪些原型只是重写了它）"的问题。因此进一步的问题是：需要不断地访问父类及其原型，来检测成员重写的情况。例如：

```
// 在对象及其原型链上查找属性的属主对象
var getPropertyOwner = function f(obj, key) {
  return !obj ? null
    : obj.hasOwnProperty(key) ? obj
    : f(Object.getPrototypeOf(obj), key);
}
```

测试如下：

```
# （续上例）

# 属性是重写的。
> console.log(isRewrited(x, 'charAt'));
true

# 所以 owner 也是对象自身
> console.log(getPropertyOwner(x, 'charAt') === x);
true

# 添加一个全新的属性
> x.branew = 'Bran-new';

# 它不是继承来的
> isInherited(x, 'branew')
false

# 也没有更上层的属主
> getPropertyOwner(Object.getPrototypeOf(x), 'branew')
null
```

当然，如果用户并不检测一个对象的原型是否（相对于其父类）发生了重写，那么使用 `getPropertyOwner()` 来进行这种回溯不是必需的。

6.5.4.2 成员重写的删除

一旦属性是在原型中添加的，那么就不能直接从对象中删除它，而只能从原型（以及其父类的原型）中删除，但是这一过程并不安全，因为会影响到该类创建的其他实例。例如：

```
// 在原型中声明属性
function MyObject() {
  // ...
}
MyObject.prototype.name = 'MyObject';

// 创建实例
var obj1 = new MyObject();
```

```
var obj2 = new MyObject();

// 下面的代码并不会使 obj1.name 被删除掉
delete obj1.name;
console.log(obj1.name);

// 下面的代码可以删除 obj1.name. 但由于是对原型进行操作，所以也会使 obj2.name 被删除
delete Object.getPrototypeOf(obj1).name
console.log(obj1.name);
console.log(obj2.name);
```

可以使用如下的 `deepDeleteProperty()` 函数回溯原型链并删除所有的重写属性，但你必须为这一行为的安全性负责：

```
// 从对象（以及其原型）中删除属性
function deepDeleteProperty(obj, key) {
  if (!(key in obj)) return false;
  while (obj = getPropertyOwner(obj, key)) {
    if (!Reflect.deleteProperty(obj, key)) return false
  }
  return true;
}

// 创建实例
var baseObj = Object.create({value: 100});
var obj1 = Object.create(baseObj);
var obj2 = Object.create(baseObj);

// 重写
obj1.value = 200;
console.log(obj1.value); // 200
console.log(obj2.value); // 100

// 删除成员 'value'
// （注意将导致所有"相同原型的子类对象"的该成员被删除）
deepDeleteProperty(obj1, 'value');
console.log(obj1.value); // undefined
console.log(obj2.value); // undefined
```

6.5.4.3 成员重写对作用域的影响

对成员的重写还会影响 with 语句形成的作用域（对象闭包）。由于全局环境是由对象闭包构成的，因此这样的行为事实上也可以影响全局环境。

在全局环境中使用 var 声明的变量是声明在全局对象的一个不可删除的属性（属性描述符的 configurable 值为 false），而使用 eval() 来声明 var 变量的方式与此效果类似，但却是可以删除的属性。第三种操作这个全局对象的属性的方式是通过"向未声明变量赋值"的方式来隐式创建的变量名，它与第二种方式在全局属性上的效果完全一致。最后，用户代码

也可以直接操作 global 对象，添加属性或属性描述符。所有这些方式，在用户代码中都可以被"视为"添加了新的全局变量名。

删除操作与此类似，除了那些因为属性描述符中的 configurable 值为 false 而导致不能删除的名字之外。事实上，Object()、Math() 等内建的构建器或静态类也都是以相同的方式创建在 global 对象上的，因此它们在检测、删除和构造器重写[1]等方面的特性都与此直接相关，也都反映为"全局对象成员（属性）的重写或更新"带来的效果。这也是为什么给 Object.prototype 添加成员，与添加全局变量名"效果相当"的原因。例如：

```
# 添加 Object.prototype.x 成员
> Object.prototype.x = 100

# 全局变量 x
> console.log(x)
100

# 检查 global（父类）的原型
> Object.getPrototypeOf(Object.getPrototypeOf(global)) === Object.prototype
true

# global 被"视为"从 Object() 构造出来的一般对象
> global.constructor === Object
true
```

使用 with 闭包对象与全局对象（以及全局作用域）的效果一致。并且（由于相同的原因）它们的成员存取也是动态的，例如可以在 with 语句中动态地添加一个成员：

```
var y = 100;

// 将一个对象字面量打开用作对象闭包，并在它的作用域中执行代码
// （在对象闭包中，valueOf() 方法"通常"返回对象自身）
with ({x: 200}) {
  valueOf().y = 300;
  console.log(x, y); // 200, 300
  delete y; // 删除动态添加的 y
  console.log(x, y); // 200, 100
}
```

for...in/of 等使用迭代器的存取就不是动态的了，因此在它们的迭代器"打开"之后新添加的成员不会出现在列举表中；但是每个成员值的读取却是一个动态过程，因此这种情况下访问值（而不是列举值）是会受到重写的影响的。例如：

```
var x = 100, y = 200, tries = 0;

// 在 with 语句的作用域中执行代码
```

---

[1] 参见 "6.5.3 构造器重写"。

```
// （不在with语句后使用大扩号，以避免使用块语句的作用域）
with ({x, y}) for (key in valueOf()) {
  if (tries++ == 0) { // first, add new property
    valueOf().z = 300;
    console.log("SHOW : ", 'z', z); // yes, exist 'z'
  }
  console.log("FORIN: ", key, eval(key));  // eval in with-scope
}
```

测试输出如下（z 可以在作用域中显示，但未被 for...in 列举）：

```
SHOW : z 300
FORIN: x 100
FORIN: y 200
```

而数组在这方面的表现有些不同。使用 `for...of` 来列举数组的值时，迭代器使用的是索引值（而不是对象属性的 `key`），并且迭代的次数是动态访问 `length` 值的，因此它能列举数组动态添加的成员。例如：

```
// （续上例）

// 参见上例
with ([x, y]) for (value of valueOf()) {
  if (length == 2) {
    push(300);
    console.log("ARRAY: ", length, " elements, values: ", ...valueOf());
  }
  console.log("FOROF: ", value);
}
```

测试输出如下（追加的数组元素可以被 `for...of` 列举）：

```
ARRAY: 3 elements, values: 100 200 300
FOROF: 100
FOROF: 200
FOROF: 300
```

这意味着在 `with` 语句形成的作用域中，对象的重写行为是不可预期的。虽然有一些潜在的规则，但是迭代器（用户代码可重写）的存在会将这一切破坏殆尽。因此，一定程度地控制动态特性（例如重写），也是在严格模式中禁用 `with` 语句的主要原因之一。

6.5.5　引擎对重写的限制

JavaScript 语言是不支持对关键字与运算符的重写的。但除了语言本身的这种约定，还有什么是不可重写的吗？

接下来我们讲述一些常见的、源于引擎实现的重写限制。

6.5.5.1 this 与 super 等关键字的重写

this 引用不能被重写，是最常见的引擎对重写的限制。例如：

```
function MyObject() {
  this = null;
}

// 以下代码将产生异常
this = null;
new MyObject();
```

但 JavaScript 并不阻止用户代码将包括 this、super 和 new 等关键字在内的名字作为属性名。例如：

```
global.this = 'hello';
console.log(this === global);  // 全局环境中的 this 是 global
console.log(this.this);  // 'hello'
```

然而这并不意味着用户代码可以重写对象闭包中的 this 引用，例如，在下面的代码中，并不能通过 this 引用访问到 x：

```
var x = { value: 100 };
var value = 1000;

// 显示值: 1000
with ({this: x}) {
  console.log(this.value);  // <-- 这里的 this 仍然指向 global
}
```

任何时候直接使用 this、super 等标识符，都是由 JavaScript 在创建作用域时为它们绑定对象的，这一过程与闭包链上有没有 'this' 或 'super' 这些标识符无关。另外一个与此类似的词法元素是 new.target，它也是在调用构造方法的过程中由引擎创建在上下文中的。而且，JavaScript 在语法分析阶段就对这些标识符进行了特殊处理。它们是作为特定语法结构解析的，而非一般标识符。

类似 delete、yield 和 void 等是单词形式的运算符，同样，也是在语法分析阶段被直接解析为运算操作，并按相应的语法解析它们的操作数的。因此，它们也不可能被赋值操作重写或覆盖。undefined 是全局对象上的一个一般属性，因此它可以被重写（这使得它看起来与 null 值非常不一样），并且它在 with 语句打开的对象闭包中也是可以被删除的。例如：

```
# 可以作为一般属性操作
> with ({undefined}) delete undefined;
true

# 不可以在对象闭包中将 "null" 作为一个名字操作
> with ({null: 1}) console.log(delete null, null, valueOf().null);
true null 1
```

6.5.5.2 语句中的重写

一些语句本身有"暂存对象引用"的行为，最明显的是，with 语句就用于操作一个对象的闭包。而"暂存对象引用"会使重写的行为变得非常特殊，以 for...in 语句为例：

```
// 示例1: 暂存与重写对象
var obj = {
  name: 'myName',
  value: 0
}
for (var i in obj) {
  // 重写对象：该重写不会影响到 for 语句对 obj 的引用
  obj = {};
}
```

然而如果重写成员就变得不同了。因为语句操作的是针对该对象 obj 的属性表（包括其原型链上所有可见属性）的一个迭代器的接口，该迭代器顺次列举当前的自有属性并回溯原型链。而这个过程是动态的，因此在 for...in 的循环体中添加、删除或修改"obj 以及其原型"的成员都可能带来影响。但这种影响不是非常确定的，因为在用户代码中并不确知引擎将以哪种顺序来列举属性名（参见"6.5.4.3 成员重写对作用域的影响"）。

switch 语句暂存了它的表达式的结果来参与各个分支的比较，在分支中是无法影响到这一结果的。例如：

```
1    var obj = obj1 = {}
2    var obj2 = {};
3    switch (obj) {
4      case obj = obj2: console.log('obj2'); break;
5      case obj1: console.log('obj1'); break;   //<--跳转到该分支
6    }
7    // 显示 true
8    console.log(obj === obj2);
```

这个示例主要检测 obj 引用是 obj1 还是 obj2。从代码开始直到第 3 行，obj 引用都指向 obj1，而第 3 行的 switch() 语句将 obj 作为单值表达式执行，并将它的结果——obj 的引用——作为值暂存以参与后续的比较。第 4 行代码完成了一次重写，使 obj 指向了 obj2。接下来，如果这次重写对 switch 的暂存是有效的，那么第 4 行的 case 分支就会检测成功，因为分支检测的正是 obj2。然而我们看到结果仍将显示 'obj1'。所以第 4 行的重写并没有影响到在第 3 行中的暂存。

6.5.5.3 结构化异常处理中的重写

JavaScript 实现 finally{...} 块的"总是被执行"的语法效果的方法，是在 try 块 return

之前"挂起"try块中的代码行，然后转入finally块执行代码。然而这就存在了一个疑问：在挂起return子句的过程中，finally块是否能重写return返回的值呢？答案是"否"。例如：

```
1   function foo(x) {
2     try {
3       return x;
4     }
5     finally {
6       x = x*2;
7     }
8   }
9   // 显示值100
10  console.log(foo(100));
```

该示例中返回的并不是x*2的值。如果用户试图使finally{...}中的修改有效，那么应该在finally块中使用return子句，例如（可对照上例的代码行号）：

```
4     ...
5     finally {
6       x = x*2;
7       return x;
8     }
9   }
```

但是这个问题还有更加复杂的细节：在上面这个例子中，我们使用的是一个值类型数据（数值100）。由于finally语句"挂起"的将会是"return x"这整个子句中的表达式求值[1]，所以在finally{...}中的代码对变量x的修改不会影响到"一个已经被求值的结果"。但如果我们在这里使用对象并修改其成员，由于被挂起的"表达式求值的结果"只是引用，那么finally{...}中的代码仍然会对它造成影响。[2]例如：

```
1   function foo(x) {
2     try {
3       return x;
4     }
5     finally {
6       x.push(100);
7     }
8   }
9   // 显示返回数组字符串形式'1,2,3,100'
10  console.log(foo([1,2,3]));
```

---

1 亦即是说，在return expression这样的语法中，是先对表达式运算求值，然后再"挂起"返回操作。
2 重写变量x，与重写变量x的成员之间存在区别。所以如果重写变量x（的引用）本身，也是不会有影响的。

6.6 动态执行

动态执行系统基本可以分为动态装载与动态执行（eval）两个阶段。但在某些系统中可能将两个阶段合二为一。例如，DOS 批处理中的 `call` 命令即装入并执行另一个批处理：

```
// a.bat
echo now execute a.bat
call b.bat

// b.bat
echo now execute b.bat
dir *.exe
```

而JavaScript就将装载与执行分成两个阶段。对于动态执行来说，它处理的对象是一个字符串格式的"源代码文本（Source Text）"，至于该字符串文本是来自Internet还是本地文件，并不是它需要密切关注的。[1]

因此，接下来的内容将主要讲述动态执行，这主要是由 `eval()` 方法带来的效果。并且由于函数对象会部分涉及动态执行逻辑，因此我在本节的最后部分将略作提及。

此外，`eval()` 的参数只接受（唯一一个）字符串值，如果参数是其他类型的数据——包括字符串对象实例，那么 `eval()` 只是原封不动地返回该值，而不会有其他任何效果。

6.6.1　eval()作为函数名的特殊性

在严格模式中对 `eval` 这个名字进行初始绑定或重新绑定（即"重写"）都将导致语法错误，而无论它代表的是函数、值、形式参数，还是未声明的变量。例如：

```
// 解析期即触发 SyntaxError
function f(eval) {
  "use strict"
}
```

名字 `arguments` 在严格模式中的限制也与此相同。二者都是通过名字识别并进行限制的，而非判断它们绑定的值。

`eval` 可以作为对象的属性名并作为方法调用，例如 `obj.eval(sourceText)`，并且这时 `obj.eval` 属性也可以指向任意的、与 `eval()` 无关的函数或非函数。如果 `obj.eval` 指向一个一

---

[1] 动态装载在 JavaScript 中是由宿主提供的能力。例如，在 WSH 中提供了 File System Object（FSO，文件系统对象）或浏览器环境中的 XMLHttpRequest。ECMAScript 对 `import` 中的模块文件做了简单的、与操作系统无关的说明，但并没有指出将物理文件加载到执行环境的具体方法（例如，包依赖或模块文件的路径关系等）。

般函数或者ES6之后的对象方法，那么它的调用逻辑取决于对象内部方法`[[Call]]`的实现（多数情况下是普通对象的方法调用）；而如果它指向原生的`eval()`，调用逻辑仍然会同样经过内部方法`[[Call]]`[1]，只是在最终执行到原生`eval()`的时候，*sourceText*将会在全局作用域中执行且`this`指向全局。例如：

```
# 使obj.eval指向原生的eval()函数
> obj = { eval };

# sourceText执行中的this指向global
> obj.eval("this") === Function("return this")()
true
```

同样的原因将导致`global.eval`与`eval`执行的效果并不一致。例如：

```
# （续上例）

# eval作为方法执行时，this总是指向global（而无论obj是否是global）
> obj.eval("this") === global.eval("this")
true

# （如接下来所讲的，）当它作为一般函数调用时，this指向当前上下文中的this
> global.eval("this") === eval("this")
false
```

当`eval`只是作为一般函数调用[2]——在用户代码的任何位置、任何上下文中时，它总是处在当前作用域中，并且`this`是使用当前作用域中可引用的`this`的。这也包括对对象闭包或箭头函数的处理，例如：

```
// 示例1: 在箭头函数中eval()对this的引用以及箭头函数的闭包的使用
var thisArg = new Object;
function foo(data) {
  var test = x => eval('console.log(this===thisArg, x)');
  test(data); // 将data作为x的参数传入
}

// 绑定thisArg，并传入data
foo.call(thisArg, 100); // true, 100

// 示例2: 对对象闭包的使用
var obj = { x: 1 };
with (obj) {
  // 对象闭包不能改变当前的this引用，所以这里的this指向global
  eval('console.log(this===global, x)'); // true, 1
}
```

---

1 这意味着在"调用`eval()`时"依然会为该函数绑定`obj`作为`this`引用。
2 在ECMAScript中称为directEval be true，并且这将决定`eval()`使用"当前执行上下文"（反之则进入全局的上下文）。

6.6.2 eval()在不同上下文环境中的效果

因为eval的代码将尽量执行于eval()的实际位置的上下文中,所以我们接下来对这些不同类型的上下文分别加以讨论,以说明它们与eval()之间的相互影响。这些环境或上下文也包括不同的函数类型,以及严格模式。

6.6.2.1 eval 使用全局环境

在以下情况下,eval 总是使用全局环境:

- 在全局代码块的顶层中直接使用 eval;或,
- 间接调用eval。[1]

其中,如果你在全局或模块代码中使用了块级作用域的语法元素(包括 with),从而导致这个 eval 在非顶层的作用域中被调用,那么这个 eval 将是使用相应的块级作用域或对象闭包的,而并不是直接引用全局环境。例如:

```
// 测试1: eval 工作在全局环境
var x = 100;
eval('x = 1000'); // rewrite 'x'
console.log(x); // 1000

// 测试2: eval 工作在 if 语句的块级作用域
if (true) {  // a new block scope
  let x = 'a';
  eval('x = "b"');
  console.log(x); // "b"
}
console.log(x); // 1000

// 测试3: eval 工作在with打开的对象闭包中(注意没有用大括号创建一个新的块)
var obj = {eval, x: true};
with (obj) eval('x=false');
console.log(obj.x); //false
console.log(x); // 1000
```

当然,由于无论是块级作用域还是对象闭包,都会通过作用域链指向全局环境,所以在 eval(*sourceText*)的 *sourceText* 代码中还是可以访问到全局的。

---

[1] 详情可参见"6.6.3.2 例外:obj.eval()的特殊性"。

6.6.2.2 eval 使用对象闭包或模块环境

当直接使用eval()调用，包括它被用在with语句打开的、包含它的（即将eval()作为一个对象属性，例如obj.eval的）对象闭包中，它们的性质与将它作为属性/方法来调用是略有区别的。后者（即使用obj.eval()时）总是直接指向全局环境。[1]

eval可以访问在对象闭包中动态创建的名字[2]，但无法在eval中使用let/const来添加这样的名字[3]；也可以用操作对象成员的语法来增删名字并影响对象闭包，但这与"声明标识符"是有本质区别的。例如：

```
var obj = {eval, x: 100};
var x = 'global';

// 示例：增删 x 标识符
with (obj) {
  console.log(x); // 100, 是obj.x的值

  eval('console.log(x)'); // 100
  obj.eval('console.log(x)'); // 'global'

  eval('delete obj.x');
  console.log(x); // 'global', 标识符`x`位于全局环境中

  eval('obj.x = 200;');
  console.log(x); // 200, 再次显示obj.x的值

  let y = 'with'; // 添加标识符`y`到对象闭包
  eval("let y = 'eval'; console.log(y);"); // 'eval', 在eval中覆盖`y`
  console.log(y); // 'with', 这表明标识符`y`是动态添加到作用域的（覆盖了外层的）
}
```

一个静态的模块总是处在它自己的词法环境中。可以将它理解为处于自己的名字空间中，因为它经常"表现得"类似于处在这个名字空间的对象闭包里。但是由于模块总是工作于严格模式，因此eval()默认也是使用严格模式的。

6.6.2.3 eval()使用当前函数的闭包

一般情况下，eval()总是使用当前函数的闭包。基本上来说，这是最理想的情况。但在

---

[1] 准确地说，with 语句中的 eval 并不会调用到 obj.eval。这是因为在任何上下文中，"代码文本 eval()"都将被视为"eval()的直接调用"，相应地，obj.eval() 等就被视为"eval()的间接调用"。关于间接调用，这里再次提醒你可参考"6.6.3.2 例外：obj.eval()的特殊性"。

[2] 如果你使用 var 创建新的标识符，那么它是属于当前函数闭包（或全局）的；只有你使用 let/const 创建新的标识符，它才是属于当前对象闭包（以及块级作用域）的。

[3] 可参见"6.6.3 Eval 环境的独特性"。

具体实现时，不同函数类型对它其中的eval(*sourceText*)还是有着不同的影响的[1]：

- 如果不是在函数闭包内使用eval，那么将禁止在*sourceText*中访问new.target；否则，
- 如果函数不是类的构造方法，则禁止在*sourceText*中访问super.xxx()调用；且，
- 如果函数不是对象或类的方法声明，则禁止在*sourceText*中对super.*xxx*进行属性存取。

在这里，eval()检测"它执行时所处的环境（在某个函数内）"时并不是直接访问当前的闭包。因为如果这样做，就可能直接得到某个对象闭包了。eval()将尝试回溯它的作用域链以期找到第一个可以提供this引用的作用域，并检测该作用域是否是有效的函数上下文环境。显然，这会忽略掉对象闭包与块级作用域等，而直接访问到它们更外层的函数作用域。并且，因为这个缘故，如果你在箭头函数中使用eval，那么事实上这个过程也将跳过箭头函数并检测它更外层的函数。[2]例如：

```
// 示例：箭头函数的 eval 将检测其外层的函数

// 箭头函数 f1() 的外层是全局
var f1 = ()=>eval('let x = new.target');

function foo() {
  // 箭头函数 f2() 的外层是 foo()
  var x, f2 = ()=>eval('x = new.target');
  f2();
  console.log(x === foo); // true
}
```

测试如下：

```
> f1();
SyntaxError: new.target expression is not allowed here

> new foo();
true
```

上述对new.target和super.*xxx*的限制是在对*sourceText*进行语法分析时进行的检测，因此一旦出现这类违例，将会抛出SyntaxError并且*sourceText*完全不被执行。

6.6.3　Eval 环境的独特性

接下来，*sourceText*会被作为一个Script块解析并构建它的执行环境（与此相同地，全

---

[1] eval()是极其罕见的"需要检测执行逻辑所处的环境类型"的函数之一。事实上，在早期的JavaScript中这不是必需的，但后来ECMAScript为了约束和统一不同JavaScript实现版本的动态执行效果，加入了大量的检测逻辑。
[2] 这个过程被称为GetThisEnvironment。并不是所有的环境都携带this引用，即使函数环境也不尽如此，典型的箭头函数的环境中就不包含this引用。

局环境也是按 Script 块解析的）。对于 *sourceText* 块的执行环境的词法作用域来说，它的 parent 指向其所在位置之外一层的作用域（块、对象/函数闭包、模块或全局）以构成作用域链。

是的，我们提到了"*sourceText* 块的执行环境的词法作用域"，这意味着两个事实：eval 会有自己独立的执行环境（称为"Eval 环境"），并且它会为 *sourceText* 块构建自己的词法作用域。因此即使你使用 eval 在 *sourceText* 块中创建了一个名字[1]，它也将在 eval() 执行语句结束之后被废弃[2]。例如：

```
# 在 sourceText 块中可以引用的变量 x
> eval('let x = 100; console.log("value:", x);');
value: 100

# 在执行结束后 x 是不存在的（确切地说，是 x 只存在于 eval 自己独立的环境中）
> typeof x
undefined
```

6.6.3.1　默认继承当前环境的运行模式

无论是哪种可执行结构（Script/Module/Function/Eval），总是要在创建一个自己的环境之前确定新环境所使用的运行模式。默认情况下，eval 默认继承当前环境的运行模式。在其他三种可执行结构中：

- Module 是默认工作在严格模式中的，因此它其中子级的函数或 eval() 调用都将使用严格模式来创建新的环境。
- Script 取决于全局代码装载时所指定的模式，默认情况下是非严格模式的。[3]
- Function 如果不是从它父级的环境中继承了严格模式，或者使用 "use strict" 显式地启用严格模式，那么默认情况下它就是处于非严格模式的。[4]

而一旦 eval() 确定了它所在环境当前的运行模式，就会以该模式作为默认值来创建自己的 Eval 环境。

这仍然只是理想情况，因为还存在使用 obj.eval() 带来的问题：它的模式到底受当前作用域的影响，还是受全局作用域的影响？

1　如果使用 var 创建新的标识符，那么它是属于当前函数闭包（或全局）的；只有你使用 let/const 创建新的标识符，它才是属于当前对象闭包（以及块级作用域）的。
2　当然，如果那些标识符就是对象属性（而不是新创建的名字），是会被保留的。
3　Node.js 可以通过命令行参数来为全局代码启用严格模式。
4　使用非简单参数的函数不能显式地使用 "use strict" 进入严格模式，但是可以从它的父级环境中继承严格模式。关于这一点，可参见"5.3.1.6　非简单参数"。

6.6.3.2 例外：obj.eval()的特殊性

JavaScript这样来处理这个疑难：在任何环境中使用obj.eval(*sourceText*)，它都将默认运行在非严格模式中，且它的作用域指向全局。[1]也就是说，*sourceText*无论如何都会得到一个非严格模式的全局环境（即使当前全局原本运行于严格模式）。如下例所示：

```
// 示例1: eval 访问全局中已声明但未赋初值的变量 x
function foo() {
  "use strict";
  var x = 100, obj = {eval};
  obj.eval('console.log(++x)'); // NaN
}

foo();
console.log(x);  // NaN

var x = 'global';
console.log(x);  // 'global'
```

这个示例用于说明：obj.eval()将访问到全局的变量x，而不是foo()函数中的。为了进一步讨论eval()中的*sourceText*处在严格模式下的效果，我们再对上例略作修改：

```
// 示例2: eval 访问全局中的 arguments
try {
  x = 100;
}
catch(e) {
  console.log("in strict:", e.message);
}
finally {
  console.log("now, x is:", typeof x);
}

function foo() {
  var obj = {eval};
  obj.eval(`
    try {
      x = 100;
    }
    finally {
      console.log("in obj.eval, x is:", x);
    }
  `);
}

foo();
console.log("in global, x is:", x);
```

---

[1] obj.eval()将通过[[Call]]调用到OrdinaryCallXXX，并最终直接调用 eval(x)函数；而在代码上下文中调用 eval()，却要通过一个称为 Function Calls 的过程，并在该过程中通过检查函数名（字符串标识符）而确定调用 PerformEval()，并不直接调用 eval(x)。

执行结果如下:

```
# 使test.js运行于严格模式中
> node --use_strict test.js
in strict: x is not defined
now, x is: undefined
in obj.eval, x is: 100
in global, x is: 100
```

这表明即使全局环境以及函数 `foo()` 都是在严格模式中，也可以使用 `obj.eval()` 来让 *sourceText* 运行在非严格模式下（例如在全局环境中添加变量 x）。

JavaScript 并非仅在 `obj.eval()` 上应用这一技术。事实上，JavaScript 将此称为 "eval 的间接调用（indirect call）"，注意，eval 也是唯一一个可以使用间接模式来调用的函数。所谓 "间接调用"，是当 eval 函数不是直接来自（在当前上下文中）对它的标识符查找，而是来自某个运算过程的结果时，对该结果的调用。例如下面的代码:

```
// eval 间接调用的示例
var exec = eval;
var f = ()=>eval;

// 1. eval 来自对"单值表达式exec"的运算
exec('console.log("indirect call")');

// 2. eval 来自函数调用的返回
f()('console.log("indirect call")');

// 3. eval 来自call()方法中对eval的引用
eval.call(null, 'console.log("indirect call")');

// 4. eval 来自逗号连续运算表达式（以及其他表达式）的求值[1]
(0, eval)('console.log("indirect call")');
```

所以我们一直在讨论的 `obj.eval()` 只是这一技术的个案：eval 来自对象成员存取运算的结果。当然，所有这些方式得到的 "eval 的间接调用" 都具有完全相同的性质：让 *sourceText* 默认运行于非严格模式的全局环境。

6.6.3.3 执行代码可以自行决定运行模式

综上，执行 eval(*sourceText*) 时，Eval 环境默认将继承既有环境的（函数、全局或模块

---

[1] 这里存在一个有歧义的示例：如果分组表达式只有 eval 一个操作数，那么其结果的 eval() 仍然被视为直接调用。这是因为分组表达式返回的是最后一个表达式的结果（Result），而单个 eval 操作数作为结果时等义于直接访问 eval。与此不同的是，如果使用连续运算符 ","，那么表达式将返回最后一个子表达式的值（Value），这种情况下得到的将是对 eval 的一个间接引用（以及对它的间接调用）。与此相似的例子是：`(0, obj.foo)` 得到的是一个函数 foo，而 `(obj.foo)` 得到的是一个 obj.foo() 方法。

的,又或者是通过"间接调用"得到的特定全局环境的)"严格/非严格"模式。

然而如果当前是非严格模式的,那么你可以在 *sourceText* 中为 Eval 环境开启严格模式,也可以为更内层的其他函数或块作用域开启严格模式,这些行为都是被许可的。例如:

```javascript
// test.js
eval(`
  "use strict";

  try {
    undefined = void 0; // rewrite fail in strict mode
  }
  catch (e) {
    console.log(e.message); // catch error and print message
  }

  function x() {
    "use strict";
    // ...
  }
  console.log("A function declaration:", typeof x); // 'function'
`);
```

测试如下:

```
> node test.js
Cannot assign to read only property 'undefined' of object '#<Object>'
A function declaration: function
```

当然,反过来是不可能的。如果 `eval()` 已经执行在严格模式,那么 *sourceText* 是无法切换到非严格模式的(JavaScript 也没有提供这样的指令)。

当 `eval()` 运行在严格模式的函数(或全局)环境中,或者 *sourceText* 通过 `"use strict"` 指令开启了严格模式,那么 `eval()` 整体就将运行于严格模式,这使得它的行为与上一小节所述的略有不同。例如规范约定:在严格模式中,变量声明与词法声明是同一个。因此,在严格模式中的变量声明会绑定在自己的词法作用域中,(重要的是,)不会出现在它所在的函数或全局中。如下例:

```javascript
// test.js
var x = 100;

// 示例 1
eval(`
  "use strict";
  var x = x * 2;  // undefined * 2
  console.log("strict mode:", x);
`);

// 示例 2
eval(`
```

```
  var x = x * 2;  // 100 * 2
  console.log("normal mode:", x);
`);
```

测试如下（在示例 1 中，x 使用作用域中新声明的 x，其初值为 undefined）：

```
> node test.js
strict mode: NaN
normal mode: 200
```

因此，eval 是否处于严格模式取决于两点：当前运行环境中，或 sourceText 中是否使用了特定指令"use strict"。前者在调用 eval() 前就可以确定，而后者在 sourceText 的语法分析阶段可以确定。

6.6.3.4 声明实例化过程与其他可执行结构不同

接下来，eval() 开始构建自己的可访问的标识符列表，这一过程也同样被称为"声明实例化"。在整体逻辑上，这与函数以及其他可执行结构是一样的（参见"5.5.3 与闭包类似的实例化环境"）。亦即是说，总是可以在"声明实例化"开始前确定代码是否运行在"严格模式"中，且"声明实例化"将据此来完成 Eval 环境的初始化。

但是 eval 的声明实例化在具体实现上与其他可执行结构相比有很大的不同。对于 Global/Module/Function 来说，当它们创建了自己的环境并开始进行声明实例化时，这个环境基本上是空的（函数会有函数名和参数名）。而对于 eval 来说[1]，它本质上并没有创建一个"全新的"环境：Eval 环境是由一个新创建的、自有的词法环境，以及一个引用自它所在的函数或全局的变量环境构成的。而这，也就是为什么"JavaScript 的标识符列表要用两个环境来表示"的根本原因之一（参见"5.5.2.2 闭包中的可访问标识符"）。

在 eval() 所执行的代码 sourceText 中，可以新创建 var 的变量并影响当前作用域，但使用 const/let 声明的标识符却不能影响当前作用域。后者，即使用 const/let 的声明是添加在 eval 自有的词法环境中的，随 eval() 执行结束而废弃。

然而正是由于 Eval 环境"引用了它所在函数（或全局）的变量环境"，因此对它内部的声明进行实例化时，就会存在向这个变量环境添加/更新声明的情况，这也是其他三种环境中所没有的过程——它们的实例化都是一次完成、不再添加或更新的。

eval 在变量环境中添加声明时，也只会处理 var 声明和函数声明两种。并且，如果这个

---

[1] 注意，这里讨论的 eval() 是运行在非严格模式中的，下一小节我们会讨论严格模式下的情况。

声明在当前函数（或全局）的变量环境中已经存在，那么它将被忽略。有关于此的过程，与在全局或函数中使用它们并无二致。例如：

```
var global_f = f;
function f() {
  var x = 100;
  eval('function f() {}; var x = x * 2;');
  console.log(f === global_f); // false
  console.log(x); // 200
}
```

测试如下：

```
> f();
false
200
```

在这个例子中，eval(*sourceText*)将在变量环境中声明 f 和 x 两个标识符名，并都将覆盖当前的函数作用域中的名字。但是，由于 *sourceText* 中的 var x 声明出现时，当前变量环境中（即函数的闭包中）已经有了相同的变量名，因此并不会创建新的 var 变量名。

而 *sourceText* 中的函数 f() 略有不同，因为它会在"声明实例化过程"中就完成向标识符 f 绑定新值（也就是新声明的函数）的过程，所以重写后的 f 标识符在用户代码开始执行前就有效了，即使用户将它声明在 *sourceText* 中末尾的一些代码中。

6.6.3.5　环境的回收

与 JavaScript 中的其他可执行结构一样，一个 Eval 环境创建后是否回收取决于它是否还被引用。在 eval() 中，如果试图通过代码 *sourceText* 将环境中的数据赋给环境外的标识符（以建立引用），那么这是没有任何办法能阻止的。因此，判断这样的 Eval 环境是否被回收是一件困难的事情。举例来说：

```
var obj = {};
function foo() {
  var x = 100;
  eval('let y=200; obj.x = ()=> x; obj.y = ()=> y;');
}

// 示例，外部的标识符/属性将引用到 Eval 环境中的数据
foo();
console.log(obj.x()); // 100
console.log(obj.y()); // 200
```

在这个示例中，由于 obj 对象引用了 Eval 环境中的 y，以及 foo() 闭包中的 x，甚至通过箭头函数隐式地引用了 foo() 闭包中的 this，所以 eval() 执行后的环境是不会被回收的。

然而在有些情况下，Eval 环境是可以直接回收的，这是一个简单的示例：

```
function foo() {
  var x = 100;
  eval('let x = "Okay"; console.log("in eval():", x);');
  console.log("in foo():", x);
}
```

测试如下:

```
> foo();
in eval(): Okay
in foo(): 100
```

由于 eval 会创建一个自己的词法作用域，因此 let/const 声明的标识符不会影响到外层的作用域，因此它们可以安全地回收。当然，如我们之前所说过的，由于非严格模式中的 eval 将使用所在作用域的变量环境，因此如果使用 var 声明或函数声明，那么这些声明将被外层的变量环境引用（并导致不可回收）。

最后，既然在严格模式中变量环境直接指向词法环境（并且词法环境总是自己创建的），那么如果 eval() 工作在严格模式中，则它使用 var 声明或函数声明的标识符也一样是可随着 Eval 环境的回收而回收的。再加上严格模式中不可能"向未声明变量赋值"，因此这时 Eval 环境被外部引用的途径就只剩下"向外部环境的某个既存变量或对象属性赋值"了。

6.6.4 动态执行过程中的语句、表达式与值

eval() 总是将被执行的代码文本视为一个"代码块（Block）"，代码块中包含的是语句、复合语句或语句组（一批连续的语句）。在前面讨论语法时讲过：在"语句"这种语法结构中，表达式可以解释为表达式语句。因此，代码块事实上就变成了"由单个或多个语句组成"。

我们知道，在JavaScript中语句是存在返回值的，该值由执行中的最后一个子句/表达式的值决定（除空语句和语句中的控制子句之外）。同样，eval() 的返回值也就是代码块中最后"有返回值的语句/子句/表达式"的值，例如[1]：

```
// 示例1. 返回值为 undefined
console.log(eval('i=6; for (var i=0; i<10; i++);;;;'));
```

在前面的章节中，我们说过字面量也可以被理解为单值表达式和单值表达式语句，因此，下面两行代码在执行器看来是完全一致的：

---

[1] JavaScript 在计算语句的返回值时，将忽略那些返回 Empty 的语句。这里的 Empty 并不是空白对象或与 undefined 等值，而是特指语句"不返回值"的情况。对于这个例子，ES6 之后约定，当 for 等一些语句在所有子句或表达式都没有返回值的情况下，这些语句自己将以 undefined 值返回（而不再像旧版本中那样"不返回值"），所以这里的整个语句执行结果将是 undefined，表明是 for 语句的执行结果覆盖了之前的语句 i=6 的返回值。

```
// 示例 2. 返回值为 6
console.log(eval('6;'));
console.log(eval('6'));
```

其中，在第 2 行代码的 '6' 之后将有一个虚拟的代码文本结束符（用在语法分析器中，表示文本结束），它与语句分隔符"；"一样用来表示语句结束。因此，对于解释器来说，上面两行代码的分析结果都会得到"单值表达式语句"，从而存在语句返回值。

所以，这里要强调的是，eval() 表示的是一个（动态的）语句执行系统，而非一个动态的"取值/赋值"系统。eval() 的"返回值"的效果，只是 JavaScript 中"语句有值"这一语言特性所致，而非其他的专门设计。

由此带来的问题却相当令人烦恼。例如，尽管我们可以用下面的代码来得到字符串、数值或布尔值：

```
// 示例 3. 用 eval() 来获取值的一般方法
console.log(eval('true'));
console.log(eval('"this is a string."'));
console.log(eval('3'));
```

等，但不能用同样的代码来得到一个字面量的对象：

```
// 示例 4. 用 eval() 来获取"对象字面量"的错误方法
console.log(eval('{ name: "MyName", value: 1 }'));
```

要知道，同样的代码如果不是放在 eval() 中，就会是正常的：

```
obj = {name: "MyName", value: 1};
```

这其中的原因就在于 eval() 其实是将下面代码

```
{name: "MyName", value: 1}
```

中的一对大括号视为复合语句。因此接下来：

- 第一个冒号成了"标签声明"标识符。
- （"标签声明"的左操作数）name 成了标签。
- "MyName"成了字符串字面量。
- value 成了一个变量标识符。
- 对第二个冒号不能合理地进行语法分析，出现语法分析期异常。
- ……

基于同样的原理、同样的语法分析流程，下面的代码不会产生异常。但它返回的却是数值"1"，而不是一个对象：

```
// 示例5. 用eval()来获取"对象字面量"的错误方法, 返回数值1
console.log(eval('{ value: 1 }'));
```

解决这个问题的方法是，将这里的字面量声明（的单值表达式）变成一般表达式语句。明确地指出"由大括号引导"的一段代码为"值"的方法是使用强制表达式运算符"( )"。例如：

```
// 示例6. 用eval()来获取"对象字面量"的正确方法, 返回对象
console.log(eval('({ value: 1 })'));
```

这样一来，由于表达式运算符"( )"的操作数必须是表达式或值，因此相当于强制声明了"被大括号包括"的一段代码表示对象声明，是一个一般的单值表达式。

于是，再综合前面所讲过的，eval()将这段代码视作了包含单个"单值表达式语句"的、可被执行的"块（Block）"。

6.6.5 序列化与反序列化

在 SpiderMonkey JavaScript 中有一个名为 uneval() 的函数。正如函数名所表达的含义一样：既然 eval() 是执行字符串（*sourceText*）并返回结果值，那么 uneval(x) 就是将值 x 转换成对应的可执行代码。例如：

```
// 本示例用于SpiderMonkey
var arr = [[1,2],[3,4]];
function foo() {
  // ...
}
```

那么可以测试如下（本示例可以在 Firefox 的控制台上执行）：

```
> uneval(arr)
"[[1, 2], [3, 4]]"
> uneval(foo)
"function foo() {
  // ...
}"
```

需要注意的是，与 arr.toString() 不同的是，uneval() 是支持多维数组的。并且类似地，它总是返回目标数据的、预期可用于 eval() 的可执行代码。

通常，我们将一个目标数据（亦包括它作为数据的函数）转换成字符串以便存储的技术称为序列化，反之称为反序列化。因此，uneval() 与 eval() 事实上具有序列化与反序列化这样的性质。与此类似，还有 JSON.stringify() 和 JSON.parse()。

出于历史原因，JavaScript 针对不同数据提供了多种不同的方式来使之序列化。例如，最

典型的 `Date` 对象的 `toISOString()`、`toDateString()`等，以及我们常见的 `toLocaleString()` 和 `toString()`。后来，(在一定程度上是)为了得到更规范统一的序列化结果，才提供了 JSON 的 `stringify()` 和 `parse()` 方法并成为事实上的应用标准。

6.6.5.1 在对象与函数上的限制

然而无论是 `JSON.stringify()` 还是一般的 `toString()` 方法都不可靠。举例来说，对于一个普通对象，`obj.toString()` 是不能将它序列化的：

```
> obj = {x: 100};

> obj.toString()
'[object Object]'
```

反过来，有些情况下却又必须使用 `toString()`，因为 `JSON.stringify()` 并不处理函数：

```
> func = new Function('console.log("Hello, World!")')
[Function: anonymous]

> JSON.stringify(func)
undefined

> func.toString()
'function anonymous() {\nconsole.log("Hello, World!")\n}'
```

而 `func.toString()` 总是尽量返回该函数的文本代码。

按照 ECMAScript 的约定，如果这个 `func` 函数是一段 JavaScript 用户代码实现的，那么它的 `toString()` 值就应当可以用 `eval()` 来完成语法解析。由于 `eval()` 是将 *sourceText* 作为语句而非表达式来处理的，因此相当于是说这种情况下 `func.toString()` 的结果"是可以用 `eval()` 来执行的函数声明"。然而，我们知道"声明语句是没有值的"，因此这种情况下 `eval()` 也不会返回值。要使 `func.toString()` 得到的函数代码文本被反序列化，有两种手段。使用 `Function` 或 `eval()`，例如：

```
var func = new Function('console.log("Hello, World!")');

// 错误的方法：直接 eval 会将序列化的代码文本处理成"声明语句"
var f = eval(func.toString());

// 方法 1：使用 Function
var f1 = new Function('return ' + func.toString())();

// 方法 2：使用 eval
var f2 = eval('(' + func.toString() + ')');
```

测试如下:

```
# "错误的方法"获得的f变量是未定义的
> console.log([typeof f, typeof f1, typeof f2]);
[ 'undefined', 'function', 'function' ]
```

此外,即使是 `toString()` 也是无法显示 JavaScript 内部函数的代码文本的:

```
> Function.toString()
'function Function() { [native code] }'
```

并且同样是在 ECMAScript 的约定中,如果 `func` 函数是对象或类中的方法声明(包括生成器方法),那么返回的结果也将是方法声明语法的。这意味着,它并不总能被作为"函数声明语句"来解析。例如(这种情况下可以考虑对结果字符串加 `'function'` 前缀):

```
# foo()声明为一个对象方法
> var func = {foo() {return 100}}.foo;

# toString()不能作为有效的函数声明语句
> func.toString()
'foo() {return 100}'
```

6.6.5.2 对象深度与循环引用

以 `Object.assign()` 为例,它只处理源对象的自有属性表,并且对于"引用类型的属性"来说只需要复制其引用即可,因此它不存在对象深度的问题。而 `JSON.stringify()` 与此不同,它将考查目标对象的全部属性,包括"引用类型的属性(即对象类型的属性)",所以就存在了"对象深度"的问题。更进一步地说,类似于此的所有序列化行为,都存在对象深度的问题。

其中,`JSON.stringify()` 并不限制对象的深度——可以处理任意深度的属性引用,但它不能处理所谓的循环结构的引用。在这种情况下,`JSON.stringify()` 会抛出异常,例如:

```
// 构造循环结构
var obj = {};
obj.x = obj;

// 抛出异常
console.log(JSON.stringify(obj)); // TypeError: Converting circular ...
```

然而对于函数类型,`JSON.stringify()` 是特殊处理的:`JSON.stringify()` 将忽略函数对象或对象中的函数类型的属性。这既因为 JSON 数据格式中不包括 `'function'` 这个类型,也因为 `JSON.stringify()` 无法理解 JavaScript 中的函数"同时具有对象和函数两种性质"。因此,即使用户代码在"函数的属性中"构造了循环结果,也并不会影响 `JSON.stringify()` 的使用,例如:

```
var obj = {
  foo: function () {},
  data: 'string',
  tag: false
}

// 在函数的属性中加入循环引用
obj.foo.x = obj;
console.log(JSON.stringify(obj));  // {"data":"string","tag":false}
```

当然，用户代码也可以试图将函数作为对象并用 JSON.stringify() 来处理。例如：

```
// （续上例）

// 将函数作为对象处理
var nonEmpty = x => (Object.keys(x).length > 0) && x;
function functionFilter (k, v) {
  return (typeof v == 'function') && nonEmpty(Object.assign({}, v)) || v;
}
```

测试如下：

```
# 默认处理：忽略函数
> console.log(JSON.stringify(obj));
{"data":"string","tag":false}

# 当对象中的函数没有自有属性时
# （可删除示例中的 `obj.foo.x`）
> delete obj.foo.x;
> console.log(JSON.stringify(obj, functionFilter));
{"data":"string","tag":false}

# 当对象中的函数有自有属性时，作为对象处理
# （覆盖了之前示例中的循环结构 obj.foo.x）
> obj.foo.x = 100;
> console.log(JSON.stringify(obj, functionFilter));
{"foo":{"x":100},"data":"string","tag":false}
```

然而如何正确地处理循环结构呢？一方面要能够将一个具有循环引用的对象序列化成字符串；另一方面，又要能够反序列化这样的字符串以得到有效的、同样具有循环结构的对象。坦率地说，这没有什么捷径可走，所有的解决方案都是：

- 预先扫描对象，然后标识所有成员在对象树上的路径；然后，
- 检测在路径中是否存在循环引用，如果是，则
  - ◎ 将循环引用的对象成员节点序列化为"指定格式的文本"；然后，
  - ◎ 在反序列化时将上述"指定格式的文本"替换为被循环引用的成员节点。

例如：

```
// pull 'cycle.js' from https://git***.com/douglascrockford/JSON-js
```

```
// Node.js 语法：载入 cycle.js
require('./cycle.js');

// 构造循环结构
var obj = {};
obj.x = obj;

// 序列化的字符串中将用{"$ref": ...}来占位，其属性是被循环引用对象的路径
console.log(JSON.stringify(JSON.decycle(obj))); // '{"x":{"$ref":"$"}}'

// 直接反序列化：其结果是包含"指定格式的文本"的、需要进一步处理的对象
var jsonText = JSON.stringify(JSON.decycle(obj));
console.log(JSON.parse(jsonText)); // {"x":{"$ref":"$"}}

// 最终处理：使用"指定格式的文本"替换为被循环引用的成员节点
console.log(JSON.retrocycle(JSON.parse(jsonText))); // { x: [Circular] }
```

所以这类解决方案总是需要像 `decycle/retrocycle` 这样的成对方法。

6.6.5.3　不太现实的替代品

然而使用 `JSON.stringify()` 来替代 `uneval()` 是不太现实的，并且也无法基于它来实现 `uneval()`。这其中最主要的原因是，如果我们要用 `JSON.stringify()` 来处理对象方法或函数，那么只能返回字符串，而不能是可执行代码。例如：

```
// 尝试使用 JSON.stringify() 来处理函数或方法
var obj = { foo() {} }; // obj.foo()方法
var methodToString = (k, v) => {
  if (typeof v == 'function') {
    return v.toString().replace(/(function )?/, 'function ');
  }
  return v;
}

// 在这个例子中，obj.foo 将被序列化成字符串
var str = JSON.stringify(obj, methodToString);

// 使用 eval()将其反序列化时，也只能得到其字符串值
var obj2 = eval('(' + str + ')');
console.log(typeof obj.foo); // 'function'
console.log(typeof obj2.foo); // 'string'
```

因此会有一些第三方代码来实现与 SpiderMonkey 中`uneval()`类似的函数 [1]，它将列举对象成员并逐一序列化成代码文本。这一操作显然也需要递归和深度遍历，然而很不幸的是，这些第三方代码通常（默认地）并不处理循环引用。

---

[1] 其具体实现请参见 Git 仓库（dmail/uneval）。

6.6.6　eval 对作用域的影响

eval可以在当前的函数或全局作用域中新建一个名字。这是动态创建的,并且对于var声明和函数声明来说都可以起到作用。但是这也会给该作用域带来一些奇特的、甚至是负面的影响。典型的、也是它直接作用的效果是:通过动态执行来使变量作用域发生变化[1],例如:

```
var i = 100;
function myFunc(ctx) {
  console.log('value is: ' + i);
  eval(ctx);
  console.log('value is: ' + i);
}
```

在这段代码中,并不能保证两次 `console.log()` 的显示值一致。因为 `eval()` 使用了 `myFunc()` 的闭包和调用对象,因此也有机会通过(由变量 `ctx` 传入的)代码来修改它。例如:

```
# 通过传入动态执行的脚本代码来影响上下文
> myFunc('var i = 10;');
value is: 100
value is: 10
```

JavaScript 代码的不可编译性——这一饱受诟病的性质也是由动态执行导致的。总的来说,支持动态执行的代码是不能真实编译的,这里说的真实编译,是指编译成二进制的机器代码,而非某种支持动态执行的虚拟机环境中的中间代码。这是因为我们动态执行的代码是面向一个标识符系统的,例如下面这行代码:

```
eval('myName = "..."');
```

这行代码中包括:

- 标识符是 `myName`。
- 运算符是 `=`。
- 字符串字面量是 `"..."`。

如果是针对机器代码的执行系统(例如,静态编译的高级语言),那么运算符应该对应于某个函数,而标识符与字面量都应该对应于某个存储地址。

然而,标识符系统与存储系统在编译过程来说,是一张命名与地址对照表。接下来的问题就是:如果编译代码持有对照表,则该代码是可逆的;如果编译代码不持有对照表,则执

---

[1]　动态作用域规则在早期解释性语言中被采用,后来则被大多数语言放弃。不过现在仍能在一些 Shell 类的脚本系统中找到它(例如,UNIX Shell、bash)。

行系统无法在运行期查找标识符,因此上面的动态执行将无法实现。例如:

```
function myName(ctx) {
  eval(ctx);
  eval.call(null, 'myName = Array.prototype.splice');
}
myName("var Array = '...'");
```

这是一个相对极端的例子,引擎不得不为这段代码保存包括 `Array`、`myName` 等在内的全部标识符,并且支持在 `myName()` 函数闭包内部通过标识符来检索 `Array`——或在全局,或在闭包内。

这也意味着,一旦引擎全面支持动态执行,则编译过程必须以明文形式保存标识符表。与此相关的技术和解决方案包括:

- 像.NET 或 Java 一样提供中间代码和虚拟机,中间代码中包括标识符,但逆向工程后代码(例如,在.NET 中的中间汇编语言)的可读性会降低。
- 像早期解释性语言的伪编译系统一样,编译过程只用于形成语法树,标识符被包含在该伪编译代码中,这种情况下的代码是完全可逆的。

但所有方案都未能(也不可能)在"支持动态执行代码"的前提下实现真实编译。

6.6.7 其他的动态执行逻辑

严格来说,JavaScript 中只存在两种执行行为:语句执行和表达式执行。除了这两种执行之外,JavaScript 中还有一些其他的隐式执行的行为,例如函数参数的默认值绑定,它是发生在参数绑定时的潜在执行逻辑;又例如展开语法,它是在数组初始化和参数绑定过程中发生的、通过语法来指定的特定执行逻辑。不过这些逻辑并没有在 JavaScript 中被严格分类,而且在绝大多数情况下对用户都是透明的。

而所谓的 `eval` 的执行,并不是一种特殊逻辑,而是对其中语句执行的动态实现。除了 `eval` 之外,也还存在着一些其他的动态执行方式,部分地对应于上述执行逻辑。

6.6.7.1 动态创建的函数

动态创建的函数总是位于非严格模式的全局作用域中,而不是创建该实例时所在的词法上下文。这也是 ECMAScript 为这两种创建方式(动态创建与语法声明)定义了各自不同过程的原因。例如:

```
var AsyncFunction = (async x=>x).constructor;
```

```
var valueInScope = 'global';

function test() {
  var valueInScope = 'function test';
  (async function() { return 'def: '+valueInScope })().then(console.log);
  (new AsyncFunction("return 'new: '+valueInScope"))().then(console.log);
}
```

执行效果如下：

```
> test()
def: function test    // 使用声明语法时，作用域是在 test() 函数内
new: global           // 使用动态创建语法时，作用域是在全局
```

在"5.3.3.3 类与对象态的函数"中讲到过的 4 种对象态的函数都具有上述完全相同的性质，它们可以用于创建相应的函数（参见表 5-5）。但是动态函数创建过程中对严格模式的处理逻辑，与一般的、声明性的函数是不同的。

动态函数并不继承当前环境中的严格模式，并且严格地说，动态函数总是使用一个"非严格模式的全局环境"作为自己的父级作用域。因此动态函数总是默认工作在非严格模式中，除非动态函数自己的代码中首行是`"use strict"`指示字符串。

动态创建的函数在这一点上与"间接调用的 eval"有相似之处，它们都工作在非严格模式的全局环境中，但工作原理与原因却略有不同。对于动态函数来说，是一个函数实例的环境的"父级作用域"指向了全局环境（GlobalEnv），因此这个函数在"声明的实例化"阶段中能得到的变量环境和声明环境都将父级指向了全局；而"间接调用的 eval"只是将自己的变量环境指向了全局（而不是父级），以便 eval 中的代码可以操作到全局变量环境并通过 var x...在其中创建新的变量名。简而言之，使用动态创建时，函数与全局仍然是隔离在两个环境中的；而 eval 环境（的变量环境）是嵌在全局环境中的。

动态创建的函数在其他方面并没有特殊性，不过由于它总是工作在"非严格模式的全局环境"中，因此它不能绑定当前环境中的 this（反过来，箭头函数是绑定当前环境中的 this 的）。出于这个原因，动态创建的函数总是被指定为"非词法 this"，再加上它工作于非严格模式的全局，因此"默认时"它总是能返回全局的 this，也就是 global。这也是为什么如下代码总是能"安全地"获得 global 的原因[1]：

```
let global = Function('return this')();
```

---

[1] 这里补充一些小技巧：（1）动态函数创建时可以不使用 new 运算调用；（2）动态函数可以有零至多个参数字符串声明，也可以将参数字符串拼成一个或多个（像形式参数那样用逗号隔开即可）；（3）在参数字符串中可以使用默认参数、省略参数等扩展风格，不过这种情况下创建出来的函数将处于"非简单参数"模式中（参见"5.3.1.6 非简单参数"）。

6.6.7.2 模板与动态执行

由于 JavaScript 存在语句执行和表达式执行两种方式，而 `eval(x)` 只解决了将字符串 x 作为语句动态执行的问题，因此将字符串作为表达式来执行的方式仍然存在潜在的需求。对此，经典的处理方法是，将 x 添加到一对"括号（()）"中来强制字符串 x 以表达式方式执行，例如：

```
# 将字符串作为语句执行，大括号将被解析为块语句，因此最终结果值是2
> eval('{x: 2}')
2

# 将代码作为表达式执行，结果值是一个对象
> eval('({x: 2})')
{x: 2}
```

在 ES6 之后出现的模板字符串，在一定程度上可以理解为对"将字符串作为表达式动态执行"的一个实现。模板字符串总是将模板中的替换声明（即"${...}"）理解为一个可执行的表达式，因此它也将返回表达式的值（并作为替换结果）。例如：

```
# 模板总是按表达式执行，因此结果值也是一个对象
> `${{x: 2}}`
'[object Object]'
```

只不过这个表达式执行的结果值最终只能被转换为字符串来返回而已。

考虑到这种性质，模板字符串可以用来做一些"动态的、基于数值返回结果"的表达式计算（而不依赖 `eval`）。另外，也可以用它来处理 JSON 文件，例如：

```
> `${JSON.stringify({x: 2})}`
'{"x":2}'
```

有很多技巧可将模板的这一性质利用起来，唯一要记住的是：它类似于直接调用的 `eval`，工作在当前环境中，并且总是以表达式方式来执行字符串文本。

模板工作在当前环境中，是因为模板是作为字面量来创建的，因此它（作为一个字符量值）将初始化于当前环境创建的过程中。而模板中引用的那些"名字/标识符"，是在使用这个模板时，采用"类似标记模板的执行（CallExpression TemplateLiteral of Tagged Templates）"的技巧来引用当前环境中的变量的。由于模板创建时绑定了当前环境，因此那些名字也就不可能被替换。例如：

```
function foo(message) {
  let x = 100;
  let t = `${message}: ${x}`; // <- 模板执行发生在这里，变量x已传入
  return t;
```

```
}

// 全局环境的 x 不会影响到上述模板
var x = 200;
console.log(foo("Hi")); // Hi, 100
```

6.6.7.3 宿主的动态执行逻辑

早期的 JavaScript 是应用于浏览器环境的,而浏览器宿主最早实现的 setTimeout/setInterval 这两个定时器也具备动态执行的能力。那个时期的 setTimeout/setInterval 的第一个参数必须指定为一个字符串,并且这个字符串将以"类似于 `eval`"的方式在全局执行。例如:

```
// （执行于浏览器环境）
setTimeout("document.write('Hi!')", 5000)
```

之所以使用这个示例,是因为这是一个将发生于"5 秒之后"的事件。而那时浏览器环境将处在一个未知的状态,因此这行代码的执行结果就具有了一定的不确定性(未必能够有效地在浏览器上输出 `"Hi"`,可能输出用户代码拼写的一个 HTML 标签)。

同样的原因,setTimeout/setInterval 的另一个特性——在第一个参数上使用"函数表达式"是较晚才实现的,因为这需要更好地管理函数闭包,确保"将来(例如 5 秒之后)"还能够通过闭包来引用当前的(而不仅仅是全局的)上下文环境。

这种在 setTimeout/setInterval 的第一个参数中使用字符串的方式,在一些新的宿主中已经被禁用了,或者拒绝实现它。例如,在 Node.js 的较晚版本中实现了 setTimeout/setInterval,但并不能在第一个参数中使用字符串,在 Chrome 中也是如此;而 Safari 和 Firefox 则选择对这种调用返回一个安全警告。另外,事实上由于 setTimeout/setInterval 并非 ECMAScript 规范中的内容,因此它们的实现以及交付的接口是 JavaScript 引擎或宿主自己决定的。亦即是说,这并不是被规范过的内容。

然而,"在非严格模式的全局执行一点什么"仍然是一个强烈的需求。在.js 文件或浏览器的<SCRIPT>块被加载之后,用户代码仍然希望回到全局环境中来处理一些动态决定的内容。因此,类似 `window.execScript(x)` 或 `global.eval(x)` 这样的解决方案一直是浏览器中的默认实现。它们允许将用户代码文本`"x"`动态地执行在引擎或宿主的全局环境中。不过如今,这些传统的解决方法被"间接调用的 `eval`"替代了,ECMAScript 通过规范的形式将这一特性实现在了引擎级别,对于浏览器环境来说,这变得更加兼容和可靠了。

这或许是"间接模式的`eval`"作为一种奇怪的语法设计被保留下来的真实理由。不过,动态函数"工作在非严格模式的全局"却只是一个保留特性[1],历来如此。

6.7 动态方法调用(call、apply 与 bind)

函数 eval(x) 的入口参数 x、new Function(x) 中作为代码体的 x,还包括在模板字符串"`${x}`"中的表达式 x 等,这些都可以视为动态执行的执行体。当然,你也可以将一个函数对象视为执行体,并通过运算符"()"来执行它,这称为函数调用。

无论是动态函数的调用,还是静态函数的调用,又或者是隐式地触发一个函数调用(例如,对象的 get/set,或者 Symbol.iterator 符号属性),只要它们是面向函数的,那么就存在一个完全相同的动态执行机制:它们可以使用 apply() 和 call() 方法来动态地执行,或者使用 bind() 方法来提前决定传入的 this 和其他参数。例如:

```
function foo(name) {
  console.log('hi, ' + name);
}

// 示例: call 与 apply 的一般性使用
foo.call(null, 'Guest');
foo.apply(null, ['Guest']);
```

其中,函数 foo() 使用 call() 与 apply() 方法来进行动态调用时的效果并没有什么不同,差异仅在于调用时的参数不同。其中,apply() 的第二个参数可以传入数组或类数组对象,因此更加灵活且在大多数引擎的实现中效率也较 call() 方法稍高。[2]

6.7.1 动态方法调用以及 this 引用的管理

我们曾经说过,传统的 JavaScript 中并没有严格的"方法",这是指在 ES6 之前,所谓的"对象方法"其实就是函数类型的属性,而"方法调用"只是在语法上用成员存取运算符——句点(.)和中括号([])——来找到对象成员,然后将该成员作为函数执行而已。

而从 ES6 开始,对象和类都有了严格的声明"方法"的能力,但是"方法调用"这个行为在实现上却并没有变化。它与函数调用(又或者是 ES6 之前的函数属性的调用)并没有不

---

[1] 在语言设计上,动态函数有工作在全局环境的必要,因为函数内(当前环境)的动态调用可以由"函数表达式"来承担,或者使用 eval 来临时创建一个。但是当动态函数工作在全局环境时,由于在运行期无法获得"环境的严格模式状态",并且为了避免给执行引擎带来不必要的负担,因此"动态函数与间接调用的 eval"都是工作在非严格模式中的。
[2] 在使用 call() 时,也可以使用 ...args 语法来将数组或类数组展开为参数,但这样做的效率很低。并且事实上使用 call() 的时候,引擎还需要再将那些参数变成数组(在引擎内可能是一个参数列表类型的数据结构),这又进一步地降低了效率。

同，采用的方式都是一样的：在调用函数/方法时，将左侧的操作数作为 this 对象传入。所以从用户代码的角度来看，要想知道自己是被哪种方式调用的，唯一的判断方法就是看函数内是否能访问"有效的 this"。

传入一个"有效的 this"，就可以动态地将函数用作方法，或者将既有的方法声明应用在其他对象上。而 apply() 和 call() 都提供这样的能力，它们的第一个参数用于指定 this 对象，或者置为 null 或 undefined 值，表明不指定 this 对象；而第二个以后的参数将会作为实际参数在调用时传入。例如：

```javascript
// （示例 1）
function calc_area(w, h) {
  console.log(w * h );
}

function Area() {
  this.name = 'MyObject';
}
Area.prototype.doCalc = function(v1, v2) {
  calc_area.call(this, v1, v2);
}

// 调用 cacl_area() 来计算面积
var area = new Area();
area.doCalc(10, 20);
```

这里使用了 call() 方法，因此需要逐个传入参数。而 apply() 接受用户代码构造一个数组作为参数传入，一个相对复杂的例子是这样的：

```javascript
Area.prototype.doCalc = function(v1) {
  var slice = Array.prototype.slice;
  calc_area.apply(this, [v1*2].concat(slice.call(arguments, 1)));
}
```

在 ES6 之后则可以用剩余参数和数组展开来完成类似的操作，例如：

```javascript
Area.prototype.doCalc = function(v1, ...args) {
  calc_area.apply(this, [v1*2, ...args]);
}
```

或者使用 call() 方法：

```javascript
Area.prototype.doCalc = function(v1, ...args) {
  calc_area.call(this, v1*2, ...args);
}
```

由于在 apply() 调用中约定的参数形式是"数组或 arguments"，因此也可以直接修改它们的成员（数组下标或 arguments 中的元素）来传递新值。例如：

6.7 动态方法调用（call、apply 与 bind）

```
// （示例2）

var Area = {
  doCalc() { // <-- 注意这里没有声明形式参数
    arguments[0] *= 2;
    calc_area.apply(this, arguments);
  }
}

Area.doCalc(10, 20);
```

由于在 JavaScript 中形式参数是 `arguments` 中元素的引用，因此修改形式参数会直接影响到 `arguments`。如下代码与上例完全相同且更为简单（注意形式参数 x 的使用）：

```
// （示例3，续上例）

var Area = {
  doCalc(x) {
    x *= 2;
    calc_area.apply(this, arguments);
  }
}

Area.doCalc(10, 100);   // 10*2*100 = 2000
```

但在非简单参数中并不支持这样做，因为这种情况下形式参数与 `arguments` 并不绑定：

```
// （示例4，续上例）

// 非简单参数中形式参数（例如x）并不绑定到 arguments
var Area = {
  doCalc(x = 5) {
    x *= 2;
    calc_area.apply(this, arguments);
  }
}
Area.doCalc(10, 100);   // 10*100 = 1000
```

在上述所有示例的用户代码中，都将尝试把"当前环境中的 `this`"作为 `call()`/`apply()` 方法的第一个参数传入，尽管在最终调用 `calc_area()` 函数中并不使用 `this` 引用。对于 JavaScript 引擎来说，用户代码是否使用 `this` 是不重要的，因为引擎总是（无论如何都会）将 `this` 传递给这个函数，这个过程中的函数调用就称为 BindThis（参见"5.4.3 方法调用"）。

这意味着，事实上是JavaScript引擎在帮助用户代码管理"`this`引用"，并且事实上它总是作为一个"隐式的参数"在函数调用过程中传递的。[1] "隐式this参数传递与管理"也是JavaScript语言设计历史中的一个著名的"泥潭",诸多的新语言特性的实现受阻于此;同时它也是JavaScript语言在应用中最易出错的地方,无数开发者屡屡折戟。

而其中最常见的意外,就是 `this` 引用的丢失。

6.7.2 丢失的 this 引用

除了非简单参数中"形式参数与 `arguments` 不绑定"之外,在 JavaScript 中还有一种丢失绑定的情况,即在 `call/apply` 调用中,对于箭头函数来说 `this` 不绑定。例如:

```
// (示例5)
var x = 2, y = 3;

// 箭头函数使用当前词法上下文(这里的global)中的this
var calc_area = () => console.log(this.x * this.y);

// 传入对象a,但calc_area()并不使用它
var a = {x: 100, y: 200};
calc_area.call(a); // 6
```

相较于这种隐式的丢失绑定,更加常见的其实是显式地丢失 `this` 引用。也就是说,对于一个需要使用 `this` 对象的函数(或方法)来说,没有传入 `this` 引用。例如:

```
// (示例6)
var x = 2, y = 3;

// 一般函数
var calc_area = function(){
  console.log(this.x * this.y);
}

// 没有传入有效的this
calc_area.call(); // 6

// (或)直接将calc_area作为函数使用,因此没有this传入
calc_area(); // 6
```

宿主环境对于这种情况的处理没有定规。例如:

```
print = document.writeln;
print('this is a test.');
```

在Firefox中执行这样的代码会导致异常,而在IE中则没有问题。其中的原因,仅是因为

---

[1] 在 ES6 之后,JavaScript 中一共有两个隐式传递的参数,另一个是 `newTarget`(它在用户代码中通过 `new.target` 来访问,而在调用过程中却是在参数界面中传递的)。

Firefox实现writeln()这个方法时，在方法内需要使用this引用 [1]，IE的writeln()则不需要。同样，在Node.js的早期，console.log()等方法也只接受方法调用，如果不绑定console来作为this，就会抛出异常。例如：

```
// 早期版本的Node.js中这也将导致异常
Promise.resolve("Hi").then(console.log);
```

后来，为了让这一类逻辑处理起来更加简单，Node.js 就隐式地将 console 对象绑定给了.log等方法，从而使上述代码可以正常运行。

可见，在函数内是否使用this是一个关键的设问，然而就目前来说，函数并没有任何方式向外部暴露这一信息。[2]当这样的问题出现在用户代码中时，你可能需要为它封装一个"显式绑定this的过程。例如，使用读写器方法来设置一个"函数类型的属性"：

```
// （示例7）
var id = "global";
var obj = {id: "MyObj"};

// 参考"示例5"，箭头函数总是使用当前上下文中的this
Object.defineProperty(obj, "foo", {
  get() {
    return ()=> { // 这里的上下文中的this是读obj.foo时传入的对象
      console.log(this.id);
    }
  }
})

// f()将是一个引用了"obj.foo上下文中的this"的箭头函数
var f = obj.foo;
f(); // MyObj
```

类似地，这种方法也可以用在方法声明上（包括类的静态方法）。例如：

```
// （示例8）
class MyObj {
  constructor(id) {
    this.id = id;
  }

  get foo() {
    return ()=> { // 这里的"上下文中的this"是读foo属性时传入的对象
      console.log(this.id);
```

---

[1] 在 Firefox 中运行这个示例时，将抛出一个 TypeError，提示 write() 方法需要一个 HTMLDocument 接口的对象('write' called on an object that does not implement interface HTMLDocument）。而在本示例中丢失 this 引用时，该方法中的 this 引用将指向宿主的全局对象（也就是 window）。

[2] 确实有提案在向 TC39 建议为函数添加一个元属性（类似 new.target）来暴露这一性质，以便用户代码或外部模块有机会正确地处理函数调用。

```
        }
      }
    }

// 示例: 每个 MyObj 实例都可以有自己的 foo 方法并已经绑定了 this
f = (new MyObj('o1')).foo;
f(); // 'o1'

f = (new MyObj('o2')).foo;
f(); // 'o2'

// 示例: 箭头函数会忽略其他方法的 this 绑定 (类似示例 5)
// 尝试将它赋给对象方法, 或者使用 apply/call
obj = { id: "obj", foo: f };
obj.foo(); // 'o2'
obj.foo.call(obj); // 'o2'
obj.foo.apply(obj); // 'o2'
```

6.7.3　bind()方法与函数的延迟调用

`bind()`的作用是将函数绑定到一个对象上,并返回绑定后的函数。绑定后的函数总是作为该对象的一个方法来调用的,即 `this` 引用指向该对象——无论它是否置为其他对象的属性,或直接作为函数调用。例如:

```
obj = {};
function foo() {
  return this;
}

foo2 = foo.bind(obj);

obj2 = {};
obj2.foo2 = foo2;

// 以下均返回 true
console.log(obj === foo2());
console.log(obj === global.foo2());
console.log(obj === obj2.foo2());
```

`bind()`方法也采用类似 `call()` 方法的方式传入一系列参数。在这种情况下,这些参数被暂存到调用该函数时才使用,而不是在当前就使用。例如:

```
obj = { msg: 'message: ' };
function foo(a) {
  console.log(this.msg + a);
}

// 绑定时并不触发 foo() 的调用, 因此参数 a 被暂存
foo2 = foo.bind(obj, 'abc');
```

```
// 显示 'message: abc'
// - 参数值 123 被忽略
foo2(123);
```

最后需要留意的是，bind() 方法绑定后的函数仍然可以作为构造器使用，并允许使用上述的传入参数。在这种情况下，构造出来的对象既是"绑定后的函数"的一个实例，同时也是原来的——绑定前的函数的一个实例。[1]例如：

```
obj = {};
function foo(a) {
  //显示 false
  // - 按照 new 运算的规则，这时的 this 将不再指向 obj，而是指向新构建的对象
  console.log(this === obj);

  // 显示 'abc'
  // - 使用 bind 时传入的参数，在 new() 运算中传入的参数被忽略
  console.log(a);
}

Foo = foo.bind(obj, 'abc');

// 尝试使用绑定后的函数作为构造器
// - 参数值 123 被忽略
newInstance = new Foo('123');

// 两项检测都将显示 true
// - newInstance 是 foo() 的实例，也是 Foo() 的实例
console.log(newInstance instanceof foo);
console.log(newInstance instanceof Foo);

// 显示 false
// - Foo() 函数没有 prototype 属性
console.log('prototype' in Foo);
```

最后需要留意的是：bind() 方法的传入参数，总是被暂存且在调用时作为最开始的几个参数。这里的意思是，最终参数的个数是一个动态的组合（既包括绑定时预设的，也包括调用时新加的），例如：

```
function foo() {
  console.log(arguments.length, ...arguments);
}
```

---

[1] bind() 方法将返回一个引擎内部函数，它与通过 new Function() 得到的函数是不一样的。在进行 <object> instanceof <Class> 这一运算并以"bind() 方法返回的函数"作为 Class 参数时，该函数将向运算返回"<绑定前的函数>.prototype"，从而使上述规则成立。并且，事实上，"bind() 方法返回的函数"是不存在 prototype 属性的，亦即是说，对于下面的示例来说，"'prototype' in Foo"运算将返回 false。此外需要补充一点，Chrome 的 V8 引擎在这一特性的实现上是有 Bug 的，它导致后面的 newInstance instanceOf Foo 返回 false——这个 Bug 至少出现在 V3.4.10 版本中。

测试如下:

```
# 总是绑定前三个参数
> f = foo.bind(null, 1, 2, 3);

# 添加两个新参数,一共 5 个
> f('a', 'b')
5 1 2 3 'a' 'b'

# 添加 0 个新参数
> f()
3 1 2 3
```

并且绑定函数(例如上例中的 `f()`)是可以再次绑定的,参数也将向前叠加。例如:

```
# 再次绑定,并叠加两个参数
> f2 = f.bind(new Object, 'a', 'b')

# 现在有 5 个绑定过的参数了,再添加 2 个动态的
> f2('x', 'y')
7 1 2 3 'a' 'b' 'x' 'y'
```

然而在这个例子中,`new Object` 所创建的新对象并不会作为最终 `foo()` 调用的 `this` 引用,因为在 `f()` 中将总是使用它绑定过的 `null` 值。也就是说,在多次绑定中,参数是向前叠加的,但 `this` 绑定并不向前覆盖。

6.7.4　栈的可见与修改

在之前[1]通过 `apply()` 方法传送 `arguments` 的例子带来了一种潜在的风险:既然 `arguments` 是一个对象,那么在被调用函数中修改 `arguments` 对象成员,是不是会影响到调用者中的参数值呢?

答案是否定的。下面的例子说明了这一点:

```
function func_1(v1) {
  v1 = 100;
}

function func_2(name) {
  func_1.apply(this, arguments);
  console.log(name);
}

// 显示传入参数未被修改,值仍为 'MyName'
func_2('MyName');
```

---

1 参见"6.7.1 动态方法调用以及 this 引用的管理"中的示例 2。

尽管看起来 func_1 与 func_2 中使用的 arguments 是同一个，但事实上在调用 func_1.apply() 时，arguments 被做了一次复制：值数据被复制，引用数据被创建引用。因此，func_1 与 func_2 中的 arguments 看起来是相同的，其实却是被隔离的两套数据。

但是这种隔离的效果非常微弱。在前面的例子中，对于 calc_area() 这个函数，在被调用时，它的栈上就放着 doCalc() 这个函数。因此，我们其实是可以访问到 doCalc() 的。例如，我们把上面的 func_1() 改成下面这样：

```
function func_1() {
  console.log( arguments.callee.caller === func_2 );
}
```

那么当执行 func_2() 时，func_1() 就会显示值 true。所以外层的函数对于内部调用的函数来说，是可见的。因此风险仍然存在：尽管 arguments 在 apply() 与 call() 时是通过复制加以隔离的，但是调用栈对于被调用函数来说仍然可见，被调用函数仍然可以访问栈上的 arguments。如下例：

```
function func_3() {
  arguments.callee.caller.arguments[0] = 100;
}

function func_4(name) {
  func_3();
  console.log(arguments[0], name);
}

// 显示传入参数的值被修改为数值100
func_4('MyName');
```

在 func_3() 中，我们通过 callee 与 caller 访问到栈上的函数的参数，修改了 func_4() 中的形式参数 name。然而 func_4() 并不知晓这一行为的发生，因此是极端危险的。

而"arguments 是一个类数组对象"也进一步加大了调用栈上的风险：我们不但能修改 arguments 中某些参数的值，还可修改 arguments 传入值的个数。如下例：

```
function func_5() {
  Array.prototype.push.call(arguments.callee.caller.arguments, 100);
}

function func_6(name) {
  func_5();
  console.log(arguments.length);
}

// 显示传入的参数个数已经变成2
func_6('MyName');
```

类似的 Array 原型方法还可以包括 push、pop、shift、unshift、splice、sort 等，当

然也可以包括基于这些方法的一些更复杂的实现。请留意这里还包括 `sort()` 函数，所以事实上这种方法还可以改变 `arguments` 传入值的顺序：

```
function func_7() {
  Array.prototype.sort.call(arguments.callee.caller.arguments);
}

function func_8(v1, v2, v3) {
  func_7();
  console.log([v1, v2, v3], arguments);
}

// 显示结果为 1,3,5，参数顺序发生了变化
func_8(1, 5, 3);
```

不过在函数中"动态访问和修改调用栈"这一特性，在ES5 引入的严格模式中就被禁用了。更确切地说，严格模式并不是禁用了调用栈的访问，而是禁止了 `arguments.callee` 属性以及 `aFunction.caller` 属性的访问 [1]，这样一来，用户代码就没有访问调用栈的入口了。并且，在严格模式（以及非简单参数模式）中还取消了 `arguments` 与形式参数的名字绑定，这也就避免了 `func_7()` 所示的这一类问题，使严格模式中（基于名字的）形式参数访问变得安全了。

6.7.5　严格模式中的 this 绑定问题

函数的 `call()` 与 `apply()` 方法在严格模式与非严格模式中有一些差异，这些差异也适用于之前讨论到的 `bind()` 方法。具体来说会有以下两点区别。

其一，在非严格模式（以及 ES3 标准）中，如果 `call()/apply()` 方法的第一个参数传入 `null` 或 `undefined`，那么在函数内的 `this` 将指向全局对象（global）或顶层对象（例如浏览器中的 `window`）；而在严格模式中，`this` 将仍然使用 `null` 或 `undefined`——这意味着在严格模式下的 `call/apply` 中，的确会存在访问 `this` 引用导致异常的情况。例如：

```
// 待检测函数
function f() {
  var msg = (this === undefined) ? 'undefined'
    : (this === null) ? 'null'
    : '';
  console.log(msg || typeof this);
}
```

---

[1] 这两个名字还存在，但其读取器被置为触发异常的函数，并且属性描述符被置为不可变更的属性，因此用户代码也无法重置它们。此外，只要基于 ES5 以及更早的规范，即使是在非严格模式下，这些特性也表现得非常不一致（这涉及引擎对 `arguments` 对象的优化）。这使得本小节中的 func_3~8 难以有确定结果的表现。

```
// 差异1: 在 aFunction.call()的第一个参数中传入 undefined/null 值
//   - 在严格模式中显示值: undefined/null
//   - 在非严格模式中显示为 (全局对象或顶层对象的类型值): object
f.call(null);
f.call(undefined);
```

其二，在非严格模式（以及 ES3 标准）中，如果 call()/apply()方法的第一个参数传入一个值类型的数据，那么它会被先包装为对象再送入函数作为 this 引用；而在严格模式中并不会发生这个包装过程，而是仍然直接送入该值。例如：

```
// (续上例)

// 差异2: 在 aFunction.call()的第一个参数中传入值类型数据
//   - 在严格模式中显示 typeof 值: string、number 等
//   - 在非严格模式中显示为 object
f.call('abc');
f.call(2);
f.call(true);
```

由于在严格模式下 call/apply/bind 不对第一个参数进行修改而直接传入，因此用户代码中确实会面临 this 值为 null/undefined 的情况，也会面临 this 值不是对象——尽管在使用属性存取运算符时会自动包装为对象——的情况。

ES5 之后对这一点的设计初衷在于：在非严格模式下，将尽量推测代码的意图，以保证代码不抛出异常；而在严格模式下，如果发生异常则必然是用户代码存有不明确的语义所致的，并且这种异常应当由外围的或严格模式下的 try...catch 来及时处理。

6.8 通用执行环境的实现

在本节中，我们将从一个通用DSL（Domain-Specific Language）的设计实现开始讨论[1]，并进一步地将ECMAScript规范下的语言引擎[2]纳入这个DSL体系。这些讨论的主要方向包括语言的概念设计、应用嵌入引擎、动态执行的扩展，以及宿主环境的设计与实现等。

---

[1] 有关通用 DSL 语言模型的设计部分，是本书第 2 版中的内容，它提出了一个标准的、基础的 DSL 设计模型。本书新版中承接这一设计，希望对它的应用进行展开和探讨。

[2] 在这里引入了 Facebook 的开源项目 prepack 的一个简版，称为 prepack-core（参见 Git 仓库 aimingoo/prepack-core）。这个简版去除了 prepack 中有关 react、jsx，以及一些用于优化和加强的模块，提供了它最核心的功能：一个ECMAScript 语言的实现（即一个 JavaScript 引擎）。基于这个引擎，我实现和提交了一些面向 TC39 的提案，所以该项目有一些分支用于交付它们。这些交付对象就是第 4 章最后的应用部分所讲述的内容，可参见"4.8 私有属性与私有字段的纷争"。

6.8.1 通用 DSL 的模型

现在我们来考虑一个"通用 DSL"应该是什么样子的,也就是如何设计它的问题。首先,它是一种语言,这表明它应该有语法、语义、语用的问题。

那么我们接下来就从语法、语义与语用这三个基础概念讲起。

6.8.1.1 概念设计

这三个概念借鉴自自然语言的研究。例如,"吃饭了吗"这句话,首先它能表达一个问句的意思,即语义。在这个语义的基础上,会有汉语语法的问题,例如省略主语、疑问句和谓宾结构等。所以,我们可以改变一种语法来陈述它,例如"饭,吃了吗",或"吃了吗,饭"等。然而同样是这句话,如果早晨两个人在公司楼下碰面,则这句话的意义就跟说"Hello",或者"今天天气不错"差不多了——只是一个问候语。这就是语用的问题了,显然,这个问题涉及环境、场合,或者说计算机语言中常说的"上下文相关,或无关"。

综上,语法意味着需要一个解析器(parser);语义意味着对于语言中的关键字要有功能实现,即要有执行器(evaluator);而语用意味着说相同的话——相同的代码文本,在不同的环境下效果未必一致,因此需要在语言中做环境(environment)设定。那么,从 DSL 的设计上来讲:所谓一种语言,也就是"通过某种规则来解析(parser)一段文本,将它执行(evaluator)在某个上下文环境(environment)"中。

在这个体系中,有一个东西是不变的,也就 parser、evaluator 和 environment 的关系。所以,一个新的 DSL 语言的产生过程,可以描述成这样一种模式:

```
dsl = DSL(environment, evaluator, parser)
```

而让这个 DSL 语言执行——或称为讲述、表达、运行、生效——起来,则可以描述成下面这样一种模式:

```
result = dsl(...)
```

这个 DSL 语言的规则部分,是 parser 负责的;表述效果部分,是 evaluator 负责的。最后,我们要帮助新的语言管理上下文环境 environment,其他的则由"创建语言"的人来做。

这样一来,我们就得到了一个通用的 DSL 的生成框架。

6.8.1.2 被依赖的基础功能

QoBean 这个项目在底层设计了一些元语言机制,有一部分功能是可以应用于后面的具体实现的，这里先简略介绍一下其中的几个功能性函数。

首先是 Scope() 函数。在传统上，一个函数如果不是局部的，就是全局的。局部的，就是指物理上被包含在其他函数内部的函数；全局的，就是未被任何函数包含的函数。因此全局与局部是一个代码块的逻辑位置，这在 QoBean 中用函数 Scope() 来动态地指定：

```
// code from {QoBean}\Meta.js
function Scope() { // obj, func
  // ...
}
```

Scope() 有 obj 和 func 两个参数，它将参考 func() 的代码文本，以返回一个新的函数。不同的是，新函数在"以 obj 为参考"的闭包中。有两种情况：

- 如果 obj 是 null 或 undefined，则返回的函数在全局环境中。
- 如果 obj 是一个对象，则返回的函数位于该对象的闭包中。

所谓"该对象的闭包中的函数"，是采用了类似如下的方法来获得并返回的[1,2]：

```
with (obj) return eval(srcText);
```

这是 eval 的直接调用,因此其中的代码 srcText 将执行在"以对象 obj 的成员为上下文环境"中，例如当它访问一个变量名时，实际将访问到对象 obj 的成员。但这也就意味着在 Scope() 中会将传入参数 func 转换成与它相对应的 srcText。注意，这是不安全的。

Scope() 这个工具函数将会返回

- 一个相同功能的、全局空间中的、匿名的函数；或者，
- 一个相同功能的、指定对象闭包中的、匿名的函数；或者，
- 一个相同功能的、当前函数闭包中的、匿名的函数。

所以说 Scope() 的主要目的，就是得到一段代码在以 obj 为参考（reference）的上下文中运行的权利。

另一个函数称为 Owner()。表面上看来，它与 Scope() 函数有相似的语义，但是在 QoBean

---

[1] 因为语法解析的缘故，导致我们需要使用数组 [foo][0] 的形式来得到这个函数。关于这一点请参见 "6.6.4 动态执行过程中的语句、表达式与值"。
[2] 在 QoBean 的发布版本中，Scope() 并未采用这样的方法来实现，但原理是一样的。这是因为在 Firefox 4.0 之后采用的 JIT 引擎会将这里的 eval() 返回的函数作为全局匿名函数，而非在 with 闭包中的一个函数。与此相同的是，Chrome 的 V8 引擎也进行了这样的优化。因此 QoBean 实现了一个修正版本的 Scope()，将整个 with 语句放在 eval 中执行，这样得到的函数才会有正确的闭包链关系。不过，仍有需要进一步说明的是，后续版本的 JIT 优化仍可能导致 Scope() 函数采用其他方式来实现。

中，Owner()是用来处理执行者的环境切换的，称为"逻辑的属主"。并且这种属主是可以动态改变的，这通过Owner()函数来实现。不过这只是概念上的改变[1]，实际上它等效于bind()函数，又或者说它等效于"函数调用的内部过程"中的BindThis（参见"5.4.3　方法调用"）。该工具函数的简单实现如下：

```
// code from {QoBean}\Meta.js
function Owner(owner, aFunction) {
  return (aFunction || this).bind(owner);
}
```

最后一个工具函数是用于文本处理的，称为Weave()。QoBean将系统假设为最初只有一个空函数（亦即是说，运算能力是内置的），而"编写代码"可以被形象地表示为：通过一段既有代码（例如上述空函数）的修补，进而得到最终的可执行程序。它操作的基本对象称为"块"，可以是简单字符串文本，或者直接从函数中得到的函数体，例如：

```
// code from {QoBean}\Meta.js
function Block(func) {
  let _r_codebody = /[^{]*\{([\d\D]*)\}$/;
  return func.toString().replace(_r_codebody, '$1').trim();
}
```

而在既有代码上的"修修补补"的过程就被称为"编织（Weave）"。它的调用接口为[2]：

```
function Weave(where, srcText) {
  ...
}
```

其中where的可能性包括：

- 如果它能指示位置，则在该位置上插入代码。
- 如果它指示一段代码，则用新的代码替换旧的代码。
- 如果新的代码中使用了"匹配变量"[3]，则它可以引用where条件中查找到的代码。

并且Weave()最终将返回一个全局的匿名函数。因为它仍然是函数，所以可以进一步复制、修改，或者使用Weave()来进一步地进行编织。不停地重复这个过程，你总可以得到一个"表示一个系统的全部执行逻辑的"函数。

---

1 在QoBean的概念中，它认为任意一个函数都有它的属主：它属于某个对象，或属于全局对象，或属于顶层对象。也就是说，"this对象"的语义在QoBean中是"将对象作为函数的属主"，而不是"使函数与对象绑定"。
2 后续章节中只是简单地引用Weave()函数来说明设计上的必要性，因此这里不再介绍它的具体实现。
3 是指类似$x这种形式的字符串，借鉴自RegExp。

6.8.1.3 一个基本实现

在这个设计中，`DSL()`函数所返回的应该是具有语言处理能力的一个"引擎"，这显然意味着它应该返回一个函数`dsl()`。如此前讨论的，`dsl()`应当执行在`environment`所指示的环境中。

`environment`是一个用以描述环境中的各种标识[1]的对象，因此`dsl()`事实上应当运行在以`environment`为闭包的环境中。QoBean在元语言中通过`Scope()`实现了这一性质。即：

```
function DSL(environment, ...) {
  var dsl = function() { ... }
  dsl = Scope(environment, dsl)
  return dsl;
}
```

这样一来,此后通过`dsl()`来执行的代码的逻辑位置就将位于`environment`的对象闭包之中了。

但是这些代码逻辑上的属主却并不是这样的。`Scope()`返回的是一个全局函数，因此代码中的`this`引用就将指向当前的 JavaScript 引擎的`global`。解决这一问题也并不复杂，因为QoBean 元语言框架中的`Owner()`用于修改这一属主关系。即：

```
1  // 基本实现: 阶段1
2  function DSL(environment, ...) {
3    var dsl = function() { ... }
4    dsl = Scope(environment, dsl)
5    return Owner(environment, dsl);
6  }
```

现在，我们已经基本解决了 environment 的问题，接下来讨论关于 evaluator 和 parser 的实现。

parser 是一个解析器，它接受什么参数取决于语言的设计。例如，我们假定一个语言的所有代码都用数组来写的，那么 parser 就接受一个数组参数。但一般地，如同大多数语言的习惯，代码通常表达为一段字符串文本。因此 parser 一般会实现为：

```
function aParser(srcText) { ... }
```

parser 解析的结果，则通常是一个与 evaluator 进行的约定。也就是说，parser 解析后的传出，即是 evaluator 执行时的传入。如果是通用语言引擎，那么这个"传入、传出"的格式一般也会被确定，从而解耦 parser 与 evaluator，实现二者的分别优化，或者替代以第三方的引擎。一个常见的例子是，.NET 的不同语言，或相同语言的不同解析器，都会将源码转换为中

---
[1] 对于一个语言环境来说，标识是指所有的全局名称、符号等。

间代码,而执行器只负责执行中间代码,并不关注原始代码的形式。

当然,中间代码也可能有不同的转换级别,例如抽象语法树(AST)或中间指令(IA)。不过我们在这里不讨论这个问题——这些是具体语言的实现,我们只讨论不同语言的"公共部分"。这在上面刚刚被讨论过:parser 解析后的传出,即是 evaluator 执行时的传入。

那么 QoBean 如何理解和实现这一性质呢?首先,在语言上它表达的含义是指:

```
evaluator(parser(srcText))
```

但是从命令式语言的角度来看,我们也可以认为其含义不过是指:

```
srcText = parser(srcText);
evaluator(srcText);
```

也就是说,由 `parser()` 与 `evaluator()` 来顺次处理 `srcText`。源于 JavaScript 的动态类型,`parser()` 将 `srcText` 转换成了何种类型,是它与 `evaluator()` 之间的协商,与 `DSL()` 或 `dsl()` 本身的实现是无关的。

当把上述顺次处理的逻辑看成我们设定的语言执行规则时,一切就都简单了:在 `dsl()` 中只需顺序地包含上述逻辑即可:

```
function dsl(srcText) {
  srcText = parser(srcText);
  evaluator(srcText);
}
```

这样的一个 `dsl()`,也正是上一页"基本实现:阶段 1"的第 3 行代码

```
var dsl = function() { ... }
```

所需要的 `dsl()` 函数的全部实现。

不过仍有一些小问题。现在我们实现的 `DSL()` 是这样的:

```
1    // 基本实现: 阶段 2
2    function DSL(environment, evaluator, parser) {
3      function dsl(srcText) {
4        srcText = parser(srcText);
5        evaluator(srcText);
6      }
7      dsl = Scope(environment, dsl);
8      return Owner(environment, dsl);
9    }
```

按照 QoBean 的逻辑,`Scope()` 将产生一个新的全局函数并随后放到 `environment` 闭包中,接下来 `Owner()` 添加了 `environment` 对象作为属主。在这种情况下,第 8 行中的、新的 `dsl()` 以及其中的代码将只能访问到 `environment` 闭包,并且 `this` 指向 `environment`。那么在这个

闭包中，还有以下变量或函数名吗：

```
evaluator
parser
```

答案是没有。因为 `environment` 根本没有这些成员，因此以它的对象闭包为执行环境的话，也就不会有这些标识符。

因此"基本实现：阶段 2"中的逻辑是完全正确的，但 `Scope()` 导致了上下文切换，因此最终得到的 `dsl()` 并不能正确。

解决方案之一是将"基本实现：阶段 2"中的 `dsl()` 展开为一段代码文本，使之直接运行在 `environment` 中，这样就不会有任何标识符的困扰了。而这正是 QoBean 的 `Weave()` 所擅长的：

```
1    // 基本实现: 阶段 3
2    function DSL(environment, evaluator, parser) {
3       var dsl = Weave.call(evaluator, /^/, Block(parser)+'\n\n');
4       dsl = Scope(environment, dsl);
5       return Owner(environment, dsl);
6    }
```

在第 3 行中，

```
Weave.call(evaluator, /^/, ...
```

意味着将以 `evaluator()` 为基础，将后续的代码"编织"到它的 body 区的最前面，也就是在 `evaluator()` 的前面插入 `parser()` 的代码文本（第 4 行则用于取出 `parser()` 的 body[1]）。

这样我们就得到了一个基本的、通用的 DSL 语言"生成器"。

6.8.1.4 应用示例

`DSL()` 的调用方法是：

```
dsl = DSL(myEnv, myEval, myParser);
result = dsl('source_code');
```

`source_code` 是什么样子的？这取决于 `myParser` 的语法约定，以及它可以使用的 `myEnv` 的环境设置。为了简单，我们仍考虑这是基于 JavaScript 语法的。因此 `myParser` 可以写成：

```
// 基本的解析器
function myParser(source){
    source = Block(source);
}
```

---

1 并在其后加入两个空行有两个原因，一是使代码"美观"，二是插入的回车符可以规避 `parser()` 代码末尾没有分号导致的语法异常。

根据 Block() 的实现，source 参数（即最终传入的 'source_code'）既可以是字符串，也可以是一个 JavaScript 的函数。同样出于简单，我们也可以将 myEval() 用 JavaScript 的 eval() 来实现：

```
// 基本的执行器
function myEval(source) {
  return eval(source);
}
```

DSL() 会将上述两个函数展开成文本，会丢掉 source 这个参数（变量名）。因此真正可用的版本如下：

```
 1  /**
 2   * 1. 简单的解析器与执行器
 3   */
 4  function myParser(){
 5    arguments[0] = Block(arguments[0]);
 6  }
 7
 8  function myEval() {
 9    return eval(arguments[0]);
10  }
```

现在，我们就可以开始使用这种 DSL() 语言了：

```
11  (续上例)
12
13  /**
14   * 2. 构造一个执行环境
15   */
16  var Env = {
17    language: 'langg',
18    max: 100,
19    min: -3,
20    calc: function(adj) {
21      return adj * 2
22    },
23    show: function(msg) {
24      console.log(msg)
25    }
26  }
27
28  /**
29   * 3. 构建一个新的 dsl 语言
30   */
31  var myEnv = Unique(Env);
32  dsl = DSL(myEnv, myEval, myParser);
33
34  /**
35   * 4. 用这个 dsl 执行代码
```

```
36      */
37      dsl(function() {
38        show(min+max);
39        show(calc(min+max));
40      });
```

6.8.1.5 其他

首先，作为一门"语言"，新的 DSL 可能是相当怪异的、完全不符合 JavaScript 的语法的，根本就不能写到一个函数中去，该怎么办呢？这显然该是 parser 的问题。但是一旦因此修改 parser，那么当代码语法规则改变时，`myEval()` 的设计也就应该发生相应的变化。注意，这些可能的应对处理，都没有在上面的内容中加以讨论。作为应用层面上的变化，它们应该是 DSL 语言设计者的工作，而不是 QoBean 在 `DSL()` 框架上要考虑的事情。

除了 parser 以及与之对应的 evaluator 之外，environment 的使用也会是问题。我们会注意到，在"6.8.1.4 应用示例"中的 `Env.calc()` 是不能使用 max、min 等成员的。例如：

```
var Env = {
 ...
 calc: function(adj) {
   return max * adj * 2
 },
 ...
```

因为这些函数事实上是被作为 Env 的一个对象方法在运行的，而 max 标识符将存取该方法所在的全局环境（Global）——this.max，才能正确地存取到 Env.max 值，这些新的需求可能需要通过修改 `DSL()` 来实现。此外，也可以通过增删 environment 的成员来使得 dsl 可以访问到一些全局的标识符——类似 Global 成员，而不需要借助 this 引用去访问。

但是即使如此，我们也没有办法能让一段 dsl 代码运行在一个"绝对"干净的执行环境中。这样的环境是指：一个全局的变量、方法都没有，任何非预期的全局标识符都不存在。我们知道，包括让全局环境进入严格模式，也不可能避免"eval 的间接调用"和动态函数得到一个非严格模式的全局。JavaScript 中的"全局污染"是许多早期的、既有的框架利用的主要特性之一，因此它几乎不可能从语言层面被根除。

在一些具体的引擎中，允许采用虚拟机（vm, virtual machine）等技术来实现环境的隔离，这在特定引擎下是可行的（即使如此，"Node.js 中的 vm 无法实现绝对引擎隔离"也是众所周知的事情）。又例如在 ECMAScript 中，对于扩展的环境支持也采用了更加激进的措施：ECMAScript 在语言规范层面上开始定义多线程和并发机制，这意味着用"单引擎中的多线程隔离"来响应引擎内的环境管理需求。

6.8.2 实现 ECMAScript 引擎

如果在通用 DSL 模型的三个基本组件中无法实现环境隔离，那么这样的 DSL 只是在概念上可行，是难以使用的。而一旦环境（environment）被重新定义，那么执行器（evaluator）也就需要重新实现了，因为执行器的背景（语用）发生了变化，其概念和实现逻辑都要随之变更。较为可喜的是，语法解析器（parser）还可以保持不变。

无论如何，"得到一个纯粹的 dsl" 的终极路线，就是实现一个具体引擎。包括我们接下来要讨论到的：在 JavaScript 中实现一个 JavaScript。[1] 不过基于上述对 DSL 的理解，你会发现我们正好只是重新实现了 environment 和 evaluator，至于 parser，则是引用的第三方包。

6.8.2.1 简单入手

在 prepack-core 这个项目中，简单地尝试一个 HelloWorld 程序的方法是这样的：

一、安装 prepack-core

```
# 下载代码
> git clone https://git***.com/aimingoo/prepack-core
> cd prepack-core

# 安装子模块
> git submodule init
> git submodule update

# 安装包和编译（将使用 Babel）
> npm install
> npm run build-repl
```

由于 prepack 是一个使用 Flow 语法来开发的项目，所以它的代码是不能直接作为 Node.js 包装载的。上述编译过程将调用 Babel 和 Flow 来处理源代码并输出到 ./lib 目录中。

二、测试（在 Node.js 环境中）

```
# 加载 prepack-core 包
> execute = require('./lib').default

# 执行
> execute(`console.log("Hello World!")`)
Hello World!
```

---

[1] "JS implemented in JS" 是对 Narcissus 这个项目最简单的说明，它是由 JavaScript 之父 Brendan Eich 创建的（目前由 Mozilla 和开源社区维护）。除了这个项目之外，下面将讲到的 prepack 是另一个精彩的 "js in js" 项目，它是按照 ECMAScript 逐行翻译的，对于理解该规范助益良多。

由于 prepack 是按 ES6 规范（并基于 Flow）来实现的模块，因此在 Node.js 中直接加载它的时候，就需要使用"包.default"这个属性。而默认情况下，prepack-core 将导出一个执行器，即 `execute()`。在 `execute()` 中，用户代码可以使用"console"这个宿主对象，但 prepack-core 并没有初始化更多的宿主对象，它只在 ECMAScript 之外实现了很少的特性。

接下来我们拆解 prepack-core，看看它作为一个简单的宿主，是如何从"ECMAScript 规范实现（作为一个引擎）"到用户可用的。

注意，接下来的过程都可以在 Node.js 控制台上逐行应用。

6.8.2.2 引擎中的环境

ECMAScript 本质上是声明了一个 JavaScript 引擎的实现，它定义了引擎加载可能发生的每一个步骤，但是很不幸，它没有从宿主角度把这些步骤"装配"起来。下面的示例将说明如何完成这样的装配。

在最开始，需要在引擎与一个具体的 ECMAScript 环境之间建立一座桥梁。这是 prepack 的特有设计，用于为一个具体引擎初始化一组标准接口，用来兼容多种配置或多种环境，也就是说，它在实现上是可替换的。这组接口界面导出了一组工具函数与工具对象，并通过配置器（initializer）来对接口置值。如此一来，ECMAScript 环境（即 ECMAScript 标准的实现模块）就可以通过这组接口的公共模块来共享使用配置的结果。

ECMAScript 环境通过 `singleton.js` 来找到这些配置。因此可以这样初始化它：

```
# 接口实现者与引擎实例的配置器
> var initializer = require('./lib/singletons.js');
> var { PathConditionsImplementation } = require("./lib/utils/paths.js");
> var { CreateImplementation } = require("./lib/methods/create.js");
> var { PropertiesImplementation } = require("./lib/methods/properties.js");
> var { FunctionImplementation } = require("./lib/methods/function.js");
# (更多实现者)
...

# 步骤 0: 初始化 prepack 的引擎配置
> initializer.setPathConditions(val => new PathConditionsImplementation(val));
> initializer.setCreate(new CreateImplementation)
> initializer.setProperties(new PropertiesImplementation)
> initializer.setFunctions(new FunctionImplementation)
# (更多配置)
...
```

上述仅列举了后续示例需要的最少配置，在用户代码中可以简单地通过加载 prepack 的模块来完成相同的处理。例如：

```
# 步骤 0 的替代过程
> var initializeEngine = require("./lib/initialize-singletons.js").default;
> initializeEngine();
```

接下来我们正式开始实现与 ECMAScript 规范相关的引擎部分。

首先，需要为引擎创建一个"域（realm）"，以便让引擎的不同实例可以运行在不同的域中。域类似进程管理，用于隔离每个引擎实例可以访问的实际资源，也可以调度它们。但宿主对于"域"的调度，在引擎看来是透明的：

```
# Prepack 实现的"域(Realm)"
# （参见 ES7, 8.2 Realms）
> var { Realm } = require('./lib/realm.js');

# 默认配置
> var opts = {serialize: true};

# 步骤1：创建域
> var realm = new Realm(opts); // default options
```

然后，你需要为这个域初始化它的"内在值（Intrinsic values）"，这些是引擎为 JavaScript 环境准备的最基础的实现组件，例如 `null` 值，又例如一些公共的常量定义。由于它是引擎的实现者（例如这里的 prepack）内在的，因此 prepack 通过 realm 的一个属性来发布了它，用户代码需要将它"初始化"到当前 realm 中：

```
# prepack 实现的"内在值(Intrinsic values)"
# （参见 ES7, 6.1.7.4 Well-Known Intrinsic Objects）
> var intrinsics = realm.intrinsics;

# prepack 提供的工具函数
> var initializeIntrinsics = require("./lib/intrinsics").initialize;

# 步骤2：初始化 realm
> initializeIntrinsics(intrinsics, realm);
```

在当前 realm 中初始化了内在值，意味着 realm（在引擎环境的级别）拥有了引擎赋予它的能力和知识。这在语言设计中是一个很重要的概念：realm 代表着一个"用于实现语言的场所"，而 intrinsics 代表这个场所中的"物件"。接下来，ECMAScript 的规范开始约定如何用这些"物件"在"场所"中搭建 JavaScript 引擎所理解的"全局"。

创建全局环境总共分成三步，第一步是创建一个全局的对象，也就是用户代码可以访问的 `global`：

```
# prepack 实现的、在用户代码层面可以理解的"对象（Object）"
# （参见 ES7, 8.2.3 SetRealmGlobalObject）

# 类 ObjectValue()是 prepack 声明的类型，它的实例就是 JavaScript 中普通的 object
> var ObjectValue = require("./lib/values").ObjectValue;
```

```
# 步骤3: 创建全局对象,相当于 global = new Object(...)
> realm.$GlobalObject = new ObjectValue(realm, intrinsics.ObjectPrototype,
"global");
```

其中 `$GlobalObject` 在 prepack 中是 ECMAScript 内部槽的一种表达方式。也就是说,它等义于 ECMAScript 规范中的 `realm.[[GlobalObject]]`。

第二步是按 ECMAScript 规范为 `global` 这个对象(即 `realm.[[GlobalObject]]`)添加成员,例如 `Math`、`Object()`、`undefined` 等。在 prepack 中将这个过程变成了一个简单的属性抄写过程,作为"内在值"的一部分实现,放在了 `intrinsics/ecma262/global.js` 中。因此可以简单地调用它的工具函数来完成:

```
# prepack 实现的 ECMAScript 规范的全局对象初始化工具函数
# (参见 ES7, 8.2.4 SetDefaultGlobalBindings)
> var initializeGlobal = require("./lib/intrinsics/ecma262/global.js").default;

# 步骤4: 初始化全局对象
# (该工具函数将读取 realm.[[GlobalObject]] 作为 global 对象初始化)
> initializeGlobal(realm);
```

第三步则将使用这个 `realm.[[GlobalObject]]` 创建一个全局环境。这是 ECMAScript 规范中的标准环境,对于引擎来说,环境既是用户代码的执行现场的一个快照,也是执行引擎通过"执行上下文(ExecuteContext)"来管理用户资源的一个入口。所有的可执行对象(即在 JavaScript 中有 4 种可执行结构,参见"5.5.1.1 闭包与非闭包")都有它们对应的环境。这里创建的,就是全局代码块(Script)对应的"全局环境":

```
# prepack 实现的 ECMAScript 规范的"环境(Environment)"
# (参见 ES7, 8.1 Lexical Environments)
> var { EnvironmentImplementation } = require("./lib/methods/environment.js");
> var Environment = new EnvironmentImplementation();

# 步骤5: 创建全局环境
# (参见 ES7, 8.2.4 SetRealmGlobalObject)
> realm.$GlobalEnv = Environment.NewGlobalEnvironment(realm, realm.$GlobalObject,
realm.$GlobalObject);
```

现在,你已经得到了语言的三个组件中最基础的一个:环境。在不考虑语言具体特性的情况下,`realm.$GlobalEnv` 中的全局环境已经为用户代码准备就绪,可以执行代码了。

在所有用户代码开始之前,我们得先理解一个基础的概念:所谓环境,在用户代码看来,就是它可以访问的标识符(这种资源)的全集。例如,用户代码中出现一个 x 变量,(如果它是全局的,)那么在上面的 `realm.$GlobalEnv` 中就必然会有一个称为 x 的名字。

对于 JavaScript 来说,由于是全局环境,所以 `var x` 中的名字 x 是作为 `realm.$GlobalEnv`——

也就是 global 的属性来创建的。但是这只是具体语言的处理方式，在"语言设计"这个范畴中，理解为变量 x 映射给了环境中的 x，就可以了。

6.8.2.3 对用户代码的语法分析

在ECMAScript中约定，代码的解析是在它执行之前完成的，更确切地说，是在全局环境之后、在第一个引擎任务（ScriptEvaluationJob）执行的最初完成解析。但是这里有一个例外，因为当类声明中没有构造方法（constructor）时，ECMAScript约定引擎需要为该类动态插入一段硬代码，而这段硬代码"原则上"是一段代码文本，因此也就存在了动态解析的必要性。[1]

了解 prepack 如何处理类声明中的这段硬代码，是分析 JavaScript 语法解析引擎的捷径。引擎在这里的处理一共分成四个步骤，概述如下。

第一步，需要准备一段文本代码，并将它视为一个完整的.js 文件。这是因为，语法解析通常是从文件中解析代码的，并且由于 ECMAScript 约定"代码文本"是以"语句行（Statement lines）"为基本单位的，因此语法解析将"逐行解析"源代码文本。JavaScript中的行结束符是有语义的，例如它可能导致"自动分号插入"这样的引擎行为，亦即是说，"（在某些情况下）代码行"意味着语句结束。同样，基于这样的假设，文件结束符（EOF，End Of File）也被视为一个行结束符来处理。

所以当你准备的代码文本没有"换行符"时，引擎将认为末尾处有一个EOF标记（因为它是被视为完整.js文件来处理的）。在prepack中，这段源代码文本为[2]：

```
# 步骤1：准备文本代码（例如从文件中载入）
# （prepack 中默认构造器的硬代码）
> var constructorSourceText = `\
class NeedClassForParsing extends Object {
  constructor(... args) {
    super (...args)
  }
}`;
```

接下来，装入默认解析器：

```
# 步骤2：装入解析器
> var { parse } = require("@babel/parser");
```

---

[1] 事实上，其他几种基于"代码文本"的动态执行都会带来动态解析，例如 eval()和 new Function()。这里强调类构造方法的硬代码，主要是因为它是特例，绝大多数语言设计者对这种"插入硬代码"都是持负面态度的（不过对于具体引擎来说，这里是存在优化空间的）。

[2] 这里prepack一直有一个Bug，它忘了写 extends Object 这个声明部分。

在prepack中使用的是Babel核心库中的解析器，这个解析器的前身是Babylon，是基于acorn实现的。基本上，"@babel/parser"项目可以理解为Babel项目组对acorn的一个改进版。之所以强调这一点，是因为这意味着它的语法树（AST）的格式是遵循EStree规范的。[1]

所以使用如下代码解析出来的结果就是一个标准的EStree的语法树：

```
# 步骤3: 解析语法树
> var filename = "", sourceType = "script"; // default options
> var ast = parse(constructorSourceText, {filename, sourceType});
```

如果现在来执行这个语法树，那么相当于执行了一个完整的.js文件。就`sourceType`这个参数来说，如果它是以`"script"`类型载入的，那么它就是全局代码；如果它以`"module"`类型载入，那么这就是模块的顶层代码。然而我们需要执行的只是其中的一小部分，即这段源代码作为一个"类声明语句"的片断。因此，接下来需要在AST中检索到它。

可以通过第三方工具（例如在线工具AST Explorer）来查看这个AST语法树，它在代码中是一个一般对象（对于prepack或"@babel/parser"解析器来说），相应地也可以表示成JSON对象格式。在AST Explorer中选Babylon6格式，在输出格式中选JSON，左侧的源代码使用上述`constructorSourceText`字符串就可以了。于是，将得到类似如下的一个JSON数据：

```
{
  "type": "File",
  "start": 0,
  "end": 94,
  ...
  "program": {
    "type": "Program",
    "body": [
      ...
    ],
    "sourceType": "script"
  }
}
```

展开这个JSON，可以在如下路径找到代码中的`constructor()`方法：

```
// ast.program.body[0].body.body[0]
ast.            // "type": "File"
  program.      // "type": "Program"
    body[0].    // "type": "ClassDeclaration"
      body.     // "type": "ClassBody"
        body[0] // "type": "ClassMethod"
```

---

1 有许多开源的JavaScript/ECMAScript语法解析器，它们对AST的约定并不相同，因此不同的parser的解析结果也并不相同，不是通用的。这些第三方的解析引擎包括Esprima、UglifyJS 2以及Shift等，其中，Esprima和Acorn一样，采用EStree规范，该规范是Mozilla的SpiderMonkey项目定义的。

并且，你可以用如下的方式来检测这个 AST 树：

```
# 在 Node.js 中检查 AST 树
> ast.program.sourceType
'script'

> ast.program.body[0].type
'ClassDeclaration'

> ast.program.body[0].body.body[0].type
'ClassMethod'

> ast.program.body[0].body.body[0].key.name
'constructor'
```

所以，如果需要执行的是整个脚本，那么应该执行 `ast.program` 这个 AST 节点，如果执行的是构造方法，就应该执行 `ast.program.body[0].body.body[0]` 节点了。因此在 prepack 中，这里的最后一步就用于返回这个可执行的 AST 节点：

```
# 步骤 4：得到可执行的 AST 节点
> var { program: { body: [classDeclaration] } } = ast;
> var { body } = classDeclaration;
> var { body: [constructor] } = body;

# (OR)
> var constructor = ast.program.body[0].body.body[0];
```

6.8.2.4　执行前的准备工作

我们已经得到了语言的三个组件中的两个，包括环境和解析器（这里是指它的结果 AST 树）。那么现在离实现执行器（evaluator）还有多远呢？

首先，我们得理解"如何执行"。

JavaScript 的执行过程发生于受引擎管理的一个"执行上下文"内部。如果没有这样的上下文，单独的 JavaScript 的代码，或者说由它解析出来的 AST 其实是什么也干不了的。引擎的主要职责之一就是调度这些执行上下文，这既是每个"JavaScript 活动"的执行场所，也是它们执行状态的一个瞬时快照。并且最后、最重要的是，这其实也是不同引擎进行效率优化的地方，例如，JIT（Just in time）引擎就工作在这个位置。

一个执行上下文可以"反向地"通过环境来了解用户代码干了些什么。但是这种反向的了解是受到极大限制的，因为执行引擎（通过执行上下文）对环境越"知情"，它需要处理的逻辑就越多，而效率也就越低，并且同时容错机制也就越复杂（以及越容易出错）。而 ECMAScript 在规范中，对这个环节也"仅仅只有"一个极小的约定，即：执行上下文通过词法环境（lexicalEnvironment）和变量环境（variableEnvironment），来引用用户代码所需要的资源。更简单地说，一个执行上下文其实只需要包含两个环境的引用。

这是唯一需要为执行引擎准备的东西：

```
# 步骤1：创建上下文并关联到（可执行的）环境

# 载入 prepack 的上下文组件
> var { ExecutionContext } = require('./lib/realm.js');

# 在当前域（realm）中创建上下文
> var context = new ExecutionContext();
> context.realm = realm;

# 关联到全局环境（假设用户代码将运行在全局）
> context.lexicalEnvironment = context.variableEnvironment = realm.$GlobalEnv;
```

只需要将这个上下文"推入（push）"执行引擎，然后就可以将语法树（AST）运行在这个上下文中了。例如：

```
# 步骤2：向执行引擎推入上下文
> realm.pushContext(context);
```

6.8.2.5 从语法树节点开始执行

由于已经将一个"上下文"推入引擎，并且引擎也可以通过它来访问到"环境"中的那些资源，因此在"语法树（AST）"中代码对标识符的访问就可以得到处理了。但是"执行"意味着代码被当前的处理程序——例如引擎本身的执行循环来识别和处理。

我们假设一下现在的执行器可能使用的接口，大概如下：

```
evaluate(ast, ...args)
```

其中 ast 是待执行的语法树，而 args 是可能的参数。对于 JavaScript 来说，args 中的一个可选项就是"严格模式（strictMode）"。现在已经完成了语法解析，因此，如果这个代码块需要运行在严格模式中，那么它的 ast.body[0] 就应该是一个字符串字面量，这是可以简单识别的。[1]

但是要具体地实现 evaluate()，则可能非常复杂（或极简单）。对于一种确定的语言——假设不是 ECMAScript 规范中的语言，而是用户自定义的某种简单语言，那么这里的 evaluate()

---

[1] 不同的解析器在这里的处理并不相同，有些是将 "use strict" 理解为简单的单值表达式（ExpressionStatement），有些则理解为专门的指示字（Directives）。但切换严格模式的语法被设计成这样的主要原因，是让解析器可以在第一时间"知道并配置"代码块的模式和后续解析方式。

其实可以写成硬处理代码,对于如下简单表达式:

```
x + y
```

来说,它的处理过程类似于:

```
// 对于本示例来说 `context` 是当前上下文
// (注:上例中的 `context` 刚刚被 pushContext())
currentContext = () => context;

// 示例用的 evaluate()
function evaluate(ast, ...args) {
  // 从 ast 中得到具体的行为和相关操作数
  var stat = ast.program.body[0]; // "type": "ExpressionStatement"
  var {left, operator, right } = stat.expression; // "type": "BinaryExpression"

  // ECMAScript 规范的环境工具
  //  - Get Reference by name, 参见 ES7: 8.1.2.1 GetIdentifierReference()
  var $R = Environment.GetIdentifierReference.bind(Environment, realm);
  //  - Get Value from Reference, 参见 ES7: 6.2.4.8 GetValue()
  var $V = Environment.GetValue.bind(Environment, realm);

  // 当前上下文
  var lexEnv = currentContext().lexicalEnvironment;
  if (operator === '+') {
    let xRef = $R(lexEnv, left.name);
    let yRef = $R(lexEnv, right.name);
    return $V(xRef) + $V(yRef); // a evaluation/operation process
  }
}
```

在这个示例中,evaluate()展示了如何从 ast 中得到用户代码所约定的逻辑(例如 x + y),然后它将从当前上下文中得到 x 和 y 这两个引用,并从引用中取出它所理解的值,最后完成+运算和返回。

这个过程原则上是完整的,它解释了执行系统的主要逻辑。甚至如果当前环境中有 x 和 y 这两个标识符,那么它的运算可以完成,并返回有效的结果。例如:

```
# 在环境中创建标识符 x 和 y (相当于 let 声明)
# (参见 ES7, 8.1.1.4.2 CreateMutableBinding ( N, D ))
> realm.$GlobalEnv.environmentRecord.CreateMutableBinding('x', false);
> realm.$GlobalEnv.environmentRecord.CreateMutableBinding('y', false);

# 在环境中为 x 和 y 绑定值
# (参见 ES7, 8.1.1.4.4 InitializeBinding ( N, V ))
> realm.$GlobalEnv.environmentRecord.InitializeBinding('x', 100);
> realm.$GlobalEnv.environmentRecord.InitializeBinding('y', 200);

# 执行并得到结果
> evaluate(parse(`x+y`, {filename, sourceType}))
300
```

所以在 prepack 中，在解析 constructorSourceText 这个代码文本之后，处理流程是按如下逻辑来进一步完成后续逻辑的：

```
# （续之前 6.8.2.3 节中的步骤 4：得到可执行的 AST 节点"）
...

# 得到指定节点
> var constructor = ast.program.body[0].body.body[0];

# 将当前上下文中的环境置换成类的声明环境
> realm.getRunningContext().lexicalEnvironment = classScope;

# 在 classScope 这个词法环境中，将 constructor 指向的 ast 节点作为方法创建
> let constructorInfo = Functions.DefineMethod(realm, constructor, ...

# （后续逻辑，略）
...
```

6.8.2.6　数据的交换

在引擎中实现的代码（例如函数）被称为 "原生函数（Native functions/method）"，类似地，在引擎中分配的数据称为 "原生数据（Native data）"。这些数据或可执行代码是在 JavaScript 用户代码中无法直接访问的，所以无法通过 toString() 来查看得到那些原生函数的源代码，例如：

```
> Object.toString()
'function Object() { [native code] }'
```

同样的原因，在之前的例子中，向 x 或 y 绑定的数字 100（或者 200，或者字符串、布尔值等），在用户代码中是无法读取的。在引擎与（语言的）用户代码之间交换数据是一门艺术，不同的语言、不同的引擎，乃至相同引擎的不同版本，在这个问题上的处理方法都不一样。[1] 在 ECMAScript 中并没有规定引擎如何处理这种差异，或如何在这些有差异的数据规格之间交换数据（TypedArray 是另一种实现，但它是 "内存区" 的一个映射，而与抽象的数据类型无关）。在 prepack 中设计了 "（所有的）ECMAScript 约定的 '语言类型'"，可以统一用如下代码载入：

```
# prepack 实现的 "语言类型（Language types）"
> var Types = require('./lib/values');

# 每种类型是一个构造器
```

---

[1] 以 "交换效率高" 闻名的 Lua 语言，就是将 Lua 代码中的数据与引擎内存中的数据规格设计成高度一致的，并且通过 "调用栈" 来直接与引擎交换数据。通过这样的设计，它的数据处理具有与引擎所使用的语言（例如 C++）相同的性质，并且可以直接使用引擎或宿主的原生代码。

```
> typeof Types.NumberValue
'function'

# 可以构造一个"可在引擎中识别的"数据
> new Types.NumberValue(realm, 100)
NumberValue {
  ...
  value: 100
}
```

因此，如果需要"从引擎或宿主中，向用户代码所在的环境"绑定一个该环境可以识别的数据，那么应该采用类似如下的方法：

```
# 在引擎中创建"语言类型（Language types）"的数据
> var { NumberValue } = require('./lib/values');
> var EngineData = {x: new NumberValue(realm, 100), y: new NumberValue(realm, 200)};

# 在环境中为 x 和 y 绑定引擎中的数据（初始绑定）
# （参见 ES7, 8.1.1.4.4 InitializeBinding ( N, V ))
> realm.$GlobalEnv.environmentRecord.InitializeBinding('x', EngineData.x);
> realm.$GlobalEnv.environmentRecord.InitializeBinding('y', EngineData.y);

# （或，再次赋值）
# （参见 ES7, 8.1.1.4.5 SetMutableBinding ( N, V, S ))
> realm.$GlobalEnv.environmentRecord.SetMutableBinding('x', EngineData.x, false);
> realm.$GlobalEnv.environmentRecord.SetMutableBinding('y', EngineData.y, false);
```

反过来说，如果在用户代码中向引擎返回一个数据，那么引擎得到的也不会是 100 或 "abc" 这样的原生数据，而是上面这种"语言类型"，或者由引擎按 ECMAScript 规范处理得到的"完成（规范类型）"等。因此在引擎中执行此前示例中的 `evaluate(ast, ...)`，那么得到的返回数据也应该是一个 NumberType，或它的子类型 IntegralValue。类似如下（将在后面的代码中进一步完善这个示例）：

```
# 参见后续对"步骤 4"的测试
#  （步骤 3、4 将在后续小节中实现）
> evaluate(ast, ...)
IntegralValue {
  ...
  value: ...
}
```

6.8.2.7　上下文的使用与管理

在执行引擎中理解的是执行上下文，而在用户代码中直接映射的则是词法环境，这种处理机制是为了给执行引擎层面的管理与优化留下空间。但是，如果执行上下文有且仅有一个全局环境（或者顶层模块环境），那么后续的其他环境[1]都是作为"执行栈"上新的帧来推入（Push）全局环境的，这意味着现实中的JavaScript只需要"一个执行栈"就可以完成代码的全部执行。

但是有两个方面的原因导致 ECMAScript 约定了引擎内置的"任务（Job）管理机制"。其一，是需要有一个抽象概念来将引擎初始化等的内核处理与一般函数的脚本处理统一起来，以便于它们运行在同一个执行栈；其二，是执行栈需要一个标准的处理任务的接口，例如通过"队列（Queue）"来决定任务的处理次序。

ECMAScript 因此约定了 JobQueue，并将所有能被执行栈处理的逻辑统称为"任务（Job）"。在此基础上，它还约定了任务在栈上的执行机制，称为"运行任务（RunJob）"。之所以强调这一细节，是因为在 ES8 之前它被称为 NextJob，这个过程是一次性的，在它执行结束之后执行栈就自动挂起了（以至于需要其他任务来激活"Next"以推进它）；而在 ES8 及其之后的 ECMAScript 规范中，它被重新设计为一个无限循环，自动、主动地扫描 JobQueue 并处理队首的任务，这意味着用户代码以及相关的逻辑将无法接触到执行栈的管理过程（而只能通过执行队列来影响它）。

在本书讨论的 DSL 中并不包含"执行引擎"，它只是一次性地执行代码并返回结果，因此没有相关的机制来保障 setTimeout()或 Promise 等逻辑的执行，这些需要读者自行设计。

6.8.3 与 DSL 的概念整合

在 evaluate()中最终实现"加号（+）"的求和运算时，采用的计算方法并不符合 ECMAScript 的规范。ECMAScript 为基础类型约定了它们最基本的运算，并由引擎内置的计算方法来实现。然而有些运算则是由语言（或引擎在实现语言时）来实现的，例如，所谓的属性存取运算（点号运算符或下标存取运算符）。所有这些操作，在 evaluate()函数中都可以通过类似如下方法从源代码的语法树中得到：

```
// （参见"6.8.2.5 从语法树节点开始执行"中`evaluate()`的实现代码）
var {left, operator, right} = stat.expression; // "type": "BinaryExpression"
```

而引擎还必须按照 ECMAScript 实现每一个 operator 的处理代码，才能完成引擎的全部执行功能。在 prepack 中实现了所有这些 operator，可以用如下代码载入引擎环境：

---

[1] 在 JavaScript 中有 4 种可执行的上下文（以及所对应的环境），其中能作为栈底的只有模块（Module）和全局（Script），而其他的两种要么是函数（Function），要么就是 Eval 环境，它们都是在运行过程中动态推入执行栈的。

```
# prepack 中实现的执行过程
> let evaluators = require("./lib/evaluators");

# 步骤 3: 在 realm 中装载执行过程
#    - （续 6.8.2.4 节的执行步骤）
> for (let name in evaluators) realm.evaluators[name] = evaluators[name];
```

如此一来，可以将一个真实环境下可用的 evaluate() 简单地实现为：

```
# 步骤 4: 一个可用的 evaluate 的实现
function evaluate(ast, strictCode) {
  let {lexicalEnvironment, realm} = currentContext();
  let evaluator = realm.evaluators[ast.type];
  if (!evaluator) throw new TypeError(`Unsupported node type ${ast.type}`);

  return evaluator(ast, strictCode, lexicalEnvironment, realm);
}
```

测试如下：

```
# 为存储分析记录而实现的结构（供 prepack 调试分析用）
> realm.statistics = {evaluatedNodes: 0}

# 测试"步骤 4"，计算求值
# （执行节点 ast，参见此前的 ast = parse(`x+y`, ...)）
> evaluate(ast, false)
IntegralValue {
  ...
  value: 300
}
```

现在我们得到了 DSL 的全部三个组件：环境、执行器，以及解析器。而之前讨论的 DSL 框架仍然是可用的，它可以被实现为如下所示：

```
// 一个简单执行栈的实现（参见"步骤 3: 在 realm 装载执行过程"来处理`context`）
// （注：`context`是在 6.8.2.4 小节的"步骤 2: 向执行引擎推入上下文"中添加到 realme 中的）
let ContextStack = [context];
let currentContext = () => ContextStack[ContextStack.length-1];

// evaluator()需要 currentContext 来与引擎实现者交换"执行过程"中的信息
function DSL(environment, evaluator, parser) {
  return function(srcText) {
    let defOptions = {filename: "", sourceType: "script"};
    let ast = parser(srcText, defOptions);
    return evaluator(ast, ast.IsStrict);
  }
}
```

于是，你可以用如下方式创建一个自定义的、特定领域的"JavaScript 方言"（DSL）：

```
# 可以操作数据（Language types），或用来与引擎内的代码交换信息
# （例如，在引警或宿主中显示从 dsl 中返回的值）
```

```
> print = ({value}) => console.log(value);

# 应用 DSL 框架
> dsl = new DSL(realm.$GlobalEnv, evaluate, parse);

# 使用 dsl 语言
> print(dsl(`x+y`));
300
```

在最后这个示例中,我们为 DSL 构建了一个与宿主语言和环境高度隔离的"ECMAScript 的规范下的通用环境"。如果将它作为一个宿主下的通用环境,那么你也可以通过实现自制的 evaluate 和 parse,来实现新的引擎或方言(具体 dsl 语言)。

第 7 章

JavaScript 的并行语言特性

> （当我们用时间作为行为的基准时，）循环不再是相同状态的重复，而是在不同时间经历相似的状态。而且，测量时间让我们能区分以不同速率进行的相似循环。
>
> ——《系统化思维导论》，杰拉尔德·温伯格

7.1 概述

对计算的思考要么是面向数据的，要么是面向运算的，这产生了命令式语言与函数式语言两种程序设计范型的根本抽象。而所谓静态或动态语言，则是对程序"可结构化特性"的两种不同阐释。换言之，这里存在两种不同的分类法，并进而可以分出四种类型的程序设计语言。

而现在，我们开始讨论第三种分类法。这种分类法讨论程序的逻辑是串行的，还是并行的。从这个角度上来说，JavaScript 是一门支持并行计算的编程语言。

7.1.1 并行计算的思想

在纯粹抽象的层面上讨论计算理论时，数、算与逻辑是三种分离的元素。以整数的四则运算为例，整数"-n+⋯+n"是所谓的数，"加减乘除"是所谓的算，而"先计算乘除法，后计算加减法"是所谓的逻辑——这种逻辑是基于时间的"先后"顺序的，也就称为时序逻辑，或顺序逻辑。

既然如此，也就有所谓的"非时序逻辑"，这种逻辑是将"时间/顺序"这一元素（作为抽象概念）排除在外的。并行计算是非时序逻辑下的计算模型。真正的、绝对的并行计算模型中没有"时间"，也不需要考虑多个计算对象之间的时序依赖等问题。

7.1.1.1 并行计算范型的抽象

在三个基本逻辑中，顺序和分支逻辑都需要被定义为时序逻辑。[1]然而温伯格在《系统化思维导论》中提醒读者：所谓时间其实是人为向可观察系统中添加的维度，且循环是可以独立于这个维度之外的，亦即是说，所谓"循环"原本是"状态的层叠"，只是当有了时间维度之后看起来才像是"顺序展开的状态"。

一旦从"循环"（这个逻辑）中抽离了时间维度，并将之视为"状态的层叠"，那么我们就真正地来到了并行逻辑的思维空间中。在并行逻辑中，任何一个"需要 n 次循环"以得到的结果，最终都"应该可以"变成一次——时间度量为"1"——的逻辑，以及该逻辑最终的结果"数"，并用于表达所有层叠状态。

亦即是说，并行逻辑可以层叠为时间复杂度为"1"的数。[2]由于这个数是抽离了时间维度的，因此它不与其他任何数、任何逻辑产生时序依赖，因此它也是可被继续并行的。

这就是"并行"计算范型的基本抽象。[3]

7.1.1.2 分布与并行逻辑

在《程序原本》中我举过一个植树的例子：总是得先挖坑，再种树。因此貌似植树总是一个存在时序依赖的过程。然而当我们引入"位置"这一概念时，例如"在 A 处挖坑，在 B 处种树"，那么显然这个过程就能被分解成两个可并行的子过程了。

"存储（的位置）"这一设定带来了我们主流的计算系统都是"顺序机器"的事实。在这样的系统上，

- 多个计算过程使用同一个位置的数据，就是互斥访问的问题。[4]

---

1 其中分支逻辑仍有可商榷之处，详情可参见"7.1.1.4 分支也可以不是时序逻辑"。
2 当我们说一个东西的时间复杂度为 1 时，是指它没有时间复杂度，即它的复杂度不随时间变化而变化。同理，我们说一个东西的空间复杂度为 1，是指空间规模变化并不导致它的复杂度改变。
3 在《程序原本》中采用这样的方式讲述过命令式与函数式计算范型，因此这里可以视为一种补充，以完善"并行"作为计算范型的抽象概念。
4 后面我们会提到，这被定义为并发问题，而所谓"互斥访问"是表象或解决并发问题的可选手段。

- 一个计算过程使用的数据处于多个不同的位置，就是分布问题。

更确切地说，正因为我们加入了"位置"这一概念，所以在一个逻辑中的元素——包括被操作的"数（的全集）"或需要执行的"算（的全集）"——只要任何一个"处于不同位置"，就是一个分布问题。

然而"分布"并不是并行本身，分布只是并行逻辑得以运行的现场。无论是将数据分布，还是将逻辑视为数据进行分布，都只是这一运行现场的构建过程。在分布式的现场中可以运行并行的逻辑，也可以运行串行的逻辑。但反之——就目前我们讨论的上下文来说——集中式的现场却不能运行并行的逻辑。

7.1.1.3 并发的讨论背景

集中式的现场当然也存在"如何运行并行逻辑的问题（即后文所谓的'并行问题'）"。例如早期的计算系统是单核单进程的，一旦计算机开始打印某个东西，则守在显示器和键盘前面的操作人员就只能停下工作，等着"打印逻辑"结束。因此，"集中式的现场"也需要通过并行逻辑来释放计算系统的全部生产力。

在集中式的现场解决该并行问题的方法被称为并发，而这些并行逻辑就被称为并发单元。[1] 在《程序设计语言原理》一书中有过介绍，多处理器或多核被用来运行并发单元时，称为物理并发；而并发单元被运行于单个处理器或单核上面时，被称为逻辑并发。《程序设计语言原理》将所有并发的基础概念模型都称为逻辑并发，亦即是说：

- "概念层面的并发"指的就是在集中式的现场（例如单核、单点，或单个处理器）中的程序控制逻辑。

更进一步地来说，并发就是通过在集中式的现场中添加时间维度，并利用"单位时间（时间片）"这样的概念来解决"（逻辑上的）并行问题"的方法。[2]

这意味着该现场一方面是要考虑"时间"这个维度的，另一方面又限定"时间"无论被分割成多小的粒度，它都是有长度的。通常含义上的并发，指的就是在"一个单位长度"的时间度量上，发生多个行为（例如任务）的能力，而无论这个行为是操作数据，还是操作逻辑。

---

[1] 例如线程、进程、任务以及子例程等。"分时多任务"是最早用来创建这些并行逻辑单元的方法。
[2] 这句话的意思是说：（清除或忽略时间维度的）分布的现场中可直接使用并行技术方案，而在集中式的现场则必须添加时间维度，才能使用并发来解决相同的问题。

所以并发不是并行，并发的讨论背景中有"时间"维度，而并行计算模型中是没有这一维度的。Haskell 的官方 Wiki 就建议尽量避免在并行中使用并发处理：

> **最佳实践**　优先使用并行，然后再考虑并发。

就其本质来说，加入并发就意味着原本"不考虑时间维度"的场景不再有了，背离了并行的要义。

7.1.1.4　分支也可以不是时序逻辑

"顺序逻辑"显然是天生自带"时序"这一概念的[1]，但是在前面我们将它的一个特例——"循环逻辑"中的时间维度剥离了出去，使得"循环"可以在并行计算模型中用"状态的层叠"来表示。那么既然如此，我们就有必要讨论它的另一个特例，也就是"分支逻辑"了。

分支逻辑表达为"如果……那么……"，这似乎暗示了它内在的时序性：必然是先有"如果"，然后才有"那么"的。逻辑中所谓的"因果不能倒置"[2]，说的就是这个时序性的影响。然而，需要注意的是，"如果……那么……"毕竟不等义于"因为……所以……"。这非常重要，在概念上存在着的本质区别。

在"因为……所以……"的语义中，由于"所以"是结果，则一旦"因为"不存在，结果的存在性就是无意义的。然而在"如果……那么……"的语义中，"那么"是预知的可行使行为，而"如果"只是条件。既然如此，假使我们可以"预知/预设"所有的可行使行为，则"如果"这一条件就没有任何"需要前置"的意义了。

怎么解释这个逻辑上的变化呢？设 f() 函数：

- 是一个结果逻辑，即是"那么"的部分，且
- 它包含了对所有的"如果（这样的假设）"的反馈。

那么可以显而易见地确知：任何分支逻辑的条件——"如果"的部分无论何时输入给 f() 函数，都将得到预期的结果。既然是"无论何时"，则没有时序性，亦即是说，时间维度是多余的了。换言之，一旦逻辑上的"那么"已经是可能的全集并就绪了，则"如果"在何时发生就并不重要了。

1　因此唯有顺序逻辑本身是不能并行的，例如，日志记录在逻辑上就需要包含时间维度。
2　这里指的是建立在时间概念之上的因果逻辑，其不能倒置的根本原因是时间不能倒置。然而"不受时序性影响的因果"也是可以作为逻辑思维的必要假设存在的。

因此，在"预期的结果'完备且就绪'"的前设下[1]，分支也可以是非时序逻辑。

7.1.2 并行程序设计的历史

并行计算是一个自然的计算行为。这就如同"蜂巢"作为一个系统，各个蜂种都在行使着自己的行为：它们之间是无碍的，而最后表现为一个整体的系统。每一只蜜蜂都是一个独立的计算单元（CPU），它们可以接受其他计算单元的信息（例如，其他某只工蜂通过跳舞来广播蜜源的位置），但对这些信息的反馈是各个蜜蜂独立做出的，而不必依赖其他蜜蜂的、前设性的行为。

现实世界是并行的，但很遗憾，我们首先具有的可计算环境却是"集中式的现场"。在计算机设计的历史中，我们最初的目的只是"计算求值"，至于这个求值的过程"是并行还是串行的"并不在原始需求中。冯·诺依曼结构的计算机设定了"顺序计算"这样的场景，本质上设定了"存储→计算"这样的工作模型和基于时钟的指令序列处理机制。[2]早期计算机的存储是集中的，算力也是集中的，这导致（在这样的基础条件下，）最早解决并行问题的方法——如前所述的——就是并发。

当计算的需求被程序化（是的，我要说的是用"程序代码的方式来表达计算"）之后，早期用于输入给计算机的编程语言诞生了，这发生在 1940 年之后，包括最早的Plankalkül，以及ENIAC coding system。而并发作为解决方案则要再等 20 多年。[3]它最早是在 1960 年之后才被提出来的，这是由Dijkstra开创的一个领域[4]，再之后的Algol-68 语言中就包含了支持并发编程的特性[5]。

并行程序设计的"分布式的现场"，是在 1958 年推出的 PILOT 计算机中才开始出现的。而到了 1962 年推出的 D825，就已经采用 4 处理器并可以访问多达 16 个内存模块了。在早期的计算机中一般都采用 MIMD（多指令多数据）的架构设计。而到了 1964 年，Slotnick 设计并实现的 ILLIAC IV 却采用了 SIMD（单指令多数据）架构，最多可以有 256 个处理器工作。

---

[1] 注意，这里用到了"就绪（ready）"这个词，在后文我们讨论 Promise 这个并行机制时还会再次讲到它。

[2] 早在 20 世纪 40 年代，（仍然是）由冯·诺依曼提出的细胞自动机是并行计算机的一种理论模型。到了 1958 年，由美国国家标准局研制的 PILOT 计算机就是由 3 台独立的处理机构成的。

[3] 多道程序设计可以视为并发程序设计的萌芽状态（在 20 世纪 60 年代初期），它的基本假设是"让计算机同时接受多个用户程序，并让它们交替占用处理器"。

[4] Dijkstra 的 *Co-operation Sequential Processes* 发表于 1967 年，被称为分布式计算和并发计算领域的开创者。其中包括两个著名的同步问题：哲学家就餐问题和理发师睡眠问题。可参见 *Concurrent Programming*，*A Short History of Concurrent Programming*，作者为 C. R. Snow。

[5] 可参见《程序设计语言——实践之路》一书。

这样一来,"分布式的现场"在逻辑与数据两个方向同时出现了,从而促使并行程序设计成为一种实际需求。

7.1.2.1 从"支持并行"到并行程序语言

现在面临的问题是:在高级程序设计语言中如何支持这些特性。因为 MIMD/SIMD 是实现在机器指令级别的,除了机器语言或与之直接打交道的汇编语言之外,需要用一种简单的方式来"使用这些特性"。注意,这些需求表现在高级语言中是"如何将这些并行指令利用起来",而不是"如何并行"的问题。因此早期的"并行编程语言"无一例外地使用了隐式并行(Implicit Parallel)的模式,即在串行语言中添加特定关键字或注解,以通知编译器(或解释环境以及运行时等)将原始代码转换为使用那些并行指令的目标代码。从本质上来说,这也只是"支持并行"而已。

并行程序语言是在语言层面解决"如何并行"问题的,也称为显式并行(Explicit Parallel)模式。这主要有几种设计模型,包括数据并行、共享变量和消息传递等。其中数据并行模型借鉴自 SIMD,可以显著提高数据处理速度,适用于数据分布的场景;共享变量模型则来自并发程序设计的思想,亦即是说,它所应对的仍然是(数据的)集中式的场景。

7.1.2.2 用并发思想处理数据的语言

对于"算法+数据结构=程序"这一定义来说,程序中的运算既可以是分布的,也可以是集中的;且数据亦如此。在"数据集中"既成事实,即在所谓"共享存储"的场景下,目前采用的所有所谓"并行"的手段其本质上都是并发编程技术。这包括:

- 信号量、临界区、监视量等。
- 标准模型:X3H5、Pthread 和 OpenMP 等。
- 虚拟共享等。

在整体系统是分布式的场景下,"共享存储"通常是单个节点内部的状态,例如主机;或者使用共享存储技术的一组节点,例如企业级多层架构中的数据层[1]。一些相应的语言,包括PCF(Parallel Computing Fortran)、SGI PowerC等。如前所述,这些语言或是在API层级,或是在编译指令方面提供了支持,以使传统的串行逻辑可以并发地执行在分布式场景中。

---

1 这也是为什么在多层架构中业务逻辑层仍然需要持锁访问数据层的原因。从本质上来说,这里并没有并行编程,而是在通过并发技术(这一解决方案)提升效率。

7.1.2.3　多数传统程序设计语言是"伪并行"的

语言有"并行特性"并不等于这门语言是"并行程序语言"。而只有当数据也是分布的时候，即在分布式存储结构中，才能讨论逻辑分布的问题，进而才有讨论"并行程序设计范型"的意义。IVTRAN语言是最早提供用户控制数据布局（Layout of data）能力的语言，这使得用户代码有能力为数据做出分布式规划。它是为前面提到的ILLICA IV机器开发的，解决的是SIMD中的"D"的问题。[1]与此类似，早期的Kali、Fortran-8x、Vienna Fortran、C*、CM-Fortran，以及后来影响颇广的*Lisp等，都采用了类似编译指示字的方法来对数据进行分布式规划和预处理。[2]

基本上来说，运算——那些算法逻辑——在数据分布时也可以默认与数据"就近"地计算，只要这些算法逻辑本身也支持分布就可以。然而在逻辑分布方面，语言的早期努力却不是解决"如何并行"的问题，而是解决"如何通信"的问题，即：在"（系统像上述那样）已经并行"的情况下，这些各自的计算环境（即计算节点）间是如何通信的？这其中的技术，包括网络套接字（Socket）、远程过程调用（RPC），以及所谓分布式计算框架等。这些并行语言采用消息传递库（主动或被动的消息）来实现在逻辑用户空间——存在逻辑组别关系的节点、进程或任务——上进行通信。为此，相关的标准也就被制定出来，例如 MPI（Message Passing Interface）。

一旦数据与逻辑都得以分布并运行在各自的计算环境中，系统就是我们用于讨论并行程序设计范型的一个"分布式的现场"。然而如前所述，传统程序设计语言多数都只是在解决"系统应用在并行环境中遇到的问题"。这些早期语言的研究与应用，其实在并行方面绕了一个大圈，最终发现真正需要讨论的仍然是：如何并行。

7.1.2.4　真正的并行：在语言层面无视时间

回到我们最初的结论：并行计算本质上的特点就是"非时序逻辑"。

假定一段代码可以运行在分布式的环境中而无视时间的话，那么将它的拷贝书写在纸面上并进行人工推算，与运行在一个机器环境中并没有任何计算性质上的不同。这个思想试验在根本上排除了"某个时间点上开始计算"，以及"计算多长时间"等对程序逻辑，以及表述这些逻辑所需要的语言对"时间维度"的依赖。当然，我们也可以换一个更浅显的解释：

---

[1] Control structures in ILLICA IV Fortran. Millstein, P. E. Communications of the ACM, 1973.
[2] 在这样的环境中，通过编译指示字可以实现非常多的并行逻辑，包括数据的描述、规划以及各种复杂处理逻辑。

- 如果语言可以陈述计算结果而不依赖计算过程[1]，那么它必然是可并行的。

函数式语言和逻辑语言等说明式语言都具备这样的特性。例如，用函数来表达数学运算，以及用逻辑来表达推理过程，当它们书写于纸面时与它们运行于计算环境中是没有区别的。它们对计算环境没有时序要求，可以异时而处，也可以异地而处。

所以我们看到，现今的并行程序设计语言都不约而同地选择了一个说明式语言作为基础范型，并逐渐添加一些适用于具体场景的，或面向特定问题的并行算法的语言机制。

7.1.3 并行语言特性在 JavaScript 中的历史

早期的 JavaScript 并不是并行语言，它的并行特性是随着应用需要而逐渐加入的。

由于早期的 JavaScript 主要应用于网页浏览器，因此由宿主（浏览器）通过宿主全局对象（例如 `window`）提供的超时回调或定时器（`setTimeout` 或 `setInterval`）成为实现并行的主要手段。而这事实上并非 JavaScript 的内置特性，也并未在语言层面上加以规范。典型的问题如下所示：

```
setTimeout(func, 0)
```

究竟意味着 `func()` 函数在多长时间后被调用呢？[2]另一个早期的并行特性是事件（Event），JavaScript 是通过浏览器中的事件来触发回调的。同样地，由于这一特性也是由宿主提供的，所以也不在 JavaScript 的规范之内。

事件、超时回调或定时器等机制在早期的 JavaScript 环境——Netscape navigator 中就已经存在了，并且在早期它是作为 JavaScript Client-side objects 的一部分来描述的。[3]与之对应的，在 Server-side objects 中就没有 `setTimeout`/`setInterval` 等。在回调代码之外，JavaScript 中的代码事实上只有一个主执行入口，并且也只在装入之后执行一次；而在多个事件和时钟的回调任务之间，是隐式地存在并行逻辑的。

事件驱动，以及事件与超时回调结合的机制，就是后来 Node.js 实现整个非阻塞架构的核

1　一个典型的反例是"副作用"：当一个函数的运行结果是+1，但其运算的副作用是修改存储，那么这个函数是不能准确地陈述自己的计算结果的。亦即是说，存在（不可自述的）副作用的运算过程不可并行。
2　这涉及宿主能够提供多高精度的时钟，并且以何种方式调度排队中的任务。在早期，这二者都是未被规范的。尽管在后来的 ECMAScript 规范中约定了任务调度的机制，但并非特别地针对 `setTimeout()`。
3　事件是 JavaScript 在设计之初就参考 HyperTalk in HyperCard 的特性而在浏览器层面加入的（在 W3C 之前，早期的浏览器可编程规范——例如 DOM——也是由 Netscape 约定的），而 `setTimeout` 也是在这一阶段（JavaScript 1.0）加入的。至于 `setInterval`，则是在 JavaScript 1.2 时才加入的。

心。Node.js 并不声称自己是并行语言或并行框架，就是因为其内置的 Chrome V8 引擎——完全基于 ECMAScript 规范实现，因此——本质上并不是并行的语言引擎。Node.js 只是在这一基础上，通过宿主提供了事件机制，并且整合进了支持非阻塞 IO 的 libuv。这样一来，在应用层编程时，就可以使用异步回调这样的并行特性了。

事件回调的本质其实就是"消息收发"[1]，这也是一种在语言层面实现并行特性的可选模型。但是ECMAScript最终并没有做这样的选择，而是在ECMAScript 2015 中提出了新的并行模型，即Promise。

Promise是一种可在语言层面实现并行执行的模型。它封装了一个"剥离了时间特性的数据"[2]，并代理在该数据上的一切行为[3]。由于该数据是剥离了时间特性的，因此施于它的行为也是没有时序意义、可并行的。

而JavaScript对这样的并行语言特性的支持主要包括两部分，其一是用于支持Future并行模型[4]的Promise，其二是执行环境中对执行栈的使用。

Promise本身并不具有"并行执行"的特性，它的promise实例相当于是封装了数据的触发器：当数据就绪（Ready）时，就触发指定行为（Actions）[5]。而后者（行为或反应），才是真正的执行逻辑。因此Promise语境下的Hello World程序的正确写法是：

```
Promise.resolve('Hello, World!') // data Ready?
  .then(console.log); // call Action!
```

Promise 作为构造器，其作用是将一个为 future1 置值的函数关联（resolving 或 binding）到具体的 promise 实例。为了在后文中叙述方便，我们总是称 Promise 为"Promise()构造器"或"Promise 类"；并将具体的 promise 实例称为"一个 promise"，或"promise 对象"。

---

1 《结构程序设计》中说，方法调用本质上是向对象发送消息，而所谓事件其实也是方法（区别仅在于逻辑上的发送者不同）。因此，Node.js 中的并行特性，本质上是基于消息并行模式的应用层框架特性。
2 相对应地，可以将"有时间特性的数据"称为状态。
3 将该对象理解为"数据的代理（as a proxy for a result）"有助于把它与其他的 JavaScript 特性关联起来：因为本质上任何计算（expression or statement）最终都将输出结果值（Result）并表达为数据，所以 Promise 最终可以代理所有的这些逻辑。
4 Promise 这一概念最早由 Daniel P. Friedman 和 David Wise 于 1976 年在 The Impact of Applicative Programming on Multiprocessing 中提出的。而 Henry Baker 和 Carl Hewitt 在 The Incremental Garbage Collection of Processes (1977)中引入了类似概念 Future。基本上来说，可以将 Future 理解为 Promise 的值——promise 函数异步返回的值（或异步构造器 Promise 的实例所代理的数据）；而向 Future 赋以这个"将得到的值"的过程，被称为 resolving、fulfilling 或 binding。
5 在 ECMAScript 中，一个 Action 被理解为"基于一个反应记录（reactions, reaction record）的可执行任务（Job）"。后者（PromiseJob）是由引擎创建和管理的一个函数。

7.2 Promise 的核心机制

一般情况下,用户代码主要用两种方法来得到一个promise对象[1]:

- 使用 `new Promise()` 来创建一个 promise;或
- 使用类方法 `Promise.XXX()`——包括 `.resolve()`、`.reject()`、`.all()` 或 `.race()` 等来获得一个 promise;或

任何方法得到的 promise 对象都具有 `.then()`、`.catch()` 等方法,也称为 `Promise.prototype.XXX()` 原型方法。JavaScript 约定调用这些方法将"绝对"不会抛出异常,而这也是得到一个新的 promise 对象的第三种方法:

- 使用原型方法 `Promise.prototype.XXX()`——`promise.then()`、`.catch()` 和 `.finally()` 等将返回一个新的 promise。

并且,任何一种方法都是立即得到 promise 对象的。

7.2.1 Promise 的核心过程

7.2.1.1 Promise 的构造方法

`Promise()` 使用一个简单的构造器界面来让用户方便地创建 promise 对象:

```
/* 需用户声明的执行器函数 */
executor = function(resolve, reject) {
  ...
}

/* 创建promise对象的构造器 */
p = new Promise(executor);
```

其中,`executor()` 是用户定义的执行器函数。当 JavaScript 引擎通过 `new` 运算来创建 promise 对象时,它事实上会在调用 `executor()` 之前就创建好一个新的 promise 对象的实例,并且得到关联给该实例的两个置值器:`resolve()` 与 `reject()` 函数。接下来,它会调用 `executor()`,并

---

[1] 这两种获得 promise 对象的方法也是 "始于 Promise,终于 catch" 原则的由来。但是随着 ECMAScript 的更新,包括异步函数、异步生成器函数的返回值,以及异步生成器对象 `.next()` 方法等也会以 promise 对象作为返回值。因此 "始于 Promise" 原则的 P 字符就被换成了小写。

将 `resolve()` 与 `reject()` 作为入口参数传入，而 `executor()` 函数会被执行直到退出。

但是 `executor()` 函数并不通过退出时所返回的值来对系统产生影响——该返回值将会被忽略（无论是 `return` 显式返回的结果值，还是默认的返回值 `undefined`）。`executor()` 中的用户代码可以利用上述的两个置值器，来向 promise 对象"所代理的那个数据"置值。亦即是说，为 promise 对象绑定（binding）值的过程是由用户代码触发的。这个过程看起来像是"让用户代码回调 JavaScript 引擎"。例如：

```
// 用户代码通过 resolve (或 reject) 来回调引擎以置值
p = new Promise(function(resolve, reject) {
  resolve(100);
});
```

最后需要补充的是，`executor()` 函数中的 `resolve()` 置值器可以接受任何值——除当前 promise 自身（例如上例中的 p）之外。当试图用自身来置值时，JavaScript 会抛出一个异常，例如：

```
// 暂存 resolve, 以尝试将 promise 自身作为被代理数据
var delayResolve;
p = new Promise(function(resolve, reject) {
  delayResolve = resolve;
});
delayResolve(p);  // TypeError: Chaining cycle detected for promise ...
```

但是 JavaScript 并不检测交叉的循环引用的 `resolve()` 置值器。例如：

```
// 尝试 resolve 自身
var delayResolve;
p = new Promise(function(resolve, reject) {
  delayResolve = resolve;
});

// 将 resolve() 暂存以完成上述示例
var delayResolve2;
p2 = new Promise(function(resolve, reject) {
  delayResolve2 = resolve;
});

// 循环引用
delayResolve(p2);
delayResolve2(p);
```

7.2.1.2　需要清楚的事实：没有延时

在整个构建 promise 对象的过程中，有一个事实是需要读者清晰理解的，那就是所谓的"没有延时"。在传统的并发思路上理解 Promise 机制时，最容易犯的错误就是搞不清"promise 什么时候执行"。

在 ECMAScript 中没有约定任何与调度时间相关的运行期（Runtime library）机制，亦即是说，没有进程、线程，也没有单线程/多线程这样的调度模型。因此仅使用 ECMAScript 约定的标准库，事实上是无法"写出一个并行过程"的。这也是几乎所有展示 Promise 特性的示例代码都要使用 `setTimeout` 的原因——这样才能创建一个并行任务。但 `setTimeout` 并不是 ECMAScript 规范下的，而是由宿主提供的应用层接口。`setTimeout` 将隐含地受到许多宿主限制条件的影响，例如采用何种时间片调度，或者时钟管理机制，又或者是否是在多核的、多 CPU 的环境下等。

Promise 机制中并没有延时，也没有被延时的行为，更没有对"时间"这个维度的控制。因此在 JavaScript 中创建一个 promise 时，创建过程是立即完成的；使用原型方法 `promise.xxx` 来得到一个新的 promise（即 promise2）时也是立即完成的。同样类似于此的，所有 promise 对象都是在你需要时立即就生成的，只不过——重要的是——这些 promise 所代理的那个值/数据还没有"就绪（Ready）"。

这个就绪过程要推迟到"未知的将来"才会发生。而一旦数据就绪，`promise.then(foo)` 中的 `foo` 就会被触发了。

7.2.1.3 Then 链

两个 promise 对象之间顺序执行的关系，在 JavaScript 中被称为"Then 链"。如下例：

```
// （如前例，创建一个promise对象p）
p = new Promise(function(resolve, reject) {
  resolve(100);
});

// 通过p.then()来得到新的promise2
promise2 = p.then(function foo() {
  ...
});
```

通过调用 `p.then()` 的方式来约定当前 promise 对象与下一个 promise2 对象之间的"链"关系，并且这事实上也代表了它们之间的顺序执行关系[1]，是 Promise 机制的基本用法和关键机制。但是需要注意的是，这仍然不是并行特性。`p.then()` 代表了对顺序逻辑的理解，同时它隐含地说明：promise2 与 promise 两者所代理的数据之间是有关联的。上例中 `foo()` 函数作为 `onFulfilled` 参数的调用界面如下：

---

[1] 如我们之前所讲过的，Promise 本身是数据的代理，所以并不是执行体。所谓的"顺序执行"实际上是它们的置值逻辑（以及触发的行为）之间的关系。换言之，Promise 的值是数据，而求值才是逻辑，因此所谓逻辑执行的关系（在 ECMAScript 中称为控制抽象，Control Abstraction）是发生于 Promise 的求值与置值期间的。

```
// .then()方法的界面，上例中 foo()函数即是作为 onFulfilled 参数传入的
promise2 = p.then(onFulfilled, onRejected);

// 函数 onFulfilled 与 onRejected 的界面
function onFulfilled(value) {
  ...
}
function onRejected(reason) {
  ...
}
```

在当前 promise 的数据就绪（promise 对象绑定了值）时，JavaScript 就将根据就绪状态立即触发由 p.then()方法所关联的 onFulfilled/onRejected 之一，并以该函数：

- 退出时的返回值，或
- 中止执行时的状态

作为"值（value）"来调用 promise2 的置值器。

因此从宏观的角度上来看，是"给promise绑定值"的行为（result ready）触发了thenable行为。所谓"thenable行为"[1]，就是调用"Then链（thenable chain）"的后续promise置值器，并在整个链上触发连锁的"thenable行为"。

最后，p.then()实际上是 Promise.prototype.then 这个原型方法。如上所述，它主要完成了三件事：

- 创建新的 promise2 对象；并且，
- 登记p与promise2 之间的关系[2]；然后，
- 将onFulfilled、onRejected关联给promise2 的resolve置值器[3]，并确保在p的数据就绪时调用onFulfilled、onRejected[4]。

7.2.1.4 Then 链中 promise2 的置值逻辑

一个 promise 可能会被置入两种值之一（并且一旦置值就将不可变更，称为"终态"）。这两种值是指：

---

[1] 这种具有.then()方法的对象(thenable objects)也可以称为"promise-liked"。这在概念上与所谓"类数组对象(array-liked)"是类似的，其效果也有相似性：可以在某些情况下替代 promise 对象。
[2] 这个登记动作是隐式的。确切地说是 promise2 的置值器将被包装为 p 的反应记录（reactions）。
[3] 参见"7.2.1.4 Then 链中 promise2 的置值逻辑"。
[4] 如果 p 未就绪，则反应记录被暂存在 p 的内部字段中。如果 p 就绪，暂存的和后续添加的反应记录都将创建为并行任务并执行。

- 如果 promise 被成功 `resolve`,则该值为有效值(value)。
- 如果 promise 被主动 `reject` 或 `resolve` 失败,则该值用于记录原因(reason)。

且无论是 value 还是 reason 都可以是 JavaScript 的任意数据类型。

所以在构建 promise 的执行器中,可以向 `resolve/reject` 传入任意 JavaScript 数据:

```
p = new Promise(function executor(resolve, reject) {
  try {
    ...
    resolve(x);
  }
  catch(e) {
    reject(e)
  }
});
```

这个例子中的 value/reason 都是用户代码通过调用 `resolve/reject` 来显式置值的。并且按照 ECMAScript 的约定,当执行器 executor 在执行过程触发异常时,JavaScript 引擎也将调用 `reject` 并将异常作为 reason。所以下面的效果是类似的:

```
p = new Promise(function(resolve, reject) {
  if (!ok) throw new Error(); // 创建异常并抛出,相当于 reject(new Error)
  resolve(x);
});
```

接下来,如果在它的 `Then` 链上有 promise2,那么如前所述的 `onFulfilled`、`onRejected` 将被触发。例如:

```
// 响应 onFulfilled、onRejected 的函数
resolved = function(value) {
  ...
}
rejected = function(reson) {
  ...
}

// Then 链
promise2 = p.then(resolved, rejected);
```

其中 `resolved/rejected` 响应的都只是 p 的状态,它们只是 promise2 的置值前提而已。至于"如何向 promise2 置值"则是一个新的逻辑,如下:

```
// 伪代码(1)。对于示例代码:
//   promise2 = p.then(resolved, rejected);
// 来说,对象 promise2 将发生如下的置值逻辑:
try {
  // the <result> proxy by <p>
  if (isRejected(p)) {
    x2 = rejected(result); // call onRejected, <result> as reason
  }
  else {
```

```
    x2 = resolved(result); // call onFulfilled, <result> as value
  }
  resolve(x2); // for promise2
}
catch(e2) {
  reject(e2);  // for promise2
}
```

所以无论`resolved`与`rejected`返回何值，都将作为`resolve`值[1]直接绑定给promise2[2]。

在`Then`链中"产生"`reject`值的方法有两种，一种是如上例中所示的通过抛出异常来使JavaScript引擎捕获异常对象`e2`；另一种是通过`Promise.reject()`来显式地返回。例如[3]：

```
// 在 Then 链上 reject 一个 promise

// 方法 1
promise2 = p.then(function foo() {
  throw new Error();
});

// 方法 2
promise2 = p.then(function foo() {
  return Promise.reject(reason);
});
```

这两种方法得到的 reason 是不同的：方法 1 得到一个错误对象作为 reason 值，并通常通过 `reason.message` 来表示异常原因；方法 2 得到一个不确定类型的 reason 值来表示原因，它可以是任意 JavaScript 数据（当然，这里的 reason 也可以是 `new Error()` 创建的错误对象）。

7.2.1.5　Then 链对值的传递以及.catch()处理

这里还存在一种最为特殊的情况：如果 promise2 的 `resolve` 并没有关联有效的 `onFulfilled`、`onRejected` 呢？又或者，promise2 根本就没有任何一个 `onFulfilled`、`onRejected` 的响应函数呢？这两个问题的答案是简单而且一致的：如果没有有效的响应函数，仍将产生新的 promise2，并且它的 `resolve` 将以 `Then` 链中当前 promise 的值为值。因此完整的置值逻辑如下：

---

[1] 这时 `resolved`、`rejected` 函数会关联在 promise2 的 `resolve` 置值器上。注意，这里与 `reject` 置值器无关，后者（promise2 的 `reject` 置值器）是在 p 的 "thenable 行为" 执行异常时由引擎调用的。关于这一点的细节在于：引擎创建一个并行任务来调用 `onFulfilled` 或 `onRejected`，其返回值将用 `resolve` 置值给promise2。只有在这个过程发生异常时，该并行任务才会调用 promise2 的 `reject` 置值器。

[2] 这样说并不严谨，因为 "resolve a rejected promise" 时仍然会是一个 `reject` 值，所以下面才会有 `return Promise.reject()` 这种用法，因此请留意这一点例外。

[3] 示例中的函数 `foo()` 既可以作为 `p.then()` 中的 `onFulfilled`，也可以作为 `onRejected`。因为这两个回调函数只是响应 p 的状态不同，但对 promise2 的置值逻辑是一样的。

```
// 伪代码(2)。对于示例代码:
//   promise2 = p.then(resolved, rejected);
// 的完整置值逻辑:
try {
  // the <result> proxy by <p>
  if (isRejected(p)) {
    if (!isValidHandler(rejected)) throw result; // 将 result 作为 reason
    x2 = rejected(result);
  }
  else { // Assert: is "Fulfill"
    x2 = isValidHandler(resolved) ? resolved(result) // 同"伪代码(1)"
       : result; // 直接使用 p 所代理的数据
  }
  resolve(x2); // for promise2
}
catch(e2) {
  reject(e2); // for promise2
}
```

检测如下:

```
# 得到一个 promise
> p = Promise.resolve(100);

# 通过 Then 链得到 promise2,但 onFulfilled、onRejected 都未传入
> promise2 = p.then();

# 由于没有函数来响应 onFulfilled、onRejected,所以 promise2 将默认使用 p 所代理的值
> promise2.then(console.log);
100
```

类似地,这一置值过程也解释了将 .catch() 用作 Then 链结尾的用法:

```
# 得到一个 rejected 的 promise,使用定制的对象作为 reason
> p = Promise.reject({message: "REJECTED"});

# 在 Then 链中将用到的响应函数
> resolved = x=>x;
> rejected = reason=>console.log(reason.message);

# 通过 Then 链得到 promise3
> promise3 = p.then(resolved).catch(rejected);
REJECTED
```

在上述示例中仍然会产生中间的 promise2,只是我们将类似下面的代码合并到一个"链式的"调用中去了(如下是对上例最后一行的拆解):

```
// 注意 p 是 rejected 的,而 p.then() 调用中并没有传入 rejected 响应函数
promise2 = p.then(resolved);

// promise3 是使用 .catch() 作为链尾得到的一个 promise
promise3 = promise2.catch(rejected);    // "REJECTED"
```

根据此前所述的置值逻辑,promise2 所代理的值仍然是 p 中所 rejected 的那个对象,并且也

就是 promise3 用 .catch() 来得到的数据。

所以在任意长的 Then 链中，如果链的前端出现了 rejected 值，无论经过多少级 .then() 响应（且因为只有 onFulfilled 响应而未被处理），最终该 rejected 值都能持续向后传递并被 "链尾的 .catch()" 响应到。这也带来了 Promise 机制在 JavaScript 中应用的第一原则[1]：

> 始于 promise，终于 catch。

7.2.2 Promise 类与对象的基本应用

类方法 Promise.xxx 主要用于获得一个 promise，而对象方法 Promise.prototype.xxx（即 p.xxx）主要用于响应一个 promise 的状态。并且，对象方法 p.xxx 的响应结果也必然是返回一个新的 promise2。

7.2.2.1 Promise 的其他类方法

在之前的例子中，我们已经用到了 Promise.reject() 这个类方法，它用于得到一个 rejected promise。类似地：

```
// 得到一个 rejected promise
p = Promise.reject(x); // x 是任意值，如果不指定则为 undefined

// 得到一个 resolved promise
p = Promise.resolve(x); // x 是任意值，如果不指定则为 undefined

// 尝试 resolve 所有元素，
//  - 当所有元素都 resolved，则得到一个将所有结果作为 resolved array 的 promise；或
//  - 当任意一个元素 rejected，则得到一个该结果 reason 的 rejected promise
p = Promise.all(x);   // x 必须是可迭代对象（集合对象，或有迭代器的对象）

// 尝试 resolve 所有元素，
//  - 当其任一元素 resolved 或 rejected，都将以该结果作为结果 promise。
//  - （注，所有其他元素的状态是未确定的，并且它们的执行过程与结果不确定）
p = Promise.race(x);  // x 必须是可迭代对象（集合对象，或有迭代器的对象）
```

在所有的 4 个类方法中，需要先确认一个基本设定：

- 对于 Promise.resolve(a_promise) 来说，如果 a_promise 是 Promise() 的一个实例，那

---

[1] 这是确保链上任何可能的异常都得到处理（异常会被作为 rejected 值代理）的最佳建议。其中 "始于 promise" 是指 Then 链上的第一个 promise 对象。

么并不会产生新的运算的结果，而是直接返回 `a_promise` 的值；否则，

- 将创建类 `Promise()` 的一个实例promise2，且它与`a_promise`代理相同的数据。[1]并且，
- 因此 `Promise.resolve(a_rejected_promise)` 的结果 promise 会是 `rejected` 状态。

测试如下：

```
// 例1：创建p2与p相同
var x = new Object, p = Promise.resolve(x), p2 = Promise.resolve(p);

// p与p2是相同的promise instance
console.log(p === p2); // true
// resolve 的值是同一个
p2.then(value => console.log(value === x)); // true

// 例2：试图由不同的 Promise 来创建p2
class PromiseEx extends Promise {}
var x = new Object, p = PromiseEx.resolve(x), p2 = Promise.resolve(p);

// p与p2是不同的promise instance, 但resolve的值仍然是同一个
console.log(p === p2); // false
p2.then(value => console.log(value === x)); // true

// 例3：尝试输出 rejected reason
var x = new Object;
var err = (reason)=>console.log('REJECTED reason x: ', reason === x);

// 得到一个 rejected promise
var p = Promise.reject(x);   // reason is x

// 尝试 resolve 它
//  - 隐含了 p2 = Promise.resolve(p)和 p3 = p2.then(...)
Promise.resolve(p).then(console.log).catch(err); // REJECTED reason x: true
```

在例3中隐含得到的 p3 仍然是 `rejected` 的。按我们之前的讨论，由于在 p2.then() 中没有响应 onRejected，所以 rejected promise（所代理的数据及其状态）被 p3 传递到了 Then 链的末端 catch，并由函数 err() 输出了最终测试结果。

在`Promise.resolve(p)`的执行过程中，如果p是thenable对象（也包括promise对象，因为它具有thenabled接口），任何的`resolve()`置值过程都将传递p所代理的任何东西。[2]但是反过来，`Promise.reject()`却不具有这样的特性。`Promise.reject(p)`是将p作为一个普通的对象，因此这意味着仍然会得到一个rejected promise，且它的reason是一个（类型为Promise的）对象。例如：

---

[1] 这与在 "p.then() 中传入无效的 onFulfilled/onRejected" 时的处理策略是一致的，可参见 "7.2.1.5 Then 链对值的传递以及.catch()处理"。

[2] 本质上来说，是隐式地发起一次 p.then(resolve) 调用，从而实现向 p2 置入 p 的值。

```
# 得到一个 resolved promise
> p = Promise.resolve('Ok');

# 尝试 reject 它，并 catch 其结果（也可以在一个 Then 链的末端来 catch）
> Promise.reject(p).catch(x => {
  console.log('[REASON] is', typeof x);
  console.log('[REASON] is a promise:', x instanceof Promise);
});
[REASON] is object
[REASON] is a promise: true
```

所以就有了对 `Promise.all` 的简单理解：

```
// 示例：本例中"方式1"与"方式2"是等义的
var elements = [0, 1, 2, 3, p];
// 方式1
Promise.all(elements)

// 方式2
var elements2 = elements.map(x=>Promise.resolve(x));
Promise.all(elements2);
```

由于 `Promise.all(arr)` 方法事实上会先对所有元素（`elements`）进行预处理，类似上例中的 `Promise.resolve(x)`，所以无论 x 是一个普通值还是一个"潜在的"promise，它最终都将作为一个 resolved promise 进入后续的处理。因此，如果上例中的变量 p 是一个 rejected promise，那么它的状态也一样会影响到对 `Promise.all()` 的最终状态的判断。一旦发现 rejected，则返回该 rejected 的结果。

在 `Promise.all()` 和 `Promise.race()` 的所有可能的结果中，只有当 `Promise.all()` 的 `elements` 完全 resolve 时，会在 `.then()` 中得到一个与原始 `elements` 存在映射关系的数组，而其他结果都将是一个 promise 的值。[1]

就 `Promise.race()` 来说，它预处理 `elements` 的方式与 `Promise.all()` 是一样的，只是在判断终止条件上有所不同。

7.2.2.2　Promise.resolve()处理 thenable 对象的具体方法

如上其实已经讨论了，在 `Promise.resolve(x)` 中"x是对象"的一个特例是：当x是promise对象时[2]，将直接返回它。而x在JavaScript中还有着另一种特例，称为thenable objects，即任意

---

[1] 这里是指该 Promise 所代理的数据，包括它也可能是一个数组，或一个 rejected 的 reason。即使该数据是一个数组类型的值，也与原始 `elements` 不存在映射关系。

[2] 确切地说，在 `PromiseClass.resolve(x)` 中，当 x 是 `PromiseClass` 的实例时，将直接返回 x。这里的 `PromiseClass` 可以是 `Promise()`，或它的某个子类（以及后代类），即 `class PromiseClass extends Promise {}`。

带有 .then() 方法的对象。

当 x 是 thenable 对象时，Promise.resolve() 方法将返回一个新的对象 promise2，它将是 Promise() 的实例。而 x.then() 将被调用并且传入 promise2 的 resolve 和 reject 方法。需要注意的是，在这种情况下，x.then() 也是被并行调用的，因此在 Promise.resolve() 返回 promise2 时并不确定"立即有值"。例如：

```
# 将x声明为一个thenable对象
> x = {then: function() { console.log('in thenable object...') }};

# 测试，p2是"返回的promise2"，且是未就绪的
> p2 = Promise.resolve(x);
in thenable object..

# p2与x对象不是同一实例
> console.log(p2 === x);
false
```

在示例中，x.then() 被执行了，但是"目前"，这个执行过程并没有什么意义。因为在上面这个示例中：

- x 这个 thenable 对象与最终的 p2 之间并没有建立关系。

事实上，JavaScript 是试图将 x.then() 作为一个"类似 new Promise() 中的执行器（executor）"来使用的。JavaScript 对 thenable objects 约定的 .then() 的界面是：

```
# thenable objects 的界面
x.then = function(resolve, reject) {
  ...
}
```

例如（在用户代码中类似如下声明）：

```
x.then = function(resolve, reject) {
  resolve(100);
}
```

那么，在下面的示例代码中：

```
# 使用正确声明的 thenable objects。如下等效于：
#   - Promise.resolve(x).then(console.log);
> p = Promise.resolve(x);
> p.then(console.log);
100
```

当 Promise.resolve() 导致 x.then() 执行时，p 这个 promise 对象的 resolve 和 reject 方法被作为 x.then() 的参数传入。因此（与 new Promise() 类似），用户代码需要在 x.then() 中调用这两个置值器才能真正建立 x 与 p 之间的关系。

那么现在再回到 JavaScript 对 thenable objects 这一类对象的假设——它们应该是第三方

的"类似 Promise 类的实例"的对象。因为这一假设,所以 x.then() 也同时被理解为如下的界面:

```
x.then = function(onFulfilled, onRejected) {
  ...
}
```

亦即是说,当 x 对象就绪时,将触发 **onFulfilled** 和 **onRejected**,并将 p 对象的 resolve 和 reject 置值器作为响应函数调用。因此最终代码:

```
> p = Promise.resolve(x);
```

的语义就变成了:当 x 就绪时,将 x 所代理的数据作为 p 的两个置值器的传入参数。

于是这样一来,就在一个异步的环境中完成了 x 向 p 的传值。

7.2.2.3　promise 对象的其他原型方法

除了 .then() 之外,**promise** 对象最主要的原型方法——.catch() 和 .finally() 事实上都是通过 .then() 来间接实现的。其中的 .catch(onRejected) 与 .then(_, onRejected) 中的参数含义一致,两种用法的效果也近似。

但是使用 .catch() 方法,尤其是 Then 链末端的 .catch() 仍然是安全和必要的。因为 .then(onFulfilled, onRejected) 中的 onRejected 句柄并不能捕获或响应到在 onFulfilled 句柄中发生的异常(以及其中返回的 rejected promise)。例如:

```
// 例1: .then()方法中无法通过onRejected处理onFulfilled句柄中的异常
function doFulfilledAction() {
  throw new Error('rejected!');
}

function doRejected() {
  console.log('rejected!');
}

var x = Promise.resolve();
x.then(doFulfilledAction, doRejected);
```

本例将由于 doRejected() 并不能响应 doFulfilledAction() 中抛出的异常(以及 JavaScript 为该异常而创建的 rejected promise),将会遗漏对 rejected promise 的处理。正确的处理方法是遵循"始于 promise,终于 catch"的原则[1],例如:

---

[1] 参见"7.2.1.5　Then 链对值的传递以及 .catch() 处理"。

```
// （参见上例）
// - x.then(doFulfilledAction).catch(doRejected);
Promise.resolve()
  .then(doFulfilledAction)
  .catch(doRejected); // 'rejected!'

// 例 2: 在 onFulfilled 中 reject 的 promise
// （与处理直接 throw 的异常是类似的）
function doFulfilledAction2() {
  return Promise.reject('rejected promise!');
}

Promise.resolve()
  .then(doFulfilledAction2)
  .catch(console.log); // 'rejected promise!'
```

而 .finally() 方法，与 try...catch/finally 中的 finally 子句的语义类似：使代码在无论 .catch() 还是 .then() 调用结束后，总是能得到一次调用 .finally() 的机会。但是，以如下代码为例：

```
p.then(foo1)
  .catch(foo2)
  .finally(foo3);
```

在该例中，foo1、foo2、foo3 三个函数实际上响应的并不是"同一个 promise 对象"状态变化。在语义上，它们分别响应的是多个 promise 在"同一个 Then 链上"的状态。其中，

- foo1() 是用于响应 promise 对象 p 的 onFulfilled；但，
- 无论 onFulfilled 是否触发 foo1()，.then() 所返回的 promise2 总是会就绪；进一步的，
- 该 Then 链将在 promise2 就绪时，决定是否触发 foo2()。

foo2() 响应的就是 promise2 的 rejected 状态，并使 .finally() 所对应的 promise3 就绪。类似地，foo3() 在"无论 promise3 是何种状态时"都会被触发。注意，在这整个的链式过程中，foo3() 如何触发是与 p 和 promise2 都不相关的，它总是被 promise3 的置值行为触发。

所以最终真实执行的是 promise3.finally()。现在的 promise3 确实代理着一个数据——在上例中，要么是 foo1() 返回的，要么是 foo2() 返回的，但是这个数据并不会传给 foo3() 的入口参数。因为——重要的是—— .finally() 在调用界面上并不接受任何传入参数。例如：

```
// finally() 方法的响应函数是无传入参数的
function onFinally() {
  ...
}

promise5 = promise3.finally(onFinally);
```

并且 JavaScript 也不处理在响应函数 *onFinally()* 中的任何返回值，.finally() 方法的结果——

promise5 对象只是简单地"得到了"链上的前一个对象promise2 所代理的数据。[1]也就是说：

- 默认.finally()方法不会改变 Then 链的前端所产生的数据（以及其状态）。

当然也有例外：如果在.finally()的响应函数onFinally()中发生了异常，或用户代码显式地返回了rejected promise，那么会得到一个rejected状态的promise5，并替代了Then链上之前的"对象promise2 所代理的数据"。[2]

如下代码展示了.finally()方法在处理不同返回值时的特殊效果：

```
var x = new Object;
var p3 = Promise.resolve(x);

// 测试1：p3 所代理的值被传递
p5 = p3.finally(value => {
  console.log(typeof value); // undefined
  return 100; // onFinally()中的返回值被忽略
});

p5.then(value => {
  console.log("value saved: ", value === x);
});

// 测试 2：p3 所代理的值被覆盖
p5 = p3.finally(() => {
  return Promise.reject("finally rewrite"); // 异常或 rejected 值
})

p5.catch(reason => {
  console.log(`value overrided: rejected, and reason is <${reason}>`);
});
```

执行如下：

```
value saved: true
value overrided: rejected, and reason is <finally rewrite>
```

7.2.2.4　未捕获异常的 promise 的检测

在稍后期（自 ES2017 开始）的规范中，为 promise 对象添加了一个非常特殊的性质，即

---

[1] 这里确实隐式地产生了一个中间的 promise4 对象，并且它所代理的值（从上述的执行过程来看）也确实是 promise3.finally()返回的值，我们可以假定用户代码在 onFinally()中返回了某个东西来作为这个值。但是这个 promise4 没有立即作为.finally()的结果值，而是再次调用了 promsie4.then(doFulfilledAction4)，并为这个响应函数 doFulfilledAction4()传入了"promise2 所代理的数据"（注意，这里忽略了 promise4 所代理的值），从而得到了 promsie5。

[2] 与上一脚注相似，这里也会用相同的逻辑来隐式地产生 promise4。但是因为调用 promise4.then()时并不传入 onRejected 响应函数，因此 promise4.then()就会将"proimse4 所代理的值"（注意，这里正好反过来，忽略了 promise2 的所代理的值）通过一次 resolve()操作返回给了 promise5。关于在.then()方法中处理参数的细节，请参见"7.2.1.5 Then 链对值的传递以及.catch()处理"。

"检查 promise 对象的 handle 状态"。在多数情况下，它被用来解决 Then 链中存在无法定位的 rejected promise 对象的问题。并且它通常需要宿主程序来配合，以实现检测后的相应动作，例如，在 Node.js 中它被设计为通过 `process.on("unhandledRejection", ...)` 来响应的事件，这非常类似浏览器环境中 `window.onerror()` 的设计。

然而这并不像它表面展示的那样简单。比如，到底什么才是"未捕获异常的 promise"呢？一个经典的"错误答案"是：

- 未在 `.then()` 中处理 `onRejected` 句柄的对象。

事实或者说真相是：

- 不在 Then 链中的 rejected 状态的 promise 对象。

  例如：

```
// 示例 1

// 示例用的 promise
p = Promise.reject();

// 处理 .then
p2 = p.then(console.log);
```

在这个例子中，p 是调用过（至少一次）`.then()` 方法的，因此它是"Then 链中的 promise 对象"。而 p2 自它创生之后都没有调用过 p2.then() 方法，因此它（目前看起来）并不在 Then 链中。

由于 p 是在 Then 链中的，因此无论它的状态是三种中的哪一种，都不会触发与 unhandledRejection 相关的行为。换一个角度来说，由于它是在 Then 链中的，所以它必然调用过 `.then()` 方法，因此是 handled 的。[1]

现在 p2 是 unhandled 的，那么它什么时候才会触发与 unhandledRejection 相关的行为呢？这与 Promise 机制的两个内部过程有关，包括：

- 当用户代码调用 reject 置值器（为 p2 置值并切换状态）时将尝试触发上述行为。
- 当用户代码调用 resolve 置值器时，内部错误导致 reject 并触发上述行为。[2]

---

1 一些 Promise 的内部操作也会导致隐式的 `.then()` 方法调用，因此类似 await p 的操作，虽然没有显式调用 p.then()，但事实上也是 handled 的。另外，在异步生成器的每次 yield 值和异步迭代器中的每次取迭代值时，也将隐式地调用一次针对该值的 `.then()` 方法。
2 有两种情况将导致 resolve(x) 时发生内部错误，其一是 x 就是 p2 本身，其二是读取 x.then 属性失败。Promise 机制将这两种内部错误转换成 reject 值——可以理解为 resolve(x) 时 x 值非法——并置值到 p2。

也就是说，当 p2 被置值时才会触发与 unhandledRejection 相关的行为。

然而对于任何一个 promise 对象 p 来说，向 p 置值与调用 p.then() 是并行的过程，这意味着它们同时作为状态并以此为 unhandledRejection 的判断依据时，其结果是不确定的。举例来说，有如下代码：

```
// 示例 2
var time1 = 1000, time2 = 5000;

// 并行地为 p 调用 reject() 并置值 undefined
p = new Promise(function(resolve, reject) {
  setTimeout(reject, time1);
});

// 并行地调用 p.then()
setTimeout(function() {
  p2 = p.then(x=>x);
}, time2);
```

当 time1<time2 时，会使得调用 reject() 时 p 还不是 Then 链上的对象，这就触发了与 unhandledRejection 相关的行为——尽管看起来 p.then() 在形式上是调用的。接下来，尽管在 reject() 调用时 p 是 unhandled 的，但是我们"迟早（例如，上例中在 5s 后）"会将 p 添加到 Then 链上。由于是并行系统，因此这是合法且常见的。那么在"迟于 reject() 置值的 .then() 调用"时会发生什么呢？答案是：再向 Host 通知一次 unhandledRejection 事件的发生。[1]

但如果我们反过来置 time1>time2，那么由于 p.then() 早早地就被调用了，reject() 调用时就不会检测到 p 的 unhandled 状态了。

但是对于 p2 却不是这样。当 p 是一个 reject 的值 x 时，因为在 p.then() 中没有处理 onRejected，所以 p2 将得到并置值 reject(x)。然而 p2 显然是没有在 Then 链上的，因此无论 time1 和 time2 的值是多少——与 p 的 unhanded 状态无关，都还会再发生一次针对 p2 的 unhandledRejection 事件。

7.2.2.5 特例：将响应函数置为非函数

在 p.then(onFulfilled, onRejected) 中，如果 onFulfilled 或 onRejected 传入非函数，则 JavaScript 将它们视同 undefined 处理；如果上述指定参数为 undefined，则在相应状态触发时，将直接返回 p 的数据和状态作为 promise2 的结果。

---

[1] 为了区别两次事件，ECMAScript 约定了事件通知时带一个标记：前一次标记为"reject"，而后一次标记为"handle"。但并不是所有的 Host 都能识别与处理这两种标记。

如果是调用 `p.catch(onRejected)`，由于它的逻辑等同于 `p.then(undefined, onRejected)`，因此效果也与 `.then()` 方法一致。

如果是调用 `p.finally(onFinally)`，那么当 onFinally 传入非函数时，JavaScript 处理的规则也与前述的 `p.then()` 是相同的——视作 `undefined`。

7.2.3　Promise 的子类

我们已经知道，在使用 `p.then()` 方法，包括使用该方法来实现 `.catch()` 和 `.finally()` 时，会创建新的 promise2 对象。但这里存在一个问题，promise2 对象来自哪一个构造器呢？又或者说，promise2 是哪个类的实例呢？

这其实是一个很复杂的问题。

7.2.3.1　由 Promise() 派生的子类

可以使用标准的 JavaScript 语法，通过类声明来派生 `Promise()` 类的子类。例如：

```
// 类声明
class MyPromise extends Promise {}

// 创建对象实例
var executor = function(resolve, reject) {
  // ...
};
p = new MyPromise(executor);
```

当 JavaScript 使用 `p.then()` 时，它会隐式地创建 promise2 并作为返回的结果对象：

```
promise2 = p.then(...);
```

假如 JavaScript 默认直接使用构造器 `Promise()` 来创建这个 promise2，那么 p 和 promise2 的性质就可能不同。然而从代码的语义来看，更正确的做法是让 promise2 由子类 MyPromise 创建出来，以使得它和 p 有相同的性质。

所以 JavaScript——如同它处理数组机制时一样——给出了一个机会：允许在引擎内部创建 Promise 实例时使用用户指定的类。这意味着它会在处理 `p.then()` 时尝试查找如下属性：

```
p.constructor[Symbol.species]
```

由于默认情况下 p 是 MyPromise 的实例，且 MyPromise 是 **Promise** 的子类，因此 MyPromise 将继承 `Promise[Symbol.species]` 属性。注意，虽然 `Symbol.species` 属性是继承自 `Promise()` 类的，但它并不"总是"以 `Promise()` 这个类作为返回值。这是因为属性 `Promise[Symbol.species]`

其实指向如下存取器函数：

```
Promise[Symbol.species] = function() {
  return this;
}
```

而当子类继承该属性并调用它的存取器时，`this` 引用也将指定子类的构造器。例如：

```
// 示例（如下代码的执行过程分解）
//   cls = p.constructor[Symbol.species];

// 1. 查找构造器及其原型
MyPromise = p.constructor;

// 2. 查找 MyPromise[Symbol.species]属性
Promise = Object.getPrototypeOf(MyPromise);
getter = Object.getOwnPropertyDescriptor(Promise, Symbol.species).get;

// 3. 调用存取器来获得 MyPromise[Symbol.species]属性值
cls = getter.call(MyPromise);    // this 引用是指向 MyPromise 的
```

因此在需要解决上面所说的"p 和 promise2 的性质可能不同"的问题时，子类 `MyPromise` 并不总是需要声明自有的 `Symbol.species` 属性。如上所述，由于存取器方法的存在，该属性总是指向子类的构造器或类声明。

7.2.3.2　thenable 对象或其子类

thenable 对象（例如 x）并不需要是 Promise 的子类实例，JavaScript 也不会尝试去操作 `x.constructor` 属性（以及 `x.constructor[Symbol.species]`属性）。但是在使用 thenable 对象的过程中，仍然需要考虑到"Promise 或其子类"的类属关系问题。

使用thenable对象时有两个核心问题。第一个问题是使用`Promise.resolve(x)`时该如何处理返回值。由于JavaScript并不能"假设"在任何时候x.then()方法都返回promise对象，因此为了兼容thenable对象，它总是试图用类似如下过程[1]来处理`Promise.resolve(x)`：

```
// 示例（设 x 是 thenable 对象）
p = Promise.resolve(x);

// 则上例将等义于如下代码
p = new Promise((...args) => x.then(...args));
```

在这个示例中，`p` 是 `Promise()` 的实例，只是在它的值就绪时使用到了 `x.then()`，因此也就与 x 的类属关系无关了。

---

[1] 可参见 "7.2.2.2　Promise.resolve()处理 thenable 对象的具体方法"。

7.2 Promise 的核心机制

JavaScript 还将使用类似的策略来处理第二个问题，即调用 p.then() 时如何在响应函数中返回 thenable 对象 x。而这一过程需要在调用 p.then() 方法时取 Symbol.species 属性，例如：

```
// 示例（设 x 是 thenable 对象）
p.then(() => x);

// 则上例将等义于如下代码
p.then(() => {
  var MyPromiseClass = p.constructor[Symbol.species];
  return new MyPromiseClass((...args) => x.then(...args));
})
```

这个示例过程与真实的处理逻辑略有差异的地方在于：在真实环境中，p.then() 返回的 promise 对象是在调用响应函数之前预先建立的，而在该示例中是在函数运行中。下面的代码展示了在 p.then() 方法中实现上述逻辑的过程（JavaScript 引擎采用类似逻辑来实现 Promise.prototype.then 方法）：

```
// 示例（设 f 是 onFulfilled 句柄的响应函数）
p.then = function(f) {
  var MyPromiseClass = this.constructor[Symbol.species];
  var thenableObj = f();
  return new MyPromiseClass(resolve => resolve(thenableObj));
}

// 则上例的.then()方法可以处理如下响应函数 f 返回的 thenable 对象 x
p.then(function f() {
  return x;
});
```

上例中的 .then() 方法主要用于展示 thenableObj 的创建过程，它等义于如下更简单的实现方式：

```
// 如果 MyPromiseClass 是 Promise 的子类
p.then = function(f) {
  return MyPromiseClass.resolve().then(f);
}

// （或，）如果不确定 MyPromiseClass 继承了 .resolve() 方法[1]
p.then = function(f) {
  return (new MyPromiseClass(resolve => resolve())).then(f));
}
```

---

[1] 事实上，ECMAScript 规范中约定在实现一些内部方法时，并不直接引用 Promise.XXX 这些类方法，通常在 "假设 promise 对象只有 .then() 方法" 的前提下来实现其他方法，例如，.catch() 和 .finally()。

7.2.4 执行逻辑

JavaScript中的代码总是从全局代码（Script）或模块的顶层代码（Module）开始运行的。当语法分析阶段结束之后，JavaScript就可以明确地知道哪些代码是全局的、哪些代码是模块顶层，然后会将它们（整体地）作为一段代码文本放在一个执行上下文中。[1]再之后，这个上下文就被放到执行引擎中去运行了。

执行引擎会从全局的或模块顶层的第一行代码执行到最后一行，这个执行序列被称为脚本任务（ScriptJob）。在这个执行序列处理完之前，其他"ScriptJob之外的"代码都是无法得到执行权的。[2]

但具体又"如何执行"呢？在稍早一些的规范中，脚本引擎的推动是依赖一个称为 `NextJob()` 的内部方法的，这一内部过程决定了执行的连续性是依赖脚本执行过程并由 Jobs 间的连接关系来确定的。但这一点在 ES8（2017）之后会略有不同。新规范中的引擎将自主启动一个称为 `RunJobs()` 的过程。这个过程是一个循环，其每个迭代都将由引擎扫描待执行的任务队列，并取出一个等待中的任务以最终执行它——如同执行上述 ScriptJob 一样。

这两种处理逻辑也是略有区别的：

- 如果使用 `NextJob()`，那么应该在任务 Job 执行结束时调用 `NextJob()` 来推动一次引擎——当然，其他 Job 在自己结束时也会这样做；而，
- 如果使用 `RunJobs()`，不同的执行逻辑都只需将它们的任务 Job 放到队列中，引擎总是会在循环中扫描到该 Job 并执行它。

无论引擎使用哪种推动方式（`NextJob()`/`RunJobs()`）都是可以支持 Promise 的：它们都会为 Promise 建立一个任务队列，该队列与 ScriptJob 所在的队列类似。

7.2.4.1 任务队列

我们在"7.1.1.3 并发的讨论背景"中讲述过一个基本的原则：因为在集中式的现场不能（直接地）运行并行逻辑，所以通常会使用称为"并发"的机制来解决这一问题。而并发机制的本质，就是在并行中加上"时间"这一维度。

---

[1] 多个执行上下文可以运行在同一个执行域（Realm）中，这个 Realm 其实就指代了 Global，它映射了一系列由引擎提供的原始组件（例如，`Object` 或 `Object.prototype`）。
[2] 在 ECMAScript 的未来版本中可能支持顶层 `await`。如果使用了该特性，那么 ScriptJob 的执行权也是可以交出的。

ECMAScript 中并没有在执行逻辑上强调"（执行的）时间或时间片"，因此严格来说它没有要求引擎"必须"在某个串行或顺序机器的环境中来实现，亦即是说，它并没有约定 JavaScript 必须是单线程的。但是在这样的实现环境中，又如何处理"并行的逻辑"，例如 PromiseJobs 的呢？

仔细分析所谓的"并发"过程，它可以具体分解为三个步骤：排队、唤醒和执行。这个过程通常称为对被处理单元的"调度"，例如线程调度或进程调度。如果我们将调度"是在时间单位内、基于优先级进行的"[1]这样的具体实现约束去掉，那么在"集中式的现场"中执行并行逻辑的最简单方法就是"队列化"，因为队列处理的本身就约定和实现了（没有时间单位的）时序逻辑。

而正好，在经典的 JavaScript 环境中就有这样的一个队列可用。在传统的 JavaScript 引擎中，如果代码是作为多个脚本块载入的，例如在浏览器环境中用<script>标签装载的脚本，那么这些脚本块中的全局代码作为各个独立的 ScriptJob 放在一个队列中等待引擎顺序处理。在 ES6 中引入了"模块（Module）"这一语法概念后，也自然地采用同样的方式来处理模块中的顶层代码。亦即是说，ECMAScript 将所谓的"需在引擎初始化后执行的全局与模块顶层代码"作为任务（Jobs）放在了这个队列中。[2]

每个任务 Job 都需要一个自己的可执行上下文，这样的可执行上下文是所有的可执行结构都具备的。我们知道，"可执行结构"既包括脚本（Script）与模块（Module），也包括函数（Function）。那么既然如此，就只需要将 PromiseJob 映射为函数[3]，那么 Job 的上下文自然也可以——作为一个函数执行结构——放到执行栈中，并且也可以按照标准过程处理。

亦即是说，调度一个 PromiseJob 与调度一个函数，并没有区别。

7.2.4.2　执行栈

执行栈是用来确保多个可执行上下文可以按约定顺序顺次处理的另一个结构。任何情况下，这个所谓的"约定顺序"只有一项原则：

1　通常，调度是基于时间片、优先级等这样的概念的，其目的是在具体环境中进行资源优化。一定程度上来说，资源优化与计划就是"调度"在应用层面的需求。

2　因此，这些在队列中的 Jobs 也被称为 PendingJob，并且它们的内部结构中有一个称为[[ScriptOrModule]]的域用来表明该 Job 对应的代码是脚本块还是模块。

3　我们这里没有讨论与动态执行相关的"可执行结构 Eval"。事实上，Eval 最终也是解析为其他三种结构来执行的，其中主要的仍然是"函数"这一结构。

> 当前栈顶的上下文，就是运行中的活动上下文。

因此 [1]：

- 当一个新的上下文入栈时，那么新的上下文必然是活动的。这正好对应于"在当前函数中调用新函数"，亦即是说，函数调用就是将目标函数的上下文入栈。与此相反的，
- 当有一个并行行为（例如 Promise 的 Reactions）出现时，该行为在概念上由于是并行的而不能入栈（入栈就会激活它），因此需要通过 `EnqueueJob()` 过程将它作为一个 PendingJob 添加到任务队列（Job Queues）中。

并且上述原则还隐含了一个推论：

> 当前栈顶为空时，意味着引擎在闲（所有上下文都处理完毕）。

因此：

- 当栈顶为空（即引擎在闲）时，从上述队列中取出 PendingJob 来执行即可。

    这个过程就是所谓的 `RunJobs()`。

7.3 与其他语言特性的交集

"始于 Promise"是指用 `new Promise` 或 `Promise.xxx` 来得到 Then 链上的第一个 promise 对象。但除此之外，JavaScript 中也有其他的方法来得到这样的一个 promise。这里主要是指继 ECMAScript 2017（ES8）之后，通过对 JavaScript 语言特性的组合而得到的一些基于 Promise 的新特性，例如异步生成器函数，以及异步箭头函数等。

在引入并行语言特性之前，JavaScript 与其他语言特性间结合得很好。并行语言本质上就是去掉了时间维度，这对于不依赖时间的静态语言特性，以及静态语义下的结构化特性自然不构成什么影响。然而对于那些严重依赖时序的语言特性——例如，函数式语言特性、动态特性和逻辑上的结构化（即程序控制结构）等来说，就成了灾难。

所以，组合这些语言特性其实并不那么容易。

---

1 这里也可以简单地理解为：在执行栈中的上下文总是串行处理的，而将任何任务放到任务队列中就意味着它将被并行执行。

7.3.1 与函数式特性的交集：异步的函数

异步函数在调用时总是"立即"返回一个 Promise（例如 p）。JavaScript 引擎将另建一个上下文用于执行该异步函数的函数体。新的上下文是作为 p 的 `resolve` 置值器来执行的，也因此放在了 PromiseJobs 队列中。并且，如果新的上下文（即异步函数的函数体）中出现了 `await` 运算，那么上下文会被"挂起"且再次创建一个新的 Promise（例如 p2~pn）。

所有的这些 Promise（p 和 p2~pn）的 `resolve` 置值器都将放在 PromiseJobs 队列中。每次置值都将唤醒一次异步函数，直到异步函数执行到函数体末尾或通过 `return` 语句退出，又或者抛出异常。这些所谓的"挂起/唤醒"函数的操作，本质上仅是函数上下文在当前执行栈顶端的移出/移入过程。

同时可以有多个 PromiseJobs 以及 ScriptJobs 队列在等待被 JavaScript 引擎的执行器激活并从栈顶开始（或恢复）处理。

7.3.1.1 异步函数的引入

我们通常会使用 `Promise.all` 来操作一批数据，这可以一次得到全部已就绪的数据。并且后续逻辑在使用这些数据时是没有时序依赖的：

```
// 例1: 使用.all()方法来处理无时序依赖的数据
Promise.all([1,2,3])
  .then(([v1, v2, v3]) => {
    // ...
  });

// （又：上例的另一种写法）
var pendings = [1, 2, 3].map(x => Promise.resolve(x));
Promise.all(pendings)
  .then(values => {
    let [v1, v2, v3] = values;
    // ...
  });
```

如果这一组值（values）中的数据是存在依赖的（例如，v2 的计算依赖 v1 的结果），那么按照 Promise 的设计，就应该将这个求值的过程放到一个 Then 链中。如下例：

```
// 例2: 使用Then链来处理有时序依赖的数据
var p1 = Promise.resolve(1);

var expand_v2 = x => {
  return (x < 9) ? '0' + x : x.toString();
};

// pass <v1> as <x>
```

```
p1.then(expand_v2)
  .then(v2 => {  // get <v2> from p2, and
    return 'v3: ' + v2;  // resolve value for p3
  });
```

在这个例子中，`v2` 的产生必须依赖 `v1` 的结果，因此 `p2` 必然创建于 Then 链中，并且 `p2.then()` 将会交付一个值给 `p3`，从而形成整个 Then 链。

上述是典型的使用 Promise 的方法，然而这样的处理逻辑通常会带来"非常长的 Then 链"。长的 Then 链出错的可能会更高，且排错的代价通常也更大。异步函数就是用来解决这一问题的，它封装了"一组 promise 对象之间的时序性"，并最终"返回一个新的 promise 对象"。

使用异步函数来实现示例 2 的方式非常简单：

```
// 例 3: 使用异步函数来实现示例 2
var p1 = Promise.resolve(1);

async function foo() {
  var x = await p1; // pick <v1> from p1
  return (x < 9) ? '0' + x : x.toString();
}

// p2 = foo();
p3 = foo().then(v2 => {
  return 'v3: ' + v2;  // resolve value for p3
});
```

亦即是说，我们将例 2 中的 `p1.then()` 变成了 `foo()` 这个调用异步函数的过程。同样，也可以用相同的方法来将更多的 promise 对象放到异步函数 `foo()` 中，而不必调用它们的 `.then()`；并且在 `foo` 函数中可以顺次使用这些 promise 对象，直到最终返回一个 promise。在例 3 中，`foo()` 函数返回了 p2。

7.3.1.2 异步函数的值

异步函数总是会返回一个 promise 对象。换个视角来看，该函数总是可以"先"返回上述的 promise 对象，而无须执行它的函数体（函数体的执行可以视为该 promise 的 `resolve` 过程的一部分）。

事实上，这个 promise 对象在实例化该异步函数之前就已经被创建好了。这样做会带来一个好处：当该函数不能在运行环境中被创建为一个（可执行的）实例时，所导致的异常可以用该 promise 的 `reject()` 置值器返回。例如：

```
// 这是一个语法正确的一般函数
function foo([x]) {
  console.log(x);
}
```

```
// 在调用 foo() 时传入无效值，创建函数的实例（而不是执行 Body）时就会抛出异常
try {
  foo();
}
catch(e) {
  console.log(e.message);  // TypeError: Cannot read property ...
}
```

然后我们尝试用异步函数来实现它：

```
// 异步的 foo()
async function foo([x]) {
  console.log(x);
}
```

在调用这个异常的 `foo()` 时，Promise 同样会 `reject` 这个"在函数创建阶段发生的"异常。测试如下：

```
# 调用异步 foo() 并不会导致任何异常
> p = foo()

# 响应 .catch() 以观察 rejected 的异常对象
# （使用 void 是避免在控制台输出返回的 promise）
> void p.catch(console.log)
TypeError: Cannot read property ...
...
```

接下来，在真正执行函数体（即调用 `foo()`）的时候，ECMAScript 规范约定函数体应放在当前的执行栈上"至少"被执行一次，直到它遇到一个可能的 `await`，或者执行结束退出。JavaScript 将启用一个新任务来调用 `p.then()` 所触发的过程。而且，如果异步函数自身因为 `await` 发生等待，那么 JavaScript 也会隐式地创建一个新的 Promise 并绑定给它的触发器，然后将它作为任务加入队列以便它们——这些等待值、获得值以及使用值去触发后续逻辑的过程——"在将来"都能并行执行。

而现在，异步函数只是返回了那个 promise 对象 p，无论它的值是否就绪。

7.3.1.3 异步函数中的 await

在异步函数中"顺次使用 promise 对象"的要点在于 `await` 关键字，它是一个运算符，与 `yield` 有些类似：二者都将让出当前函数的执行权。但是，`yield` 运算符只能用于生成器函数，而 `await` 只能用于异步函数。

`await` 可以等待任意的数据，包括对象、值和 promise 对象等。它在让出当前函数的执行权的同时会将一个 PromiseJob 放到队列中，以此确保等待必然发生且必将得到唤醒。该 PromiseJob 的 `resolve` 行为将总是会唤醒当前函数并回到挂起的执行点。由于在一个（异步

函数的）上下文中的多个 `await` 同时只会有一个在等待，因此这个异步函数中的 `await` 唤醒动作也就会顺次地激活那些对应的 Promise，并按该函数体的逻辑来最终返回结果值。

`await` 会将它的操作数（例如 x）处理为一个 promise 对象。因此，无论是在执行效果上还是在实现逻辑上，`await` 的表现都跟如下代码类似：

```
async function foo() {
  var v = await x;
  ...
}

// 类似于
function foo() {
  var v;
  Promise.suspend_until_resolve(x).then(x => v = x);
  ...
}
```

对于其中的伪代码`Promise.suspend_until_resolve()`过程，除了会将PromiseJob添加到队列之后就立即挂起当前函数（例如上例中的`foo()`）之外，它与`Promise.resolve()`行为完全一致。然后唤醒操作将发生于（之前在"7.2.4.1 任务队列"中讲过的）`RunJobs()`中，它将扫描PromiseJobs并处理那些已经就绪的Promise[1]，后者会在`resolve`的响应中将值（value）作为`await`表达式的值返回。

此外需要特别补充的是：如果 promise 是 `rejected` 状态，那么 `await` 会将 `reject` 的原因（reason）作为错误抛出。而 `await` 抛出错误意味着它将潜在地执行一个类似 `throw e` 的操作，其中 e 是任意值，并且可以被 `try...catch` 捕获。例如：

```
// await 处理 rejected promise 的方式
var x = Promise.reject('error of promise');
async function foo() {
  try {
    var v = await x;
  }
  catch(e) {
    console.log(typeof e, e);  // "string", "error of promise"
  }
  return 'Done.'
}

// 由于 try...catch 捕获并处理了异常，因此这里将得到 resolved promise
foo().then(console.log);
```

---

[1] 当 Promise 未就绪时，`onFulfilled` 与 `onRejected` 事件响应会放在 promise 对象的 Reactions 队列中；当 Promise 就绪时，这些响应作为 Jobs 添加到任务队列。这意味着，`RunJobs()` 只需处理任务队列即可，而不必检查具体 Promise 的状态。

7.3.1.4 异步生成器函数

异步生成器函数首先是一个"生成器函数",所以调用它时仍然会产生一个(异步的)生成器对象用于控制数据的产生,例如,tor2。异步生成器对象也需要通过调用.next()方法来产生数据,这些数据是一系列 promise 对象。下例说明了两种函数可以用相似的方式来获得 tor 对象:

```
// 示例1

// 示例(一般的生成器函数)
function* myGenerator() {
  yield 10;
  yield 20;
}
tor = myGenerator();

// 示例(异步生成器函数)
async function* myAsyncGenerator() {
  yield 10;
  yield 20;
}
tor2 = myAsyncGenerator();
```

但是一般生成器函数与异步生成器函数获得值的方法是不同的。前者,即一般生成器函数通常使用同步过程直接从 tor.next() 中获得值(value),而后者必须通过 promise 对象的 Then 链来异步地访问值。例如:

```
// (续上例)

// 示例(生成器函数)
console.log(tor.next().value); // first, 10

// 示例(异步生成器函数)
p = tor2.next();
p.then(result => {
  console.log(result.value);
});
```

如上可见,最终的数据(例如 result)是在 promise 对象(例如 p)的 Then 链中访问的。

然而得到 tor2 与调用 tor2.next() 方法等过程都不是异步的,也不能被 await,因此在使用异步生成器函数时,虽然可以"同步地"调用所有的 tor2.next(),但是它们的结果值——所有的 promise 对象之间却是异步的。这意味着用户代码没有办法在一个同步的过程中检测 done 状态,也就没有办法有效确定"要调用多少次 tor2.next()"。例如:

```
// 这里的do...while是一个同步的循环
do {
  let p = tor2.next();
```

```
// 接下来没有办法在当前循环中检测 p 中的数据的 done 状态
...
```

因此真正有效地使用 tor2 的方式，只能是在 promise 对象的 Then 链中检测 result.done 的状态。如下例（假设需要以一个数组来"收集"所有生成的数据）：

```
// （续上例）
var all = [];
var output = ()=>console.log(all);
var tor2 = myAsyncGenerator();
function picker(result) {
  if (result.done) return output(); // completed
  all.push(result.value);
  return tor.next().then(picker);   // again
}

// 由于异步过程中不能确知'complete'的时间，所以 output 是在 picker 中回调触发的
tor2.next().then(picker); // first
```

当然，这个示例中使用 Promise 链来构造循环的方法并不完美。相对简单一些的方法是继续使用异步函数，例如：

```
// （续上例）
var output = all => console.log(all);
var tor2 = myAsyncGenerator();
async function picker2(tor) {
  var all = [], extract = ({value, done}) => !done && all.push(value);
  while (extract(await tor.next()));
  return all;
}

// picker2是异步的，并通过 await 来等待了全部数据，因此 output 可在 Then 链中调用
picker2(tor2).then(output);
```

7.3.1.5 异步生成器函数中的 await

严格来说，在异步生成器函数中，所谓"生成器"的部分只负责调度生成器对象（例如 tor）的每一次 tor.next() 调用，并组装和返回一个 promise 对象（例如 p）；而函数体才是所谓"异步"的部分，负责让每一次的 yield（产生值）以及其后的 p.then() 调用异步地发生于不同的过程中。这带来了一个潜在的问题：

- 单个 tor.next() 和 p.then() 的发生是时序的，且一组 tor 之间也是时序的；但是，
- （理论上来说，）上述一组 tor 所对应的 .next() 方法所推动的 yield 运算，以及其后的 p.then() 都并非时序的。

对此 JavaScript 提出了一个"暴力的"解决方案：

- 所有在异步生成器函数中的 `yield`，将会是一个隐式的 `yield after await`。

亦即是说，在 `yield` 之前将会为操作数隐式地调用一次 `await`。例如：

```
// sleep <n> ms, and resolve <value>
function sleep(tag, n, value) {
  console.log(tag);
  return new Promise(resolve => setTimeout(()=>resolve(value), n));
}

async function* myAsyncGenerator() {
  yield sleep("yield 1st", 10000, 'value 1 delay 10s');
  yield sleep("yield 2nd", 1000, 'value 2 now');
}
```

测试如下：

```
# 示例：在异步的过程中输出生成器所产生的值
> var tor = myAsyncGenerator();
> var output = ({value,done}) => console.log(value);

# 产生两个异步生成器对象（它们是 promise 对象，且有序产生）
> var values = [tor.next(), tor.next()]; // yield once and wait timeout
yield 1st

# 输出异步生成器对象的最终就绪的值（注意等 10s 以观察结果）
> values.forEach(p => p.then(output)); // print on Then-chain
yield 2nd
value 1 delay 10s
value 2 now
```

在这个示例中，如果 `values[]` 中的两个 promise 对象是异步的，那么值 `value 2...` 将会更早地被输出出来。然而在实际的 JavaScript 环境中，正是为了避免多个生成值出现不一致的序列，异步生成器函数使每一个 `yield` 附带了一个 `await` 运算。这样一来，当第一个 `yield` 发生时，它将等待 `sleep()` 返回的 promise 对象（并在超时 10s 后）得到值 `value 1...`。

在这个等待过程中，第二个 `yield` 并不会触发——显然，隐式的 `await` 运算导致这个函数内的所有 promise 在被 `yield` 之前同步等待了——因此尽管连续发生了两个 `tor.next()` 运算，事实上却只触发了一次 `yield`。直到 10s 之后，第二次 `yield` 才被触发。

在异步生成器函数中，所有的 `tor.next()` 都将立即返回 promise 对象，但是由于它们的 `yield` 存在隐式的 `await`，因此 `yield` 值的过程以及 promise 对象就绪该值的过程都是同步的。不过，由于 JavaScript 会将 promise 对象就绪后的 `.then()` 调用作为 Job 放到任务队列中调度，所以这些生成数据之间的次序关系仍然是不可依赖的。

除此之外，你仍然可以在异步生成器函数中正常地使用 `await`。即使你在 `yield` 后面显式地使用 `await` 来等待并返回一个用于 `yield` 的值，也并不会带来副作用——除了多了一次 `await` 运算之外。

7.3.1.6 异步生成器函数与 for await...of 语句

tor2 是异步生成器对象,这与"(一般的生成器函数所返回的)生成器对象"只是在概念上类似而已,二者在许多地方是有使用上的区别的。首先,tor2 并没有 Symbol.iterator 这个属性,取而代之的是 tor2[Symbol.asyncIterator]。这使得 tor2 可以支持 for await...of 语句,例如:

```
# (续"7.3.1.4 异步生成器函数"中的示例 1)
# (由"一般的生成器函数"所返回的)生成器对象
> tor = myGenerator()
> Symbol.iterator in tor
true

# 使用 for...of 语句
> for (const x of tor) console.log(x)
10
20

# 异步生成器对象不是迭代器
> tor2 = myAsyncGenerator()
> Symbol.iterator in tor2
false

# 异步生成器对象是一个"异步的迭代器"
> Symbol.asyncIterator in tor2
true

# 使用 for await...of 语句(只能使用在异步函数中)
> void async function() { for await (const x of tor2) console.log(x); }()
10
20
```

for await...of 语句在列举中会将 tor2 的每个迭代结果作为一个 promise 对象处理,亦即是说,tor2 是通过 Symbol.asyncIterator 属性指向的迭代方法来"异步地"产生的。并且该语句的每次列举会等待上述 promise 对象(例如 p)就绪,并通过 await 过程将后者所代理的数据取出并放到迭代变量(例如上例中的 x)中,类似于 x = await p。

除了使用的是 Symbol.asyncIterator 属性之外,for await...of 语句与 for...of 语句在逻辑上并没有什么不同。并且重要的是,它们的结果也很类似:在一个同步的迭代过程中得到 tor/tor2 的每一个成员。是的,我们确信 for await 的各个迭代间是同步的。

对于 tor/tor2 来说,如果它没有 Symbol.asyncIterator 属性,那么语句 for await...of 也会处理 Symbol.iterator 属性。该语句将为后者的每次迭代结果都用一个新的 promise 来代理,并作为 await 的对象。亦即是说,使用 for await...of 处理一个"(一般的)生成器对象或迭代器"时,迭代结果将先转换为 promise 对象。例如:

```
// 示例：使用 for await...of 处理一般生成器对象或迭代器

// 1. 处理一般生成器对象或迭代器（例如有 Symbol.iterator 属性的数组）
var promises = [Promise.resolve(10), Promise.resolve(20)];
for await (let x of promises) {
  console.log(x);
}

// （效果同上）
// 2. for await...of 语句会将每个迭代值转换为 promise 对象来处理
var values = [10, 20];
for await (let x of values) {
  console.log(x);
}
```

7.3.2　与动态特性的交集

动态语言特性有意地模糊数据的类型特征，或者提供动态执行过程来确保系统的灵活性。一定程度上来说，面向对象中的多态特性也是对动态特性的一种补偿。我们知道，从现今的语言实践来看，用"接口"实现多态特性是一种更容易被接受的方式。虽然 ECMAScript 并没有明确提出这种数据类型或数据抽象，但它的对象系统天生地具备多态性，因此类似接口的特性还是存在的，例如，xxx-like types。

7.3.2.1　await 在语义上的特点

你可以将 await 视为在特定上下文（异步函数）中将 Promise "转换为" 它所代理数据的一种方式，至少在语义上可以这样理解。如下例 [1]：

```
// 获得一个 promise 对象
var p = Promise.resolve(10);

// 将变量 p 理解为对象，并用在并行系统中
p.then(function(value) {
  console.log(value * 10); // 100
});

// 将 promise 对象 p 转换为它所代理的数据，并用在特定上下文中
async function foo() {
  console.log(await p * 10); // 100
}
```

---

[1] 在使用 await(p) 的方式时，有些形似于 x = Object(10) 这样的将值转换为对象，尽管这里的括号运算符其实不是必要的。

```
// （又例）
var resolvedObj = Promise.resolve(new Object);
async function foo2() {
  console.log((await resolveObj).toString());
}
```

7.3.2.2 resolve 行为与类型模糊

在 promise 对象的 `resolve` 行为中也隐式地存在一个与 `await()` 语义类似的转换过程。这是因为用户代码实质上是在通过调用置值器函数 `resolve(x)` 来向 promise 对象的内部槽中填写值 x。例如：

```
p = new Promise(function(resolve, reject) {
  resolve(x);
});
```

而在使用 `Promise.resolve(x)` 的时候，如果 x 已经就绪，那么 JavaScript 引擎也默认地将这个值 x 填写给了 promise 对象 p 的内部槽。例如：

```
p = Promise.resolve(x);
```

但是，如果值 x 本身也是一个 Promise 的实例呢[1]？在这种情况下，JavaScript 引擎事实上会先检测 x 的类型，并把为 p 初始化的一对 `resolve/reject` 置值器用作 x 的 onXXX 响应函数，这类似于调用 `x.then()`。例如：

```
// 当x是promise对象时，语义如下代码所示
// - p = Promise.resolve(x);
p = new Promise(function(resolve, reject) {
  x.then(resolve, reject);
})
```

换言之，它也就等义于：

```
p = (async function() {
  return await x;
})();

// OR
let resolved = async x => await x;
p = resolved(x);
```

这也就意味着，promise 对象 p 的内部槽中的数据可能是由"将来的"其他 promise 的 `resolve` 动作来推动并就绪的。这很合理，并且也正是并行语言特性的价值所在。在其他 promise 的 `resolve` 动作发生时，它的值（如下例中的 `new Object`）将因为上述 Then 链调用

---

[1] 这里 x 也可以是一个 thenable objects。

的存在而被置入对象 p，成为最终 p 所代理的数据。例如：

```
function sleep(tag, n, value) {
  console.log(tag);
  return new Promise(resolve => setTimeout(()=>resolve(value), n));
}

// 在语义上，resolve(x)意味着p代理了对象x
data = new Object;
x = sleep('10s', 10*1000, data);
p = Promise.resolve(x);

// 然而 x 是一个 promise 对象，因此 p 所代理的实际上是数据 data，而不是对象 x
(async function () {
  console.log(await p === data);
})();
```

除此之外，当一个 promise 对象被 resolve 时，还可能存在一种意外：当前的与被 resolve 的 promise 对象并非同一个 Promise 类的实例。例如：

```
1  class MyPromise extends Promise {}
2
3  p = Promise.resolve('native promise');
4  x = MyPromise.resolve(p);
```

在这个例子中，MyPromise.resolve() 的结果"应该是"一个 MyPromise 类的实例，而 p 是原生的 Promise 实例（因此无法在第 4 行代码中直接返回）。所以，事实上，resolve 会进行一次"隐式的"转换，将 p 所代理的数据置值给 x。这个过程与"将 p 作为一个 thenable 对象"时发生的情况是完全一样的，亦即是说，x 将与通过一个如下过程得到的 promise 对象类似：

```
x2 = new MyPromise((...args) => p.then(...args));
// OR
x2 = new MyPromise(function(resolve, reject){
  p.then(resolve, reject);
});
```

7.3.2.3　then 方法的动态绑定

在"7.3.2.2　resolve 行为与类型模糊"中讨论 Promise.resolve() 的语义时，我们提到如下示例：

```
// 当 x 是 promise 对象时，语义如下代码所示
//  - p = Promise.resolve(x);
p = new Promise(function(resolve, reject) {
  x.then(resolve, reject);
})
```

那么我们可否考虑直接使用 .then() 方法来替代 new Promise() 中的 executor 参数呢？

事实上，这是可行的。因为 .then() 方法也是一个一般的 JavaScript 函数，可以通过 .bind() 方法动态绑定到其他对象——Promise 类或其子类的实例。

下例说明了这样一个工具函数的使用：

```
// 注意 x/x2 必须是 Promise 或其子类的实例
let Thenabled = Promise.prototype.then;

x = Promise.resolve(100);
p = new Promise(Thenabled.bind(x));

// OR
class MyPromise extends Promise {};
x2 = MyPromise.resolve(100);
p2 = new Promise(Thenabled.bind(x2));
```

并且，类似如下的使用方式也是可行的：

```
// 创建一个 Promise 并交出它的置值器
var internal_handles;
p3 = new Promise((...args) => internal_handles = args);

// x3是被动态绑定的对象，可以是任意 Promise 或其子类的实例
x3 = Promise.resolve(100);

// 其他风格的异步过程
setTimeout(Thenabled.bind(x3, ...internal_handles), 1000);

// 当 x3 就绪时，p3 也就就绪了
p3.then(console.log);
```

7.3.2.4 通过接口识别的类型（thenable）

在 ECMAScript 中隐式地说明了两种通过接口来识别的类型[1]，包括常见的 array-like objects 和在异步特性中新出现的 thenable objects。通常来讲，JavaScript 引擎会假设 thenable objects 也代理了一个数据（例如下例中的 this.result），且是一个具有如下界面的对象[2]：

```
IThenableObject = {
  then: function(resolve, reject) {
    // resolve <value>, or reject <reason>
  }
};
```

---

[1] 另外，ECMAScript 还显式地说明了三个接口，即 Iterator Interface、AsyncIterator Interface 和 IteratorResult Interface，它们被称为公用迭代接口协议（Common Iteration Interfaces protocol）。

[2] 我们在 "7.2.2.2 Promise.resolve()处理 thenable 对象的具体方法"中，是从调用者 Promise.resolve() 的角度来理解 thenable 的 .then() 行为的，而下面是直接描述 thenable 的接口并从被调用者的角度来解释。二者描述的是相同的事实，只是视角不同。但是，"7.2.3.2 thenable 对象或其子类"中所谈论的与此无关，它讨论的是如何在创建对象的过程中处理 thenable，而不是在 Then 链中处理 thenable 的 .then() 方法。

7.3 与其他语言特性的交集

那么调用 `IThenableObject.then()` 接口的作用，就是让该对象通过 `resolve/reject` 行为来交付出它所代理的数据。例如：

```
var x = {
  result: 100,
  then: function(resolve) {
    resolve(this.result);  // return result as <value>
  }
}

// 测试
p2 = Promise.resolve(x);
p2.then(console.log);  // 100
```

对于上述返回的 `result`，JavaScript 会按约定将它们再做一次 `resolve` 置值操作，使之成为 p2 所代理的数据。因此事实上用户代码也可以返回 thenable objects 或 promise 等：

```
var thenableObj2 = {
  then: function(resolve) {
    resolve("result in thenableObj2");
  }
}

var x = {
  then: function(resolve) {
    resolve(thenableObj2);  // return thenable again
  }
}

// 这里得到的值是 Promise.resolve(thenableObj2) 的结果，而非直接是该对象
// (resolve thenable again, in javascript engine)
Promise.resolve(x).then(value => {
  console.log(value);  // value is "result in thenableObj2"
});
```

如果 `x.then()` 是由 JavaScript 引擎（在某个 Then 链或 resolve 行为中）调用的，那么：

- 引擎总是会为该次调用生成一个 promise 对象 p2，并且原来的 `x.then()` 调用的返回值会被忽略（如果有的话）；且如果
- 调用中触发了异常，那么该异常会被捕获并作为一个 rejected reason 置入上面 promise 的对象 p2。

但是如果 `x.then()` 是用户代码自己调用的，那么它的返回值是用户代码自行决定如何处理。

最后需要补充的是，`await` 不能用于等待一个 thenable 对象。因此在异步函数中，需要通过如下方式来处理：

```
// 当 x 是 thenable 对象时，直接使用 "await x" 并不会取到 x 所代理的数据
```

```
async function foo() {
  // 可以替代的代码
  var value = await Promise.resolve(x);
  ...
}
```

7.3.2.5　通过动态创建函数来驱动异步特性

Promise 的异步特性是由一系列函数以及与之相关的 Jobs 来驱动的。具体来说，每一个 promise 对象都会拥有一对 `resolve/reject` 函数作为置值器，无论这个 promise 对象是通过何种方式产生的。另一方面，promise 对象事实上由相同的方法产生（但可能是显式的或隐式的），因此何时调用它们的 `resolve/reject` 置值器，取决于各自的创建者。例如

```
p = Promise.resolve(x)
```

其中，p 的创建者是 `resolve()` 这个方法，因此该方法事实上会：

- 调用 p 这个 promise 对象的 `resolve` 置值器。而后者（`resolve` 置值器）将检测 x。
  - 如果 x 是值或一般对象，将直接置为对象 p 所代理的数据；否则
  - 是一个 thenable 对象（包括是一个 Promise 及其子类的对象），会调用 `x.then()` 来为 p 置值。

其中最后一步就会导致引擎向 RunJobs 处理的队列中推入"通过调用 `x.then()` 来异步地使用 p 的置值器，以向 p 写入数据 x"的任务，这个任务称为 PromiseResolveThenableJob。

在上述的整个过程中，由于本质上对象 p 仍然是通过调用 `new Promise()` 来产生的，所以 JavaScript 将隐式地为对象 p 生成一个 executor 函数（以调用 Promise 构造器），并且同样隐式地生成 `resolve/reject` 置值器对，这些隐式创建的行为称为"创建内建函数"。类似的行为还发生在：

- `Promise.all(x)` 中对 x 的每个成员的 `resolve` 操作上。
- `Promise.prototype.finally()` 中封装 Then 链调用所需的回调函数时。
- 其他，例如：
  - 操作函数的参数列表时为临时创建的迭代器置 `next` 方法。
  - 引擎初始化时为每个内建函数创建函数对象。
  - 在 `Proxy.revocable()` 中处理 RevocableProxy，等等。

另一类加入PromiseJobs的任务称为PromiseReactionJob，是在promise对象就绪时处理所有

reactions队列中的、异步调用的函数时才用到的。所有PromiseJob任务本身是一个函数,它加入执行上下文栈的只是该函数的一个闭包。[1]

亦即是说,所谓异步调用,要么是在 p 就绪时通过 p.then() 作为 PromiseResolveThenableJob 放到了执行上下文栈中,要么是在 p 未就绪时放在它的 reactions 队列中,并在将来作为 PromiseReactionJob 放到执行上下文栈中。最终,所有这些任务都会由 RunJobs() 过程在扫描上下文栈时处理。

一旦异步调用(即它们的函数闭包)被放在了 RunJobs() 将要处理的栈上,那么它就总是会被处理。而关键之处在于,它们被执行的时间只取决于何时被放到栈上(这与 Promise 中数据就绪的时间相关),而不取决于它们何时被调用,因此这些调用之间是无时序依赖的,即是异步的。

7.3.3 对结构化特性带来的冲击

并行语言特性本质上与顺序逻辑——也就是与时序逻辑是矛盾的,这意味着在整合两种特性时是此消彼长的关系。例如在 promise 对象中加入 finally 和 catch 方法,本质上就是面对代码结构化需求时的折中。

很多并不成熟的特性迟迟未能发布,多源于此。[2]

7.3.3.1 对执行逻辑的再造

正如我们之前所讨论过的,Promise 风格下的 Hello World 程序不应该是这样的:

```
p = new Promise(function(resolve, reject) {
  resolve('Hello world!');
});

p.then(function(value) {
  console.log(value);
});
```

---

[1] 创建函数闭包的含义在于构建执行上下文,是 f() 所导致的过程;而创建函数的含义在于创建一个函数对象/实例,是 f=new Function 所导致的过程。
[2] 例如本小节中介绍的,ECMAScript 的最新版本仍未支持顶层 await 和动态模块 import()。其中缘由,既包含动态与静态语言特性之间的矛盾,也包含并行与串行执行顺序(以及时序与非时序逻辑)之间的矛盾。

这个示例只是机械地照搬了 new xxx 的语法来创建 promise 对象，只是在面向对象风格思想外面套了一层并行调用的语法效果。所以更好的实现是这样的：

```
Promise.resolve('Hello world!')
  .then(console.log);
```

与此类似的，传统模式下的执行逻辑也并不能很好地利用 Then 链：

```
// 得到一个 promise 对象
p = Promise.resolve(10);

// 用传统 OOP 的方式来理解 Then 链
p.then(function(value) {
  console.log(value * 10); // 100
});
```

在 Promise 风格的逻辑中，更好的实现方式是这样的：

```
// （续上例）

// 将 10*x 理解为一个"数据就绪"的中间步骤
p.then(x=>10*x).then(console.log);
```

7.3.3.2 迟来的 finally

Promise 只需通过 `p.then()` 方法来实现 Then 链，它作为并行计算的实现就已经完整了。`p.catch()` 方法的出现，很大程度上只是如下代码风格

```
p.then(undefined, function(value) {
  ...
})
```

的简单替代。事实上，在 `Promise.prototype.catch()` 方法的标准实现中，也只是简单地调用了一下 `.then()` 而已。

`.catch()` 方法确实简单易用，但这带来了一个问题：是否有必要为 Promise 专门实现一个错误处理框架呢？更确切地说，既然有了 `.catch()`，那么为什么不能实现像 try...catch...finally 语句一样完整的错误处理呢？

try...catch...finally 语句在语句设计中被称为"结构化异常处理"，即"将异常处理（的逻辑）结构化"，使之成为一个典型框架/机制。其结果我们都已经知道了：

```
try {
  ... // 正常逻辑
}
catch(e) {
  ... // 异常处理逻辑
}
```

```
finally {
  ... // 无论正常或异常都需要处理的结束逻辑
}
```

这段逻辑满足"结构化程序设计"的一个基本假设：程序只有一个入口和一个出口。为了满足这个条件，`finally{}`块的值被忽略了。但是，如果在`finally{}`块中使用`return`子句或抛出异常，那么程序逻辑仍然会使用`finally{}`块的值。

Then 链的基本逻辑与此并不相同。Then 链要求每个方法调用都产生一个新的 promise，因为`.then()`是发生于前一个 promise 就绪之后且该值不可变更。因为这个限制，如下两种方法在产生 promise 的数量上是有区别的（因此在语义上也略有差异）：

```
// 这里只产生了 p2 一个新 promise
p2 = p.then(f1, f2);

// 这里事实上将产生 p2 和 p3 两个新的 promise，且 p3 = p2.catch(f2)
// （由于 p3 是对 p2 的 catch，所以它能捕获 f1 中的出错，而上一种风格不可以）
p3 = p.then(f1).catch(f2);
```

那么在这样的背景下，如何在 Then 链中实现`.finally()`，并满足类似之前`try...catch...finally`的结构化设计呢？如下例中：

```
x = 100;
p = Promise.resolve();
f1 = ()=>x;

p.then(f1)
 .finally(f2);  // p2
 ... // p3
```

考虑到`f1()`的返回值将是`p2.finally()`调用时 p2 就绪的值，那么原则上如果`f2()`作为 finally 的处理逻辑返回值时，p3 就绪的值就应该仍然是`f1()`的返回值 x。

为了确保这一点——p3 的值不受`f2()`返回值的影响——ECMAScript 约定创建一组特殊的逻辑来响应`p2.then()`中的`onFulfilled`和`onRejected`。这组特殊逻辑很简单：

```
// 模拟效果
onFinally = () => {
  try {
    return f2();
  }
  catch(e) {
    return Promise.reject(e);
  }
};

// ECMAScript 处理 onFinally 时的特殊逻辑
thenFinally = (x) => {
  var result = onFinally(); // 模拟调用 f2()并返回 result 的过程
  var p3 = Promise.resolve(result); // result 可能是值或 Promise 对象
```

```
  var valueThunk = ()=>x; // 忽略 result, 返回 x
  return p3.then(valueThunk); // 在 Then 链上返回
};

catchFinally = (reason) => {
  var result = onFinally(); // 模拟调用 f2()并返回 result 的过程
  var p3 = Promise.resolve(result); // result 可能是值或 promise 对象
  var thrower = ()=> { throw reason }; // 将 reason 作为异常抛出
  return p3.then(thrower); // 在 Then 链上返回
};

// 如下代码相当于: p2.finally(f2)
p3 = p2.then(thenFinally, catchFinally);
...
```

按上述逻辑，当 p2 是一个被 rejected 的 promise 时，它会调用到 catchFinally()，并在调用 onFinally() 逻辑之后将 p2 就绪的 reason 值再次作为异常抛出来；如果 p2 是 fulfilled 的，那么它的值也会在 Then 链上作为 p3 的值就绪。

然而，如果 onFinally() 调用自身抛出的异常会怎么样呢？这个问题涉及 Promise 对 Then 链的约定——如果 p3 自身是一个 rejected promise，那么当它的 .then() 中只有 onFulfilled 响应时，它的 rejected 会在 Then 链上向后传递。

所以在 p2.finally(f2) 中，如果 f2() 调用出了异常，那么 p3 就会传递这个异常；否则 p3 就总是传递 p2 中已就绪的值，而无论该值是来自 p.then(onFulfilled, onRejected) 中的何种结果。这个处理逻辑与 try...catch...finally 结构的唯一区别在于: onFinally() 中的任何返回值都被忽略了，而 try 语句的 finally{} 块可以通过 return 来返回值。

二者在结构化设计上的差异在于: try 语句中的 finally 块被理解为一个程序出口，而 p.finally() 本身不应被理解为 Then 链上有意义的值。

7.3.3.3　new Function()风格的异步函数创建

可以使用 new Function() 风格的代码来动态创建异步函数，但首先需要取得异步函数的构造器，它被称为 AsyncFunction()。如下:

```
AsyncFunction = (async x=>x).constructor;
```

接下来:

```
// 创建函数
foo = new AsyncFunction('x,y,p', 'return x + y + await p');

// 调用该异步函数
```

```
foo(1, 2, Promise.resolve(3))
  .then(console.log); // 6
```

无论使用哪种方式得到的异步函数都是没有.prototype属性的,因为无法使用new foo()这样的方式来将它作为一个构造器,因此原型属性是不必要的。[1]使用AsyncFunction()来创建的函数与直接的异步函数声明并没有明显的区别,但是如同所有使用new Function()风格来创建的函数一样,这样产生的函数实例是位于全局作用域的。[2]

7.3.3.4 异步方法与存取器

确实可以将一个方法声明成异步的,包括类方法、原型方法和对象方法等。例如:

```
// 类声明
class ObjectEx {
  async foo() {
    return 1
  }

  static async foo() {
    return 2
  }
}

// 类实例化(创建对象)
obj = new ObjectEx;

// 对象声明
obj2 = {
  async foo() {
    return 3
  }
}

// 示例
obj.foo().then(console.log);  // 1
obj2.foo().then(console.log); // 3
ObjectEx.foo().then(console.log); // 2
```

异步方法在使用上与一般方法并没有区别,并且也可以在它的作用域中使用super、this等引用,尽管它们将执行在异步过程中。异步过程指的是程序的执行方式(主要是指在异步函数内,await将挂起当前函数并通过一个异步调用恢复),而这与对象的继承关系无关,也与x.foo如何声明成对象属性无关。

---

[1] 生成器以及异步生成器函数同样不能进行new运算,但它们是有.prototype属性的。这是所有使用tor.next()得到生成器的原型。

[2] 关于动态创建函数的细节,请参见"6.6.7.1 动态创建的函数"。

仅仅是出于语法规则的限制，你无法声明一个异步存取器方法。下例中的声明会导致语法错误：

```
obj3 = {
  async get data() { // 语法错
    return 100
  }
}
```

但是可以用属性描述符绕过语法限制以实现这一目的：

```
obj4 = Object.defineProperty(new Object, 'data', {
  async ["get"]() {
    return 100;
  }
});
obj4.data.then(console.log);
```

然而在这个例子中，在属性obj4.data的存取器方法中并不能有效地引用super，因为方法中的HomeObject已经绑定了它声明时的、词法上下文中的宿主（对象或类声明中的原型对象等）。出于super这个关键字的特殊实现[1]，可以通过如下技巧来解决这个问题：

```
// 父类（super）中的属性存取器
class MyObject {
  get data() {
    return 100;
  }
  static get data() {
    return 200;
  }
}

class MyObjectEx extends MyObject {
  // 由于异步存取器方法不能直接声明，所以采用如下方式来实现
}

// 1. 相当于声明 MyObjectEx 的静态方法（类方法的存取器）
var getterRef;
Object.defineProperty(MyObjectEx, 'data', getterRef = {
  async ["get"]() {
    return super.data + 1;
  }
});

// 重置 super 引用的对象
Object.setPrototypeOf(getterRef, Object.getPrototypeOf(MyObjectEx));
```

---

1 参见"3.3.2.5 super 的动态计算过程"。

```
// 测试1
MyObjectEx.data.then(console.log); // 201
```

这里已经可以看到一个简单的实现模式，因此后续示例对`Object.defineProperty()`进行了简单的封装[1]：

```
// （续上例）

// 工具函数：简单包含上述技巧
Object.definePropertyEx = function(instance, name, desc) {
  return Object.defineProperty(instance, name,
    Object.setPrototypeOf(desc, Object.getPrototypeOf(instance)));
}

// （以下直接使用上述工具函数）

// 2. 相当于声明 MyObjectEx 的原型方法（存取器）
Object.definePropertyEx(MyObjectEx.prototype, 'data', {
  async ["get"]() {
    return super.data + 2;
  }
});

// 3. 对对象实例使用本技巧（参见前例中的 obj4）
obj5 = Object.definePropertyEx(new Object, 'data', {
  async ["get"]() {
    return super.data + 3;
  }
});

// 为 obj5 方法中的 super.data 引用置值（测试用）
Object.getPrototypeOf(obj5).data = 100;

// 测试2
obj5.data.then(console.log); // 103

// 测试3
obj6 = new MyObjectEx;
obj6.data.then(console.log); // 102
```

需要留意的是，由于上例中父类的属性存取器不是异步的，所以 super.data 都是同步存取值。如果在你的系统中，父类已经使用了异步方法来作为存取器，那么子类中的实现将略有区别。例如：

```
// 父类（super）与子类中都将声明异步方法的属性存取器
class MyObject {}
class MyObjectEx extends MyObject {}
```

---

[1] 注意，这一技巧并没有持续地绑定描述符（desc）与实例（instance）之间的原型关系，这意味着当外部代码修改 instance 的原型时，这种 super 访问就失效了。这种情况下需要再次重置 desc 的原型。

```
// （以下使用 Object.definePropertyEx() 来声明）

// 父类
Object.definePropertyEx(MyObject.prototype, 'data', {
  async ["get"]() {
    return 100;
  }
});

// 子类
Object.definePropertyEx(MyObjectEx.prototype, 'data', {
  async ["get"]() {
    // 或 return super.data.then(x=>x+1);
    return await super.data + 1;
  }
});

// 测试 4
obj7 = new MyObjectEx();
obj7.data.then(console.log); // 101
```

7.4　JavaScript 中对并发的支持

　　我们先来讨论使用 Promise 实现并行的一种场景。在这种场景下，一个 Promise 在全局代码执行期间被创建，并且在"不知道何时（去除了时间维度）"的情况下被执行。由于我们假设了这一场景，因此在时序上，推进 PromiseJobs 的过程与正在执行的 ScriptJobs 的过程可能就会是重叠的。

　　ECMAScript 假定引擎中的 `RunJobs()` 是用队列存取方式扫描这些 Jobs 列表的，因此在现实中，这些 Jobs 确实存在着执行的先后，即它们占用 CPU 的时间是有先后顺序的。通常引擎会使用单线程、单进程或者单引擎实例来实现 JavaScript，并通过先入先出队列来处理这些任务（Jobs），以确保"同一时间"仅有一个队列在处理中，且仅有其头部任务（Job）是活动状态的。因此在这样的实现模型中，前面的"Jobs 的执行过程重叠"的问题并不会真的发生。

　　然而引擎也可能实现成"真并行的"，从而可以在多个执行序列中同时处理多个活动的 Jobs。按照并行逻辑的概念：Jobs 队列中的 PromiseJobs 在任何时候执行都"应当"是与 ScriptJob 以及其他 Job 不存在冲突的。因此在这种场景下，要么确保 Job 之间并不访问公共资源，要么就确保多个并行的 Job 能"同步地"访问公共资源，即所谓的"集中式的现场"。

　　就目前来说，这样"真并行"的需求可能发生于多个引擎（引擎的 Runtime 或 VirtualMachine）实例之间，或者是宿主与引擎之间。这些执行体之间所谓的公共资源就被抽象为"SharedBuffer

（共享存储，又称或共享缓存区，包括SharedArrayBuffer等）"，并主要使用"Atomics（原子对象操作）"来实现对这些公共资源的并发访问。[1]

JavaScript 自 ES8（2017 年）开始提供对 SharedArrayBuffer 和 Atomics 的支持。并因为相同的原因，提出用"Agent（工作代理）"这一逻辑概念来指代 JavaScript 引擎在不同线程中的工作实例。这些线程可以是同一进程中的，也可以是跨进程的。

7.4.1　Agent、Agent Cluster 及其工作机制

当我们在应用中使用 `main/workers` 等类似变量名时，事实上是通过一层抽象隔离了 ECMAScript 中所述的并发环境的限制。亦即是说，通过这些变量来隐式地指代那些应当由 Agent 或 Agent Cluster 处理的逻辑。

这是本节末尾提出 test 示例，并基于此引出下一小节的原因。

7.4.1.1　工作线程及其环境

ECMAScript 所描述的一个 JavaScript 环境总是工作于独立线程中的。反过来看，这样的单个工作线程所对应的、由引擎创建的环境——在逻辑上——就被称为"Agent（代理）"。一个 Agent 记录指向一个执行线程，并包含一组用于指代引擎环境的信息：

- 一个执行上下文栈（包括一个当前活动的执行上下文的状态标记[2]）。
- 一些执行上下文（由引擎为代码的每个可执行结构创建）。
- 一些工作队列（用于存放上述执行上下文对应的"任务 Job"）。

Agent所称的"执行线程"并不直接等同于操作系统的线程（thread），后者取决于宿主进程如何装载与使用JavaScript引擎。在逻辑上，多个Agent可以共享同一个执行线程——将它们的执行线程指向同一个即可。但即使如此，这些Agent之间完全是相互独立的，除了可以被同样的执行线程调度之外[3]，并不共享任何资源。

无论是否使用相同的执行线程，一组代理（Agent）总是可以组成一个代理簇（Agent

---

[1] 一个高性能的并行系统的主要设计障碍在于应对公共资源的访问。为了达到性能和可用性的平衡，在绝大多数情况下我们需要限制这样的访问。因此，假设一个系统"必然"存在着大量的、互斥的公共资源存取，那么这个系统可能并不适宜在并行环境中实现。

[2] 在 Agent 中，状态标记可以被视为一个全局变量，是执行上下文栈的活动访问指针，总是指向栈顶。

[3] 这意味着这样的 Agent 的内部槽`[[CanBlock]]`应置为 `true` 值，表明工作线程可以锁住它以便在多个 Agent 之间调度。

Cluster），并使这些代理在逻辑上保持关系：相互之间"需要（或可以）"通过共享存储来通信。任何时候，同一个簇中的代理只有一个能向共享存储中写入信息，并且其他代理在此时都应该是被阻止（Block）的。

代理被执行线程激活时即意味着它被执行，这在一个代理簇中被称为推进（Forward Progress）。注意，这一语义并不表明某个具体代理中的Jobs执行了多少个上下文、指令或函数，因为一个代理占用多久的执行周期是取决于执行线程的调度机制的（这在具体环境中并未统一，也不由ECMAScript规范描述）。在语义上的一次"推进"，意味着让代理簇中所有的未锁代理都处于执行中。[1]

7.4.1.2 线程及其调度

操作系统的"线程（thread）"与上述的执行线程并不一定是同一个东西，二者相同之处仅在于"线程提供执行能力"。具体来说，ECMAScript 中的执行线程究竟是一个真实的操作系统线程，还是宿主环境中提供的虚拟线程，又或者是通过协程（coroutine）来模拟实现等都是不确定的。但是无论如何，线程都是引擎之外的环境提供的执行机制，它将使用自己的"线程上下文（thread context）"作为调度对象，因而它并不能理解 ECMAScript 中的调度对象。

所谓ECMAScript中的调度对象，是指"执行上下文（execution context）"，包括函数、脚本和模块等。[2]ECMAScript约定它们是调度机制（RunJobs等）的基本调度单元，也就是说，这些执行上下文在执行完之前不会隐式地换到另一个。更确切地说，所有执行上下文的切换都是用户可确知的：

- 全局或模块的脚本块在它们执行完之后，才切换到其他任务（Job）的上下文；[3]或，
- 在用户中显式地调用函数（以及对象方法等），将导致函数间的上下文切换。[4]

这也意味着函数的行为是确知的，例如：

```
functio add() {
  a = 0x2233 + 0x0011
}
```

---

[1] 若有指向相同执行线程的代理，则应由执行线程的调度算法来决定激活哪一个。
[2] 脚本和模块是"非函数的"执行结构。此外，Eval 执行结构也是作为一个"非函数的"执行上下文来创建的，类似的还有在队列中的 PendingJob。
[3] 全局代码（或主模块）执行完之前，其他 Jobs（例如 PromiseJobs 等）是不会被调度的。因为 ScriptJobs 与 PromiseJobs 等是不同的队列，而调度程序并不会隐式地切换它们。
[4] 函数不会隐式地被打断，除非它异常中止、正常返回，或者调用其他函数。

在这个函数中，数字 `0x2233` 和 `0x0011` 的求和行为是确定的。在 ECMAScript 中的、以"执行上下文"为对象的调度原则下，不可能出现"加了半个数"这样奇怪的情况。

而当外部环境以"线程"为调度对象时，线程是处于 JavaScript 之外的，因而完全无法理解后者的"执行上下文"。于是在切换调度线程时，线程 A 中的 JavaScript 引擎有可能"正好"执行到函数内部的某个未知点，例如，某个求和运算的中间步骤中——这时引擎将上述 `add()` 运算执行了一半，而外部环境调度了另一个线程 B（让后者有了执行权），那么这时将发生什么呢？答案是：

- 如果两个线程是无关的，那么线程的隔离性决定了各自的引擎不受任何影响；[1] 或，
- 如果线程是在同一个簇中[2]，且上述的"求和运算"操作了共享存储，那么线程B中的其他操作可能会覆盖线程A中的求和操作，导致后者"加了半个数（部分执行）"。

在 ECMAScript 规范中，用"执行线程"的概念隐藏了"线程（thread）"被真实操作系统调度所带来的这些特性。一个执行线程可以调度多个代理，但任何情况下只可能激活一个代理并执行其中的任务（Job）。后者，即"如何执行任务"就是 JavaScript 引擎自己的事了，例如之前讨论过的 `RunJobs()`。

7.4.1.3 与谁协商

然而本质上，所谓"簇中的并发线程无法得到确定结果"，是线程调度机制对引擎内部的执行状态"不知情"而引发的问题。因此 JavaScript 中才需要 `Atomics.add()` 等方法，来完成类似"+"这样的、在逻辑上等义的运算。这些运算在 JavaScript 引擎用于并发环境中时是不安全的，会出现类似"加了半个数"的情况。

因此在使用 `Atomics` 类提供的这些方法时，需要"显式地"与外部环境协商"如何调度工作线程"，以确保在它们之间同步地操作这些存储。

那么到底"与谁协商"呢？

ECMAScript 对此没有任何约定。在具体环境中，应用开发者通常将一个簇规划为"主从结构（master-slaves）"：在概念上将所有参与者统称为"工作者（Worker, workers）"，并将其中代理了所有协商权的唯一一个 Worker——通常是这些 Worker 的创建者——称为"主工作者（Main worker, main）"。

---

[1] 这是 ECMAScript 引入 Agent 来解释线程在引擎之外的独立性的原因。
[2] 这是 ECMAScript 引入 Agent Cluster 来解释并行特性的原因。

在假设main不变的情况下[1]，所有workers服从main的协商约定。

7.4.1.4　多线程的可计算环境

我们接下来的讨论需要一个分布式的可计算环境。

在Node.js中用来实现这一示例环境的最佳方式是使用工作线程（worker_threads），它事实上也是Node.js对ECMAScript中相同概念的实现，因此也具有ECMAScript所述的大多数性质。Node.js中的这种工作线程是进程内建的真实线程（可以观察到当前进程中的线程数的变化），但用户代码并不需要关注这一点[2]，我们只需要假设它是一个"进程无关的"执行线程，具备在完全隔离的代理簇中执行代码的能力即可。

当使用 Node.js 中的 worker_threads 模块时，在主线程（MainThread，main）与工作线程（workers）之间是通过`postMessage()`方法和对`'message'`事件的响应来通信的，如图7-1所示。

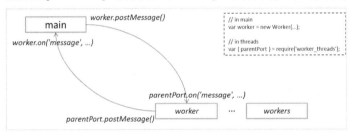

图 7-1　主线程与工作线程间的通信

相关的示例代码如下：

```
/**
 * Main module
 * (filename: test.js)
**/
const { Worker } = require('worker_threads');

for (var i = 1000; i < 1005; i++) {
  let workerData = {seq: i};
  let threadModule = __filename.replace(/\.js$/, '_thread$&');
  let worker = new Worker(threadModule, {workerData});
  worker.on('message', message => console.log(message));
}
```

---

[1] 这意味着该系统中的主工作者（例如，main-thread）必须是安全的，既不能被锁住，也不能被销毁。系统规划是分布式系统的前提和关键：在不同的分布式系统的规划中，这些约束又有着不同的实现方法和保障机制。

[2] 事实上，Node.js 也并不保证总是在单进程内实现工作线程，因而用户代码并不能假设线程内的通信是发生在相同/不同的进程中的。

```
/**
 * Thread module
 * (filename: test_thread.js)
**/
const { parentPort, workerData } = require('worker_threads');

// hello
parentPort.postMessage('hello from ' + workerData.seq);
```

在这个示例中,线程间只进行了workers向main发送消息并在后者中接收。[1]因此,这个示例只是简单地输出(顺序可能不同):

```
> node --experimental-worker test.js
hello from 1000
hello from 1001
hello from 1004
hello from 1002
hello from 1003
```

7.4.1.5 通过消息通信完成协商

有了这样的消息通信机制,我们可以在 mian/workers 之间进行协商,以确保它们可以在确定的规则下有序地运行。例如,从并行转为串行(即从异步变成同步),以操作它们之间的共享资源。下例利用 main 线程的消息机制来将工作线程(workers)的请求队列化,从而实现这一目标。需要留意的是,这个过程并不使用锁的机制,也不使用后文中要讲到的 Atomics 或 SharedArrayBuffer 等对象。

该示例是基于上一小节中所描述的多线程环境的,并且同样由两个部分构成:

```
1   /**
2    * Main module
3    * (filename: test.js)
4   **/
5   const { Worker } = require('worker_threads');
6   const queue = new Array;
7
8   // (函数 coordination 参见后文)
9   process.on('release', coordination);
10
11  process.on('require', worker => {
12    console.log(`[${worker.threadId}] require`);
13    queue.push(worker);
14  });
15
```

---

[1] 当然,反过来也是一样的:从 main 中 postMessage 并在 workers 中侦听消息。在这种情况下,workers 中通常会使用 parentPort.on() 建立消息侦听,因此在线程试图退出时需要调用 parentPort.close() 来关闭它。

```
16    for (var i = 1000; i < 1005; i++) {
17      let workerData = {seq: i};
18      let threadModule = __filename.replace(/\.js$/, '_thread$&');
19      let worker = new Worker(threadModule, {workerData});
20      worker.on('message', message => process.emit(message, worker));
21    }
22
23    // trun on coordinator
24    coordination();
```

在这个示例中，当 main 得到一个来自工作线程的消息时，它会将该消息作为消息名转发给当前进程的消息侦听器，这相当于在多个线程之间建立了一个先入先出的队列。其中在第 20 代码行中使用的 worker 是引用第 19 行所创建的对象，由于 let 是块级作用域的，因此会在每个 for 迭代中为每一个 worker 建立自己的消息事件响应。

示例中要求各工作线程向主线程发送 'require' 消息来申请执行，并在执行结束后发送 'release' 消息来释放执行权（以便让其他排队中的线程能继续执行）。这是一个类似"异步完成凭证（ACT，Asynchronous Completion Token）"的同步模型，这意味着工作线程通常应该使用如下代码来实现[1]：

```
25    （续上例）
26    /**
27     * test_thread.js
28     */
29    const { threadId, parentPort, workerData } = require('worker_threads');
30
31    // 等待以及产生随机的等待时间
32    function sleep(ms) {
33      return new Promise(resolve => setTimeout(resolve, ms));
34    }
35    Object.defineProperty(sleep, 'tick', {
36      get() { return Math.round(Math.random()*3*1000) }
37    });
38
39    // 向main申请和释放执行权
40    var req = ()=> parentPort.postMessage('require');
41    var free = ()=> parentPort.postMessage('release');
42
43    // 当得到执行权时，当前线程的任务是执行action1~2
44    var exec = () => {
45      let ms = sleep.tick;
46      let action1 = ()=>sleep(ms); // 执行动作`sleep`
47      let action2 = ()=>{ // 执行动作`log`
48        console.log(`[${threadId}] ${workerData.seq} -> exec ${ms}ms`);
```

---

[1] 其中的 sleep() 函数仅用于产生一些等待时间间隔（或用于表示一段消耗时间的过程），以展示多个工作线程并行的情况。注意，该函数在实际的并行系统中不是必需的。

```
49    };
50    return action1().then(action2);
51  }
52
53  // 响应从main线程发出的'activate'消息
54  var next = ()=> sleep(sleep.tick).then(req);
55  parentPort.on('message', message => {
56    if (message === 'activate') {
57      exec().finally(free).then(next).catch(console.log);
58    }
59  });
60
61  // OR
62  // - setTimeout(req, 0)
63  next();
```

当工作线程向 main 线程发出 'require' 消息时，main 线程将该请求压入队列 queue；当其他任何线程通过 free() 过程发出 'release' 消息时，意味着凭证（ACT）交还回主线程，于是触发协调函数 coordination()。后者，即协调函数用来处理多个线程间的调度关系：因为 ACT 当前在主线程上（并唯一由主线程持有），所以它可以根据自己的队列 queue 中的实际状况来激活下一个工作线程。一个简单的协调函数如下例所示：

```
// （该函数应放入 main.js 模块中）
function coordination(worker) {
  console.log(`[${worker&&worker.threadId||'-'}] coordination`);
  if (worker = queue.shift()) {
    return worker.postMessage('activate');
  }
  setTimeout(coordination, 1000);
}
```

该协调函数在 queue 队列为空时会定时重复扫描该队列；[1]否则从队首取有效的 worker 并发送 'activate' 消息以激活之。执行效果如下（执行顺序与时长将是随机的）：

```
> node --experimental-worker test.js
[-] coordination
[5] require
[2] require
[-] coordination
[4] require
[5] 1004 -> exec 615ms
[5] coordination
[3] require
...
```

尽管未能考虑任何意外情况（例如，工作线程异常中止而导致 ACT 未释放），但该示例

---

[1] 在初始时，以及当所有工作线程都正好处于 sleep() 间隙中而未能发起 require 时，队列会是空的。如果在此时正好有一个工作线程交还回了 ACT，则需要有一个由主线程维护的循环来扫描队列（亦即是说，该状态下 ACT 被 main 线程持有），以等待其他工作线程的 require。

已足以说明即使没有其他机制/技术的参与,也可以在多线程的可计算环境中设计出有效的同步模型,以面向共享资源(例如唯一的执行权,又例如接下来将提及的 `SharedArrayBuffer`)实现并发支持。

7.4.2 SharedArrayBuffer

Agent 与 Agent Cluster 都只是为了描述具体 JavaScript 引擎之间如何通过 `SharedArrayBuffer` 来进行数据交换(例如通信)而存在的逻辑抽象。更确切地说,它们是 ECMAScript 规范为了便于进一步描述"`SharedArrayBuffer` 等并发机制"而存在的。而在真实的 JavaScript 引擎中,可以有不同的 `SharedArrayBuffer` 实现方案(因此也可以没有 Agent、Agent Cluster 等)。

规范中的这一对象只约定了一个简单的创建方法:

```
# length 值以 byte 为单位, 指定创建的 sab 的字节长度
> sab = new SharedArrayBuffer(length)
```

所创建出来的实例(例如 sab)只有一个原型属性和一个原型方法。如下:

```
# 该对象的字节长度, 即 new 创建时的 length 值, 是只读的
> console.log(sab.byteLength)

# 用于从 sab 中得到 buffer 的片断副本
> sab2 = sab.slice(begin, end);   // 参考 Array.prototype.slice()
```

如果要进一步操作 sab[1],需要为它创建 DataView 或者关联给 TypedArray 对象。例如:

```
> view = new DataView(sab);
> arr = new Int32Array(sab);

> view.setInt32(0, 10, true);
> console.log(arr[0]);
10
```

ECMAScript 规范中所描述的 `SharedArrayBuffer` 是一种共享存储的具体实现[2],这意味着通常在同一时刻只能有一个线程对 `SharedArrayBuffer` 发起写操作。这是它唯一与"并行语言特性"有关联的地方,即它需要一种机制来确保在并行环境(例如前面给出的"多线程的可计算环境")中对 `SharedArrayBuffer` 唯一可写。也正如此前所言,这是"通过消息通信(而不使用其他机制)"就可以实现的。下例用于演示一个多读单写的同步模型。首先在 main 模

---

[1] 可参阅 "3.4.4.3 结构化数据对象"。
[2] ECMAScript 对 SharedArrayBuffer 的实现有具体的描述,并提出了 "块(Block)" 这一规范类型。本书不对此展开讨论,而仅描述 SharedArrayBuffer 的接口及其应用。

main 模块中向 worker 线程传入共享的 `SharedArrayBuffer`，并重写接收`'release'`消息时使用的协调 `coordination()`函数：

```
/**
 * （参见上例）
 * Main module
**/
...
var working = new Object;
function coordination(e) {
  var current = e && e.worker && e.worker.threadId;
  console.log(`[${current||'-'}] coordination`);

  // 1. release reader when `current` in working
  if (current) {
    if (current in working) {
      delete working[current]; // release reader
    }
    else if (Object.keys(working).length > 0) { // is reading
      throw new Error('Reading with invalid thread release: ' + current);
    }
  }

  // 2. scan queue, activate `write` when not reading
  var newer = new Array;
  while (e = queue.shift()) {
    let worker = e.worker;
    if (e.method == 'w') {
      if (Object.keys(working).length <= 0) { // not reading
        return worker.postMessage('activate'); // single write
      }
      queue.unshift(e);
      break;
    }
    newer.push(worker); // is 'r'
    working[worker.threadId] = worker;
  }

  // 3. continue `read` or timeout
  //    - maybe read more when reading
  if (Object.keys(working).length > 0) {
    if (newer.length) { // multi read
      newer.forEach(worker => worker.postMessage('activate'));
    }
  }
  else {
    setTimeout(coordination, 1000);
  }
}

...
process.on('require', e => {
  console.log(`[${e.worker.threadId}] require ${e.method}`);
  queue.push(e);
```

```
});
...
// 使用字节长度创建 buffer
var sab = new SharedArrayBuffer(Int32Array.BYTES_PER_ELEMENT*4);
for (var i = 1000; i < 1005; i++) {
  let workerData = {seq: i, sab};
  ...
  worker.on('message', e => process.emit(e.message, {...e, worker}));
```

然后在工作线程中读写该共享存储：

```
/**
 * Worker module
 **/
...
// 该传入的共享存储 sab 可作为有 4 个元素的 Int32Array 使用，这些元素可用下标 0~3 访问
var method, buff = new Int32Array(workerData.sab), port = parentPort;
var read = ()=> port.postMessage({message: 'require', method: method='r'});
var write = ()=> port.postMessage({message: 'require', method: method='w'});
var req = ()=> {
  return Math.floor(Math.random()*100)>=10 ? read() : write();
}
var free = ()=> parentPort.postMessage({message: 'release'});
...
// the execute action is r/w
async function exec() {
  if (method=='w') buff[0] = Math.round(Math.random()*2000*3000);
  console.log(`[${threadId}] ${workerData.seq} -> ${method} ${buff[0]}`);
}
...
```

其执行效果是一次写操作后将会有多个读操作读取相同值。如下（顺序可能不同）：

```
> node --experimental-worker test.js
[-] coordination
[3] require r
[-] coordination
[3] 1002 -> r 0
[1] require w
[4] require r
[2] require r
[3] coordination
[1] 1000 -> w 1966265
[5] require r
[1] coordination
[4] 1003 -> r 1966265
[5] 1004 -> r 1966265
[2] 1001 -> r 1966265
...
```

该示例仍然采用了此前的消息通信模型，但是在 req() 函数中随机产生了 90%的读操作和 10%的写操作，且当 worker 线程得到来自 main 线程的'activate'消息时，将会根据 req()

时所置的 method 状态来决定是否重写 buff。注意，在这整个过程中，所有的 worker 线程都对 buff 的可写性不敏感，即它们并不负责决定 buff 是否可写。

真正决定 buff/sab 由谁读写的是 main 线程中的 coordination() 函数。它处理所有 'require' 请求形成的队列，并决定将队列前的所有'r'请求并行处理（multi read），且当所有的'r'请求都结束后再发起单独的写（single write）。

7.4.3 Atomics

那么有没有方法让工作线程来决定自己的读写呢？

这也是可以的，一方面需要用到 SharedArrayBuffer，以便在多个 worker 之间建立一个公共状态，另一方面还需要用到原子操作（Atomics），以在这个公共状态上添加锁。

除了锁的操作之外，原子操作的另一个显而易见的作用在于：让公共状态/共享存储上的操作具有原子性。即，工作线程总是独占地、不被中断地完成在指定位置的操作。这些操作包括加（add）、减（sub）、比较交换（compareExchange）等。

7.4.3.1 锁

在此前的例子中，我们让 main 线程创建了一个 SharedArrayBuffer，并使它可以容纳 4 个 Int32Array 类型的数组元素：

```
// 使用字节长度创建 buffer
var sab = new SharedArrayBuffer(Int32Array.BYTES_PER_ELEMENT*4);
```

然后将它作为 workerData 传递给其他 worker 线程。这也意味着，所有线程都可以访问该数据结构来相互通信，而无须再依赖上述的消息机制以及主线程的消息队列。

Atomics中的锁机制就可以利用上述特性：将sab的一部分作为锁，而将其他部分用作数据区。[1]一个典型的锁可以用如下方式创建，并对外表现为该锁的一组状态：

```
// 该 Locker 可以处理的锁的个数（在本例的设计中，该值为 1）
const LOCK_COUNT = 1;
const INDEX = 0;

// 锁（类），用于管理 Atomics.lock() 适用的 SharedArrayBuffer
class Locker {
```

---

[1] 也可以只为锁操作而创建 sab，并为数据区另行创建其他 sab。但这意味着在工作线程间要维护多个 sab 以及它们之间的关系，这会稍显复杂。

```
constructor(sab, offset=0) {
    this.state = new Int32Array(sab, offset, LOCK_COUNT);
}
...
```

其中，`offset`参数用于指定锁位于`sab`共享存储区中的偏移位置，通常是头部。而适用于`Atomics.lock()`操作的锁（状态）的长度是可以预知的，例如用Int32Array来作为锁的状态。可以用如下代码检查一个TypedArray是否适用：

```
> Atomics.isLockFree(Int32Array.BYTES_PER_ELEMENT)
true
```

接下来，可以为该`Locker`类添加`lock/unlock`方法。前者通过调用`Atomics.wait()`方法来实现，后者则（通常应该）调用`Atomics.notify()`。wait/notify是Atomics类提供的实现锁机制的一组核心方法。例如：

```
(续上例)
const UNLOCKED = Number(false);
const LOCKED = Number(true);

class Locker {
  ...

  lock() {
    while (Atomics.wait(this.state, INDEX, LOCKED)) { // waiting
      ... // 1. 尝试切换锁的 UNLOCKED -> LOCKED 状态
    }
  }

  unlock() {
    ... // 2. 切换锁的 LOCKED -> UNLOCKED 状态
    Atomics.notify(this.state, INDEX, 1); // wake one
  }
}
```

在这个例子中仅有一个锁（`LOCK_COUNT`），其下标索引为0（`INDEX`），即元素`this.state[INDEX]`。所以上例中总是将`this.state`和`INDEX`作为成对的参数来使用。

在`lock()`方法中，当这个锁（即`this.state[INDEX]`）的状态为LOCKED时，`Atomics.wait()`方法会使线程挂起并等待该状态变化[1]，这意味着当前线程在尝试获得UNLOCKED状态。一旦出现这个状态，当前线程从挂起中被唤醒，并"抢占式"地切换到LOCKED，就完成了`lock()`方法。

---

[1] 如果状态不是LOCKED，则`Atomics.wait()`会立即返回且while循环继续；否则该状态是LOCKED，则当前线程会挂起直到超时或状态切换到UNLOCKED。无论如何，在这几种情况下该`wait()`方法总是返回一个字符串值（真值），因此while循环是一个无限循环。

如上整个的过程，其实就是多个线程之间"共同"约定对 `this.state[INDEX]` 元素的使用方法，因此也就完成了与上一小节类似的协商。这意味着，它可以替代其中的消息通信机制，例如，以更简单的方式来实现"7.4.1.5 通过消息通信完成协商"中所述的示例：

```javascript
/**
 *（由于main模块不再需要参与协商，因此只需要创建worker线程即可）
 * Main module
 **/
const { Worker } = require('worker_threads');

// 4 elements SAB with a lock
var sab = new SharedArrayBuffer(Int32Array.BYTES_PER_ELEMENT*4);

// launch threads
for (var i = 1000; i < 1005; i++) {
  let workerData = {seq: i, sab};
  new Worker(__filename.replace(/\.js$/, '_thread$&'), {workerData});
}

/**
 *（而Worker模块也不再使用parentPort来通信）
 * test_thread.js
 */
const { threadId, workerData } = require('worker_threads');
const Locker = require('./Locker.js');

...

// 在req/free中使用锁，而非向main线程发消息
const locker = new Locker(workerData.sab, 0);
var req = ()=> locker.lock();
var free = ()=> locker.unlock();

// 将sab中锁之外的其他elements作为buff
var buff = new Int32Array(workerData.sab, Int32Array.BYTES_PER_ELEMENT*1);

// 当通过req得到执行权时，操作buff
async function exec() {
  if (Math.floor(Math.random()*100)<10) // method is 'w'
    buff[0] = Math.round(Math.random()*2000*3000);
  console.log(`[${threadId}] ${workerData.seq} -> ${buff[0]}`);
}

// 直接由当前工作线程调用和处理req/free，以及在unlock时activate自身
var next = ()=> sleep(sleep.tick).then(req).then(activate);
function activate() {
  exec().finally(free).then(next).catch(console.log);
}

next();
```

本示例的逻辑结构与前例是完全一样的，只是使用 `lock/unlock` 替代了 `req/free` 中的 `parentPort.postMessage()`。由于 `Atomics.wait()` 具备让当前线程挂起（并在指定锁状态发

生时恢复）的能力，从而完成了调度。

而在这个过程中如何切换锁的状态，则取决于另外一个 Atomics 方法的运用。

7.4.3.2　置值：锁的状态切换

在 Locker 类的 lock/unlock 方法中，我们还没有写入切换锁状态的相关代码。这涉及 Atomics 类中的四个不同的置值方法的选用，如表 7-1 所示。

表 7-1　切换锁状态的备选置值方法

方法	语义	返回值
（注：设 arr[i] 中的当前值为 X，其中 arr 指一个绑定 sab 的 typedArray）		
compareExchange(arr, i, value, newValue)	如果 X == value，则置 arr[i] = newValue	X
exchange(arr, i, newValue)	置 arr[i] = newValue	X
store(arr, i, newValue)	置 arr[i] = newValue	newValue
load(arr, i)	（注：仅取值操作）	X

其中 compareExchange() 最为特殊：它是唯一一个双行为的原子操作。它通常用来实现加锁（置锁状态）时的条件判断，例如：

```
class Locker {
 ...
 lock() {
  while (Atomics.wait(this.state, INDEX, LOCKED)) {
   let old = Atomics.compareExchange(this.state, INDEX, UNLOCKED, LOCKED);
   if (old == STATE_UNLOCKED) return; // locking: unlocked -> locked
  }
 }
 ...
```

其中，调用 compareExchange() 以及后续的逻辑相当于：

```
1   // Atomics.compareExchange(...)
2   let old = this.state[INDEX]; // 取旧状态
3   if (old == UNLOCKED) {
4     this.state[INDEX] == LOCKED;  // 从旧状态切换到新状态 LOCKED
5   }
6
7   // 如果旧状态是 UNLOCKED 则它必然被切换，即加锁成功，中止循环
8   if (old == UNLOCKED) return;
9
10  // 否则旧状态必然是 LOCKED，即该锁已被另一个线程持有，则继续在 while 条件中 wait()
11  ...
```

其中，第 2~5 行代码必须是在一个原子操作中完成的，才能确保避免在并发环境中的锁（`this.state[INDEX]`）出现类似"写/读一半"的问题。

并且这个原子操作也可以用来实现有检测条件的解锁。例如：

```
...
unlock() {
  // Atomics.store(this.state, INDEX, UNLOCKED);
  let old = Atomics.compareExchange(this.state, INDEX, LOCKED, UNLOCKED);
  if (old != LOCKED) {
    throw new Error("Try unlock twice");
...
```

这样一来，无论尝试解锁一个未锁的状态或是多次解锁，都将触发一个异常。不过，如表 7-1 中所列，置解锁状态时也可以使用 `store()` 或 `exchange()` 方法，它们都是安全的，只是更多地取决于用户代码需要何种返回值。

7.4.3.3 其他原子操作

`Atomics` 的其他原子操作都是用于计算而非锁操作的，如表 7-2 所示。

表 7-2 用于计算的原子操作

类型	方法	语义	返回值
（注：设 arr[i] 中当前值为 X，其中 arr 指一个绑定 sab 的 typedArray）			
数值运算	add(arr, i, Value)	arr[i] += Value	X
	sub(arr, i, Value)	arr[i] -= Value	X
位运算	and(arr, i, Value)	arr[i] = X & Value	X
	or(arr, i, Value)	arr[i] = X | Value	X
	xor(arr, i, Value)	arr[i] = X ^ Value	X

所有这些用以计算的原子操作都只能应用于 Int8Array、Uint8Array、Int16Array、Uint16Array、Int32Array 和 Uint32Array 等 32 位整型数及其兼容类型，而不能用于 Uint8ClampedArray 这种非兼容类型或浮点类型，如 Float32Array 与 Float64Array。

ECMAScript 并没有约定其他的原子操作。

7.4.3.4 原子操作中的异常与锁的释放

原子操作是可能触发异常的，但所有异常都必然是在影响到存储之前发生的。亦即是说，原子操作不可能因为异常而导致存储违例。这些异常主要是指：

- 不是由 sab 建立的 TypedArray；或，
- 是由 sab 建立的 TypedArray，但不是可操作的整数类型。以及，
- 索引下标越界。

同样的原因（异常不影响存储），所以任何工作线程都不可能通过共享的存储来感知到其他线程的异常，也不可能实现由异常来直接触发锁状态的机制。进一步地、简单而明了地说：在这样的并行环境中，如果一个工作线程因为异常而中止，那么

- 既没有机制能通知到其他工作线程，
- 也没有机制能够有效地释放失效工作线程所持有的锁。

而这就是 Atomics.wait() 以 timeout 作为第 4 个参数的原因：

`Atomics.wait(typedArray, index, value[, timeout])`

如此一来，当存在工作线程因为异常而不能释放所持有的锁时，当前线程可以在 timeout 后被唤醒并且尝试用其他方式来持有这个锁。又或者，可以为特定线程设计等待机制，例如只要它在指定锁上等待超时，那么它就有权去除这个失效的工作线程，并通过 Atomics.notify() 去通知其他线程来抢占共享资源。所以在 Locker 类的设计中，当前线程的 lock.unlock() 方法也可以不调用 Atomics.notify()，从而将管理持锁状态和通知线程的权力转交给某个"非当前线程"。

这个非当前线程通常就是主线程。[1] 而所谓的"管理持锁状态和通知线程"，与之前"7.4.1.5 通过消息通信完成协商"中实现的 coordination() 在逻辑上是完全等同的。

7.5　在分布式网络环境中的并行执行

接下来我们讨论一个称为 N4C 的架构，以及它在 JavaScript 中的实现。从这个案例中我们可以看到许多框架性的、结构性的思考，类似的思考与策略在 JavaScript 并行语言特性的设计中也一样存在，但却是我们在使用这些特性时最容易忽略的。

---

[1] 在使用锁的环境中，通常仍然需要使用 main/workers 模型来保障锁的安全，而不是像这一小节中所述的在多个 workers 之间协商。避免共享存储以及其上的并发逻辑，是规划高性能并行计算环境的核心原则。

7.5.1 分布式并行架构的实践

7.5.1.1 N4C 的背景

N4C 架构是一个可控、可计算的通信集群（Controllable, Computable and Communication Cluster）架构。它的历史要从一个名为 ngx_cc 的项目讲起，该项目基于 Lua 实现并使用在 Nginx 反向代理服务器上。

ngx_cc 的作用与具体的并行编程无关。当将一组 Nginx 服务部署为一个集群时，需要在集群的节点间进行通信，而 ngx_cc 就是用来完成这个通信的。所以严格来说，它是用于实现 N4C 中后面两个 C 的（Communication Cluster，即通信集群）。ngx_cc 赋予这个集群通信能力，使得它们可以被统一调度，又或者让它们通过 p2p 的技术来进行自组织与自协调。而我当时所在的项目组正在研发一个金融级风控产品，需要对 Nginx 服务器上的每一条 Web 请求做实时的、前置的处理，从而实现风险监控并在全集群中对风险做出应对动作。因此这里存在两个基本需求：一是能够在风险发生点做出实时的响应，另一个是响应能在集群内进行可控的传播。

在完成了 ngx_cc 之后，我发现，事实上这个"实时响应+可控传播"的框架也可以独立成为一个架构，用在实时处理 Nginx 集群的绝大多数场景中。因此我就把这部分的代码剥离出来，发布了一个称为 ngx_4c 的项目。ngx_4c 为 Nginx 的 11 个处理阶段抽象了一种简单的事件驱动模型，帮助开发者将代码插入 Web 请求的整个生命周期中。

这些代码被称为响应（invokes）。显然，由于这是一个分布式的集群环境，所以这些响应之间是并行的。于是我们需要一种支持并行计算的编程语言或计算模型来处理这些响应。在这样的背景下，我选择了在 Nginx 中实现一个 Lua 语言上的 Promise。

于是一个并行编程的实时计算架构呼之欲出。我随后发布了 N4C，它既是一个集群架构的标准规范，也是在该集群中可以使用的编程框架。

7.5.1.2 N4C 的架构设计

N4C 的整体架构如图 7-2 所示。

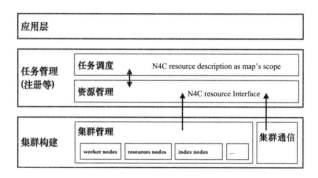

图 7-2　N4C 系统架构

其中，集群构建在 N4C 中被称为可通信集群（Communication Cluster），它要求集群的各节点间可以成组通信，这种"成组"的关系被抽象为资源描述，并通过接口反映到资源管理层。

任务管理层是一个抽象层，其底层的资源管理被再次抽象为范围。这样可以使上面的应用层不再直接面对"资源"，从而避免参与到处理资源调度等这类复杂问题之中。应用层中的逻辑已经被特定地描述为一种"分布式任务"，并有一个独立的规范定义，称为并行可交换分布式任务（PEDT，Parallel Exchangeable Distribution Task）。

最后，PEDT 定义了任务的格式、交互的方法，以及最重要的是，它还定义了任务调度的基本单元与模式。

7.5.1.3　N4C 架构的实现

一个 N4C 架构的具体实现通常包括一些可应用的组件，例如，ngx_4c 的实现包括：

- 一个集群以及它的架构规范（N4C）。
- 集群中的通信技术，例如 ngx_cc。
- 集群中的分布式任务规范，例如 PEDT。
- 集群中的并行编程框架，例如 Lua Promise。

集群节点中最常见的就是工作节点（worker nodes）。出于对实时性的考虑，N4C 架构建议：如果一个节点会产生数据，那么它就应该立即成为（可计算的）工作节点。每个节点通常是一个端口地址。[1] 也就是说，一个能被独立通信的可计算单元即是一个工作节点，是一个资源。

---

[1] 但不全是这样，因为你可以将任何可计算资源理解为一个工作节点，例如，在 Java 进程中运行的 Scala 中的一个 actor，只要这个 actor 能被独立通信即可。

N4C 集群只关注这些节点作为资源时的"状态"。这些状态所代表的含义在资源管理层的抽象中被屏蔽掉，并最终剩下一个"能否请求（require）"的信息。也就是说，当某个节点请求某个或某组资源时，"资源管理"只需要根据现状回答 yes 或 no 即可。

最后，在 N4C 网络上通过 PEDT 传递数据与逻辑是没有显性区别的，因此集群可以通过 PEDT 来实现分布式任务的可编程特性。借用 Promise 编程范式的理念，PEDT 允许在一个实例（taskDef）中定义一批并行任务，并且只有当这些任务完成成功时，才会进入其 promised 阶段以进行后续处理；否则，将会进入 rejected 阶段。

规范中并没有要求具体语言必须以 Promise 来实现 PEDT 的特性，以及相关特性。

7.5.2　构建一个集群环境

7.5.2.1　N4C 集群与资源中心的基本结构

假如我们将运行Node.js的物理机器理解为一个工作节点，那么这个节点只需要发布一个 HTTP server就可以作为N4C中的可管理资源了。为了简化这些资源的管理，Sandpiper这个项目采用Etcd来维护整个集群，并提供该集群中的协调能力。[1]基于此，整个N4C的架构实现如图 7-3 所示。

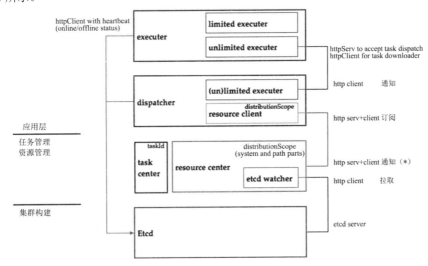

图 7-3　N4C 架构在 Sandpiper 中的实现

1　Sandpiper 是在 Node.js 中对 N4C 架构的一个基础实现。

任务管理、资源管理和集群构建等模块与应用层的业务逻辑是无关的，它们整体作为集群环境通过 HTTP 服务发布访问接口，接口通过 distributionScope 来约定客户（工作节点）可以访问的范围。

集群中的所有物理节点（机器设备）都需要运行 Etcd 服务，例如：

```
# 在 macOS X 上安装 Etcd
> brew install etcd

# 启动 Etcd 服务
> etcd
```

而你可以在至少一个节点上运行集群的资源中心服务：

```
# 启动 Sandpiper 作为测试环境
> git clone https://git***.com/aimingoo/sandpiper
> cd sandpiper
> npm install
> npm start
...

# 打开新控制台执行测试
> npm test
...
```

不同节点会在 Etcd 服务的指定目录中创建自己的 KV（key/values 对）存储。按照资源中心服务的约定，一个典型的目录名示例如下：

```
/lighteyes/com.wandoujia.le/acccount/gp_ly/127.0.0.1:8032
```

其中前半部分是启动服务时所配置的根目录，而 `127.0.0.1:8032` 是当前的节点标识。Etcd 允许任意节点监听指定路径上的存储内容的变更，并且当这些变更发生时反向地通知监听服务。因此资源中心会在每个节点加入时（online）设置对其退出信息（offline）的监听，从而实现所有节点的心跳服务。这段代码位于：

```
// ${sandpiper}/tasks/init_resource_center.js

// curl 'http://127.0.0.1:8033/sandpiper/notify?%2F127.0.0.1%3A8032'
function do_notify(val, headers) {
  ...
}

// call me before create instance once only
Initializer.setWatcher = function(options) {
  ...
  var etcd = new EtcdPromise(conf.hosts, conf.sslopts, conf.client);
  var watcher = etcd.watcher(basePath, null, {recursive: true});
  watcher.on("notify", do_notify.bind(etcd));
  ...
}
```

并作为资源服务启动：

```
// (参见上例)
Initializer.setWatcher = function(options) {
 ...
 var daemon = Initializer.startDaemon({
     clientAddr: clientAddr,
     queryPath: basePathParser(system, OPT('queryPath')),
     subscribePath: basePathParser(system, OPT('subscribePath'))
 });
 ...
 daemon.on("subscribe", do_subscribe);
 daemon.on("query", do_query.bind(etcd));
 ...
}
```

该服务的主要接口是订阅和查询，用于任务推送和状态获取。

7.5.2.2　启动集群

启动集群之前，我们得先规划一下集群中各种节点的类型。

不同的节点在集群中承担不同的角色。更细致的角色划分在通常情况下是更好的，因此一个节点通常被建议只启动一个特定的服务，并承担一个特定的角色。在 N4C 集群中，资源中心之外的所有节点/角色都是平等的、未规划的，并且，事实上用户也可以为资源中心再规划一个集群，这样可以提高服务的可靠性。

Sandpiper 提出了 4 类节点，其中分发节点（dispatch node）和发布节点（publish node）分别承担 N4C 中任务中心和资源中心的角色。资源中心被实现为分发节点上的一个服务，提供面向全集群的资源索引，包括节点位置、公共配置等一切你希望放在全集群可访问的公共数据区中的东西。

资源中心作为 etcd server 的一个客户端启动（参见图 7-3），并且使用 etcd Watcher 监听一个或多个路径。例如：

```
// ${sandpiper}/resouces_srv.js
var Serv = require('./tasks/init_resource_center.js');

// default config, will reset `groupBasePath` to basePath
var initialization_task = new Serv();

// listen for cluster nodes
var initialization_task2 = new Serv({
  groupBasePath: '/com.wandoujia.n4c/sandpiper/nodes'
})

// default handles
```

```
var ok = () => console.log('Started.');
var err = console.log;

// start
Promise.all([
  pedt.run(initialization_task),
  pedt.run(initialization_task2)
]).then(ok).catch(err);
```

这样一来，资源中心就可以通过 `initialization_task` 来监听自己节点的变化，并且还可以通过 `initialization_task2` 来监听所有节点中的变化。这些节点都默认约定在路径 `'/com.wandoujia.n4c/sandpiper/nodes'` 中登记，当节点 online 时将主动向该地址添加一个登记项。

但是由于现在任务中心还没有启动，所以集群启动资源中心时，`initialization_task` 和 `initialization_task2` 等就只能作为本地任务来执行。

7.5.2.3 在集群中创建任务中心

如果一个节点试图执行分布式任务，那么它必须连入一个任务中心。这个任务中心包括所有分布式任务的脚本副本，可以由节点下载并缓存到本地。任何任务都有唯一的、与任务文本相关的 taskId，所以任务代码的任何变化都将导致 taskId 不同。

任务中心本质上是资源中心的一个域，它直接使用资源中心的服务并约定默认路径为 `'/com.wandoujia.n4c/sandpiper/tasks'`。也就是说，所有的分布式任务都将在该路径下登记，这个登记行为称为"发布（publish）"。任何节点都可以装载 `init_publish_node.js` 模块将自己初始化为发布节点。例如：

```
// ${sandpiper}/tasks/init_publish_node.js

// load task as module
var publisher_mod = require('./tasks/init_publish_node.js');

var upgraded = function() {
  console.log("the worker node upgrade as publisher." );
}

// upgrade to publisher
pedt.run(publisher_mod)
  .then(pedt.upgrade)
  .then(upgraded)
  .catch console.log ();
```

其中，`pedt.upgrade` 用于将一些信息添加到 PEDT 内部，从而实现对当前节点配置的热更新。

7.5.2.4 将计算节点加入集群

而一般工作节点（worker node）和无限制节点（unlimited node）则用作应用层中的计算节点。向这个集群添加计算节点与其他节点并没有区别，仍然是利用 PEDT 的本地执行功能：

```
// ${sandpiper}/sandpiper.js
var success = () => console.log('Started.');
var worker_mod = require('./tasks/init_worker_node.js');
var unlimit_mod = require('./tasks/init_unlimit_node.js');
...
Promise.all([
  pedt.run(worker_mod).then(console.log),
  pedt.run(unlimit_mod).then(console.log)
]).then(success);
```

计算节点也同样启动为一个 etcd server 的客户端，以便将自己登记到资源中心去。一般的计算节点（normal worker）可以只具有本地的计算能力，因此它并非必须连接到任务中心。如果这样的（具有 PEDT 任务的执行能力的）节点没有连入资源中心，那么它不会被集群感知到，也不能接受分布式任务。这样的节点只能执行本地任务以及响应请求（如作为独立服务），因此被称为受限制的（limited）。

但是如果该节点需要执行并行任务，那么它必须将自己初始化为无限制节点（unlimited worker），或者动态升级为这样的节点。无限制节点会启动一个 HTTP 服务端来接受分布式任务的调度，即响应如下请求：

```
http://${host}/${path}/execute_task:${taskId}?${parameters}
```

同样，由于这种情况下需要访问任务中心，所以该节点必然同时是一个 HTTP 客户端。

节点可以只访问任务中心，并将任务预取到本地或同步到自有的、非集群中的任务服务。这种情况下节点仍然被视为不受限制的（unlimited），它可以在不连入资源服务的情况下执行那些分布式任务。不过由于这样的节点不在集群中登记，因此尽管它具有了 PEDT 执行的能力，却并不被视为 N4C 架构/集群的一部分。

7.5.3 使用 PEDT 执行并行任务

之前，我们所有关于集群构建的讨论，都只是为了得到一个灵活的作用域规划。因为所有在大型分布式系统中实现并行逻辑的核心诀窍都在于"有范围访问"，即，任何执行逻辑都约定在一个刚刚好的作用域中。

在 N4C 集群中，任何东西都可以被组织到域中（可以同时属于多个不同的域）；并且如果能响应 /execute_task 请求，那么它就是该域中的一个分布式计算节点。所以重要的是，如果你试图让一组节点并行执行,那么向该域提交一个任务就可以了。

作用域通过distributionScope来指定,它是一个字符串,受PEDT规范所约定。[1]

7.5.3.1 本地任务、远程任务与并行任务

PEDT 支持多种任务类型,所有的任务都是用标准的 JSON 对象来定义的。它约定,所谓本地对象是不依赖任何N4C远程资源就能在本地获得和执行的,而远程任务总是用一个 taskId 表明的、需要从任务中心获取并在本地执行的。并进一步约定,所有并行任务都必须首先是远程任务,它由某个节点将 taskId 分发给其他节点。PEDT 最后约定,目标节点必须执行任务文本,并将结果返回给源节点。

对于源节点来说,所有目标节点执行任务的过程都是并行的。

7.5.3.2 使用 PEDT 来管理并行任务

PEDT的完整功能集包括在集群中注册任务,以及下载和缓存任务等。可以通过创建PEDT实例时的配置来决定当前节点使用哪些功能,例如:

```
var options = {
  distributed_request: function(arrResult) { ... }, // a http client implement
  default_rejected: function(message) { ... }, // a default rejected inject
  system_route: { ... }, // any key/value pairs
  task_register_center: {
      download_task: function(taskId) { ... }, // PEDT interface
      register_task: function(taskDef) { ... }  // PEDT interface
  },
  resource_status_center: {
      require: function(resId) {...} // PEDT interface
  }
}

var Redpoll = require('redpoll');
var pedt = new Redpoll(options)
...
```

其中,如下三个接口是面向集群节点的:

- `task_register_center.download_task()`,从任务中心下载任务。
- `task_register_center.register_task()`,向任务中心注册任务。

---

[1] PEDT 规范发布于 N4C 项目中,并且,另外通过开源项目 Redpoll 交付了一个它的完整实现,参见 Git 仓库(aimingoo/redpoll)。

- `resource_status_center.require()`,从资源中请求一个执行。

Sandpiper 按照这一规范实现了一些本地任务,可以方便 Redpoll 进行任务管理。例如:

```
// ${Sandpiper}/sandpiper.js

// 配置 task_register_center 接口
var TaskCenter = require('./infra/TaskCenter.js');
var TaskCenterConfig = {}
var opt = {
  task_register_center: new TaskCenter(TaskCenterConfig)
}

// 创建 Redpoll 实例来管理任务
var Redpoll = require('redpoll');
var pedt = new Redpoll(opt);
...

// 在启动节点时调用 pedt.upgrade 来更新 resource_status_center 的配置
var dispatcher_mod = require('./tasks/init_dispatch_node.js');
Promise.all([
  ...
  pedt.run(dispatcher_mod).then(pedt.upgrade).then(...)
])
...

// DONE
module.exports = pedt;
```

因此可以通过简单地装载 Sandpiper 模块来得到 Redpoll 交付的 PEDT 标准实现:

```
var pedt = require('sandpiper');
pedt.register_task(...)
  .then(function(taskId) {
    pedt.run(taskId).catch(console.log);
  });
...
```

7.5.3.3 任务的执行

在之前的讨论中,只提及过 `pedt.run()` 这一种执行方法,它的调用接口是:

```
pedt.run = function(task, args) {
  ...
}
```

其中,`task` 是一个字符串(taskId)、函数(local function)或对象(task object)。这些情况下它总是在本地运行这个 task。不过如果是 taskId,那么 pedt 会按照 PEDT 约定的 `execute_task` 过程来执行。

PEDT 的 `execute_task` 过程——而不是 PEDT 的远程接口 `/execute_task`——是一个处理

步骤，它约定这个执行行为的逻辑如下 [1]：

```
// ${redpoll}/Distributed.js
this.execute_task = function(taskId, args) {
  var worker = this;
  ...
  return internal_download_task.call(worker, options.task_register_center,
taskId.toString())
    .then(internal_execute_task.bind([worker, args]))
    .then(enter(extractTaskResult, rejected_extract))
}
```

亦即是说，一个使用 taskId 指明的任务将分成三个执行阶段：

- 下载任务（download_task），从 taskId 得到一个可用的 taskObject。
- 执行任务（execute_task），为任务准备一份关联单据 taskOrder，然后执行 taskObject 来处理该 order。
- 返回结果（extractTaskResult），从 taskObject 中得到结果值 taskResult。

当我们把一个分布式节点视为处理单元时，其实上述步骤可以看成是它对"函数调用"这一过程的重现。

7.5.3.4 并行的方法

直到现在一切还好：这个环境与集群相关、与分布式相关、与远程任务执行相关，但是与所谓"并行"却没有什么关系。

怎么在多个分布式节点之间实现并行计算呢？

PEDT 提出的规范直接采用了 Promise 的并行机制。PEDT 约定，一个任务声明（taskDef）可以包括三个处理方法：分布（distributed）、确认（promised）和否决（rejected）。例如：

```
taskDef = {
  distributed: ...,
  promised: ...,
  rejected: ...
};
```

这三个方法相当于声明了一个 Promise 对象的创建和响应过程：

```
// distributed 过程相当于创建 promise 对象时传入的 executor
p = new Promise(function distributed() { // executor
```

---

[1] PEDT 的规范分成三个部分：声明规范（define specification）、处理规范（process specification）和接口规范（interface specification）。/execute_task 是接口规范中对远程调用的约定，而"execute_task 过程"是处理规范中约定的实现步骤。

```
...
});

// promised 和 rejected 过程相当于 Then 链上的 onFulfilled 和 onRejected 响应
p2 = p.then(promised, rejected); // onFulfilled, onRejected
```

任务声明包含这些处理方法中的零个或多个。如果任务声明不包含任何处理方法，那么它看起来就像是一个简单的 `Promise.resolve()` 的结果，例如：

```
taskDef = {
  x: ...,
  y: ...
};

// 类似于
p = Promise.resolve({
  x: ...,
  y: ...
})
```

而在任务声明中可以通过属性（上例中的 x、y 等）来引用其他的任务，例如：

```
taskDef = {
  x: def.run(function f1() { // run at local
    ...
  }),
  y: def.map('distributionScope', function f2() { // map in scope
    ...
  })
};
```

在上面这两个例子中，`f1()` 将被声明为在 taskDef 中并在本地执行的，而 `f2()` 则被声明为在集群中的某个指定域中并行执行。当 taskDef 被登记到任务中心时，所有这些使用 `def.xxx` 声明的函数都将被序列化为任务指令，以确保它可以被作为 JSON 文本分发到集群中的其他节点，这即是 PDET 规范中的可交换（Exchangeable）的含义。

当 taskDef 最终作为一个任务（task 或 taskId）来执行时，`def.map()` 所声明的那些指令就将在 `distributionScope` 所指明的所有节点上并行执行。具体来说：

- PDET 的执行过程将确保所有目标节点都收到一个 `/execute_task` 请求；且，
- Sandpiper 确保目标节点上有一个 HTTP 服务用于响应和返回这个请求；最后，
- N4C 用来保证这些节点可靠，并被一个统一的资源中心索引与管理起来。

正如你所预期的，所有节点执行的结果——类似 `Promise.all` 一样会是一个数组。所以你可以在当前的任务声明（taskDef）中捕获那些远程并行调用的结果，并得到该数组：

```
taskDef = {
  ...
  promised: function(taskResult) {
```

```
            console.log(taskResult.y);  // 输出上例中 f2()在多个节点中并行执行的结果
        }
    }
```

类似 .then() 的效果，你也可以将 taskDef.promised() 的返回值置为一个与 taskResult 不一样的值。这与在 promise 对象的 Then 链中返回一个新值（以决定 promise2 的值）是一样的语义：

```
// 任务声明
taskDef = {
  ...
  promised: function(taskResult) {
    return taskResult.y.reduce((total, curr) => total+curr, taskResult.x);
  }
}

async function runner() {
  // 你可能需要将 taskDef 发布到任务中心并得到任务 id
  var task = await pedt.register_task(taskDef);
  // await result from taskDef.promised()
  console.log(await pedt.run(task));
}

// Done
runner().catch(console.log);
```

7.5.4　可参考的意义

如同在 ECMAScript 中定义 Atomis 和 Promise 时需要讨论"工作线程"一样，我们讨论 N4C 的本质就是要说明那些并行任务的执行环境。而 N4C 集群可以基于其他的方式来构建，例如使用 Java，或者用 Docker 来将它们维护管理起来。

一个 PEDT 规范下的并行任务需要有它特定的编解码方式，以及在资源中心（或任务中心）中的存储方式。这与在 JavaScript 引擎中管理运行期环境中的存储并没有本质上的区别。只是出于语言自身的定义，我们可以简单地用 var/let 等语法来声明和使用相关的变量或标识符；而在分布式环境中，对应的动作就变成了对资源中心的索引和存取。

这些在语言引擎或执行环境中被隐藏起来的东西，将在分布式环境中巨细无遗地显露出来。不幸的是，一个成熟的分布式开发和应用环境需要处理所有这些方面，并且协调每一个要素。尽管从系统层面的需求来说，我们无非是想在集群的一个域、一组节点上得到并行执行的结果，但是最终结果的得来却并不容易：貌似只是用 pedt.map 来简单替代 Promise.all，事实上却是整个运行环境从本地到远程的迁移和重建。

最重要的并不是语法的设计，而是系统重建中的组织与平衡。

附录 A

术语表[1]

语法或词法分析

标识符（identifier）

标签（label）

关键字，保留字（keyword, reserved words）

符号（symbol）

标记，记号（token）

数据类型（types, data types）

无类型的（untype-）

变量（variable）

声明（declare）

赋值（assignment）

解构赋值（destructuring assignment）

未赋值变量（unassigned variable）

未声明变量（undeclared variable）

值（values）

常量，常数，常值（constant, const）

直接量，字面量（literal, literal constant, manifest constant）

---

[1] 这里只简单列出中英文的惯译法，正文中各页下的脚注对一些不常见且未在正文中讲述过的术语略有解释。

指数计数法，科学计数法（exponential notation）
定点计数法（fixed-point notation）
代码逻辑行、物理行（logical line, physical line）[1]
语句（statements）
语句块（statement block）
简单语句（simple statements）[2]
单行语句（single line statements）
复合语句（compound statements）
条件（condition）
表达式（expression）
一元运算符，单目运算符（unary operator）
二元运算符（binary operator）
三元运算符（ternary operator）
运算符优先级（precedence）
运算符，操作符，操作数（operator）

数据结构

数组（array）
关联数组（associative array）
索引数组（index array）
多维数组（multidimensional array）
动态数组（dynamic array）
变长数组（variable length array）
元素（element）
索引，下标（index）
字符串（string）
Unicode 字符串（Unicode string）
转义序列（escape sequence）

---

[1] 物理行是你在编写程序时所看见的代码的文本行，逻辑行是解释器读取代码时的单个语句。由前者构成的是物理结构，由后者构成的则是代码的逻辑结构。前者决定自然人对代码的可读性，后者对解释器的设计构成影响。

[2] 相对于复杂的语句结构（例如，结构化异常等）而言，`return` 或 `var` 等语句是简单的。但这是逻辑或形式概念上的简单，在物理上，简单语句也可以是多行的。

编程范型（面向对象、函数式等）

编程范型（programming paradigm）
多范型语言（multi-paradigm language）
动态绑定（dynamic bind）
作用域（scope）
引用（reference）
域，成员，字段（member, field）
类（class）
继承（inheritance）
多态（polymorphism）
封装（encapsulation）
类方法（class method）
虚方法（virtual method）
纯虚方法，抽象方法（abstract method）
覆盖（override）
对象（object）
实例（instance）
原型（prototype）
构造器，构造函数（constructor, constructor function）
属性（property）
方法（method）
用户定义属性（user-defined properties）
预定义属性（pre-defined properties）
内部（内建）属性/方法/成员（build-in properties/method/member）
事件（event）
事件句柄，事件处理器，事件处理代码（event handle）
特性，性质，属性（attribute）
特性（feature）
函数（function）
参数（arguments）

外部局部变量（external local variable, upvalue）[1]
lambda 运算（λ 演算，lambda calculus）
闭包（closure）

编译、执行及其他

解释器（interpreter）
运行期（runtime）
宿主（host）
上下文（context）
环境（environment）
执行环境，执行上下文（execution context）
异常（exception）
错误（error）
正则表达式（regular expression）
全局（global）
局部（local）
全局对象（global object）
全局变量（global variable）
局部变量（local variable）

---

[1] 若函数 A 内嵌于函数 B，则 A 的局部变量是 B 的外部局部变量。

附录 B 参考书目

主要参考书目

- *ECMAScript Language Specification*

  语言规范，必读资料。仅有不完整的中译版本。

- 《程序设计语言——实践之路》（*Programming Language Pragmatics*）

  程序设计语言学的专著，概念清楚，知识体系庞杂，是本书在语言基础概念和部分实现原理方面的主要参考书。该书由裘宗燕翻译，电子工业出版社出版。

- 《程序设计语言：概念和结构》（*Programming Languages: Concepts & Constructs*），Ravi Sethi 著，裘宗燕译，机械工业出版社出版。

- 《程序设计语言：原理与实践》（*Programming Languages: Principles and Practices*），Kenneth C. Louden 著，黄林鹏等译，电子工业出版社出版。

- 《计算机程序的构造和解释》（*Structure and Interpretation of Computer Programs*），Abelson, H.等著，裘宗燕译，机械工业出版社出版。

- 《程序设计实践》（*The Practice of Programming*），Brian W. Kernighan 和 Rob Pike 著，裘宗燕译，机械工业出版社出版。

- 《程序设计语言概念》(*Concepts of Programming Language*, COPL)，Robert W. Sebesta 著，第 9 版由徐明星、邬晓钧译（部分版本书名译作《程序设计语言原理》），清华大学出版社出版。

- 《系统化思维导论》(*An Introduction to General Systems Thinking*)，Gerald M. Weinberg 著，王海鹏译，人民邮电出版社出版。

本书在概念、原理和一些基础知识方面参考了上述书中的内容，本书部分章节前的引语也出自它们。

- 《程序原本》

本书在一些观点上引述自该书。它是《大道至易：实践者的思想》中有关程序原理的部分，在第 2 版中选编为《程序原本》，并由图灵出版社发布为可自由分享的开放电子书。作者周爱民，《大道至易：实践者的思想》的第 1 版由人民邮电出版社于 2012 年出版。

- 《结构程序设计》（*Structured programming*）

最经典的有关结构化程序设计理论的论著。O. J. 达尔、E. W. 戴克思特拉、C. A. R. 霍尔于 1972 年合著。中文版由陈火旺等译，于 1980 年出版。

其他引用书目或文档

- *Core JavaScript 1.5 Reference*，由 Mozilla 发布和维护。

- 《JavaScript 高级程序设计》（*Professional JavaScript for Web Developers*），Nicholas C. Zakas 著，李松峰、曹力译，人民邮电出版社出版。

- 《C++语言的设计和演化》，Bjarne Stroustrup 著，裘宗燕译，机械工业出版社出版。

- 《人月神话》，Frederick P. Brooks, Jr. 著，UMLChina 翻译组 汪颖译，清华大学出版社出版。

- 《精通正则表达式》，Jeffrey E. F. Friedl 著，余晟译，电子工业出版社出版。

- Co-operation Sequential Processes. E. W. Dijkstra. edited by F. Genuys. Academic Press, London, 1968. Prof.

- Concurrent Programming, A Short History of Concurrent Programming. C. R. Snow. Cambridge University Press, 1992.

- 《计算机世界第一人：艾兰·图灵》《被遗忘的计算机之父：阿坦纳索夫》，袁传宽撰稿。

- 《函数式编程另类指南》，作者是 Vyacheslav Akhmechet，译者是 lihaitao。

- 《微软架构师谈编程语言发展》，Anders Hejlsberg 等在微软 Channel 9 的谈话，程化译。

APPENDIX 附录 C

图表索引

图索引

第 1 章 二十年来的 JavaScript

图 1-1 聊天室的 beta 1 版的界面（第 5 页）

图 1-2 聊天室最终版本的界面（第 8 页）

图 1-3 WebFX Dynamic WebBoard 的仿 Outlook 界面（第 9 页）

图 1-4 WEUI 基本框架和技术概览（第 11 页）

图 1-5 Bindows 在浏览器上的不凡表现（第 12 页）

图 1-6 JavaScript 在语言特性上的历史以及 ES5 之后的方向（第 19 页）

图 1-7 官方手册中有关 Core JavaScript 的概念说明（第 26 页）

图 1-8 JScript 与 JavaScript 各版本之间的关系（第 28 页）

图 1-9 由宿主环境与运行期环境构成的应用环境（第 30 页）

图 1-10 SpiderMonkey JavaScript 提供的外壳程序（第 32 页）

图 1-11 对"运行期环境"的不同解释（第 33 页）

图 1-12 应用（宿主）通过引擎创建"运行期环境"的过程（第 33 页）

第 2 章 JavaScript 的语法

图 2-1 隐式声明的语法效果（第 47 页）

图 2-2　运算与操作数组合的结果总是表达式（第 75 页）

图 2-3　上述表达式的第一种解析（第 76 页）

图 2-4　上述表达式的第二种解析（第 76 页）

图 2-5　赋值表达式语句（第 82 页）

图 2-6　函数调用其实是一个表达式（第 82 页）

图 2-7　示例 3 代码的语法解析（第 83 页）

图 2-8　示例 4 代码的语法解析（第 84 页）

图 2-9　改写示例 6 的代码以通过语法解释（第 85 页）

图 2-10　省略变量声明语句中的"="的情况（第 86 页）

图 2-11　标签表示的语句范围（第 92 页）

图 2-12　示例 2 运算过程的详细解析（第 126 页）

第 3 章　JavaScript 的面向对象语言特性

图 3-1　正则表达式中"引用匹配"的使用示例（第 140 页）

图 3-2　原型继承的实质是"复制"（第 163 页）

图 3-3　使用写时复制机制的原型继承（第 164 页）

图 3-4　"写操作"在使用写时复制机制的原型继承中的效果（第 164 页）

图 3-5　JavaScript 使用读遍历机制实现的原型继承（第 165 页）

图 3-6　obj1 与 obj2 将访问到不同的成员列表（第 165 页）

图 3-7　示例 1 所构建的继承树（第 176 页）

图 3-8　JavaScript 中的对象系统（第 215 页）

图 3-9　原生的和用户自定义的错误类型（第 217 页）

图 3-10　类型化数组（第 221 页）

第 4 章　JavaScript 语言的结构化

图 4-1　continue 和 break 的流程变更效果（第 331 页）

图 4-2　词法作用域的结构化含义（第 339 页）

图 4-3　结构化程序设计语言中的流程控制设计（第 340 页）

图 4-4　"私有属性"提案中的继承结构（第 376 页）

第 5 章　JavaScript 的函数式语言特性

图 5-1　函数代码块的实例与引用之间可以存在多对多的关系（第 477 页）

图 5-2　闭包及其相关概念之间的关系（第 478 页）

图 5-3　闭包相关元素的内部数据结构（第 482 页）

第 6 章　JavaScript 的动态语言特性

图 6-1　JavaScript 统一语言范型的基本模型（第 520 页）

第 7 章　JavaScript 的并行语言特性

图 7-1　主线程与工作线程间的通信（第 694 页）

图 7-2　N4C 系统架构（第 708 页）

图 7-3　N4C 架构在 Sandpiper 中的实现（第 709 页）

表索引

第 1 章　二十年来的 JavaScript

表 1-1　聊天室 beta 1 版的功能集设定（第 6 页）

表 1-2　本书对宿主环境在全局方法上的简单设定（第 31 页）

第 2 章　JavaScript 的语法

表 2-1　标识符与其语义关系的基本分类（第 37 页）

表 2-2　绑定操作的语义说明（第 38 页）

表 2-3　JavaScript 的 7 种基本数据类型（第 41 页）

表 2-4　JavaScript 中的值类型与引用类型（第 42 页）

表 2-5　JavaScript 中可用字面量风格来声明的数据类型（第 49 页）

表 2-6　JavaScript 中的字符串转义序列（第 50 页）

表 2-7　JavaScript 中单词形式的运算符（第 57 页）

表 2-8　JavaScript 中的运算符按结果值的分类（第 58 页）

表 2-9　比较运算中的等值检测（第 62 页）

表 2-10　等值检测中"相等"的运算规则（第 62 页）
表 2-11　等值检测中"严格相等"的运算规则（第 63 页）
表 2-12　JavaScript 中可进行序列检测的数据类型（第 64 页）
表 2-13　比较运算中的序列检测（第 65 页）
表 2-14　序列检测的运算规则（第 65 页）
表 2-15　JavaScript 中的赋值运算（第 67 页）
表 2-16　特殊作用的运算符（第 72 页）
表 2-17　JavaScript 中运算符的优先级（第 77 页）
表 2-18　JavaScript 中的语句（第 78 页）
表 2-19　存在二义性的语法元素（第 113 页）
表 2-20　一些其他类似代码的分析（第 126 页）

第 3 章　JavaScript 的面向对象语言特性

表 3-1　JavaScript 中为面向对象设计的语法元素（第 131 页）
表 3-2　正则表达式标志字符（第 139 页）
表 3-3　正则表达式元字符（第 139 页）
表 3-4　其他操作对象成员的方法（第 148 页）
表 3-5　与内部行为相关的部分符号属性（第 159 页）
表 3-6　对象原型（Object.prototype）所具有的基本成员（第 168 页）
表 3-7　构造器（函数）所具有的特殊成员（第 168 页）
表 3-8　Object()的类方法（第 169 页）
表 3-9　变量作用域对封装性的影响（第 197 页）
表 3-10　类型化数组（第 219 页）
表 3-11　Reflect 的界面（第 223 页）
表 3-12　内置对象的特殊效果（第 227 页）
表 3-13　数据属性描述符（第 230 页）
表 3-14　存取属性描述符（第 231 页）
表 3-15　字面量风格的对象声明的默认性质值（第 232 页）
表 3-16　可写性：字面量风格声明的对象属性（第 233 页）
表 3-17　创建属性的方法（第 235 页）
表 3-18　取属性或属性列表的方法（第 238 页）

表 3-19　管理属性表状态的方法（第 239 页）
表 3-20　操作基本对象的内部槽的方法（第 244 页）
表 3-21　已公布的面向内部机制的符号属性（第 245 页）
表 3-22　支持 Symbol.species 的类（第 250 页）
表 3-23　拥有自有内部方法的类（第 251 页）
表 3-24　内部方法之间的调用关系（第 254 页）

第 4 章　JavaScript 语言的结构化

表 4-1　"数据结构"上的简单抽象（第 270 页）
表 4-2　面向对象系统常见的可见性设定（第 275 页）
表 4-3　程序设计语言的分类及其与计算机语言的关系（第 282 页）
表 4-4　语法元素的组织含义（第 284 页）
表 4-5　JavaScript 中的声明（第 295 页）
表 4-6　非声明语句的结构方法（第 300 页）
表 4-7　语句与它的值（第 312 页）
表 4-8　JavaScript 中的词法作用域（第 318 页）
表 4-9　为每个词法作用域设计的类似 GOTO 的语句（第 329 页）
表 4-10　JavaScript 中的变量作用域（第 350 页）

第 5 章　JavaScript 的函数式语言特性

表 5-1　JavaScript 中以"值类型"为目标的运算（第 395 页）
表 5-2　JavaScript 中不确定结果类型的运算（第 395 页）
表 5-3　较常见的函数调用约定（第 405 页）
表 5-4　JavaScript 中的 10 种函数（第 418 页）
表 5-5　对象态的函数（构造器与类属关系）（第 436 页）
表 5-6　函数闭包与对象闭包的差异（第 491 页）

第 6 章　JavaScript 的动态语言特性

表 6-1　基础类型数据与包装类的关系（第 512 页）
表 6-2　字面量、包装类、构造器的相关特性（一）（第 517 页）

表 6-3　字面量、包装类、构造器的相关特性（二）（第 519 页）
表 6-4　部分对象的 valueOf() 值（第 525 页）
表 6-5　显式类型转换的方法（第 530 页）
表 6-6　值类型数据之间的转换（第 536 页）

第 7 章　JavaScript 的并行语言特性

表 7-1　切换锁状态的备选置值方法（第 704 页）
表 7-2　用于计算的原子操作（第 705 页）

附录 D 本书各版次主要修改

2008 年 3 月，第 1 版

- 第 1 次印发版本。

2012 年 3 月，第 2 版

- 在第 1 版基础上修订发布后所发现的七十余处勘误，其中五十余处主要是字词、排版类错误。
- 重新制版，避免了印刷中导致的破折号丢失的问题。
- 将目录细化到第 4 级标题，以完整地展示本书的内容与结构。
- 加入本附录，以维护本书的多个版次。
- 从第 3 部分"编程实践"中去除了有关 Qomo 的大部分内容（这些内容已经可以通过该项目的开放文档获得），并开始讲述 QoBean。
  - ✓ 修改：第 6 章　元语言：QoBean 核心技术与实现
- 以下主要是为 ECMAScript 5 添加的内容。
  - ✓ 加入：2.5.1.5　在对象直接量中使用属性读写器
  - ✓ 加入：2.6　严格模式下的语法限制
  - ✓ 修改：3.3.7.4　在 SpiderMonkey 与 ES5 中的原型链维护
  - ✓ 加入：3.5　可定制的对象属性

- ✓ 加入：4.7 严格模式与闭包
- ✓ 加入：5.3.5 兼容性：ES5 中的 call()、apply()
- ✓ 加入：5.3.6 bind()方法与函数的延迟调用

■ 以下为一些其他的变化。
- ✓ 加入：1.4 语言的进化
- ✓ 改写：1.5.3 SpiderMonkey JavaScript
- ✓ 改写：2.2 JavaScript 的语法：变量声明
- ✓ 改写：3.4.5 JavaScript 中的对象（构造器）
- ✓ 更新：3.4.5 JavaScript 中的对象（构造器），图 3-15 得以大量更新
- ✓ 改写：4.6.3.4 闭包中的标识符（变量）特例
- ✓ 改写：5.4.4 宿主对重写的限制
- ✓ 以"基本类型"作为 typeof 返回类型名的统一用词；明确了"基础类型"与"元类型"的使用环境。
- ✓ 以 ECMAScript 作为统一用词，不再称为 ECMA Script。
- ✓ 附录 C 中删除了有关引擎与语言扩展的介绍，这些内容以后将通过博客专题的形式来发布。
- ✓ 附录 C 中的三幅图未在本版次中更新。

2020 年 6 月，第 3 版：

■ 本版编写始自 2016 年 10 月，定稿于 2019 年 12 月。基于 ECMAScript 对旧版所有不规范或不正确的内容进行修订，并在内容上尽力与最新语言特性保持同步。

■ 主要的章节变更如下。
- ✓ 添加第 4 章：JavaScript 语言的结构化
- ✓ 添加第 7 章：JavaScript 的并行语言特性
- ✓ 添加新的"编程实践"并将之移入各章最后一节（第 5 章除外）。

■ 以下为一些其他的变化。
- ✓ 加入"1.5 大型系统开发"。
- ✓ 调整大量章节，清理过时的内容，以及对示例代码进行更正。
- ✓ 不再以 `alert()` 形式输出结果，改用更符合惯例的 `console.log()`。
- ✓ 不再与其他语言做太多比较，以避免需要有其他语言的基础从而提高阅读难度。
- ✓ 不再更新附录中的 JavaScript 历史时间线。